高职高专"十三五"规划教材

机械加工综合实训

（中级）

主编 张晓平

北京航空航天大学出版社

内 容 简 介

本书是以《职业技能鉴定标准》为依据,结合高职教育的特点,按照中级工技能等级标准编写的教材。全书分五部分:第一部分为钳工,介绍锉配及综合技能训练;第二部分为车削,介绍梯形螺纹、蜗杆与多头螺纹、偏心及曲轴加工技能训练;第三部分为铣削,介绍高精度连接面与沟槽加工,高精度角度面加工与刻度加工,平行孔系与椭圆孔加工,成形面、螺旋面与凸轮加工,以及齿轮与齿条的加工等;第四部分为数控车削,介绍复合循环指令加工训练;第五部分为数控铣削,介绍孔系加工、型腔加工、宏程序及典型零件加工编程实例。

本书可作为职业院校机械制造类专业的教材,也可作为成人教育及职业技能鉴定的辅导用书。

图书在版编目(CIP)数据

机械加工综合实训:中级 / 张晓平主编. -- 北京:北京航空航天大学出版社,2017.11

ISBN 978-7-5124-2424-1

Ⅰ. ①机… Ⅱ. ①张… Ⅲ. ①金属切削—高等职业教育—教材 Ⅳ. ①TG5

中国版本图书馆 CIP 数据核字(2017)第 112319 号

版权所有,侵权必究。

机械加工综合实训(中级)

主编 张晓平

责任编辑 王 实 胡玉娟

*

北京航空航天大学出版社出版发行

北京市海淀区学院路 37 号(邮编 100191) http://www.buaapress.com.cn
发行部电话:(010)82317024 传真:(010)82328026
读者信箱:goodtextbook@126.com 邮购电话:(010)82316936
北京宏伟双华印刷有限公司印装 各地书店经销

*

开本:787×1 092 1/16 印张:31.75 字数:833 千字
2017 年 11 月第 1 版 2024 年 1 月第 6 次印刷 印数:9 101~10 100 册
ISBN 978-7-5124-2424-1 定价:89.80 元

若本书有倒页、脱页、缺页等印装质量问题,请与本社发行部联系调换。联系电话:(010)82317024

前　言

《机械加工综合实训》分为初级、中级、高级三册,内容包含钳工、车工、铣工、数控车、数控铣五个工种的加工技术、零件装夹、刀具选择、工艺处理等相关知识的应用和训练。全套书是以《职业技能鉴定标准》为依据,结合高职教育的特点,按照技能等级标准编写的。根据编者多年来的实践经验,对机械加工操作技能的内容进行整合,以实用为原则,突出技能操作训练,拓宽知识层面,立足于求新,形成全新的实训教材模式。

本书是《机械加工综合实训》中级,内容分五部分:第一部分为钳工,介绍锉配及综合技能训练;第二部分为车削,介绍梯形螺纹、蜗杆与多头螺纹、偏心及曲轴加工技能训练;第三部分为铣削,介绍高精度连接面与沟槽加工,高精度角度面加工与刻度加工,平行孔系与椭圆孔加工,成形面、螺旋面与凸轮加工,以及齿轮与齿条的加工等;第四部分为数控车削,介绍复合循环指令加工训练;第五部分为数控铣削,介绍孔系加工、型腔加工、宏程序及典型零件加工编程实例。

针对高等职业教育"突出实际技能操作培养"的要求,在编写教材时,重点突出与操作技能相关的必备专业知识。在内容上突出职业院校生产实训教学的特点,以就业为导向、以能力为本位,强调师生互动和学生自主学习,将《职业技能鉴定标准》引入教学实训,使操作训练与职业技能鉴定的标准相结合,满足上岗前培训和就业的需要。本书最鲜明的特点是将五个工种的内容进行整合,突破以往教材的单一模式。全书突出了学与训、训与练的结合,加工技术与加工工艺的结合。本书以培训中级职业技能机械加工操作的能力为目标,培养岗位适应性较强的机械加工操作技能人员。本书可作为职业院校机械制造类专业的教材,也可作为成人教育及职业技能鉴定的辅导用书。

本书由四川航天职业技术学院的张晓平任主编,杜海涛、古英、章红梅、张馨允、吴向春、郑经伟、姚蓉、张继军、王利民任副主编,张怀全、卓红、谭飞、庞飞龙参编。

由于编者的编写水平有限,书中错误和不当之处在所难免,恳请读者批评指正。

编　者

2017 年 3 月

目　录

第一部分　钳　工 ··· 1

课题一　钻孔、扩孔与铰孔 ·· 1
1.1.1　钻　孔 ·· 1
1.1.2　扩　孔 ·· 11
1.1.3　铰　孔 ·· 12
1.1.4　综合技能训练 ·· 16
思考与练习 ·· 19

课题二　攻螺纹与套螺纹 ·· 20
1.2.1　螺纹概述 ··· 20
1.2.2　攻螺纹 ·· 22
1.2.3　套螺纹 ·· 31
1.2.4　综合技能训练 ·· 34
思考与练习 ·· 36

课题三　锉配训练 ··· 37
1.3.1　锉配的基本操作 ··· 37
1.3.2　锉削曲面 ··· 41
1.3.3　六角形体锉配 ·· 44
1.3.4　综合技能训练 ·· 48
思考与练习 ·· 51

课题四　中级综合技能训练 ··· 52
1.4.1　T形件锉配 ·· 52
1.4.2　三角形锉配 ·· 55
1.4.3　五边形锉配 ·· 57

第二部分　车　削 ··· 59

课题一　车削螺纹 ··· 59
2.1.1　高速车削普通外螺纹 ·· 59
2.1.2　车削梯形螺纹 ·· 61
2.1.3　车削圆锥管螺纹 ··· 73
2.1.4　技能训练 ··· 76
思考与练习 ·· 84

课题二　车削蜗杆及多线螺纹 ··· 84
2.2.1　车削蜗杆 ··· 84
2.2.2　多线螺纹和多头蜗杆的车削 ·· 91

	2.2.3	技能训练	96
	思考与练习		102
课题三	车削偏心工件		103
	2.3.1	偏心工件的车削	103
	2.3.2	车削简单曲轴	112
	2.3.3	技能训练	116
	思考与练习		122

第三部分　铣　削 123

课题一	铣削专业基本知识		123
	3.1.1	典型铣床的传动结构和原理	123
	3.1.2	典型铣床的调整和常见故障排除	141
	3.1.3	铣刀及其合理选用	148
	3.1.4	铣床夹具与装夹方式的合理选用	157
	3.1.5	合理制定铣削加工工艺	167
	思考与练习		178
课题二	高精度连接面与沟槽加工		179
	3.2.1	高精度连接面与沟槽工件加工必备专业知识	179
	3.2.2	连接面工件加工技能训练	187
	3.2.3	直角沟槽加工技能训练	196
	思考与练习		204
课题三	高精度角度面加工与刻度加工		204
	3.3.1	高精度角度面加工与刻度加工必备专业知识	204
	3.3.2	角度面工件技能训练	212
	3.3.3	刻线加工技能训练	219
	思考与练习		227
课题四	高精度花键轴加工		228
	3.4.1	高精度花键轴加工必备的专业知识	228
	3.4.2	长花键轴加工技能训练	232
	3.4.3	双头花键轴加工技能训练	238
	思考与练习		242
课题五	平行孔系与椭圆孔加工		243
	3.5.1	平行孔系与椭圆孔加工必备专业知识	243
	3.5.2	单孔加工技能训练	252
	3.5.3	多孔加工技能训练	261
	3.5.4	椭圆孔工件加工技能训练	272
	思考与练习		276
课题六	牙嵌离合器的加工		277
	3.6.1	牙嵌离合器的加工必备专业知识	277
	3.6.2	矩形齿牙嵌离合器的加工技能训练	282

3.6.3　梯形齿牙嵌离合器加工技能训练 ……………………………………… 291
　　3.6.4　尖齿、锯齿形牙嵌离合器加工技能训练 ………………………………… 297
　　3.6.5　螺旋形牙嵌离合器加工技能训练 ………………………………………… 302
　　思考与练习 ……………………………………………………………………… 305
　课题七　成形面、螺旋面与凸轮加工 ………………………………………………… 305
　　3.7.1　成形面、螺旋面与凸轮加工必备专业知识 ……………………………… 305
　　3.7.2　柱状直线成形面加工技能训练 …………………………………………… 311
　　3.7.3　盘状直线成形加工技能训练 ……………………………………………… 315
　　3.7.4　单导程圆盘凸轮加工技能训练 …………………………………………… 324
　　思考与练习 ……………………………………………………………………… 328
　课题八　齿轮与齿条加工 ……………………………………………………………… 329
　　3.8.1　圆柱齿轮与齿条加工必备专业知识 ……………………………………… 329
　　3.8.2　直齿圆柱齿轮加工技能训练 ……………………………………………… 346
　　3.8.3　螺旋槽加工技能训练 ……………………………………………………… 349
　　3.8.4　斜齿圆柱齿轮加工技能训练 ……………………………………………… 354
　　3.8.5　直齿条加工技能训练 ……………………………………………………… 357
　　3.8.6　斜齿条加工技能训练 ……………………………………………………… 360
　　思考与练习 ……………………………………………………………………… 363
　课题九　直齿锥齿轮加工 ……………………………………………………………… 363
　　3.9.1　直齿锥齿轮加工必备专业知识 …………………………………………… 363
　　3.9.2　直齿锥齿轮加工技能训练 ………………………………………………… 371
　　思考与练习 ……………………………………………………………………… 379

第四部分　数控车削 …………………………………………………………………… 380
　课题一　复合循环指令 ………………………………………………………………… 380
　　4.1.1　外圆、端面切削复合循环指令 …………………………………………… 380
　　4.1.2　螺纹切削复合循环指令 …………………………………………………… 384
　课题二　复合循环零件的加工练习 …………………………………………………… 389
　　思考与练习 ……………………………………………………………………… 395

第五部分　数控铣削 …………………………………………………………………… 397
　课题一　型腔加工编程实例 …………………………………………………………… 397
　　5.1.1　简化编程指令 ……………………………………………………………… 397
　　5.1.2　腰形槽加工实例 …………………………………………………………… 418
　　5.1.3　封闭窄槽铣削加工技术 …………………………………………………… 424
　　5.1.4　型腔铣削加工技术 ………………………………………………………… 432
　课题二　宏程序编程基础 ……………………………………………………………… 454
　　5.2.1　华中数控用户宏程序 ……………………………………………………… 454
　　5.2.2　FANUC 数控系统用户宏程序 …………………………………………… 458
　课题三　典型零件加工编程实例 ……………………………………………………… 465

5.3.1 五边形凸台零件的加工 ·· 465
5.3.2 四叶花型板的加工 ·· 473
5.3.3 平面槽凸轮的加工 ·· 478
5.3.4 腰形槽底板的加工 ·· 481
5.3.5 椭圆形凸台零件的加工 ·· 489
5.3.6 四轴零件加工 ·· 496

参考文献 ··· 500

第一部分　钳　工

课题一　钻孔、扩孔与铰孔

> **教学要求**
>
> ◆ 熟悉台钻、立钻、摇臂钻床的结构特点、规格、各部分功能及操作使用方法。
> ◆ 掌握钻头的装夹方法、工件的几种基本装夹方法。
> ◆ 掌握标准麻花钻的刃磨方法。
> ◆ 掌握划线钻孔方法、扩孔方法、铰孔方法。
> ◆ 明确并遵守安全操作规程。

钻孔、扩孔和铰孔是钳工对孔的加工方法,这些加工方法在机械制造业中广泛应用。本课题主要介绍钳工对钻孔、扩孔和铰孔的基本操作,钻头的结构及刃磨方法,台钻、立钻和摇臂钻床的功能及操作使用方法。

1.1.1　钻　孔

用钻头在实体材料上加工出孔的操作方法叫钻孔。钻孔加工所用设备称为钻床,所用刀具称为钻头。

1. 钻　头

(1) 钻头的结构

在钻床上钻孔,一般使用麻花钻钻削。麻花钻一般用高速钢(W18Cr4V 或 W9Gr4V2)制成。它分为直柄麻花钻和锥柄麻花钻两大类。一般情况下,直径不大于 13 mm 的钻头做成直柄,直径大于 13 mm 的做成锥柄,如图 1-1-1 所示。

① 刀体——包括切削部分和导向部分。标准麻花钻的切削部分由五刃和六面组成,如图 1-1-2 所示。导向部分是切削部分的后备部分,在钻削时沿进给方向起引导作用。导向部分包括螺旋槽、棱边和钻心等。

- 两个前面　麻花钻在其轴线两侧对称分布有两个切削部分,即两螺旋槽表面。
- 两个后面　麻花钻顶端的两个曲面是后面,加工时它与工件的切削表面相对。
- 两个副后刀面　与已加工表面相对的钻头两棱边。
- 两条主切削刃　两个前面与两个后面的交线,即螺纹槽与主后面的两条交线。
- 两条副切削刃　两个前面与两个副后面的交线,即棱边与螺旋槽的两条交线。
- 一条横刃　两后面在钻心处的交线。
- 螺旋槽　两条螺旋槽使两个刀瓣形成两个前面,每一刀瓣可看成是一把外圆车刀。切屑的排出和切削液的输送都是沿此槽进行的。
- 棱边　在导向面上制得很窄且沿螺旋槽边缘突起的窄边称为棱边。它的外缘不是圆柱形,而是被磨成倒锥,即直径向柄部逐渐减小。这样,棱边既能在切削时起导向及修光孔壁的作用,又能减少钻头与孔壁的摩擦。
- 钻心　两螺纹形刀瓣中间的实心部分称为钻心。它的直径向柄部逐渐增大,以增强钻头的强度和刚性。

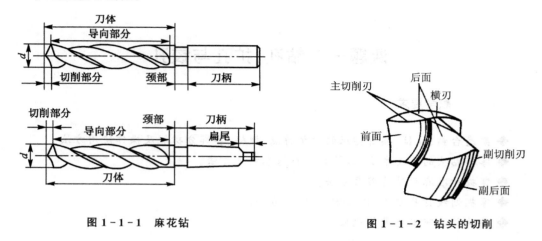

图 1-1-1　麻花钻　　　　　　图 1-1-2　钻头的切削

② 颈部——刀体与刀柄之间的过渡部分。颈部是为磨制钻头时供砂轮退刀用的,钻头的规格、材料和商标一般也刻印在颈部。

③ 刀柄——麻花钻的夹持部分,用来定心和传递动力。刀柄有锥柄(莫氏标准锥度)和直柄两种。一般直径小于 13 mm 的钻头做成直柄;直径大于 13 mm 的钻头做成锥柄,因为锥柄可传递较大扭矩。

(2) 麻花钻切削角度

麻花钻的切削角度如图 1-1-3 所示。

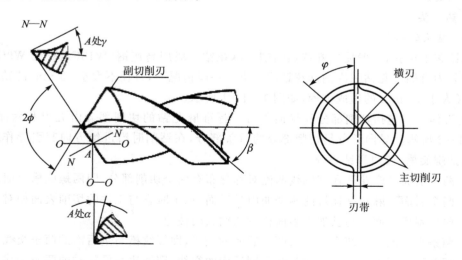

图 1-1-3　麻花钻的几何参数

① 顶角 2ϕ　两主切削刃在与它们平行的轴平面上投影的夹角。顶角的大小影响钻头尖端强度、前角和轴向抗力。顶角大,钻头尖端强度大,并可加大前角,但钻削时轴向抗力大。标准麻花钻的顶角 $2\phi = 118°±2°$。

② 前角 γ　在正交平面 P_0 内测量的前面与基面 P_r 的夹角。麻花钻的前面是螺旋槽面，因此，主切削刃上各点处的前角大小是不同的，钻头外缘处的前角最大，约为 30°，越近中心前角越小，靠近横刃处的前角约为 -30°，横刃上的前角则为 -50°～-60°。前角的大小影响切屑的形状和主切削刃的强度，决定切削的难易程度：前角越大，切削越省力，但刃口强度降低。

③ 后角 α　在正交平面 P_0 内测量的后面与切削平面 P_s 的夹角。

④ 横刃斜角 φ　横刃与主切削刃在端面上投影线之间的夹角，一般取 50°～55°。横刃斜角的大小与后面的刃磨有关，它可用来判断钻处的后角是否刃磨正确：当钻心处后角较大时，横刃斜角就越小，横刃长度相应增长，钻头的定心作用因此变差，轴向抗力增大。

(3) 标准麻花钻的缺点

① 横刃较长，横刃处前角为负值，在切削中横刃处于挤刮状态，会产生很大的轴向力，容易发生抖动，定心不准。根据试验，钻削时 50% 的轴向力和 15% 的扭矩是由横刃产生的，这是钻削中产生切削热的主要原因。

② 主切削刃上各点的前角大小不一样，致使各点切削性能不同。

③ 钻头的棱边较宽，副后角为零，靠近切削部分的棱边与孔壁的摩擦比较严重，容易发热和磨损。

④ 主切削刃外缘处的刀尖角较小，前角很大，刀齿薄弱，而此处的切削速度却最高，故产生的切削热最多，磨损极为严重。

⑤ 主切削刃长，而且全刃参加切削，各点切屑流出速度的大小和方向相差很大，会增加切屑变形，切屑卷曲成很宽的螺旋卷，容易堵塞容屑槽，致使排屑困难。

(4) 麻花钻的刃磨

麻花钻用钝后或根据加工材料及要求需要进行刃磨。刃磨时，主要刃磨两个后面和修磨前面，即横刃部分。

1) 麻花钻刃磨的基本要求

顶角 2φ 为 118°±2°；

钻头外缘处的后角 α 为 10°～14°；

横刃斜角 φ 为 50°～55°；

两主切削刃长度要相等，同时两主切削刃与钻头轴心线组成的夹角也要相等；

两主后刀面要刃磨光滑、连续。

2) 砂轮的选择

刃磨前，先检查砂轮表面是否平整，如砂轮表面不平或有跳动现象，须先进行修正。砂轮一般采用粒度为 46～80、硬度为中、软级（K，L）的氧化铝砂轮为宜。

3) 钻头与砂轮的相对位置

钻头轴心线与砂轮圆柱母线在水平面内成 60° 夹角，即顶角的一半；被刃磨部分的主切削刃必须处于水平位置，如图 1-1-4(a) 所示；钻头应在略高于砂轮中心处与砂轮接触，如图 1-1-4(b) 所示。

4) 刃磨动作要领

在摆正钻头与砂轮的相对位置关系后，右手缓慢地使钻头绕自己的轴线由下向上转动，同时施加适当的刃磨压力，左手配合右手做缓慢的同步下压运动，刃磨压力逐渐加大，为保证钻头近中心处磨出较大后角，还应做适当的右移运动。刃磨时两手动作的配合要协调、自然。按此不断反复，两后面经常轮换，直至达到刃磨要求。

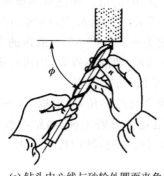
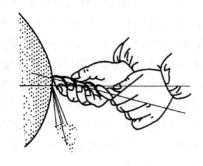

(a) 钻头中心线与砂轮外圆面夹角　　　　(b) 钻头略高于砂轮中心处

图 1-1-4　钻头刃磨

注意事项

刃磨注意事项：
- 刃磨钻头时,操作者不能正对着砂轮站立；
- 不能戴手套；
- 钻头刃磨压力不宜过大,并要经常蘸水冷却,防止因过热退火而降低硬度。

5）修磨横刃

对于直径大于 $\phi6$ 的钻头必须修短横刃,修磨后横刃的长度为原来的 1/5～1/3,即横刃磨短成 $b=0.5\sim1.5$ mm,修磨后形成内刃,使内刃斜角 $\tau=20°\sim30°$,内刃处前角 $\gamma_{0r}=0°\sim-15°$,如图 1-1-5(a)所示。由于标准麻花钻的横刃较长,且横刃处的前角存在较大的负值,因此在钻孔时,横刃处的切削为挤刮状态,轴向抗力较大；同时,横刃长定心作用不好,钻头容易发生抖动,所以必须修短横刃,并适当增大近横刃处的前角。

修磨时要注意钻头与砂轮的相对位置。如图 1-1-5(b)所示,钻头轴线应在水平面内与砂轮侧面左倾约 15°夹角,在垂直平面内与刃磨点的砂轮半径方向约成 55°下摆角,如图 1-1-5(c)所示。

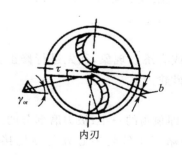
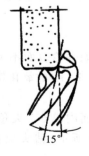
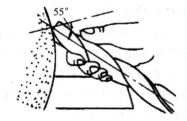

(a) 横刃修磨后角度　　　(b) 钻头轴线与砂轮水平面夹角　　　(c) 钻头轴线与砂轮垂直面夹角

图 1-1-5　修磨横刃

6）修磨前面

如图 1-1-6 所示,把主切削刃和副切削刃交角处的前面磨去一块,图中阴影部分,以减小该处的前角。其目的是在钻削硬材料时可提高刀齿的强度。而在切削软材料时,例如黄铜,又可以避免由于切削刃过分锋利而引起扎刀现象。

7) 修磨主切削刃

如图 1-1-7 所示,将主切削刃磨出第二顶角 $2\phi_0$,目的是增加切削刃的总长度,增大刀尖角 ε_r,从而增加刀齿强度,改善散热条件,提高切削刃与棱边交角处的抗磨性。

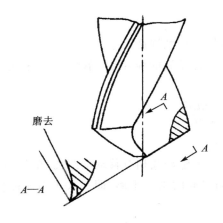

图 1-1-6 修磨前面

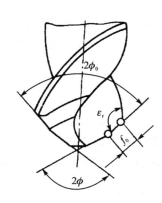

图 1-1-7 修磨主切削刃

8) 修磨棱边

如图 1-1-8 所示,在靠近主切削刃的一段棱边上磨出副后角,并使棱边宽度为原来的 1/3~1/2。其目的是减少棱边对孔壁的摩擦,提高钻耐用度。

9) 修磨分屑槽

如图 1-1-9 所示,直径大于 15 mm 的麻花钻,可在钻头的两个后面上磨出几条相互钳开的分屑槽。这些分屑槽可使原来的宽切屑被割成几条窄切屑,有利于切屑的排出。有些钻头在制造时已在两个前面磨出分屑槽,此时,就不必考虑对后面的修磨了。

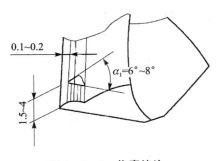

图 1-1-8 修磨棱边

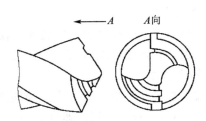

图 1-1-9 修磨分屑槽

(5) 钻头刃磨检验

① 目测检验:把钻头切削部分向上竖立,两眼平视,观察两主切削刃长度是否相等,主切削刃与钻头轴线的夹角是否相等,并旋转 180°反复查看几次,若结果一样,则说明钻头的几何角度及两主切削刃对称了。

钻头外缘处的后角要求,可视钻头外缘处靠近刃口部分的后刀面的倾斜情况来进行目测。

一般来说,如果主后刀面上主切削刃处于最高位置,即可判断钻头外缘处的后角符合要求。观察横刃斜角的大小和横刃的方向可判断钻头近中心处的后角是否符合要求。

② 用检验样板进行检验。

③ 试钻:将刃磨后的钻头先目测检验,基本合格后,把钻头装夹在钻床上钻孔,在钻削中体会后角、前角等是否刃磨正确,是否省力,然后用卡尺测量孔径是否合理。

2. 钻削用量及其选择

(1) 钻削用量

钻削用量包括三要素:切削速度 v_c、进给量 f、切削深度 a_p。

① 切削速度 v_c:钻削时钻头切削刃上最大直径处的线速度(单位为 m/min),可由下式计算:

$$v_c = \frac{\pi d n}{1\,000}$$

式中:d 为钻头直径,mm;n 为钻头转速,r/min。

② 进给量 f:主轴每转一转,钻头对工件沿主轴轴线相对移动的距离,单位为 mm/r。

③ 切削深度 a_p:已加工表面与待加工表面之间的垂直距离,即一次走刀所能切下的金属层厚度 $a_p = \frac{d}{2}$,单位为 mm。

(2) 钻削用量的选择

合理选择切削用量,是为了在保证加工精度、表面粗糙度以及保证钻头有合理的使用寿命的前提下,使生产率最高;同时不允许超过机床的功率和机床、刀具、夹具等的强度和刚度的承受范围。

钻削时,由于切削深度已由钻头直径决定,所以只需选择切削速度和进给量即可。

钻孔时选择钻削用量的基本原则是在允许范围内,尽量先选择较大的进给量 f,当 f 的选择受到表面粗糙度和钻头刚性的限制时,再考虑选择较大的切削速度 v_c。

1) 切削深度

直径小于 30 mm 的孔一次钻出;直径为 30~80 mm 的孔可分两次钻削,先用直径 $d = (0.5\sim0.7)D$ 的钻头钻底孔(D 为孔直径),然后用直径为 D 的钻头将孔扩大。

2) 进给量

孔的精度要求较高且表面粗糙度值较小时,应选择较小的进给量;钻较深孔、钻头较长以及钻头的刚性和强度较差时,也应选择较小的进给量。

3) 钻削速度

当钻头直径和进给量确定后,钻削速度应按钻头的寿命选取合理的数值,一般根据经验选取。孔较深时,取较小的切削速度。

3. 钻孔方法

钳工钻孔方法与生产规模有关。当需要大批生产时,要借助于夹具来保证加工位置的正确;当需要小批生产和单件生产时,要借助于划线来保证其加工位置的正确。

(1) 划　线

划出位置线和辅助检验线。首先是按图纸上孔的位置尺寸要求,划出孔位的十字中心线,并打上中心冲眼,要求冲眼要小,位置要准;其次是根据所钻孔的大小划出该孔的检验线,可以是一个圆周线或几个大小不等的圆周线,也可以是一个方格或几个大小不等的方格,以便钻孔时检查和找正钻孔位置,如图 1-1-10 所示。

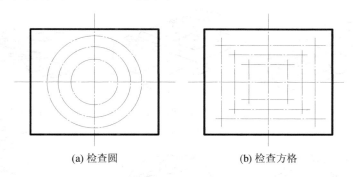

(a) 检查圆　　　　　　(b) 检查方格

图 1-1-10　孔位检查线

(2) 工件的装夹

工件钻孔时,要根据工件的不同形体以及钻削力的大小,或钻孔直径的大小等情况,采用不同的装夹定位和夹紧方法,以保证钻孔的质量和安全,常用的基本装夹方法如下:

① 平正的工件可用平口钳装夹,装夹时应使工件表面与钻头垂直。钻直径大于 8 mm 的孔时,必须用螺栓或压板固定平口钳。用平口钳夹持工件钻通孔时,工件底部应垫上垫铁,空出落钻部位,以免钻坏平口钳,如图 1-1-11(a) 所示。

② 对较大工件且钻孔直径在 10mm 以上,可用压板夹持的方法进行钻孔,如图 1-1-11(b) 所示。

③ 在小型工件或薄板上钻小孔,可将工件放在定位块上,用手虎钳进行夹持,如图 1-1-11(c) 所示。

④ 夹紧底面不平或加工基准在侧面的工件,可用角铁进行装夹,如图 1-1-11(d) 所示,由于钻孔的轴向钻削力作用在角铁安装平面之外,故角铁必须用压板固定在钻床工作台上。

⑤ 圆柱工件端面钻孔,可用三爪长盘进行装夹,如图 1-1-11(e) 所示。

⑥ 圆柱形的工件可用 V 形铁进行装夹,如图 1-1-11(f) 所示。装夹时,应使钻头轴心线与 V 形体两斜面的对称平面重合,保证钻出孔的中心线通过工件的轴心线。

> 注意事项

在搭压板时应注意:
- 压板厚度与压紧螺栓直径的比例要适当,不要造成压板弯曲而影响压紧力。
- 压板螺栓应尽量靠近工件,垫铁应比工件压紧表面高度稍高,以保证对工件有较大的压紧力和避免工件在夹紧过程中移动。
- 当压紧表面为已加工表面时,要用衬垫进行保护,防止压出印痕。

(3) 钻头的装拆

1) 直柄钻头装拆

直柄钻头用钻夹头夹持。将钻头柄塞入钻夹头的长爪内,其夹持长度不能小于 15 mm,然后用钻夹头钥匙旋转外套,使环形螺母带动三只长爪移动,做夹紧或放松动作。直柄钻头装拆用钻钥匙,如图 1-1-12 所示。

2) 锥柄钻头装拆

装夹时用锥柄钻头柄部的莫氏锥体直接与钻床主轴连接。当钻头锥柄小于主轴锥孔时,

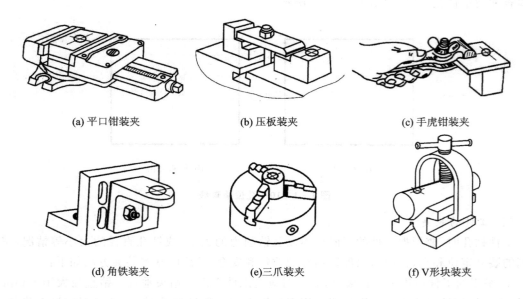

图 1-1-11 工件装夹方法

需加过渡套（即钻套）来连接。连接时需注意将钻头锥柄、主轴锥孔擦拭干净，同时应使钻头柄部的矩形舌部的方向与主轴上的腰形孔中心线方向相同。拆卸时用斜铁敲入钻套或钻床主轴上的腰形孔内即可，如图 1-1-13 所示。

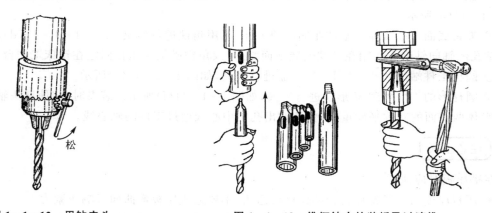

图 1-1-12 用钻夹头　　　　　　　图 1-1-13 锥柄钻夹的装拆及过渡锥

> 提示：拆卸前，在工件或工作台上要垫木块，防止钻头掉下打坏工件或工作台。

（4）钻床转速的选择

应根据加工材料的软硬、钻头直径的大小及钻孔的深度来选择钻床转速。一般情况下，对于硬材料、直径较大的孔、深度较深（$L>3d$）的孔，选择较低转速；相反，则应选择较高转速。

（5）起　钻

钻孔时，应把钻头对准钻孔的中心，然后启动主轴，待转速正常后，手摇进给手柄，慢慢地起钻,钻出一个浅坑,这时观察钻孔位置是否正确(即相对于孔位置中心线左右两边是否对称),如钻出的锥坑与所划的钻孔圆周线不同心,应及时校正。

如钻出的锥坑与所划的钻孔圆周线偏位较少,可移动工件(在起钻的同时用力将工件向偏位的反方向推移)或移动钻床主轴(摇臂钻床钻孔时)来校正;如偏位较多,可在校正方向打上几个样冲眼或用油槽錾錾出几条槽,以减少此处的钻削阻力,达到校正的目的,如图 1-1-14 所示。无论哪种方法都必须在锥坑外圆小于钻头直径之前完成。

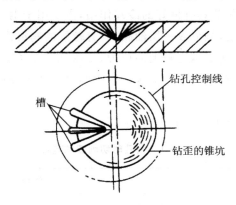

图 1-1-14 用錾槽来纠正钻偏的锥坑

(6) 手动进给操作

当起钻达到钻孔的位置要求后,即可压紧工件完成钻孔。手动进给时进给力不应使钻头产生弯曲现象,钻小孔或深孔时进给力要小,并要经常退钻排屑。孔将钻穿时进给力必须减小。

(7) 限　位

当钻通孔即将结束时,必须减少进给量,如原采用自动进给,此时最好改成手动进给。因为当钻尖刚钻穿工件材料时,轴向阻力突然减小,由于钻床进给机构的间隙和弹性变形突然恢复,将使钻头以很大的进给量自动切入,以致造成钻头折断或钻孔质量降低等现象。

当钻不通孔时,可按所需钻孔深度调整钻床挡块限位,当所需孔深度要求不高时,也可用表尺限位。

(8) 排　屑

钻深孔时,若钻头钻进深度达到直径的 3 倍,钻头就要退出排屑一次,以后每钻进一定深度,钻头就要退出排屑一次。应防止连续钻进,使切屑堵塞在钻头的螺旋槽内而折断钻头。

4. 钻孔时的冷却和润滑

为了使钻头散热冷却,减少钻削时钻头与工件、切屑之间的摩擦,以及消除粘附在钻头和工件表面上的积屑瘤,从而降低切削抗力,延长钻头使用寿命和改善加工孔的表面质量,钻孔时应加注足够的切削液。

(1) 切削液的作用

① 冷却作用　切削液的输入能吸收和带走大量的切削热,降低工件和钻头的温度,限制积屑瘤的生长,防止已加工表面硬化,减少因受热变形产生的尺寸误差,这是切削液的主要

作用。

② 润滑作用　由于切削液能渗透到钻头与工件的切削部分,形成有吸附性的润滑油膜,起到减轻摩擦的作用,从而降低了钻削阻力和钻削温度,使切削性能及钻孔质量得以提高。同时,切削液渗入金属微细裂缝中,起内润滑作用,减小了材料的变形抗力,从而使钻削更省力。

③ 清洗作用　切削液能冲走切屑,避免切屑划伤已加工表面。

（2）切削液的种类

乳化液　3%～8%的乳化液具有良好的冷却作用,主要用于钢、铜、铝合金等材料的钻削。

切削油　具有一定的粘度,能形成一层油膜,具有较好的润滑作用,而在高强度或塑性、韧性较大材料上钻孔时,因钻头前面承受较大的压力,要求切削液有足够的润滑作用,此时用切削油较合适,如各类矿物油、植物油、复合油等。它主要用来减小被加工表面的粗糙度值,或减少积屑瘤的产生。

钻孔时切削液的选择见表1-1-1。

表1-1-1　钻孔时切削液的选择

工件材料	切削液种类
各类结构钢	3%～5%乳化液;7%硫化乳化液
不锈钢、耐热钢	3%肥皂加2%亚麻油水溶液;硫化切削油
紫铜、黄铜、青铜	不用;或用5%～8%乳化液
铸铁	不用;或用5%～8%乳化液;煤油
铝合金	不用;或用5%～8%乳化液;煤油;油与菜油混合油
有机玻璃	5%～8%乳化液;煤油

5. 钻孔时的安全文明生产

① 操作钻床时不可戴手套,袖口必须扎紧,女工必须戴工作帽。

② 钻孔前要夹紧工件,钻通孔时要垫垫块或使钻头对准工作台的沟槽,防止钻头损坏工作台面。

③ 通孔将钻穿时,要尽量减小进给力,以防产生事故。

④ 升动钻床前,要检查钻床主轴上钻钥匙或斜铁是否已取下。

⑤ 钻孔时清除切屑必须用毛刷或钩子(长条切屑),不能用嘴吹,以防切屑飞入眼中;也不能用棉纱或用手去清除。

⑥ 操作者头部不能靠旋转主轴太近,也不允许用手去刹住旋转主轴。

⑦ 变换转速必须先停车,严禁在开车状态下装拆工件、变换转速。

⑧ 清洁钻床或加注润滑油时,必须切断电源。

⑨ 装夹钻头必须用钻钥匙,不许用手锤或扁铁敲击;装夹工件必须将装夹面清扫干净。

⑩ 钻头用钝后必须及时修磨。

1.1.2 扩 孔

1. 扩孔钻

用扩孔钻或麻花钻将工件已有孔径进行扩大的加工方法称为扩孔。其加工精度为IT10～IT9,表面粗糙度 Ra 为 3.2～6.3 μm。由于扩孔切削条件大大改善,所以扩孔钻的结构与麻花钻相比有较大不同。如图 1-1-15 所示,扩孔钻的形状与钻头相似,不同的是扩孔钻有 3～4 个切削刃,且没有横刃,其顶端是平的,螺旋槽较浅。

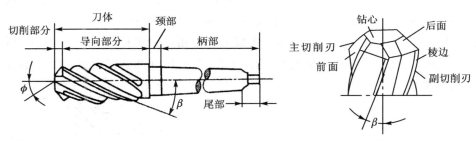

图 1-1-15 扩孔钻

2. 扩孔钻的结构特点

① 导向性较好。扩孔钻有较多的切削刃,即有较多的刀齿棱边刃,切削较为平稳。因此扩孔质量比钻孔质量高,故扩孔常作为半精加工或铰孔前的预加工。

② 可以增大进给量和改善加工质量。由于扩孔钻的钻心较粗,具有较好的刚度,所以其进给量为钻孔的 1.5～2 倍,但切削速度约为钻孔的 1/2。

③ 由于吃刀深度小,排屑容易,因此加工表面质量较好。当扩孔直径和扩孔前直径分别为 D、d 时,其吃刀深度为 $a_p = \dfrac{D-d}{2}$。

扩孔操作时,可用钻头扩孔,也可用扩孔钻扩孔。当孔径较大时,可用两把麻花钻分两次加工孔,即第一次用直径为 (0.5～0.7)D 的钻头钻孔,第二次用直径为 D 的钻头扩孔。当扩孔精度较高时,用扩孔钻扩孔,扩孔前的钻孔直径约为孔径的 0.9 倍,如图 1-1-16 所示。扩孔的加工余量一般为 0.2～4 mm。

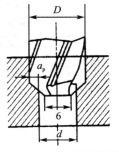

图 1-1-16 扩孔简图

> **注意事项**

扩孔时的注意事项:
- 扩孔的切削深度不宜太小,扩孔切削速度和进给量不能太大。
- 扩孔钻的刃带应确保倒锥度。
- 扩孔的冷却润滑供给不能间断。
- 扩孔前的底孔如果先用 0.5～0.7 倍的钻头钻预孔,再用等于孔径的扩孔钻扩孔,则效果会更好。

1.1.3 铰孔

用铰刀从工件孔壁上切除微量金属层,以提高其尺寸精度和降低表面粗糙度的加工方法称为铰孔。由于铰刀的刀刃数量多,切削余量小,切削阻力小,导向性好、刚性好,因此其加工出的尺寸精度可达 IT9~IT7、表面粗糙度 Ra 可达 3.2~0.8 μm。

1. 铰刀的种类和结构特点

铰刀按加工方法不同分为机用铰刀和手用铰刀;按所铰孔的形状不同又可分为圆柱形铰刀和圆锥形铰刀;按铰刀的容屑槽的形状不同,可分为直槽铰刀和螺旋槽铰刀;按结构组成不同可分为整体式铰刀和可调试铰刀。本节重点讲解标准圆柱铰刀。

标准圆柱铰刀为整体式结构,它分为机用铰刀和手用铰刀两种,如图 1-1-17 所示。它的容屑槽为直槽,与钻头的结构组成类似,它由工作部分、颈部和柄部组成。工作部分又分为切削部分和校准部分。

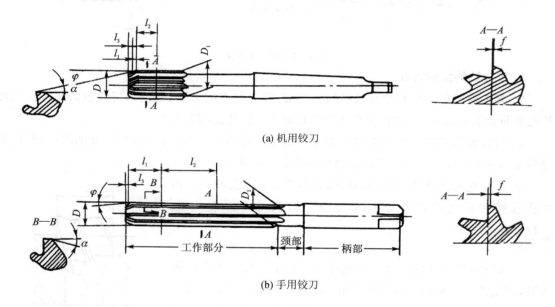

(a) 机用铰刀

(b) 手用铰刀

图 1-1-17 铰刀结构

机用铰刀如图 1-1-17(a)所示,多为锥柄,用于机铰,装在钻床进行铰孔;手用铰刀如图 1-1-17(b)所示,用于手工铰孔,其柄部为直柄,工作部分较长。

1) 切削锥角 2φ

铰刀具有较小的切削锥角。对于机用铰刀,铰削钢件及其他韧性材料的通孔时,$2\varphi=30°$;铰削铸铁及其他脆性材料的通孔时,$2\varphi=6°\sim10°$;铰盲孔时,$2\varphi=90°$,以便使铰出孔的圆柱部分尽量长,而圆锥顶角尽量短。

对于手用铰刀,$2\varphi=1°\sim3°$,目的是加长切削部分,提高定心作用,使铰削省力。

2) 前角 γ

一般铰刀切削部分的前角 $\gamma=0°\sim3°$,校准部分的前角为 0°,这样的前角,使铰削近似于刮削,因此可得到较小的表面粗糙度。

3)后角 α

铰刀的后角一般为 6°～8° 的夹角。

4)校准部分棱边宽度 f

校准部分的刀刃上留有无后角的窄的棱边,在保证导向和修光作用的前提下,应考虑尽可能地减少棱边与孔壁的摩擦,所以棱边宽度 f＝0.1～0.3 mm,与麻花钻类似,校准部分也做成倒锥。其中,机用铰刀的后段倒锥量为 0.04～0.08 mm,以防铰刀振动而扩大孔口,它的校准部分的前段为圆柱形,做得较短,因为它的校准工作主要取决于机床本身。手用铰刀由于要依靠校准部分导向,所以校准部分较长,且全长制成 0.005～0.008 mm 的较小倒锥。

5)齿数 Z

铰刀的齿数多,则刀刃上的平均负荷小,有利于提高铰孔精度,减轻铰刀磨损。但齿过多,会降低刀齿强度,减少容屑槽空间,不利于排屑,已加工表面易被切屑划伤,有时还会造成刀齿的崩刃。一般直径 D＜20 mm 的铰刀,取 Z＝6～8;D＝20～50 mm 时,取 Z＝8～12。为测量铰刀直径,一般铰刀齿数取偶数。

为获得较高的铰孔质量,一般手用铰刀的齿距在圆周上是不均匀分布的。这样可使铰刀在碰到孔壁上粘留的切屑或材料中的硬点时,各刀齿不重复向硬点的对称边让刀,以免孔壁产生轴向凹痕。另外由于手用铰刀每次旋转的角度和停歇方位是大致相近的,如果用对称齿就会使某一处孔壁产生凹痕。而机用铰刀由机床带动铰削,就不会产生上述现象。

6)铰刀直径 D

铰刀直径是铰刀最基本的参数。它包含被铰孔直径及其公差,铰孔时的孔径扩张量或收缩量,铰刀的磨损公差及制造公差等诸多因素。直径的精确程度直接影响铰孔的精度。用高速钢制成的标准铰刀分三种型号:1 号、2 号和 3 号。为适应具体孔径的具体需要,都留有 0.005～0.02 mm 的研磨量备用。

2. 其他类型铰刀

(1) 锥铰刀

锥铰刀是用来铰削圆锥孔的,如图 1-1-18 所示。根据锥孔的类型不同,锥铰刀主要有下列四种:1:10 锥铰刀、1:30 锥铰刀、1:50 锥铰刀和莫氏锥铰刀。1:10 锥铰刀和莫氏锥铰刀一般为两至三把一套,其中一把为精铰刀,其余为粗铰刀。由于铰刀是全齿同时参与切削,故铰削时较费力。为减轻粗铰时的负荷,在粗铰刀的刀刃上开有呈螺旋形分布的分屑槽;另外还可将铰削前的孔钻成阶梯孔,即以锥孔的小端直径为阶梯孔的最小直径,同时应保留铰削余量。阶梯的节数可由孔的长度及锥度大小决定。

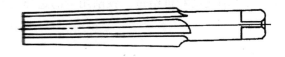

图 1-1-18 锥铰刀

(2) 螺旋槽铰刀

如图 1-1-19 所示,螺旋槽铰刀的切削刃沿螺旋线分布,所以铰孔时切削连续平稳,铰出的孔壁光滑，螺旋槽铰刀常用于铰有缺口或带槽的孔，因为槽侧边会勾住刀刃，易使槽侧面受破坏，同时易引起铰刀振动。螺旋槽的方向一般为左旋，以免铰削时因铰刀正转而产生自动旋进的现象，且左旋槽易于排屑。

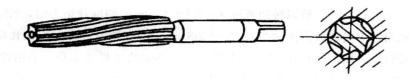

图 1-1-19　螺旋槽铰刀

(3) 硬质合金机用铰刀

硬质合金机用铰刀一般采用镶片式结构，适用于调整铰削和硬材料铰削。其刀片材料有 YG 类和 YT 类。YG 类适合铰削铸铁材料，YT 类适合铰削钢件。

硬质合金机用铰刀有直柄和锥柄两种，如图 1-1-20 所示。其中，直柄硬质合金机铰刀的规格按直径分为 $\phi6$，$\phi7$，$\phi8$，$\phi9$ 四种；按公差分为 1，2，3，4 号，铰孔后可分别直接获得 H7，H8，H9，H10 级的孔；锥柄硬质合金铰刀的直径范围从 10～28 mm，按公差分为 1，2，3 号，它的铰孔精度可达 H9，H10，H11 级。

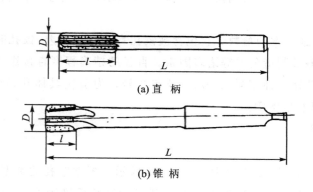

(a) 直　柄

(b) 锥　柄

图 1-1-20　硬质合金铰刀

3. 铰孔方法

(1) 铰削用量的选择

铰削用量包括铰削余量、切削速度和进给量。铰削用量的选择是否正确合理，直接影响铰孔质量。

1) 铰削余量

铰削余量是指上道工序(钻孔或扩孔)完成后留下的直径方向的加工余量。铰削余量是否合适，直接影响所铰孔的质量。铰削余量过大，会使刀齿切削负荷和变形增大，切削热增加，使铰刀的直径胀大，加工孔径扩大，被加工表面呈撕裂状态，致使尺寸精度降低，表面粗糙度值增大，同时加剧铰刀磨损。

铰削余量太小,使上道工序的残留变形难以纠正,原有刀痕不能去除,铰削质量达不到要求。在一般情况下,对精度要求在 IT9~IT8 级的孔可一次铰出;对 IT7 级的孔可分粗铰和精铰;对铰大于 20 mm 的孔,应先钻孔,再扩孔,后铰孔。具体数值可参照表 1-1-2 选取。

表 1-1-2 铰孔余量

铰刀直径/mm	铰削余量/mm
<6	0.05~0.1
6~18	一次铰:0.1~0.2;二次精铰:0.1~0.15
>18~30	一次铰:0.2~0.3;二次精铰:0.1~0.15
>30~50	一次铰:0.3~0.4;二次精铰:0.15~0.25

注:二次铰时,粗铰余量可取一次铰余量的较小值。

2)机铰时的铰削速度和进给量

机铰时为了获得较小的加工表面粗糙度值,必须避免产生积屑瘤,减少切削热及变形,因而应取较小的切削速度和进给量。选得太小,又影响生产效率,同时如果进给量太小,刀齿会对工件材料产生推挤作用,使被辗压过的材料产生塑性变形和表面硬化,当下刀齿再切削时,会撕下一大片切屑,使加工后的表面变得粗糙。选得太大,会加快铰刀的磨损。

使用普通标准高速钢铰刀时:

对钢件铰孔,切削速度 $v \leqslant 8$ m/min,$f = 0.8$ mm/r;

对铰铸铁件铰孔,切削速度 $v \leqslant 10$ m/min,$f = 0.4$ mm/r;

对铰铜、铝件铰孔,切削速度 $v \leqslant 12$ m/min,$f = 1$ mm/r。

(2)铰削操作方法

① 将工件夹正、夹紧。对薄壁零件,要防止夹紧力过大而将孔夹扁。

② 手铰起铰时,右手通过铰孔轴线向下施加适当压力,左手转动铰杠,待铰刀与孔垂直且进入正常铰削。铰削时,两手要均匀地用力、平稳地旋转,不能有侧向压力,同时适当加压,使铰刀均匀地进给,以保证铰孔质量,避免孔口成喇叭形或将孔径扩大。

③ 铰孔时无论是进刀铰削还是退出铰刀,铰刀均不能反转,以防损坏铰刀、划伤孔壁,甚至崩刃。

④ 机铰时,应使工件一次装夹进行钻、铰加工,以保证钻孔中心线与铰刀中心线一致。铰完后,需待铰刀退出后再停车,以防孔壁拉出痕迹。

⑤ 铰尺寸较小的圆锥孔时,可先按小端直径取圆柱孔精铰余量钻出圆柱孔,然后用锥铰刀铰削即可。对尺寸和深度较大的锥孔,为减小铰削余量,铰孔前可先钻出阶梯孔,然后再用铰刀铰削。铰削过程中要经常用相配的锥销来检查铰孔尺寸。

(3)合理选择切削液

由于铰削时产生的切屑细碎,易黏附在刀刃上,甚至挤在孔壁与铰刀之间,从而刮伤加工表面,使孔径扩大,因此在铰削时必须用适当的切削液冲掉切屑,减少摩擦,降低工件和铰刀的温度,防止产生积屑瘤,提高铰孔的质量。铰孔时切削液的选择见表 1-1-3。

表 1-1-3　铰孔时切削液的选择

工件材料	切削液种类
钢	1. 10%～20%乳化液。 2. 铰孔要求较高时,采用 30%菜油加 70%肥皂水。 3. 铰孔的要求更高时,可用菜油、柴油、猪油等
铸铁	1. 不用。 2. 煤油,但会引起孔径缩小,最大缩小量达 0.02～0.04 mm。 3. 低浓度的乳化液
铝	煤油
铜	乳化液

4. 铰孔中常会出现的问题和产生原因

铰孔中出现的质量问题和产生的原因见表 1-1-4。

表 1-1-4　铰孔时可能出现的问题和产生原因

出现的问题	产生原因
加工表面粗糙度大	1. 加工余量太大或太小。 2. 铰刀的切削刃不锋利,刃口崩裂或有缺口。 3. 不用切削液,或用不适当的切削液。 4. 铰刀退出时反转,手铰时铰刀旋转不平衡。 5. 切削速度太高产生刀瘤,或刀刃上沾有切屑。 6. 容屑槽内切屑堵塞
孔呈多角形	1. 铰削量太大,铰刀振动。 2. 铰孔前钻孔不圆,铰刀发生弹跳现象
孔径缩小	1. 铰刀磨损。 2. 铰铸铁时加煤油。 3. 铰刀已钝
孔径扩大	1. 铰刀中心线与孔中心线不同轴。 2. 铰孔时两手用力不均匀。 3. 铰钢件时未加切削液。 4. 进给量与铰削余量过大。 5. 机铰时钻轴摆动太大。 6. 切削速度太高,铰刀热膨胀。 7. 操作粗心,铰刀直径大于要求尺寸。 8. 铰锥孔时没及时用锥销检查

1.1.4　综合技能训练

1. 钻孔练习

如图 1-1-21 所示,对零件进行钻孔练习。

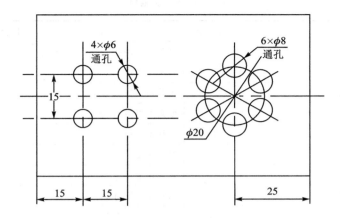

图 1-1-21 钻孔练习

(1) 操作步骤

1) 完成麻花钻的刃磨练习

① 由教师作刃磨示范。

② 用练习钻头(供练习用的 $\phi15$ 左右的铸铁麻花钻或废钻头)进行刃磨练习。

③ 完成实习件钻孔钻头的刃磨。

2) 在实习件上钻孔

① 由教师做钻床的调整操作,以及钻头、工件的装夹及钻孔方法示范。

② 练习钻床空车操作并做钻床转速、主轴头架和工作台升降等的调整练习。

③ 在实习件上进行划线钻孔,达到图样要求。

| 提示 | 保证孔的位置度、同心及对称度。 |

注意事项

- 钻头的刃磨技能是学习中的重点、难点之一,必须不断练习,做到刃磨的姿势动作以及几何形状和角度正确。
- 用钻夹头装夹钻头时要用钻夹头钥匙,不可用扁铁和手锤敲击,以免损坏夹头和影响钻床主轴精度。工件装夹时,必须做好装夹面的清洁工作。
- 钻孔时,手动进给压力应根据钻头的工作情况,以目测和感觉进行控制,在练习中应注意掌握。
- 钻头用钝后必须修磨锋利。
- 注意操作安全。
- 充分了解钻孔时常会出现的问题及其产生的原因,以便在练习时加以注意。

(2) 质量检测

质量检测如表 1-1-5 所列。

表 1-1-5 质量检测

序号	项目	配分	评分标准	检查结果	得分
1	钻头刃磨	15	姿势不正确扣5分,刃磨不符合要求全扣		
2	正确安装钻头	10	安装错误扣5分		
3	工件夹持合理性	10	装夹不当扣10分		
4	钻削过程控制是否正确	10	过程不当扣10分		
5	掌握台钻各部件作用	10	总体评定		
6	正确操作台钻	10	总体评定		
7	φ6 4处	12	每超差1处扣4分		
8	φ8 6处	18	每超差1处扣3分		
9	φ20 1处	5	超差不得分		
10	安全文明生产		违者每次扣2分,严重者扣5～10分		

2. 铰孔练习

如图 1-1-22 所示,对工件进行钻孔、铰孔练习。

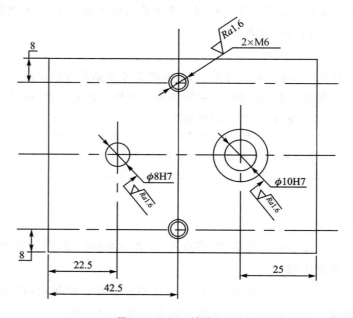

图 1-1-22 铰孔练习

(1) 操作步骤

① 在实习件上按图样划出各孔位置加工线。

② 钻各孔。考虑应有的铰孔余量,选定各铰孔前的钻头规格,刃磨试钻得到正确尺寸后按图钻孔,并对孔口进行 0.5×45° 倒角。

③ 铰各圆柱孔,用相应的圆柱销配检。

④ 铰锥销孔,用锥销试配检验,达到正确的配合尺寸要求。

提示	保证工件划线的精确度,确保孔距尺寸精度。

注意事项

- 铰刀是精加工工具,要保护好刃口,避免碰撞,刀刃上如有毛刺或切屑粘附,可用油石小心地磨去。
- 铰刀排屑功能差,须经常取出清屑,以免铰刀被卡住。
- 铰定位圆锥销孔时,因锥度小、有自锁性,其进给量不能太大,以免铰刀卡死或折断。
- 充分了解铰孔中常出现的问题及其产生的原因,以便在练习时加以注意。

(2) 质量检测

质量检测如表1-1-6所列。

表1-1-6 质量检测

序号	项目	配分	评分标准	检查结果	得分
1	标准麻花钻刃磨	10	姿势不正确扣5分,刃磨不符合要求全扣		
2	钻孔、扩孔方法正确	10	操作违规不得分		
3	$\phi 8H7$ 1处	10	超差不得分		
4	$\phi 10H7$ 1处	10	超差不得分		
5	$\phi 6$ 2处	15	每超1处扣7.5分		
6	22.5 mm 1处	5	超差不得分		
7	42.5 mm 1处	5	超差不得分		
8	25 mm 1处	5	超差不得分		
9	8 mm 2处	10	每超差1处扣5分		
10	$Ra \leq 1.6 \mu m$ 4处	10	每超差1处扣2.5分		
11	安全文明生产	10	违规操作不得分		

思考与练习

1. 试述钻孔加工刀具的类型及其用途。
2. 为什么要对麻花钻进行修磨?有哪些修磨方法?
3. 钻孔时选择切削用量的基本原则是什么?
4. 为什么手用铰刀刀齿的齿距在圆周上不均匀分布?
5. 铰孔时,为什么铰削余量不宜太大或太小?
6. 在钢板上钻直径为20 mm的孔,如钻床转速选320 r/min,试计算其切削速度。
7. 钻头直径为12 mm,以20 m/min的切削速度使钻头以100 mm/min做轴向进给,试计算选择主轴的进给量(钻床现有转速为270 r/min,320 r/min,510 r/min,640 r/min。现有进给量为0.18 mm/r,0.19 mm/r,0.26 mm/r,0.32 mm/r)。

课题二　攻螺纹与套螺纹

> **教学要求**
> ◆ 掌握攻螺纹和套螺纹的动作要领。
> ◆ 掌握不同工件攻螺纹和套螺纹的加工方法。
> ◆ 懂得攻螺纹的底孔直径和套螺纹圆杆直径的确定方法。
> ◆ 懂得丝锥折断和攻螺纹废品产生的原因和防止方法。
> ◆ 了解攻螺纹和套螺纹的安全注意事项。

螺纹被广泛应用于各种机械设备、仪器仪表中,作为连接、紧固、传动和调整的一种机构。攻螺纹与套螺纹,又称攻丝与套丝(或套扣),是钳工加工内外螺纹的方法。本课题介绍钳工攻螺纹与套螺纹的基本操作。

本课题安排了两个训练课题:螺杆两端套螺纹和攻底板块螺纹。

1.2.1　螺纹概述

用丝锥在工件孔中切削出内螺纹的加工方法称为攻螺纹(又称攻丝);用板牙在圆棒上切出外螺纹的加工方法称为套螺纹(又称套丝或套扣)。单件小批生产中采用手动攻螺纹和套螺纹,大批量生产中则多采用机动(在车床或钻床上)攻螺纹和套螺纹。

1. 螺纹的种类

螺纹的分类方法和种类很多。螺纹按牙形可分为三角形、矩形、梯形、锯齿形和圆弧形螺纹;按螺纹旋向可分为左旋和右旋;按螺旋线条数可分为单线和多线;按螺纹母体形状可分为圆柱和圆锥等。螺纹的一般分类如表1-2-1所列。

表1-2-1　螺纹的一般分类

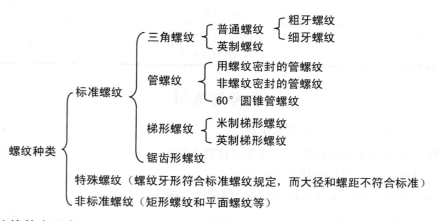

2. 螺纹的基本要素

螺纹的基本要素包括:牙形、公称直径、头数(或线数)、螺距和导程、螺纹公差带、旋向和螺纹旋合长度。

（1）牙　形

牙形是通过螺纹轴线的剖面上螺纹的轮廓形状,常见的牙形有三角形、矩形、梯形、圆弧形和锯齿形,如图1-2-1所示。

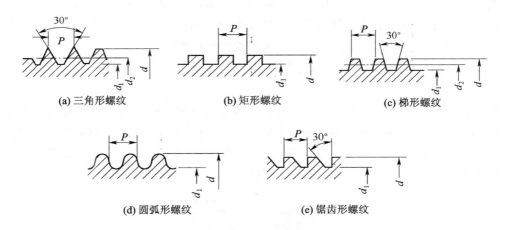

图1-2-1 各种螺纹的剖面形状

(2)公称直径

螺纹的直径包括大径(公称直径)、小径、中径等,如图1-2-2所示。

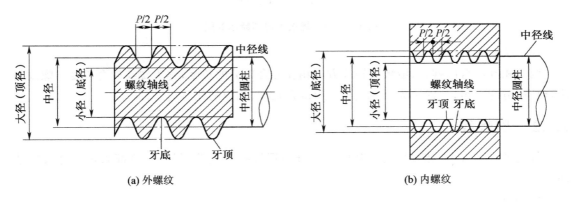

图1-2-2 螺纹的直径

① 大径:即螺纹的公称直径,指与外螺纹牙顶或内螺纹牙底相切的假想圆柱面的直径。大径是螺纹的最大直径,即外螺纹的牙顶直径、内螺纹的牙底直径,是螺纹的基本要素之一。

② 小径:与外螺纹牙底或内螺纹牙顶相切的假想圆柱面的直径。小径是螺纹的最小直径(外螺纹的牙底直径、内螺纹的牙顶直径)。

③ 中径:一个假想圆柱的直径,该圆柱的母线通过牙形上沟槽和凸起宽度相等的地方。该假想圆柱称为中径圆柱。中径圆柱的母线称为中径线。螺纹的有效直径称为中径,在这个直径上牙宽与牙间相等,即牙宽(或牙间)等于螺距的一半。

(3)头数(或线数)

一个双圆柱面上的螺旋线的数目称为头数,有单头、双头和多头几种。

(4) 螺距和导程

螺距:相邻两牙在中径线上对应两点间的轴向距离称为螺距,用字母 P 表示。

导程:同一条螺旋线上的相邻两牙在中径线上对应两点间的轴向距离称为导程。对于单头螺纹,螺距等于导程;对于多头螺纹,导程等于螺距乘以头数。

导程与螺距的关系式为 $S=ZP$(式中:S 为导程;Z 为头数;P 为螺距)。

(5) 旋　向

旋向指螺纹在圆柱面上的绕行方向,有右旋和左旋两种。顺时针旋转时旋入的螺纹称为右旋螺纹,逆时针旋转时旋入的螺纹称为左旋螺纹,常用的是右旋螺纹。判断螺纹旋向比较简单的方法,如图 1-2-3 所示,用左手、右手各表示左螺纹、右螺纹的旋向。当螺纹从左向右升高为右旋螺纹;当螺纹从右向左升高为左旋螺纹。

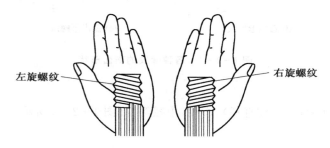

图 1-2-3　螺纹旋向判断示意图

(6) 螺纹旋合长度

两个相互配合的螺纹,沿螺纹轴线方向相互旋合部分的长度,称为螺纹旋合长度。螺纹的旋合长度分为三组,分别称为短、中、长三组旋合长度,相应的代号为 S,N,L。

1.2.2　攻螺纹

每副模具都有大量的螺纹孔,其中大部分的螺纹孔是连接用的,一般都采用攻螺纹方法加工。

1. 攻螺纹工具

(1) 丝　锥

丝锥是一种加工内螺纹的刀具,通常由高速钢、碳素工具钢或合金工具钢制成。因其制造简单,使用方便,所以应用很广泛。

1) 丝锥的种类

丝锥的种类较多,按使用方法不同,可分为手用丝锥和机用丝锥两大类,如图 1-2-4 所示。手用丝锥是手工攻螺纹时用的一种丝锥,常用于单件小批生产及各种修配工作中。一般都不经磨削,工作时切削速度较低,通常由 9SiCr、GCr9 钢制成。

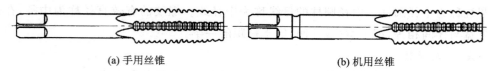

(a) 手用丝锥　　　　　　　　　(b) 机用丝锥

图 1-2-4　丝　锥

机用丝锥是通过攻螺纹夹头,装在机床上使用的一种丝锥。它的形状与手用丝锥相仿。不同的是其柄部除铣有方榫外,还切有一条环槽。因机用丝锥攻螺纹时的切削速度较高,故采用 W18Cr4V 高速钢制成。

机用丝锥一套也有两支。攻通孔螺纹时,一般都用切削部分较长的初锥一次攻出。只有攻不通孔螺纹时才用精锥再攻一次,以增加螺纹的有效长度。

丝锥按用途不同又可以分为普通螺纹丝锥、英制螺纹丝锥、圆柱管螺纹丝锥和圆锥管螺纹丝锥等。

普通螺纹丝锥是最常用的一种丝锥,分粗牙和细牙两种,可用来攻通孔或不通孔的螺纹。

圆柱管螺纹丝锥的外形与普通螺纹丝锥相似,但其工作部分较短,可用来攻各种圆柱螺纹。常见的圆柱管螺纹丝锥是两支一套的手用丝锥。

圆锥管螺纹丝锥是用来攻圆锥螺纹的丝锥,其直径从头部到尾部逐渐增大,但螺纹牙表始终与丝锥轴心线垂直,以保证内外螺纹牙形两边有良好的接触。其攻螺纹时切削量很大,通常圆锥管螺纹丝锥是两支一套的,但也有一支一套的。

2) 丝锥的结构

丝锥由工作部分和柄部构成,如图1-2-5所示。

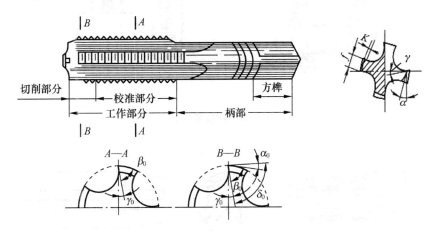

图 1-2-5 丝锥的结构

工作部分包括切削部分和校准部分,切削部分起主要切削作用,呈锥形,其上开有几条容屑槽,形成切削刃和前角。刀齿高度由端部逐渐增大,使切削复合分布在几个刀齿上,切削省力,刀齿受力均匀,不易崩齿或折断,丝锥也容易正确切入。校准部分有完整的齿形,起导向及修光作用。

柄部有方榫,可便于夹持,用来传递转矩。

3) 丝锥的几何参数

① 前角、后角和倒锥 丝锥的工作部分沿轴向有几条容屑槽,以容纳切屑,同时形成刀刃和前角 γ,为了适用不同的材料,前角可以在必要时作适当增减,见表1-2-2。

表 1-2-2 丝锥前角的选择

被加工材料	铸青铜	铸铁	硬钢	黄铜	中碳钢	低碳钢	不锈钢	铝合金
前角 $\gamma/(°)$	0	5	5	10	10	15	15~20	20~30

在切削部分的锥面上铲磨出后角 α，一般手用丝锥 α=6°～8°，机用丝锥 α=10°～12°，齿侧为 0°。在丝锥的校准部分，手用丝锥没有后角，机用丝锥的螺纹是磨过的，对 M12 以上的齿宽 f 上铲磨出 k=0.01～0.025 mm，以形成很小的后角。为了减少校准部分与螺孔的摩擦，也为了减少攻出螺孔的扩张量，丝锥校准部分的大径、中径、小径均有 [(0.05～0.12)/100] mm 的倒锥。

② 容屑槽　M8 以下的丝锥一般是 3 条容屑槽，M8～M12 的丝锥有的是 3 条容屑槽，也有的是 4 条容屑槽，M12 以上的丝锥一般是 4 条容屑槽。较大的手用和机用丝锥及管螺纹丝锥也有 6 条容屑槽的。标准丝锥一般都是直槽，以便于制造和刃磨。为了控制排屑方向，有些专用丝锥做成左旋槽，如图 1-2-6(a)所示，用来加工通孔，使切屑顺利地向下排出。也有做成右旋的，如图 1-2-6(b)所示，用来加工不通孔，使切屑能向上排出。在加工通孔时，为了使排屑顺利，也可在直槽标准丝锥的切削部分前端加以修磨，以形成刃倾角 $λ=-5°～-15°$，如图 1-2-7 所示。

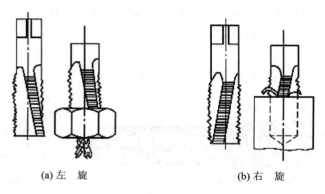

(a) 左　旋　　　　　　　　　　　(b) 右　旋

图 1-2-6　容屑槽的方向

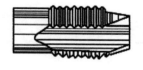

图 1-2-7　修磨出负的刃倾角

4）成套丝锥

为了合理地分配攻螺纹的切削载荷，减少切削阻力，提高丝锥的耐用度和螺纹质量，一般将整个切削工作分配给几只丝锥来完成。通常 M6～M24 的丝锥每组有两只；M6 以下和 M24 以上的丝锥每组有三只；细牙普通螺纹丝锥每组有两只。圆柱管螺纹丝锥与手用丝锥相似，只是其工作部分较短，一般每组有两只。

丝锥载荷的分配，一般有两种形式：锥形分配和柱形分配，如图 1-2-8 所示。

① 锥形分配　其每套丝锥的大径、中径和小径都相等，只是切削部分的长度及锥角不同。头锥的切削部分长度为 5～7 个螺距；二锥的切削部分长度为 2.5～4 个螺距；三锥的切削部分长度为 1.5～2 个螺距。

② 柱形分配　其头锥、二锥的大径、中径和小径都比三锥小。头锥、二锥的螺纹中径一

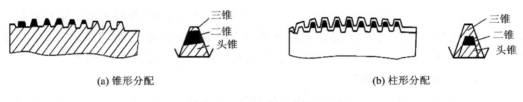

(a) 锥形分配　　　　　　　　　(b) 柱形分配

图 1-2-8　丝锥切削量分配

样,大径不一样,头锥的大径小,二锥的大径大。因此这种丝锥的切削量分配比较合理,三支一套的丝锥按顺序为 6∶3∶1 分担切削量。两支一套的丝锥则为 7.5∶2.5 分担切削量。这样分配可使各丝锥磨损均匀,寿命较长,攻螺纹时也较省力。同时因精锥的两侧刃也参加切削,所以加工的螺纹表面粗糙度值小,但丝锥的制造成本较高。攻通孔螺纹时也要攻两次或三次,丝锥的顺序也不能搞错。

因此,对于直径小于 M12 的丝锥采用锥形分配;大于或等于 M12 的丝锥,则采用柱形分配。所以在攻 M12 或 M12 以上的通孔螺纹时,一定要用最末一支丝锥攻过,才能得到正确的螺纹直径。

(2) 铰杠

铰杠是手工攻螺纹时用来夹持丝锥的工具,即夹持丝锥柄部的方榫,带动丝锥旋转。铰杠分普通铰杠(见图 1-2-9)和丁字形铰杠(见图 1-2-10)两类。各类铰杠分为固定式和活络式两种。

固定铰杠的方孔尺寸和柄长符合一定的规格,使丝锥受力不会过大,丝锥不易被折断,因此操作比较合理,但规格要备得很多。一般攻制 M5 以下的螺纹孔,宜采用固定铰杠。

活络铰杠可以调节方孔尺寸,故应用范围较广。活络铰杠在 150～600 mm 范围内有 6 种规格,其与丝锥对应的选择范围见表 1-2-3。

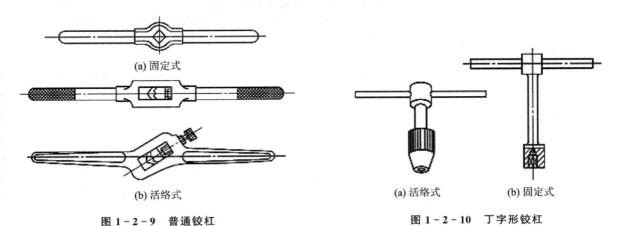

图 1-2-9　普通铰杠　　　　　　　　　图 1-2-10　丁字形铰杠

表 1-2-3　铰杠与丝锥的选择

活络铰杠规格/mm	150	230	280	380	580	600
使用丝锥范围	M5～M8	M8～M12	M12～M14	M14～M16	M18～M22	≥M24

注:丁字形铰杠用于攻制工件凸台旁或箱体内部的螺孔。

丁字形铰杠主要用于攻工件凸台旁的螺纹或箱体内部的螺纹。

当攻制带有台阶工件侧边的螺纹孔或攻制机体内部的螺纹时，必须采用丁字形铰杠。小的丁字形铰杠有固定式和活络式，活络式可调节一个四爪弹簧夹头，一般用以装夹 M6 以下的丝锥。大尺寸的丁字形铰杠一般都是固定式的，它通常按实际需要制成专用的。

2. 攻螺纹时底孔直径的确定

攻螺纹时，丝锥在切削材料的同时，还产生挤压，使材料向螺纹牙尖流动。若攻螺纹前底孔直径与螺纹小径相等，被挤出的材料就会卡住丝锥甚至使丝锥折断；并且材料的塑性越大，挤压作用越明显。因此攻螺纹前底孔直径的大小，应从被加工材料的性质考虑，保证攻螺纹时既有足够的空间来容纳被挤出的材料，又能够使加工出的螺纹有完整的牙形。

一般攻普通螺纹前的底孔直径 d_0，可参照下式计算：

$$d_0 = d - nP$$

式中：d 为螺纹公称直径，mm；P 为螺距，mm。n 为常数，在钢或韧性材料上时，$n=1$；在铸铁或脆性材料上时，$n=1.1$。

攻盲孔螺纹时，由于丝锥切削部分带有锥角，不能切除完整的螺纹牙形，因此为了保证螺孔的有效深度，所钻底孔深度 L_0 一定要大于所需螺孔深度 L，一般取：

$$L_0 = L - 0.7d$$

【例 1-2-1】 分别在中碳钢和铸铁上攻 M16×2 的螺纹，求各自的底孔直径。

解：因为中碳钢是韧性材料，所以底孔直径为

$$d_0 = d - nP = (16-2)\ \text{mm} = 14\ \text{mm}$$

因为铸铁是塑性材料，所以底孔直径为

$$d_0 = d - nP = (16 - 1.05 \times 2)\ \text{mm} = 13.9\ \text{mm}$$

确定底孔直径的大小可按公式计算，或可查表 1-2-4、表 1-2-5 和表 1-2-6。

表 1-2-4 普通螺纹钻底孔的钻头直径　　　　　mm

螺纹直径 D	螺距 P	钻头直径 d_0		螺纹直径 D	螺距 P	钻头直径 d_0	
		铸铁、青铜、黄铜	钢、可锻铸铁、紫铜、层压板			铸铁、青铜、黄铜	钢、可锻铸铁、紫铜、层压板
2	0.4	1.6	1.6	14	2	11.8	12
	0.25	1.75	1.75		1.5	12.4	12.5
2.5	0.45	2.05	2.05		1	12.9	13
	0.35	2.15	2.15	16	2	13.8	14
3	0.5	2.5	2.5		1.5	14.4	14.5
	0.35	2.65	2.65		1	14.9	15
4	0.7	3.3	3.3	18	2.5	15.3	15.5
	0.5	3.5	3.5		2	15.8	16
5	0.8	4.1	4.2		1.5	16.4	16.5
	0.5	4.5	4.5		1	16.9	17

续表 1-2-4

螺纹直径 D	螺距 P	钻头直径 d_0 铸铁、青铜、黄铜	钻头直径 d_0 钢、可锻铸铁、紫铜、层压板	螺纹直径 D	螺距 P	钻头直径 d_0 铸铁、青铜、黄铜	钻头直径 d_0 钢、可锻铸铁、紫铜、层压板
6	1	4.9	5	20	2.5	17.3	17.5
	0.75	5.2	5.2		2	17.8	18
8	1.25	6.6	6.7		1.5	18.4	18.5
	1	6.9	7		1	18.9	19
	0.75	7.1	7.2	22	2.5	19.3	19.5
10	1.5	8.4	8.5		2	19.8	20
	1.25	8.6	8.7		1.5	20.4	20.5
	1	8.9	9		1	20.9	21
	0.75	9.1	9.2	24	3	20.7	21
12	1.75	10.1	10.2		2	21.8	22
	1.5	10.4	10.5		1.5	22.4	22.5
	1.25	10.6	10.7		1	22.9	23
	1	10.9	11				

表 1-2-5 英制螺纹、圆柱管螺纹钻底孔的钻头直径

英制螺纹				圆柱管螺纹		
螺纹直径/in	每 in 牙数	钻头直径/mm 铸铁、青铜、黄铜	钻头直径/mm 钢、可锻铸铁	螺纹直径/in	每 in 牙数	钻头直径/mm
3/16	24	3.8	3.9	1/8	28	8.8
1/4	20	5.1	5.2	1/4	19	11.7
5/16	18	6.6	6.7	3/8	19	15.2
3/8	16	8	8.1	1/2	14	18.9
1/2	12	10.6	10.7	3/4	14	24.4
5/8	11	13.6	13.8	1	11	30.6
3/1	10	16.6	16.8	11/4	11	39.2
7/8	9	19.5	19.7	13/8	11	41.6
1	8	22.3	22.5	11/2	11	45.1
11/8	7	25	25.2			
11/4	7	28.2	28.4			
11/2	6	34	34.2			
13/4	5	39.5	39.7			
2	41/2	45.3	45.6			

表 1-2-6 圆锥管螺纹钻底孔的钻头直径

55°圆锥管螺纹			60°圆锥管螺纹		
公称直径/in	每in牙数	钻头直径/mm	公称直径/in	每in牙数	钻头直径/mm
1/8	28	8.4	1/8	27	8.6
1/4	19	11.2	1/4	18	11.1
3/8	19	14.7	3/8	18	14.5
1/2	14	18.3	1/2	14	17.9
3/4	14	23.6	3/4	14	23.2
1	11	29.7	1	11 1/2	29.2
1 1/4	11	38.3	1 1/4	11 1/2	37.9
1 1/2	11	44.1	1 1/2	11 1/2	43.9
2	11	55.8	2	11 1/2	56

3. 攻螺纹的方法

(1) 攻螺纹时切削液的选用

攻螺纹时合理选择适当的切削液,可以有效地提高螺纹精度,降低螺纹的表面粗糙度值。其切削液的选用如表 1-2-7 所列。

表 1-2-7 攻螺纹时切削液的选用

零件材料	切削液
结构钢、合金钢	乳化液
铸铁	煤油、75%煤油+25%矿物油
铜	机械油、硫化油、75%煤油+25%矿物油
铝	50%煤油+50%机械油、85%煤油+15%亚麻油、煤油、松节油

(2) 手攻螺纹方法

① 在螺纹底孔的孔口处要倒角,通孔螺纹的两端均要倒角,这样可以保证丝锥比较容易地切入,并防止孔口出现挤压出的凸边。

② 起攻时应使用头锥。把丝锥放正,用右手掌按住铰杠中部沿丝锥中心线用力加压,此时左手配合做顺向旋进;或两手握住铰杠两端平衡施加压力,并将丝锥顺向旋进,保持丝锥中心与孔中心线重合,不能歪斜,如图 1-2-11 所示。当切削部分切入工件 1~2 圈时,用目测或角尺检查和校正丝锥的位置,如图 1-2-12 所示。当切削部分全部切入工件时,应停止对丝锥施加压力,只需平稳地转动铰杠靠丝锥上的螺纹自然旋进。

(a) 方法一　　(b) 方法二

图 1-2-11 起攻方法　　图 1-2-12 角尺检查丝锥位置

③ 当丝锥切削部分全部进入工件时,不要再施加压力,只需靠丝锥自然旋进切削。此时,两手要均匀用力,铰杠每转 1/2～1 圈,应倒转 1/4～1/2 圈断屑,避免切屑过长咬住丝锥。

④ 攻螺纹时必须按头锥、二锥、三锥的顺序攻削,以减小切削负荷,防止丝锥折断。

⑤ 攻不通孔螺纹时,可在丝锥上做上深度标记,并经常退出丝锥,将孔内切屑清除,否则会因切屑堵塞而折断丝锥或攻不到规定深度。当将要攻到孔底时,更应及时排出孔底积屑,以免攻到孔底丝锥被轧住。

⑥ 攻通孔螺纹时,丝锥校准部分不应全部攻出头,否则会扩大或损坏孔口最后几牙螺纹。

⑦ 丝锥退出时,应先用铰杠带动螺纹平稳地反向转动,当能用手直接旋动丝锥时,应停止使用铰杠,以防铰杠带动丝锥退出时产生摇摆和振动,破坏螺纹表面粗糙度。

⑧ 在攻螺纹过程中,换用另一支丝锥时,应先用手将丝锥旋入已攻出的螺孔中,直到用手旋不动时,再用铰杠进行攻螺纹。

⑨ 在攻材料硬度较高的螺孔时,应头锥、二锥交替攻削,这样可减轻头锥切削部分的载荷,防止丝锥折断。

⑩ 攻塑性材料的螺孔时,要加切削液,以减少切削阻力和提高螺孔的表面质量,延长丝锥的使用寿命。一般用机油或浓度较大的乳化液,要求高的螺孔也可用菜油或二硫化钼等。

(3) 机攻螺纹时应注意的事项

机攻螺纹前应先按表 1-2-8 选用合适的切削速度。当丝锥即将进入螺纹底孔时,进刀要慢,以防止丝锥与螺孔发生撞击。在螺纹切削部分开始攻螺纹时,应在钻床进刀手柄上施加均匀的压力,帮助丝锥切入工件。当切削部分全部切入工件时,应停止对进刀手柄施加压力,而靠丝锥螺纹自然旋进攻螺纹。

表 1-2-8 攻螺纹速度

螺孔材料	切削速度/(m·min^{-1})
一般钢材	6～15
调质钢或较硬钢	5～10
不锈钢	2～7
铸钢	8～10

(4) 取断头丝锥

① 丝锥还有断头在工件外的情况:对这种断头螺丝,用尖錾及手锤顺螺丝退出的方向冲出;也可将露出的部分錾扁,用扳手旋出。

② 丝锥完全埋在工件里的情况:在折断螺丝的中心,钻出比螺丝直径小的孔眼,然后用方冲插入孔内旋出。

③ 取折断丝锥的方法如下:

◆ 用手锤及尖錾慢慢地旋转敲出丝锥;

◆ 如丝锥折断部分露出孔外时,可用手钳将其扭出;

◆ 对难以取出的丝锥,可用气焊火焰将丝锥退火;

◆ 若丝锥断在螺孔内,可用钢丝或带凸爪的专用旋出器,插入丝锥槽中将折断部分取出,或用电火花加工设备将断丝锥熔掉等方法。

4. 丝锥的修磨

当丝锥切削部分磨损或切削刃崩牙时,应刃磨后再使用。可以在砂轮机上修磨其后刀面,修磨时应注意保持切削部分各刀齿的半锥角及长度的一致性和准确性。

如图1-2-13所示,先将损坏部分磨掉,再磨出后角。注意要把丝锥竖起来刃磨,手的转动要平稳、均匀。刃磨后的丝锥,各对应处的锥角大小要相等,切削部分长度要一致。

当丝锥校准部分磨损时,可刃磨前刀面使刃口锋利。如果磨损严重,应在棱角修圆的片状砂轮上修磨,控制好丝锥的前角,如图1-2-14所示。刃磨时,丝锥在砂轮上做轴向运动,整个前面要均匀磨削,并控制好角度。注意冷却,防止丝锥刃口退火。如果磨损少,可用柱形油石涂一些润滑油,进行研磨即可。

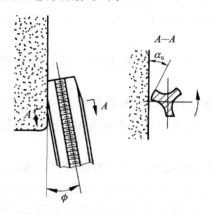 

图1-2-13 修磨丝锥的后刀面　　　　图1-2-14 修磨丝锥的前刀面

5. 攻螺纹时常见缺陷分析

攻螺纹时常见缺陷形式及产生原因见表1-2-9。

表1-2-9 攻螺纹时常见缺陷分析表

缺陷形式	产生原因	防止方法
螺纹乱扣、断裂、撕破	1. 螺纹底孔直径偏小丝锥攻不进,使孔口乱扣。 2. 头锥、二锥中心不重合。 3. 螺纹孔歪斜很多,而用丝锥强行找正。 4. 丝锥切削部分磨纯。 5. 低碳钢及塑性材料上攻螺纹时没用冷却润滑液	1. 选择合适的底孔钻头扩孔至尺寸。 2. 先用手将二锥旋入螺孔,使头锥、二锥中心重合。 3. 保持丝锥与底孔中心一致,两手用力均衡,偏斜太多不要强行找正。 4. 将丝锥后角修磨锋利。 5. 应选用冷却润滑液
螺纹孔偏斜	1. 丝锥与工件端面不垂直。 2. 铸件内有较大砂眼。 3. 攻螺纹时两手用力不均匀,倾向一侧	1. 起攻时丝锥与工件端面要垂直,要注意检查与校正。 2. 注意检查底孔。 3. 要始终保持两手用力均匀,不摆动
螺纹高度不够	攻螺纹底孔直径太大	正确计算与选择攻螺纹底孔直径与钻头直径

1.2.3 套螺纹

用板牙在圆柱或管子的表面加工外螺纹的操作称为套螺纹(套丝)。

1. 圆板牙与铰杠

(1) 圆板牙

圆板牙是用来切削外螺纹的工具。它由合金工具钢制作而成,并经淬火处理。其结构由切削部分、校准部分和排屑孔组成。其外形像一个圆螺母,在它上面钻有几个排屑孔(一般3~8个孔,螺纹直径大则孔多)形成刀刃,如图1-2-15所示。

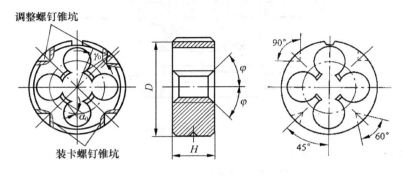

图 1-2-15 圆板牙

圆板牙两端的锥角 2φ 部分是切削部分。切削部分不是圆锥面(圆锥面的刀齿后角 $\alpha=0°$),而是经过铲磨而成的阿基米德螺旋面,形成后角 $\alpha=7°\sim8°$。

锥角的大小,一般取 $2\varphi=40°\sim50°$,前角 $\gamma=15°$ 左右。

圆板牙的前刀面就是圆孔的部分曲线,故前角数值沿着切削刃而变化。在小径处前角 γ_d 最大,大径处前角 γ_{do} 最小。一般 $\gamma_{do}=8°\sim12°$,粗牙 $\gamma_d=30°\sim35°$,细牙 $\gamma_d=25°\sim30°$。

板牙中间部分是校准部分,起导向和修光作用。

圆板牙两端都有切削部分,一端磨损后可换另一端使用。但圆锥管螺纹板牙只在一面制成削锥,所以,圆锥管螺纹板牙只能单面使用。

板牙的校准部分因磨损会使螺纹尺寸变大而超出公差范围。因此为延长板牙的使用寿命,M3.5以上的圆板牙,其外圆上有四个紧定螺钉锥坑和一条V形槽,图1-2-15所示。图中下面两个锥坑,其轴线与板牙直径方向一致,借助板牙架上的两个相应位置的紧固螺钉顶紧后,用以套丝时传递扭矩。圆板牙两端都有切削部分,一端磨损后可换另一端使用。校准部分因磨损而使螺纹尺寸变大以致超出公差范围时,可用锯片砂轮沿板牙V形槽将板牙切割出一条通槽。此时V形槽成为调整槽。使用时用铰杠的另两个紧定槽螺钉,拧紧顶入板牙上面两个偏心的锥坑内,使板牙的螺纹中径变小。调整时,应使用标准件进行尺寸校对。由于受结构的限制,螺纹孔径的调整量一般为 0.1~0.25 mm。

管螺纹板牙分圆柱管螺纹板牙和圆锥管螺纹板牙。圆柱管螺纹板牙的结构与圆板牙相仿。圆锥管螺纹板牙的基本结构也与圆板牙相仿,只是在单面制成切削锥,只能单面使用。圆锥管螺纹板牙所有刀刃均参加切削,所以切削时很费力。板牙的切削长度影响圆锥管螺纹牙形尺寸,因此套螺纹时要经常检查,不能使切削长度超过太多,只要相配件旋入后能满足要求即可。

（2）板牙铰杠

铰杠是用来安装板牙并带动板牙旋转切削的工具，通常又称为"板牙架"，如图 1-2-16 所示。板牙放入后，用螺钉紧固。板牙铰杠外圆旋有四只紧定螺钉和一只调松螺钉。使用时，紧定螺钉将板牙紧固在铰杠中，并传递套螺纹的转矩。当使用的圆板牙带有 V 形调整通槽时，通过调节上面两只紧定螺钉和一只调整螺钉，可使板牙在一定范围内变动。

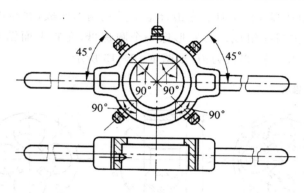

图 1-2-16 板牙铰杠

2. 套螺纹时圆杆直径的确定

与丝锥攻螺纹一样，用板牙在工件上套螺纹的切削过程中，材料同样因受到挤压而变形，牙顶将被挤高一些，因此套螺纹前的圆杆直径 D 应稍小于螺纹公称直径 d。圆杆直径可根据螺纹直径和材料的性质，参照表 1-2-10 选择。一般硬质材料直径可大些，软质材料直径可稍小些。

套螺纹圆杆直径也可用经验公式来确定：

$$D = d - 0.13P$$

圆杆直径确定后，为便于切削，在圆杆的端部应倒角 15°～20°，倒角处小端直径应小于螺纹小径。

【例 1-2-2】 加工 M10 的外螺纹，求圆杆直径是多少？

解：圆杆直径为

$$D = d - 0.13P = 10 \text{ mm} - 0.13 \times 1.5 \text{ mm} = 9.805 \text{ mm}$$

表 1-2-10 板牙套螺纹时圆杆的直径

粗牙普通螺纹				英制螺纹			圆柱管螺纹		
螺纹直径/mm	螺距/mm	螺杆直径/mm		螺纹直径/in	螺杆直径/mm		螺纹直径/in	螺杆直径/mm	
		最小直径	最大直径		最小直径	最大直径		最小直径	最大直径
M6	1	5.8	5.9	1/4	5.9	6	1/8	9.4	9.5
M8	1.25	7.8	7.9	5/16	7.4	7.6	1/4	12.7	13
M10	1.5	9.75	9.85	3/8	9	9.2	3/8	16.2	16.5
M12	1.75	11.75	11.9	1/2	12	12.2	1/2	20.5	20.8
M14	2	13.7	13.85	—			5/8	22.5	22.8

续表 1-2-10

粗牙普通螺纹				英制螺纹			圆柱管螺纹		
螺纹直径/mm	螺距/mm	螺杆直径/mm		螺纹直径/in	螺杆直径/mm		螺纹直径/in	螺杆直径/mm	
		最小直径	最大直径		最小直径	最大直径		最小直径	最大直径
M16	2	15.7	15.85	5/8	15.2	15.4	3/4	26	26.3
M18	2.5	17.7	17.85	—	—	—	7/8	29.8	30.1
M20	2.5	19.7	19.85	3/4	18.3	18.5	1	32.8	33.1
M22	2.5	21.7	21.85	7/8	21.4	21.6	11/8	37.4	37.3
M24	3	23.65	23.8	1	24.5	24.8	11/4	41.4	41.7
M27	3	26.65	26.8	11/4	30.7	31	13/8	43.8	44.1
M30	3.5	29.6	29.8	—	—	—	11/2	47.3	47.6
M36	4	35.6	35.8	11/2	37	37.3	—	—	—
M42	4.5	41.55	41.75	—	—	—	—	—	—
M48	5	47.5	47.7	—	—	—	—	—	—
M52	5	51.5	51.7	—	—	—	—	—	—
M60	5.5	59.45	59.7	—	—	—	—	—	—
M64	6	63.4	63.7	—	—	—	—	—	—
M68	6	67.4	67.7	—	—	—	—	—	—

3. 套螺纹方法

（1）套螺纹方法

① 为使板牙容易对准和切入工件，在起套前，应将圆杆端部做成 15°~20°的圆锥斜角，且锥体的小端直径可略小于螺纹小径，使切出的螺纹端部避免出现锋口和卷边而影响螺母的拧入，如图 1-2-17 所示。

② 为了防止圆杆夹持出现偏斜和夹出痕迹，圆杆应装夹在用硬木制成的 V 形钳口或软金属制成的衬垫中，保证装夹端正、牢固，如图 1-2-18 所示，在加衬垫时圆杆套螺纹部分离钳口要尽量近。

③ 起套方法与攻螺纹的起攻方法一样，用一只手的手掌按住铰杠中部，沿圆杆轴线方向加压用力，另一只手配合做顺时针旋转，动作要慢，压力要大，同时保证板牙端面与圆杆轴线垂直。在板牙切入圆杆 1~2 圈时及时校正。

④ 板牙切入 3~4 圈后不能再对板牙施加进给力，让板牙自然引进。套削过程中要不断倒转板牙断屑。

⑤ 为提高螺纹表面质量和延长板牙使用寿命，套螺纹与攻螺纹一样，要加切削液，以提高螺纹表面粗糙度和延长板牙寿命。一般选用机油或较浓的乳化液，精度要求高时可用植物油作切削液。

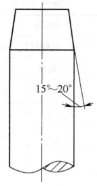
图 1-2-17 套螺纹时圆杆的倒角

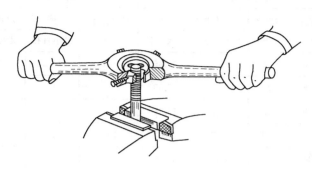
图 1-2-18 夹紧圆杆的方法

（2）套螺纹时常见缺陷分析

套螺纹时常见缺陷形式及产生的原因见表 1-2-11。

表 1-2-11 套螺纹时常见缺陷形式及产生原因

缺陷形式	产生原因	防止方法
螺纹烂牙	1. 圆杆直径过大，起套困难。 2. 板牙一直不回转，切屑堵塞，把螺纹啃坏。 3. 强行矫正已套歪的螺纹或未倒转断屑。 4. 未用合适的切屑液	1. 把圆杆加工到合适的尺寸。 2. 板牙正转 1~2 圈后，要反转排屑。 3. 板牙端面与圆杆轴线垂直，并经常检查，及时纠正。 4. 加适合的润滑冷却液
螺纹歪斜	1. 圆杆端头倒角没倒好。 2. 套螺纹时，两手用力不均匀，使板牙端面与圆杆不垂直	1. 圆杆端头倒角要标准。 2. 套螺纹时，两手要均匀，并经常检查板牙端面与圆杆是否垂直，并及时纠正
螺纹中径超差	1. 铰杠摆动，不得不多次找正，造成中径变小。 2. 板牙切入后仍施加进给力。 3. 圆板牙的尺寸调节的太小	1. 板牙要握稳。 2. 板牙切入后，只要均匀使板牙旋转即可，不能再加力下压。 3. 调整好尺寸
螺纹太浅	圆杆直径太小	圆杆直径应在规定的标准范围内

1.2.4 综合技能训练

1. 螺杆两端套螺纹

工件图样如图 1-2-19 所示。加工材料为 45 钢，切削性能较好。套螺纹前，根据公式 $D=d-0.13P$，计算出圆杆直径 $D=7.8$ mm。已经车削完成且两端已倒角。

（1）操作步骤

① 圆杆用硬木做的 V 形块衬垫，装夹在台虎钳上。螺杆轴线应与钳口垂直。

② 选用 M8 的板牙，和板牙架装配好后夹紧，对准螺杆一端准备套螺纹。

③ 将板牙对准，对正螺杆一端的倒角处，双手拇指按住板牙根部，慢慢按顺时针方向转动板牙架。注意不要扭曲歪斜板牙架，转两圈并回转半圈，同时要注入一定量的切削液，观察螺

纹的表面粗糙度及螺纹的牙形,套入规定的尺寸要求以后,退出板牙。

④ 退回板牙时用右手食指和拇指逆时针方向旋转,并注意有没有切屑夹住,到端口处慢慢退出。

⑤ 用螺纹规检测 M8 螺纹。

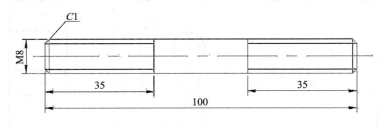

图 1-2-19 套螺纹

| 提示 | 保证板牙垂直螺杆,双臂用力均匀。 |

注意事项

- 起套时要从两个方向检查板牙端面与圆杆轴线的垂直度,套螺纹过程中也应经常注意检查,保证板牙端面与圆杆轴线垂直。
- 套螺纹时两手用力要均匀,要经常倒转断屑。
- 在套螺纹时要加少许润滑油,改善螺纹的表面粗糙度,延长板牙的使用寿命。

(2) 质量检测

质量检测如表 1-2-12 所列。

表 1-2-12 质量检测

序 号	检测项目	配 分	检查结果	得 分
1	能正确选用套螺纹的工量具	10		
2	正确测量螺杆	10		
3	姿势正确	10		
4	用板牙套螺纹方法正确	30		
5	螺纹规检测螺纹合格	30		
6	安全文明生产	10(违规操作扣 5~10 分)		

2. 攻底板块螺纹

如图 1-2-20 所示加工底板块螺纹。

(1) 操作步骤

① 粗锉、精锉工件基准面,使工件的尺寸公差、形位公差和表面粗糙度等达到要求。

② 选择划线基准,用划线工具划出各圆心线,然后打上样冲眼,准备钻孔。

③ 选择钻头,根据材料和钻孔尺寸要求,M6 的选择 $\phi 5.1$ 的钻头;M8 的选择 $\phi 6.7$ 钻头;M10 的选择 $\phi 8.5$ 的钻头;M12 的选择 $\phi 10.2$ 的钻头。

④ 按图纸要求依次用钻头将各底孔钻好。

⑤ 用台虎钳装入软钳口，装夹工件，分别用 M6、M8、M10、M12 的丝锥进行攻丝。
⑥ 攻螺纹时要注意排屑是否通畅，并注意加入润滑油以保证切削后螺纹的光滑。
⑦ 去毛刺。

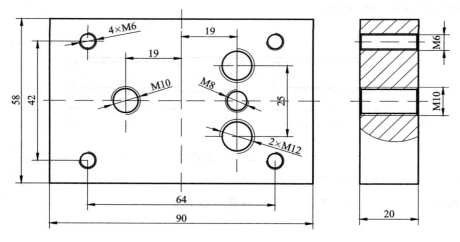

图 1-2-20 攻底板块螺纹

（2）质量检测

质量检测如表 1-2-13 所列。

表 1-2-13 质量检测

序 号	检测项目	配 分	检查结果	得 分
1	姿势正确	10		
2	工件尺寸公差、形位公差和表面粗糙度	20		
3	用划线工具划出各圆心线位置正确	10		
4	用丝锥攻丝方法正确	40		
5	用螺纹规检测螺纹合格	10		
6	安全文明生产	10（违规操作扣 5～10 分）		

> 提示　攻螺纹过程中，保证双手用力均匀及丝锥垂直于工件。

注意事项

- 攻螺纹两手旋转时用力要均匀，应经常倒转 1/4～1/2 圈断屑。
- 攻螺纹时感到两手转动铰杠很用力时，不可强行转动，应及时倒转丝锥或退出丝锥，排除铁屑后再继续加工。

思考与练习

1. 丝锥各组成部分的名称、结构特点及其作用。
2. 丝锥切削部分的前角和后角是多少？

3. 标准丝锥的容屑槽是直的,为什么有些丝锥的容屑槽是左旋或者右旋,有何作用?
4. 成套丝锥在结构上如何保证切削用量的合理分配?
5. 攻螺纹时如何确定底孔直径?
6. 试分别计算在钢件上和在铸铁上攻 M18 的螺纹钻底孔的钻头直径。
7. 丝锥用钝后可用手工磨什么部位?怎样刃磨?
8. 试述圆板牙各组成部分的名称、结构特点和作用。
9. 套螺纹前圆杆直径为什么要比螺纹直径小一些?
10. 试述套螺纹的工作要点。
11. 分析攻螺纹时产生废品的原因。
12. 分析套螺纹时产生废品的原因。

课题三 锉配训练

> **教学要求**
>
> ◆ 巩固提高划线、锯削、锉削、钻孔、铰孔、测量等钳工基本操作技能。
> ◆ 能熟练制定锉配件的钳加工工艺,掌握各种典型零件的锉配方法。
> ◆ 掌握锉配的各种钳加工技巧。
> ◆ 掌握钳工常用的测量技术。

锉配是钳工综合运用基本操作技能和测量技术,使工件达到规定的形状、尺寸和配合要求的一项重要操作技能。本课题介绍钳工锉配的基本操作技能,共安排了 4 个训练课题:对称凹凸配、直角斜边锉配、F 形锉配、变角板等实例。

1.3.1 锉配的基本操作

用锉削加工方法,使两个或两个以上的零件配合在一起,达到规定的配合要求,这种加工过程称为锉配,通常也称为镶配。

锉配工作有面的配合(如各种样板)和形体的配合(如四方体、六角形体等),本课题主要是讲解各种典型形体的配合。锉配工作一般先将相配的两个零件中的一个锉得符合图样要求,再根据已锉好的加工件来锉配另一件。由于外表面比内表面容易锉削,所以一般先锉好凸件的外表面,然后锉配凹件的内表面。在锉配凹件时,需用量具测出凸件的实际尺寸,再用量具控制凹件的尺寸精度,使其符合配合要求。

1. 锉配类型

(1) 按其配合形式不同分类

锉配可分为平面锉配、角度锉配、圆弧锉配和混合式锉配。

(2) 按其种类不同分类

① 开放式配合。锉配件可以面对面地修整配合,一般多为对称工件,可以翻转配合,正反配均达到配合要求。

② 半封闭配合。像燕尾槽配合一样,只能从材料的一个方向插进去,一般要求翻转配合,

正反均达到配合要求。

③ 全封闭配合。把工件嵌装在封闭的形体内,一般要求多方位多次翻转配合,均达到配合要求。

④ 不见面配合。工件不能面对面修配,也不能从一个材料的一个方向插进去,只能在工件单独锉削完成后,由他人在检查时锯下,判断配合是否达到规定要求。

⑤ 多件配。多个配合件组合在一起的锉配,要求相互翻转、变换配合件中的任一件的一定位置,均能达到配合要求。

⑥ 旋转配。旋转配合件,多次在不同规定位置均能达到配合要求。

(3) 按锉配的精度要求分类

① 初级精度要求。锉配形式简单,一般多以两件工件配合的形式出现,相当于初级工的水平,经常在锉配初级期时练习。配合间隙在 0.04~0.06 mm,表面粗糙度 $Ra \leqslant 3.2$ μm,各加工面的平面度(□)、垂直度(⊥)、平行度(∥)均在 0.04~0.06 mm。

② 中等精度要求。锉配形式一般也以两件工件配合的形式出现,相当于中级工的水平,经常在锉配后期时练习,配合间隙在 0.02~0.04 mm,表面粗糙度 $Ra \leqslant 1.6$ μm,各加工面的平面度(□)、垂直度(⊥)、平行度(∥)均在 0.02~0.04 mm。

③ 高度精度要求。锉配形式一般以多个工件配合的形式出现,锉削面比较多,相当于高级工的水平。配合间隙在 0.01~0.02 mm,表面粗糙度 $Ra \leqslant 1.6$ μm,各加工面的平面度(□)、垂直度(⊥)、平行度(∥)均小于或等于 0.02 mm。

2. 锉配的一般性原则

① 先加工凸件,后加工凹件。

② 对称性零件先加工一侧,以利于间接测量的原则,待该面加工好以后再加工另一面。

③ 按中间公差加工的原则,即按公差的中值进行加工。

④ 最小误差原则,为保证获得较高的锉配精度,应选择有关的外表面作画线和测量的基准,基准面应达到最小形位误差要求。

⑤ 在运用标准量具不便或不能测量的情况下,优先制作辅助检具和采用间接测量方法的原则,如有关角度的测量和检验。

⑥ 综合兼顾、勤测慎修、逐渐达到配合要求的原则,一般主要修整包容件。注意在做精确修整前,应将各锐边倒钝、去毛刺、清洁测量面。否则,会影响测量精度,造成错误的判断。配合修锉时,一般可通过透光法来确定加工部位和余量,逐步达到规定的配合要求。

⑦ 在检验修整时,应该综合测量、综合分析后,最终确定出应该修整的那个加工面,否则会适得其反。

⑧ 锉削时,分粗锉、精锉两种锉削方法进行锉削;粗锉时用游标卡尺控制尺寸,精锉时用千分尺控制尺寸,精锉余量控制在 0.10~0.15 mm。

3. 锉配锉削技巧

锉配的锉削方法及技巧因工件而异,通常先粗锉后精锉,先凸件后凹件,先难后易。读图要仔细,认真分析思考,编制好正确合理的加工工艺。

(1) 外直角面或平行面锉削

外直角面或平行面的锉削,通常是先锉好一个面,然后,以这个面作基准,再锉垂直的相邻面或平行的相对面。

(2) 内直角面、清角的锉削

内直角面的锉削同外直角面锉削一样,通常是先锉好一个面,以这个面作基准,锉削另一相邻的垂直面。

清角就是去除内、外角根部材料,提高加工面平面度,减小配合间隙。对于内角来说比较费事些,若90°内角不允许钻工艺孔或锯沉割槽时,可以在粗锉后精锉前,修磨锉刀边,使锉刀边与锉刀面的夹角小于90°,如图1-3-1所示。或将清角处用修磨后的小锉刀或什锦锉小心锉削。

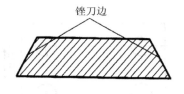

图1-3-1 修磨锉刀

(3) 锐角锉削

锉削锐角时,应修磨平板锉锉刀边或三角锉的一个锉刀面,与锉刀面或小于所锉锐角的夹角,如图1-3-2所示,锉削时,通常先锉好一个面,再锉削另一相邻面。

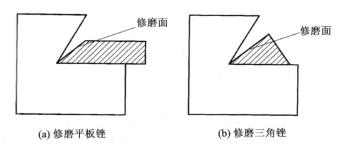

图1-3-2 锉削锐角

(4) 对称件锉削

对称件的锉削如图1-3-3所示,一般先加工好一边,再加工另一边,即可先锯、锉1和2面,保证尺寸L,再锯3和4面,保证尺寸A与外形的对称要求。

(5) 圆弧面锉削

锉削圆弧面时,可用横锉(对着圆弧锉)、滚锉(顺着圆弧锉)、推锉等方法。锉削时,要经常检查圆弧面的曲面轮廓度、直线度与平面的垂直度,发现问题时,要及时纠正,才能达到配合要求。

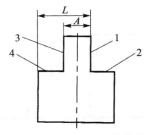

图1-3-3 对称件的锉削

(6) 孔中心距的精确控制

在锉配中,孔的精加工也是项目中的一部分,为了保证中心距,可采用心轴定位法加工。其具体方法是:将划好线的工件先按"十字线"找正法钻(铰)好第一个孔,并配好心轴,然后任取一根心轴夹在钻床主轴上,用外径千分尺控制中心距,如图1-3-4所示。此法既减少了打样冲的次数和找正误差,又进一步提高了加工精度。

4. 锉配零件的测量

(1) 对称度测量

如图1-3-5所示,分别把3、4面放在平板上,用百分表测量1、2面到平板的尺寸L,再次测得的L差值,即为实测的对称度误差值。

如图1-3-6所示,对称度间接工艺控制尺寸的计算公式:

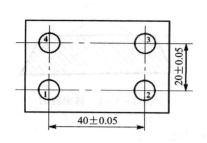 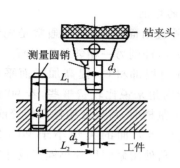

图 1-3-4 孔中心距的精确控制

$$M_{\max} = \frac{L_{实际尺寸}}{2} + \frac{B_{下偏差}}{2} + \frac{T}{2}$$

$$M_{\min} = \frac{L_{实际尺寸}}{2} + \frac{B_{上偏差}}{2} - \frac{T}{2}$$

式中：M 为对称度间接工艺控制尺寸，mm；L 为工件两基准间尺寸，mm；B 为凸台或被测面间尺寸，mm；T 为对称度误差最大允许值，mm。

(2) 平行度测量

测量平行度时，可把工件放在平板上，用百分表进行测量，也可用游标卡尺或千分尺测量工件两平行面间的尺寸，最大尺寸与最小尺寸之差即为平行度误差值。测量时，用测量工件的死角和中间等 5 个位置，如图 1-3-7 所示。

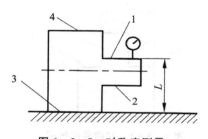 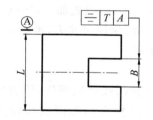 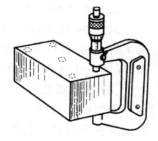

图 1-3-5 对称度测量　　图 1-3-6 间接控制对称度　　图 1-3-7 平行度测量

(3) 曲面轮廓的测量

① 轮廓度的测量

在锉配中，凹、凸圆弧的测量通常用半径量规（也叫 R 规）采取透光法比较测量，根据经验估计误差，一般并不需要测出实际值的大小。

② 位置度的测量

圆弧位置度的测量可以通过测量相关点到相应边的距离或用百分表测量。

(4) 角度测量

测量角度时，可用直角尺、万能角尺进行测量，详见《机械加工综合实训（初级）》第一部分课题 2 的相关内容，也可用角度样板检查，如图 1-3-8 所示。

(5) 燕尾测量

测量燕尾时，常使用角度样板或万能角尺。测量燕尾尺寸时，一般都采用间接测量法，

如图 1-3-9 所示,其测量尺寸 M 与尺寸 B、圆柱直径 d 之间有如下关系:

$$M = B + \frac{d}{2}\cot\frac{\alpha}{2} + \frac{d}{2}$$

式中:M 为测量度数值,mm;B 为斜面与底面的交点至侧面的距离,mm;d 为圆柱量棒的直径尺寸,mm;α 为斜面的角度值。

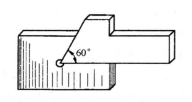

图 1-3-8 角度测量

当要求尺寸为 A 时,则按下式进行换算,即

$$A = B + C \times \cot\alpha$$

式中:A 为斜面上与上平面的交点(边角)至侧面的距离,mm;C 为深度尺寸,mm。

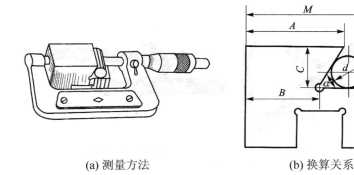

(a) 测量方法　　　　(b) 换算关系

图 1-3-9 燕尾测量

(6) 间隙测量

测量间隙时,可用一片或数片塞尺重叠一起塞入间隙内,检验两个接触面之间的间隙大小。也可用游标卡尺或千分尺等量具测量出内孔的尺寸和外形的尺寸,两者的差值即为间隙。

(7) V 形测量

测量 V 形件时,可采用如图 1-3-10 所示的间接测量方法。

当要求尺寸为 H 时,

$$M = H + \frac{D}{2}\Big/\sin\frac{\alpha}{2} + \frac{D}{2}$$

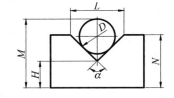

图 1-3-10 V 形测量

当尺寸要求为 L 时:

$$M = N - \frac{L}{2}\cot\frac{\alpha}{2} + \frac{D}{2}\left(1 + 1\Big/\sin\frac{\alpha}{2}\right)$$

式中:M 为测量读数值,mm;D 为圆柱量棒直径,mm。

1.3.2 锉削曲面

曲面由各种不同的曲线形面所组成。最基本的曲面是单一的外圆弧面和内圆弧面。掌握内外圆弧面的锉削方法和技能,是掌握各种曲面锉削的基础。

1. 外圆弧面的锉削

锉削外圆弧面所用的锉刀都为板锉。锉削时锉刀要同时完成两个运动:前进运动和锉刀绕工件圆弧中心的转动,如图1-3-11所示。两个运动的轨迹是两条渐开线。锉削外圆弧面有两种锉削方法。

(1) 顺向圆弧面锉

锉削时,锉刀在向前推的同时,右手把锉刀柄往下压,左手把锉刀尖往上提,这样能保证锉出的圆弧面无棱角,圆弧面光滑,如图1-3-11(a)所示。但锉削位置不易掌握且效率不高,它适用于圆弧面的精加工阶段。

(2) 横向圆弧面锉

将锉刀横对着圆弧面,依次序把棱角锉掉,使圆弧处基本接近圆弧的多边形,最后用顺锉法把其锉成圆弧,如图1-3-11(b)所示。此方法效率高,适用于粗加工阶段。

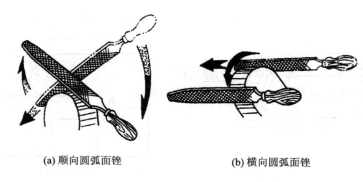

(a) 顺向圆弧面锉　　　　(b) 横向圆弧面锉

图1-3-11　外圆弧面锉削方法

2. 内圆弧面的锉削

锉削内圆弧面的锉刀可选用圆锉、半圆锉和方锉。锉削时,锉刀要同时完成三个运动:前进运动;随圆弧面向左或向右移动;绕锉刀中心线转动(顺时针或逆时针方向转动约90°),如图1-3-12所示。若只有前进运动(见图1-3-12(a)),则圆孔不圆;若只有前进运动和向左或向右移动(见图1-3-12(b)),则圆弧面形状也不正确。只有同时完成以上三个运动(见图1-3-12(c))才能把内圆弧面锉好,因为这样才能使锉刀工作面沿着工件的圆弧做圆弧形滑动锉削。

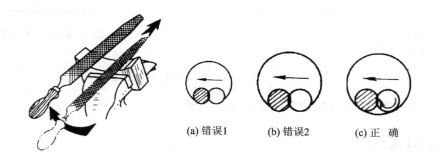

(a) 错误1　　(b) 错误2　　(c) 正确

图1-3-12　内圆弧面锉削方法

3. 平面与曲面的连接方法

在一般情况下,应先加工平面,然后加工曲面,便于使曲面与平面圆滑连接;如果先加工曲面后加工平面,则在加工平面时,由于锉刀侧面无依靠(平面与内圆弧面连接时)而产生左右移动,使已加工曲面损伤,同时连接处也不易锉得圆滑,或使圆弧不能与平面相切(平面与外圆弧面连接时)。

4. 球面的锉削方法

锉削圆柱形工件端部的球面时,锉刀一边沿凸圆弧面做顺向滚锉动作,一边绕球面的球心和周向做摆动,即锉刀要以直向和横向两种曲面锉法结合进行,才能有效地获得要求的球面,如图 1-3-13 所示。

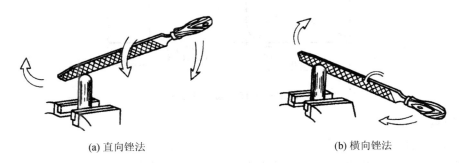

(a) 直向锉法　　　　　　　　(b) 横向锉法

图 1-3-13　球面的锉削方法

5. 曲面形体的线轮廓度检查方法

对于锉削加工后的内、外圆弧面,可采用半径样板(简称 R 规)通过塞尺或透光法检查曲面的轮廓度。半径样板通常包括凸面样板和凹面样板两种,也可成套地组成一组,如图 1-3-14(a)所示。

用半径样板检查圆弧面时,先选择与被检圆弧半径尺寸相同的样板,将其靠紧被测圆弧面,要求样板平面与被测圆弧垂直(即样板平面的延长线将通过被测圆弧的圆心),用透光法查看样板与被测圆弧的接触情况,完全不透光为合格;透光则说明被检圆弧的弧度不符合要求,如图 1-3-14(b)所示。

若要测量出圆弧的未知半径,则选用近似值的样板与被测圆弧面相靠,完全吻合时,所用样板的数值即为被测圆弧的半径。

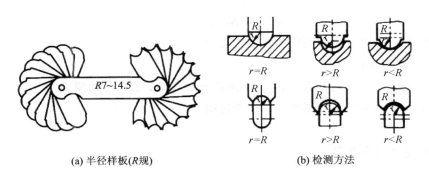

(a) 半径样板(R 规)　　　　　　　　(b) 检测方法

图 1-3-14　半径样板检查圆弧线轮廓度

6. 圆弧件锉削技能训练

如图 1-3-15 所示,备料尺寸为 72 mm×52 mm×22 mm,按图锉削各尺寸至图纸要求。

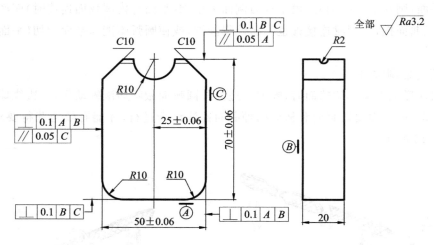

图 1-3-15 圆弧件锉削

操作要点：

1) 锉削左右两侧平行面
◆ 锉削基准 C 面，使之达到与 B 面垂直度为 0.1 mm 和 $Ra3.2$ μm 的要求。
◆ 锉削 C 面的对面，使之达到 (50 ± 0.06) mm，与 C 面平行度为 0.05 mm，与 A 面、B 面垂直度为 0.1 mm 和 $Ra3.2$ μm 的要求。

2) 锉削上、下两侧平行平面
◆ 锉削 A 面使之达到与 B 面、C 面垂直度为 0.1 mm 和 $Ra3.2$ μm 的要求。
◆ 锉削 A 面的对面，使之达到 (70 ± 0.06) mm、与 A 面平行度为 0.05 mm，与 B 面、C 面垂直度为 0.1 mm 和 $Ra3.2$ μm 的要求。
◆ 锉削过程中，要按零件图的要求边锉边检。

3) 锉削两个斜面
锉削左右两侧斜面，使之达到 $C10$ 和 $Ra3.2$ μm 的要求。

4) 锉削两个 $R10$ 凸圆弧
◆ 锉削左侧凸圆弧，使之达到 $R10$ 和 $Ra3.2$ μm 的要求。
◆ 锉削右侧凸圆弧，使之达到 $R10$ 和 $Ra3.2$ μm 的要求。
◆ 锉削过程中，要按零件图的要求边锉边检。

5) 锉削 $R10$ 的凹圆弧
◆ 锉削凹圆弧，使之达到 $R10$、(25 ± 0.06) mm 和 $Ra3.2$ μm 的要求。
◆ 锉削过程中，要按零件图的要求边锉边检。

1.3.3 六角形体锉配

六角形体锉配时，关键是加工好外六角体，保证外六角体尺寸、平面、平行度和角度等要求，加工误差尽可能小。

如图 1-3-16 所示六角形体锉配件，工件材料为 A3。要求在 $\phi36\times15$ mm 圆料上加工六角形;在方形板料上加工六角形凹件。件1厚度和件2外形已加工。

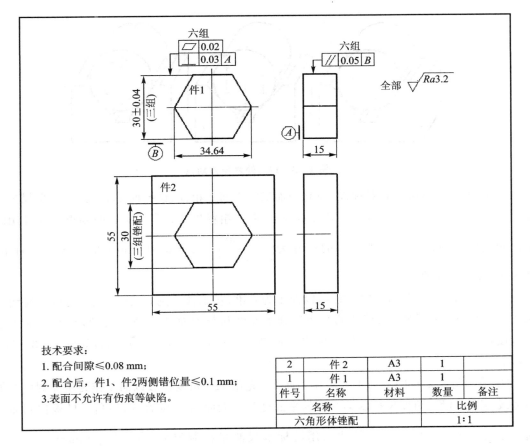

图1-3-16 六角形体锉配

1. 工件分析

① 要得到锉配的内、外六角形体能转位互换,达到配合精度,其关键在于外六角形体加工后的准确度。不但边长相等,而且对各个尺寸、角度的误差也要控制在最小范围内;同时,保证各面的平面度、垂直度,以保证锉配凹件时符合技术要求。

② 凹件坯料尺寸为55 mm×55 mm×15 mm,中间锉配内六角形体。锉配凹件时,应保证凹件六个面的平面度及垂直度,防止喇叭口的产生;凹件内六角棱线必须用修磨过的光边锉刀按划线仔细锉直;配合间隙不大于0.08 mm。

锉配凹件时有两种加工顺序,第一种先锉配一组对面,然后依次锉配另外两组面,再做整体修锉配入;第二种是依次先锉三个相邻面,用角度样板检查,并用加工好的外六角凸件试配凹件三面的120°角度及等边边长准确性,然后再依次锉配三个面的对面,使凸件能较紧塞入,再做整体修锉配入。

2. 加工外六角体

① 划线 将φ36×15 mm圆料安放在V形体上,用高度游标划线尺划出中心线,并记下高度尺的尺寸数值,按图样六角形对边距离,调整高度游标卡尺,划出与中心线平行的六角形

两对边线,将圆料转动90°,用角尺找正垂直,划出六角形各点的坐标尺寸线,然后用划针、钢直尺依次序连各交点,如图1-3-17所示。

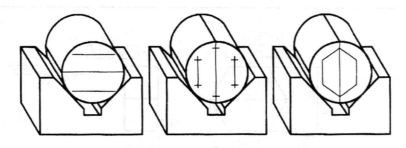

图1-3-17 外六角体划线

② 由于六角螺母具有对称性,因此先加工第1面。粗锉、精锉面1,以刀口尺、角尺控制平面度(□)≤0.02 mm,垂直度(⊥)≤0.03 mm,表面粗糙度Ra≤3.2 μm的要求。并且用游标卡尺测量控制圆柱母线至锉削面的尺寸为$\left(\frac{36+30}{2}\right)$ mm±0.04 mm=33 mm±0.04 mm。如图1-3-18(a)所示。

③ 在面1加工完成达到要求后,以面1为基准,将工件放到划线平板上,用高度划线尺划尺寸线30 mm,然后粗锉、精锉第2面达到平面度和与大面A的垂直度要求,且与面1达到平行度(∥)≤0.05 mm要求,用游标卡尺控制尺寸达到(30±0.04) mm,如图1-3-18(b)所示。

④ 采用与面1相同的加工方法加工面3。先用120°角度样板以面1作为基准划面3加工参考线,用刀口尺、角度尺控制第3面的平面度和与大面A的垂直度,用角度样板控制面1与面3之间的角度120°±2′。并注意用游标卡尺测量控制尺寸$\left(\frac{36+30}{2}\right)$ mm±0.04 mm=33 mm±0.04 mm,如图1-3-18(c)所示。

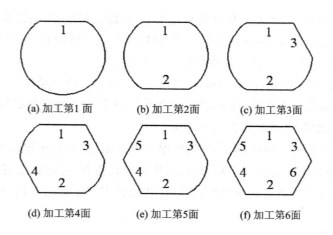

图1-3-18 加工步骤

⑤ 面4的加工和测量与面3相同。注意控制平面度、垂直度、角度120°±2′,并且用游标

卡尺控制与第3面的平行度和尺寸(30±0.04) mm要求。如图1-3-18(d)所示。

⑥ 面5、面6的加工和测量方法与面3、面4的相同,采用角度样板测量角度120°±2′和游标卡尺测量控制平行度及测量尺寸(30±0.04) mm,最终形成正六方体,如图1-3-18(e)、图1-3-18(f)所示。

⑦ 按图样要求做全面复检,并做必要的修整锉削,把各个尺寸、角度误差控制在最小范围内,最后将各锐边均匀倒钝。

3. 锉配内六角

① 在正方体55 mm×55 mm×15 mm的大平面上划内六角形,如图1-3-19所示。用高度游标卡尺划出中心线,调整高度游标卡尺,划出与中心线平行的六角形两对边线。将正方体转动90°,划出六角形各点的坐标尺寸线,然后用划针、钢直尺依次序连接各交点。

② 在内六角中心钻排孔,去除中间余料,粗锉内六角形各面接近划线线条,各边留0.1~0.2 mm精锉余量。

③ 精锉内六角相邻的三个面。先锉第一面,要求平直,与基准大平面垂直;精锉第二面达到另一面相同要求,并用120°角度样板检查角度与是否清角;精锉第三面也要达到上述相同要求。锉削时除用120°角度样板检查外,还要用六角体做认面试配,检查角度和边长情况,修锉到符合要求。

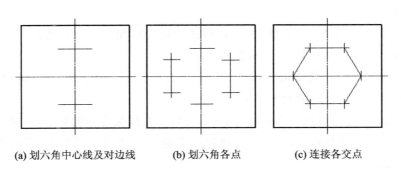

(a) 划六角中心线及对边线　　(b) 划六角各点　　(c) 连接各交点

图1-3-19　凹件划线

④ 精锉三个邻面的各自对应面,用同样方法检查三面,保证平面度、垂直度、角度要求,并认面定向将外六角体的三组面与内六角的对应面分别试配,达到能够较紧地塞入。

⑤ 用外六角体做认面整体试配。利用透光法和涂色法来检查和精修各面,使外六角体配入后达到透光均匀,推进推出滑动自如,而且配合间隙尽可能小。最后做转位试配,用涂色法修锉达到互换配合要求。各棱边应均匀倒棱,并用塞尺检查配合精度。

4. 质量检测

质量检测如表1-3-1所列。

表 1-3-1 质量检测

序 号	项目与技术要求		配 分	检测结果	得 分
1	外六角	30±0.04（3组）	15		
2		34.64±0.05（3组）	15		
3		平面度（□）≤0.06（3处）	12		
4		表面粗糙度 Ra≤3.2 μm（6面）	6		
5	内六方	喇叭口≤0.14（6面）	18		
6		角清晰（6面）	12		
7		表面粗糙度 Ra≤3.2 μm（6面）	6		
8	锉配	配合间隙≤0.8（6面）	6		
9		转位互换	10		
10	其他	安全文明实训	违章每次扣5分		

注意事项

- 划线要正确，线条要细而清晰，外六角体划线时，最好正反面同时划出六角形的加工线，以便锉配。
- 外六角体是锉配时的基准件，为了达到转位互换的配合精度要求，应使外六角体的加工精度尽可能控制在较高范围内。
- 内六角各角尽量做到清角，清角时采用光边锉刀，锉刀推出时应慢而稳，紧靠邻边直锉，防止锉坏邻面或将该角锉坏。
- 锉配时，先做好记号认面定向进行，为取得转位互换配合精度要求，尽可能不修锉外六角体。如外六角体必须修锉时，应进行准确的测量，找出需修锉处，并综合考虑修锉后的相互影响。

1.3.4 综合技能训练

如图 1-3-20 所示凹凸配合件，材料为 A3，备料 81 mm×61 mm×15 mm，转位 180°作配合，配合间隙≤0.10 mm，棱边倒钝。

1. 工件分析

阅读图纸，分析工件的加工难点，引入具有对称度工件的加工方法。

① 外形尺寸（60±0.05）mm×（80±0.05）mm 的锉削加工，要求在公差范围内越准越好。保证各面直线度、平面度及与 C 面的垂直度。

② 划线之前必须首先将选定的基准面锉削为相互垂直的两平面。注意在（60+0.05）mm 方向根据实际尺寸划出中心线。应将工件高度、长度方向的尺寸一次划完。要求线条清晰，线位正确，用钢板尺或游标卡尺校对尺寸是否正确，工件正反面同时划出。

③ 凸形面加工时，只能先去掉一垂直角料，待加工至所要求的尺寸公差后，才能去掉另一垂直角料。由于受测量工具的限制，只能采用间接测量法得到所需要的尺寸公差。

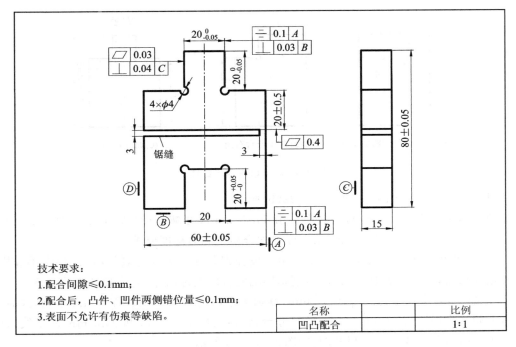

图 1-3-20 凹凸配合

2. 加工步骤

① 按图样要求锉削外形尺寸达到 (60±0.05) mm×(80±0.05) mm，以及垂直度和平行度的要求。

② 按图样要求划凹凸体的加工线，并钻 4×φ4 的工艺孔。

③ 加工凸形面，按照图 1-3-21 所示步骤进行。

首先按划线锯去工件右角，粗、精锉削两垂直面 1 和面 2。通过间接测量方法控制尺寸 $20_{-0.05}^{0}$。如图 1-3-21(a) 和图 1-3-21(b) 所示，以 B 面为基准锉削加工图中的 60 尺寸，以 A 面为基准锉削加工图中的 40 尺寸，即 60 尺寸应控制在外形尺寸 (80±0.05) mm 的实际尺寸减去 $20_{-0.05}^{0}$ 的范围内，从而保证达到 $20_{-0.05}^{0}$ 的尺寸要求；40 尺寸应控制在外形尺寸 (60±0.05) mm 的实际尺寸减去 $10_{-0.05}^{+0.025}$ 的范围内，从而保证在取得尺寸 $20_{-0.05}^{0}$ 的同时，又能保证其对称度在 0.1 mm 内。

然后按划线锯去工件左角，用上述方法锉削面 3 和面 4，此时凸形面的尺寸 $20_{-0.05}^{0}$ 可直接测量，从保证在取得尺寸 $20_{-0.05}^{0}$ 的同时，其对称度在 0.1 mm 内，如图 1-3-21(c) 所示。

④ 加工凹形面的步骤如下：

首先，钻出废料孔，并锯除凹形面的多余部分。锯割方法采用直接锯除法，先两侧各一锯，然后斜对角锯掉一块，再小斜对角锯掉一块，必要时可再继续锯。一般常用此方法。

其次，粗锉凹形面至接近线条。然后细锉凹形顶面 5，根据 (80±0.05) mm 的实际尺寸，通过控制 60 mm 尺寸误差值（本处与凸形面的两个垂直面一样控制尺寸），保证与凸形件端面的配合精度要求，如图 1-3-22(a) 所示。

最后，细锉两侧垂直面，两面同样根据外形 (60±0.05) mm 和凸形面 $20_{-0.05}^{0}$ 的实际尺寸，通过控制 20 mm 尺寸误差值，从而保证达到与凸形面 $20_{-0.05}^{0}$ 尺寸的配合精度要求，同时也能

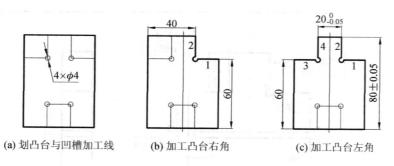

(a) 划凸台与凹槽加工线　　(b) 加工凸台右角　　(c) 加工凸台左角

图 1-3-21　凸件加工步骤

保证其对称度在 0.1 mm 内，如图 1-3-22(b) 所示。

如凸形面尺寸为 19.95 mm，一侧面可用 60/2 mm 尺寸减去 $10^{+0.05}_{-0.01}$ mm，而另一面必须控制在 60/2 mm 尺寸减去 $10^{+0.01}_{-0.05}$ mm，从而保证配合精度和对称度要求。

⑤ 锐边倒角，并检查全部尺寸精度。用细板锉把各加工表面毛刺倒净，以免伤手和影响工件质量和精度，然后全面复查尺寸，特别是影响配合的关键尺寸，允许做必要的修整。

⑥ 锯削时，要求尺寸为 (20 ± 0.5) mm，锯削面平面度为 0.4 mm，留 3 mm 不锯，最后，修去锯口毛刺。为保证 (20 ± 0.50) mm 的尺寸合格，需划出 19.5 mm 和 20.5 mm 两条线，锯割时只要不超出这两条线是不会超差的，如图 1-3-23 所示。

要求锯路角度始终保持一致，锯削力大小不变，以保证锯面整齐有序，尽量不换锯条。

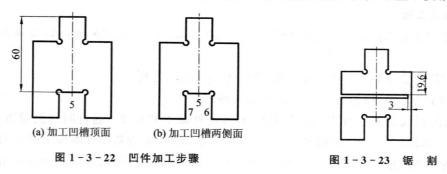

(a) 加工凹槽顶面　　(b) 加工凹槽两侧面

图 1-3-22　凹件加工步骤　　　　图 1-3-23　锯　割

3. 质量检测

质量检测如表 1-3-2 所列。

表 1-3-2　质量检测

序　号	项目与技术要求	配　分	检测结果	得　分
1	尺寸要求 $20^{\ 0}_{-0.05}$（3 组）	36		
2	锯割尺寸要求 20 ± 0.5	10		
3	锯割面（□）≤0.5	9		
4	配合间隙≤0.10（5 处）	25		
5	配合后凹凸对称度≤0.10	10		
6	配合面表面粗糙度 Ra≤3.2 μm（10 面）	10		
7	安全文明实训	违章每次扣 5 分		

注意事项

- 为了能对 $20_{-0.05}^{0}$ mm 凸、凹形的对称度进行测量控制，(60 ± 0.05) mm 的实际尺寸必须测量准确，并应取其各点实测值的平均数值。
- $20_{-0.05}^{0}$ mm 凸形面加工时，只能先去掉一垂直角料，待加工至所要求的尺寸公差后，才能去掉另一垂直角料。由于受测量工具的限制，只能采用间接测量法得到所需要的尺寸公差。当实习件不允许直接配锉，而要达到互配件的要求间隙时，就必须认真控制凸、凹件的尺寸误差。
- 为达到配合后转位互换精度，在凸、凹形面加工时，必须控制垂直角度误差（包括与大平面 B 的垂直）在最小的范围内。
- 在加工垂直面时，要防止锉刀侧面碰坏另一垂直侧面，因此必须将锉刀一侧在砂轮上进行修磨，并使砂轮与锉刀面夹角略小于 90°，刀磨后最好用油石磨光。
- 采用间接测量方法控制工件的尺寸精度，必须控制好有关的工艺尺寸。例如为保证 $20_{-0.05}^{0}$ mm 凸形面的对称度要求，用间接测量控制有关工艺尺寸，用图解说明如下：

  图 1-3-24(a) 所示为凸形面的最大控制尺寸 M_{max} 与最小控制尺寸 M_{min}；图 1-3-24(b) 所示为在最大控制尺寸下，取得的尺寸 19.95 mm，这时对称度误差最大左偏值为 0.05 mm；图 1-3-24(c) 为在最小控制尺寸下，取得的尺寸 20 mm，这时对称度误差最大右偏值为 0.05 mm。

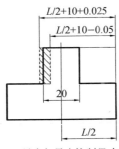
(a) 最大与最小控制尺寸

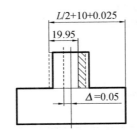
(b) 最大控制尺寸下取得的尺寸

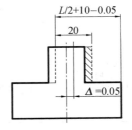
(c) 最小控制尺寸下取得的尺寸

图 1-3-24 间接控制时的尺寸

思考与练习

完成图 1-3-25 的锉配加工，要求写出加工步骤。

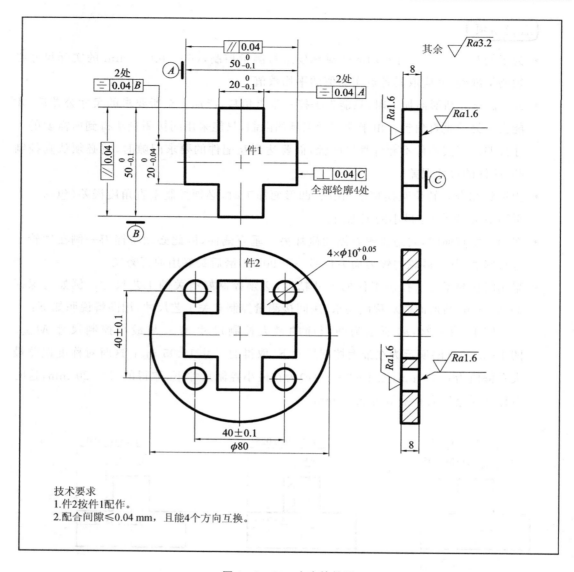

图 1-3-25 十字块锉配

课题四 中级综合技能训练

> **教学要求**
>
> ◆ 巩固提高钻孔、扩孔、攻螺纹、套螺纹、锉配等钳工中级操作技能。
> ◆ 能熟练制定并完成锉配件的加工工艺步骤。

1.4.1 T形件锉配

如图 1-4-1 所示为封闭式对称 T 形件锉配,凸件与凹件的材料为 A3 钢,坯料尺寸分别为 33 mm×33 mm×10 mm 和 61 mm×61 mm×10 mm；各锉削平面的平面度要求为 0.02 mm，锉削平面与基准大面的垂直度要求为 0.02 mm；凸件与凹件配合间隙小于 0.08 mm，喇叭口小于 0.14 mm；能正反互换配合。

1. 工件分析

工件外形必须加工至尺寸要求，并与基准垂直或平行。加工过程中可直接测量平行度和垂直度。T 形件锉配时，必须保证凸件对称度要求，且各内角应清角，否则，会影响两件相配时的配合精度。因此锉配时必须使用光边锉刀，且锉刀工作面与磨光的侧面之间夹角小于 90°，侧边直线性要好。

2. 操作步骤

(1) 外 T 形体加工

① 划线锉成正方形，达到尺寸公差、平面度、垂直度、平行度和表面粗糙度等要求。

② 以 A、B 两基准面作划线基准，划出 T 形件各平面加工线。

③ 按划线锯去 T 形件的右侧垂直角，粗、精锉两垂直面。根据 32 mm 处的实际尺寸，通过控制 24 mm 的尺寸误差（本处应控制在 32 尺寸的一半加上 16 尺寸的一半），达到尺寸 $16_{-0.04}^{0}$ mm 的要求，同时又能保证其对称度在 0.08 mm 之内，并直接达到与 B 面的尺寸要求。

④ 锯去 T 形体的左侧垂直角，粗、精锉两垂直面，达到图样要求。

⑤ 将各棱边倒钝并复检尺寸等。

(2) 锉配内 T 形体

① 检测 C、D 两垂直平面。以 C、D 两面为划线基准，划出内 T 形全部加工线，并用外 T 形体校核。

② 钻排孔去除 T 形孔内余料，粗锉各面，各边留 0.1～0.2 mm 精锉余量。

③ 精锉尺寸 32 mm×16 mm 长方孔四面，保证与相关面的平行度和垂直度，并用外形体 32 mm×16 mm 大端处试塞，使两端能较紧塞入，且形体位置准确。

④ 锯去尺寸 16 mm×16 mm 小端方孔余料。

⑤ 粗锉尺寸 16 mm×16 mm 方形孔三面，至接近划线线条 0.1～0.2 mm。

⑥ 精锉 16 mm 尺寸端部平面，保证与相关面的平行度和垂直度，并用外 T 形体相关尺寸配塞，达到能较紧地塞入。

⑦ 用外 T 形体大端尺寸 32 mm 塞入，检查和精锉 16 mm 尺寸两侧面，达到能较紧地塞入，同时保证与相关面的垂直度。

⑧ 用透光和涂色法检查，逐步进行整体修锉。使外 T 形体推进推出松紧适当，然后作转位试配，仍用涂色法检查修锉，达到互换配合要求。

⑨ 复查后各锐边倒钝。

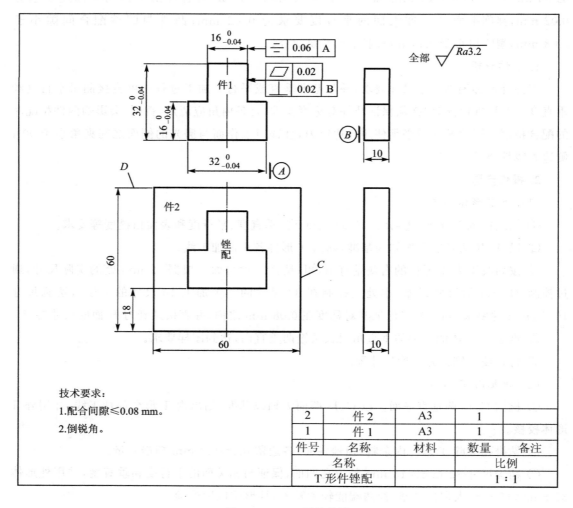

图 1-4-1 T 形件锉配

> **注意事项**

- 加工凸件时,只能先做一侧,一侧符合要求后再做另一侧。
- 为防止产生较大的喇叭口,加工中应尽量保证各面的平面度及垂直度。
- 为保证正反面互换配合,一定要使凸件的各项加工误差控制在最小允许误差范围内。
- 为防止加工中锉伤邻面,应使用光边锉刀,注意各角应清角。

3. 质量检测

质量检测如表 1-4-1 所列。

表 1-4-1 质量检测

序号	项目与技术要求		配分	检测结果	得分
1	外T件	尺寸 $16_{-0.04}^{0}$（3组）	24		
2		尺寸 $32_{-0.04}^{0}$（2组）	20		
3		表面粗糙度 $Ra \leq 3.2 \mu m$（8处）	4		
4	锉配内T件	配合间隙 ≤ 0.10（8处）	24		
5		配合喇叭口 ≤ 0.15（8面）	8		
6		内角棱线清晰（8角）	4		
7		配合对称度（2处）	12		
8		表面粗糙度 $Ra \leq 3.2 \mu m$（8处）	4		
9	其他	安全文明实训	违章每次扣5分		

1.4.2 三角形锉配

如图 1-4-2 所示为三角形锉配。材料为 45 钢,要求在 $\phi 32$ 的圆料上加工三角形,在方形 61 mm×61 mm 的板料上加工三角形凹件,保证外三角体尺寸、平面、平行度和角度等要求;凹件和凸件的配合间隙与外形错位均为 0.06 mm,加工精度较高。

1. 工件分析

① 工件外形必须加工至尺寸要求,并与基准垂直、平行。加工件 1 时必须注意控制 $3 \times 30_{-0.03}^{0}$ mm 的尺寸线,并保证三角形各面平面度、垂直度,以保证锉配凹件时符合技术要求。

② 要得到锉配的内、外三角形体能转为互换,达到配合精度,关键要保证外三角形的准确度。不但要边长相等,各个尺寸、角度的误差也要控制在最小范围内。

2. 操作步骤

(1) 件 1 加工步骤

① 使用分度头将圆料按图纸要求划出三角形。

② 选择任意边锉削作为三角形的基准面。

③ 以基准面作为基准,依次锉削加工相邻面,并同时用万能角度尺测量三角形角度,保证三角形的尺寸精度 $30_{-0.03}^{0}$ mm。

④ 按图纸要求保证尺寸精度和角度精度。

(2) 件 2 加工步骤

① 锉削长方体四侧面保证尺寸 (60 ± 0.04) mm,以及各面平面度、垂直度、平行度要求。

② 划线钻孔并利用三角函数计算对三角形划线。

③ 钻消气孔 $3 \times \phi 3$,并用钻头钻排孔。錾削多余料,粗锉各面留 $0.1 \sim 0.2$ mm 锉配余量,精锉各面至配合要求。

3. 质量检测

质量检测如表 1-4-2 所列。

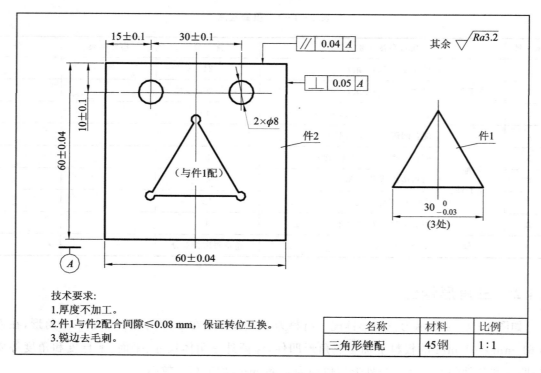

技术要求：
1. 厚度不加工。
2. 件1与件2配合间隙≤0.08 mm，保证转位互换。
3. 锐边去毛刺。

图 1-4-2 三角形锉配

表 1-4-2 质量检测

序号		项目与技术要求	配分	检测结果	得分
1	件1	尺寸 $30_{-0.1}^{0}$ (3组)	9		
2		表面粗糙度 Ra≤3.2 μm (3处)	3		
3	件2	60±0.04 (2组)	6		
4		16±0.1	4		
5		10±0.1 (2组)	10		
6		15±0.1 (2组)	10		
7		30±0.1 (2组)	10		
8		平行度≤0.04 (2组)	6		
9		垂直度≤0.05 (2组)	6		
10	锉配	配合间隙≤0.10 (3处)	12		
11		配合喇叭口≤0.15 (3处)	9		
12		内角棱线清晰 (3角)	6		
13		转位互换 (3处)	9		
14	其他	安全文明实训	违章每次扣5分		

1.4.3 五边形锉配

如图 1-4-3 所示为五边形锉配,材料为 45 钢,要求在 $\phi43$ 的圆料上加工五边形,在方形 71 mm×61 mm 的板料上加工五边形凹件,保证外五边形尺寸、平面、平行度和角度等要求;凹件和凸件的配合间隙与外形错位为 0.06 mm,并每一边都能任意互换,加工精度要求较高。

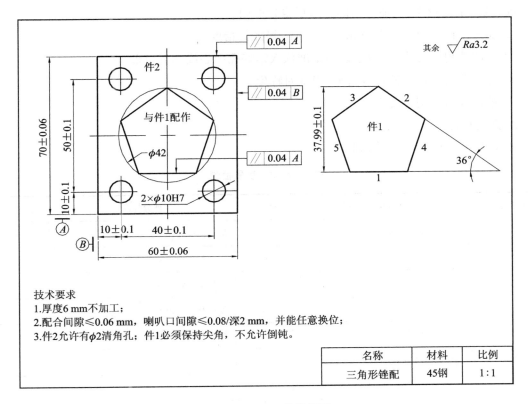

图 1-4-3 五边形锉配

1. 工件分析

从图样上分析,五方镶配的关键在于保证五边形的任意方位与内五边形镶配时,配合间隙 ≤0.06 mm。由此在加工时,首先应考虑外五边形的加工步骤,检测方法做到外五边形的五边边长,5 处 108°尽量准确一致,如果用相邻一边一边的加工方法加工,由于测量基准变换,容易造成角度积累误差,而且边长用通用量具测量不准,若用下述方法加工,则可获得较准确的正五边形。

2. 操作步骤

① 划出五边形的加工线。

② 加工第一面,以第一面作基准面,保证其基准面平整。

③ 加工第二面,保证第二面与第一面的夹角为 36°。

④ 加工第三面,保证第三面与第一面的夹角为 36°,第二、三面夹角的顶线至第一面的尺寸为(37.99±0.06) mm。

⑤ 加工第四面,保证与第一面的夹角为 108°,第一、四面夹角的顶线至第三面的尺寸为(37.99±0.06) mm。

⑥ 加工第五面,保证与第一面的夹角为 108°,第一、五面夹角的顶线至第二面的尺寸为(37.99±0.06) mm。

⑦ 在加工中,测量两处 36°,测量两处 108°,测量三处面到顶线的尺寸,始终只用了第一面为基准,减少了测量误差,加工出的五边形也较准确。

⑧ 加工凹件外形尺寸 70 mm×60 mm,保证其精度。

⑨ 将凹件划中心线,以中心线为基准依次划好孔中心线和五边形。

⑩ 打排孔后再锉削凹件五边形,保证对称度。

⑪ 精锉各面至配合要求。

3. 质量检测

质量检测如表 1-4-3 所列。

表 1-4-3 质量检测

工件序号	项目与技术要求	配 分	评分标准	得 分
件1	37.99±0.10 (5处)	10	每超差一处扣 2 分	
	108°±2′ (5处)	10	每超差一处扣 2 分	
件2	60±0.06 (2处)	6	每超差一处扣 3 分	
	70±0.06 (2处)	6	每超差一处扣 3 分	
	50±0.10 (2处)	6	每超差一处扣 3 分	
	10±0.10 (4处)	12	每超差一处扣 3 分	
	40±0.10 (2处)	8	每超差一处扣 4 分	
	平行度≤0.04 (3处)	9	每超差一处扣 3 分	
	ϕ10H7 (4处)	8	每超差一处扣 2 分	
装配	Ra3.2	5	超差不得分	
	配合间隙≤0.06 (5处)	10	每超差一处扣 2 分	
	转位互换	10	每超差一处扣 2 分	
其他	安全文明实训		违规每次扣 5 分	

第二部分　车　削

课题一　车削螺纹

> **教学要求**
> ◆ 掌握高速车削三角形外螺纹的方法。
> ◆ 掌握梯形螺纹车刀的刃磨。
> ◆ 掌握梯形螺纹的车削方法及检测方法。

2.1.1　高速车削普通外螺纹

采用硬质合金车刀高速车削钢件螺纹，其切削速度比高速钢车刀高 15～20 倍，而且进刀次数可减少 2/3 以上，生产效率可大大提高，并且螺纹两侧表面质量好。

1. 高速车削普通外螺纹方法

（1）螺纹车刀的装夹

高速车削普通外螺纹时，车刀的装夹方法与低速车三角形外螺纹时装夹方法基本相同。为防止高速车削时产生振动和"扎刀"，刀尖应高于工件中心 0.1～0.2 mm。此外，采用弹性刀柄螺纹车刀，可以吸振和防"扎刀"。

（2）高速车削普通外螺纹的进刀方法

用硬质合金螺纹车刀高速车削螺纹时，只能用直进法进刀，使切屑垂直于轴线方向排出或卷成球状较理想。如果用左右切削法或斜进法，车刀只有一个刀刃参加切削，高速排出的切屑会将工件另一侧拉毛。如果车刀刃磨得不对称或倾斜，也会使切屑侧向排出，拉毛螺纹表面。

（3）高速车削普通外螺纹的方法

用硬质合金车刀高速车削螺纹，切削速度一般取 50～100 m/min。中径的控制可根据总的背吃刀量，用 n 次进给合理分配来进行。吃刀时，开始深度大些，以后逐步减少，但最后一刀不要小于 0.1 mm。车削螺距 $P=1.5\sim3$ mm 的中碳钢螺纹时，一般只需 3～4 次切削就可完成。进给次数可参考表 2-1-1，切削用量的推荐值见表 2-1-2。

表 2-1-1　高速车削中碳钢或中碳合金钢螺纹的进给次数

螺距 P/mm		1.5～2	3	4	5	6
进给次数	粗车	2～3	3～4	4～5	5～6	6～7
	精车	1	2	2	2	2

表 2-1-2　高速车削三角形螺纹时切削用量的推荐值

工件材料	刀具材料	螺距 P/mm	切削速度 V_c/(m·min^{-1})	背吃刀量 a_p/mm
45 钢	P10	2	60～90	（余量 2～3 次完成）
铸铁	K20	2	粗车：15～30	粗车：0.20～0.40
			精车：15～25	精车：0.05～0.10

【例 2-1-1】 车削螺距 $P=2$ mm 的螺纹时,背吃刀量的分配情况如下(见图 2-1-1)。

解:总切削深度 $a_p=h_1\approx 0.65P=1.3$ mm;

第一次的背吃刀量:$a_{p1}=0.6$ mm;
第二次的背吃刀量:$a_{p2}=0.4$ mm;
第三次的背吃刀量:$a_{p3}=0.2$ mm;
第四次的背吃刀量:$a_{p4}=0.1$ mm。

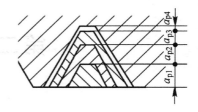

图 2-1-1 背吃刀量的分配情况

虽然第一刀切深为 0.6 mm,但是因为车刀刚切入工件,总的切削面积不是很大。如果用相同的吃刀深度,那么愈车到螺纹的底部,切削面积愈大,使车刀刀尖负荷成倍增大,容易损坏刀头。因此,随着螺纹深度的增加,切深应逐步减少。

应当注意的是:当车刀刃口不锋利、工件刚性差、工件材料较硬、机床刚性差时,其进给总背吃刀量要相应增加,并及时用量规检验,切削过程中一般不需加切削液,最后修去螺纹毛刺。

> 注意事项

高速切削时容易产生的问题和注意事项:
- 高速车削螺纹时,要先作空刀练习,转速可以逐步提高,要有一个适应过程。
- 一旦产生刀尖"扎刀"引起崩刃或螺纹侧面有伤痕,应停止高速切削。清除嵌入工件的硬质合金碎粒,然后用高速钢螺纹车刀低速修有伤痕的侧面。
- 因高速切削螺纹时,操作比较紧张,加工时必须思想集中、胆大心细、眼疾手快,特别是进刀时,要注意中滑板不要多摇一圈,否则会造成刀尖崩刃、工件顶弯或工件飞出等事故。
- 高速车削螺纹时,不论是采用倒顺车法,还是采用提开合螺母法,要求车床各配合间隙调整合适,操纵准确、灵活。
- 车削时因切削力较大,必须将工件和车刀夹紧,必要时对工件增加轴向定位装置,以防止工件移位。
- 车削过程中一般不需加注切削液。
- 高速车削螺纹时,最后一刀的背吃刀量一般要大于 0.1 mm。
- 应控制切屑垂直于螺纹轴线方向排出,若切屑向倾斜方向排出,则易拉毛牙侧面。

2. 高速车螺纹时表面粗糙度差的原因及预防方法

高车螺纹时粗糙度差的原因及预防方法见表 2-1-3。

表 2-1-3 高速车螺纹时粗糙度差的原因及预防方法

废品种类	产生原因	预防方法
表面粗糙度差	1. 高速车削螺纹时,切屑厚度太小或切屑从倾斜方向排出,拉毛已加工面。 2. 产生积屑瘤。 3. 刀杆刚性不够产生振动。	1. 高速切削螺纹时,最后一次切深一般要大于 0.1 mm,切屑要垂直轴线方向排出。 2. 高速钢在切削时,应降低切削速度,切削厚度应小于 0.06 mm,并加切削液。 3. 刀杆不能伸出过长,并选粗壮刀杆。

2.1.2 车削梯形螺纹

梯形螺纹是常用的传动螺纹,精度要求比较高。如车床的丝杠和中、小滑板的丝杆等。梯形螺纹有米制和英制两种,米制梯形螺纹的牙形角为30°,英制梯形螺纹的牙形角为29°。我国常用的是米制梯形螺纹。

1. 梯形螺纹主要参数的计算

(1) 梯形螺纹的标记

梯形螺纹的代号用字母"Tr"及"公称直径×螺距"表示。如 Tr40×7、Tr28×4 等。梯形螺纹的完整标注包括螺纹代号、螺纹公差带代号和螺纹旋合长度代号,见表 2-1-4。

表 2-1-4 梯形螺纹的标记

代号	牙形角	标注示例	标注说明
Tr	30°	Tr30×6—7H—LH—L Tr—梯形螺纹 30—公称直径 6—螺距 7H—内螺纹中径公差带代号 LH—左旋 L—长旋合长度	梯形螺纹的标记由螺纹代号、公差带代号及旋合长度代号组成。 1. 螺纹代号用字母 Tr 及公称直径×螺距与旋向表示,左旋螺纹旋向为 LH,右旋不标。 2. 梯形螺纹公差带代号仅标注中径公差带,如 7H、7e,大写为内螺纹,小写为外螺纹。 3. 梯形螺纹的旋合长度代号分 N、L 两组,N 表示中等旋合长度,L 表示长旋合长度

(2) 梯形螺纹的基本尺寸计算及代号

梯形螺纹的轴向剖面形状是一个等腰梯形,其牙形角如图 2-1-2 所示,主要参数的名称、代号及计算公式见表 2-1-5。

螺纹牙侧表面是一个螺旋面,在同一螺旋面上牙侧各点的导程是相等的,但由于各点直径不同,因而各点的螺旋升角也各不相同。

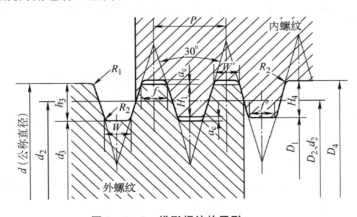

图 2-1-2 梯形螺纹的牙形

表 2-1-5 梯形螺纹的基本尺寸计算

名称		代号	计算公式		
牙形角		α	$\alpha=30°$		
螺距		P	由螺纹标准确定		
牙顶间隙		a_c	P/mm	1.5～5	6～12	14～44
			a_c/mm	0.25	0.5	1
外螺纹	大径	d	公称直径		
	中径	d_2	$d_2=d-0.5P$		
	小径	d_3	$d_3=d-2h_3$		
	牙高	h_3	$h_3=0.5P+a_c$		
内螺纹	大径	D_4	$D_4=d+2a_c$		
	中径	D_2	$D_2=d_2$		
	小径	D_1	$D_1=d-P$		
	牙高	H_4	$H_4=h_3$		
牙顶宽		$f、f'$	$f=f'=0.36P$		
牙槽底宽		$W、W'$	$W=W'=0.366P-0.536a_c$		
螺旋升角		ψ	$\tan\psi=P/\pi d_2$		

2. 梯形螺纹车刀及其刃磨

梯形螺纹车刀按车削要求分为粗车刀和精车刀两种,按车刀材质分高速钢和硬质合金;按用途分为外螺纹车刀和内螺纹车刀。梯形螺纹车刀刃磨的主要参数是螺纹的牙形角和牙底槽宽度。

(1) 梯形螺纹车刀的几何角度

① 刀尖角。粗车刀刀尖角应略小于梯形螺纹牙形角,一般取 $29°30'$;精车刀刀尖角应等于梯形螺纹牙形角。

② 刀头宽度。为了便于左右切削并留有精车余量,刀头宽度应小于牙槽底宽 W。粗车刀的刀头宽度一般取 0.7 倍的牙槽底宽;精车刀的刀头宽度则应略小于牙底槽宽,为 0.9 倍的刀宽。

③ 径向前角。由于受螺纹升角的影响,梯形外螺纹粗车刀应磨出 $15°$ 的径向前角。精车时为了保证牙形正确,径向前角应为 $0°$。

④ 径向后角一般为 $6°\sim8°$。

⑤ 侧后角。刃磨两侧副后刀面时,由于受螺纹升角的影响,车刀进给方向的后角应为 $\alpha_右=(3°\sim5°)+\psi$,背离进给方向的后角应为 $\alpha_左=(3°\sim5°)-\psi$。

⑥ 梯形外螺纹车刀刃磨两侧后角与三角形螺纹车刀相同。

⑦ 卷屑槽。精车刀可以磨出卷屑槽。

(2) 高速钢梯形螺纹车刀

高速钢梯形螺纹车刀刃磨比较方便,容易得到锋利的刃口,而且韧性较好,刀尖不易崩裂,车出的螺纹表面粗糙度较小,但是耐热性较差,因此适用于低速车削螺纹。图 2-1-3、图 2-1-4 分别为高速钢梯形螺纹粗、精车刀。

以车 Tr42×6-7h 螺纹为例,说明高速钢梯形螺纹粗、精车刀各角度要求。

① 高速钢梯形螺纹粗车刀

为了便于左右切削并留有精车余量,两侧切削刃之间的夹角应小于牙形角 30°,取 29°左右。刀头宽度应小于牙槽底宽 $W(W=1.93\ mm)$,刀头宽度取 1.3 mm 左右。为了高效去除大部分切削余量,将刀头磨成圆弧形,以增加刀头强度,并将刀头部分的应力分散。为了使车刀两条侧切削刃锋利且受力、受热均衡,将前刀面磨成左高右低、前翘的形状,使径向前角 $\gamma = 10° \sim 15°$,两侧刃后角 $\alpha_右 = (3° \sim 5°) + \psi$,$\alpha_左 = (3° \sim 5°) - \psi$。如果是左旋螺纹,则 $\alpha_右$、$\alpha_左$ 相反。

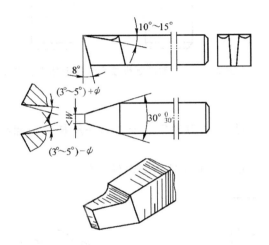

图 2-1-3 高速钢梯形外螺纹粗车刀

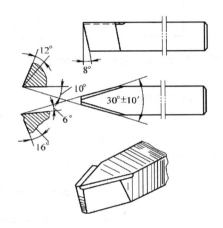

图 2-1-4 高速钢梯形外螺纹精车刀

② 高速钢梯形螺纹精车刀

为保证牙形角正确,两侧切削刃之间的夹角应等于或略大于牙形角 30°,取 30°5′。刀头宽度仍可略小于牙槽底宽 $W(W=1.93\ mm)$,略比粗车时宽一些,取 1.5 mm,以利于螺纹底面和两侧面的加工,并保证两侧面的表面粗糙度达到要求,径向前角 $\gamma = 5°$,后角可略取大些,$\alpha_右 > (3° \sim 5°) + \psi$,$\alpha_左 > (3° \sim 5°) - \psi$。如果是左旋螺纹,则 $\alpha_右$、$\alpha_左$ 相反。

(3) 硬质合金梯形外螺纹车刀

硬质合金梯形螺纹车刀硬度高、耐热性较好,但韧性较差,一般在高速车削螺纹时使用。图 2-1-5 为硬质合金梯形外螺纹车刀的几何形状。高速切削螺纹时,由于车刀三个切削刃同时参加切削,且切削力较大,容易引起振动。因此,在实际生产上,多采用在螺纹车刀前刀面上磨出两个圆弧的方法,如图 2-1-6 所示。这样可使径向前角增大,切削轻快,不易振动;切屑呈球状排出,保证操作安全。缺点是牙形精度较差。

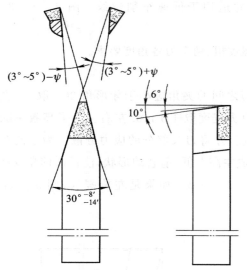 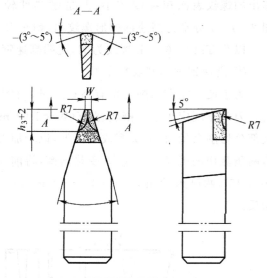

图 2-1-5　硬质合金梯形外螺纹车刀　　　　图 2-1-6　双圆弧硬质合金梯形外螺纹车刀

（4）梯形内螺纹车刀

梯形内螺纹车刀与三角形内螺纹车刀基本相同，只是刀尖角等于 30°，一般梯形内螺纹车刀有整体式和刀排式两种，如图 2-1-7 所示。

为了增加刀头强度、减小振动，梯形内螺纹车刀的前面应适当磨得低一些。

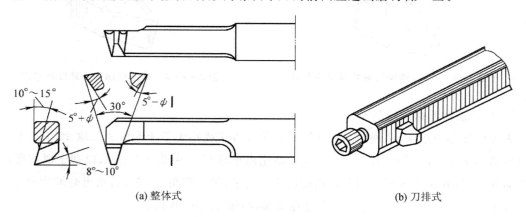

(a) 整体式　　　　　　　　　　　　　(b) 刀排式

图 2-1-7　梯形内螺纹车刀

（5）梯形螺纹车刀的刃磨

1）刃磨要求

① 刃磨梯形螺纹车刀刀尖角时，应随时目测和用样板校对。

② 径向前角不为零的梯形螺纹车刀，刀尖角应修正，其修正方法与三角形螺纹车刀修正方法相同。

③ 梯形螺纹车刀各切削刃要光滑、平直、无裂口，两侧切削刃应对称，刀体不能歪斜。

④ 梯形螺纹车刀各切削刃应用油石研去毛刺。

⑤ 梯形内螺纹车刀两侧切削刃对称线应垂直于刀柄。

2) 刃磨步骤

① 粗磨主、副两侧后刀面,初步形成刀尖角,使左侧后角为 8°～10°,右侧后角为 4°～6°。

② 粗、精磨前刀面保证径向前角。车削梯形螺纹时,车刀前角将影响梯形螺纹的牙形角,前角越大,牙形角的误差也就越大,为了保证车削梯形螺纹牙形角的准确,应适当修正牙形角。

③ 精磨主、副两侧后刀面,控制刀头宽度,刀尖角用对刀样板修正。粗车时刀尖角为 29°30′,精车时刀尖角为 30°5′。

④ 用油石精研各刀面和刃口。要求刀面光洁,两侧切削刃直线度好,刀尖正确。

注意事项

梯形螺纹车刀刃磨注意事项:
- 刃磨两侧后角时,要注意螺纹的左右旋向,并根据螺纹升角 ψ 的大小来确定两侧后角的增减;
- 梯形内螺纹车刀的刀尖角平分线应与刀柄垂直;
- 刃磨高速钢梯形螺纹车刀时,应随时蘸水冷却,以防刃口因过热而退火;
- 螺距较小的梯形螺纹精车刀不便于刃磨断屑槽时,可采用较小径向前角的梯形螺纹精车刀。

3. 梯形螺纹的车削

梯形螺纹的一般技术要求:

① 梯形螺纹的中径必须与基准轴颈同轴,其大径尺寸应小于基本尺寸;

② 梯形螺纹的配合以中径定心,因此车削梯形螺纹时必须保证中径尺寸公差;

③ 梯形螺纹的牙形角要正确;

④ 梯形螺纹牙形两侧面表面的表面粗糙度值要小。

(1) 工艺准备

1) 梯形螺纹车刀的选择

低速车削梯形螺纹一般选用高速钢车刀,高速车削梯形螺纹应选用硬质合金车刀。通常采用低速车削梯形螺纹。

由于梯形螺纹的牙形较深,车削时的切削抗力较大,所以粗车梯形螺纹时,常采用弹性螺纹车刀。

2) 工件的装夹

车削梯形螺纹时,切削力较大,工件一般采用一夹一顶装夹,如图 2-1-8 所示。粗车较大螺距时,可采用四爪卡盘一夹一顶,以保证装夹牢固,同时使工件的一个台阶靠住卡盘平面,固定工件的轴向位置,以防止因切削力过大,使工件移位而造成乱牙。

3) 梯形螺纹车刀的装夹

梯形螺纹车刀的安装是否正确对梯形螺纹精度会产生一定的影响。如果装刀有偏差,即使梯形螺纹车刀刀具角度十分准确,加工后的梯形螺纹牙形角仍会产生偏差,因此在安装车刀时,应要求以下几点:

① 梯形螺纹车刀的刀尖应与工件轴线等高(用弹性刀杆应高于轴线约 0.2 mm),同时应和工件轴线平行;

② 切削刃夹角的平分线应垂直于工件的轴线,装刀时用对刀样板校正,以免产生螺纹半角误差,如图 2-1-9 所示;

③ 螺纹刀杆伸出不能过长,以免产生振动。

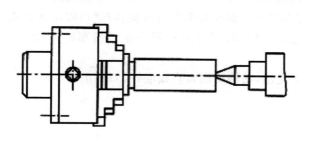

图 2-1-8 一夹一顶装夹工件

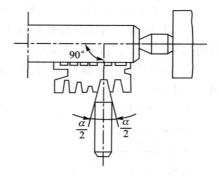

图 2-1-9 梯形螺纹车刀的装夹

4) 车床的选择和调整

① 挑选精度较高,磨损较少的机床;

② 正确调整机床各处间隙,对床鞍、中小滑板的配合部分进行检查和调整,注意控制机床主轴的轴向窜动、径向圆跳动以及丝杠轴向窜动。

③ 选用磨损较少的交换齿轮。

5) 合理选择切削用量

梯形螺纹切削用量的选择应在保证加工质量和刀具耐用度的前提下,最大限度地发挥机床和刀具性能,既提高切削效率,又有利于降低加工成本。

① 粗加工时切削用量的选择原则:

首先选取背吃刀量最大;其次要根据机床动力和刚性等限制条件,选取进给量最大;最后根据刀具耐用度确定最适宜的切削速度。

② 精加工时切削用量的选择原则:

根据粗加工后的余量选择背吃刀量;根据已加工表面的粗糙度要求,选取较小进给量;同时在保证刀具耐用度的前提下,选择最高的切削速度。

车削脆性材料(铸铁、铸铜等)梯形螺纹工件时,因脆性材料所含杂质、气孔较多,对车刀切削不利,切削速度过高会加剧刀具的磨损;吃刀深度过大会使梯形螺纹牙尖爆裂。

车塑性材料梯形螺纹工件时,可相应选择较大的吃刀深度,但要防止"扎刀"现象。

(2) 进刀方法

梯形螺纹与三角螺纹相比较,螺距大、牙形高,因此切削余量大、切削抗力大,加之工件一般较长,所以加工难度大。车削时需考虑梯形螺纹的精度高低和螺距大小来选择不同的进刀方法。

1) 用高速钢车刀低速车削梯形螺纹

用高速钢车刀低速车削梯形螺纹一般有五种进刀方法:直进法、左右切削法、车直槽法、车阶梯槽法和分层切削法。下面分别探究这几种车削方法:

① 直进法。也叫切槽法,如图 2-1-10(a)所示。车削梯形螺纹时,只利用中滑板横向进给,在几次行程中完成螺纹车削。这种方法操作简单,可以获得比较正确的牙形,但由于车刀的三个切削刃同时参加切削,振动比较大,牙侧容易拉出毛刺,表面粗糙度值高,车刀容易磨损,进刀量过大时还会产生"扎刀"现象。因此,它只适用于螺距较小的梯形螺纹车削。

② 左右切削法。车削梯形螺纹时，除了用中滑板刻度控制车刀的横向进给外，同时还利用小滑板的刻度控制车刀的左右微量进给，直到牙形全部车好，如图 2-1-10(b)所示。用左右切削法车螺纹时，由于是车刀两个主切削刃中的一个在进行切削，避免了三刃同时切削，所以不容易产生"扎刀"现象。另外，精车时尽量选择低速，并浇注切削液，一般可获得很好的表面粗糙度。但左右切削法操作比较复杂，小滑板左右微量进给时由于空行程的影响易出错，而且中滑板和小滑板同时进刀，两者的进刀量大小和比例不固定，进刀切削量不好控制，牙形也不易车得光滑。因此，左右切削法对操作者的熟练程度和切削技能要求较高，不适合初学者学习和掌握。

③ 车直槽法。车削梯形螺纹时，一般选用刀头宽度稍小于牙槽底宽的切槽刀，采用横向直进法粗车螺纹至小径尺寸(每边留有 0.2～0.3 mm 的余量)，然后换用精车刀修整，如图 2-1-10(c)所示。这种方法简单、易懂、易掌握，但是在车削较大螺距的梯形螺纹时，刀具因其刀头狭长，强度不够而易折断；切削的沟槽较深，排屑不顺畅，致使堆积的切屑把刀头"砸掉"，进给量较小，切削速度较低，因而很难满足梯形螺纹的车削需要。

④ 车阶梯槽法。为了降低"直槽法"车削时刀头的损坏程度，可以采用车阶梯槽法，如图 2-1-10(d)所示。此方法同样也是采用切槽刀进行切槽，只不过不是直接切至小径尺寸，而是分成若干刀切削成阶梯槽，最后换用精车刀修整至所规定的尺寸。这种方法切削排屑较顺畅，操作简单，但换刀时不容易对准螺纹直槽，很难保证正确的牙形，容易产生倒牙现象。

⑤ 分层切削法。车削梯形螺纹实际上是直进法和左右切削法的综合应用。在车削较大螺距的梯形螺纹时，分层法通常不是一次性就把梯形槽切削出来，而是把牙槽分成若干层(每层 1～2 mm 深)，转化成若干个较浅的梯形槽来进行切削，从而降低了车削难度。这种方法由于左右切削时槽深不变，刀具只需做向左或向右的纵向进给即可，如图 2-1-10(e)所示。因此它比单纯的左右切削法要简单和容易操作得多。

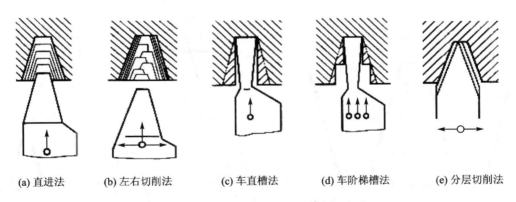

(a) 直进法　　(b) 左右切削法　　(c) 车直槽法　　(d) 车阶梯槽法　　(e) 分层切削法

图 2-1-10　低速车削梯形螺纹的进刀方法

【例题 2-1-2】　以车削 Tr36×6—7e 为例，介绍"分层切削法"车削梯形螺纹的操作步骤。

① 分层切削法车削梯形螺纹的刀具选择如下：

分层切削法车削梯形螺纹所用的粗车刀和精车刀与其他加工方法基本相同，只是粗车刀的刀头宽度 $W_刀=1.2～1.5$ mm，小于牙槽底宽 $W=1.928$ mm，刀尖角 $\varepsilon_r=29°～29°30'$略小于梯形螺纹牙形角 $\alpha=30°$。

② 分层法车削梯形螺纹的操作步骤如下：

a. 粗、精车梯形螺纹大径 $\phi 36_{-0.375}^{0}$，倒角与端面成 $15°$。螺纹大径也可留有 0.15 mm 左右的修整余量，以便螺纹精车完后，发现牙顶有撕裂和变形时可以进行修整。

b. 用梯形螺纹粗车刀直进法车至 1/3 牙槽深处（$h_1 = 1$ mm）。因为切削深度不大，切削力较小，一般不会产生振动和扎刀，如图 2-1-11(a) 所示。

c. 此时，中滑板停止进刀而做横向进刀（车刀每次进到原来的吃刀深度），只用小滑板使车刀向左或向右做微量进给，进给量为 0.2～0.4 mm，进刀次数视具体情况而定，以较快的速度将牙槽拓宽，如图 2-1-11(b) 所示。拓宽后牙顶宽 f'（f' 为 2.5 mm 左右）应大于理论计算值 f（$f = 2.196$ mm），保证螺纹两侧面留有 0.15 mm 左右的精车余量。

d. 将车刀刀头退回至第一层已拓宽牙槽的中间位置（只需将小滑板退回借刀格数的一半），接着再用直进法切削第二层，车至 2/3 牙槽深处（$h_2 = 2$ mm），如图 2-1-11(c) 所示，然后中滑板停止横向进刀，用左右切削法拓宽牙槽，如图 2-1-11(d) 所示。拓宽牙槽时，应把第二层的两牙槽侧面与第一层的重合，注意不要再次车削到第一层牙槽的侧面，否则牙顶的精车余量就可能不够了。

e. 重复上述步骤，继续用直进法和左右切削法车至第三层（牙高 $h_3 = 3$ mm）和第四层（牙高 $h_4 = 3.5$ mm 左右，$d_3 = \phi 29_{-0.537}^{0}$），然后拓宽牙槽（见图 2-1-11 左图）。

f. 换用精车刀分别精车螺纹的左右两牙侧，见图 2-1-11(e)，一般先精车好牙槽一侧，再精车牙槽另一侧，并同时保证螺纹中径尺寸精度和两牙侧表面粗糙度等技术要求。

从以上加工过程可以看出，"分层切削法"车削的次数可以为两次、三次，甚至更多次，具体情况视螺距的大小、车刀强度等而定；操作相对简单，容易理解和掌握；基本上克服了三面切削、排屑困难、容易扎刀等问题；能得到较清晰的牙形，能加大切削用量以提高生产效率，同时容易保证尺寸精度和获得较好的表面粗糙度。

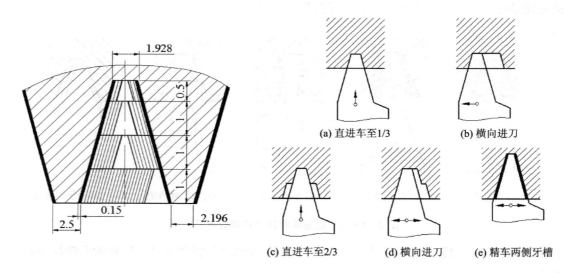

图 2-1-11 分层切削法及步骤

2) 用硬质合金车刀高速车削梯形螺纹

用硬质合金车刀高速车削梯形螺纹时，为了防止切屑拉毛牙形侧面，不能采用左右切削法，只能用直进法。车削较大螺距（$P > 8$ mm）的梯形螺纹时，为防止切削力过大和齿部变形，最好采用三把刀依次进行车削。具体方法是先用梯形螺纹粗车刀粗车成形，然后用切槽刀车牙底至尺寸,最后用精车刀精车牙两侧面至尺寸,如图 2-1-12 所示。

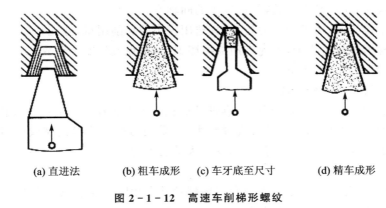

(a) 直进法　　(b) 粗车成形　　(c) 车牙底至尺寸　　(d) 精车成形

图 2-1-12　高速车削梯形螺纹

(3) 梯形外螺纹的车削方法

1) 螺距小于 4 mm 和精度要求不高的梯形外螺纹,宜采用单刀车削法,使用一把梯形螺纹车刀分粗车和精车两个阶段将螺纹车削至要求。粗车时采用小进给量的左右切削法或斜进法;精车时采用直进法。

2) 螺距在 4～8 mm 或精度要求较高的梯形螺纹,一般采用左右切削法或车直槽法车削,具体车削步骤如下:

① 粗车、半精车梯形螺纹大径,留精车余量 0.3 mm 左右,倒角(与端面成 15°)。

② 用梯形螺纹车刀采用左右切削法,粗车、半精车梯形螺纹,单边留精车余量 0.1～0.2 mm,螺纹小径精车至尺寸。或选用刀头宽度稍小于槽低宽度的车槽刀,采用直进法粗车螺纹(见图 2-1-12(b)),每边留精车余量 0.25～0.35 mm,槽底直径等于螺纹小径。

③ 精车螺纹大径至图样要求(一般小于螺纹基本尺寸)。

④ 选用精车梯形螺纹车刀(两侧切削刃磨有卷屑槽),采用左右切削法精车两侧面至要求。

3) 螺距大于 8 mm 的梯形外螺纹,一般采用分层切削的方法车削。

① 粗车、半精车梯形螺纹大径,留精车余量 0.3 mm 左右,倒角(与端面成 15°)。

② 用刀头宽度小于 $P/2$ 的切槽刀,采用直进法粗车螺纹至接近中径处,再使用刀头宽度等于(或略小于)槽底宽的切槽刀采用直进法粗车螺纹,槽底直径等于螺纹小径,从而形成阶梯状的螺旋槽。

③ 用梯形螺纹车刀粗车刀采用左右切削法,半精车螺纹槽两侧面,每边留精车余量 0.1～0.2 mm。

④ 精车螺纹大径至图样要求(一般小于螺纹基本尺寸)。

⑤ 用梯形螺纹精车刀,精车螺纹两侧面,控制中径,完成螺纹加工。

注意事项

梯形螺纹车削注意事项:
- 对于径向前角不为零的螺纹车刀,两切削刃的夹角应修正,其修正方法与三角形螺纹车刀的修正方法相同;
- 梯形螺纹精车刀两侧刃要刃磨平直,刀刃要保持锋利、对称,刀体不能歪斜;

- 粗车螺纹时,应调紧小滑板,以防车刀发生位移而损坏刀具或乱牙;
- 精车螺纹时,应修磨中心孔,保证螺纹的同轴度;
- 车削梯形螺纹时,由于切削力较大,宜选用较小的切削用量,并充分加注切削液;
- 在车削梯形螺纹过程中,不允许用棉纱擦工件,以免发生安全事故。

（4）梯形内螺纹的车削方法

1）梯形内螺纹车刀刀杆的选择

与三角形内螺纹车刀一样,刀杆应根据螺纹底孔直径来选择。一般螺纹底孔孔径较小时,采用整体式梯形内螺纹车刀;螺纹底孔孔径较大时,采用刀杆式梯形内螺纹车刀,这种车刀的刀杆横截面积较大,车刀的刚性较好,能承受较大的切削力。

2）梯形内螺纹的车削方法

车梯形内螺纹进退刀的方法与车三角形内螺纹基本相同。要求先采用左右借刀法加工至内螺纹底径后,中滑板每次进刀时就固定在某一切削的深度,仅左右移动小滑板借刀,直至将梯形内螺纹中径加工合格。

车削梯形内螺纹时,进刀深度不易掌握,可先车准螺纹孔径尺寸,然后粗车。精车时应进刀车削 2～3 次,以消除刀杆的弹性变形,保证螺纹的精度要求。操作步骤如下：

① 加工内螺纹底孔,$D_孔 = D_1 = d - P$。

② 在端面上车一个轴向深度为 1～2 mm、孔径等于螺纹基本尺寸的内台阶孔,作为车内螺纹时的对刀基准。

③ 粗车内螺纹,可采用斜进法（向背进刀方向赶刀,以利于粗车切削的顺利进行）。车刀刀尖与对刀基准间应保证有 0.1～0.15 mm 的间隙。

④ 精车内螺纹,采用左右切削法精车牙形两侧面。车刀刀尖与对刀基准相接触。

车削与梯形外螺纹（螺杆）配对的梯形螺母时,为保证车出的梯形螺母与螺杆的牙形角一致,常用梯形螺纹专用样板对刀,将样板的基准面靠紧工件外圆表面来找正螺纹车刀的正确位置。

注意事项

- 车梯形内螺纹的进给和退刀方向与车梯形外螺纹方向相反,尽可能利用刻度盘控制退刀,以防刀杆与孔壁相碰;
- 梯形内螺纹车刀的两侧切削刃应该刃磨平直,应该使用对刀样板找正装夹梯形内螺纹车刀;
- 小滑板应调整得紧一些,以防车削时车刀移位产生乱牙现象。

4. 梯形螺纹的检测

梯形螺纹的检测与三角形螺纹的检测相同,主要检测螺纹的中径,可用综合测量法、三针测量法和齿厚测量法。常用的测量工具是公法线千分尺及量针,测量的方法采用三针法,测量原理与用三针法测量三角螺纹的原理相同。

（1）三针测量

1）三针测量法

三针测量法是测量螺纹中径的一种比较精密的方法,适用于测量一些精度要求较高,螺纹升角小于 4° 的螺纹工件。测量时,把三根直径相等、尺寸合适的量针放在螺纹相对应的螺旋槽中,用千分尺或公法线千分尺测量出两边量针顶点之间的距离 M,由 M 值换算出螺纹中径的实际尺寸,如图 2-1-13 所示。M 值和量针的计算见表 2-1-6。

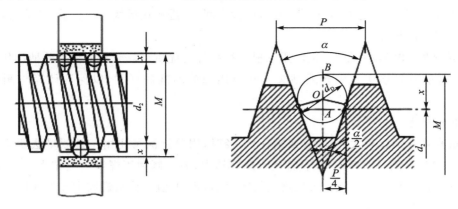

图 2-1-13 三针测量方法

表 2-1-6 M 值及量针直径的简化计算公式

螺纹牙形角	M 值计算公式	量针直径 d_0		
		最大值	最佳值	最小值
30°(梯形螺纹)	$M=d_2+4.864d_0-1.866P$	$0.656P$	$0.518P$	$0.486P$
40°(米制蜗杆)	$M=d_1+3.924d_0-4.316m_x$	$2.446m_x$	$1.672m_x$	$1.61m_x$
55°(英制螺纹)	$M=d_2+3.166d_0-0.961P$	$0.894P-0.029$	$0.564P$	$0.481P-0.016$
60°(普通螺纹)	$M=d_2+3d_0-0.866P$	$1.01P$	$0.577P$	$0.505P$

注:d_1 为蜗杆分度圆直径;m_x 为轴向模数。

2)量针的选用

在计算 M 值的过程中,由于螺纹中径是固定不变的,故测量用的量针直径 d_D 不能太大,也不能太小。如果太大,则量针横截面与螺纹牙侧不相切;如果太小,则量针陷入螺纹的牙槽中,其量针顶点低于螺纹牙顶,千分尺实际测量的尺寸为外螺纹大径的尺寸,根本无法测量到螺纹中径。最佳量针直径应使钢针横截面与螺纹中径处的牙侧相切,如图 2-1-14 所示。

在这里应该指出的是,三针测量时由于量针是沿螺旋槽放置,当螺旋升角大于 4°时,会产生较大的测量误差,应进行必要的修正。

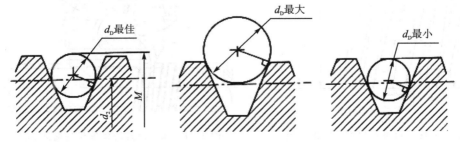

图 2-1-14 量针直径的选择

为了测量方便,对于较小螺距的螺纹,在利用三针测量中径时,可用粘性大的黄油把三根钢针分别粘在牙槽中,再用千分尺测量。对于螺距较大的螺纹,三针测量时,千分尺的测量杆不能同时跨住两根钢针,这时可在测量杆与钢针之间,垫进一块量块。在计算 M 值时,必须注意减去量块厚度的尺寸。

三针测量时,如果没有量针,也可用三根直径相等的优质钢丝或新的钻头的柄部代替。计算 M 值与测量时必须实测钢丝或钻头实际应用部分的准确尺寸,以保证计算与测量的准确性。

（2）单针测量

在测量直径和螺距较大的螺纹（或蜗杆）中径时,用单针测量比用三针测量法要简便得多（见图 2-1-15）。测量时,将一根量针放入螺旋槽中,另一侧利用螺纹大径作为基准,用千分尺测量出量针顶点与另一侧螺纹大径之间的距离 A,由 A 值换算出螺纹中径的实际尺寸。量针的选择与三针测量相同。

在单针测量前,应先量出螺纹大径的实际尺寸 d,并根据选用量针的直径计算出用三针测量时的 M 值,然后按下式计算 A 值。

$$A = \frac{1}{2}(M + d_D)$$

> **注意事项**

- 测量前应修整完大径的"毛刺",再进行测量,以减少测量的误差;
- 单针测量时螺纹中径公差应为图样所给公差的 1/2。

（3）综合检验

梯形螺纹和普通螺纹一样,也可用标准螺纹量规综合检验。检测前,应先检查螺纹的大径、牙形角和牙形半角、螺距和表面粗糙度,然后用螺纹环规检测。如果螺纹环规的通规能顺利拧入工件螺纹,而止规不能拧入,则说明被检梯形螺纹合格。

测量梯形螺纹大径时,一般采用游标卡尺、千分尺等量具;对于螺纹底径,一般由中滑板刻度盘控制牙形高度,而间接地保证底径尺寸;梯形螺纹牙形角的测量方法如图 2-1-16 所示。

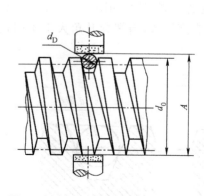

图 2-1-15 用单针法测量螺纹中径

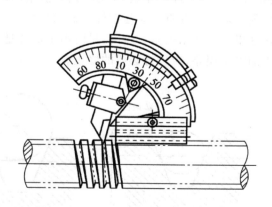

图 2-1-16 用万能角度尺测量牙形角

梯形内螺纹一般采用综合测量法,即用梯形螺纹塞规测量,或者通过与已加工好的梯形外螺纹进行试配测量。当单件生产或只加工几件梯形内螺纹时,没有专门的检测螺杆,专门制作

一检测螺杆也不符合实际情况,可采用下面的做法:

① 计算梯形内螺纹的有关参数,主要为大径和小径。

② 加工孔径(小径)至尺寸要求。

③ 在孔口处加工一长度小于 1 mm、直径为大径的孔。

④ 车削螺纹时,当车刀前端切削刃进刀接触到此段内孔时,说明已车到螺纹底径(大径)此时就可以精车两牙侧面。

⑤ 车削牙侧面时主要控制牙顶宽尺寸,有条件的可用线切割制作卡规(样板)进行测量。

(4) 齿厚测量

对于测量精度要求较低以及能在加工过程中测量的,可采用齿厚游标卡尺测量。

齿厚游标卡尺由两个相互垂直的齿高尺和齿宽尺组成。如图 2-1-17 所示,齿厚游标卡尺的读数方法与普通游标卡尺相同。测量时,先把高度卡尺调整到等于螺纹齿顶高,旋紧螺钉固定游标,再左右微量晃动卡尺使螺纹顶部及两侧均与卡尺靠牢,此时齿厚卡尺上的读数就是螺纹中径齿厚。

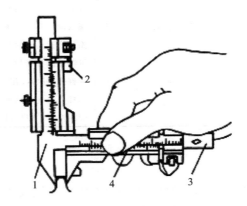

1—垂直尺身;2—垂直游标;3—水平尺身;4—水平游标

图 2-1-17 齿厚游标卡尺的结构

2.1.3 车削圆锥管螺纹

1. 管螺纹的种类

我国的管螺纹基本延用国际标准,采用英寸制,根据国际通用的管螺纹,制定了标准。

管螺纹按牙形角分为 55°非螺纹密封管螺纹和牙形角 55°、60°螺纹密封管螺纹(见表 2-1-7),其公称直径是指连接的管道孔径。它主要用来进行管道的连接,其内外螺纹的配合紧密,有直管与锥管两种,常用于输送气体或液体的管子或管子的接头上。各基本要素的尺寸可从有关手册中查出。

表 2-1-7 常用管螺纹的种类及标记代号

管螺纹种类		特征代号	标注示例	说 明
55°密封管螺纹	圆锥内螺纹	Rc	Rc1/2-LH	牙形角 55°,圆锥角 1:16。 螺纹副本身具备密封性的管螺纹,允许在螺纹副内添加合适的密封介质,如缠胶带、涂密封胶等。 用螺纹密封的管螺纹内螺纹有圆柱内螺纹(Rp)和圆锥内螺纹(Rc)两种形式,外螺纹只有圆锥外螺纹(R)一种形式。 适用水、煤气等低压管路系统的螺纹连接
	圆柱内螺纹	Rp		
	与圆柱内螺纹配合的圆锥外螺纹	R1		
	与圆锥内螺纹配合的圆锥外螺纹	R2		
55°非密封管螺纹 (内、外圆柱螺纹)		G	G1A G3/4	螺纹副本身不具备密封性的圆柱管螺纹。 若要求密封,应在螺纹外设计密封面结构,如塑胶圆锥面或平端面等。应用同上。 非螺纹密封的管螺纹(G)不论内外螺纹都只有圆柱螺纹一种形式
60°密封管螺纹	圆锥管螺纹 (内、外)	NPT	NPT3/4-LH	牙形角 60°,圆锥角 1:16。 螺纹副本身具备密封性的管螺纹,允许在螺纹副之间添加合适的密封介质,如缠胶带或涂密封胶等。
	与圆锥外螺纹配合的圆柱内螺纹	NPSC	NPSC3/4	可组成两种密封配合形式: 圆锥内/外螺纹组成"锥/锥"配合; 圆柱内螺纹与圆锥外螺纹组成"柱/锥"配合; 应用汽车、飞机、机床中管路连接

2. 管螺纹的标注

(1) 55°密封管螺纹

牙形角为 55°的密封管螺纹,螺纹标记由螺纹特征代号、尺寸代号组成。

螺纹特征代号为:Rp 表示圆柱内螺纹;Rc 表示圆锥内螺纹;R1 表示与圆柱内螺纹相配合的圆锥外螺纹;R2 表示与圆锥内螺纹相配合的圆锥外螺纹。

当螺纹为左旋时,在尺寸代号之后加注"LH"(右旋不注)。

螺纹副尺寸代号只标注一次,如:

Rc1/2——表示公称直径为 1/2、右旋的圆锥外螺纹(锥度为 1:16);

R13——表示公称直径为 3 的右旋的圆锥外螺纹;

Rp/R13——表示尺寸代号为 3 的右旋圆柱内螺纹与圆锥外螺纹所组成的螺纹副;

Rc/R23——表示尺寸代号为 3 的右旋圆锥内螺纹与圆锥外螺纹所组成的螺纹副。

(2) 55°非密封的管螺纹

55°非螺纹密封的管螺纹由一圆柱面加工而成。其标记由螺纹特征代号、尺寸代号、公差等级代号组成。螺纹特征代号用 G 表示;尺寸代号用数字表示,单位是英寸;公差等级代号,对外螺纹分 A、B 两级标记;内螺纹中径只有一种公差带,故不加标记。

当螺纹为左旋时,在尺寸代号之后加注"LH"(右旋不注)。如:

G1/2A—— 表示公称直径为 1/2、A 级、右旋的非密封的管螺纹外螺纹;

G1/2-LH—— 表示公称直径为 1/2、左旋的非密封的管螺纹内螺纹。

(3) 60°密封管螺纹

牙形角为60°、螺纹副本身具有密封性管螺纹。螺纹标记由螺纹特征代号和螺纹尺寸代号组成。60°圆锥管螺纹的螺纹特征代号为NPT(圆柱内螺纹特征代号为NPSC)。

当螺纹为左旋时,其后加注"LH"。

NPT3/4-LH——表示尺寸代号为3/4、左旋圆锥内螺纹或外螺纹。

NPSC3/4——表示尺寸代号为3/4、右旋圆柱内螺纹。

内螺纹有圆锥内螺纹和圆柱内螺纹两种,外螺纹仅有圆锥螺纹一种。内、外螺纹可组成密封配合形式:圆柱内螺纹与圆锥外螺纹组成"柱/锥"配合;圆锥内螺纹与圆锥外螺纹组成"锥/锥"配合。

提示	非螺纹密封的内圆柱管螺纹可以和密封管螺纹的外圆锥螺纹相连接,但非螺纹密封的外圆柱管螺纹则不可以和密封管螺纹的圆柱内螺纹连接。

(4) 管螺纹在图纸上的标注

管螺纹的标注,应将其标准规定的标记注写在指引线的横线上,指引线应由大径处或对称中心处引出,如图2-1-18所示。

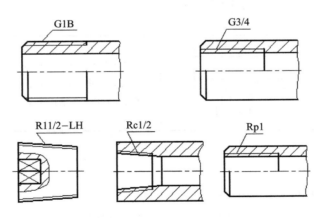

图2-1-18 管螺纹的标注

注意事项

- 管螺纹的螺纹尺寸代号是指管螺纹用于管子孔径的近似值,不是管子的外径。"G1"是在孔径为$\phi25$管子的外壁上加工的螺纹,该螺纹的实际大径是$\phi33.25$。
- 管螺纹是用每25.4 mm轴向距离中的螺纹牙数表示螺距,计算后均为小数(如G1的$n=11$,其螺距$P=(25.4\div11)$ mm$=2.309$ mm)。
- 管螺纹的标注,应将其标准规定的标记注写在指引线的横线上,指引线应由大径处或对称中心处引出。

3. 车削圆锥管螺纹的方法

圆锥管螺纹的车削方法与三角形螺纹的车削方法相似,区别在于需要解决螺纹的锥度问题。车削圆锥管螺纹的常用方法有：靠模法、偏移尾座法和手赶法等。本小节内容介绍手赶法，见表2-1-8。

手赶法指车削螺纹走刀时，径向手动退刀或进刀，使刀尖沿着与圆锥素线平行的方向走刀，车出所需的圆锥螺纹的方法。由于锥度由手动保证，加工精度不高，一般用于精度较低的单件、小批量生产。

表2-1-8 手赶法车削圆锥管螺纹

车削方法		图例	说明
径向退刀法		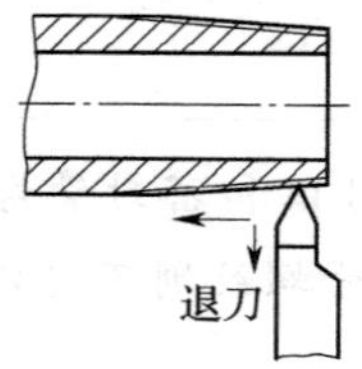	车削螺纹时，床鞍自右向左纵向移动的同时，手动摇动中滑板手柄做径向均匀退刀，车出圆锥管螺纹。要求手动退刀动作平稳均匀，退刀速度与车螺纹协调一致
径向进刀法	车正锥管螺纹	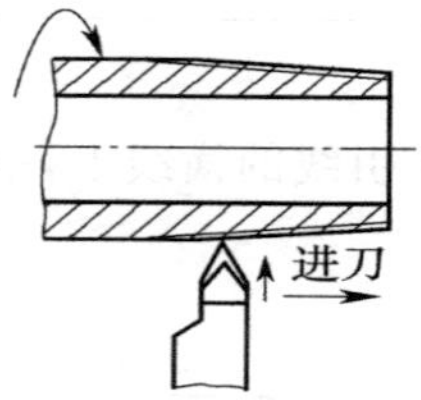	反装螺纹车刀，即前面向下，车床主轴反转，螺纹车刀由左向右纵向移动的同时，手动使中滑板径向均匀进刀，车出圆锥管螺纹
	车倒锥管螺纹	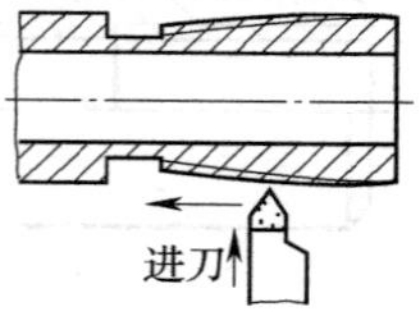	车床主轴正转，床鞍带动螺纹车刀自右向左纵向移动的同时，手动使中滑板径向均匀进刀，车出圆锥管螺纹。这种方法常用于车削长度较短的管接头

注意事项

车圆锥管螺纹时的注意事项如下：
- 注意观察车圆锥管螺纹过程中牙尖宽度的均匀状况。
- 动作要协调，"赶刀"要均匀。
- 装刀时，车刀两刃夹角对称线应垂直于主轴轴线。
- 手赶速度应与螺纹车刀进给速度配合好，不可时快时慢，否则易损坏螺纹车刀。
- 用管接头检查螺纹时，应把握"松三紧四"的原则，即管接头拧进3~4圈，螺纹长度收尾在3~4圈。
- 车削英制螺纹的刀具安装及车削方法与车削公制螺纹一样，但必须采用倒顺车，不可抬合开合螺母，否则将乱扣。

2.1.4 技能训练

技能训练 I

高速车削如图2-1-19所示的螺杆。毛坯：$\phi 18 \times 185$ mm，材料45钢。

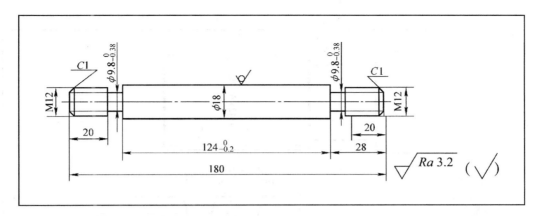

图 2-1-19 螺 杆

【工艺准备】
① 刀具:90°粗精车刀,车槽刀;硬质合金普通外螺纹刀。
② 设备:CA6140。
③ 量具:0~150 游标卡尺,0~25 千分尺,M12 螺纹环规。

【加工步骤】
螺杆的加工步骤如表 2-1-9 所列。

表 2-1-9 螺杆加工步骤(见图 2-1-19)

操作步骤	加工内容
1. 高速车削右侧螺纹	1) 夹毛坯外圆,伸出约卡爪 60 mm 长,找正并夹紧。 2) 车平端面。 3) 车 M12 螺纹外径至 ϕ11.8。 4) 车沟槽 ϕ9.8,保证长度 28 mm 和 20 mm。 5) 用倒顺车操纵车螺纹:确定背吃刀量,车螺纹
2. 高速车削左侧螺纹	1) 调头夹,伸出约 60 mm 长,找正并夹紧。 2) 车端面至总长 180 mm。 3) 车 M12 螺纹外径至 ϕ11.8。 4) 车沟槽 ϕ9.8,保证长度 124 mm。 5) 用倒顺车操纵车螺纹:确定背吃刀量,车螺纹

注意事项

车削时要集中精力,胆大心细,及时退刀,以防止碰撞工件端面或卡爪,退刀路线如图 2-1-20 所示。

技能训练 Ⅱ

采用左右切入法车削如图 2-1-21 所示的 Tr42×6-7h 梯形螺纹。工件材料为 45 钢。

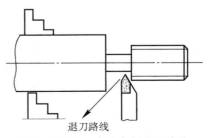

图 2-1-20 高速车削退刀路线

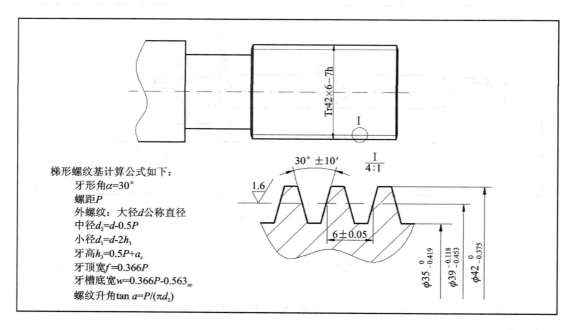

图 2-1-21 左右切入法车削梯形螺纹

【加工步骤】

左右切入法车削梯形螺纹的步骤见表 2-1-10。

表 2-1-10 左右切入法车削梯形螺纹步骤（见图 2-1-21）

操作步骤	加工内容
1. 对刀	1）先车螺纹大径（略小 0.15 mm 左右）和两端倒角 2×15°。 2）将梯形螺纹粗车刀与大径外圆对刀，将中滑板调至零位，同时小滑板朝前进方向消除间隙后对零
2. 直进法车削螺纹	取间隙量 $a_c=0.5$ mm，则牙高 $h_3=0.5\,P+a_c=3.5$ mm，直径方向为 7 mm。可选择第一刀 1.5 mm，第二刀 1 mm，第三刀 0.5 mm，共计 3 mm（此时因刀具三刃受力，难以继续采用大切削深度的直进法车削，如继续切削则会产生卡刀现象，开始使用左右借刀法），如图 2-1-22(a)所示
3. 检测牙顶宽	用游标卡尺测量此时牙顶宽，将测量的牙顶宽减去理论牙顶宽 $W=2.196≈2.2$ mm，再减去所留两侧精车余量 0.2~0.4 mm。精车余量以两侧面表面粗糙情况而定，表面光滑时取 0.2 mm，表面粗糙时取 0.4 mm，将这个余量除以 2，就是每侧借刀的量。 实测牙顶宽为 4.4 mm，则应向左边借刀的量是：[(4.4－2.2)－0.3] mm/2＝0.95 mm。仍以进刀深度为 3 mm，向左车削（此时螺纹车刀只有左侧刃在切削，切削力不会太大）；再将小滑板先退后进（消除空行程）对应地在零线右边借刀 0.95 mm 车削（也可分两至三刀将借刀量 0.95 车完），如图 2-1-22(b)所示。车完后将小滑板再次对零，此时刀具就落在槽中间，如图 2-1-22(c)所示

续表 2-1-10

操作步骤	加工内容
4. 直进法第二次进刀	再以直进法第二次进刀 3 mm(由于刀头宽度 1.5<W=1.93,故可按照步骤 2 分三次进刀将螺纹再车深 3mm),如图 2-1-23(a)所示。然后又先向左借刀。此时应目测确定借刀量,并通过在螺纹头部试切,看切屑宽度(如车到前一次的侧面,则切屑会变宽),最后确定借刀量,将左侧车好后,以相同借刀量再车右侧面至前一次的侧面位置,左右两边车完后,再次将小滑板对零,如图 2-1-23(b)所示
5. 直进法车螺纹	第一刀进刀深度为 0.5 mm,第二刀 0.3 mm,第三刀 0.2 mm。经过 2、3、4、5 步的车削螺纹共车深 7 mm,然后将左侧面借刀至整个侧面接平,同样再将右侧面借刀接平,至此粗车完成
6. 精车螺纹	换上螺纹精车刀,仍以螺纹大径对刀,中滑板刻度盘对零。因精车刀刀头宽度小于牙槽底宽,故精车刀可落到槽底,目测使精车刀处于槽中间,看此时刻度盘值,然后以每次进刀 0.1~0.2 mm,将总进刀深度车至 7~7.4 mm(因牙高 3.5 mm,小径偏差 0~0.419 mm,则实际牙深=[7+(0~0.419)] mm=7~7.4 mm,而粗车时已车切削深度 7.0 mm,故实际只需进刀 0.1~0.2 mm。当牙底车到深度后,又向左侧赶刀,每次 0.1~0.05 mm,至将左侧面全部车到接平,然后以低速进 0.02 mm 或走空刀(中、小滑板均不进刀),将左车车至粗糙度达到要求,再将螺纹刀直接退至右边车右侧面,每车一刀就用游标卡尺测量牙顶宽,当牙顶宽接近 2.2 mm 时,再用三针测量其 M 值。当 M 值合格时,螺纹中径即合格

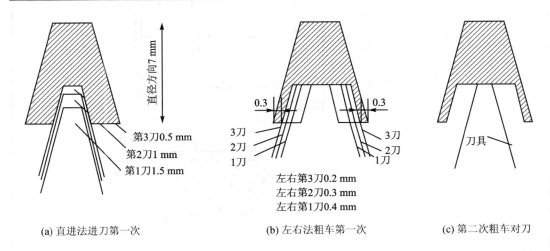

(a) 直进法进刀第一次　　　　(b) 左右法粗车第一次　　　　(c) 第二次粗车对刀

图 2-1-22　第一次进刀车削

至此梯形螺纹加工完毕。在整个加工过程中,粗加工用 16~24 刀,约需时间 15 min;精加工为 8~12 刀,同样约需 15 min(包含测量的时间),而且由于每次车削参加切削的刃不太长,所受的切削力不太大,故切削过程平稳,不会出现扎刀的现象,更不会打刀,从而保证车梯形螺纹的快速和稳定。

技能训练Ⅲ

将 $\phi 50 \times 125$ mm 的毛坯车成如图 2-1-24 所示的梯形螺纹轴,工件材料为 45 钢。

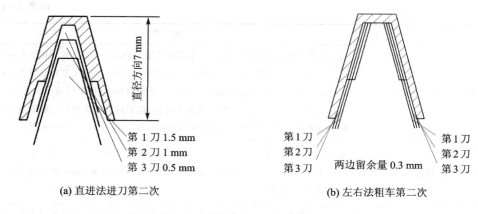

图 2-1-23 第二次进刀车削

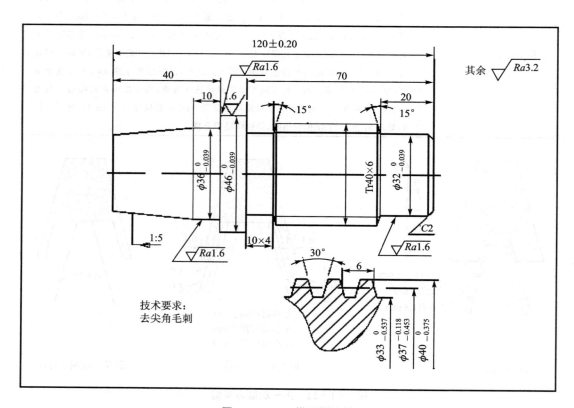

图 2-1-24 梯形螺纹轴

【工艺分析】

为了提高效率,大余量地车削梯形螺纹,在满足工件技术要求的前提下,一般粗、精车都用一夹一顶装夹,个别对中径跳动要求高,不适合一夹一顶加工的工件,也应粗车选择一夹一顶装夹,精车时用两顶尖装夹来保证工件的技术要求。装夹工件的时候卡盘一定要夹紧,防止产生切削力大于工件夹紧力的情况。

【加工步骤】

梯形螺纹轴加工步骤如表 2-1-11 所列。

表 2-1-11 梯形螺纹轴加工步骤(见图 2-1-24)

操作步骤	加工内容
1. 车工艺台阶	1) 夹毛坯外圆,伸出卡爪约 60 mm 长,找正并夹紧。 2) 车平端面。 3) 车工艺台阶 $\phi 46 \times 20$ mm
2. 车梯形螺纹	1) 调头夹工艺台阶,平端面,钻中心孔。 2) 一夹一顶粗车外圆 $\phi 46$、$\phi 40$、$\phi 32$,留 0.5 mm 余量。 3) 精车外圆 $\phi 46_{-0.039}^{0}$、$\phi 40_{-0.375}^{0}$、$\phi 32_{-0.039}^{0}$,长度到尺寸要求。 4) 车退刀槽 10×4。 5) 倒角至图纸要求。 6) 车梯形螺纹 $Tr40 \times 6$
3. 车锥面	1) 调头垫铜皮夹梯形螺纹,平端面,保证总长。 2) 粗车、精车外圆 $\phi 36_{-0.039}^{0}$,长度至尺寸要求。 3) 车锥面

【质量检测】

梯形螺纹轴加工的评分标准见表 2-1-12。

表 2-1-12 梯形螺纹轴加工评分标准

项 目	序 号	考核内容	配 分	评分标准	检 测	得 分
外圆与端面	1	$\phi 36_{-0.039}^{0}$	6	超差 0.01 扣 1 分		
	2	$\phi 46_{-0.039}^{0}$	6	超差 0.01 扣 1 分		
	3	$\phi 32_{-0.039}^{0}$	6	超差 0.01 扣 1 分		
	4	10×4	4	超差不得分		
	5	C2	2	不合格不得分		
	6	120 ± 0.2	6	超差不得分		
	7	70	2	超差不得分		
	8	40	2	超差不得分		
	9	20	2	超差不得分		
	10	10	2	超差不得分		
梯形螺纹	11	$\phi 40_{-0.375}^{0}$	4	超差不得分		
	12	$\phi 37_{-0.453}^{-0.118}$	12	超差 0.1 扣 5 分		
	13	$\phi 33_{-0.537}^{0}$	4	超差不得分		
	14	螺距 6	3	超差不得分		
	15	牙形半角 15°	3	超差不得分		

续表 2-1-12

项 目	序 号	考核内容	配 分	评分标准	检 测	得 分
圆锥面	16	⊲1:5	8	接触面积<65%扣5分		
	17	长度30	2	超差不得分		
其他	18	$Ra1.6$(3处)	6	每处降级扣2分		
	19	$Ra3.2$(梯形螺纹)	6	每处降级扣1分		
	20	$Ra3.2$(退刀槽)	2	每处降级扣1分		
	21	安全文明生产	10	未清理现场扣5分;每违反一项规定从总分中扣5分;严重违规停止操作		

技能训练 Ⅳ

车削梯形外螺纹加工零件如图 2-1-25 所示。毛坯:$\phi40\times120$ mm 棒料,材料为45钢。

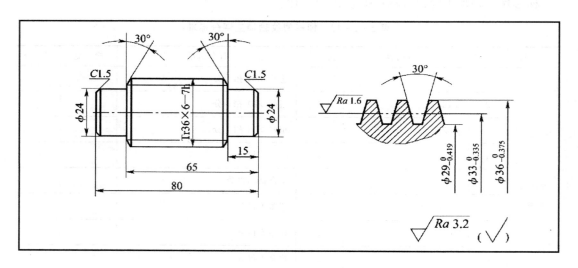

图 2-1-25 车削梯形外螺纹

【工艺准备】

① 刀具:外圆车刀、切断刀、梯形螺纹车刀、B2.5 中心钻。

② 设备:CA6140。

③ 工量具:0~150 游标卡尺、千分尺、对刀样板、后顶尖、量针。

【加工步骤】

车削梯形外螺纹加工步骤如表 2-1-13 所列。

表 2-1-13 车削梯形外螺纹加工步骤(见图 2-1-25)

操作步骤	加工内容
1. 车外圆	1) 夹毛坯外圆,伸出卡爪约 100 mm 长,找正并夹紧。 2) 车平端面,钻中心孔。 3) 一夹一顶装夹,粗、精车梯形螺纹大径至 $\phi36.3$,长度大于 65 mm。 4) 粗、精车右端外圆 $\phi24$ 至尺寸要求,长 15 mm。 5) 粗、精车退刀槽至 $\phi24$,宽度大于 15 mm,控制长度尺寸 65 mm。 6) 车大径,两端倒角 30°和倒角 C1.5 右端一处
2. 车梯形螺纹	1) 粗车梯形螺纹 Tr36×6-7h,小径车至尺寸要求,两牙侧留余量 0.2 mm。 2) 精车梯形螺纹大径至尺寸要求。 3) 精车两牙侧面,用三针测量,控制中径尺寸至 $\phi33$
3. 取总长	1) 切断,取总长 81 mm。 2) 调头,垫铜皮装夹,车平端面,控制总长 80 mm。 3) 倒角 C1.5

【质量检测】

车削梯形外螺纹评分标准如表 2-1-14 所列。

表 2-1-14 车削梯形外螺纹评分标准

项 目	序 号	考核内容	配 分	评分标准	检 测	得 分
外圆与端面	1	$\phi24$(2 处)	10	超差 0.01 扣 1 分		
	2	15	5	超差 0.01 扣 1 分		
	3	65	5	超差 0.01 扣 1 分		
	4	80	6	超差不得分		
	5	C1.5(2 处)	5	不合格不得分		
	6	30°(2 处)	5	不合格不得分		
梯形螺纹	7	$\phi36_{-0.375}^{0}$	8	超差不得分		
	8	$\phi33_{-0.335}^{0}$	20	超差 0.1 扣 5 分		
	9	$\phi29_{-0.419}^{0}$	5	超差不得分		
	10	牙形角 30°	5	超差不得分		
其他	11	Ra1.6(2 处)	6	每处降级扣 3 分		
	12	Ra3.2(10 处)	10	每处降级扣 1 分		
	13	安全文明生产	10	未清理现场扣 5 分;每违反一项规定从总分中扣 5 分;严重违规停止操作		

思考与练习

1. 高速车削螺纹时为什么只能用直进法车削？
2. 车梯形螺纹有哪几种方法？当螺距较大时应采用哪一种方法较好？
3. 如果用单针测量 Tr30×4 的梯形螺纹，试选择钢针直径，并计算出用单针测量时千分尺所读出的数值 A。
4. 如果用三针测量 Tr60×8 的梯形螺纹，试选择钢针直径，并计算出用三针测量时千分尺所读出的数值 M。

课题二　车削蜗杆及多线螺纹

> **教学要求**
>
> ◆ 掌握车削蜗杆时的主要参数计算。
> ◆ 掌握蜗杆车刀的几何形状及蜗杆车刀的安装。
> ◆ 掌握车削蜗杆的方法及检查方法。
> ◆ 掌握小滑板对多线螺纹分线的技能。
> ◆ 掌握多线螺纹的车削方法。

2.2.1　车削蜗杆

蜗杆与蜗轮组成的蜗杆副，常用于减速传动机构中，以传递两轴在空间成 90°交错的运动。蜗杆一般分为米制蜗杆（齿形角 $2\alpha=40°$）和英制蜗杆（齿形角 $2\alpha=29°$）两种。我国常用米制蜗杆。

1. 蜗杆各参数及其计算

（1）蜗杆的齿形

蜗杆的齿形是指蜗杆齿廓形状，米制蜗杆按齿形分有：轴向直廓蜗杆（ZA）、法向直廓蜗杆（ZN）、渐开线蜗杆（ZI）、锥面包络圆柱蜗杆（ZK）和圆弧圆柱蜗杆（ZC）。常见蜗杆的齿形有轴向直廓蜗杆和法向直廓蜗杆，这两种蜗杆可以在车床上车削成形，它们的齿形如图 2-2-1 和图 2-2-2 所示。

① 轴向直廓蜗杆

轴向直廓蜗杆的齿形在蜗杆的轴向剖面内是直线，在法向剖面内为曲线，在垂直于蜗杆轴线的端平面内是阿基米德螺旋线，因此又称为阿基米德蜗杆。

② 法向直廓蜗杆

法向直廓蜗杆的齿形在蜗杆齿根的法向剖面内为直线，在轴向剖面内为曲线，在端平面内为延长渐开线，因此又称为延长渐开线蜗杆。

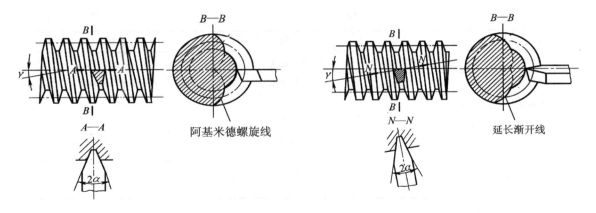

图 2-2-1 轴向直廓蜗杆   图 2-2-2 法向直廓蜗杆

机械中最常用的是轴向直廓蜗杆即阿基米德蜗杆,这种蜗杆的加工比较简单,加工方法类似梯形螺纹加工。若图样上没有特别标明蜗杆的齿形,则均为轴向直廓蜗杆。本课题主要学习轴向直廓蜗杆的加工。

(2) 蜗杆的参数及计算

在轴向剖面内蜗杆、蜗轮传动相当于齿条与齿轮间的传动,蜗杆的螺距必须等于蜗轮的周节,因此,蜗杆的各部分尺寸是按照蜗轮的齿形来计算的。蜗杆基本参数测量以及规定的标准值都在蜗杆的轴向剖面内,如图 2-2-3 所示。表 2-2-1 所列为米制蜗杆各参数的名称、符号及计算公式。

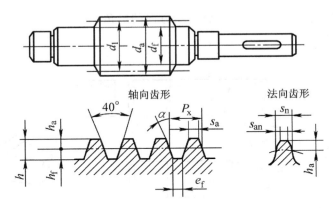

图 2-2-3 蜗杆的参数

表 2-2-1 米制蜗杆各参数的计算公式

名 称	符 号	计算公式	名 称	符 号	计算公式
轴向模数	m_x	基本参数	齿根圆直径	d_f	$d_f = d_1 - 2.4 m_x$
齿形角	2α	40°			$d_f = d_a - 4.4 m_x$
头数	z_1	基本参数	轴向齿顶宽	s_a	$s_a = 0.843 m_x$
轴向齿距	P_x	$P_x = \pi m_x$	法向齿顶宽	s_{an}	$s_{an} = 0.843 m_x \cos\gamma$

续表 2-2-1

名 称	符 号	计算公式	名 称	符 号	计算公式
导程	P_z	$P_z = z_1 \pi m_x$	轴向齿根宽	e_f	$e_f = 0.697 m_x$
齿顶高	h_a	$h_a = m_x$	法向齿根宽	e_{fn}	$e_{fn} = 0.697 m_x \cos\gamma$
齿根高	h_f	$h_f = 1.2 m_x$	轴向齿厚	s_x	$s_x = \dfrac{P_x}{2} = \dfrac{\pi m_x}{2}$
全齿高	h	$h = 2.2 m_x$	法向齿厚	s_n	$s_n = \dfrac{P_x}{2}\cos\gamma = \dfrac{\pi m_x}{2}\cos\gamma$
齿顶圆直径	d_a	$d_a = d_1 + 2 m_x$			
分度圆直径	d_1	$d_1 = q m_x$ q 为蜗杆直径系数	导程角	γ	$\tan\gamma = \dfrac{P_x}{\pi d_1}$

2. 蜗杆车刀与装刀方法

蜗杆车刀与梯形螺纹车刀基本相同，但因蜗杆的导程较大，所以在刃磨蜗杆车刀时，更应考虑导程角对车刀前角和后角的影响。蜗杆车刀两侧切削刃之间的夹角应磨成 2 倍齿形角。一般情况下，蜗杆车刀材料选用高速钢，为了保证质量，车削时粗、精车刀分开。

（1）蜗杆粗车刀

高速钢蜗杆粗车刀如图 2-2-4 所示，其角度可按下列原则选择：

① 车刀左右刀刃之间的尖角应小于 2 倍齿形角。

② 为了便于左右切削，并留有加工余量，刀头宽度应小于蜗杆齿根槽宽。

③ 切削钢料时应磨有 10°～15° 的径向前角。

④ 径向后角为 6°～8°。

⑤ 进给方向的后角为 (3°～5°)+γ，背进给方向的后角为 (3°～5°)−γ。

⑥ 刀尖适当倒圆。

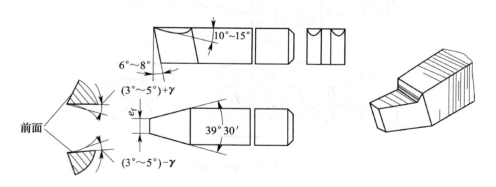

图 2-2-4 高速钢蜗杆粗车刀几何角度

（2）蜗杆精车刀

高速钢蜗杆精车刀如图 2-2-5 所示，其角度可按下列原则选择：

① 车刀刀尖角等于 2 倍齿形角，且两条切削刃对称，直线度好，表面粗糙度值小。

② 为保证车出蜗杆的齿形角正确，径向前角为 0°。

③ 为保证左、右切削刃切削顺利，两刃尽可能磨出较大的前角 $\gamma_0 = 15°\sim 20°$ 的卷屑槽。但这种精车刀只能精车两侧齿侧面，车刀前端刀刃不能用来车削槽底。

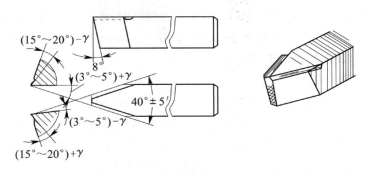

图 2-2-5 高速钢蜗杆精车刀几何角度

(3) 蜗杆车刀的装夹

在装夹蜗杆车刀时,必须根据不同的蜗杆齿形采用不同的装刀方法。车床上车削轴向直廓蜗杆和法向直廓蜗杆时,其车刀安装方式是有区别的。

1) 水平装刀法

安装车刀时,使蜗杆车刀两侧切削刃组成的平面与蜗杆轴线在同一水平面内,且与蜗杆轴线等高,这种装刀法称为水平装刀法,如图 2-2-6 所示。

精车轴向直廓蜗杆时,为保证齿形正确,应采用水平装刀法。

2) 垂直装刀法

安装车刀时,使蜗杆车刀两侧切削刃组成的平面垂直于蜗杆齿面,两侧切削刃夹角的平分线在通过蜗杆轴线的水平面上,此装刀方法称为垂直装刀法,如图 2-2-7 所示。

车削法向直廓蜗杆时,应采用垂直装刀法。

车削阿基米德蜗杆时,车刀应水平安装,但是其中一侧后角变小。为了切削顺利,粗车时可选用两侧刀刃垂直于螺纹的两个侧面,即垂直装刀法。但精车时,一定要采用水平装刀法,以保证牙形正确。

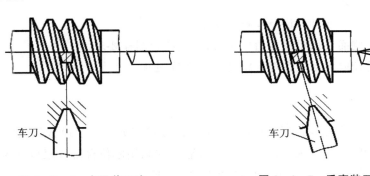

图 2-2-6 水平装刀法　　　　图 2-2-7 垂直装刀法

3) 可回转刀柄

使用图 2-2-8 所示的可回转刀柄车削蜗杆,可以不考虑导程角对车刀实际工作前角和工作后角的影响,刀头刃磨简单方便,而且易于垂直装刀,车刀装好后,朝进给方向一侧转动刀柄头部一个导程角即可。

这种刀杆实现了刀头转角的连续性,适用于加工各种螺旋升角的蜗杆,同时刀杆上有减振装置,对刀具上的扭力起缓冲作用,在避免损坏车刀的同时,还可减少蜗杆廓形表面振纹,改善表面加工质量。此外,加工时,还要在整个廓形上留 0.1 mm 的加工余量,精车时在整个廓形上靠一刀,这样可以使齿廓表面更加完美。

4) 车刀的装夹找正

车削模数较小的蜗杆,一般用对刀样板找正并装夹蜗杆车刀。

车削模数较大的蜗杆,装刀时容易把车刀装歪,通常用万能角度尺找正车刀刀尖角位置,如图 2-2-9 所示。其找正方法是:将万能角度尺的一边靠住工件外圆,观察万能角度尺另一边与车刀刃口的间隙,如有偏差,可松开压紧螺钉,重新调整刀尖角的位置,使车刀装正。

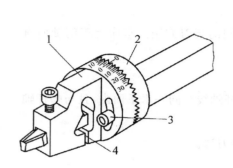

1—头部;2—刀柄;3—紧固螺钉;4—弹性槽

图 2-2-8 可回转刀柄

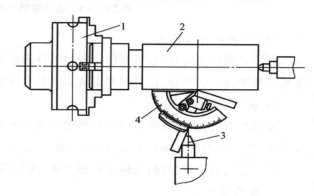

1—卡盘;2—工件;3—车刀;4—万能角度尺

图 2-2-9 用万能角度尺找正车刀

3. 蜗杆的车削方法

蜗杆的一般技术要求如下:

① 蜗杆的轴向模数和与之啮合的蜗轮的端面模数必须相等。

② 蜗杆的轴向齿距应符合要求。

③ 蜗杆的法向齿厚或轴向齿厚应符合要求。

④ 蜗杆齿型两侧面表面粗糙度值要小,齿形应符合图样要求。

⑤ 蜗杆齿槽的径向跳动应在规定精度的允许范围内。

(1) 工艺准备

1) 工件的装夹

车削蜗杆时,车削力较大,工件应采用一夹一顶方式装夹。车削模数较大的蜗杆,应采用四爪卡盘与后顶尖装夹,使装夹牢固可靠。工件轴向应采用限位台阶或限位支撑定位,以防止蜗杆在车削中发生轴向移位。装夹示例如图 2-2-9 所示。

2) 切削用量的选择

① 粗车时主要考虑提高生产率,同时兼顾刀具寿命。

加大背吃刀量 a_p、进给量 f 和提高切削速度 v_c,都能提高生产率,但是都对刀具的寿命产生不利的影响。其中,影响最小的就是 a_p,其次是 f,最大的是 v_c。因此粗车时,首先考虑应选择一个尽可能大的背吃刀量 a_p,其次选择一个较大的进给量 f,最后根据选定的 a_p 和 f,在工艺系统刚度,刀具寿命和机床功率许可的条件下选择一个合理的切削速度。针对双头阿基米德蜗杆的加工,粗车时主要是尽快去除较大的切削余量,同时使车削能够顺利进行。切削用量的选择见表 2-2-2。

② 半精车、精车时切削用量的选择原则。

首先要考虑的是保证加工质量,并兼顾生产率和刀具寿命。切削用量的选择见表 2-2-2。

表 2-2-2 粗、精车蜗杆切削用量选择

切削用量	粗车时	半精车、精车
背吃刀量	$a_p=0.1\sim0.8$ mm	$a_p=0.1\sim0.8$ mm
进给量	$f=0.16$ mm/r	$f=0.12$ mm/r
切削速度	$v_c=5\sim10$ m/min	$v_c=5\sim10$ m/min
主轴转速	$n=60$ r/min	$n=40$ r/min

(2) 蜗杆的车削方法

蜗杆的车削方法与车削梯形螺纹相似。由于蜗杆的导程(即轴向齿距)不是整数,车削蜗杆时不能使用提开合螺母法,只能使用倒顺车法车削。进刀方法有左右切削法、车直槽法和车阶梯槽法。

① 车削前,先根据蜗杆的导程在车床进给箱铭牌上找到相应手柄的位置参数,并对各手柄位置进行调整。

② 粗车时,若蜗杆的轴向模数 $m_x \leqslant 3$ mm,则可采用左右切削法车削;蜗杆的轴向模数 $m_x > 3$ mm 时,一般采用切槽法粗车,然后再用左右切削法精车;如果蜗杆的轴向模数 $m_x > 5$ mm,则可采用分层切削法粗车,再用左右切削法半精车和精车。

③ 精车时,分左、右单边切削成形,最后用刀尖角略小于两倍齿形角的精车刀精车蜗杆齿根圆直径,把齿形修整清晰。

由于蜗杆的齿距大,齿型深,切削面积大,故车削时比梯形螺纹困难些。一般粗车后留精车余量 0.2~0.4 mm,在精车时,采用均匀的单面车削。切削深度不宜过深,否则会发生"啃刀"现象。所以在车削过程中,必须注意观察切削情况,控制切削用量,防止"扎刀"。最后再用刀尖角略小于齿形角的车刀精车蜗杆底径,把齿型修整清晰,以保证蜗杆齿面的表面粗糙度和精度要求。

注意事项

蜗杆车削注意事项:

- 由于蜗杆的导程角较大,蜗杆车刀的两侧后角应适当增减。
- 应尽可能提高工件的装夹刚度,适当减小床鞍与导轨之间的间隙,以减小窜动。
- 鸡心夹头应靠紧卡爪并牢固夹住工件,防止车蜗杆时发生移位,损坏工件,并在车削过程中经常检查前、后顶尖的松紧程度。
- 车削蜗杆时,车第一刀后应先检查蜗杆的轴向齿距是否正确。
- 粗车蜗杆时,每次背吃刀量要适当,并经常检测法向齿厚,以控制精车余量。
- 采用最低转速精车,并充分加注切削液。

4. 蜗杆的检测

在蜗杆参数的测量中,齿顶圆直径、齿距(或导程)、齿形角与梯形螺纹的测量方法基本相同。下面介绍蜗杆分度圆直径 d_1 和法向齿厚的测量。

(1) 蜗杆分度圆直径的测量

分度圆直径 d_1 可用三针测量和单针测量,其原理及测量方法与测量螺纹相同。用三针测量时,在螺纹凹槽内放置具有相同直径 d_0 的三根量针,然后用千分尺测量尺寸 M 的大小,以验证所加工螺纹的中径是否正确。三针测量米制蜗杆的计算公式为

$$M = d_1 + 3.924 d_0 - 4.316 m_x$$

其中:量针直径 d_0 为最佳值。

(2) 法向齿厚的测量

蜗杆的图样上一般只标注轴向齿厚 S_x,在齿形角正确的情况下,分度圆直径处的轴向齿厚与齿槽宽度应相等。但轴向齿厚无法直接测量,常通过对法向齿厚 S_n 的测量,来判断轴向齿厚是否正确。法向齿厚的换算公式如下:

$$S_n = \frac{P_x}{2}\cos\gamma = S_x\cos\gamma = \frac{\pi m_x}{2}\cos\gamma$$

【例 2-2-1】 车削轴向模数 $m_x = 4$ mm 的三头蜗杆,其导程角 $\gamma = 15°15'$,求齿顶高 h_a 和法向齿厚 S_n。

解:$h_a = m_x = 4$ mm

$$S_n = \frac{\pi m_x}{2}\cos\gamma = \left(\frac{3.14 \times 4}{2}\cos15°15'\right) \text{ mm} = 6.06 \text{ mm}$$

即齿高卡尺应调整到齿顶高 $h_a = 4$ mm 的位置,齿厚卡尺测得的法向齿厚 S_n 应为 6.06 mm。

法向齿厚可以用齿厚游标卡尺进行测量,如图 2-2-10 所示。齿厚游标卡尺由齿高卡尺 1 和齿厚卡尺 2 组成,其读数方法与普通游标卡尺相同。测量时卡脚的测量面必须与齿侧平

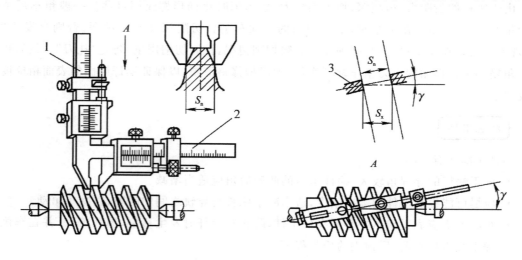

1—齿高卡尺;2—齿厚卡尺;3—卡脚

图 2-2-10 用齿厚游标卡尺测量法向齿厚

行,也就是把刻度所在的卡尺平面与蜗杆轴线相交一个蜗杆导程角。

测量时,先把高度卡尺1读数调整到齿顶高 h_a 的尺寸(必须注意齿顶圆直径尺寸的误差对齿顶高的影响),旋紧螺钉固定游标,再左右微量晃动卡尺使螺纹顶部及两侧均与卡尺靠牢,此时齿厚卡尺2上的读数就是法向齿厚的实际尺寸。这种方法的测量精度比三针测量差。

(3) 蜗杆导程、齿形角、表面质量的测量

蜗杆齿顶圆和齿根圆的测量:用游标卡尺、千分尺直接测量即可;导程的测量:分线时车出螺旋线时就直接用游标卡尺进行测量;齿形角的测量:在车削完成时用万能角度尺测量即可。

2.2.2 多线螺纹和多头蜗杆的车削

沿两条或两条以上的螺旋线所形成的螺纹,该螺旋线在轴向等距分成,称为多线螺纹。同一条螺旋线上的相邻两牙在中径线上对应两点间的轴向距离称为导程。单线螺纹的导程与螺距相等,多线螺纹的导程等于其螺距与线数的乘积,如图 2-2-11 所示。

多线螺纹的分线方法和多头蜗杆的分头方法在原理上是相同的,故本小节中的多线螺纹的分线方法也等同于多头蜗杆的分头方法。

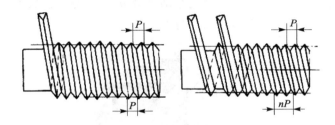

图 2-2-11 单线螺纹与多线螺纹

1. 多线螺纹的分头方法

车多线螺纹时,主要考虑分线方法和车削步骤的协调。多线螺纹的各螺旋槽在轴向是等距离分布的,在圆周上是等角度分布的。在车削过程中,解决螺旋线的轴向等距离分布或圆周等角度分布的问题称为分线。根据各螺旋线在轴向等距或圆周上等角度分布的特点,分线方法有轴向分线法和圆周分线法两种。

(1) 多线螺纹的代号及几何参数的计算方法

① 多线三角形螺纹的代号及表示方法:

螺纹特征代号×导程(线数)-公差带代号,即 M48×3/2-5g6g。

② 多线梯形螺纹的代号及表示方法:

螺纹特征代号×导程(螺距)-公差带代号,即 Tr36×10(p5)-7e。

③ 多线螺纹几何参数的计算方法:

多线螺纹的导程是指在同一条螺旋线上相邻两牙在中径线上对应两点之间的轴向距离。多线螺纹的导程$=np$。在计算多线螺纹升角及多头蜗杆导程角时,必须按导程计算,其余各部分尺寸的计算方法与单线螺纹相同。

（2）轴向分线法

轴向分线法是按螺纹的导程车好一条螺旋槽后，把车刀沿螺纹轴线方向移动一个螺距，再车第二条螺旋槽的分线法称为轴向分线法。用这种方法只要精确控制车刀沿轴向移动的距离，就可达到分线的目的。具体控制方法如下：

1）用小滑板刻度分线

先把小滑板导轨找正到与车床主轴轴线平行。在车好一条螺旋槽后，利用小滑板刻度使车刀移动一个螺距，再车相邻的另一条螺旋槽，从而达到分线的目的。这种分线方法一般用于多线螺纹（蜗杆）的粗车，适用于单件、小批量生产。

小滑板刻度盘转过的格数用下式计算：

$$K = \frac{P}{a}$$

式中：K 为刻度盘转过的格数；P 为工件齿距，mm；a 为小滑板刻度盘每格移动的距离，mm。

2）用百分表和量块分线法

当螺距较小（百分表量程能够满足分线要求）时，可直接根据百分表的读数值来确定小滑板的移动量，如图 2-2-12 所示。第一条螺旋槽车好后，把百分表磁力座固定在床鞍上，触头接触刀架，然后将百分表调整至零位，再轴向移动小滑板，使百分表读数等于一个螺距，这时可车第二槽。测量中要注意百分表测量杆与床身的平行。

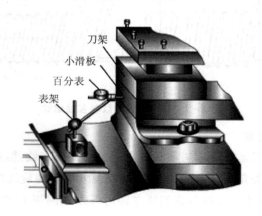

图 2-2-12　百分表分线法

当螺距较大的多线螺纹进行分线时，因受百分表量程的限制，可能使分线产生困难，因此常用百分表和量块配合控制小滑板的移动距离，如图 2-2-13 所示。当第一槽车好后，可在百分表与挡块之间垫入一块（或一组）量块，其厚度最好等于工件螺距。当百分表读数与量块厚度之和等于螺距时，便可车第二槽。在第二个槽车好后，即用一块厚度等于 2 倍螺距的量块，用同样的方法调节，即可车第三个螺纹头。这种方法分线精度较高，但由于车削时的振动会使百分表走动，在使用时应经常校正"0"位。

3）利用开合螺母分线

在车削较大螺距的多线螺纹时，当多线螺纹的导程为车床丝杠螺距的整数倍且其倍数又等于线数时，可利用开合螺母结合移动小滑板分线，即在车好第一条螺旋槽后，用开倒顺车的

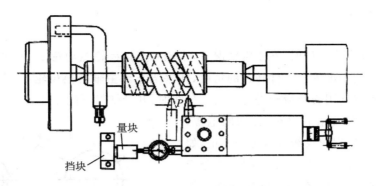

图 2-2-13 百分表量块分线法

方法将车刀返回到开始车削的位置,停止工件旋转,并提起开合螺母,摇动床鞍手柄,使床鞍移动一个或几个丝杠螺距,然后合上开合螺母,再移动小滑板,使车刀得到一个所需要的移动距离,车削另一条螺旋槽。

(3) 圆周分线法

因为多线螺纹各螺旋线在圆周上是等角度分布的,所以当车好第一条螺旋槽后,应脱开工件与丝杠之间的传动链,并把工件转过一个角度,再连接工件与丝杠之间的传动链,车削另一条螺旋槽,这种分线方法称为圆周分线法。

多线螺纹各起点在端面上相隔的角度 θ 为

$$\theta = \frac{360°}{n}$$

式中:θ 为多线螺纹在圆周上相隔的角度;n 为多线螺纹的线数。

1) 利用卡盘卡爪分线

当工件采用两顶尖装夹,并用卡盘的卡爪代替拨盘时,可利用卡盘卡爪分线。三爪卡盘卡爪是 120°,四爪卡盘卡爪是 90°,因此,可用三爪自定心卡盘分三线螺纹,利用四爪单动卡盘分双线和四线螺纹。用这种方法分线的条件是在两顶尖安装状态下,前顶尖直接在卡盘上车成,以保证前顶尖的正确性。鸡心夹头采用弯头鸡心夹头,并直接靠在卡爪上,用以带动工件旋转。

车第一条螺旋槽时,鸡心夹头靠在卡爪 1 上,当第一条螺旋槽车好后,停止主轴转动,松开顶尖,把工件连同鸡心夹头转过一个角度,使鸡心夹头靠在卡爪 2 上,再用顶尖支撑好后即可车削第二条螺旋槽。同样,车第三条螺旋槽时,可将鸡心夹头靠在卡爪 3 上。

同理,可用四爪卡盘车四线或二线螺纹。

这种分线方法比较简单,但由于卡爪本身的误差较大,使得工件的分线精度不高。

注意事项

- 分线精度取决于鸡心夹头与爪子接触点的正确性,所以除卡盘要正确外,鸡心夹头与卡爪接触点应牢固可靠,且刚性要好。
- 在两顶尖安装时要注意顶尖与工件中心孔松紧程度,以免反转回程时产生鸡心夹头在卡爪之间相隔空间较大,产生撞击,影响接触点变化或使鸡心夹头螺钉与工件松动,从而影响分线精度。

2) 利用交换齿轮分线

车多线螺纹和多头蜗杆时,在正常情况下,主轴和交换齿轮主动轮 z_1 传动比是 1:1,因此交换齿轮 z_1 转过的角度等于工件转过的角度,如果当车床主轴交换齿轮 z_1 齿数是螺纹线数的整数倍时,就可以利用交换齿轮进行分线。分线时,开合螺母不能提起。

当车好第一条螺旋槽后停车,并切断电源,在交换齿轮 z_1 上,根据螺纹线数做等分标记,如图 2-2-14 所示(若 $z_1=63,n=3$,则三等分于 1、2、3 点),以 1 点为起点,在与中间轮的啮合处也做一标记"0"。然后脱开交换齿轮与中间齿轮的啮合,单独转动齿轮 z_1(主轴与工件同步转动),当 z_1 转过 21 个齿后,使 z_1 上的 2 点与中间齿轮上"0"点啮合,就可以车削第二条螺旋槽。在第二条螺旋槽车好后,重新脱开 z_1 与中间齿轮的啮合,再单独转动 z_1,又转过 21 个齿后使 z_1 上的 3 点与中间齿轮上"0"点啮合,就可车削第三条螺旋槽。

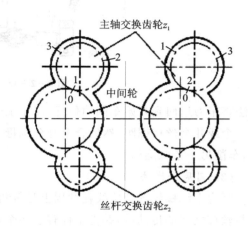

图 2-2-14 交换齿轮分线法

这种方法分线精确度较高(决定于齿轮精度),但操作较麻烦,且不够安全,不宜在批量生产中使用。

3) 用多孔插盘分线

分度插盘固定在车床主轴上,转盘上有等分精度很高的定位插孔(分度盘一般等分 12 孔或 24 孔),可以对线数为 2、3、4、6、8 和 12 的多线螺纹(或多头蜗杆)进行分线,如图 2-2-15 所示。

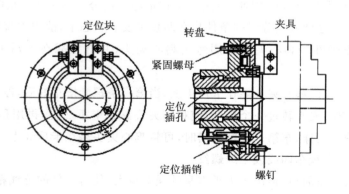

图 2-2-15 用多孔插盘分线

分线时,先停车,松开紧固螺母后,拔出定位插销,把转盘旋转一个 $360°/n$ 角,再把插销插入另一个定位孔中,紧固螺母,完成分线。转盘上可以安装卡盘以夹持工件,也可以装上定位块拨动夹头,进行两顶尖间的车削。这种分线方法的精度主要取决于多孔转盘的等分精度,适用于批量生产,可加工精度较高的多线螺纹。

若分线出现误差,使多线螺纹的螺距不相等,会直接影响螺纹的配合性能或蜗杆副的啮合精度,增加不必要的磨损,降低使用寿命。因此必须掌握分线方法,控制分线精度。

2. 多线螺纹和多头蜗杆的车削方法

多线螺纹、多头蜗杆每一条螺旋槽的车削方法与车削单线螺纹、单头蜗杆相同,关键是要准确地分线和保证各螺旋槽尺寸一致。车多线螺纹、多头蜗杆时应按粗、精车分开的原则进行,不可先将一条螺旋槽粗、精车好后,再粗、精车另一条螺旋槽。必须采用先粗车各条螺旋槽再依次逐面精车的方法。车削时应按下列步骤进行:

① 粗车第一条螺旋槽时,应记住中、小滑板的刻度值。

② 根据工件的精度要求,选择适当的分线方法分线。用轴向分线法时,粗车第二条、第三条……螺旋槽,必须使中滑板刻度值(即切削深度)与车第一条螺旋槽时相同。用圆周分线法时,中、小滑板的刻度值应与车第一条螺旋槽时相同。

③ 采用左右切削法精车多线螺纹(蜗杆)时,为了保证多线螺纹的螺距精度或多头蜗杆的轴向齿距精度,车削每一条螺旋槽时车刀的左、右赶刀量必须相等。

【例 2-2-2】 粗、精车图 2-2-16 所示的双线梯形螺纹,其操作要领如下:

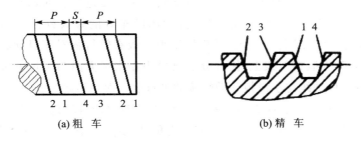

图 2-2-16 粗精车双线梯形螺纹步骤

1) 粗车操作要领

在螺纹大径上车出很浅的螺旋线,牙顶宽加出 0.3 mm 余量,用小滑板刻度值分线。

① 按导程变换手柄位置,用刀尖在大径表面上,轻轻刻一条线痕,即导程线"1"。

② 小滑板向前移动一个牙顶宽 S,刻第二条线,即牙顶宽线"2"。

③ 小滑板向前移动一个螺距 P,刻第三条线,即螺距线"3"。此时 1、3 线之间的距离为一个螺距。

④ 将小滑板向前移动一个牙顶宽 S,刻第四条线,即第二条牙顶宽线"4"。此时 1 和 2、3 和 4 之间为牙顶宽,2 和 3、4 和 1 之间为螺距宽。

⑤ 用梯形螺纹粗车刀在刻线内将各螺旋槽粗车成形,槽宽在线内,槽底径一致。

2) 精车操作要领

① 将小滑板刻度值与"0"位对齐,车刀在螺纹牙顶采用"静态法"对刀,中滑板刻度线对"0"。

② 精车第一条螺旋槽侧面 1,牙底至尺寸。记住小滑板从"0"位开始的借刀量,记住中滑板刻度值。

③ 从"0"位开始计算,将小滑板向前移动一个螺距(可用百分表控制车刀轴向移动量),精

车第二条螺旋槽侧面 2。中滑板直进法连续进给直至牙高(此时小滑板不动)。进刀深度及借刀量与精车侧面 1 相同。

④ 接着精车第二槽的另一侧面 3(为了消除回程间隙,应将小滑板向前摇半转,再向后摇至侧面 3),测量中径或法向齿厚。(注意进刀深度与车侧面 1 和侧面 2 相同,借刀量要重新作记号)

⑤ 将小滑板向后摇一个螺距,精车第一条螺旋槽的牙侧面 4,中滑板采用直进法控制牙高。进刀深度与前几次相同,借刀量与精车侧面 3 相同。

如此循环几次直至中径和表面粗糙度合格。

⑥ 再采用车螺纹的方法,用一把刀尖角为 120°的车刀,在牙顶边沿去毛刺,倒角 $C0.2$。

注意事项

利用小滑板刻度分线车削多线螺纹应注意的问题:

- 采用直进法或左右切削法时,决不可将一条螺纹槽精车好后再车削另一条螺旋槽,必须采用先粗车各条螺旋槽再依次逐面精车的方法。
- 车削螺纹前,必须对小滑板导轨与床身导轨的平行度进行校对,否则容易造成螺纹半角误差及中径误差。简单校正方法是:利用已车好的螺纹外圆(其锥度应在(0.02/100) mm 范围内)或利用尾座套筒,校正小滑板有效行程对床身导轨的平行度误差,将百分表表架安装在刀架上,使百分表测量头在水平方向与工件外圆接触,移动小滑板,就可得工件轴线与小滑板移动轨迹的平行度。误差不超过(0.02/100) mm。
- 注意"一装、二挂、三调、四查",即在装对螺纹车刀时,不仅刀尖要与工件中心等高,还需要螺纹样板或万能角度尺校正车刀刀尖角,以防左右偏斜。须按螺纹导程计算并挂轮。调整好床鞍、中、小滑板的间隙,并移动小滑板手柄,清除对"0"位间隙。检查小滑板行程能否满足分线需要,若不能满足分线需要,应当采用其他方法分线。
- 在车各条螺旋槽时,螺纹车刀切入深度应该相等。
- 用左右切削法车削时,螺纹车刀的左右移动量应相等。当用圆周分线法分线时,还应注意车每条螺旋槽时小滑板刻度盘的起始格数要相等。

2.2.3 技能训练

技能训练 I

加工如图 2-2-17 所示的工件,毛坯尺寸 $\phi 45 \times 105$ mm,材料为 45 钢,数量 1 件。

【工艺准备】

普通车床、外圆车刀、B2.5 中心钻、蜗杆粗、精车刀、量针、万能角度尺、游标卡尺、千分尺、齿厚游标卡尺、前后顶尖、对刀样板。

【加工步骤】

车削蜗杆轴的加工步骤见表 2-2-3。

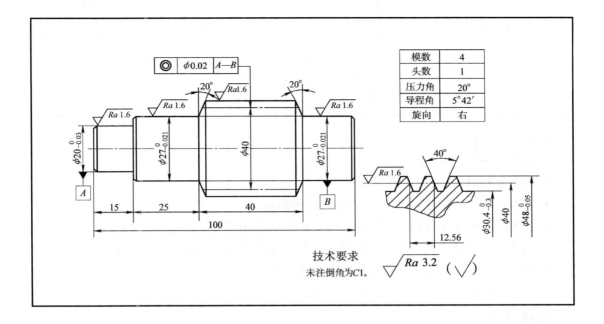

图 2-2-17 车削蜗杆轴

表 2-2-3 车削蜗杆轴加工步骤

操作步骤	加工内容
1. 粗车左端外圆	1) 夹毛坯外圆,伸出卡爪约 50 mm 长,找正并夹紧。 2) 车平端面。 3) 车左端外圆 $\phi 27$ 至 $\phi 28 \times 40$ mm。 4) 车左端外圆 $\phi 22$ 至 $\phi 21 \times 15$ mm。 5) 钻中心孔
2. 取总长	1) 调头夹 $\phi 28$ 外圆,找正并夹紧。 2) 车端面,控制总长 100 mm。 3) 钻中心孔
3. 粗车右端及蜗杆外圆	1) 一夹一顶装夹,夹持 $\phi 21$ 的外圆。将毛坯右端图样上 $\phi 27$ 的外圆粗车至 $\phi 28$,保证左端长度。 2) 粗车蜗杆齿顶圆直径至 $\phi 48.5$。 3) 两端倒角 20°
4. 粗车蜗杆	粗车蜗杆,两侧面留余量约 0.20 mm
5. 精车蜗杆	1) 两顶尖装夹,精车齿顶圆直径 $\phi 48$。 2) 精车蜗杆
6. 精车 $\phi 27$ 的外圆	1) 精车外圆至 $\phi 27$ 至尺寸要求。 2) 倒角 $C1$

续表 2-2-3

操作步骤	加工内容
7. 精车左端外圆	1) 调头装夹,采用两顶尖装夹,精车外圆至 φ20×15 mm 尺寸 2) 精车外圆至 φ27 至尺寸要求,长 25 mm。 3) 倒角 C1 两处

注意事项

- 车削蜗杆时,应先验证螺距(齿距)。
- 车削时应夹紧工件,否则工件容易移位而损坏。
- 粗车时应调整床鞍同床身导轨之间的配合间隙,使其小一些,以增大移动时的摩擦力,减少床鞍窜动的可能性。但间隙不能太小,以用手能平稳摇动床鞍为宜。
- 精车时必须保证蜗杆的精度和较小的表面粗糙度。
- 车削过程中应注意减少积屑瘤的影响。

技能训练 Ⅱ

加工如图 2-2-18 所示的工件,毛坯尺寸 φ50×115 mm,材料为 45 钢,数量 1 件。

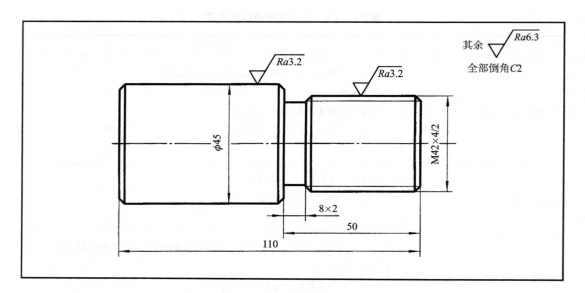

图 2-2-18 三角形多线螺纹车削

【加工步骤】

车削三角形多线螺纹的加工步骤见表 2-2-4。

表 2-2-4 车削三角形多线螺纹加工步骤

操作步骤	加工内容
1. 车左端外圆	1) 夹毛坯外圆,伸出卡爪约 70 mm 长,找正并夹紧。 2) 车平端面。 3) 车外圆 $\phi45$ 至 $\phi45\times60$ mm。 4) 倒角 C2
2. 车右端螺纹	1) 调头夹 $\phi45$ 外圆,伸出卡爪约 70 mm 长,找正并夹紧。 2) 车端面,控制总长 110 mm。 3) 粗、精车外圆至尺寸 $\phi42\times50$ mm。 4) 车槽 8×2。 5) 粗、精车 $M42\times4/2$ 螺纹至图样要求。 6) 倒角 C2,去毛刺

注意事项

- 多线螺纹导程大,走刀速度快,车削时要当心碰撞。
- 由于多线螺纹螺旋升角较大,车刀的两侧后角要相应增减。
- 精车时应多次循环分线,第二次或第三次循环分线时,不准用小滑板借刀,只能在牙形面上单面车削,以矫正借刀和粗车时所产生的误差,提高螺纹精度和表面质量。
- 多线螺纹分线不正确的原因:小滑板移动距离不正确;车刀修磨后,未对准原来的轴向位置,后随便借刀,使轴向位置移动;工件未夹紧,切削力过大而造成工件微量移动,也会使分线不正确。

技能训练 Ⅲ

加工如图 2-2-19 所示的工件,毛坯尺寸 $\phi35\times110$ mm,材料为 45 钢,数量 1 件。

【加工步骤】

车削梯形多线螺纹的加工步骤见表 2-2-5。

表 2-2-5 车削梯形多线螺纹加工步骤

操作步骤	加工内容
1. 车左端外圆	1) 夹毛坯外圆,伸出卡爪约 60 mm 长,找正并夹紧;车平端面。 2) 粗、精车外圆 $\phi34$ 至 $\phi 34_{-0.1}^{+0}\times55$ mm。 3) 倒角 C2
2. 车右端螺纹	1) 调头夹 $\phi34$ 外圆,伸出卡爪约 65 mm 长,找正并夹紧。 2) 车端面,控制总长 105 mm。 3) 粗、精车外圆至尺寸 $\phi32\times55$ mm。 4) 车槽 12×4,两侧倒角 $15°$,去毛刺。 5) 粗、精车 $Tr32\times12(P6)$—7e 螺纹至图样要求。 6) 倒角 C2,去毛刺

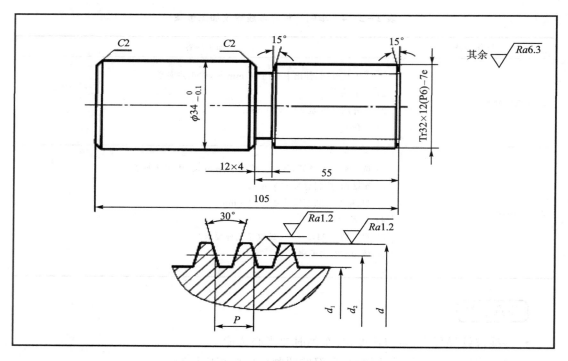

图 2-2-19 车削梯形多线螺纹

注意事项

- 应根据多线螺纹的导程,变换手柄和调整挂轮。
- 车床摩擦离合器要调整适当,正反操作要灵敏。
- 多线螺纹导程大,走刀速度快,车削时要当心碰撞。
- 由于多线螺纹螺旋升角较大,车刀的两侧后角要相应增减。

技能训练 Ⅳ

加工多线螺纹轴,如图 2-2-20 所示,毛坯尺寸:$\phi 35 \times 125$ mm,材料为 45 钢。

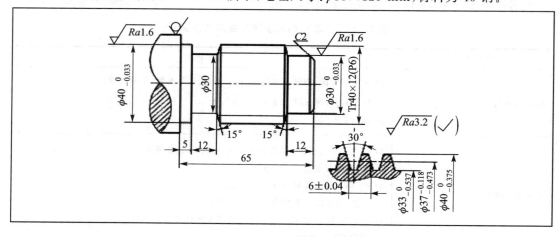

图 2-2-20 车双线梯形外螺纹

【工量具清单】

千分尺 25~50/0.01,游标卡尺 0~150/0.02,公法线千分尺 25~50/0.01,钢直尺 0~150,钢针 ϕ3.1,梯形螺纹车刀 30°,切槽刀(刀宽 5 mm 左右),90°和 45°外圆车刀等。

【加工步骤】

车削双线梯形外螺纹的加工步骤见表 2-2-6。

车双线梯形外螺纹工步图如图 2-2-21 所示。

表 2-2-6 车削梯形多线螺纹加工步骤

操作步骤	加工内容
1. 车端面、钻中心孔	1) 夹毛坯外圆,伸出约卡爪 75 mm 长,找正并夹紧。 2) 车平端面。 3) 粗、半精车外圆至尺寸 ϕ40.5×65 mm
2. 车台阶及倒角	1) 半精车台阶外圆至尺寸 ϕ30.5×12 mm。 2) 倒角 C2
3. 切槽及倒角	1) 一夹一顶,加工槽 ϕ30×12 mm。 2) 两侧倒角 15°
4. 粗、半精车螺纹	粗、半精加工 Tr40×12(P6),小径车至尺寸 ϕ33.2,螺纹两侧留精车余量 0.2 mm
5. 精车外圆	精车外圆至尺寸 ϕ30$_{-0.033}^{0}$、ϕ40$_{-0.033}^{0}$,及梯形螺纹大径 ϕ40$_{-0.375}^{0}$
6. 精车双线螺纹	精车 Tr40×12(P6)双线梯形螺纹至尺寸要求,去毛刺,检查各部分尺寸,卸下工件

车双线梯形外螺纹工步图如图 2-2-21 所示。

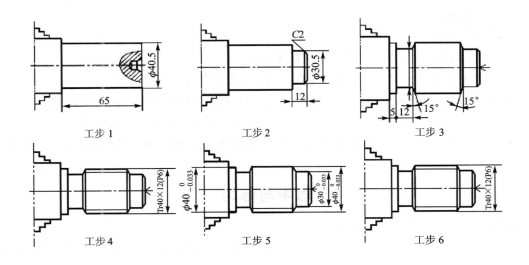

图 2-2-21 车双线梯形外螺纹工步图

【质量检测】

车削梯形多线螺纹评分标准见表 2-2-7。

表 2-2-7 车削梯形多线螺纹评分标准

项目	序号	考核内容	配分	评分标准	检测	得分
外圆与端面	1	$\phi 40_{-0.033}^{0}$	8	超差 0.01 扣 4 分		
	2	$\phi 30_{-0.033}^{0}$	7	超差 0.01 扣 4 分		
	3	$\phi 30$	3	超差不得分		
	4	12(2 处)	6	超差不得分		
	5	$C1.5$	2	不合格不得分		
	6	15°(2 处)	3	不合格不得分		
	7	5	3	超差不得分		
	8	65	3	超差不得分		
梯形螺纹	9	$\phi 40_{-0.375}^{0}$	5	超差不得分		
	10	$\phi 37_{-0.473}^{-0.118}$	20	超差 0.01 扣 5 分		
	11	$\phi 33_{-0.537}^{0}$	5	超差不得分		
	12	螺纹分线 6±0.04	15	超差 0.02 扣 5 分		
	13	螺纹牙形	2	超差不得分		
其他	14	$Ra1.6$(2 处)	8	每处降一级扣 2 分		
	15	$Ra3.2$(5 处)	10	每处降一级扣 2 分		
	16	安全文明生产	扣分	未清理现场扣 5 分;每违反一项规定从总分中扣 5 分;严重违规停止操作		

注意事项

- 检查小滑板的位置是否满足行程分线要求。
- 小滑板移动方向必须与车床主轴轴线平行,否则会造成分线误差。
- 每次分线,小滑板手柄转动方向要相同,否则由于丝杆与螺母之间的间隙而产生误差。采用左右切削法,一般先车牙形的各个左侧面,再车牙形的各个右侧面。
- 采用直进法车削小螺距多线螺纹工件时,应调整小滑板间隙,不能太松,以防止切削时移位,影响分线精度。

思考与练习

1. 常用蜗杆的齿形有哪几种?
2. 已知蜗杆牙形角为 40°,轴向模数为 3 mm,分度圆直径为 60 mm,试计算蜗杆各部分尺寸。
3. 绘制蜗杆精车刀的基本图形。并注明各几何角度。
4. 蜗杆与蜗轮传动如图 2-2-22 所示,标注出蜗杆的螺距和蜗轮的周节尺寸。
5. 什么是多线螺纹?多线螺纹的导程跟螺距之间有什么关系?
6. 多线螺纹分线方法有哪些?批量生产时用哪一种方法较好?

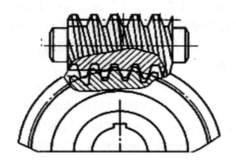

图 2-2-22 蜗杆与蜗轮传动

7.已知车床小滑板丝杆螺距为 4 mm,刻度共分为 100 格,车导程 9 mm 三个线的螺纹,如果用小滑板分线时,小滑板应转几格?

课题三　车削偏心工件

> **教学要求**
> ◆掌握在三爪卡盘上垫垫刀车削偏心工件的方法。
> ◆掌握垫片厚度的计算方法。
> ◆掌握偏心距的检查方法。
> ◆掌握偏心工件的划线方法与步骤。
> ◆遵守操作规程,养成良好的安全、文明生产习惯。

在机械传动中,回转运动变为往复直线运动或往复直线运动变为回转运动,一般都是利用偏心零件来完成的。

偏心回转体类零件就是零件的外圆和外圆轴线或外圆与内孔的轴线相互平行而不重合,偏离一个距离的零件,如图 2-3-1 所示。外圆与外圆偏心的零件称为偏心轴或偏心盘,外圆与内孔偏心的零件称为偏心套,两轴线之间的距离称为偏心距。

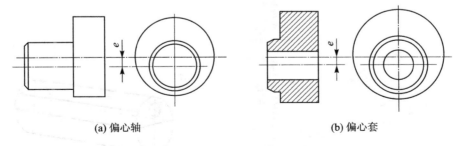

(a) 偏心轴　　　　　　　　　(b) 偏心套

图 2-3-1　偏心工件

2.3.1　偏心工件的车削

偏心轴、偏心套加工工艺比常规回转体轴类、套类零件的加工工艺复杂,主要是因为难以把握好偏心距,难以达到图纸技术要求的偏心距公差要求。偏心轴、偏心套一般都在车床上加工,它们的加工原理基本相同,主要是在装夹方面采取措施,即把需要加工的偏心部分的轴线找正到与车床主轴旋转轴线相重合,并注意轴线间的平行度和偏心距的精度。找正后的工件,其加工工艺与常规回转体轴类、套类零件的加工工艺相同。

1. 偏心工件的划线步骤

对数量较少、长度较短的偏心工件,一般可用划线的方法找出偏心工件的轴线,并选用四爪单动卡盘或两顶尖装夹进行加工。其划线的具体操作步骤如下:

① 先将工件毛坯车成一根光轴,光轴两端面应与轴线垂直(其误差大影响找正精度),表面粗糙度 Ra 值为 $1.6~\mu m$;并在轴的两端面和外圆上涂一层蓝色显示剂,待干后将其放在平板上的 V 形架中进行划线。

② 用游标高度尺的划针尖端测量光轴的最高点,并记下其读数,然后按光轴实测直径尺寸的 1/2 将游标高度尺的游标下移,并在光轴的端面 A 上轻划一条水平线,接着将光轴转过 180°,在同样的调整高度下,再在 A 端面轻划另一条水平线。检查前、后两条线是否重合,若重合,即为此工件的水平轴线;若不重合,则须调整游标高度尺,将游标下移或上移量为两平行线间距离的一半,重复划线,直至两线重合为止,如图 2-3-2 所示。

③ 找出工件的轴线后,即可在工件的端面和外圆上划一组与工件中心线等高的水平面线。

④ 将工件转过 90°,用角尺对齐已划好的中心线,再用游标高度尺原有的划线刻度在端面和外圆上划出另一道圈线,工件上就得到两道互相垂直的圈线。

⑤ 将游标高度尺的游标上移一个偏心距尺寸,在轴端面和四周再划一道圈线。

⑥ 偏心距中心线划出后,在偏心距中心位置两端分别打样冲眼,要求样冲眼的中心位置准确无误,眼坑宜浅,且小而圆。

- 若采用两顶尖装夹车削偏心轴,则以此样冲眼应先钻出中心孔。
- 若采用四爪单动卡盘装夹车削时,则要以样冲眼为中心先划出一个偏心圆,同时还须在偏心圆上均匀地、准确无误地打上几个样冲眼,以便于找正,如图 2-3-3 所示。

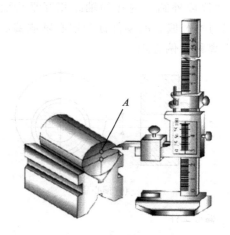

图 2-3-2 在 V 形架上划偏心的方法

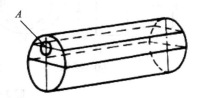

图 2-3-3 划偏心

注意事项

划偏心线时的注意事项:

- 划线用涂剂应有较好的附着性,应均匀地在工件上涂上薄薄一层,不宜涂厚,以免影响划线清晰度。
- 划线时,手轻扶工件,防止其转动或移动;右手握住游标高度尺座,在平台上沿着划线的方向缓慢、均匀地移动,防止因游标高度尺底座与平台间摩擦阻力过大而使尺身或游标在划线时颤抖。平台表面和底座面光洁、无毛刺,平台表面可涂上薄薄一层机油,以减小划线时高度游标卡尺移动的摩擦阻力。
- 样冲尖应仔细刃磨,要求圆且尖。
- 敲击样冲时,应使样冲与所标示的线条垂直,尤其是冲偏心轴孔时更要注意,否则会产生偏心误差。偏心圆圆周上样冲眼一般均匀打 4 个即可。

2. 在四爪单动卡盘上装夹车削偏心工件

数量少、偏心距小、长度较短、不便于两顶尖装夹或形状比较复杂的偏心工件。可以用四爪单动卡盘上装夹车削。装夹工件时,必须根据坯件上已划好的线校正工件,使偏心圆柱的轴线与车床主轴轴线重合,并校正工件外圆侧母线与车床轴轴线是否平行。

(1) 按划线找正偏心工件

根据已划好的偏心圆来找正,由于存在划线误差和校正误差,因此适用于加工精度要求不高的偏心工件。具体操作步骤如下:

① 装夹工件前应先调整好卡盘卡爪,使其中两爪对称,而另外两爪不对称,其偏离主轴中心的距离大致等于工件的偏心距。各对卡爪之间张开的距离稍大于工件装夹处的直径,使工件偏心圆柱的轴线基本处于卡盘中央,然后装夹上工件,如图 2-3-4 所示。

② 对于精度要求不高的偏心工件,夹持工件长 15~20 mm,工件外圆垫 1 mm 左右厚铜片,装夹工件后使尾座顶尖接近工件,调整卡爪位置,使顶尖对准偏心圆中心(即图 2-3-3 中的 A 点),夹紧工件后移去尾座。

③ 将划线盘置于中滑板上(或床鞍上)适当位置,使划针尖对准工件外圆上的侧素线(见图 2-3-5),移动床鞍,检查侧素线是否水平,若不呈水平,可用木锤轻轻敲击进行校正。然后将工件转过 90°,用同样方法检查和校正另一条侧素线。

④ 将划针尖对准工件端面上的偏心圆线,扳转卡盘,校正偏心圆,如图 2-3-6 所示。如此反复校正和调整,直至使两条侧素线均呈水平(偏心圆轴线与基准圆轴线平行),使偏心圆轴线与车床主轴轴线重合为止。

⑤ 将四个卡爪成对均匀地拧紧一遍,并检查确认侧素线和偏心圆线在紧固卡爪时没有位移,即可开始车削。

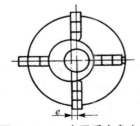

图 2-3-4 在四爪卡盘上安装偏心工件

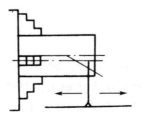

图 2-3-5 校正侧素线

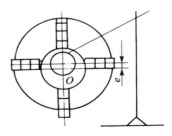

图 2-3-6 校正偏心圆

(2) 用百分表找正偏心工件

对于偏心距较小,加工精度要求较高的偏心工件,按划线找正加工,显然是达不到精度要求的,此时须用百分表来找正,一般可使偏心距误差控制在 0.02 mm 以内。由于受百分表测量范围的限制,所以它只能适于偏心距为 5 mm 以下的工件找正。百分表校正的具体操作步骤如下:

① 用手拨动卡盘,将夹有偏心垫片的一个卡爪转动到最高的位置,使偏心工件处于最低的测量点位置。

② 将百分表的测量头垂直接触偏心工件的基准轴最高侧母线上,再左右移动床鞍,观察百分表指针读数并校正工件,如图 2-3-7 所示,找正 a 点用卡爪调整,找正 b 点用木锤或铜棒轻击。当百分表从 a 点移动到 b 点的指针读数相同时,即表明外圆最高侧母线与车床主轴轴线平行。为了保证偏心轴两轴线的平行度,应用百分表分别校正工件水平和垂直的两个方向的侧母线,即一个方向的一条侧母线校正平行后,应用手拨动卡盘把工件转过 90°校正另一条侧母线使其平行。

③ 将百分表的测量头垂直接触偏心工件的基准轴最高侧母线上,并使百分表压缩量在 0.5~1 mm 之间,用手缓慢拨动卡盘,同时仔细观察百分表指针读数,当工件转动一周时,百分表指示处的最大值和最小值之差的一半即为偏心距。

④ 按上述方法反复用百分表测量,并根据实际偏心数值调整四爪之间的距离,直至校正的偏心距在允许的误差范围内为止。

⑤ 工件校正后,应将四个卡爪再拧紧一遍,再次用百分表测量准确后进行切削。

(3) 在四爪卡盘上装夹车削偏心工件的方法

在初始切削偏心工件时,进给量要小,背吃刀量要小,待工件车圆后,切削用量应适当增加,否则会损坏车刀或使工件移位。具体步骤及注意事项如下:

① 先用划线初步找正工件。

② 再用百分表找正偏心工件方法(见图 2-3-7)找正工件侧素线,使偏心轴两轴线平行,偏心距基本在图样规定的公差范围内。

③ 粗车偏心轴,留精车余量 0.5 mm。

④ 复查偏心距。

- 对于精度要求较低的偏心距,可用游标卡尺检测,如图 2-3-8 所示。测量时,用游标卡尺尾端的深度尺测量两外圆间的最大距离和最小距离,则偏心距就等于最大距离和最小距离差值的一半,即

$$e = \frac{1}{2}(a-b)$$

- 对于精度较高的偏心距,可用百分表复查。如图 2-3-9 所示,当工件只剩约 0.5 mm 左右精车余量时,将百分表杆触头垂直接触工件外圆上,用手缓慢转动卡盘使工件转一周,检查百分表指示处读数的最大值和最小值的一半是否在偏心距公差允许范围内。若偏心距超差,则略紧相应卡爪即可。

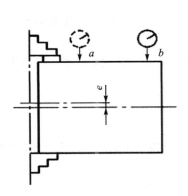 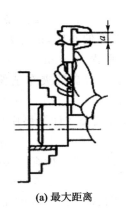 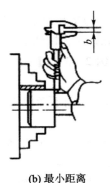

　　　　　　　　　　　　　　　　　　　(a) 最大距离　　　　(b) 最小距离

图 2-3-7　用百分表检测侧母线　　　图 2-3-8　用游标卡尺检测偏心距

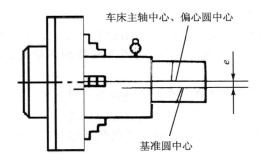

图 2-3-9　用百分表复查偏心距

⑤ 精车偏心圆外径

提示	粗车偏心圆柱面是在光轴的基础上进行切削的,切削余量极不均匀,且为断续切削,会产生一定的冲击和振动。因此,外圆车刀应采取取负倾角;刚开始时,进给量和切削深度要小;启动车床前应使车刀远离工件,以免打刀。

3. 用三爪自定心卡盘装夹车削偏心工件

长度较短的偏心回转体类零件,可以在三爪卡盘上进行车削。先把偏心工件中不是偏心的外圆车好,随后在三爪中任意一个卡爪与工件接触面之间,垫上一块预先选好厚度的垫片,使工件轴线相对于车床主轴轴线产生的位移等于工件的偏心距 e,如图 2-3-10 所示,经校正母线与偏心距,并把工件夹紧,即可车削。

(1) 计算垫片厚度

为防止在装夹时产生挤压变形的现象,应选择硬度较高的材料做垫片。垫片的厚度 x 可按下列公式计算:

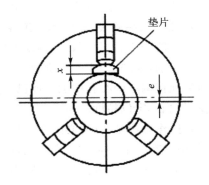

图 2-3-10　在三爪卡盘上车削偏心工件

$$x = 1.5e \pm k \quad (k = 1.5\Delta e)$$

式中:x 为垫片厚度,mm;e 为工件偏心距,mm;k 为偏心距修正值,其正负值按实测结果确定,mm;Δe 为试切后,实测偏心距误差,mm。

【例 2-3-1】 用三爪自定心卡盘装夹车削偏心距 $e=4$ mm 的偏心工件,试确定垫片厚度。

解:① 先不考虑修正值,按上式公式计算垫片厚度:
$$x = 1.5e = 1.5 \times 4 \text{ mm} = 6 \text{ mm}$$

② 垫入 6 mm 的垫片进行试切,然后检查其实际偏心距,如测得 $e_实 = 4.05$ mm,则其偏心距误差 $\Delta e = |e - e_实| = |4 - 4.05|$ mm $= 0.05$ mm。

③ 计算偏心距修正值:$k = 1.5\Delta e = 1.5 \times 0.05$ mm $= 0.075$ mm

④ 由于实测偏心距大于工件要求的偏心距,所以垫片厚度应减去修正值,垫片厚度的正确值为:$x = 1.5e - k = 1.5 \times 4$ mm $- 0.075$ mm $= 5.925$ mm

(2) 工件的装夹和车削方法

在三爪自定心卡盘上任意选择一个卡爪,用粉笔在这个卡爪上做一记号,把做好的垫片垫在带记号的卡爪爪面上,然后安装工件,同时用手扶住偏心垫片,防止垫片掉落。操作步骤如下:

① 把垫片垫在工件与卡盘任意一个卡爪接触面之间夹紧。
② 用划线盘或百分表校正工件水平和垂直方向位置。
③ 首件加工进行试车、检验,计算出修正后的垫片厚度正式车削,车削方法与外圆和内孔一样。

> **注意事项**

用三爪自定心卡盘装夹工件的注意事项:

- 应选用硬度较高的材料做垫块,以防在装夹时发生挤压变形。垫块与卡爪接触的一面应做成与卡爪圆弧相同的圆弧面,否则接触面会产生间隙,造成偏心距误差。
- 装夹时,工件轴线不能歪斜,否则会影响加工质量。
- 对精度要求较高的偏心工件,必须按上述方法计算垫片厚度,首件试切不考虑 Δe,根据首件试切后实测的偏心距误差,对垫片厚度进行修正,然后方可正式切削。

4. 用两顶尖安装、车削偏心工件

一般的偏心轴,只要轴的两端面能钻中心孔,有装鸡心夹头的位置,都可以安装在两顶尖间进行车削,如图 2-3-11 所示。因为在两顶尖间车偏心轴与车外圆没有很大区别,仅仅是两顶尖顶在偏心中心孔中加工而已。这种方法的优点是偏心中心孔已钻好,不需要花费时间去找正偏心,定位精度较高。

其操作方法是:首先必须在工件的两个端面上根据偏心距的要求,共钻出 $2n+2$ 个中心孔(其中只有 2 个不是偏心中心孔,n 为工件上偏心轴线的个数)。然后先顶住工件基准圆中心孔车削基准外圆,再顶住偏心圆中心孔车削偏心外圆。

> **注意事项**

- 用两顶尖安装、车削偏心工件时,关键是要保证基准圆中心孔和偏心圆中心孔的钻孔

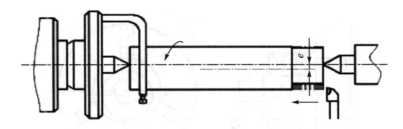

图 2-3-11　在两顶尖间装夹车偏心

位置精度,否则偏心距精度则无法保证,所以钻中心孔时应特别注意。
- 顶尖与中心孔的接触松紧程度要适当,且应在其间经常加注润滑油,以减少彼此磨损。

5. 其他车削偏心工件方法简介

(1) 双重卡盘安装、车削偏心工件

将三爪自定心卡盘 2 装夹在四爪单动卡盘 1 上,并移动一个偏心距 e。加工偏心工件 3 时,只需把工件安装在三爪自定心卡盘上就可以车削,如图 2-3-12 所示。这种方法第一次在四爪单动卡盘上找正比较困难,但是,在加工一批工件的其余工件时,则不需找正偏心距,因此适用于加工成批工件。由于两只卡盘重叠在一起,刚度不足且离心力较大,切削用量只能选得较低。此外,车削时尽量用后顶尖支顶,工件找正后尚需加平衡铁 4,以防发生意外事故。这种方法只适合车削偏心距 $e \leqslant 5$mm,且精度要求不高,批量较小的偏心工件。

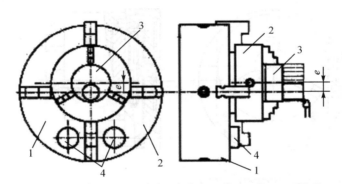

1—四爪单动卡盘；2—三爪自定心卡盘；3—偏心工件；4—平衡铁

图 2-3-12　在双重卡盘上车削偏心工件

(2) 在专用偏心夹具上车偏心工件

加工数量较多,偏心距精度要求较高的工件时,可以制造专用偏心夹具来装夹。如图 2-3-13 所示,偏心夹具 2 或 6 分别装夹在三爪自定心卡盘 1 或 5 上。夹具中预先加工一个偏心孔,其偏心距等于偏心工件 4 或 7 的偏心距 e,工件就插在夹具的偏心孔中。可以用铜头螺钉 3 紧固,如图(a)所示,也可以将偏心夹具的较薄处铣开一条狭槽,依靠夹具变形来夹紧工件,如图(b)所示。

(3) 在偏心卡盘上车偏心工件

车削精度较高、批量较大的偏心工件时,可以用偏心卡盘来车削,如图 2-3-14 所示。偏心卡盘分两层,底盘 2 用螺钉固定在车床主轴的连接盘上,偏心体 3 与底盘燕尾槽相互配合。偏心体上装有三爪自定心卡盘 5。利用丝杠 1 来调整卡盘的中心距,偏心距 e 的大小可在两个测量头 6 和 7 之间测得。当偏心距为零时,两测量头正好相碰。转动丝杠时,测量头逐渐离

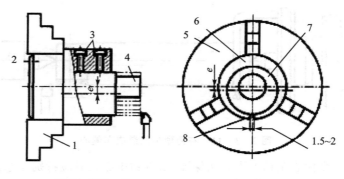

(a) 用螺钉紧固工件　　　　　(b) 用夹具变形紧固螺钉

1、5—三爪自定心卡盘；2、6—偏心夹具；3—铜头螺钉；
4、7—偏心工件；8—狭槽

图 2-3-13　在专用偏心夹具上车削偏心工件

开，离开的尺寸即为偏心距。两测量头之间的距离可用百分表或量块测量。当偏心距调整好后，即用四个方头螺栓 4 紧固，把工件装夹在三爪自定心卡盘上，即可进行车削。

由于偏心卡盘的偏心距可用量块或百分表测得，所以可以获得很高的精度。其次偏心卡盘调整方便，通用性强，是一种较理想的车偏心夹具。

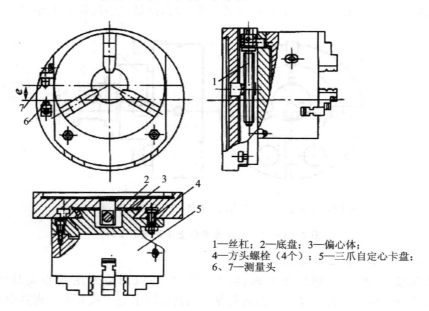

1—丝杠；2—底盘；3—偏心体；
4—方头螺栓（4个）；5—三爪自定心卡盘；
6、7—测量头

图 2-3-14　在偏心卡盘上车削偏心工件

6. 偏心工件的检测

（1）在两顶尖间直接检测偏心距

两端有中心孔的偏心轴，如果偏心距较小，可在两顶尖间直接测量偏心距，如图 2-3-15 所示。测量时，把工件装夹在两顶尖之间，百分表的测量头接触在偏心部位（最高点），用手转动轴，百分表上指示出最大值和最小值（最低点）之差的一半即为偏心距 e。

偏心套的偏心距也可用同样方法来测量，但必须将偏心套装在心轴上进行测量。

(2) 在两顶尖间间接检测偏心距

偏心距较大 $e \geqslant 5$ mm 的偏心工件,受百分表测量范围的限制,不能用百分表直接检测其偏心距,可用间接测量方法。

将偏心轴的基准中心孔支顶在两顶尖之间,转动工件,用百分表找出偏心圆柱的最低点,如图 2-3-16(a) 所示,调整百分表座位置,然后再转动偏心工件,找出偏心圆柱的最高点,并在底座上放量块,用百分表测定,使量块的高度与偏心圆柱的最高点等高,如图 2-3-16(b) 所示,则量块高度的 1/2 即是偏心距。

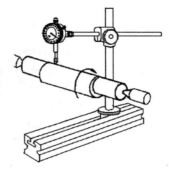

图 2-3-15 在两顶尖间直接检测偏心距

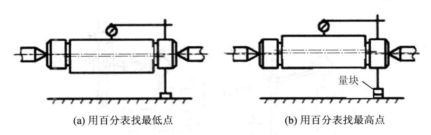

(a) 用百分表找最低点   (b) 用百分表找最高点

图 2-3-16 在两顶尖间间接检测偏心距

(3) 在 V 形架上直接检测偏心距

无中心孔或长度较短、偏心距 $e \leqslant 5$ mm 的偏心工件,可在 V 形架上直接检测偏心距,如图 2-3-17 所示。检测时,将工件基准圆置于 V 形架槽中,百分表测量头垂直基准轴线接触在工件偏心部位,均匀缓慢转动工件一周,百分表指针读数的最大值与最小值之差的一半,即为工件的偏心距 e。

(4) 在 V 形架上间接检测偏心距

偏心距较大的工件,因受到百分表测量范围的限制,不能用上述方法测量,这时可用如图 2-3-18 所示的间接测量偏心距的方法。测量时,把 V 形铁放在平板上,并把工件放在 V 形槽中,转动偏心轴,用百分表测量出偏心轴的最高点,找出最高点后,工件固定不动。再用百分表水平移动,测出偏心轴外圆到基准外圆之间的距离 a,然后用下式计算出偏心距 e。

图 2-3-17 在 V 形架上直接检测偏心距

$$a = \frac{D-d}{2} - e$$

式中:e 为偏心距,mm;d 为偏心外圆的实测直径,mm;a 为基准外圆到偏心外圆之间最小距离,mm;D 为基准轴外圆的实测直径,mm。

用上述方法,必须把基准轴直径和偏心轴直径用百分表测量出正确的实际尺寸,否则计算时会产生误差。

(5) 用心轴和百分表检测

适用于精度要求较高而偏心距较小的偏心工件。为扩大测量范围,百分表也可在装在游

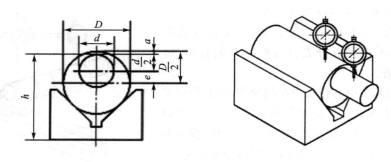

图 2-3-18 在 V 形架上间接检测偏心距

标高度尺上配合使用,如图 2-3-19 所示。

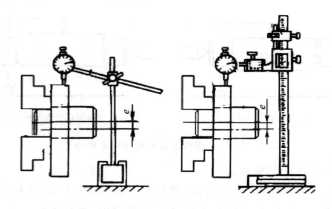

(a) 百分表安装在磁力表架上　　(b) 百分表安装在游标高度尺上

图 2-3-19 用心轴和百分表检测偏心距

(6) 在车床上用百分表、中滑板检测偏心距

对于偏心距较大,长度较长的偏心工件,可以在车床上进行测量,利用中滑板的刻度来补偿百分表的测量范围,如图 2-3-20 所示。测量时,首先使百分表与工件外圆偏心量最大处接触,记录百分表读数及中滑板刻度值,随后将工件转动 180°,再移动中滑板,使百分表与工件外圆偏心量最小处接触,并保持原读数,这时从中滑板的刻度盘上所得出的中滑板移动距离即等于两倍的偏心值。

2.3.2　车削简单曲轴

曲轴是一种偏心零件,广泛地应用于压力机、内燃机等机械设备中。根据曲轴曲柄颈数量多少的不同,可以分为单拐、双拐、四拐、六拐和八拐等多种结构形式,曲柄颈可以互成 90°、120°、180°等夹角。两拐以上的曲轴则称为多拐曲轴。

曲轴的加工原理和加工偏心轴、偏心套相同,都是在工件的安装上采取适当的措施,使被加工的曲柄颈的轴线和车床主轴轴线重合,即用中心孔定位,在两顶尖间装夹车削。但是由于曲轴结构复杂,刚性较差,而且曲柄颈和主轴颈尺寸精度和位置精度要求较高,因此说曲轴的加工无论从难度还是工艺的复杂性都超过一般轴类零件。这里仅介绍两拐曲轴的车削方法。

在车床上车削曲轴主要进行曲轴的主轴颈和曲柄颈的粗加工和半精加工(其精加工通常

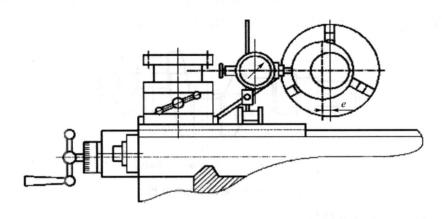

图 2-3-20 在车床上用百分表、中滑板检测偏心距

采用磨削方法进行)。主轴颈的加工方法与加工一般轴类工件相似,但曲柄颈的加工却要困难得多。

1. 曲轴的结构及基本技术要求

(1) 曲轴结构

单拐曲轴和两拐曲轴称为简单曲轴,其毛坯一般采用锻件或者球墨铸铁制造。双拐曲轴的结构主要包括主轴颈、曲柄颈、曲柄臂以及轴肩等。主轴颈轴线与曲柄颈轴线之间的距离即为偏心距。

(2) 曲轴的技术要求

由于曲轴长时间高速回转,受周期性的弯曲力矩作用,工作条件较恶劣,要求曲轴具有高的强度、刚度、耐磨性、耐疲劳及冲击韧性等性能,所以,对曲轴除了要求有较高的尺寸精度、形状和位置精度以及表面质量外,还有以下基本技术要求:

① 钢质曲轴的毛坯通常采用锻件,以获得致密金属组织结构和高强度,毛坯还要进行正火或调质等措施,改善毛坯质量。

② 曲柄轴颈与轴肩的链接圆角必须光洁圆滑,曲轴上不应有压痕、凹坑、拉毛和划伤等现象,以防止应力集中,降低产品寿命。

③ 曲柄精加工完毕后,应该使用超声波或磁性探伤并进行动平衡试验。

④ 主轴颈、曲柄颈的直径尺寸公差等级为 IT6;轴颈长度公差等级为 IT9~IT10;圆度和圆柱度公差控制在尺寸公差的一半之内。表面粗糙度 Ra 为 12.5~6.3 μm。

⑤ 主轴颈与曲柄颈的平行度为 100 mm 内不大于 0.02 mm,各曲柄颈的位置度不大于 ±2 mm。

(3) 曲轴的加工工艺要求

① 简单曲轴的车削方法与较长的偏心轴车削方法基本相同,采用中心孔定位,在两顶尖间装夹加工。由于曲轴结构较一般偏心轴复杂,车削时还应采用一定的工艺措施。

② 如图 2-3-21 所示双拐曲轴上有 2 个曲柄颈,互成 180°,通常要求两曲柄颈的轴线与主轴颈的轴线平行,两曲柄颈之间的角度误差以及曲柄的偏心距符合设计要求。

③ 曲轴两端的主轴颈尺寸一般较小,不能直接在轴端钻出曲柄颈中心孔,同时曲轴刚度较低,在车削过程中应采取措施提高刚度。

④ 为保证各主轴颈的同轴度,粗基准应选择主轴颈轴线,即以两顶尖为定位基准。

⑤ 为保证主轴颈与曲柄颈的平行度和位置度,应选择主轴颈为精基准。

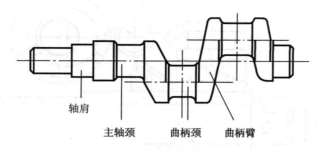

图 2-3-21 双拐曲轴的结构

2. 车削简单曲轴的工艺措施

(1) 预留工艺轴颈

加工曲轴时,在工件主轴颈处预留工艺轴颈,使两端工艺轴颈端面足够大,能钻出主轴颈中心孔和曲柄颈中心孔,如图 2-3-22 所示。在曲轴车削完成后,再车去工艺轴颈。

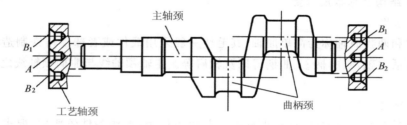

图 2-3-22 预留工艺轴颈

图 2-3-23 所示为简单的两拐曲轴,曲柄颈 d_1 和 d_2 互成 $180°$,其车削工艺措施如下:

① 划两端面的主轴颈中心线和曲柄颈中心线,打样冲眼。

② 在两端面钻基准圆中心孔 A 和偏心中心孔 B_1 和 B_2。

③ 采用两顶尖装夹,支顶在中心孔 A 上,粗车基准轴外圆 D。

④ 再用两顶尖分别顶在偏心中心孔 B_1 和 B_2 上,车削两个曲柄颈 d_1 和 d_2。

⑤ 再次以中心孔 A 为基准,精车基准轴轴径 D 和主轴颈。

⑥ 最后车去两端的偏心中心孔 B_1 和 B_2(若工件两端不允许保留偏心中心孔)。

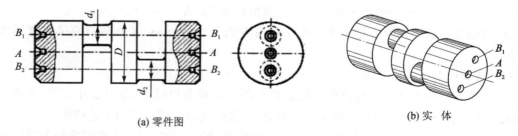

(a) 零件图　　(b) 实 体

图 2-3-23 工艺轴颈的使用

(2) 使用偏心夹板

对于主轴颈直径较细,无法在工件两端面上钻出曲柄颈中心孔时,可借助图 2-3-24 所示的偏心夹板。使用时,先根据工件偏心距的要求,在偏心夹板上钻好偏心中心孔,然后将偏心夹板用螺栓固定在主轴颈上(夹板内孔与主轴颈采取过渡配合),并用紧定螺钉或定位键防止夹板转动,车削时,用两顶尖支顶在相应的偏心中心孔上,便可车削曲轴。

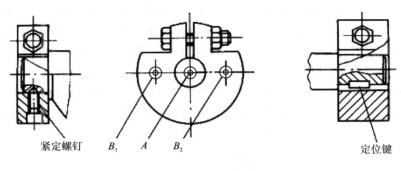

图 2-3-24 用偏心夹板装夹

根据曲轴拐数的不同,偏心夹板的形式也不同,如图 2-3-25 所示。

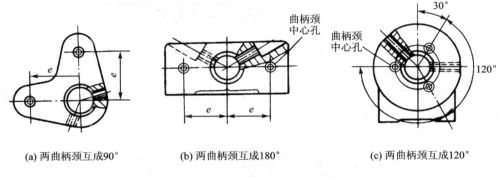

(a) 两曲柄颈互成90°　　(b) 两曲柄颈互成180°　　(c) 两曲柄颈互成120°

图 2-3-25 偏心夹板的形式

(3) 增加刚性的措施

曲轴刚度低,除了采用粗车、半精车和精车等不同加工阶段以减少因为加工余量大、断续切削引起的冲击、振动对曲轴变形的影响外,车削时,为了增加曲轴刚度,防止变形,应在曲柄颈对面的空挡处用支承螺钉支承,如图 2-3-26 所示。如果两曲柄臂间的距离较大,在曲柄颈对面的空挡处可用材质较硬的木块或木棒来支撑。

注意事项

- 在曲轴加工过程中,通常应安排热处理(调制)工序,调制后,应该仔细修研中心孔,才能进行后续车削工作。
- 车削偏心距较大的曲轴时,应进行静平衡校正。
- 为提高加工工艺系统的刚度,宜采用硬质合金固定顶尖。

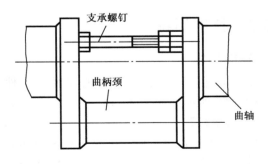

图 2-3-26 支承螺钉使用方法

3. 曲轴的检测

(1) 偏心距的检测

曲轴偏心距的检测方法与偏心工件一样：当偏心距小于百分表可测范围时，采用两顶尖的方法（见图 2-3-27），把百分表安装在刀架上，百分表的触头指在已精车偏心的外圆上，将曲轴做少量的转动，在最高点处百分表置零，再将百分表触头指在偏心的外圆最低处，将曲轴做少量的转动，在最低处读数，则实际偏心距＝最高数－最低数。用同样方法分别在两处取实际偏心值，两数值的平均值即为工件的偏心距；当偏心距较大时，仍采用两顶尖的方法，只是把百分表安装在高度游标尺上，高度游标尺放在已卸去刀架的小滑板上，百分表的触头指在已精车偏心的外圆上，利用高度游标尺作整读数百分表作微读数，在最高处和最低处的读数相减，求出其偏心距。也可用块规求出偏心距，其余按上述方法即可。

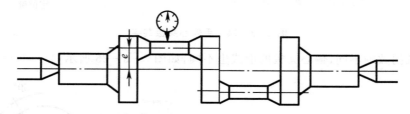

图 2-3-27 曲轴偏心轴的检测

(2) 轴颈平行度的检测

把工件两端轴颈妥放在专用检验工具上，再在垂直和水平 4 个不同位置检查曲轴轴线对两端轴颈轴线的平行度，其平均误差应小于图纸规定的公差 0.05 mm，如图 2-3-28 所示。

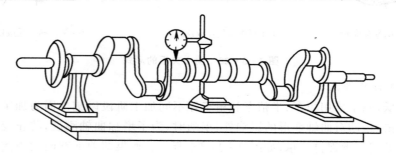

图 2-3-28 曲轴轴颈平行度的检测

2.3.3 技能训练

技能训练 I

在三爪自定心卡盘上车偏心工件。零件材料为 45 钢，毛坯尺寸 $\phi 45 \times 100$ mm，如图 2-3-29 所示。

【工艺分析】

该偏心轴零件有一偏心量 (2 ± 0.05) mm 的偏心距要求。加工时，先车无偏心的外圆至尺寸 $\phi 42_{-0.033}^{0} \times 55$ mm、$\phi 30_{-0.04}^{-0.01} \times 40$ mm，切断。再装夹已车好的外圆，垫偏心垫片，校正夹紧即可车削偏心外圆 $\phi 22_{-0.04}^{-0.01}$ 至尺寸要求。加工工步如图 2-3-30 所示。

【工量具清单】

千分尺 25～50/0.01，游标卡尺 0～150/0.02，百分表及表座 0～10/0.01，钢直尺 0～150，

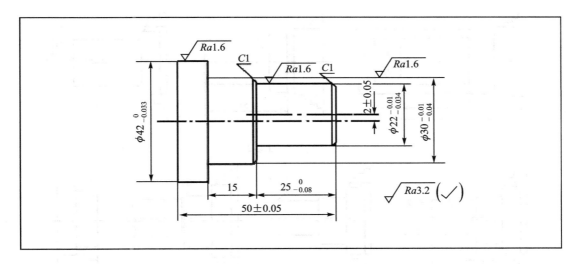

图 2-3-29 偏心轴

切断刀 4×25,90°和 45°外圆车刀,偏心垫片 2 mm,薄铜皮,常用工具等。

【加工步骤】

偏心轴的加工步骤见表 2-3-1。

表 2-3-1 偏心轴加工步骤

操作步骤	加工内容
1. 车右端外圆	1) 夹毛坯外圆,伸出约卡爪 60 mm 长,找正并夹紧。 2) 车平端面。 3) 粗、精车外圆至尺寸 $\phi 42_{-0.033}^{0} \times 55$ mm、$\phi 30_{-0.04}^{-0.01} \times 40$ mm。 4) 倒角 C2
2. 切断	切断工件,保证长度 51 mm,包括留 1 mm 精加工余量
3. 车偏心	1) 夹 $\phi 42$ 外圆,在三爪卡盘的某一个卡爪垫偏心垫片,校正并夹紧,使偏心距 2 mm 准确。 2) 粗、精车外圆至尺寸 $\phi 22_{-0.04}^{-0.01} \times 25_{-0.08}^{0}$ mm,控制长度 25 mm。 3) 偏心外圆 $\phi 22$ 倒角 C1。 4) 卸下卡爪的偏心垫片,校正并夹紧工件,外圆 $\phi 30$ 倒角 C1 及去毛刺
4. 车左端外圆	1) 工件调头,夹 $\phi 30$ 外圆校正并夹紧,车端面至总长(50±0.05) mm。 2) 去毛刺,检查各部位尺寸。 3) 卸下工件

偏心轴加工工步图如图 2-3-30 所示。

【质量检测】

加工偏心轴评分标准见表 2-3-2。

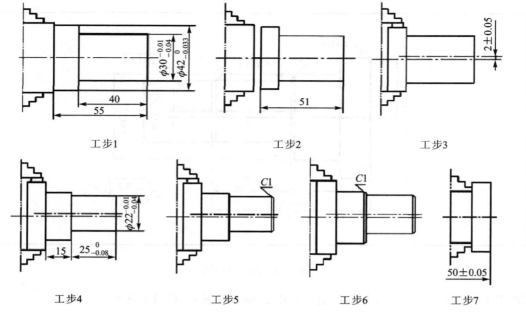

图 2-3-30 偏心轴加工工步图

表 2-3-2 偏心轴加工评分标准

项目	序号	考核内容	配分	评分标准	检测	得分
外圆与偏心	1	$\phi 42_{-0.033}^{0}$	12	超差不得分		
	2	$\phi 30_{-0.04}^{-0.01}$	12	超差不得分		
	3	$\phi 22_{-0.04}^{-0.01}$	12	超差不得分		
	4	50 ± 0.05	5	超差不得分		
	5	$25_{-0.08}^{0}$	5	超差不得分		
	6	15	4	超差不得分		
	7	偏心距 2 ± 0.05	20	超差不得分		
其他	8	Ra1.6(3处)	12	每处降一级扣2分		
	9	C1(4处)	8	每处降一级扣2分		
	10	安全文明生产	10	未清理现场扣10分;每违反一项规定从总分中扣1~10分;严重违规停止操作		

> 注意事项

- 车偏心工件时,为了防止硬质合金刀头受工件撞击碎裂,车刀应磨有一定的刃倾角,并且减小进给量。也可选用高速钢车刀车削。
- 开始车偏心部分时,由于偏心部分两边的切削量相差很多,车刀应先远离工件后再启动主轴。车刀刀尖从偏心的最外一点逐步切入工件进行车削,这样可有效地防止工件碰撞车刀。

技能训练 Ⅱ

如图 2-3-31 所示的偏心套零件,材料为 45 钢,毛坯尺寸为 $\phi 45 \times 100$ mm。要求在四爪单动卡盘上车削,其加工方法如下。

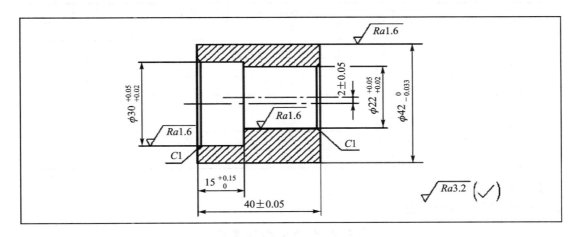

图 2-3-31 偏心套

【工艺分析】

如图所示的偏心套,$\phi 22^{+0.05}_{+0.02}$ 孔和 $\phi 30^{+0.05}_{+0.02}$ 孔的轴线平行但不重合,有 (2 ± 0.05) mm 的偏心距,按照加工要求采用四爪单动卡盘装夹方法来车削偏心。其操作步骤为:车削偏心套左端及外圆→切断,保证总长→掉头车加工偏心孔→检测,并卸下工件。工步图如图 2-3-32 所示。

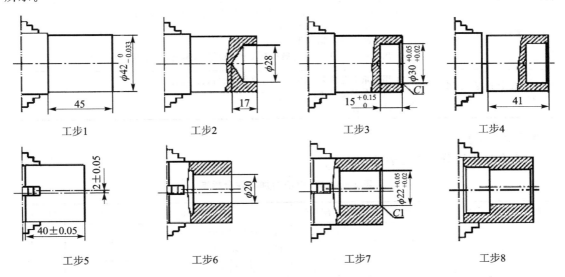

图 2-3-32 偏心套车削工步图

本题的关键是如何找正保证图中所要求的偏心距。

【切削用量】

加工偏心套的切削用量选择见表 2-3-3。

表 2-3-3 切削用量

刀具	加工内容	主轴转速/(r·min^{-1})	进给量/(mm·min^{-1})	背吃刀量/mm
45°外圆车刀	端面	800	0.1	0.1~1
90°外圆车刀	粗车外圆	500	0.3	2
	精车外圆	1 000	0.1	0.25
ϕ20 麻花钻	钻孔	250	—	—
ϕ28 麻花钻		210	—	—
盲孔镗刀	粗车外圆	400	0.2	1
	精车外圆	700	0.1	0.15
切断刀	切断	400	—	—

【加工步骤】

偏心套的加工步骤见表 2-3-4。

表 2-3-4 偏心套加工步骤

操作步骤	加工内容
1. 三爪卡盘装夹车左端及外圆	1) 用三爪卡盘装夹工件,伸出卡爪 60 mm,找正并夹紧。 2) 车平端面。 3) 粗、精车外圆至尺寸 $\phi 42_{-0.033}^{0} \times 45$ mm。 4) 用 ϕ28 的钻头钻孔,深度为 17 mm。 5) 用盲孔刀粗、精车 $\phi 30_{+0.02}^{+0.05} \times 15$ mm 内孔,倒角 C1,去毛刺。 6) 切断工件,保证长度 41 mm,包括留 1 mm 精加工余量
2. 四爪卡盘装夹车偏心	1) 在四爪单动卡盘上校正并夹紧工件,保证偏心距 2 mm 准确。 2) 车平端面,保证总长 40 mm。 3) 用 ϕ20 的钻头钻通孔。 4) 用盲孔刀粗、精车偏心通孔至尺寸 $\phi 22_{+0.02}^{+0.05}$,倒角 C1,去毛刺
3. 三爪卡盘装夹倒角并检测	1) 用三爪卡盘装夹工件,校正并夹紧,倒角,去毛刺。 2) 检查各部位尺寸。 3) 卸下工件

【质量检测】

偏心套加工评分标准见表 2-3-5。

表 2-3-5 偏心套加工评分标准

项目	序号	考核内容	配分	评分标准	检测	得分
外圆与偏心	1	$\phi 42_{-0.033}^{0}$	12	超差 0.01 扣 2 分		
	2	$\phi 30_{+0.02}^{+0.05}$	12	超差 0.01 扣 2 分		
	3	$\phi 22_{+0.02}^{+0.05}$	12	超差 0.01 扣 2 分		
	4	40±0.05	6	超差不得分		
	5	$15_{0}^{+0.15}$	6	超差不得分		
	6	偏心距 2±0.05	20	超差不得分		
其他	7	Ra1.6(3 处)	12	每处降一级扣 2 分		
	8	倒角,去毛刺 5 处	10	每处不符扣 2 分		
	9	安全文明生产	10	未清理现场扣 10 分;每违反一项规定从总分中扣 1~10 分;严重违规停止操作		

技能训练 Ⅲ

车削图 2-3-33 所示的单拐曲轴。零件材料为 45 钢,毛坯尺寸 $\phi 52 \times 132$ mm。

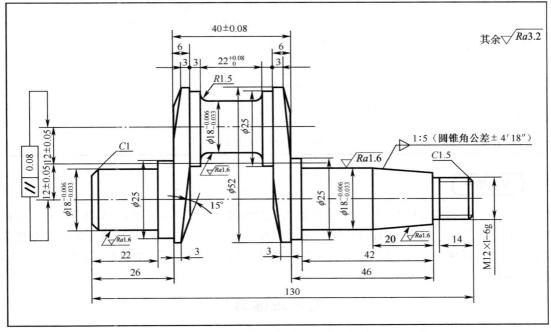

图 2-3-33 单拐曲轴

【加工步骤】

单拐曲轴加工步骤见表 2-3-6。

表 2-3-6 单拐曲轴加工步骤(见图 2-3-33)

操作步骤	加工内容
1. 车右端外圆	用三爪自动定心卡盘夹住毛坯外圆,校正并夹紧,车平端面,钻中心孔。顶中心孔,采用一夹一顶的方法,粗车外圆至 $\phi 52$,长度接近卡盘
2. 接平车左端外圆	调头用三爪自动定心卡盘夹住工件,校正并夹紧,车端面,保证总长,钻中心孔。一夹一顶接刀车外圆至 $\phi 52$,整段外圆接头应平整
3. 划线	在轴的两端面上涂色,把工件放在 V 形架上进行划线,划两端面的主轴颈中心线和曲柄颈中心线及四周圈线,打样冲眼
4. 加工中心孔	在坐标镗床上钻出两端面上的主轴颈中心孔和曲柄颈中心孔
5. 车曲柄颈	用平行夹夹住 $\phi 52$ 的外圆,用两顶尖支撑在曲柄颈中心孔。 1) 粗、精车曲柄颈外圆至尺寸 $\phi 18_{-0.033}^{-0.006} \times 22_{0}^{+0.08}$ mm,注意圆角 $R1.5$ 的加工。 2) 车曲柄颈两端肩圆至 $\phi 25$,车 $15°$ 锥面,保证尺寸 3 mm
6. 粗车右端	用两顶尖支撑主轴颈中心孔,在曲柄颈空挡处装上支撑螺钉以增加曲轴刚性,支撑力要适当。 1) 车轴肩至 $\phi 25$,控制中间壁厚 6 mm,车 $15°$ 锥面,保证尺寸 3 mm。 2) 粗车 $\phi 18$ 外圆至 $\phi 20$

续表 2-3-6

操作步骤	加工内容
7. 调头车左端	调头用平行夹夹住 ϕ20 外圆,用两顶尖支撑主轴颈中心孔。 1) 车轴肩至 ϕ25,控制 ϕ52 两端的长度尺寸 40±0.08,及壁厚 6 mm。 2) 车 15°锥面,保证尺寸 3 mm。 3) 粗、精车 $\phi 18_{-0.033}^{-0.006}$,倒角 C1
8. 精车右端尺寸	调头用两顶尖支撑主轴颈中心孔。 1) 精车 $\phi 18_{-0.033}^{-0.006}$。 2) 粗、精车 1:5 圆至图样要求。 3) 粗、精车螺纹 M12×1-6g 至图样要求

注意事项

加工较长的曲轴工件时,最突出的矛盾是工件刚性差,回转不平衡,容易变形,加工较困难;曲轴加工后用支撑螺钉支撑的方法可增加工件刚性,减少变形和振动;但一定要注意顶尖和支撑螺钉不能顶得过紧,过紧会使工件弯曲变形;若支撑螺钉顶得太松则起不到支承作用,加工中螺钉容易飞出来发生事故。

思考与练习

1. 车偏心工件有哪几种方法,各适用在什么情况下?
2. 车削加工如图 2-3-34 所示偏心轴零件。

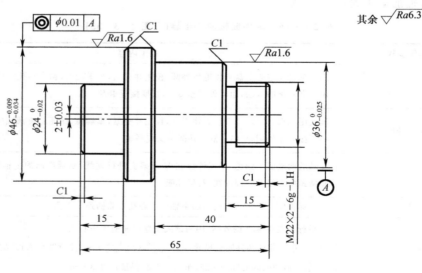

图 2-3-34 偏心零件

第三部分 铣 削

课题一 铣削专业基本知识

> **教学要求**
>
> ◆ 了解铣床的种类及特点,掌握常用铣床的结构、常见故障的原因。
> ◆ 掌握合理选用铣刀方法及铣床常用夹具的合理使用方法。
> ◆ 熟练掌握齿轮铣削加工常用量具的使用方法,并能制定一般零件的铣削加工工艺。

3.1.1 典型铣床的传动结构和原理

合理地使用、调整铣床,须了解铣床的基本类别、结构特征、性能和主要技术参数。我国机床型号的编制方法曾经过多次修改,目前实行的是 1994 年颁布的 GB/T15375—1994《金属切削机床型号编制方法》。X62W 型铣床与 X6132 型铣床是最常用的万能卧式铣床,二者的结构基本相同,现介绍这两种铣床的主要结构和传动原理。

1. X6132 型铣床传动功能

(1) 传动性能

X6132 型万能铣床是卧式万能升降台铣床,通常也被称为 X62W,其外形如图 3-1-1 所示。它功率大,转速高,变速范围大,刚性强,能承受重负荷切屑。主轴锥孔可直接或通过附件安装各种圆柱铣刀、圆片铣刀、成形铣刀、端面铣刀等刀具,适于加工各种零件的平面、斜面、沟槽和孔等。其结构还有下列特点:

① 机床工作台的进给手柄,在操作时,手柄所指的方向,就是工作台进给运动的方向,操作时不易产生错误。

② 机床的前面和左侧,各有一组按钮和手柄的复式操纵装置,便于操作者在不同位置上操作。

③ 采用速度预选机构来改变主轴转速和工作台的进给速度,使操作简便明确。

④ 工作台纵向丝杆上,有双螺母间隙调整装置,既可逆铣又可顺铣。

⑤ 采用转速控制继电器(或电磁离合器)来进行制动,能迅速使主轴停止旋转。

⑥ 工作台有快速进给运动,用按钮操纵,方便省时。

⑦ 安装在工作台上的工件可以在三个方向调整位置或完成进给运动。此外,工作台于水平面上除能平行或垂直于主轴轴线方向进给外,还能在倾斜方向进给,从而完成铣螺旋槽的加工。

(2) 机床的主要技术参数

X6132 型铣床的主要技术参数见表 3-1-1。卧式铣床联系尺寸如图 3-1-2 所示。

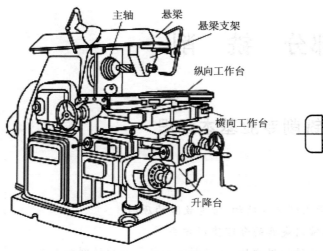
图 3-1-1　X6132 卧式万能升降台铣床

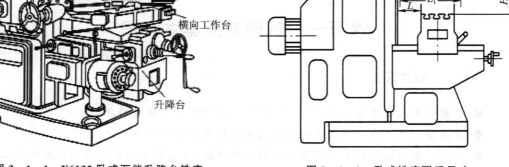
图 3-1-2　卧式铣床联系尺寸

表 3-1-1　X6132 万能铣床主要技术参数

机床型号		X6132
工作台面尺寸/mm		320×1 325
工作台最大纵向/横向/垂向行程(手动/机动)/mm		700~680/55~240/320~300
工作台最大回转角度		±45°
主轴转速范围(18级)/(r·min^{-1})		30~1500
主电机功率/kW		7.5
进给电机功率/kW		1.5
工作台纵向/横向/垂向进给速度(18级)/(mm·min^{-1})		23.5~1 180/23.5~1 180/8~394
工作台纵向/横向/垂向快速进给速度/(mm·min^{-1})		2 300/2 300/770
机床外形尺寸/mm		2 294×1 770×1 610
机床重量(净重)/kg		2 650~2 950
主轴轴线至工作台面距离 H/mm		30~350
主轴轴线至悬臂底面距离 M/mm		155
主轴端面至刀杆托架轴承端面最大距离 L_1/mm		630
主轴端面至垂直导轨距离 m/mm		50
工作台中线至垂直导轨距离/mm		215~470
工作台后侧面至垂直导轨距离 L/mm		55~310
主轴孔锥度		7:24
主轴孔径/mm		29
T形槽	槽数	3
	槽宽/mm	18
	槽距/mm	70

(3) 主轴传动系统

1) 主轴传动结构式

主轴传动结构式,又称主轴传动链。它表示从主电动机传动到主轴的传动路线,如图 3-1-3 所示。主电动机轴以 1 440 r/min 的转速旋转,通过弹性联轴器与轴Ⅰ联接,使轴Ⅰ获得一种与电动机相同的转速。轴Ⅰ通过传动比为 $\frac{26}{54}$ 的一对齿轮带动轴Ⅱ,使轴Ⅱ获得一种 $1\,440 \frac{26}{54}$ r/min=700 r/min 的转速。轴Ⅱ的右边有一个三联滑移齿轮,与轴Ⅲ上的 3 个固定齿轮相应啮合而带动轴Ⅲ,其传动比为 $\frac{22}{33},\frac{19}{36},\frac{16}{39}$,使轴Ⅲ获得 3 种不同的转速。轴Ⅳ上也有一个三联齿轮与轴Ⅲ上相应齿轮啮合,其传动比分别为 $\frac{39}{26},\frac{28}{37},\frac{18}{47}$。当轴Ⅲ有一种转速时,

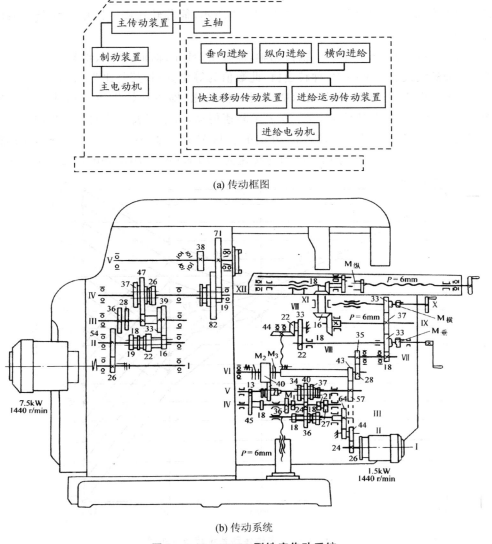

(a) 传动框图

(b) 传动系统

图 3-1-3　X6132 型铣床传动系统

轴Ⅳ通过3种不同的传动比,能得到3种不同的转速;当轴Ⅲ有三种不同的转速时,轴Ⅳ就能得到3×3=9种不同的转速。轴Ⅳ的右边还有一个双联滑移齿轮,当它与轴Ⅴ上的两个固定齿轮相应啮合时,其传动比分别为$\frac{82}{38}$和$\frac{19}{71}$,根据变速原理,使主轴Ⅴ获得3×3×2=18种转速。所以铣床主轴可以获得18种转速,这就是主体运动的传动过程和变速原理。主轴转向的改变,是靠改变主电动机的转向实现的,这是铣床传动的一个特点。其传动结构式如下:

$$n_{主电动机} - 轴Ⅰ - \frac{26}{54} - 轴Ⅱ - \begin{Bmatrix}\frac{22}{33}\\\frac{19}{36}\\\frac{16}{39}\end{Bmatrix} - 轴Ⅲ - \begin{Bmatrix}\frac{39}{26}\\\frac{28}{37}\\\frac{18}{47}\end{Bmatrix} - 轴Ⅳ - \begin{Bmatrix}\frac{82}{38}\\\frac{19}{71}\end{Bmatrix} - 轴Ⅴ(主轴)$$

2) 主轴转速分布图

X6132型铣床主轴转速分布图如图3-1-4所示,简称转速图。图中各线条代表的意义及功用如下:

① 5条竖线代表变速箱中的5根传动轴,即轴Ⅰ、轴Ⅱ、轴Ⅲ、轴Ⅳ、轴Ⅴ。

② 18条横线代表主轴的18种转速值,此数值为等比数列,其公比为1.26。

③ 轴间的粗实线上面的数字表示啮合对的传动比(即主动轮齿数与从动齿轮数之比)。自左至右。向上斜表示升速传动,向下斜表示降速传动,水平则表示两轴转速相同。

④ 粗实线与竖线的交点,表示传动轴的实际转速。如轴Ⅰ为1 440 r/min;轴Ⅱ为700 r/min;轴Ⅲ有3个交点,分别为该轴的转速为470 r/min、370 r/min和290 r/min。以此

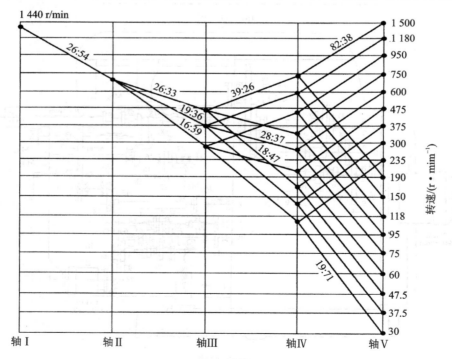

图3-1-4 主轴传动系统转速分布图

类推,轴Ⅳ上有 9 种转速;轴Ⅴ上有 18 种转速。

从转速图上很容易找到主轴每一转速的传动路线。如主轴为 300 r/min 时,其传动比路线如下:

$$n_{主电动机}—轴\text{Ⅰ}—\frac{26}{54}—轴\text{Ⅱ}—\frac{19}{36}—轴\text{Ⅲ}—\frac{18}{47}—轴\text{Ⅳ}—\frac{82}{38}—轴\text{Ⅴ}$$

主轴的 18 种转速中每一种转速需要经过哪几对齿轮,从该图上可一目了然。因此,当某种转速不正确时,可从图中分析何处发生了故障。根据转速图可列出主轴 18 种转速的计算式,见表 3-1-2。

表 3-1-2 X6132 型铣床主轴转速表

转速级别	计算式	转速/(r·min^{-1})	转速级别	计算式	转速/(r·min^{-1})
1	$1440\times\frac{26}{54}\times\frac{16}{39}\times\frac{18}{47}\times\frac{19}{71}$	30	10	$1440\times\frac{26}{54}\times\frac{16}{39}\times\frac{18}{47}\times\frac{82}{38}$	235
2	$1440\times\frac{26}{54}\times\frac{19}{36}\times\frac{18}{47}\times\frac{19}{71}$	37.5	11	$1440\times\frac{26}{54}\times\frac{19}{36}\times\frac{18}{47}\times\frac{82}{38}$	300
3	$1440\times\frac{26}{54}\times\frac{22}{33}\times\frac{18}{47}\times\frac{19}{71}$	47.5	12	$1440\times\frac{26}{54}\times\frac{22}{33}\times\frac{18}{47}\times\frac{82}{38}$	375
4	$1440\times\frac{26}{54}\times\frac{16}{39}\times\frac{28}{37}\times\frac{19}{71}$	60	13	$1440\times\frac{26}{54}\times\frac{16}{39}\times\frac{28}{37}\times\frac{82}{38}$	475
5	$1440\times\frac{26}{54}\times\frac{19}{36}\times\frac{28}{37}\times\frac{19}{71}$	75	14	$1440\times\frac{26}{54}\times\frac{19}{36}\times\frac{28}{37}\times\frac{82}{38}$	600
6	$1440\times\frac{26}{54}\times\frac{22}{33}\times\frac{28}{37}\times\frac{19}{71}$	95	15	$1440\times\frac{26}{54}\times\frac{22}{33}\times\frac{28}{37}\times\frac{82}{38}$	750
7	$1440\times\frac{26}{54}\times\frac{16}{39}\times\frac{39}{26}\times\frac{19}{71}$	118	16	$1440\times\frac{26}{54}\times\frac{16}{39}\times\frac{39}{26}\times\frac{82}{38}$	950
8	$1440\times\frac{26}{54}\times\frac{19}{36}\times\frac{39}{26}\times\frac{19}{71}$	150	17	$1440\times\frac{26}{54}\times\frac{19}{36}\times\frac{39}{26}\times\frac{82}{38}$	1180
9	$1440\times\frac{26}{54}\times\frac{22}{33}\times\frac{39}{26}\times\frac{19}{71}$	190	18	$1440\times\frac{26}{54}\times\frac{22}{33}\times\frac{39}{26}\times\frac{82}{38}$	1500

(4)进给传动系统

1)进给传动结构式

X6132 型铣床的进给运动有工作台的纵向进给、横向进给和垂向进给。进给运动的传动系统图如图 3-1-3 所示的右面部分,由进给电动机单独驱动,与主轴传动无直接联系,这是铣床传动的又一特点。

进给电动机的功率为 1.5 kW,转速为 1 440 r/min,经过传动比为 $\frac{26}{44}\times\frac{24}{64}$ 两对齿轮的减速传动,使轴Ⅲ以 $1440\times\frac{26}{44}\times\frac{24}{64}=320$ r/min 的转速旋转。再经轴Ⅲ和轴Ⅴ上的两个三联滑移齿轮,分别与轴Ⅳ上的固定齿轮啮合,使轴Ⅴ有 3×3=9 种转速。

当轴Ⅴ上的空套齿轮($z=40$)右移时,其右侧齿状离合器M1结合,将轴Ⅴ的9种转速经$\frac{40}{40}$转动比为1的一对齿轮及离合器M2传至轴Ⅵ,使轴Ⅵ获得与轴Ⅴ相同的9种较快的转速。

当轴Ⅴ上的空套齿轮($z=40$)左移时,其右侧齿状离合器与M1离合器脱开,与轴Ⅳ上双联空套齿轮中$z=18$的齿轮啮合,同时仍与轴Ⅵ上的$z=40$宽齿轮啮合,则轴Ⅴ的9种转速经传动比为$\frac{13}{45}\times\frac{18}{40}\times\frac{40}{40}$的3对齿轮传动,再经离合器M2传至轴Ⅵ,其中因有两次减速$\left(即\frac{13}{45}\times\frac{18}{40}\right)$,即轴Ⅵ又获得9种较慢的转速。因此,轴Ⅵ共有$9+9=18$种转速。再经过传动比为$\frac{28}{35}$一对齿轮传动至轴Ⅶ,最后经过若干齿轮、轴、离合器$M_纵$、$M_横$、$M_垂$分别传给纵向、横向和垂向的丝杠,使工作台获得3个方向18种工作进给量。

轴Ⅵ上有一与摩擦离合器M3外壳固定的齿轮($z=57$)的齿轮又与轴Ⅱ上的双联空套齿轮44齿的齿轮啮合。当进给电动机启动时,经齿轮($z=26$)和两个中间齿轮(44和57),带动从动齿轮($z=43$)作高速旋转(通常在Ⅵ上空转)。若离合器M2右移(工作进给断开),使片式摩擦离合器M3结合,则轴Ⅵ被带动作高速旋转,从而使工作台获得快速移动。铣削时,使工件能够快速接近铣刀或退刀。离合器M2的右移是靠操作者按下"快速"按钮,接通升降台下方的一个强力电磁铁,经一组杠杆使其实现的。综上所述,X6132型铣床进给运动的传动结构式如下:

$$n_{主电动机} - Ⅰ - \frac{26}{44} - Ⅱ - \frac{24}{64} - Ⅲ - \begin{Bmatrix} \frac{36}{18} \\ \frac{21}{37} \\ \frac{24}{34} \end{Bmatrix} - Ⅳ - \begin{Bmatrix} \frac{24}{34} \\ \frac{21}{37} \\ \frac{18}{40} \end{Bmatrix} - Ⅴ - \begin{Bmatrix} M_1接合 \frac{40}{40} \\ M_1脱开 \frac{13}{45} - \frac{18}{40} - \frac{40}{40} \end{Bmatrix} - Ⅵ - \frac{28}{35} -$$

$$\cdots - \frac{44}{57} - Ⅴ - \frac{57}{43} - Ⅵ - M_2脱开 - M_3接合(快速移动) \cdots$$

$$Ⅶ - \begin{cases} 纵向进给 - \frac{18}{33} - Ⅷ - \frac{33}{37} - Ⅸ - \frac{18}{16} - \frac{18}{18} - Ⅺ - M_纵 - 接合 - 纵向丝杠(P=6\text{ mm}) \\ 横向进给 - \frac{18}{33} - Ⅷ - \frac{33}{37} - Ⅸ - \frac{37}{33} - Ⅹ - M_横接合 - 横向进给丝杠(P=6\text{ mm}) \\ 垂向进给 - \frac{18}{33} - Ⅷ - M_垂 - 接合 - \frac{22}{33} - \frac{22}{44} - Ⅻ - 垂向进给丝杠(P=6\text{ mm}) \end{cases}$$

2) 进给速度分布图

X6132型铣床工作台纵向进给速度分布图如图3-1-5所示。其意义基本上与主轴的转速图相同,所不同的是最后一根轴数值为工作台纵向进给速度。

根据此图可列出18种工作台纵向进给速度的计算式,见表3-1-3。

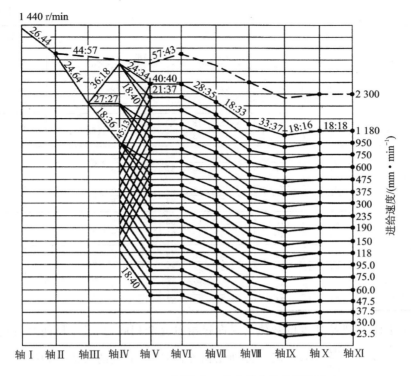

图 3-1-5　X6132 型铣床工作台纵向进给速度分布

表 3-1-3　X6132 型铣床工作台纵向进给速度

速度级别	计算式	转速/(r·min^{-1})
1	$1440 \times \dfrac{26}{44} \times \dfrac{24}{64} \times \dfrac{18}{36} \times \dfrac{18}{40} \times \dfrac{13}{45} \times \dfrac{18}{40} \times \dfrac{40}{40} \times \dfrac{28}{35} \times \dfrac{18}{33} \times \dfrac{33}{37} \times \dfrac{18}{16} \times \dfrac{18}{18} \times 6$	23.5
2	$1440 \times \dfrac{26}{44} \times \dfrac{24}{64} \times \dfrac{18}{36} \times \dfrac{21}{37} \times \dfrac{13}{45} \times \dfrac{18}{40} \times \dfrac{40}{40} \times \dfrac{28}{35} \times \dfrac{18}{33} \times \dfrac{33}{37} \times \dfrac{18}{16} \times \dfrac{18}{18} \times 6$	30
3	$1440 \times \dfrac{26}{44} \times \dfrac{24}{64} \times \dfrac{18}{36} \times \dfrac{24}{34} \times \dfrac{13}{45} \times \dfrac{18}{40} \times \dfrac{40}{40} \times \dfrac{28}{35} \times \dfrac{18}{33} \times \dfrac{33}{37} \times \dfrac{18}{16} \times \dfrac{18}{18} \times 6$	37.5
4	$1440 \times \dfrac{26}{44} \times \dfrac{24}{64} \times \dfrac{27}{27} \times \dfrac{18}{40} \times \dfrac{13}{45} \times \dfrac{18}{40} \times \dfrac{40}{40} \times \dfrac{28}{35} \times \dfrac{18}{33} \times \dfrac{33}{37} \times \dfrac{18}{16} \times \dfrac{18}{18} \times 6$	47.5
5	$1440 \times \dfrac{26}{44} \times \dfrac{24}{64} \times \dfrac{27}{27} \times \dfrac{21}{37} \times \dfrac{13}{45} \times \dfrac{18}{40} \times \dfrac{40}{40} \times \dfrac{28}{35} \times \dfrac{18}{33} \times \dfrac{33}{37} \times \dfrac{18}{16} \times \dfrac{18}{18} \times 6$	60
6	$1440 \times \dfrac{26}{44} \times \dfrac{24}{64} \times \dfrac{27}{27} \times \dfrac{24}{34} \times \dfrac{13}{45} \times \dfrac{18}{40} \times \dfrac{40}{40} \times \dfrac{28}{35} \times \dfrac{18}{33} \times \dfrac{33}{37} \times \dfrac{18}{16} \times \dfrac{18}{18} \times 6$	75
7	$1440 \times \dfrac{26}{44} \times \dfrac{24}{64} \times \dfrac{36}{18} \times \dfrac{18}{40} \times \dfrac{13}{45} \times \dfrac{18}{40} \times \dfrac{40}{40} \times \dfrac{28}{35} \times \dfrac{18}{33} \times \dfrac{33}{37} \times \dfrac{18}{16} \times \dfrac{18}{18} \times 6$	95
8	$1440 \times \dfrac{26}{44} \times \dfrac{24}{64} \times \dfrac{36}{18} \times \dfrac{21}{37} \times \dfrac{13}{45} \times \dfrac{18}{40} \times \dfrac{40}{40} \times \dfrac{28}{35} \times \dfrac{18}{33} \times \dfrac{33}{37} \times \dfrac{18}{16} \times \dfrac{18}{18} \times 6$	118
9	$1440 \times \dfrac{26}{44} \times \dfrac{24}{64} \times \dfrac{36}{18} \times \dfrac{24}{34} \times \dfrac{13}{45} \times \dfrac{18}{40} \times \dfrac{40}{40} \times \dfrac{28}{35} \times \dfrac{18}{33} \times \dfrac{33}{37} \times \dfrac{18}{16} \times \dfrac{18}{18} \times 6$	150
10	$1440 \times \dfrac{26}{44} \times \dfrac{24}{64} \times \dfrac{18}{36} \times \dfrac{18}{40} \times \dfrac{40}{40} \times \dfrac{28}{35} \times \dfrac{18}{33} \times \dfrac{33}{37} \times \dfrac{18}{16} \times \dfrac{18}{18} \times 6$	190

续表 3-1-3

速度级别	计算式	转速/(r·min^{-1})
11	$1440 \times \frac{26}{44} \times \frac{24}{64} \times \frac{18}{36} \times \frac{21}{37} \times \frac{40}{40} \times \frac{28}{35} \times \frac{18}{33} \times \frac{33}{37} \times \frac{18}{16} \times \frac{18}{18} \times 6$	235
12	$1440 \times \frac{26}{44} \times \frac{24}{64} \times \frac{18}{36} \times \frac{24}{34} \times \frac{40}{40} \times \frac{28}{35} \times \frac{18}{33} \times \frac{33}{37} \times \frac{18}{16} \times \frac{18}{18} \times 6$	300
13	$1440 \times \frac{26}{44} \times \frac{24}{64} \times \frac{27}{27} \times \frac{18}{40} \times \frac{40}{40} \times \frac{28}{35} \times \frac{18}{33} \times \frac{33}{37} \times \frac{18}{16} \times \frac{18}{18} \times 6$	375
14	$1440 \times \frac{26}{44} \times \frac{24}{64} \times \frac{27}{27} \times \frac{21}{37} \times \frac{40}{40} \times \frac{28}{35} \times \frac{18}{33} \times \frac{33}{37} \times \frac{18}{16} \times \frac{18}{18} \times 6$	475
15	$1440 \times \frac{26}{44} \times \frac{24}{64} \times \frac{27}{27} \times \frac{24}{34} \times \frac{40}{40} \times \frac{28}{35} \times \frac{18}{33} \times \frac{33}{37} \times \frac{18}{16} \times \frac{18}{18} \times 6$	600
16	$1440 \times \frac{26}{44} \times \frac{24}{64} \times \frac{36}{18} \times \frac{18}{40} \times \frac{40}{40} \times \frac{28}{35} \times \frac{18}{33} \times \frac{33}{37} \times \frac{18}{16} \times \frac{18}{18} \times 6$	750
17	$1440 \times \frac{26}{44} \times \frac{24}{64} \times \frac{36}{18} \times \frac{21}{37} \times \frac{40}{40} \times \frac{28}{35} \times \frac{18}{33} \times \frac{33}{37} \times \frac{18}{16} \times \frac{18}{18} \times 6$	950
18	$1440 \times \frac{26}{44} \times \frac{24}{64} \times \frac{36}{18} \times \frac{24}{34} \times \frac{40}{40} \times \frac{28}{35} \times \frac{18}{33} \times \frac{33}{37} \times \frac{18}{16} \times \frac{18}{18} \times 6$	1180

工作台横向 18 种进给速度的数值与纵向进给量完全相同，只是末尾两对齿轮的传动路线不同，即改 $\frac{18}{16} \times \frac{18}{16} \times 6$ 为 $\frac{37}{33} \times 6$，但两者传动比相等，则进给速度的数值也相等。

垂向进给运动的传动路线仅仅是在最末的两对齿轮与纵向进给不同，其值是 $\frac{22}{33} \times \frac{22}{44} = \frac{1}{3}$，而纵向进给时则为 $\frac{33}{37} \times \frac{18}{16} \times \frac{18}{18} \approx 1$。所以，这种铣床的垂向进给速度等于纵向进给速度的三分之一。

2. 主轴变速箱的结构和变速操纵机构

（1）主轴变速箱的结构

X6132 型铣床主轴箱位于床身内的上半部，其传动系统结构如图 3-1-6 所示，与 X62W 型铣床基本相同。主电动机安装在床身的后面，通过弹性联轴器与轴Ⅰ相连，从轴Ⅰ～Ⅴ（主轴）均用滚动轴承支撑。轴Ⅱ和轴Ⅳ上的滑移齿轮则由相应的拨叉机构来拨动，使其与相应的齿轮啮合，以改变主轴的转速。

1）主 轴

主轴组件是铣床的重要部件之一。它是由主轴、主轴轴承和安装在主轴上的齿轮及飞轮等零件组成，如图 3-1-7 所示。根据铣削的特点，铣床主轴应具有较高的刚性、抗振性、旋转精度、耐磨性和热稳定性。

主轴是由精度较高的空心轴，前段有 7:24 的锥孔，用以安装在铣刀刀杆或直接安装面铣刀。主轴前段有两个键槽，可装键传递转矩，带动刀杆和铣刀旋转进行铣削。

主轴有 3 个滚动轴承支承。由于轴承的间距短和主轴的直径较大，所以主轴的刚性和抗振性较好。前轴承 8 是 P5 级精度的双列相向心短圆柱滚子轴承，用以承受径向力；中轴承 5 选用两个 P6 级精度的角接触单列向心球轴承，用以辅助支承，承受径向力。中间轴承和前轴承的间隙可通过调整螺母 4、7 进行调整，调整螺母分别由螺钉 3、6 紧固，主轴的跳动量通常控制在 0.03 mm 范围内，同时应保证主轴在 1 500 r/min 的转速下运转 1 h，轴承温度不能超过

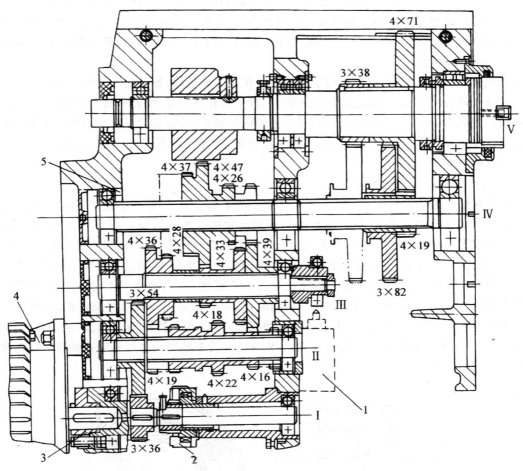

1—油泵;2—电磁离合器;3—弹性联轴器;4—电动机;5—弹性挡圈

图 3-1-6　X6132型铣床主轴箱传动系统结构

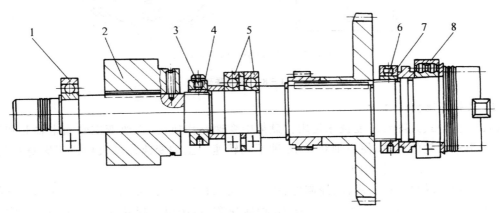

1—后轴承;2—飞轮;3、6—螺钉;4、7—调整螺母;5—中轴承;8—前轴承

图 3-1-7　X6132型铣床主轴结构图

70°。与 X6132 型铣床不同的是，X62W 型铣床主轴的中、前轴承采用圆锥滚子轴承。

在主轴后部通过平键与主轴联接的铸铁圆盘型飞轮 2，其主要作用是增加主轴的转动惯量，减小振动，使铣削工作平稳。尤其是在用齿数较少的铣刀铣削时，飞轮的作用更加明显。

2）中间传动轴

由图 3-1-6 可见，主轴变速箱中的轴Ⅱ～Ⅳ都是外花键，轴Ⅱ的右边有一个可沿轴向滑移的三联齿轮；轴Ⅲ上的齿轮之间用隔阂隔开，故不能作轴线移动；在轴Ⅲ的右端，装一带动柱塞式润滑液压泵的偏心轮，用以泵油润滑变速箱内的轴承、齿轮等零部件。在轴Ⅳ上装有可滑移的三联齿轮和双联齿轮各一个。由于轴Ⅳ比较长，为了加强其刚度，减少振动，采用 3 个单列深沟球轴承支承。

3）弹性联轴器与电磁离合器

弹性联轴器的结构如图 3-1-8 所示。它由两半部分组成，即一半安装在电动机轴上，另一半安装在变速箱的轴Ⅰ上，分别用平键与轴固定联接。两半部分之间，用螺钉（6 个）、垫圈 2、弹性橡胶圈 3 和螺母 1 联接并传递动力。由于中间有弹性橡胶圈，所以在装配时，两轴之间允许有少量的偏移和倾斜，且在运转时能吸收振动和承受冲击，使电动机轴转动平稳。联轴器上的弹性橡胶圈，因经常受到启动和停止的冲击而容易磨损，当磨损严重时，应及时更换。轴Ⅰ上还安装了主轴制动用的电磁离合器，制动时，直流电压加到离合器线圈的两端，线圈周围产生磁场，磁拉力将摩擦片压紧，于是产生制动效果，电磁离合器制动平稳、迅速，制动时间不超过 0.5 s。与 X6132 型铣床不同的是，X62W 型铣床的主轴制动是用安装在轴Ⅲ上的速度控制继电器来实现的。

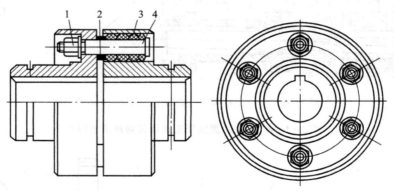

1—螺母；2—垫圈；3—弹性橡胶圈；4—螺钉

图 3-1-8 弹性联轴器

（2）主轴变速操纵机构

X6132 型卧式升降台万能铣床是用孔盘集中变速操作机构，以改变主轴箱中轴Ⅱ和轴Ⅳ上的 3 个滑移齿轮的位置，使主轴获得 18 种不同转速。主轴变速操纵机构位于床身左侧，其结构与 X62W 型铣床基本相同。

主轴变速操纵机构由操纵件、控制件、传动件及执行件组成，如图 3-1-9 所示。操纵件包括变速杆 1 和转速盘 3，转速盘上刻有 18 种转速数值，用以选择转速。变速杆用以实现变速。控制件指变速孔盘 5，根据 18 种不同转速的要求，在变速孔盘不同直径的圆周上钻有两种直径的小孔，利用这些孔来控制齿杆 6、8、10 及其拔叉 7、9、11 的位置。传动件包括齿轮、齿杆、轴等零件，传动件将操纵件的动作传递给各执行件。执行件由 3 个拔叉组成，由孔盘控制，并由变速杆带动,使之连同滑移齿轮移动到规定的轴向啮合位置,以实现变速要求。

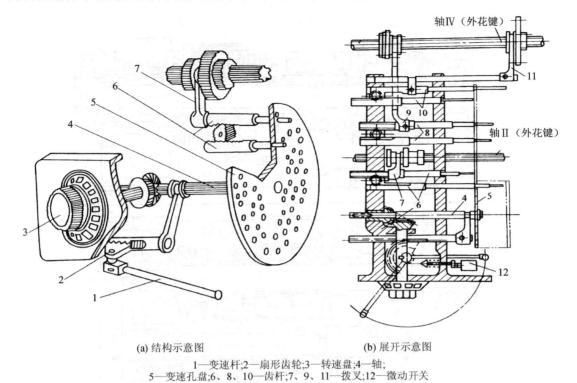

(a) 结构示意图　　　　　　　　　　(b) 展开示意图
1—变速杆;2—扇形齿轮;3—转速盘;4—轴;
5—变速孔盘;6、8、10—齿轮;7、9、11—拨叉;12—微动开关

图 3-1-9　X6132 型铣床主轴变速操纵机构

此外,有一个与变速杆 1 和扇形齿轮 2 同轴的凸轮,当扳动变速杆 1 时,凸轮便撞击电动机的微动开关 12,使电动机瞬时接通(又立即切断)。这时,各轴上的齿轮都会转动,使滑移齿轮能顺利地与固定齿轮啮合,使变速容易。变速时应注意,扳动变速杆 1 的动作,开始一定要迅速,以免电动机接通时间过长,使转速升高,容易打坏齿轮,而在接近最终位置时,应减慢速度,以利齿轮啮合。

3. 进给变速箱的结构与操纵机构

(1) 进给变速箱的结构

X6132 型铣床的进给变速箱结构与 X62W 型铣床的进给变速箱结构基本相同。进给变速箱在升降台的左边,为使结构紧凑,变速箱内的传动呈半环状排列,X62W 型铣床进给变速箱的结构展开图如图 3-1-10 所示。

轴Ⅰ为电动轴,轴Ⅱ是一根悬臂短轴,其左端用过盈配合压入箱体孔中,右端装一双联空套齿轮与轴Ⅱ之间装有滚针轴承,这是因为双联齿轮的转速较高,并且小齿轮的直径较小,孔径受到限制的缘故。轴Ⅲ~轴Ⅴ的转速较低,均采用滑动轴承支承,轴Ⅲ的左端固定一个带动液压泵的凸轮,以泵油润滑变速箱的轴承、齿轮等零部件。轴Ⅵ的最高转速为 1 450 r/min×$\frac{26}{44}×\frac{44}{57}×\frac{57}{43}=877$ r/min,由于转速较高,所以轴的左端采用单列深沟球轴承支承。轴的右端,由于结构比较复杂,且空间受到限制,所以采用圆头滚针轴承。轴的中间安装有安全离合器和片式摩擦离合器。

安全离合器定转矩装置用以防止工作进给超载时损坏传动零件。片式摩擦离合器用以接

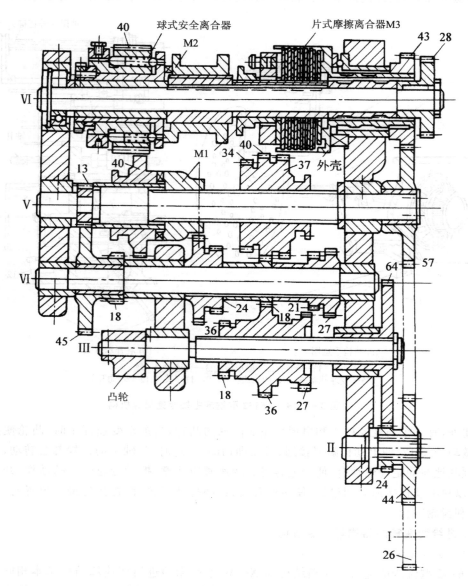

图 3-1-10　X62W 型铣床进给变速箱结构展开图

通工作台的快速移动。安全离合器和片式离合器均安装在轴Ⅳ上，轴Ⅵ的结构如图 3-1-11 所示。安全离合器和片式离合器的工作原理如下：

1) 安全离合器

安全离合器的半齿离合器 3 空套在轴Ⅵ的套筒上，其端面齿与离合器 M2 的端面齿结合（常态结合），宽齿轮 2(z=40)空套在半齿离合器 3 上。宽齿轮和半齿离合器 3 在半径的圆周上等分地钻有 12 个通孔，螺母 1 与宽齿轮 2 左端的外螺纹配合，通过圆柱销、弹簧将钢球压紧在半齿离合器 3 较小的端面上。因此，宽齿轮 2 的传动，通过钢球传给半齿离合器 3 和离合器 M2，M2 再通过花键套筒和平键传给轴Ⅵ，最后由齿轮 9(z=28)传出。

以上是机床正常工作进给时安全离合器的动力传递情况。当机床工作进给超载时，即传

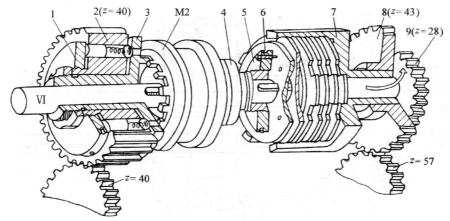

1、5—螺母;2—宽齿轮;3—半齿离合器;4—滑套;6—压环;7—外壳;8、9—齿轮

图3-1-11 X62W型铣床进给变速箱轴Ⅵ结构示意图

递的转矩增大时,则半齿离合器3上的孔坑对钢球的反作用力也增大,当其轴向力大于弹簧压力时,钢球便从孔中滑出,这时宽齿轮2带动钢球在半齿离合器3的端面上打滑,发出"咯、咯、咯"的响声,进给运动中断,从而防止了传动部件的损坏。

安全离合器所传递的转矩大小,可用螺母1调整。调整时,先拧松螺母1上的紧固螺钉,旋转螺母1,改变其在宽齿轮2外螺纹处的轴向位置,即调整弹簧对钢球的压力。螺母1右移,压力增大,则传递的转矩增大;螺母左移,压力减小,则传递的转矩减小。其转矩一般为$(160\sim 200)$N·m为宜。调整后,拧紧紧固螺钉,以防止螺母1松动。

2) 片式摩擦离合器

离合器外壳7用滚针支承在箱体压套内,齿轮8($z=43$)用键与外壳7联接。离合器的内、外摩擦片有若干片,呈间隔排列。外摩擦片(即主动片)的外圆凸键卡在外壳7的槽内;内摩擦片(即从动片)内花键与轴Ⅵ用键联接的花键轴套配合,用以接通片式摩擦离合器的滑套4的外螺纹处装有螺母5。在工作进给时,离合器M2处于左位结合状态(常合),轴Ⅵ连同内摩擦片以工作进给的速度旋转,而此时离合器外壳7连同外摩擦片被齿轮8($z=43$)带动作高速旋转(内、外摩擦片二者相对转动)。当按下"快速按钮"时,在强力电磁铁和杆杠的作用下,波动离合器面右移推动滑套4,螺母5及压环6压紧内、外摩擦片,使摩擦离合器接通(内、外摩擦片二者无相对转动),轴Ⅵ被带动快速旋转,从而可获得工作台的快速移动。

X6132型铣床与X62W型铣床不同的是,工作台三个方向运动的进给传动和快速移动都是靠进给变速箱轴Ⅵ上的两个电磁离合器,如图3-1-12所示,左边的电磁离合器吸合时,实现慢速进给;右边的电磁离合器吸合时,实现快速进给。两个离合器是互锁的。摩擦片的间隙以3 mm为宜。直流电通过电刷输送给电磁离合器的线圈,线圈周围产生磁场,磁力将摩擦片夹紧。电刷结构如图3-1-13所示,电刷座固定在进给变速箱上,打开进给变速箱上的矩形盖板,通过窗口可以装卸更换电刷芯。电刷芯在电刷座内应运动灵活通畅,依靠弹簧的压力压在电磁离合器的导环上,以保证良好的接触。

(2) 进给变速操作机构

X6132型铣床与X62W型铣床的进给变速操作机构基本相同,如图3-1-14所示。进给变速箱也是采用孔盘变速机构,其作用是用拨叉拨动轴Ⅲ和轴Ⅴ上的三联滑移齿轮,以及轴Ⅴ

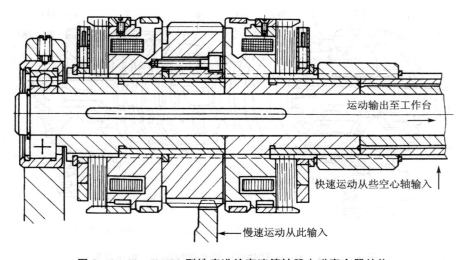

图3-1-12　X6132型铣床进给变速箱轴Ⅵ电磁离合器结构

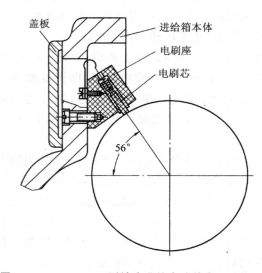

图3-1-13　X6132型铣床进给变速箱电刷结构

左边 $z=40$ 的空套齿轮的轴向位置,改变其啮合状态,使工作台得到18种工作进给速度。其工作原理与主轴变速操纵机构相同,只是具体结构和操纵方向有所不同,主要是手柄4、速度盘3和孔盘1均固定在轴Ⅱ上,故结构紧凑、操作方便。变速时,先把手柄4、速度盘3和孔盘1向外拉动,使孔盘与各组的齿杆脱离;然后转动手柄4,则速度盘和孔盘一起转动,直至所需要的进给速度;最后将手柄4推回原位,则孔盘推动各组齿杆作轴向移动,拨叉推动3个滑移齿轮沿轴向向左或向右位移,改变其啮合状态,从而实现进给变速的目的。

当手柄4外拉或推回时,均会触动一下微动开关5,使进给电动机瞬时接通和切断电路,以利于各滑移齿轮顺利进入啮合状态,使变速容易实现。进给变速允许在开车的情况下进行,这是因为,一方面微动开关可切断电动机电路的触电,切开动力源;另一方面进给箱内的齿轮转速较低。

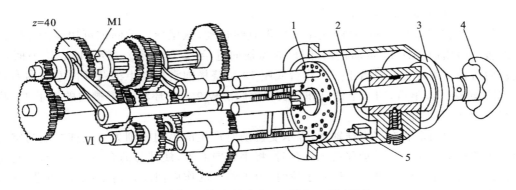

1—孔盘；2—轴；3—速度盘；4—手柄；5—微动开关

图 3-1-14 X62W 型铣床进给变速操纵机构示意图

4. 工作台的结构与操纵机构

（1）工作台的结构

X6132 型铣床的工作台结构与 X62W 型铣床基本相同，如图 3-1-15 所示。

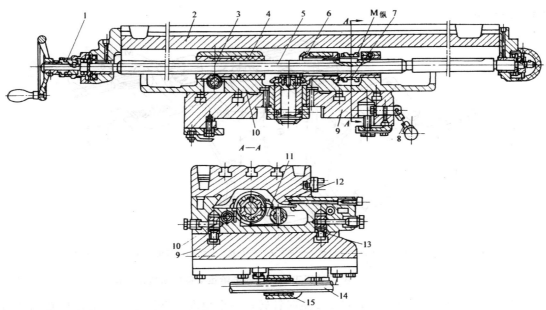

1—离合器；2—工作台；3—调整螺母；4—固定螺母；5—纵向丝杠；6—锥齿轮；7—滑套；8—偏心轮手柄；
9—横行滑板；10—工作台底座（即回转盘）；11—拨叉；12—镶条；13—销子；14—横向丝杠；15—横向螺母

图 3-1-15 X62W 型铣床工作台结构

由上述进给变速传动系统可知，进给变速箱的运动从轴Ⅵ，经 $\dfrac{28}{35}$ —轴Ⅶ— $\dfrac{18}{33}$ —轴Ⅷ— $\dfrac{33}{37}$ —轴Ⅸ，再经两对锥齿轮 $\dfrac{18}{16}$ — $\dfrac{18}{18}$，以及离合器 $M_{纵}$，最后传到纵向丝杠。运动传至锥齿轮 6 ($z=18$) 时，因为锥齿轮 6 空套在纵向丝杆 5 上，而纵向丝杆 5 不转，因此必须通过拨叉 11 拨动滑套 7 (即纵向离合器 $M_{纵}$) 与锥齿轮 6 的半齿离合器结合，才能带动纵向丝杠 5 转动。又因调整螺母 3 和固定螺母 4 固定在工作台底座 10 (即回转盘) 上，因此纵向丝杠 5 转动时带动工作台2一起做纵向移动,即纵向进给。

工作台2在工作台底座10的燕尾槽内做直线运动,燕尾导轨的间隙可用镶条12调整。横向滑板9由横向丝杠14带动横向螺母15做横向进给(螺母移动)。转动偏心轮手柄8,可以使横向滑板9固定在升降台上。工作台底座10可绕横向滑板9上的圆环向左或向右各做45°范围的转动。调整后,用4个螺钉和穿装在横向滑板9上的环状T形槽内的销子13,将工作台底座10固定牢靠。

纵向丝杠的两端装有推力球轴承,以承受铣削时产生的纵向铣削力。丝杠左端的空套手轮用于手动移动工作台。手动移动工作台时,将手轮向右推,使其与离合器1结合,手轮就带动丝杠旋转而做手动纵向进给。松开手轮时,由于弹簧的作用把离合器1脱开,当进给时,尤其是快速进给时,可使手柄不转,以避免发生人身事故。

(2) 工作台纵向进给运动操纵机构

X6132型铣床与X62W型铣床的纵向进给操纵机构基本相同,如图3-1-16所示。工作台纵向进给运动操纵机构的作用,是控制进给电动机正、反转开关的压合和离合器$M_纵$的结合,从而获得工作台的纵向进给运动。手柄1处于中间位置时(如图示位置),开关9、10处于断开,进给电动机不转(即无动力),并且离合器$M_纵$处于脱开位置(弹簧5受压),故此时工作台无纵向进给运动。

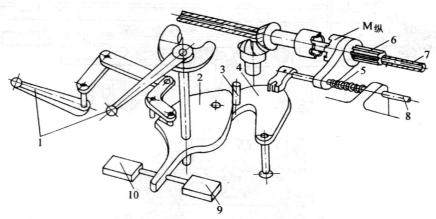

1—手柄;2—靠板;3—柱销;4—杠杆板;5—弹簧;6—外花键;7—纵向丝杠;8—轴;9、10—开关

图3-1-16 X62W型铣床工作台纵向进给运动操纵机构示意图

手柄1向右扳时,手柄轴带动靠板2逆时针转过一个角度。靠板2尾部压合开关9,使进给电动机启动,同时靠板2不再顶住柱销3,于是轴8上的弹簧5向左推动杠杆板4逆时针转过一个角度,离合器$M_纵$随之结合,则纵向丝杠7被带动旋转,并连同工作台一起向右移动,即工作台向右进给。

手柄1向左扳时,靠板2顺时针转过一个角度,其尾部压合开关10,使电动机反向旋转。而此时的离合器$M_纵$仍处于结合状态,故工作台向左进给。

纵向进给操纵手柄有两个,一个在工作台的前面,另一个在工作台的左侧,二者是联动的,以便于操作者站在不同的位置上操纵。

另外,工作台横向和垂向进给运动操作机构中,也有控制进给电动机正、反转的开关。当两个开关之一处于压合位置时,工作台即横向或垂向作进给运动;若开关9或10两者之一再被压合,均可使进给电动机的电路切断,电动机停转,进给运动停止。反之,也如此,所以工作台横向和垂向进给与工作台纵向进给是电器互锁的。

5. 升降台的结构与操作机构

(1) 升降台结构

X6132型铣床与X62W型铣床升降台的结构基本相同,升降台传动系统展开图如图3-1-17所示。升降台内轴Ⅶ的运动经齿轮1($z=18$),带动齿轮2($z=33$)、3($z=37$)、4($z=33$)旋转,把运动分别向垂向,纵向和横向各丝杠传递。齿轮2空套在轴Ⅷ上,必须将离合器$M_垂$与齿轮2的半齿离合器结合后,才将运动传给垂向进给系统。齿轮4与齿轮2一样,必须与离合器$M_横$结合后才能把运动传给横向丝杠。齿轮3通过键和销带动轴Ⅸ,再把运动传给纵向进给系统。

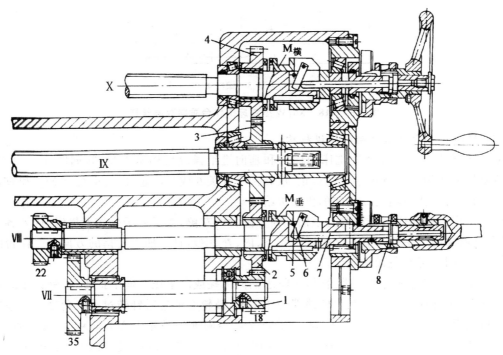

1、2、3、4—齿轮;5、7—柱销;6—杠杆;8—套圈

图3-1-17　X62W型铣床升降台传动系统展开图

工作台作横向或纵向运动时,尤其是作快速移动时,为了防止因手柄旋转而造成工伤事故,进给结构中设有安全装置,即机动与手动的联锁装置。

工作台在做垂向进给时,离合器$M_垂$与齿轮2的半齿离合器必须结合。在$M_垂$向里移动时(图位向左),带动杠杆6的固定销一起向里移动,则杠杆6绕柱销5逆时针转动,杠杆6的下端件将柱销7向外移(图位右移),柱销7通过套圈8把手柄连同做手动进给的离合器向外推,使手柄上的离合器脱开而使手柄不跟轴旋转。横向进给系统的联锁装置与此相同。

为了使升降台的行程加大,减少安装和储存丝杠的空间,工作台的垂向采用双层丝杠,其结构如图3-1-18所示。

X6132型铣床的升降台内装有滚珠丝杠副,并有防止向下滑车的可调自锁机构,正确调整后,手摇向下的操纵力应比向上的操纵力大30~50N。

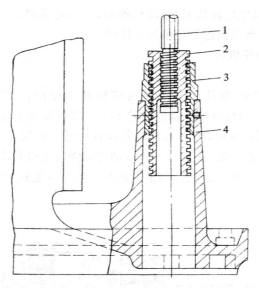

1—丝杠;2—丝杠套筒;3—螺母;4—底座套筒

图 3-1-18　X62W 型铣床工作台垂向双层丝杠

(2) 横向和垂向进给运动的操纵机构

X6132 型铣床与 X62W 型铣床的横向和垂向进给操纵机构基本相同,如图 3-1-19 所示。该机构的作用是控制进给电动机正、反转两个开关 6 或 9 接通,以及离合器 $M_横$ 和 $M_垂$ 的结合,从而获得工作台横向或垂向的机动进给运动。

控制工作台横向或垂向进给的手柄 1 在升降台的左侧,为了便于操作者操纵,内外各有一个,二者是联动的。手柄 1 有 5 个位置(上、下、内、外、中),且手柄 1 所指的方向与工作台的进给方向一致,因此可避免操作失误。

当需要使工作台垂直方向进给时,可将手柄向上提或向下压。向上提时,手柄以中间球形部分为支点,顶部就向下摆。在手柄顶端的作用下,鼓轮 2 就逆时针转过一个角度。在鼓轮转过一个角度后,从 C—C 放大图中可看出触点 n 就沿斜面向鼓轮中心方向移动,而触点 m 就沿弧面向鼓轮外径方向推出。此时摇臂 3 作顺时针方向转,通过铰链带动杆 5 和杠杆 4 使 $M_垂$ 接合。与此同时,鼓轮的斜面把触杆 8 下压,使进给电动机线路接通,工作台向上运动。若把手柄向下压,鼓轮就顺时针转过一个角度。触点 n、m 的动作和上面相同,$M_垂$ 接合。但斜面是把触杆 7 下压,于是进给电动机的另一线路接通而反转,工作台就向下运动。

当需要使工作台作横向进给时,可将手柄向外拉或向里推。从俯视图上可看出,手柄不论是向外或向里,鼓轮就相应地向里或向外移动。此时,触点 n 均向鼓轮中心方向移动,而触点 m 则向外径方向推。摇臂 3 做逆时针转动,使杆 5 右移,杠杆 4 作逆时针转,使离合器 $M_横$ 接合。从图 A—A 中可看出,当手柄向里而使鼓轮向外移时,斜面把触杆 8 压下。反之,则把触杆 7 下压,从而得到工作台向外或向里进给。

当手柄 1 处于中位时,鼓轮 2 的下方一对触杆 7 和 8 不作用,行程开关 6 和 9 断开,进给电动机停转;同时,鼓轮右侧对摇臂 3 上的触点 m 和 n 之间有空隙,则离合器 $M_横$ 和 $M_垂$ 均处于脱离位置,故此时工作台无横向和垂向进给运动。

由于同一个手柄操纵横向和垂向两个离合器的结合或脱离,同时只能有一个方向的进给,

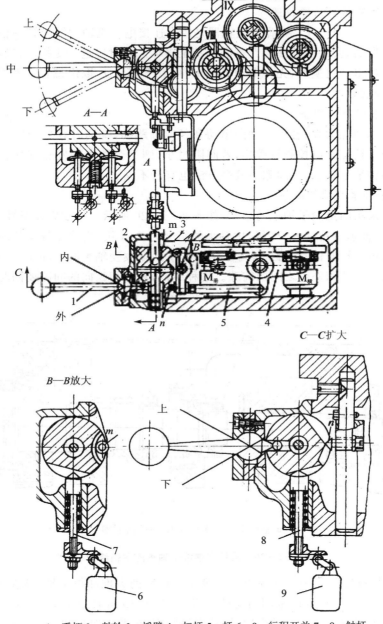

1—手柄；2—鼓轮；3—摇臂；4—杠杆；5—杆；6、9—行程开关；7、8—触杆

图 3-1-19　X62W 型铣床工作台横向和垂向进给操纵机构示意图

所以二者是机械互锁的。

3.1.2　典型铣床的调整和常见故障排除

1. 铣床的调整

铣床搬运、装配和使用一个阶段以后，必须对主要部位进行调整，否则会影响铣床的精度从而直接影响铣床质量。特别是在使用一个阶段后，部件或零件将产生松动、位移和磨损等，

此时应对铣床进行调整。调整的内容主要有以下几项：

(1) 更换弹性联轴器的橡胶圈

如图 3-1-6、3-1-8 所示，弹性联轴器是用来连接电动机轴和铣床第一根传动轴的，在铣床使用一个阶段后，弹性橡胶圈会严重磨损甚至损坏。此时应进行更换，否则将使铣床在工作中产生振动和冲击。更换时，先将电动机移出，再旋下螺母1，取出螺钉4和橡胶圈3，换上新橡胶圈，再逐步安装好。

(2) 主轴轴承间隙的调整

铣床主轴轴承间隙太大，会产生轴向窜动和径向圆跳动，铣削时容易产生振动、铣刀偏让（俗称让刀）和加工精度难以控制等弊病；若间隙过小，则又会使主轴发热咬死。主轴前轴承，使用较多的有圆锥滚子轴承，其间隙的调整方法也有所不同。

1) 圆锥滚子轴承间隙的调整

主轴前轴承采用圆锥滚子轴承的结构，如图 3-1-20 所示。X62W 等型号的铣床主轴采用这种结构，其前轴承的精度为 P5 级，中轴承的精度为 P6X 级，先将床身顶部的悬梁移开，拆去悬梁下面的盖板。松开锁紧螺钉2，就可拧动螺母1，以改变轴承圈3和4之间的距离，也就改变了轴承内圈与滚柱和外圈之间的间隙。这种结构，轴向和径向的间隙要同时调整。

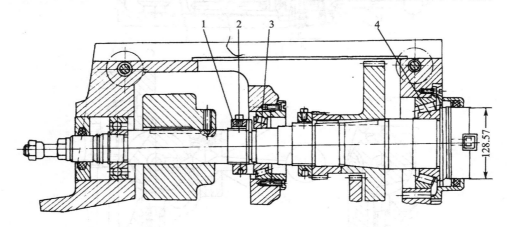

1—调整螺母；2—锁紧螺钉；3、4—轴承内圈

图 3-1-20 采用圆锥滚子轴承的主轴结构

轴承的松紧取决于铣床的工作性质。一般以 200 N 的力推和拉主轴，顶在主轴端面和颈部的百分标示值在 0.015 mm 的范围内变动。若在 1500 r/min 转速下运转 1 h，轴承温度不超过 60°，则说明轴承间隙合适。调整合适后，拧紧锁紧螺钉，并把盖板和悬梁复原。

2) 双列圆柱滚子轴承间隙的调整

主轴前轴承采用双列圆柱滚子轴承结构，如图 3-1-21 所示。X52K 等型号的铣床主轴采用这种结构，其前轴承的精度是 P5 级精度，上、中部的两个单列角接触球轴承的精度是 P5(P6X) 级。调整时，先把立铣头上面的盖板或卧铣悬梁下的盖板拆下，松开主轴上的锁紧螺钉2，旋松螺母1，再拆下主轴头部的端盖5，取下垫片4，垫片由两个半圆环构成，以便装卸。调整垫片的厚度，即可调整主轴轴承的间隙。由于轴颈和轴承内孔的锥度是 1:12，若要减少 0.03 mm 的径向间隙，则须把垫片厚度磨去 0.36 mm 再装上原位，用较大的力拧紧螺母1，使轴承内圈胀开，直到把垫片压紧为止。然后拧紧锁紧螺钉，并装好端盖及盖板等。

主轴的轴向间隙是靠两个角接触球轴承来调节的。在两个轴承内圈的距离不变时,只要减薄外垫圈3的厚度,就能调整主轴的轴向间距。垫圈的减薄量与减少间隙的量基本相等。调整时,应与调整径向间隙同时进行。调整后,须作轴承松紧的测定。调整主轴轴承间隙应在机修人员配合下进行。

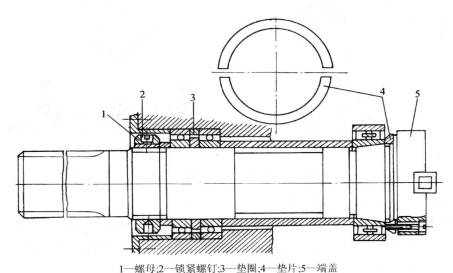

1—螺母;2—锁紧螺钉;3—垫圈;4—垫片;5—端盖

图3-1-21 采用双列圆柱滚子轴承的主轴结构

(3) 卧式万能铣床工作台零位的调整

如果铣床工作台零位不准,则工作台纵向进给方向与主轴轴线不垂直。此时,若用三面刃铣刀铣削直角槽,铣出的槽形将上宽下窄,且两侧面呈凹弧状,影响形状和尺寸精度;如果用面铣刀铣削平面,铣出的是凹面形;用锯片铣刀铣削较深的窄槽和切断时,容易把锯片铣刀扭碎。因此在用上述铣刀加工前,必须对工作台零位进行调整。当铣削加工精度较高的工件时,更应注意精确调整工作台零位。如图3-1-22(a)所示,常用的调整方法如下:

① 在工作台上固定一块长度大于300 mm的光洁平整的平行垫块,用百分表找正面向主轴一侧的垫块表面与工作台纵向进给方向平行。若中间T形槽与纵向进给的平行度很高,则可在T形槽中嵌入定位键来代替平行垫块。

② 将装有角形表杆的百分表固定在主轴上、扳动主轴、使百分表的侧头与平行垫块两端接触、百分表的示值差应在300 mm长度上不大于0.03 mm。

(4) 立式铣床回转式立式铣床铣头零位的调整

若立铣头零位不准、则主轴线与工作台面不垂直。此时如果用面铣刀铣平面,纵向进给时会铣出一个凹面,横向进给时会铣出一个斜面;如果用垂向进给镗孔,会镗出椭圆孔;用主轴套筒进给会镗出一个与工作台面轴线倾斜的圆孔。

通常,立铣头的位置精度由定位销保证,不需要校核和调整,但必须按要求插好定位销。若因定位销磨损等原因,造成零位不准而需要调整时,可将装有角形表杆的百分表固定在主轴上,使百分表的侧头与工作台面接触,扳动主轴在纵向方向回转180°,如图3-1-22(b)所示,百分表示值差在300 mm长度上,一般不应大于0.03 mm。

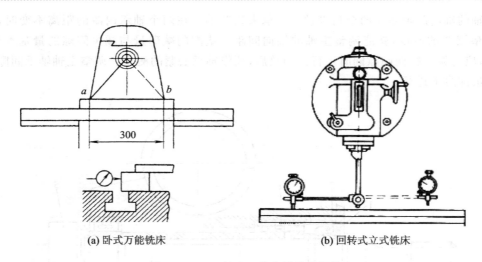

(a) 卧式万能铣床　　　　　　　(b) 回转式立式铣床

图 3-1-22　铣床工作台零位的调整

(5) 工作台纵向传动丝杠间隙调整

当铣削力的方向和进给方向一致时,丝杠间隙过大,会使工作台产生窜动现象,这样将会影响铣削质量,甚至使铣刀折断。因此间隙过大时应进行调整。一般应先调整丝杠安装的轴线间隙,然后再调整丝杠和螺母之间的间隙。

1) 工作台纵向丝杠轴向间隙的调整

纵向工作台左端丝杠轴承的结构,如图 3-1-23 所示。调整轴向间隙时,首先卸下手轮,然后将螺母 1 和刻度盘 2 卸下,扳直止动垫圈 4,稍微松开螺母 3 之后,即可用螺母 5 调整间隙。一般轴向间隙调整到 0.01~0.03 mm 之间。调整后,先旋紧螺母 3,然后再反向旋紧螺母 5,其目的是为了防止螺母 3 旋紧后,会把螺母 5 向内压紧。最后再把止动垫圈 4 扣紧,装上刻度盘和螺母 1。

2) 工作台纵向丝杠螺母的间隙调整

X62W 型等铣床工作台纵向丝杠螺母的间隙调整机构,如图 3-1-24 所示,丝杠传动副的主螺母 4 固定在工作台的导轨座上,左边的调整螺母 2 和它的端面紧贴,螺母 2 的外圆是蜗轮和蜗杆 3 啮合。当需要调整间隙时,先卸下机床正面的盖板 6,再拧松压环 7 上的螺钉 5,然

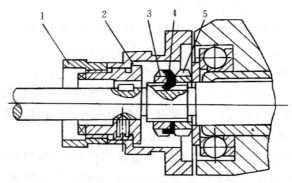

1、3、5—螺母;2—刻度盘;4—止动垫圈

图 3-1-23　纵向工作台丝杆左端轴承间隙调整

后顺时针转动蜗杆,螺母 2 便会绕丝杠 1 微微旋转,直至螺母 4、2 分别与丝杠螺纹的两侧接触为止,这样就消除了丝杠与螺母之间的间隙。丝杠与螺母之间的配合松紧程度应达到下列要求:

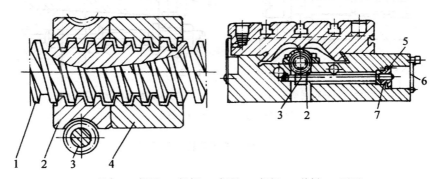

1—丝杠;2—螺母;3—蜗杆;4—螺母;5—螺钉;6—盖板;7—压环

图 3-1-24　工作台纵向丝杠螺母的间隙调整

① 用转动手轮的方法进行检验时,丝杠和两端轴承的间隙不超过 1/40r,即在刻度盘上反映的倒转空位读数不大于 3 倍。

② 在丝杠全长上移动工作台不能有卡住现象。

为了达到上述要求,使用机床时,应尽量把工作台传动丝杠在全长内合理均匀使用,以保证丝杠和导轨在全长上均匀磨损。否则,在调整间隙时,无法通过间隙调整机构同时达到以上两点调整要求。

(6) 工作台导轨间隙的调整

工作台纵、横、垂直三个方向的运动部件与导轨之间应有合适的间隙:间隙过小时,移动费力,动作不灵敏;间隙过大时,工作不平稳,产生振动,铣削时甚至会使工作台上下跳动和左右摇晃,影响加工质量,严重时还会使铣刀崩碎。因此在强力铣削或铣削精度要求较高的工件之前,应进行工作台导轨间隙调整。

铣床导轨间隙调整机构,如图 3-1-25 所示。利用导轨镶条斜面的作用使间隙减小。调整时,先拧松螺母 2、3。在转动螺杆 1,使镶条 4 向前移动,以消除导轨之间的间隙。调整后,先摇动工作台或升降台,以确定间隙的合适程度,最后紧固螺母 2、3。检查镶条间隙的方法是用手摇动丝杠手柄的力度来测定。对纵向手柄,以用力约 150 N 摇动手柄比较合适;对升降手柄向上用力约 200 N 摇动比较合适。如果比上述所用的力小,表示镶条间隙较大;用的力大,则表示镶条间隙较小。另外,由于丝杠螺母之间的配合不好,或受其他传动机构的影响(尤其升降系统),虽然在摇手柄时不感到轻松,但镶条间隙可能已过大,此时可用塞尺来测定,一般以 0.04 的塞尺不能塞进为宜。

2. 铣床的常见故障和排除方法

(1) X6132 型等同类型铣床的常见故障和排除方法

X6132 型等同类型铣床的常见故障和排除方法见表 3-1-4。

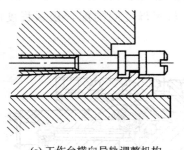 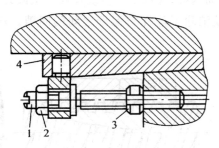

(a) 工作台横向导轨调整机构　　(b) 工作台纵向导轨调整机构

1—螺杆；2、3—螺母；4—镶条

图 3－1－25　铣床导轨间隙调整

表 3－1－4　X6132 型等同类型铣床的常见故障和排除方法

故障类型	故障原因及解决办法
铣削时振动大	1. 主轴松动。检测时可用百分表检查主轴径向圆跳动和轴向窜动量，如果间隙过大，应以机修工为主进行主轴间隙调整。 2. 导轨镶条间隙过大使工作台松动。调整镶条间隙时，借助塞尺控制调整间隙。 3. 铣床刀杆支架支持轴承损坏。应根据轴承的规格和图样，更换新的支持轴承。X6132 型铣床的支持轴承结构如图 3－1－26 所示
工作台快速移动无法启动或脱不开	1. 工作台快速进给无法启动，即无快速移动。其主要原因是摩擦离合器间隙过大，需要机修钳工进行调整检查，同时还检查杠杆和电磁铁。 2. 有时开动慢速进给时，即出现工作台快速移动，产生这种故障的主要原因是电磁铁剩磁使离合器摩擦片脱不开，应由电工和机修钳工进行调整
主轴控制不良或无法启动	1. 按停止按钮后，主轴不能在 0.5 s 内停止转动，有时还会出现反转。如果再按停止按钮时，反而倒转或将熔断器的熔丝熔断。其原因是主轴制定调整失偏，电路继电器失灵，应由电工检查修理。 2. 若按启动按钮后主轴无法启动，电动机有嗡嗡声，此时是电器故障，应由电工修理
变速齿轮不易啮合	1. 变换主轴转速时，出现变速手柄推不到原位。这是变速微动开关未导通作用。 2. 有时在推进变速手柄时，发生齿轮严重撞击声，这是微动开关接触时间过长。 3. 有时开启后不再切断，主轴不停，这时需要切断电源，并由电工修理
纵向进给有带动现象	开动横向或垂向进给时，工作台纵向有间隔移动。有时开动纵向进给时，横向、垂向也会有牵动，其原因是拨叉与离合器配合间隙太大或太小，有时是内部零件松动或脱落。需由机修工移出工作台进行修理，并调换零件

续表 3-1-4

故障类型	故障原因及解决办法
进给安全离合器失灵	进给安全离合器失灵会产生两种现象：一种是稍受一些阻力，工作台停止进给；另一种是当进给超负荷时，进给不能自动停止。这两种现象均为钢球安全离合器失灵所致。目前安全离合器也有采用电磁摩擦片的，如果产生上述现象，主要是摩擦片的间隙调太大或太小，需由机修钳工调整或调换零件
纵向进给丝杠间隙大	故障原因有以下两个方面：一是工作台纵向进给丝杠与螺母之间的轴向间隙太大，应通过丝杠螺母间隙调整机构进行调整，具体方法参见前述调整内容；二是丝杠两端推力轴承间隙太大，需卸下手轮和刻度盘，调整丝杠的轴向间隙。具体方法参见前述调整内容
工作台横向和垂向进给操作手柄失灵	操作进给手柄时，会出现横向和垂向联动，或扳动手柄后工作台无垂向或横向进给。故障的主要原因是鼓轮位置变动或行程开关接触杆位置变动。需由电工和机修钳工进行调整修理
横向和垂向进给机构与手动联锁装置失灵	在横向和垂向进给时，手柄和手轮离合器仍未完全脱开，快速进给时产生手柄快速旋转。故障的主要原因是联锁装置中带动丝杠或挡销脱落。应由机修钳工修理

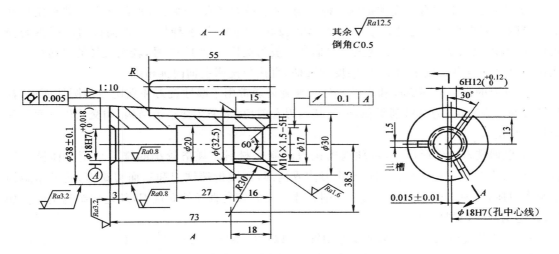

图 3-1-26　X6132 型铣床刀杆支持轴承零件图

（2）X2010 型等同类龙门铣床的常见故障和排除方法

X2010 型等同类龙门铣床的常见故障和排除方法见表 3-1-5。

表 3-1-5　X2010 型等同类龙门铣床的常见故障和排除方法

故障类型	故障原因及解决办法
工作台及铣头进给系统离合器失灵	这可能是由于液压装置油箱中油液不足或压力继电器有故障，应进行检查后予以排除
主轴箱内液压泵或润滑工作不正常	一般是由于空气从油路的连接部分进入油路。应检查所有连接部分，进行密封。在液压泵启动前，应在液压泵内注满润滑油
进给箱保险离合器打滑	如果不能进行调整，则应拆下离合器，更换弹簧。若圆盘上有滑痕，则必须磨平

续表 3-1-5

故障类型	故障原因及解决办法
横梁升降机不能开动	一般是液压夹紧装置中压力不足或油路堵塞,致使夹紧装置不能松开,升降电动机不能启动。这时,应检查油压及管路
铣头铣削时振动大	应检查主轴箱和铣头的夹紧装置,排除未夹紧故障。若仍有振动,应调整铣头主轴轴承间隙,调整的方法与X52K铣床的主轴调整方法基本相同

3.1.3 铣刀及其合理选用

1. 铣刀的结构与使用特点

(1) 铣刀的结构特点

① 铣刀是多刃工具,最少的刀齿数为两个,如键槽铣刀属于齿数最少的刀具,较多的齿数达到 200 个左右。

② 铣刀的齿形有尖齿结构和铲齿结构。尖齿铣刀锋利;铲齿铣刀可以制作廓形复杂的铣刀,如齿轮铣刀、花间铣刀等。

③ 铣刀装夹部位有带孔和带柄两种结构,带柄铣刀又有直柄和锥柄的区分。装夹定位孔的直径随铣刀直径的变化设有 $\phi22$、$\phi27$、$\phi32$、$\phi40$ 和 $\phi50$ 等多种规格;直柄铣刀的弹性套筒规格齐全,内径从 $\phi4\sim\phi22$;锥柄铣刀刀柄部一般为莫氏锥度 1~5 号,较大直径的可转位铣刀或铣刀盘(体)也有直接采用 7:24 锥度的锥柄,直接与铣床主轴内锥相配。

④ 铣刀的齿形有螺旋齿和直齿之分。螺旋齿通常用于圆柱铣刀和立铣刀的圆柱面齿,盘形铣刀通常为直齿,为其铣削平稳,或使其侧刃有前角,常采用交错齿结构,如交错齿三面刃和交错锯片铣刀。

⑤ 根据铣刀的外形尺寸,合理选用铣刀的制作材料。规格较小的铣刀采用整体铣刀结构;规格较大的铣刀通常用结构钢制作刀体或柄部,如镶齿端铣刀和三面刃铣刀,就是用结构钢制作刀体,高速钢或硬质合金制作切削刀片。又如较大直径的立铣刀,就是用结构钢制作柄部,高速钢制作切削部分。

⑥ 有各种规格的廓形的标准及专用铣刀,以适应不同工件的铣削。如 T 形槽铣刀,可加工各种 T 形槽;又如成套的齿轮刀,可以加工不同齿数、模数的齿轮。

⑦ 根据加工设备的需要,可以设计各种专用铣刀,选用先进的刀片材料和装夹方式、换刀装置,以适应新工艺新技术的需要。

(2) 铣刀的使用特点

铣刀加工是金属切削加工的基本方法之一,根据金属切削原理,铣刀在铣削过程中对切削热的限制和利用、铣刀的磨损标准与使用寿命,铣刀对铣削力的影响形成了铣刀使用过程的诸多特点,现简要介绍如下:

1) 铣刀在切削热限制和利用中的特点

① 铣刀上切削温度分布的特点。

铣削塑形材料时,铣刀上的温度在前刀面上离主切削刃不远的压力中心处最高。因为铣削时,切屑在该处变形最大,而且铣刀与切屑的摩擦力在该处最大。对于三面刃铣刀、面铣刀、槽铣刀及锯片铣刀等副切削刃同时参加铣削的工具,在主切削刃相交的刀尖处,散热条件最差,因此温度下铣刀上的最高。由于铣刀刀齿是间歇性工作的,工作条件较好,故一般情况下铣刀上的最高温度比切屑上的最高温度要低些。此外,被切金属塑形大时,前刀面与切屑的接触区较长,温度分布也比较均匀。

铣削脆性材料时,切屑与前刀面接触区短,切削热主要来自有弹性变形和后刀面与工件间的摩擦,所以最高温度在后刀面与刀刃交接处,且温度也较低。

② 铣刀对切削温度的影响。

A. 铣刀几何参数对切削温度的影响:前角增大时,主切削刃的切割作用增强,推挤作用减小,相应减小了切削的变形及其前刀面的摩擦,因而由塑性变形与摩擦产生的热量都会减小,使温度降低。但因楔角变小,使散热体减小导致温度升高。所以选择刀具前角时,一方面考虑切削热产生的多少,另一方面要考虑铣刀的散热条件。当铣削强度及硬度较低,塑形较大的材料时,一般可采用较大的前角,以较少由金属变形和摩擦所产生的切削热;而铣削强度和硬度较高的材料时,则应减小前角,以保证主切削刃有必要的强度和较好的散热条件。此外,主偏角增大时,柱切削刃工作长度缩短,刀尖角减小,使散热条件变差,从而造成切削温度升高。因此适当减小主偏角,既可增加刀具强度,又可降低切削温度。

B. 刀具磨损对切削温度的影响:刀具磨损后,主切削刃变钝,切削作用减小,推挤作用增大,切削层金属的塑形变形增加,产生的热量增多。同时,刀具磨损后,刀具实际后角等于零度,工件和后刀面之间的摩擦增大,因此切削温度升高。而且切削速度越高,铣刀磨损对切削温度的影响越显著。所以,在铣削中,铣刀磨损到一定程度,就需要重磨,否则切削温度会急剧上升,而使刀具迅速损坏。当铣削强度较高的合金结构钢时,刀具的磨损对切削温度升高的影响更为严重。

③ 切削温度对铣刀性能的影响。较高的切削温度会使铣刀材料的机械物理性能发生变化,铣刀和切屑上的质点还会相互粘结在对方的表面上,并不断被对方带走,因而加剧铣刀的磨损。

在使用高速钢铣刀时,切削温度上升到550~600 ℃,其硬度就明显下降,失去切削能力。所以,高速钢铣刀的切削温度一般应控制在500 ℃以下。

硬质合金在500 ℃以下时,硬度基本保持不变。当温度高于800 ℃时,硬度就会明显下降,失去切削能力,且表面急剧氧化,呈现出一层疏松的氧化层(K类呈浅蓝色,P类呈浅黄色)。所以,硬质合金铣刀的切削温度一般控制在800 ℃左右。

④ 硬质合金铣刀高速切削的特点。采用硬质合金进行高速铣削,可利用切削热使切削区的温度升高,软化工件表面材料,降低铣削力。同时,适当提高铣刀温度后,可使硬质合金的脆性降低,提高铣刀寿命。因此用硬质合金铣削时,应采用较高的切削速度,切削速度太低反而会铣刀寿命急剧下降。

2) 铣刀磨损的特点与铣刀使用寿命

① 铣刀正常磨损特点。与其他刀具磨损的一般规律类似,铣刀的磨损也要分为正常磨损和非正常磨损。正常磨损是铣刀的前面与后面在铣削过程中与切屑、工作表面接触和摩擦,在高温和高压作用下,前刀面或后刀面甚至两者同时发生磨损,如图3-1-27所示。非正常磨损就是铣刀在铣削过程中不是逐渐磨损,而是突然崩刀(又称脆性破坏)、卷刀(又称塑形破坏)、或刀片整个碎裂。

② 铣刀磨钝标准。刀具磨损达到不能继续使用时的磨损限度称为磨钝标准。

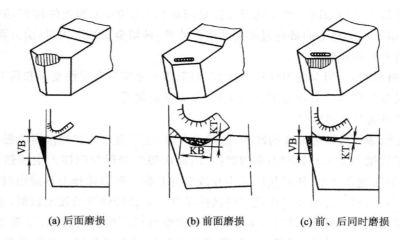

(a) 后面磨损　　(b) 前面磨损　　(c) 前、后同时磨损

图 3-1-27　铣刀磨损形式

在加工过程中,铣削厚度变化较大,刀齿在冷硬层上摩擦。因此,铣刀刀面上都有磨损,而后刀面的磨损值测量比较方便,所以铣刀的磨损标准以后刀面的磨损值 VB 制定。在实际生产中,由于加工条件和加工要求不同,铣刀的磨损标准也不同。通常磨钝标准分为粗加工和精加工磨钝标准。

粗加工磨钝标准又称经济磨损标准,是为充分发挥铣刀的切削性能,以铣刀使用寿命最长为原则制定的,VB 值取正常磨损终了时的磨损值;精加工标准是以加工精度和加工表面粗糙度为前提制定的。各种铣刀的磨钝标准见表 3-1-6。

表 3-1-6　铣刀的磨钝标准

高速工具钢铣刀							
铣刀类型		后面最大磨损限度 VB/mm					
		钢和铸钢		耐热钢		铸铁	
		粗铣	精铣	粗铣	精铣	粗铣	精铣
圆柱形铣刀和盘形铣刀		0.4～0.6	0.15～0.25	0.5	0.2	0.5～0.8	0.2～0.3
端铣刀		1.2～1.8	0.3～0.5	0.7	0.5	1.5～2.0	0.3～0.5
立铣刀	0.1～0.15	0.15～0.2	0.1～0.15	0.5	0.4	0.15～0.2	0.1～0.15
	0.2～0.25	0.3～0.5	0.2～0.25	0.5	0.4	0.3～0.5	0.2～0.25
切槽铣刀和切断铣刀		0.15～0.2	—	—	—	0.15～0.2	—
成形铣刀	尖齿	0.6～0.7	0.2～0.3	—	—	0.6～0.7	0.2～0.3
	铲齿	0.3～0.4	0.2	—	—	0.3～0.4	0.2
硬质合金铣刀							
铣刀类型		后面最大磨损限度 VB/mm					
		钢和铸钢			铸铁		
		粗铣		精铣	粗铣		精铣

续表 3-1-6

	圆柱形铣刀	0.5～0.6	0.7～0.8
	盘铣刀	1.0～1.2	1.0～1.5
	端铣刀	1.0～1.2	1.5～2.0
立铣刀	带整体刀头	0.2～0.3	0.2～0.4
	镶螺旋形刀片	0.3～0.5	0.3～0.5

③ 铣刀使用寿命。一把新刃磨后的铣刀(或可转位刀片上的一个新的刀刃)，从开始切削至磨损量达到磨损标准为止所使用的时间，称为铣刀寿命，铣刀寿命以符号 $T(\min)$ 表示。在实际生产中，将铣刀拆下后测量后刀面的磨损量来确定磨损限度不够方便，通常采用铣刀寿命来间接衡量，并按 T 的数值控制换刀。

影响铣刀寿命的因素包括工件材料、铣刀切削部分材料、铣刀几何参数和铣削用量等。铣刀寿命 T 并不是越大越好，在工件与铣刀已经确定的条件下，如果 T 选择得大，势必要选择较小的铣削用量，尤其要选用较低的切削速度，这样就会降低生产效率和提高加工成本。反之，铣削速度可以提高，使机动时间缩短，但铣刀磨损加快，使铣刀消耗增加，并且换刀、刃磨、调整等辅助时间增加。所以，铣刀寿命应有一个合理的数值。在实际生产中，铣刀寿命的合理数值是根据不同的工作条件和要求确定的。如刀头组合铣床的铣刀寿命比通用铣床上的铣刀高 400%～800%；大型铣刀寿命比小型铣刀也要高 100%～200%。常用的铣刀寿命参数参考值见表 3-1-7。

表 3-1-7　刀具寿命的参考值　　　　　　　　　　　　　　　　　　　　　　　min

	铣刀直径 mm≤	25	40	63	80	100	125	160	200	250	315	400
高速工具钢铣刀	细齿圆柱形铣刀				120	180						
	镶齿圆柱形铣刀						180					
	圆盘形铣刀					120		150	180	240		
	端铣刀				120		180			240		
	立铣刀	60	90	120								
	切槽、切断铣刀				60	75	120	150	180			
	成形、角度铣刀				120		180					
硬质合金铣刀	端铣刀						180		240		300	420
	圆柱形铣刀						180					
	立铣刀		90	120	180							
	圆盘形铣刀					120	150	180	240			

(3) 铣刀对铣削力的影响

1) 铣削力的来源和分解

在铣刀的作用下，切削金属层、切屑和工件表面层金属都要产生弹性和塑性变形，因此就有变形抗力作用在铣刀上；又因为切屑沿铣刀前刀面流出和后刀面与工件切削表面之间的相对运动,故有摩擦力作用在铣刀的前、后刀面上,这些力的合力就是作用在铣刀上的铣削抗力。铣削抗力与作用在工件上的铣削力的等值反向的。由于铣削过程中铣刀参加铣削的齿数、切削厚度、切削位置的不断变化,所以导致铣削力的大小、方向和作用点也不断变化。作用在铣刀上的铣削抗力通常分解为切向铣削力、径向铣削力和轴向铣削力。

2) 铣刀对铣削力的影响

铣刀材料对铣削力的影响不大,但不同的铣刀材料与切屑之间的摩擦系数不同而导致铣削力略有差异。铣刀的几何和结构参数对铣削力的影响较大。

① 前角增大。因切屑与前刀面摩擦系数减小,相应地使铣削力减小,特别是铣削塑性大的材料尤为明显。对高速铣削而言,因切屑变形较小,前角的增大对铣削力的影响不大,因此高速铣削常采用负前角对铣削力无多大的影响。

② 主偏角的改变可以变动径向铣削力和轴向铣削力的分配比例,基本上不改变铣削力的大小。

③ 刃倾角(螺旋角)主要是通过改变铣刀的实际铣削前角影响铣削力。它本身对铣削力的大小无明显影响,但可以改变径向力和轴向力的分配比例和方向。

④ 铣刀直径增大时,切削面积减小,铣削力减小。但铣刀直径增大,铣削阻力矩相应增加。

⑤ 铣刀齿数增加,同时参加铣削的齿数也增加,切削面积随之增加,铣削力相应增大。

⑥ 铣刀磨损后,由于参数变化,在后刀面形成后角等于零、宽度为 VB 的小棱面,作用在后刀面上的正压力和摩擦力都将增大,故铣削力增大。当磨损超过一定的数值时,铣削力将急剧上升。

2. 铣刀的合理选用

(1) 刀形式和用途的合理选用

铣刀的选用必须符合铣刀的使用规范,超规范使用会损坏铣刀,造成废品。除了掌握对常用的标准铣刀的合理选用和组合使用方法外,对一些改进后的铣刀,选用时,也应掌握铣刀的特点和铣削用量及相关使用条件。表 3-1-8 列出了一些改进后的铣刀,供参考。

表 3-1-8 改进后的铣刀特点与使用条件

名 称	刀具特点	切削用量	备 注
三面刃铣刀	1. 切削阻力小,排屑顺利,能减小加工表面粗糙度。 2. 散热性能好、可延长刀具耐用度。 3. 进给量比一般的铣刀大(见图 3-1-28)	$V_c = 45 \sim 60$ m/min $V_f = 150 \sim 190$ mm/min $A_e \leq 22$ mm	1. 刀具径向圆跳动不大于 0.05,端面圆跳动不大于 0.03。 2. 刀杆有足够的刚性,托架与主轴孔之间不超过 400。 3. 用乳化液冷却,流量充足
错齿锯片铣刀	1. 由于实际切削齿数减小,增大了容屑槽,排屑方便。 2. 刀具主切削刃磨成 8°偏角,并互相交错,使切削轻快,可增大切削用量(见图 3-1-29)	加工 20×4045 钢 $V_c = 89.5$ m/min $V_f = 1\,180$ mm/min 加工 35×45 的 1Cr18Ni9Ti 不锈钢 $V_c = 55.6$ m/min $V_f = 235$ mm/min	1. 切削时使用乳化油冷却,流量要大些。 2. 在切断材料时最好不要铣通,防止崩刃

续表 3-1-8

名　称	刀具特点	切削用量	备　注
硬质合金螺旋齿玉米立铣刀	1. 分屑性能好，排屑顺利。 2. 刀齿容屑空间大适用于强力切削。 3. 进给量和刀具寿命比高速钢立铣刀提高十几倍(见图3-1-30)	加工铸铁： $V_c = 60 \sim 90$ m/min $V_f = 950 \sim 1\,180$ mm/min $A_e = 3 \sim 8$ mm 加工中碳钢： $V_c = 125 \sim 180$ m/min $V_f = 600 \sim 1\,180$ mm/min $A_e = 2 \sim 6$ mm	1. 加工铸铁采用 YG8 刀片，加工钢材采用 YT5 刀片。 2. 使用机床为 X52 或 X53 立铣
可转为直角刀片面铣刀	1. 能加工具有台阶的平面或直角槽。 2. 采用圆柱轴向定位，防止铣削时刀片产生轴向位移。 3. 刀片采用后压形式夹紧，结构简单(见图3-1-31)	加工铸铁： $V_c = 70 \sim 91$ mm/min $V_f = 300 \sim 475$ mm/min $A_p = 5 \sim 8$ mm 加工 45 钢： $V_c = 120 \sim 150$ m/min $V_f = 300 \sim 475$ mm/min $A_p = 5 \sim 8$ mm	1. 加工铸铁采用 YG8 刀片，加工 45 钢采用 YT14 刀片，刀片型号：(SP-KN1501EDR(改制)。 2. 使用机床为 X52 或 X53 立铣

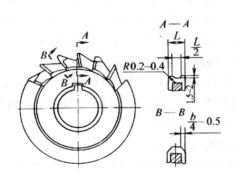

图 3-1-28　三面刃铣刀

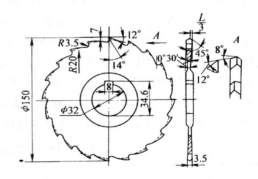

图 3-1-29　错齿锯片铣刀

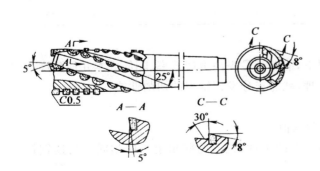

图 3-1-30　硬质合金螺旋齿玉米立铣刀

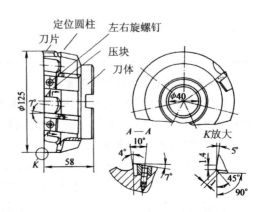

图 3-1-31　可转为直角刀片面铣刀

（2）铣刀主要结构参数的合理选择

1）铣刀直径的合理选择

一般情况下，尽可能选用较小直径规格的铣刀。因为铣刀的直径大，铣削力矩增大，易造成铣削振动，而且铣刀的切入长度增加，使铣削效率下降。对于刚性较差的小直径立铣刀，则应按加工情况可能选用较大直径，以增加铣刀的刚性。各种常用铣刀直径的选择见表3-1-9。

表3-1-9 常用铣刀直径的选择

面铣刀直径的选择							
铣削宽度 a_e/mm	40	60	80	100	120	150	200
铣刀直径 d_0/mm	50～63	80～100	100～125	125～160	160～200	200～250	250～315
盘形槽铣刀和锯片铣刀的直径选择							
铣削宽度 a_e/mm	8	15	20	30	45	60	80
铣刀直径 d_0/mm	63	80	100	125	160	200	250

2）铣刀齿数的合理选择

高速钢圆柱铣刀、锯片铣刀和立铣刀按齿数的多少分为粗齿和细齿两种，粗齿铣刀同时工作的齿数少，工作平稳性差，但刀齿强度高，刀齿的容屑槽大，铣削深度和进给量可以大一些，故适用于粗加工。加工塑性材料时，切屑呈带状，需要较大的容屑空间，也可采用粗齿铣刀。细齿铣刀的特点与粗齿铣刀相反，仅适用于半精加工和精加工。

硬质合金面铣刀的齿数有粗齿、中齿和细齿之分，见表3-1-10。粗齿面铣刀适用于钢件的粗铣；中齿面铣刀适用于铣削带有断续表面的铸铁或对钢件的连续表面进行粗铣或精铣；细齿面铣刀适用于机床功率足够的情况下对铸铁进行粗铣或精铣。

表3-1-10 硬质合金面铣刀的齿数选择

铣刀直径 d_0/mm		50	63	80	100	125	160	200	250	315	400	500
齿数	粗齿			3	4	5	6	8	10	12	16	20	26
	中齿	3	4		5	6	8	10	12	16	20	26	34
	细齿				6	8	10	14	18	22	28	36	44

（3）铣刀几何参数的合理选择

在保证铣削质量和铣刀经济寿命的前提下，能够满足提高生产效率、降低成本几何角度称为铣刀合理角度。若铣刀的几何角度选择合理，就能充分发挥铣刀的切削性能。

1）当前的选择原则和数值

① 根据不同的工件材料，选择合理的前角数值。

② 不同的铣刀切削部分材料，加工相同材料的工件，铣刀的前角也不应相同。高速钢铣刀可取较大的前角，硬质合金应取较小前角。

③ 粗铣时一般取较小前角，精铣时取较大前角。

④ 工艺系统刚性较差和铣床功率较低时，宜采用较大的前角，以减少铣削力和铣削功率，

并减少铣削振动。铣刀前角的选择可参考表 3-1-11。

⑤ 对数控机床、自定机床和自动线用铣刀,为保证铣刀工作的稳定性(不发生崩刃及主切削刃破损),应选用较小的前角。

表 3-1-11　铣刀前角选择参考数值　　　　　　　　　　　　　　　　　　(°)

铣刀材料 工件材料	钢　材			铸　铁		铝镁合金
	$\sigma_b <$ 560 MPa	$\sigma_b =$ 560~980 MPa	$\sigma_b >$ 980 MPa	硬度≤ 150 HBS	硬度> 150 HBS	
高速钢	20	15	10~12	5~15	5~10	15~35
硬质合金	15	5~-5	-10~-15	5	-5	20~30

注:正前角硬质合金铣刀应有负倒棱。

2) 后角的选择原则和数值

① 工件材料的硬度、强度较高时,为了保证切削刃的强度、宜采用较小的后角;工件材料塑性大或弹性大及易产生加工硬化时,应增大后角。加工脆性材料时,铣削力集中在主切削刃附近,为增强主切削刃强度,应选用较小的后角。

② 工艺系统刚度差,容易产生振动时,应采用较小的后角。

③ 粗加工时,铣刀承受的铣削力比较大,为了保证刃口的强度,可选取较小的后角;精加工时,切削力较小,为了减少摩擦,提高工件表面质量,可选取较大的后角。但当已采用负前角时,刃口的强度已得到加强,为提高表面质量,也可采用较大的后角。

④ 高速钢铣刀的后角可比硬质合金铣刀的后角大 2°~3°。

⑤ 尺寸精度要求较高的铣刀,应选用较小的后角。铣刀后角选择可参考表 3-1-12。

表 3-1-12　铣刀后角选择参考数值　　　　　　　　　　　　　　　　　　(°)

铣刀类型	高速钢铣刀		硬质合金铣刀		高速钢锯片铣刀	键槽铣刀
	粗齿	细齿	粗铣	精铣		
后角 α_0	8~12	16	6~8	12~15 (也有用 8)	20	8

3) 刃倾角的选择原则和数值

① 铣削硬度较高的工件时,对刀尖强度和散热条件要求较高,可选取绝对值较大的负刃倾角。

② 粗加工时,为增强刀尖的抗冲击能力,宜取负刃倾角。

③ 工艺系统刚度不足时,不宜取负刃倾角,以免增大纵向铣削力而引起铣削振动。

④ 为了使圆柱铣刀和立铣刀切削平稳轻快,切屑容易从铣刀容屑槽中排出,提高铣刀寿命和生产率,减小已加工表面的粗糙度值,可选取较大的螺旋角(正刃倾角)。铣刀刃倾角或螺旋角的选择可参考表 3-1-13。

表 3-1-13　铣刀刃倾角或螺旋角选择参考数值　　　　　　　　　　　　　　　(°)

铣刀类型		螺旋角 β	面铣刀(包括铣削条件)		刃倾角 λ_s
带螺旋角的圆柱铣刀	细齿	25～30	铣削钢料等	工艺系统刚度中等时	4～6
	粗齿	45～60		工艺系统刚度较好时	10～15
立铣刀		30～45	粗铣铸铁等		−7
盘铣刀		25～30	铣削高温合金		45

4) 主偏角的选择原则和数值

① 当工艺系统刚度足够时，应尽可能采用较小的主偏角，以提高铣刀的寿命。当工艺系统刚度不足时，为避免铣削振动加大，应采用较大的主偏角。

② 加工高强度、高硬度的材料时，应取较小的主偏角，以提高刀尖部分的强度和散热条件。加工一般材料时，主偏角可取稍大些。

③ 为增强刀尖强度，提高刀具寿命，面铣刀常磨出过渡刃，如图 3-1-32 所示。

5) 副偏角的选择原则和数值

① 精铣时，副偏角应取小些，以使表面粗糙度值较小。

② 铣削高强度、高硬度的材料时，应取较小的副偏角，以提高刀尖部分的强度。

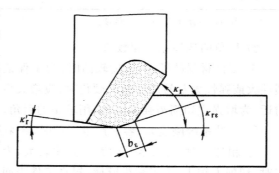

图 3-1-32　面铣刀的过渡刃

③ 对锯片铣刀和槽铣刀等，为了保证刀尖强度和重磨后的铣刀宽度变化较小，只能取 0.5°～2°的副偏角。

④ 为避免铣削振动，可适当加大副偏角。副偏角的选择可参考表 3-1-14。

表 3-1-14　铣刀的主偏角和过渡刃偏角选择参考数值

铣刀类型	铣刀特征		主偏角 κ_r	过渡刃偏角 κ_{re}	副偏角 κ_r'
面铣刀	直径/mm	宽度/mm	30°～90°	15°～45°	1°～2°
双面刃和三面刃铣刀					1°～2°
铣槽铣刀	40～60	0.6～0.8			0°15′
		＞0.8			0°30′
	75	1－3			0°30′
		＞3			1°30′
锯片铣刀	75～110	1～2			0°30′
		＞2			1°
	＞110～200	2～3			0°15′
		＞3			0°30′

注：面铣刀主偏角 κ_r 主要按工艺系统刚度选取。系统刚度刚好，铣削较小余量时，取 κ_r=30°～45°；中等刚度而余量较大时，取 κ_r=60°～75°；加工互相垂直表面的面铣刀和盘铣刀，取 κ_r=90°。

3. 铣刀的维护与保养

铣刀是一种精度较高的金属切削刀具,铣刀切削部分的材料价格和制造成本都比较高,因此,合理的维护和保养铣刀,是铣刀合理使用不可缺少的环节。使用和存放应注意以下事项:

① 铣刀铣削刃的锋利完整,是构成铣刀形状精度的几何要素。在放置、搬运和安装拆卸中,应注意保护铣刀切削刃精度,即使是使用后送磨的铣刀,也要注意保护切削刃的精度。

② 铣刀装夹部位的精度比较高,套式铣刀的基准孔和装夹平面,如果有毛刺凸起,会直接影响安装精度。而且铣刀有较高的硬度,修复比较困难,在安装、拆卸和放置、运送过程中,应注意保护。

③ 对使用后的送磨的铣刀应注意清洁,使用过切削液的铣刀应及时清理残留的切削液和切屑,以防止铣刀表面氧化生锈影响精度。

④ 在铣刀放置时,应避免切削刃与金属物接触。在库房存放时,应设置专用的器具,使铣刀之间有一定的间距,避免切削刃之间互相损伤。如需要叠放的,可在铣刀之间衬垫较厚的纸片。柄式铣刀一般应用一定距离的带孔板架,将铣刀刀柄插入孔中。

⑤ 对长期不用的刀具,或比较潮湿的工作环境,应注意涂抹防锈油加以保护。

⑥ 可转为铣刀的刀片应安排专用的包装进行保管,以免损坏切削刃、搞错型号等。对成套的齿轮铣刀,应按规格放置,加工后不进行修磨的应注意齿槽清洁,以免氧化生锈影响铣刀形状和尺寸精度。

⑦ 专用铣刀必须按工艺要求保管和使用,在铣刀颈部等其他不影响安装精度的部位刻写刀具编号。

⑧ 具有端部内螺纹的锥柄铣刀和刀体,应注意检查和维护内螺纹的精度,以免使用中发生事故。

3.1.4 铣床夹具与装夹方式的合理选用

铣床上所有的夹具,最基本的要求是能对工件起定位和夹紧作用,要求比较完善的夹具,还应有辅助功能,如对刀装置等。

1. 铣床专用夹具的典型结构与合理使用方法

铣床专用夹具是专为某一工件的某一工序而设计的夹具,当工件或工序改变时就不能再使用。这类夹具一般结构比较紧凑,使用维护方便。专用夹具适用于产品固定和大量生产的场合。

(1) 铣床专用夹具的组成

铣削轴上键槽的简易专用夹具如图 3-1-33 所示。夹具的结构与组成如下:

① V 形块 1 是夹具体兼定位件,它使工件(轴)在装夹时周线位置必在 V 形面的角平分中间面内,从而起定位作用。因 V 形块有一定的长度,故限制了工件的四个自由度。对刀块 6 除了对刀外,还起端面定位的作用,限制了工件的自由度。

② 压板 2 和螺栓 3 及螺母 4 是夹紧元件,用以阻止工件在加工过程中受切削力而产生的移动或转动,起夹紧作用。

③ 对刀面 a 面主要用于调整铣刀于工件(轴)的中心对称位置。对刀面 b 通过铣刀端面刃对刀,调整铣刀端面与工件(轴)外圆(或水平中心线)的相对位置,以确定键槽的深度尺寸。

④ 定位键5在简易夹具与机床间起侧向定位作用,使夹具体(即V形块1)的V形槽朝向与工作台纵向进给方向平行,底面为夹具主要定位。

(2) 铣床专用夹具的简要分析

1) 铣削工序精度要求的分析

图3-1-33为轴类光轴零件,半封闭键槽的尺寸要求宽度、深度、长度;位置精度主要是键槽对工件轴线的对称度和键槽与轴线的平行度要求。

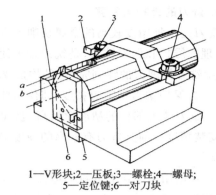

1—V形块;2—压板;3—螺栓;4—螺母;
5—定位键;6—对刀块

图3-1-33 铣削轴上键槽的简易专用夹具

2) 对定位元件及精度的分析

① V形块1是轴类零件的常用定位元件,较长的V形块可以克服轴类工件的四个自由度,有效控制了工件上键槽的对称度和深度尺寸和位置要求。

② 对刀块6和端面定位的元件用于工件半封闭键槽长度尺寸的定位,有效控制了槽长的尺寸精度要求。

③ 定位键5安装在V形块的底面直槽内,具有与V形槽槽向平行的精度,用定位键5在机床和夹具之间定位,是夹具的V形块槽向与工作台纵向进给方向平行,保证工件轴向与工作台纵向进给方向的平行度,即保证了键槽槽向与工件轴线的平行度。

④ 简易夹具属于不完全定位夹具,因工件是光轴,键槽在圆周上铣削的周向位置没有要求,因此,无需限制工件绕其轴线的旋转自由度。

⑤ 有定位误差分析可知,若工件直径变化,V形块定位对工件上键槽的对称度没有影响,但对槽深有一定的影响。

⑥ 工件的端面定位面积较大,若工件的端面与轴线不垂直,将会影响槽的加工精度。

3) 对加紧元件及夹紧力的分析

① 夹紧元件采用桥形压板和螺栓螺母压紧方式。压板上采用半封闭键槽插入螺栓,压板和工件的安装与拆卸都比较方便。

② 压板具有一定的宽度,使压紧力叫均匀的分布在压板与工件接触的区域内。

③ 夹紧力基本作用在工件的顶部素线位置上,使工件靠向V形定位面,符合夹紧力指向主要定位的基本要求。

④ 工件在铣削过程中,因铣削键槽主要是克服绕工件旋转和沿轴线脱离端面定位的切削力,而本夹具主要是通过压板的夹紧力,在压板与工件、工件与V形块的三条接触线产生摩擦力,以阻止工件脱离定位的趋向。

⑤ 简易夹具与机床之间通过螺栓压板夹紧,因定位和接触面积大,又有底部平键侧向定位,因此夹紧稳固、可靠。

(3) 铣床专用夹具的正确使用方法

与通用夹具的使用方法类似,使用铣床专用夹具应注意以下事项:

① 使用前应对的铣削加工工序图进行读图分析,还应分析工件前一工序的相关精度,并

注意选用规定编号的专用夹具。

② 根据图样精度要求,对夹具的定位原理、夹具方式进行简要分析。注意分析工件在夹具上的定位和夹紧方式,还要分析夹具与机床的定位与夹紧方式。

③ 安装夹具时,注意检查机床、夹具定位精度,掌握夹紧力的大小。

④ 夹具安装后,注意对夹具的定位和夹紧装置进行检测,定位精度是否符合图样要求。如本例夹具安装后,可将工件在V形槽中定位,检测侧素线与工作台纵向进给方向的平行度,上素线与工作台面的平行度,以确定夹具精度及其安装精度。对夹具的夹紧机构应检查其完好程度,如本例的压板与工作接触部位是否平整,螺栓和螺母的螺纹是否完好。

⑤ 对刀装置一般由定位销保证其位置精度,首先应检查对刀块的夹紧螺钉与定位销有否松动,其次应检查对刀面表面质量,然后可用成品来大致复核对刀面的位置精度。如本例可将工件放置在V形块上,用规定的对刀量块贴合在对刀面上,若工件的侧面和槽底与对刀量块基本接平,说明夹具的对刀装置基本准确,随后通过第一件的准确对刀,首件铣削检验,进一步复核对刀装置的精度。

⑥ 了解和掌握夹具的某些不足,在使用中注意避免误差影响工件的加工精度。如本例的工件,尽可能用与工件轴线垂直度较好的端面定位,以保证键槽的长度尺寸精度。

⑦ 按工艺规定安装铣刀和选用铣削用量。夹具使用完毕后应注意清洁保养,并应及时送检,以保证下一次的使用精度。

2. 组合夹具的结构与使用方法

(1) 组合夹具系列

组合夹具按其尺寸规格有小型、中型和大型三种,其区别主要在于元件的外形尺寸与壁厚、以及T形槽的宽度和螺栓及螺孔直径的不同(表3-1-15)。

表3-1-15 组合夹具系列分类

组合夹具系列	螺栓规格	定位键与键槽宽配合	T形槽间距	说　明
小型系列组合夹具	M8×1.25	8H/h	30 mm	主要适用于仪器、仪表和电信、电子工业,也可以用于较小工件的加工
中型系列组合夹具	M12×1.5	12H/h	60 mm	主要适用于机械制造工业,是目前应用最广泛的一个系列
大型系列组合夹具	M16×2	16H/h	60 mm	主要适用于重型机械制造工业

(2) 组合夹具的基本元件和功用

① 基础件(见图3-1-34),包括各种规格尺寸的方形、矩形、圆形基础板和基础角铁等,是组合夹具中的基础件。

② 支承件(见图3-1-35),包括各种规格的垫片等,是组合夹具中的骨架元件,支承件通常在组合夹具中起承上启下的作用,即把其他元件通过支承件与基础件连成一体。支承件也可作为定位元件和基础件使用。

③ 定位件(见图3-1-36),包括各种定位销、定位盘、定位键等,主要用于工件定位和组合夹具元件之间的定位。

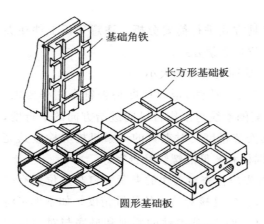

图 3-1-34 组合夹具的基础件

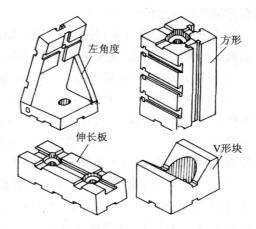

图 3-1-35 组合夹具的支承件

④ 导向件,包括各种钻模板、钻套、铰套和导向支承等,主要用来确定刀具与工件的相对位置,加工时起引导刀具的作用,也可作定位元件使用。

⑤ 夹紧件,包括各种形状的压板及垫圈等,主要用来将工件夹紧在夹具上,保证工件定位后的正确位置,也可作垫板和挡块用。

⑥ 紧固件,包括各种螺栓、螺母和垫圈,主要用于连接组合夹具中各种元件及紧固工件。组合夹具的紧固件所选用的材料、精度、表面粗糙度及热处理均比一般标准紧固件好,以保证组合夹具的连接强度、可靠程度和组合刚度。

⑦ 其他件,包括弹簧、接头、扇形板等,这些元件无固定用途,如使用合适,在组装中可起到有利的辅助作用。

⑧ 合件是由若干零件装配而成的,在组装中不拆散使用的独立部件,按其用途分类,有定位合件、分度合件(见图 3-1-37)以及必需的专用工具等。

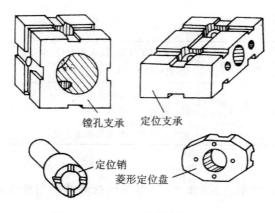

图 3-1-36 组合夹具的定位件

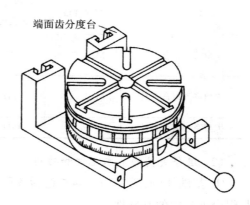

图 3-1-37 组合夹具的分度合件

(3) 组合夹具的使用特点

① 缩短夹具的制造时间。由于元件是预先制造好的,能迅速为生产提供所需要的铣床夹具,使生产准备周期大大缩短。适用于产品试制等小批量生产。

② 节省制造夹具的材料。因为组合夹具的元件可以重复使用,铣床夹具一般都比较复

杂，故可节省制造夹具的材料。

③ 适应性强。备有较充足的元件，可组装各类夹具，以适应不同的铣削加工要求。

④ 元件储备量大。为了组装各种不同的夹具，元件的储备量较大，对一些比较复杂的铣床夹具需要预先制作合件。

⑤ 刚度较差。由于组合夹具是多件组装而成的，与专用夹具相比，刚度较差，重量也比较重。因此不宜制作工件较大或铣削力较大的铣床夹具。

⑥ 组合精度容易变动。由于多件组装，连接元件和定位元件多，接合面多，在使用或搬运中若发生碰撞，可能会发生接合部位松动，导致组合精度变动。因此不宜制作精度较高的铣床夹具。

⑦ 结构不易紧凑。由于多件组装或组装元件种类和形式限制，以及组装技术限制，会使组合夹具结构较难达到紧凑要求。因此不宜制作需要工件装夹简单的铣床夹具。

(4) 组合铣夹具示例

组合夹具通常由专门人员进行组装，现以图 3-1-38 的组合铣夹具为例，介绍组合夹具的使用方法和注意事项。

① 根据加工工件的工序内容，了解各组装元件在夹具上的作用，本例的工序内容是铣削半圆键槽，工件上一半圆键槽已加工好，现加工与其夹角为 60°的另一端外圆上的半圆键槽。该夹具由矩形基础件、定位元件 V 形块、矩形和六角形支承件、弹簧插销合件及压板、螺栓、定位键块等元件构成。其中，矩形基础件和矩形支承件构成夹具体。六角支承件、弹簧插销合件及 V 形块定位元件起 60°槽间夹角定位和圆柱面定位作用，在六角支承件内侧，还装有定位支承钉起轴向定位作用，压板螺栓等起夹紧作用。

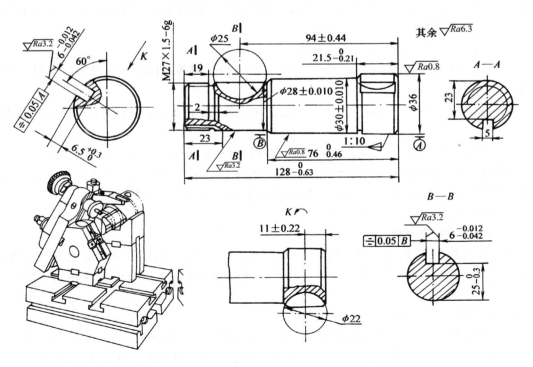

图 3-1-38 组合铣夹具实例

②检查各联接部位的螺栓、螺钉是否紧固,并目测各元件相对位置是否有移动。

③检查各基本元件的接合面之间是否有间隙,检查时可用塞尺配合检测。

④夹具安装在工作台上后,应使用百分表检查各定位部位的定位精度。本例应用标准棒放置在V形架的V形槽内,用百分表检测其上素线与工作台面的平行度,侧素线与工作台进给方向的平行度,由于定位元件有较高的制造精度,因此,也可通过V形架的上平面和侧平面进行检测,对合件弹簧插销的高度位置也应进行检验,插销的轴线应与工件的轴线相交,检验时可用对称度和槽宽精度较高的工件上的半圆键槽进行定位检测。

⑤压板的垫块高度应调整适当,螺栓宜配置松开夹紧装置的压板支撑弹簧,以免松开夹紧装置压板落下损坏元件表面。

⑥试铣削应缓缓进行,观察夹具的振动情况,以防止梗刀。若发现梗刀等冲击力时,应注意检查夹具的组合位置是否改变,以免产生废品。

⑦若自行组装简单的铣床组合夹具,应尽可能用较少的元件进行组合。组装前,应仔细检查各元件表面质量、定位槽、螺孔、定位孔的精度和完好程度,以免组装后产生误差,使用时产生位移,影响铣削加工质量。由于各接合面都比较平整、光滑,因此,各元件均应用定位元件,螺栓紧固要有足够的夹紧力,以使各元件紧密、牢固连接,以提高组合夹具的刚度和可靠性。组合夹具用毕拆卸后,应清洁各元件表面、凹槽、内孔等部位;必要时可用煤油进行清洗,然后涂上防锈油,妥善保存,以备再用。

3. 复杂工件与易变形工件的装夹方法

复杂工件是相对比较标准的工件而言的,可以是形状比较复杂,也可以是工件定位和夹紧比较困难等。而易变形工件,可以因工件材料、形状等因素,使工件在定位、夹紧时具有较高的要求,若操作不当,会引起工件的变形,难以达到铣削加工精度要求。现通过图 3-1-39 实例介绍复杂工件与易变形工件的装夹方法。

(1) 薄形圆弧面工件(叶片)结构分析

① 工件的叶身主体部分是由 $R20_{-0.24}^{-0.16}$ 及 $R36$ 的内外圆弧面构成的弧形体。叶身最厚部分仅 $2_{-0.10}^{-0.06}$ mm。

② 工件的叶身座部分是由尺寸 $8_{-0.20}^{-0.15}$ mm、$16_{-0.22}^{-0.15}$ mm 和 2 mm 形成的立方体。立方体的高度仅 2 mm。

③ 工件的叶根部分是由尺寸 $8_{-0.13}^{-0.08}$ mm、3 mm、5 mm 及 $16_{-0.22}^{-0.15}$ mm 形成的棱台体。

④ 拟订铣削加工工序:铣削 9 mm×17 mm×28 mm 外形→粗铣叶根→精铣外形至图样尺寸→精铣叶根至图样尺寸→粗、精铣 $R20$ 圆弧面→粗、精铣 $R36$ 圆弧面。

(2) 加工难点与装夹方法设想

1) 加工叶片叶身圆弧面

这是本例的难点,加工叶身包括加工 $R20$ 和 $R36$ 的内外圆弧,通常需要作圆周进给进行铣削。圆周进给可由分度头或回转工作台实现,需使用安装在分度头或转台上的夹具装夹。

2) 叶身圆弧面铣削加工工件装夹方法设想

① 工件定位。在加工叶身部分圆弧面时,工件其他部分已达到图样要求,因此,选择叶身座 $8_{-0.20}^{-0.15}$ mm、$16_{-0.22}^{-0.15}$ mm 圆弧中心基准侧面及叶根定位台阶面作为定位基准,如图 3-1-40 所示。

② 工件夹紧。在加工 $R20$ 圆弧面时,因 2 mm 的叶身底面尚未形成,因此,其夹紧部位拟

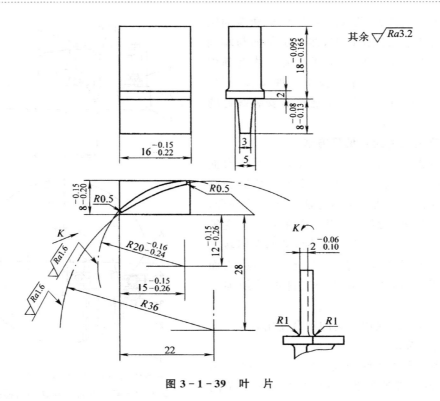

图 3-1-39 叶 片

订在叶身断面(如图 3-1-40(a));在加工 $R36$ 圆弧面时,因 $R20$ 一侧已铣削出 2 mm 台阶面,故主要夹紧部位拟定在此一侧的 2 mm 台阶面。考虑到铣削过程中形成的叶身壁薄,容易变形,因此拟定在叶身端面作辅助夹紧(见图 3-1-40(b))。由于工件壁薄,工件夹紧采用螺钉压板。为了减少变形,在叶身端面所用的辅助夹紧压板应选用与工件相同的材料,工件夹紧如图 3-1-41 所示。

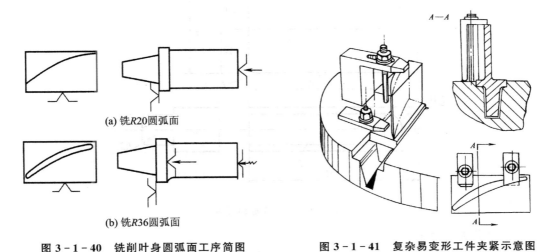

图 3-1-40 铣削叶身圆弧面工序简图　　图 3-1-41 复杂易变形工件夹紧示意图

③ 夹具体。为了达到叶身的位置尺寸,夹具体可拟定为圆柱台阶装夹,如图 3-1-42 所示。铣削时夹具体 1 下部的圆柱部分装夹在分度头或回转工作台三爪自定心卡盘内。夹具体

上设有工件铣削 $R20$ 及 $R36$ 的定位槽和端面定位面。为防止端面定位误差,侧面定位面与端面定位面两交角处均有凹陷圆弧。夹具体上部中心处设置小台阶圆柱,用以找正工件位置,测量圆弧面尺寸。此外,夹具体上还设有安装螺钉的螺孔。

4. 铣床夹具的组合使用方法

工件的装夹方法包括直接装夹在工作台面上、使用通用夹具装夹、使用专用夹具装夹和制作组合夹具装夹等几种基本方法。在某些场合,还经常将夹具进行组合使用。如在分度头主轴上安装三爪定心卡盘和锥柄心轴,又如在回转工作台上安装机用平口虎钳、三爪定心卡盘、六面角铁等通用夹具,以适应各种工件的铣削加工需要。

现以实例介绍通用夹具的组合使用方法。

(1) 成形面工件

现需将六面体坯件铣成如图 3-1-43 所示的形状,从该工件的形状来看,本例不是简单的成形面,因为不仅 A、B 平面需要与圆弧面圆滑

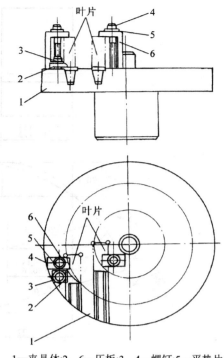

1—夹具体;2、6—压板;3、4—螺钉;5—平垫片
图 3-1-42 叶片叶身铣削简易夹具

连接,而且侧面与顶面 C 的交接处有角圆弧,立圆弧面与顶面的交接处也有角圆弧,为保证工件形面各部分与圆弧连接,应一次装夹铣削成形。

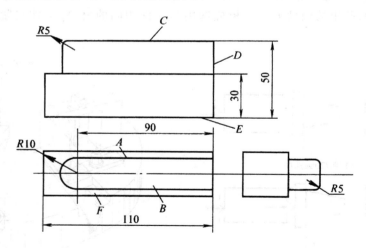

图 3-1-43 成形面工件

1) 工件装夹与找正

根据工件的外形特点,应以侧面 F 及地面 E 为定位基准,用虎钳装夹,即将虎钳固定在回转工作台上,找正工件圆弧与回转工作台同轴。若工件数量较多时,为了免除每次装夹工件都要找正工件圆弧,可在第一件装夹后,在工件的 D 面设置定位块,装夹示意图如图 3-1-44 所示。

在回转工作台上用虎钳装夹工件铣削圆弧面时，应避免虎钳与铣床床身相碰。铣削工件直线部分时，应找正工件 F 面与工作台横向平行，采用横向进给铣削直线部分，转动回转工作台铣削圆弧就不会发生碰撞现象。

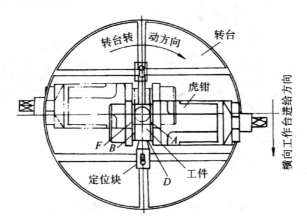

图 3-1-44　在回转工作台上用虎钳装夹工件

2）铣削方法

① 铣削步骤：铣削 A 面→铣削立圆弧面→铣削 B 面→铣削 A 侧直线角圆弧→铣削立圆弧顶角圆弧→铣削 B 侧直线角圆弧。

② 选用刀具：侧面与立圆弧面用立铣刀铣削；角圆弧用凹圆弧成形立铣刀铣削。

③ 侧面与侧面顶部的角圆弧用横向进给铣削；立圆弧与顶部的角圆弧用回转工作台圆周进给铣削。铣削过程中注意圆弧面回转角为 180°，并注意直线与圆弧的切点连接位置精度，注意角圆弧与侧面、立圆弧面和顶面的圆滑连接。

（2）盘形等分圆弧槽工件

现需在铣床上铣削加工如图 3-1-45 所示的盘形零件四条圆周均布的封闭圆弧槽。圆弧槽一般用回转工作台铣削加工，工件的等分还需另有等分装置，若单独找正，难以保证加工精度。根据工件的外形尺寸和圆弧槽的位置和尺寸，宜采用"双回转工作台法"的铣削加工方式，便能够在工件一次装夹后，达到图样的加工要求，工件装夹和加工要点如下：

1）装夹和找正工件

① 选用两个直径不同的回转工作台，将大回转工作台安装在工作台面上，采用环表法使铣床主轴与大回转台回转中心同轴。

② 根据工件圆弧中心的分布圆半径将工作台纵向向右移动 47.5 mm，然后将小回转台安装在大回转台上，也采用环表法，使铣床主轴与回转台中心同轴。

③ 配置一根一端与小回转台主轴基准孔配合，另一端与工件基准孔配合的专用心轴，用以工件定位，并采用螺栓压板夹紧工件。工件装夹和转台的安装位置如图 3-1-46 所示。工件圆弧槽中心已与大回转工作台中心重合，工件中心已与小回转台中心重合。铣削时，工件的圆周进给由大回转台的转动实现；而工件四条圆弧槽的等分由小回转台完成。

2）选择铣刀

圆弧槽的槽底形状为 R5 的凹圆弧，因此，采用球头立铣刀铣削。

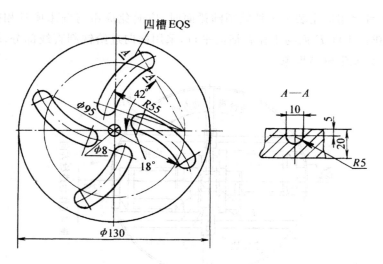

图 3-1-45 盘形等分圆弧槽工件

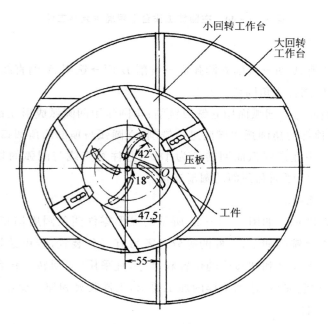

图 3-1-46 用双回转工作台装夹工件

3) 调整铣刀切削位置

按机床主轴与小回转台中心同轴的位置,将工作台纵向向右移动 7.5 mm,使主轴中心至大回转台中心的距离为 55 mm,以符合铣刀中心与工件中心的位置尺寸要求,然后将大回转台按逆时针方向转过 18°,确定圆弧槽铣削起始位置,然后按逆时针方向铣削并转 42°,即可铣成第一条圆弧槽。

4) 工件分度

在第一条圆弧槽铣成后,由小回转台转过 90°进行分度,依次铣削其余圆弧槽。

由本例工件装夹和铣削方法可见,双回转工作台法可适用于铣削加工既需要等分又需要进给的工件。

3.1.5 合理制定铣削加工工艺

机械加工工艺过程是由若干个顺序排列的工序组成的。工序又可以细分为工步或工作行程。在一个零件的加工工艺中,包括各种基本金属切削加工和热处理等内容。对包含诸多铣削工序的零件,合理制定铣削加工工艺,确定铣削加工在零件工艺过程中的位置,具有实际的意义。下面,以实例分析和介绍铣削工艺的制定方法,及其与零件工艺的关系。

1. 较为复杂工件铣削加工工艺制定实例

在铣削内容中,圆柱齿轮、外花键、刀具齿槽、离合器,以及一些基本内容的组合,如一个工件中有直角槽、特性沟槽和斜面、直线成形面等多种铣削加工内容时,工件的铣削加工工艺便具有一定的复杂性。

现以如图 3-1-47 所示花键齿轮轴为例,介绍较复杂工件的铣削加工工艺制定方法。

【零件图样分析】

1) 零件结构分析

① 本例是一根阶梯轴,按从左到右顺序,其外圆部分包括齿轮外圆、轴承的挡外圆、带键槽外圆、带花键外圆和轴颈外圆。各档外圆之间有窄槽连接。

② 在轴的左端有内孔,孔底有内螺纹。

③ 工件两端有中心孔。

2) 主要加工表面的技术要求

主要加工表面是由加工表面尺寸精度、形状精度和表面粗糙度综合分析确定的。

① 尺寸精度分析:$\phi 55^{+0.028}_{+0.005}$、$\phi 50^{+0.028}_{+0.005}$、$\phi 35^{0}_{-0.025}$、$\phi 22 \pm 0.08$ 四档外圆;

② 形状精度分析:除各档外圆对轴承档和轴颈外圆有 0.02 mm 同轴度要求外,花键键宽和键槽槽宽分别对轴线有对称度要求。

③ 表面粗糙度值分析:表面精度较高的有 $\phi 35^{0}_{-0.025}$ 外圆表面 $Ra0.8$;$\phi 55^{+0.028}_{+0.005}$、$\phi 50^{+0.028}_{+0.005}$ 外圆表面 $Ra1.6$;各外圆端面 $Ra3.2$;键槽两侧与花键两侧 $Ra6.3$;齿轮齿面 $Ra25$。

④ 综合尺寸、形状、表面粗糙度等各项技术要求分析:本例的主要加工表面为 $\phi 55^{+0.028}_{+0.005}$、$\phi 50^{+0.028}_{+0.005}$、$\phi 35^{0}_{-0.025}$、$\phi 22 \pm 0.08$ 外圆表面及花键两侧、键槽两侧与齿廓表面。

3) 铣削加工技术要求

① 花键六齿均布,花键大径 $\phi 35^{0}_{-0.025}$ 为定心圆,键宽 $10^{0}_{-0.058}$ mm 对基准外圆轴线的对称度允差 0.06 mm,花键小径 $\phi 32$,花键有效长度与花键大径长度相等,铣削残痕留在 $\phi 41$ 外圆表面上。

② 宽 $8^{+0.036}_{0}$ mm 键槽位于 $\phi 50k6$ 外圆上,槽宽对基准外圆轴线的对称度允差 0.01 mm,槽深 4 mm,槽两端封闭,槽长 $30^{+0.10}_{0}$ mm。

③ 齿轮模数 $m=2$,齿数 $z=31$,齿形角 $\alpha=20°$,公法线长度尺寸精度为 $21.53^{-0.123}_{-0.402}$ mm,齿轮精度等级为 9。

【工艺路线拟定】

加工阶段划分 根据本例的技术要求及生产数量,加工阶段按常规划分为:坯料→(正火)→粗加工→(调质)→半精加工→精加工。

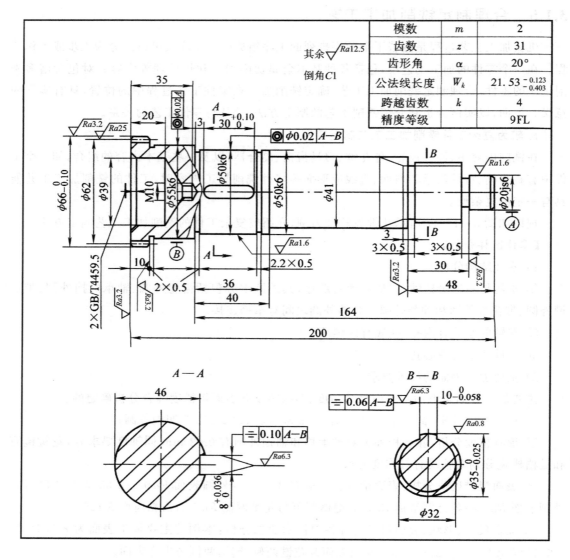

图 3-1-47 花键齿轮轴

① 坯料(材料 40Cr)为自由锻件,各外圆尺寸由车削余量与锻造余量确定。一般车削余量 6 mm,锻造余量 10 mm。

② 正火处理的目的是消除锻造应力,改善金属组织,细化晶粒,降低硬度便于切削。

③ 粗加工阶段主要是通过车削加工外圆端面,切除大部分余量,留余量 2 mm。

④ 调质处理的目的是提高轴的强度和硬度,改善材料的综合性能。

⑤ 半精加工包括精车各外圆(主要表面留磨削余量 0.30 mm)、粗磨花键大径与键槽档外圆(留精磨余量 0.10 mm)、铣齿轮、铣外花键、铣键槽。经过半精加工,零件基本成形。

【加工工艺过程】

在划分机加工阶段后,应列出加工工艺过程。加工工艺过程包括工序名称、工序内容、选用机床设备、工装等项目。表 3-1-16 列出了本例加工工艺过程。

表 3-1-16 齿轮花键轴加工工艺过程

序 号	工序名称	工序内容	工序简图	设 备
1	备料	自由锻 $\phi78\times214$ mm		
2	热处理	正火		
3	车	车端面、倒角、粗车外圆、钻中心孔		C620 车床
4	车	车另一端面(控制总长)钻中心孔		C620 车床
5	车	粗车 $\phi50$、$\phi41$、$\phi35$、$\phi20$ 外圆		C620 车床
6	车	调头粗车 $\phi66$、$\phi55$,外圆留余量 2 mm		C620 车床
7	热处理	调质至 236HBS		
8	车	找正外圆修正两端中心孔		
9	车	精车 $\phi66$、$\phi41$ 外圆至图样尺寸,精车 $\phi55$、$\phi50$、$\phi35$、$\phi20$ 外圆留磨削余量 0.30 mm,割槽		

续表 3-1-16

序 号	工序名称	工序内容	工序简图	设 备
10	磨	粗磨 $\phi50$、$\phi35$ 外圆,留精磨余量 0.10 mm		
11	铣	铣齿至图样要求		
12	铣	铣花键至图样要求		
13	铣	铣键槽(槽加深 1/2 磨量)		
14	钳	去毛刺		
15	磨	精磨 $\phi55$、$\phi50$、$\phi35$、$\phi20$ 外圆至图样要求		M1432 磨床
16	车	车 $\phi39$ 孔,钻 M10—7G 螺纹底孔		
17	钳	攻 M10—7G 内螺纹		
18	清洗			
19	检验	按图样要求检验各项目		
20	上油入库			

【铣削加工工序分析】

当轴经过调质处理、半精加工后,轴的各外圆基本达到形状尺寸要求,仅主要表面留有磨削余量。此时,可设置铣削加工工序。

① 根据图样,外花键、齿轮、键槽无夹角位置等影响加工次序的技术要求。因此,工序安排不须严格先后,但花键和齿轮宜在 X6132 型铣床上加工,键槽宜在 X5032 型铣床上加工,故拟定按铣齿轮、铣花键、铣键槽的次序设置铣削加工工序。

② 铣齿轮时选用分度头三爪自定心卡盘及尾座一夹一顶装夹;铣花键时选用分度头、鸡心夹两顶尖装夹;铣键槽时选用机用平口虎钳或 V 形块等通用夹具装夹。

③ 选用 0~25 mm 公法线千分尺测量公法线长度;选用 0~25 mm 外径千分尺测量键槽宽;铣键槽时选用 8 mm 塞规或内径千分尺测量槽宽;其他部位用游标卡尺等常用量具测量;工件和夹具找正选用百分表。

④ 按图样要求,铣齿轮选用 $m=2$ mm 的 5 号齿轮盘铣刀;铣花键选用花键成形铣刀或 63 mm×8 mm 三面刃铣刀铣削键侧,63 mm×2.5 mm 锯片铣刀修铣花键小径圆弧面;铣键槽选用直径为 8 mm 的键槽铣刀。铣削示意图如图 3-1-48 所示。

2. 配合工件铣削加工工艺制定实例

在铣床上铣削加工多件装配而成的配合工件时,应根据装配和单件的技术要求制定铣削加工工艺,现以如图 3-1-49 所示的工字块配合为例,介绍各组合件工艺制定方法。

【图样分析】

1) 装配图分析

本组合件为三件装配而成,件 1 和件 3 为台阶、直角沟槽凹形块,装配后形成一工字内框;件 2 是一工字形块,能与内工字形配合,配合精度要求:

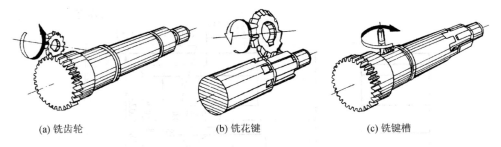

(a) 铣齿轮　　　　　　(b) 铣花键　　　　　　(c) 铣键槽

图 3-1-48　花键齿轮轴铣削示意图

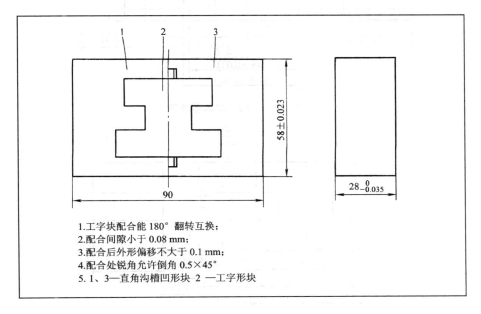

图 3-1-49　工字块配合

① 工字块配合能 180°翻转互换；

② 配合后间隙小于 0.08 mm；

③ 配合后件 1 与件 3 外形偏移不大于 0.10 mm。

2) 零件图分析

① 件1(左体)，如图 3-1-50 所示。外形尺寸(58±0.023) mm×(47.9±0.031) mm× $28_{-0.033}^{0}$ mm；槽宽尺寸分别为 $38_{0}^{+0.039}$ mm、$2×13_{0}^{+0.043}$ mm；槽深尺寸为 $25_{0}^{+0.033}$ mm、$21_{0}^{+0.033}$ mm 和 $11_{0}^{+0.043}$ mm；接合面台阶宽 $48_{-0.039}^{0}$ mm 与槽宽 $38_{0}^{+0.039}$ mm，二者对基准 A 的对称度允差 0.05 mm。

② 件2(工字块)，如图 3-1-51 所示。外形尺寸 $50_{-0.039}^{0}$ mm× $38_{-0.039}^{0}$ mm× $28_{-0.033}^{0}$ mm；台阶宽度尺寸为 $2×13_{-0.043}^{0}$ mm；台阶深度尺寸为 $42_{-0.039}^{0}$ mm、$22_{-0.033}^{0}$ mm，二者对基准 A 的对称度允差 0.05 mm。

③ 件3(右体)，如图 3-1-52 所示。外形尺寸(58±0.023) mm×(45±0.031) mm× $28_{-0.033}^{0}$ mm；槽宽尺寸分别为 $48_{0}^{+0.039}$ mm、$38_{0}^{+0.039}$ mm、$2×13_{0}^{+0.043}$ mm；槽深尺寸为 $25_{0}^{+0.033}$ mm、$21_{0}^{+0.033}$ mm、$11_{0}^{+0.043}$ mm 和 3 mm；接合面槽宽 $48_{-0.039}^{0}$ 与 $38_{0}^{+0.039}$，二者对基准 A 的对称度允差 0.05 mm。

④ 表面粗糙度 Ra 均为 3.2，工件材料为 45 钢。

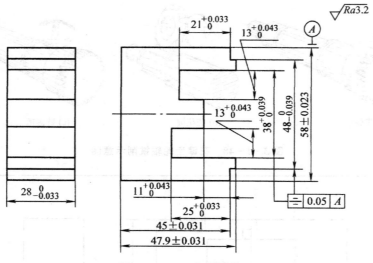

图 3-1-50　左体零件图

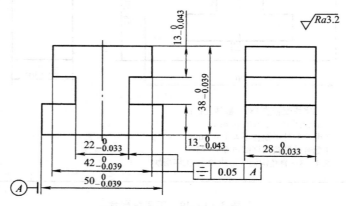

图 3-1-51　工字块零件图

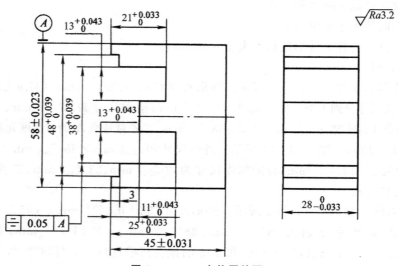

图 3-1-52　右体零件图

【加工工艺过程】

表 3-1-17、表 3-1-18、表 3-1-19 列出了本例加工工艺过程。

表 3-1-17　件 1 左体加工工序过程

序　号	工序名称	工序内容	设　　备
1	备料	自由锻 63 mm×53 mm×33 mm	
2	铣	铣外形 (58±0.023) mm×(47.9±0.031) mm×$28_{-0.033}^{0}$ mm	X5032
3	钳	去毛刺、划线	C620 车床
4	铣半工字型槽	1) 铣 $38_{0}^{+0.039}$ mm 槽、深 $27.9_{0}^{+0.033}$ mm 和 $23.9_{0}^{+0.033}$ mm 2) 铣 $13_{0}^{+0.043}$ mm 槽、深 $27.9_{0}^{+0.033}$ mm 3) 铣另一条 $13_{0}^{+0.043}$ mm 槽、深 $23.9_{0}^{+0.033}$ mm 4) 铣深 $13.9_{0}^{+0.043}$ mm	X6132
5	铣	铣结合面台阶宽 $48_{-0.039}^{0}$ mm、深至 45±0.031 mm，并保证 $25_{0}^{+0.033}$ mm、$21_{0}^{+0.033}$ mm 及 $11_{0}^{+0.043}$ mm 尺寸	X6132
6	钳	去毛刺、配合处倒角 C0.5	
7	检验	按图样要求检验各项	

表 3-1-18　件 2 工字块加工工序过程

序　号	工序名称	工序内容	设　　备
1	备料	锻坯 55 mm×43 mm×33 mm	
2	铣	铣外形 $50_{-0.039}^{0}$ mm×$38_{-0.039}^{0}$ mm×$28_{-0.033}^{0}$ mm	X5032
3	钳	去毛刺、划线	C620 车床
4	铣沟槽	1) 铣一侧面沟槽保证两边尺寸 $13_{-0.043}^{0}$ mm、深 $14_{0}^{+0.0165}$ mm 2) 铣另一侧面沟槽保证两边尺寸 $13_{-0.043}^{0}$ mm、深 $22_{-0.033}^{0}$ mm	X6132
5	铣	铣上台阶宽 $42_{-0.039}^{0}$ mm	X6132
6	钳	去毛刺、配合处倒角 C0.5	
7	检验	按图样要求检验各项	

表 3-1-19　件 3 右体加工工序过程

序　号	工序名称	工序内容	设　　备
1	备料	锻坯 63 mm×50 mm×33 mm	
2	铣	铣外形 (58±0.023) mm×(45±0.031) mm×$28_{-0.033}^{0}$ mm	X5032
3	钳	去毛刺、划线	
4	铣	铣结合面槽 48 mm	X6132
5	铣半工字型槽	1) 铣 $38_{0}^{+0.039}$ mm 槽、深 $25_{0}^{+0.033}$ mm 和 $21_{0}^{+0.033}$ mm 2) 铣 $13_{0}^{+0.043}$ mm 槽、深 $25_{0}^{+0.033}$ mm 3) 铣另一条 $13_{0}^{+0.043}$ mm 槽、深 $21_{0}^{+0.033}$ mm 4) 铣深 $11_{0}^{+0.043}$ mm	X6132
6	钳	去毛刺、配合处倒角 C0.5	
7	检验	按图样要求检验各项	

【铣削加工工序分析】

1) 件1铣削工艺分析

① 铣削六面体(58±0.023) mm×(47.9±0.031) mm×28 mm 各尺寸应达到图样要求,各面之间的垂直度、平行度误差应小于 0.02 mm,否则将影响基准面的精度和配合后的外形偏移。

② 为测量方便,将铣削工字槽安排在接合面台铣削之前,其目的是测量 48 mm 对称度时可将 38 mm 槽侧作为依据。

③ 铣半工字槽时,为了达到对称度不大于 0.05 mm,应以外形的实际尺寸为基准。

④ 铣削 38 mm、2×13 mm 槽时,为了保证能与件 2 的工字块配合,铣削时应保证对称度不大于 0.05 mm,而且应达到加工尺寸的公差带中间值 38.02 mm 和 13.02 mm,此时,中间凸键为 11.98 mm 左右,这样才能保证配合要求。

⑤ 为保证半工字槽槽深,应在加工前测量 47.9 mm 实际尺寸,作为测量深度的依据,同时应将铣槽工序尺寸控制在公差带的中间值,以保证接合面到槽底的深度尺寸达到图样要求。

⑥ 铣削接合面台阶时,为了保证对称度在 0.05 mm 范围内,可以 38.02 mm 槽侧底面为基准,直接测量槽侧至 48 mm 的一侧面(实际尺寸为 4.98 mm),但必须都以底面为测量基准。特别需要注意(45±0.031)mm 是关键尺寸,它将直接影响 25 mm、21 mm、11 mm 与件 2、3 的配合精度。

2) 件2铣削工艺分析

① 加工六面体到尺寸公差,并控制垂直和平行度误差在 0.02 mm 之内。外形尺寸为 50 mm 和 38 mm,应铣削至公差带中间值(49.98 mm 和 37.98 mm),否则会影响配合和 180°转换配合精度要求。

② 安排先加工直角槽,可使铣削时定位和测量比较方便。若先加工 42 mm 台阶,则在铣削直角槽时深度测量困难。

③ 加工 42 mm 台阶时,可以底面为基准,一次装夹铣出。对称度通过单边尺寸控制达到,按 49.98 mm 和 41.98 mm 计算,单边尺寸为 45.98 mm。

3) 件3铣削工艺分析

为保证与件左体配合后达到外形的偏移小于 0.010 mm,内工字槽尺寸及内腔底面一致,关键是控制两接合面台阶与槽、工字槽内腔的对称度。

① 六面体的要求与件 1 相同。

② 加工接合面槽时,应以(58±0.023)mm 为对称依据,保证两边相等,槽宽加工至公差带中间值(48.02 mm)。

③ 加工 $38_{0}^{+0.039}$ mm 与 $2×13_{0}^{+0.043}$ mm 时,可以尺寸(58±0.023)mm 为依据保证两边相等,并与件 1 左体的 $38_{0}^{+0.039}$ mm 与 $2×13_{0}^{+0.043}$ mm 槽宽一致。

【达到配合和互换要求的工艺分析】

1) 接合面台阶、直角槽工艺分析

① 接合面台阶和直角槽应达到公差带中间值(37.98 mm 和 38.02 mm)。

② 台阶和直角槽的对称度误差小于 0.05 mm,并注意若有误差,应按配合位置偏向同一方向。

2) 工字槽和工字块工艺分析

① 工字块应达到公差带中间值(即 49.98 mm、41.98 mm、37.98 mm、21.98 mm、

12.98 mm),并保证尺寸 42 mm、22 mm 的对称度。

② 在保证接合面配合的情况下,件 1 和件 3 的半工字槽对称度应一致,38 mm、2×13 mm 及槽深均应达到公差带中间值,以保证与件 2 配合精度要求。

3. 箱体工件铣削加工工艺制定实例

[拟定箱体零件的工艺过程的基本原则]

箱体零件的共同特点是平面和孔系的加工,制定工艺时一般原则如下:

1) 先面后孔的加工顺序

箱体的孔比平面加工困难,一般应先以孔为粗基准加工平面,再以平面为精基准加工孔,以使孔加工具有可靠的精基准,同时使孔的加工余量较为均匀。此外,由于箱体上的孔大多分布在箱体的平面上,先加工平面,切除铸件表面凹凸不平和夹砂等缺陷,对孔的加工有利,如钻孔时可减少钻头偏斜,扩孔或铰孔时可防止刀具崩刃,对刀调整也比较方便。

2) 粗、精加工分阶段进行

箱体的结构形状比一般零件复杂,主要表面的精度高,粗、精加工分开进行,可以消除由粗加工所造成的内应力、切削力、夹紧力和切削热对加工精度的影响,有利于保证箱体的加工精度。同时,还能根据粗、精加工的不同要求合理选用设备,有利于提高生产效率。若将粗、精加工合并在一道工序进行,应采取相应的工艺措施来保证加工精度。如粗加工后松开工件,然后再用较小的夹紧力将工件加紧,使工件因夹紧力而产生的弹性变形在精加工之前得以恢复;粗加工后待工件充分冷却后再进行精加工;减小切削用量,增加工作行程次数,以减少切削力和切削热的影响。

3) 合理安排热处理工序

箱体零件一般结构比较复杂,壁厚不匀,铸造时形成了较大的内应力。为了保证其加工后精度的稳定性,在毛坯铸造之后安排一次人工时效,以消除其内应力。通常,普通精度的箱体,一般在毛坯铸造之后安排一次人工时效即可,而高精度的箱体或形状特别复杂的箱体,应在粗加工后再安排一次人工时效处理,以消除粗加工所造成的内应力,进一步提高箱体加工精度的稳定性。

[蜗杆副减速箱箱体工艺过程]

如图 3-1-53 所示,蜗杆副减速箱箱体的加工主要是平面和孔系,还有一些螺孔。根据箱体类零件的工艺制定原则,现制定蜗杆副减速箱箱体的工艺过程,见表 3-1-20。

表 3-1-20 蜗杆副减速箱箱体工艺过程

序 号	工序名称	工序内容	定位基准
1	清理	清理铸件浇冒口、型砂、飞边和毛刺等	
2	热处理	时效	
3	油漆	内壁涂黄漆、非加工表面涂底漆	
4	钳	划各外表面加工线	顶面及两个主要孔
5	铣	粗、精铣底面 A,表面粗糙度 $Ra1.6$(工艺用)	按找线找正顶面
6	铣	粗、精铣顶面,高 145 mm,表面粗糙度 $Ra6.3$	底面 A

续表 3-1-20

序 号	工序名称	工序内容	定位基准
7	铣	铣底面的两侧面 B、C（80×170），表面粗糙度 $Ra1.6$，B、C 面垂直度误差小于 0.02 mm（工艺用）	顶面并校正
8	镗	粗、精镗 $\phi 48^{+0.025}_{\ 0}$ 孔并刮端面，至图样要求	A、B、C 面
9	镗	粗、精镗横向孔 $\phi 40^{+0.014}_{-0.011}$ 及 $35^{+0.014}_{-0.011}$，要求与 $\phi 48^{+0.025}_{\ 0}$ 孔的轴线相交，并刮端面至图样要求	A、B、C 面及 $\phi 48^{+0.025}_{\ 0}$ 孔
10	镗	粗、精镗纵向孔 $\phi 40^{+0.014}_{-0.011}$ 及 $35^{+0.014}_{-0.011}$，保证 43.75±0.065 mm 尺寸，并刮端面至图样要求	A、B、C 面及 $\phi 48^{+0.025}_{\ 0}$ 孔
11	钳	划各面 M5—7H 螺孔线及底面 4×ϕ10.5 孔线	
12	钳	钻 4×ϕ10.5 孔，锪平 ϕ12	顶面
13	钳	钻各面 M5—7H 螺孔底孔；攻各面 N5—7H 螺纹	A 面及四侧面
14	钳	修底面四角锐边及去毛刺	
15	检验	按图样要求检验各项	
16	上油入库		

【工艺过程分析】

1）主要表面的加工方法

箱体零件的主要加工表面是平面和轴承支承孔。

① 箱体平面的粗加工和半精加工，主要采用刨削和铣削，铣削的生产效率高；当大批量生产时，还可以采用各种专用组合机床对箱体各平面进行多刀、多面同时铣削；尺寸较大的箱体，也可以在多轴龙门铣床上进行组合铣削，以有效提高箱体平面加工的生产效率。箱体平面的精加工，单件小批量生产时，除一些高精度的箱体仍需用手工线刮削外，一般多以精铣或精刨代替传统的手工刮削；当生产批量大而精度又较高时，多采用磨削。本例加工数量为 5 件，属单件加工，且平面加工要求不高，尺寸也不大，故可安排在普通卧式铣床或立式铣床上加工。

② 箱体上精度要求为 IT7 的轴承支承孔，一般需经过 3～4 次加工。可采用镗（扩）→粗铰→精铰或镗（扩）→半精镗→精镗的工艺方案进行加工（若未铸孔应先钻孔）。以上两种工艺方案都能使孔的加工精度达到 IT7，表面粗糙度 Ra 为（2.5～6.3）μm。前者用于加工直径较小的孔，后者用于加工直径较大的孔。当孔的精度超过 IT6、表面粗糙度 Ra 小于 6.3 μm 时，还应增加一道最后的精加工或精密加工工序。常用的方法有精细镗、滚压、珩磨等；单件生产时也可采用浮动铰刀。本例箱体轴承孔精度均为 IT7，表面粗糙度 Ra 为 0.8 μm，故可在镗床上进行粗、精镗获得，亦可在卧式铣床上加工。孔的位置精度可用百分表、量块控制。

2）加工定位基准的选择

① 精基准的选择：箱体上的孔、孔与平面及平面与平面之间都有较高的尺寸精度和相互位置精度要求，要保证这些要求与精基准的选择有很大关系。为此，通常优先考虑"基准统一"原则，使具有相互位置精度要求的大部分加工表面的大部分工序，尽可能用同一组基准定位，以避免因基准转换太多而带来的累计误差，有利于保证箱体各主要表面的相互位置精度；此外，由于多道工序采用同一基准，使所有的夹具有相似的结构形式，可减少夹具设计与制造的

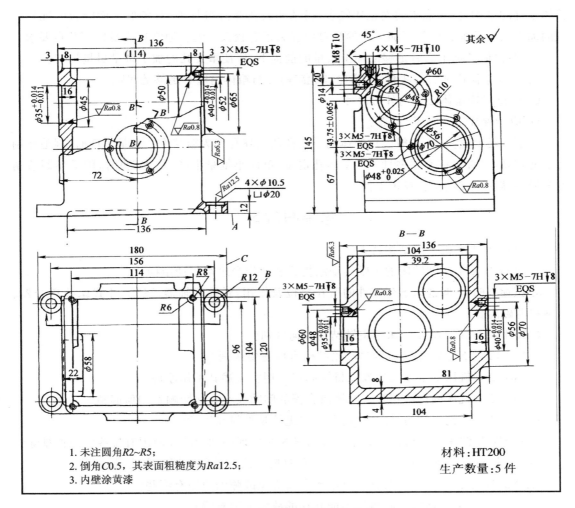

图 3-1-53 蜗杆副减速箱箱体

工作量,对加速生产准备工作,降低成本也是有益的。

A. 以装配基面为精基准。某些箱体的底面后侧面为装配基面,则可作为精基准面。本例工件因设计基准为轴承孔,若以轴承孔为定位基准,则工件定位、夹紧比较困难。故本例提高了底面和侧面(零件图上侧面为非加工面)的加工精度,并以其为辅助定位基准,以使定位可靠、方便。

B. 以一面两孔为精基准。大批量生产时,可用一面两孔为精基准。本例工件若大批量生产,则可用底面和对角两螺栓孔做定位基准。但应指出,这样会使定位基准和设计基准重合,产生基准不重合误差。为了保证箱体加工精度,必须提高底面和对角两螺栓孔的制造精度。这种定位方式很简单地限制了工件的六个自由度,定位稳定可靠;在一次安装下,可以加工除定位面外所有五个面上的孔或平面,也可以作为粗加工到精加工的大部分工序的定位基准,实现"基准统一"。此外,这种定位方式夹紧方便,工件的夹紧变形小,且容易实现自动定位和自动夹紧。因此,在组合机床和自动线上加工箱体时,多采用这种定位方式。

② 粗基准的选择:箱体的精基准确定之后,就可以考虑加工第一面所用粗基准了。由于

箱体零件的结构复杂,加工的面也比较多,粗基准的选择恰当与否,对各加工面能否分配到合理的加工余量及加工面与不加工面的相对位置关系有较大影响。通常应满足以下几点要求:

    A. 在保证各加工面有足够的加工余量的前提下,应使重要孔的加工余量尽量均匀。

    B. 装入箱体内的旋转零件(如齿轮、轴套等)应与箱体内壁有足够的间隙。

    C. 注意保持箱体必要的外形尺寸。

    D. 应能保证定位夹紧、可靠。

为了满足上述要求,一般已选箱体的重要孔的毛坯孔作为粗基准。大量生产时,因毛坯制造精度较高,可直接在专用夹具上用毛坯孔定位;单件小批量生产(如本例)时,因毛坯制造精度较低,一般按划线装夹、找正工件。

思考与练习

1. 试述 X6132 铣床的结构特点。
2. 试写出 X6132 型铣床的主轴传动结构式和工作台进给传动结构式。
3. 试述 X6132 型铣床下列零件的所在部位及作用:弹性联轴器、飞轮、片式摩擦离合器、电刷和电磁离合器。
4. X6132 与 X62W 型铣床的主轴结构有何区别?
5. X6132 与 X62W 型铣床的进给箱结构有何主要区别?
6. X6132 型铣床的主轴变速操纵机构起何作用?简述其工作原理。
7. X6132 型铣床的进给箱片式摩擦离合器的间隙大小有何影响?如何调整?
8. X62W 型等铣床的的纵向、横向和垂向进给是如何互锁的?
9. X62W 型铣床工作台横向和垂向进给操纵时出现联动的故障原因有哪些?怎样排除?
10. 简述 X6132 型铣床工作台纵向进给丝杠螺母之间的间隙调整方法。
11. X2010 型铣床工作台及铣头进给离合器失灵故障的原因有哪些?
12. X2010 型铣床横梁升降机构不能开动的故障原因有哪些?
13. 铣刀的结构特点有哪些?
14. 铣刀的使用特点包括哪些方面?
15. 铣刀的磨损极限与使用寿命有何联系与不同?
16. 简述铣刀的前角、后角的选择原则。
17. 铣刀使用与保养的注意事项有哪些?
18. 铣床夹具一般可分为哪几类?各适用于何种场合?
19. 铣床夹具一般有哪几部分组成?各组成部分的功用是什么?
20. 简述专用夹具使用保养注意事项。
21. 组合夹具的使用有哪些特点?
22. 齿轮测量的主要项目有哪些?
23. 测量齿轮公法线长度和齿厚有哪些常用的量具量仪?
24. 简述用齿距测量仪、万能测齿仪测量圆柱齿轮齿距的方法。
25. 制定箱体零件工艺的原则是什么?
26. 怎样选择箱体零件的加工基准?

27. 制定轴类零件工艺应如何选择定位基准？

28. 轴类零件加工一般应安排哪些热处理工序？其目的是什么？

课题二　高精度连接面与沟槽加工

> **教学要求**
>
> ◆ 掌握平面，垂直面，平行面等连接面提高铣削加工精度方法。
> ◆ 掌握台阶，直角沟槽与特形沟槽提高铣削加工精度的方法。
> ◆ 熟练掌握尺寸、形状和位置精度在 IT7 以上的连接面工件铣削加工操作方法。
> ◆ 熟练掌握尺寸、形位精度在 IT8 以上的台阶和直角沟槽工件铣削加工操作方法。

3.2.1　高精度连接面与沟槽工件加工必备专业知识

1. 提高平面铣削精度的方法

（1）挑选周边齿刃磨质量较高的铣刀

用周边铣削法时，影响加工平面的主要因素是铣刀刃磨后的圆柱度。铣刀周边齿刃磨质量和铣刀圆柱度常用以下方法检验：

1）目测检验

挑选圆柱铣刀或其他用周边齿刃铣削的铣刀时，应仔细地目测检查周边齿刃的刃磨质量。如图 3-2-1 所示，根据铣刀周边齿刃修磨方法和技术要求，通常是先修磨外圆柱面，后修磨后刀面。修磨外圆时，对新制作的铣刀，应将前一工序的加工痕迹全部磨去，并达到刀具外径的尺寸精度和圆柱度要求；对使用后重磨的铣刀，应将铣刀磨损的痕迹全部磨去，形成有 0.2～0.3 mm 宽度的周边齿刃带（称为白刃）。修磨后刀面时，除了达到后角要求外，应保留 ≤0.1 mm 的刃带，以使铣刀周边刃具有较高精度的圆柱度。由此，目测时可用放大镜检查各周边齿是否有 0.1 mm 左右的刃带，若无刃带或刃带时有时无（见图 3-2-1(c)），则铣刀的圆柱度就无法保证。

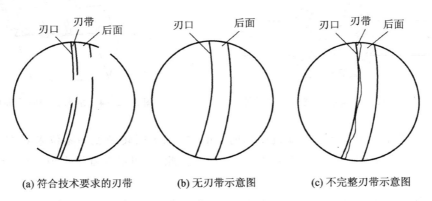

图 3-2-1　目测检验铣刀刃磨质量

2) 试切检验

将挑选后的铣刀安装在铣床的刀杆上,在试件上铣削平面的平面度,若沿刀具轴向测量,可间接检查铣刀的圆柱度,如图 3-2-2 所示。

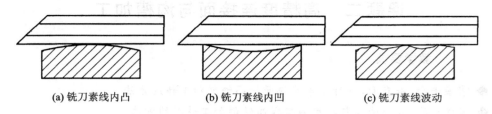

(a) 铣刀素线内凸　　　　(b) 铣刀素线内凹　　　　(c) 铣刀素线波动

图 3-2-2　试切检验铣刀刃磨质量

3) 测量检验

用百分表和顶装心轴配合测量时(见图 3-2-3),夹具夹在用两顶尖定位的心轴上。心轴周线与工作台面和进给方向平行。调节百分表侧头大致对准夹具中心,然后用手转动心轴,使侧头沿后刀面由低到高,测得铣刀周边齿刃带处的示值。转动心轴,逐齿检测可检测刀具该处的径向圆跳动。若移动工作台,在轴向选择多点进行测量,便可测出铣刀的圆柱度误差和径向圆跳动误差。铣刀的圆柱度也可用千分尺测量。

(2) 调整铣床主轴的位置精度

用端面铣削法时,影响加工面平面度的主要因素是铣床主轴轴线与工作台进给方向的垂直度。若主轴与进给方向不垂直。如图 3-2-4 所示,铣削的平面会产生凹现象。常见的影响因素和调整方法如下:

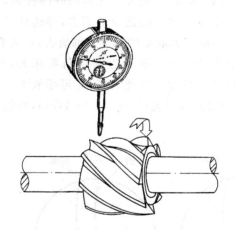
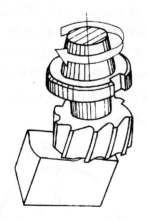

图 3-2-3　测量检验铣刀刃磨质量　　　　图 3-2-4　端面铣削时平面中凹陷

① 在立式铣床上用纵向进给端铣平面时,如果立铣头回转刻度的零位未对准,会影响主轴轴线与纵向进给方向的垂直度(见图 3-2-5(a))。此时,可借助锥销定位,以保证主轴轴线与纵向进给方向垂直。

② 在立式铣床上用横向进给端铣平面时,如果立铣头回转盘接合面贴合不好,使主轴横向倾斜,或工作台垂向导轨间隙较大,使工作台面外倾,都会影响主轴轴线与横向进给方向的垂直度(见图 3-2-5(b))。此时,应略松开立铣头回转盘紧固螺母,随后再按对角顺序,逐步

拧紧紧固螺母,使接合面良好贴合,并适当调节垂向导轨间隙,以保证主轴轴线与横向进给方向垂直。

③ 在卧式万能铣床上用纵向进给端铣削平面时,如果铣床工作台水平转盘的零位未对准,便会影响主轴轴线与纵向进给方向的垂直度。此时,应松开转盘的紧固螺母,微量转动工作台对准零线,然后按对角顺序,逐步拧紧四个紧固螺母,以保证主轴轴线与纵向进给方向垂直。

④ 在卧式铣床上用垂向进给端铣平面时,如果垂向导轨间隙较大,会影响主轴轴线与垂向进给方向的垂直度,此时,可通过适当调节导轨间隙,按对角顺序,逐步拧紧转盘紧固螺母,保证主轴轴线与垂向进给方向垂直。

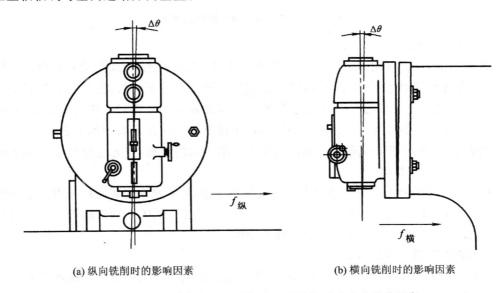

(a) 纵向铣削时的影响因素　　　　　　(b) 横向铣削时的影响因素

图 3-2-5　立式铣床主轴轴线与进给方向垂直度的影响因素

（3）合理选择夹紧力

工件装夹不合理,即使在夹紧状态加工面符合平面度的要求,工件松夹后仍会发生弹性变形,从而影响加工面的平面度。

① 夹紧力作用点设置不合理,会使工件发生弹性变形,如图 3-2-6(a)所示。此例因工件中间是拱形槽,压板在拱形槽上方压紧工件,会使工件发生中间向下弯曲的弹性变形。铣削完工松夹后,工件恢复原状,夹紧状态下的平面度发生变化,加工面会产生中间凸起的现象。

② 夹紧力作用方向不合理,也会使工件发生弹性变形,从而影响加工面平面度,如图 3-2-6(b)所示。此例因压板的垫块比较低,使压紧力有水平分力,致使工件受力发生向上凸起的弹性变形。工件顶面铣削完工后松夹,工件恢复原状,加工面会产生中间凹陷的现象。

③ 夹紧力的大小不合理,会使工件发生弹性变形,如图 3-2-6(c)所示。此例因工件比较薄,当夹紧力过大时,由于活动钳口发生倾斜,使工件发生弯曲变形。若采用适当的夹紧力,可减小工作变形。若铣削平面分粗、精加工,分别选用合适的夹紧力,能将工件的变形减小到最低限度。

（4）减少"误差复映"

工艺系统的刚度不足而使毛坯的误差复映到加工后工件表面的现象称为"误差复映"。减

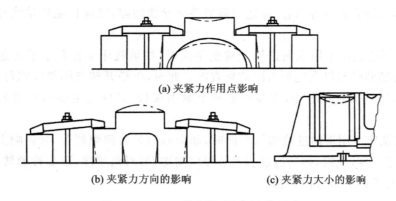

(a) 夹紧力作用点影响

(b) 夹紧力方向的影响　　(c) 夹紧力大小的影响

图 3-2-6　工件夹紧对平面度的影响

少误差复映通常可采用以下方法：

① 合理安排工艺。由于机床、夹具、刀具和工件都不是绝对刚度，而是受到载荷要变形的弹性体。如果零件毛坯制造误差较大，则会造成平面加工余量不均匀，使铣削层深度变化较大，并使铣削力随铣削层深度大小而变化，因此加工表面就会产生类似毛坯的形状误差，影响加工面的平面度。克服这种因工艺系统刚性不足而使毛坯的误差复映到加工表面的现象，可以通过合理安排铣削工艺得到解决。如铣削平面要求较高的平面，应先进行粗加工和半精加工，尽量使加工面余量均匀。

② 提高工艺系统刚度。铣刀安装尽量靠近铣床主轴，卧式铣床安装圆柱铣刀尽量采用较短的刀杆。铣床工作台的导轨和丝杠螺母传动机构配合间隙、铣床主轴的轴承间隙应调整适当，工件的加紧应稳固，定位支承应具有足够的刚性。

2. 减小表面粗糙度值的方法

① 合理选择和调整铣削用量。在合理选择的数值范围内，适当提高铣削速度和减少每齿进给量，可减小表面粗糙度值。进给量对表面粗糙度的影响如图 3-2-7 所示。

② 合理选择铣刀规格和铣刀的几何角度。根据铣削加工平面的尺寸，合理选择铣刀的直径和宽度，避免接刀加工。根据材料选择适用的铣刀几何角度，提高刃口、刀尖和前后刀面的刃磨质量。

③ 采用大螺旋角、波形刃等圆周刃铣削的先进铣刀，以及采用不等齿距等端面刃铣削的先进铣刀。

④ 采用先进的铣削方法。如高速铣削等。

⑤ 合理调整铣床主轴轴承间隙和工作台间隙，减少铣削振动，避免进给中的停顿和爬行引起的"深啃"现象（见图 3-2-8）。

⑥ 在端面铣削时，如果主轴轴线与进给方向绝对垂直或反向微量倾斜（见图 3-2-9(a)、(b)），会在铣出的表面出现交叉刀纹，出现"拖刀"现象。为了避免端铣时的拖刀影响表面粗糙度，应在不影响平面度的前提下，使铣床主轴轴线向进给方向微量倾斜（见图 3-2-9(c)），以消除拖刀现象。

3. 提高垂直面和平行面铣削精度的方法

（1）检验、提高工作定位基准面的精度

在加工平行面和垂直面的时候，通常以图样规定的基准面定位，基准面的精度直接影响平

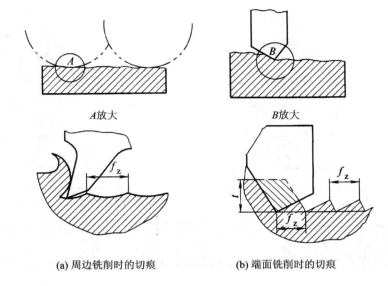

(a) 周边铣削时的切痕　　(b) 端面铣削时的切痕

图 3-2-7　进给量对表面粗糙度的影响

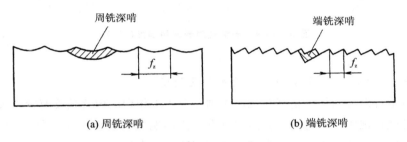

(a) 周铣深啃　　(b) 端铣深啃

图 3-2-8　铣削"深啃"现象

行面和垂直面的加工精度。因此,在加工前应首先检验基准面精度。如基准面精度较差,在余量许可的情况下,应按提高平面加工精度的方法提高基准面的精度。如果转换定位基准,例如加工平行面时采用与基准面垂直的平行面作为侧面基准,此时,还应对两个基准面之间的垂直度进行检验或修正。

(2) 检验、提高夹具定位基准面的精度

① 采用平口虎钳夹装,检查虎钳水平导轨面和定钳口垂直定位面的精度,以及底面的精度。如有碰毛,凸起等,可用油石修正;较大的凹凸点也可先用细齿锉刀修锉,然后用磨石修正。安装在机床工作台上后,应检测固定钳口定位面与虎钳底平面的垂直度,以及水平导轨面与底平面的平行度,并注意采用合适的夹紧力夹紧工件。

② 采用平行垫块垫高工件时,应选择精度较高的垫块,垫块应经过平行度检验,等高垫块尺寸应严格相等;使用时尽量减少垫块的数量,以免产生定位累积误差。

③ 采用在铣床工作台面上直接安装工件时,工作台面作为夹具定位基准,应检查其表面精度,并进行必要的修正。

(3) 检验、选择铣刀的几何精度

在用周铣法加工时,选择圆柱铣刀(或立铣刀)时,应选择圆柱度较好的铣刀,特别应注意

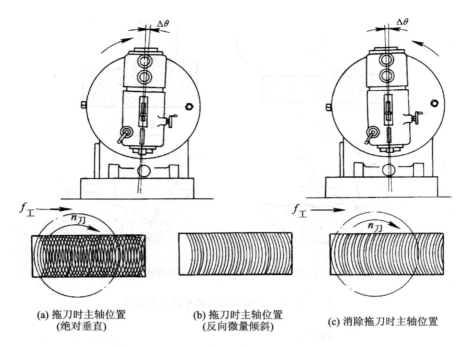

(a) 拖刀时主轴位置　　　　(b) 拖刀时主轴位置　　　　(c) 消除拖刀时主轴位置
　　（绝对垂直）　　　　　　　（反向微量倾斜）

图 3-2-9　进给量对表面粗糙度的影响

铣刀的锥度。

（4）调整铣床主轴与工作台、进给方向的位置精度

平行面与垂直面铣削加工精度与铣床主轴相对于工作台的位置精度有密切关系。一般来说，用端铣法铣削，铣床主轴与进给方向的垂直度因影响平面度而影响平行度和垂直度精度。铣床主轴与工作台或某一进给方向的平行与垂直精度，直接影响加工面的平行度或垂直度。如在卧式铣床上用端铣法纵向进给加工垂直面，定位基准与工作台面贴合，铣床主轴与工作台面的平行精度将直接影响加工面与基准面的垂直度。若工件垂直面定位基准在侧面，虽然定位基准与横向平行，如果铣床主轴与纵向不垂直，用垂向进给会铣出斜面。因此，在立式铣床上应调整主轴与工作台面垂直，在卧式铣床上应调整铣床主轴与工作台面平行，并与纵向垂直。调整的方法除前述的转盘对准零位，调整工作台间隙等外，在卧式铣床上还应注意悬梁紧固，支架的安装精度和刀杆支承轴间隙的调整。

4. 提高台阶和直角沟槽铣削精度的方法

直角沟槽由三个平面组成，相邻两个平面之间相互垂直，台阶是直角沟槽的一部分。直角沟槽通常用盘形铣刀或指形铣刀加工，现将影响直角沟槽加工精度的常见因素和相应措施简述如下：

（1）用盘形铣刀铣削时的影响因素和相应措施

① 影响沟槽形状精度的因素和相应措施。用盘形铣刀加工时，影响直角沟槽形状精度的原因主要是工件的进给方向与铣床主轴轴线不垂直。在这种情况下，由于铣刀两侧切削刃（刀尖）的旋转平面与工件进给方向不平行，会将沟槽的两侧面铣成弧形凹面，且成上宽下窄，如图 3-2-10 所示。相应的措施是精确调整铣床主轴与进给方向的垂直精度。

② 影响沟槽位置精度的因素和相应措施。矩形工件上的沟槽，其位置精度主要是指沟槽

与工件侧面的平行度和尺寸精度。影响平行度的因素主要是夹具支承面或工件侧面与进给方向不一致,因此工件装夹后应精确地找正侧面基准与进给方向的平行度。影响位置尺寸精度的主要因素有对刀不准确、铣刀偏让、主轴轴承间隙大等,此时,应提高操作准确度,挑选锋利的铣刀和合适尺寸规格的铣刀,注意检测、调整铣床主轴轴承间隙。

③ 影响沟槽尺寸精度的因素和相应措施。影响宽度尺寸的因素有铣刀偏摆(见图 3-2-11)、铣刀宽度误差、侧面平面度差等。相应地措施是提高铣刀安装精度,减小铣刀端面圆跳动量;准确测量铣刀的宽度尺寸;提高侧面的平面度,减少平面度对尺寸的影响。对几次进给铣削的沟槽,应提高过程测量的准确度、工作台移动的准确度等,必要时可以借助百分表控制工作台的移动准确性。

(2) 用指形铣刀铣削时的影响因素和相应措施

1) 影响沟槽形状精度的因素和相应措施

用立铣刀加工时,影响直角沟槽形状精度的主要因素是立铣刀的圆柱度。因此,精度较高的直角沟槽可通过测量、试切等方法,挑选形状精度较高的立铣刀。采用试切挑选法

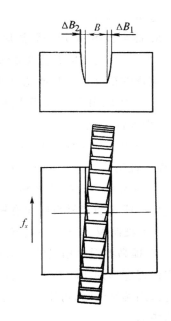

图 3-2-10 进给运动方向与铣床主轴不垂直对槽形的影响

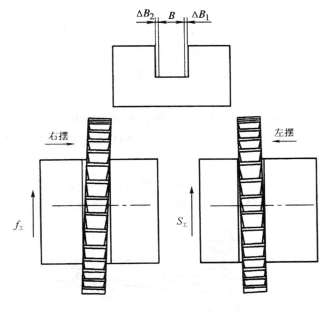

图 3-2-11 铣刀偏摆对槽宽的影响

还可以综合铣削偏让等多种影响因素,可用于精铣时铣刀的尺寸和形状挑选。

2) 影响沟槽位置精度的因素和相应措施

除了与盘形铣刀铣削时相同内容外,若铣床主轴与纵向不垂直,在立式铣床上用横向进给或在卧式铣床上用垂向进给时,铣出的沟槽底面与侧面会产生偏斜。因此铣削时,铣床主轴与

纵向进给应垂直。

5. 提高键槽、V形槽和燕尾槽铣削精度的方法

（1）提高键槽铣削精度方法

键槽的精度主要是槽宽尺寸与两侧面对工件轴线的对称要求。提高加工精度的方法：

① 采用轴用虎钳、V形块和两顶尖装夹工件，确保工件轴线的定位精度，确保工件夹装稳固，减少弹性偏让。

② 采用切痕对刀、试件试切、小直径铣刀试切等方法，并与用百分表测量对称度方法相结合，提高铣削位置的找正和工作台调整精度。

③ 提高铣刀直接检测和安装精度，减少铣刀偏摆、圆跳动对槽宽尺寸与对称度的影响。批量生产或难加工材料应注意铣刀的磨损，掌握铣刀的使用寿命。

（2）提高V形槽铣削精度的方法

① 提高槽形角精度的方法：选择符合槽形夹角精度要求的角度铣刀，最好通过试切测量确定铣刀廓形的实际精度。提高铣刀的安装精度，减少铣刀偏摆与跳动对槽形的影响。在立式铣床用端铣法时，可用正弦规准确调整立铣头的倾斜角，采用工件180°翻身法铣出精度较高的槽形。

② 提高槽位置精度的方法：V形槽的位置精度主要是槽与基准的平行度及尺寸精度。通常通过工件的准确找正、借助标准圆棒和百分表提高测量精度等方法，可以提高槽的位置精度。对加工对称两侧外形的V形槽，在提高两侧平行面精度后，采用工件180°翻身法可铣出对称精度较高的V形槽。

（3）提高燕尾槽铣削精度的方法

燕尾应能进行磨损补偿，通常用于导轨配合。为控制配合间隙，还配有镶条。相互配合的燕尾槽和燕尾块，为提高配合精度主要应提高槽形角的一致性，以及槽的一侧与侧面基准斜度的准确性。

① 提高槽形角精度的方法：选择符合槽形角精度要求的角度铣刀或专用铣刀；采用试切测量，确定铣刀的实际廓形角再作选择。精铣时，配合件的槽采用同一把铣刀，以保证槽形角的一致性。

② 提高槽侧斜角精度的方法：在检测或提高侧面基准精度后，采用正弦规和百分表找正工件进给方向的倾斜角，以提高槽侧斜角铣削加工精度。槽侧斜角的测量方法如图3-2-12

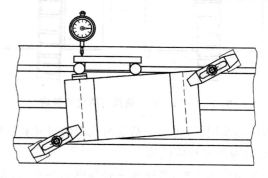

图3-2-12 燕尾槽侧面斜角的测量方法

所示。

3.2.2 连接面工件加工技能训练

用周边铣削法加工平面与平行面技能训练

重点：掌握台阶、斜面复合工件铣削工序制定方法。
难点：台阶与斜面加工精度的控制。

铣削加工如图 3-2-13 所示的台阶、斜面复合工件，毛坯尺寸：70 mm×56 mm×46 mm，材料：HT200，数量：1 件。

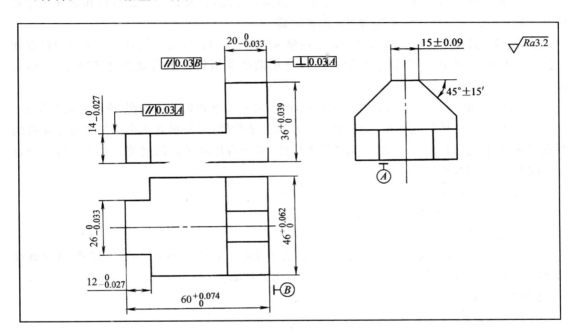

图 3-2-13　台阶、斜面复合工件

【工艺分析】

工件主要是立方体，宜采用机用平口虎钳装夹。根据图样的精度要求，在立式铣床上采用套式面铣刀、立铣刀铣削加工面。加工工序过程：

安装找正机用虎钳→安装面铣刀铣削六面体→预检六面体精度→工件表面划线→安装立铣刀铣削凸台→铣削台阶→调整立铣头角度铣削斜面→台阶、斜面工件检验。

【工艺准备】

1) 选择铣床。选用 X5032 型立式铣床。

2) 选择工件装夹方式。选用机床用平口虎钳夹装工件。

3) 选择刀具。根据图样选用直径为 $\phi 25$ 的锥柄中齿标准立铣刀，直接为 $\phi 80$ 的套式面铣刀。

4) 选择检验测量方法。

① 用外径千分尺测量工件的凸台宽度、外形、台阶相关尺寸。

② 用游标万能尺和游标卡尺测量斜面角度及连接尺寸。

③ 用深度千分尺测量凸台深度尺寸。

④ 用百分表、90°角尺及塞尺测量连接面平行度和垂直度。

【加工准备】

1) 目测检验铣刀的刃磨质量。

2) 选用精度较高的机床用平口虎钳。安装平口虎钳前,用油石仔细去除定位结合面的毛刺和不平整部位。用百分表找正定钳口与纵向平行,检测定钳口与垂向的平行度。

3) 选用精度较高的刀杆安装套式面、目测铣刀的圆跳动和端面跳动。

4) 铣削六面体。按六面体铣削顺序铣削六面体,为提高铣削精度,注意以下几点:

① 用粗精铣削用量试铣平面,预检平面和表面粗糙度,判断铣刀刃磨质量和立铣头位置精度。检测时注意圆弧切线中间与两端的微观偏差。

② 在粗铣过程中用精铣的余量和切削用量试铣垂直面和平行面,检测虎钳钳口的精度和工件夹紧力度,试验确定圆棒放置的位置,以及借助垫薄纸修正垂直度的薄纸厚度、衬垫位置等。

③ 精铣六面体,在半精铣时,观察表面粗糙度,若铣刀磨损影响粗糙度,应及时更换铣刀。

5) 在铣削六面体的过程中,调整铣床工作台镶条的间隙、校核立铣头的位置对平面度的影响程度、检验进给机构的平稳性、刻度的准确性、工作台传动机构的间隙。必要时可借助百分表控制工作台移动精度。

6) 工件表面划线

① 在底面划出凸台加工位置线。

② 在侧面划出台阶加工位置线。

③ 在凸台对应端面划出斜面加工位置线,为了控制(15 ± 0.09)mm 的加工尺寸,在顶面准确划出斜面与顶面的连接位置平行线,并准确打上样冲眼。

【加工步骤】

加工步骤如表 3-2-1 所列。

表 3-2-1 台阶、斜面铣削加工加工步骤

操作步骤	加工内容
1. 粗精铣凸台 (见图 3-2-14(a))	1) 换装立铣刀,注意各接合面的清洁和配合精度。铣刀安装后应检测铣刀的跳动误差。 2) 工件以端面与侧面定位夹装,注意用百分表复核顶面与工作台面的平行度,以及侧面与纵向的平行度。 3) 按铣削凸台的步骤操作,铣削时注意以下几点: a. 在试铣和粗铣中应检查铣刀的端面和圆周刃的锋利程度,以及表面粗糙度的质量。 b. 采用纵向铣削凸台的两侧台阶,因铣削方向不一致,应注意检测与顶面的平行度;凸台两台阶面与顶面的深度是否一致。 c. 凸台的两侧面由立铣刀的圆周刃铣成,由于铣刀的跳动和偏让,应注意检测侧面的平行度,因侧面高度尺寸比较小,因此可用百分表测量。而沿 36mm 方向具有一定长度,可注意测量长度两端的尺寸。若较长的侧面能达到要求,铣除台阶部分后,凸台面积缩小,尺寸精度必然合格

续表 3-2-1

操作步骤	加工内容
2. 粗精铣台阶 （见图 3-2-14(b)）	1）工件以侧面和底面为基准装夹，注意用百分表检测台阶端面基准与横向的平行度。选择精度较高的平行垫块将工件垫高，因夹紧高度比较小，平行垫块应使台阶底面略高钳口 1 mm。 2）手动进给铣除大部分余量。 3）精铣前重新装夹工件，注意清除切屑和粗铣的毛刺。 4）半精铣时注意立铣刀底面的接刀痕对底面平面度的影响。检测时可用百分表测头在平面上移动，观察示值变动量，检测接刀痕对平面度的影响程度。 5）台阶侧面与基准面的平行度用千分尺测量，测量点可尽量拉开，以测得最大误差
3. 精铣斜面 （见图 3-2-14(c)）	1）将平口虎钳水平内回转 90°，找正钳口与横向平行。 2）调整机床立铣头，准确转过 45°倾斜角。 3）工件以侧面和底面为基准装夹，用立铣刀端面刃粗铣斜面，铣削时应使铣削力向下，以免工件被拉起。 4）用游标万能角度尺预检斜面夹角精度。 5）用立铣刀圆周刃精铣斜面，用换面法铣削，以使斜面获得较高的位置精度。也可以工件一次准确装夹，一侧使用立铣刀端面刃铣削，另一侧采用立铣刀圆周刃铣削。 6）顶面的连接位置尺寸比较难测量，可借助比较精确的划线和样冲眼予以保证

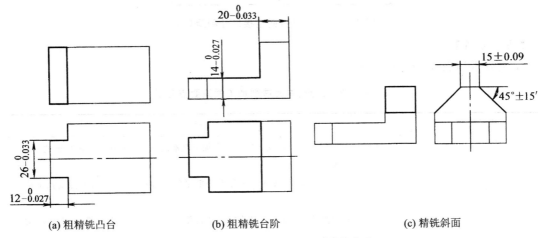

(a) 粗精铣凸台　　　(b) 粗精铣台阶　　　(c) 精铣斜面

图 3-2-14　台阶、斜面工件铣削步骤

【质量检验】

1）凸台检验

用外径千分尺测量凸台侧面尺寸应在 25.967～26.00 mm 范围内；用深度千分尺以端面为基准，测量凸台深度应在 11.973～12.00 mm 范围内。

2）台阶检验

用外径千分尺以底面为基础，测量台阶底面至基准底面的尺寸应在 13.973～14.00 mm 范围内；用外径千分尺测量台阶侧面至端面基准的尺寸应在 19.967～20.00 mm 范围内。

3）斜面检验

① 用游标万能角度尺测量顶面与斜面的夹角，误差在 ±15′ 范围内。

② 测量斜面与顶面的连接位置时，可借助两根等直径的标准棒，类似燕尾槽的测量方法，测

得圆棒的外侧尺寸,计算达到连接位置的实际尺寸。如图 3-2-15 所示,测量计算方法如下:

$$M = d + s + d\cot\frac{\alpha}{2}$$

本例采用直径为 6 mm 的标准圆棒,用千分尺测得圆棒外侧的尺寸 M 为 35.47 mm,则连接尺寸 s 为

$$s = M - d\left(1 + \cot\frac{\alpha}{2}\right) = (35.47 - 20.485) \text{ mm} = 14.985 \text{ mm}$$

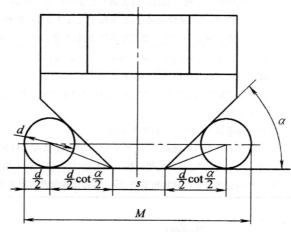

图 3-2-15 子斜面连接尺寸测量计算

【质量分析】

质量分析如表 3-2-2 所列。

表 3-2-2 台阶、斜面铣削加工质量要点分析

质量问题	产生原因
凸台精度超差	1. 六面体的平行度和垂直度误差影响凸台加工基准的装夹定位精度和测量精度。 2. 立铣刀的刃磨精度不高。 3. 工件按端面基准装夹后,顶面与工作台面的平行度、侧面与纵向的平行度找正精度不高。 4. 铣刀安装的精度不高,圆跳动误差影响凸台侧面平行度和表面粗糙度,端面跳动影响凸台底面的质量
台阶精度超差	1. 六面体两侧面平行度精度不高、虎钳活动钳口的导轨间隙较大、平行垫块精度不高、工件装夹操作有误差等因素,引起工件装夹后底面基准与工作台面不平行。 2. 立铣头与工作台面的垂直度影响立铣刀接刀铣削的平面度。 3. 立铣刀圆跳动误差影响台阶侧面对基准端面平行度和尺寸精度。 4. 工作台横向导轨镶条精度差,间隙调整不适当、进给不平稳等因素,影响台阶铣削的表面粗糙和平面度
斜面精度差	1. 斜面角度超差是由于工件装夹位置不准确,立铣头扳转角度精度不高,精铣时立铣刀锥度影响斜面角度,铣削过程中工件因夹紧力不适当微量位移等因素所致。 2. 斜面粗糙度超差是由于铣刀圆跳动误差,横向进给不平稳等因素所致。 3. 斜面粗糙度超差是由于划线错误、铣削操作失误、工件翻身装夹位置不准确等因素所致

划线盘底座加工技能训练

重点：掌握六面体、沟槽复合件的铣削加工方法。
难点：工艺步骤定制与阶梯操作方法。

铣削加工如图 3-2-16 所示的划线盘底座，毛坯尺寸：100 mm×76 mm×30 mm，材料：HT200，数量：1 件。

【工艺分析】

工件主体是立方体，宜采用机用平口虎钳装夹。根据图样的精度要求，六面体和半封闭键槽在立式铣床上铣削加工，其余在卧式铣床上加工。加工工序过程：

立式铣床安装找正机用虎钳→阶梯铣削法铣削六面体→预检六面体精度→工件表面划线→卧式铣床安装平口虎钳→铣削 V 形槽→铣削四周倒角→铣削圆弧槽→铣削半封闭键槽→铣削直角沟槽→划线盘底座检验。

【工艺准备】

1) 选择铣床。选用 X5032 型立式铣床和 X6132 型卧式铣床。
2) 选择工件装夹方式。选择机用平口虎钳装夹工件。
3) 选择刀具

① 六面体选用阶梯铣削用刀盘、体外刃磨的焊接式硬质合金铣刀，采用 YG6 牌号硬质合金。
② 半封闭键槽选用 $\phi 16$ 的键槽铣刀。
③ 直角沟槽选用宽度为 6 mm 的三面刃铣刀。
④ V 形槽窄选用直径 $\phi 100$，宽度 4 mm 的锯片铣刀，斜面选用直径为 $\phi 90$ 的 45°单角度铣刀。
⑤ 圆弧槽选用 $R8$ 的凸半圆成形铣刀。
⑥ 四周倒角兼用铣削 V 形槽的单角度铣刀。

4) 选择检验测量方法

① 外径千分尺测量工件的外形相关尺寸及平行度。
② 万能角度尺和游标尺测量 V 形槽斜面角度及槽口尺寸。同时要用于测量四周倒角。
③ 内径千分尺和深度千分尺测量直角槽槽宽和槽深。百分表和量块测量槽的位置。
④ 用百分表、90°角度尺及塞尺测量连接面平行度和垂直度。
⑤ 用百分表、$\phi 16$ 标准棒（或键槽铣刀的刀柄）测量圆弧槽的位置，用游标尺测量槽深。借助标准棒测量 V 形槽对称度。

【加工准备】

1) 检验铣刀的尺寸和刃磨质量

① 用千分尺检验键槽铣刀的直径尺寸，目测检验端面，刀尖和外圆刃刃磨质量。
② 检验单角度铣刀的刃磨质量，必要时可试铣后检测角度和斜面粗糙度。
③ 目测检验三面刃、锯片铣刀和凸半圆成形铣刀的刃磨质量。
④ 刃磨阶梯铣削用的焊接式硬质合金铣刀。本例采用四把铣刀进行阶梯铣削，如图 3-2-17 所示。铣刀静态角度为前角 10°，主偏角 60°，负偏角 15°~30°，后角 15°，刃倾角 0°。第一把铣刀的刃倾角为 8°。第四把铣刀的刀尖圆弧较大，前角为 15°，而且，刀尖的位置逐步变高，安装时容易形成不同分布直径。铣刀盘的直径不宜过大，本例选择直径 $\phi 125$ 的铣刀盘。

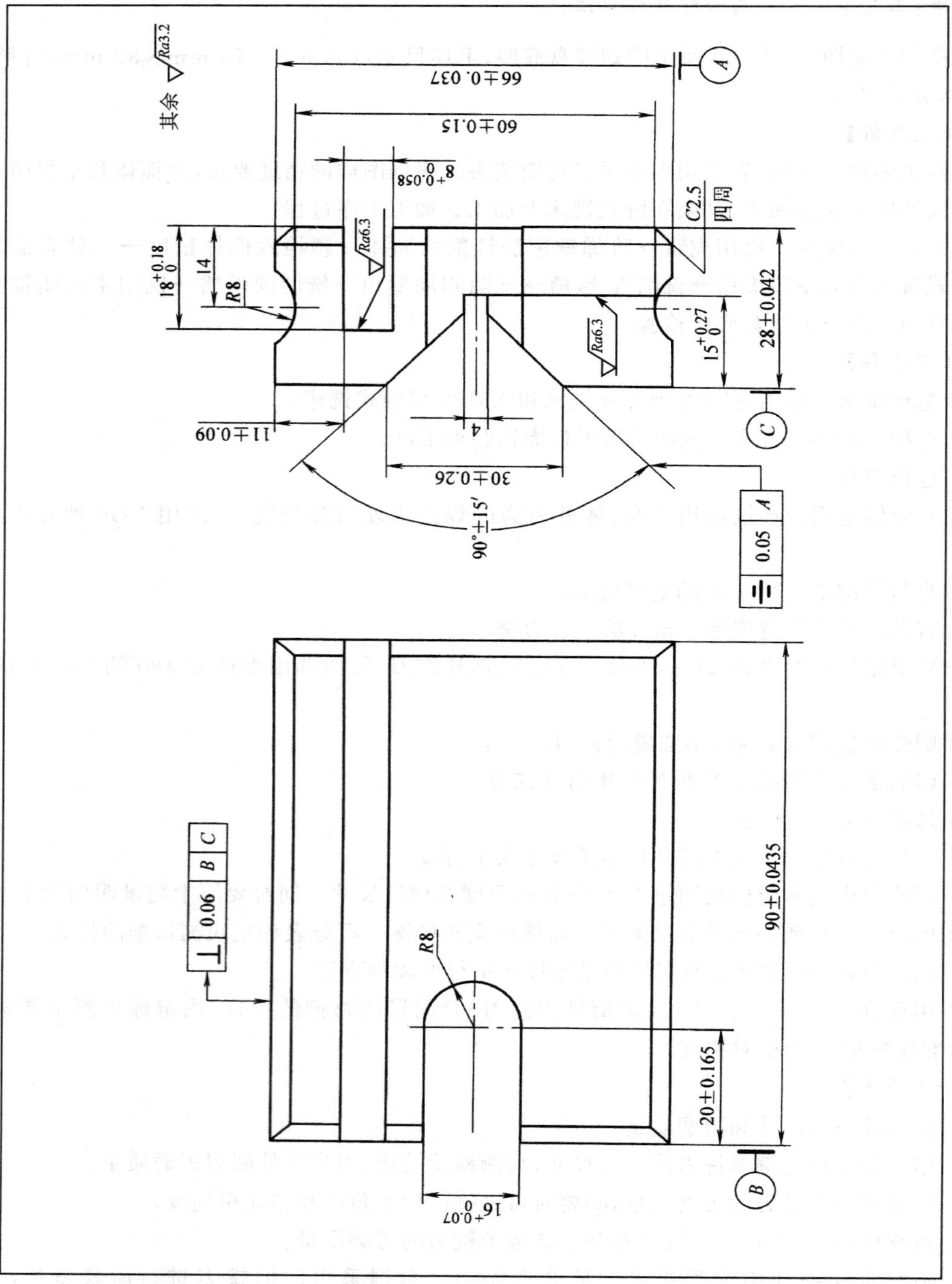

图3-2-16 划线盘底座

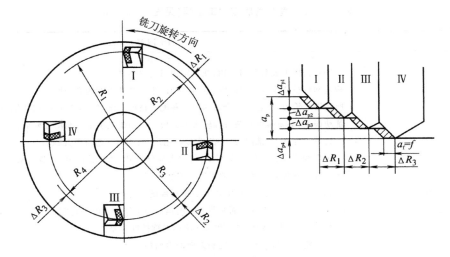

图 3-2-17 阶梯铣削示意

2) 选用精度较高的机床用平口虎钳和平行垫块。机用平口虎钳的规格略大些。

3) 选用精度较高的长刀杆，$\phi16$ 直径的弹性套筒和铣刀夹头。

4) 对选用的量具进行精度校核。

5) 在立式铣床上安装阶梯铣削刀具，按六面体铣削顺序铣削六面体，为提高铣削精度，须注意以下几点：

① 根据坯件余量分配阶梯铣削各刀具的余量。本例单面余量为 8 mm，因此，第一把铣刀余量为 2.5 mm（包括氧化皮部分）；第二、第三把铣刀的余量为 1.5 mm；第四把铣刀的余量为 0.5 mm，用作精铣，提高表面质量。

② 在粗铣过程中用精铣的余量和切削用量试铣垂直面和平行面，检验虎钳钳口的精度和工件夹紧力度，实验确定圆棒放置的位置，以及借助垫薄纸修正垂直度的薄纸厚度，衬垫位置等。

③ 选用较高的铣削用量，$U_c = 70 \sim 80$ m/min，$f_2 = 0.2 \sim 0.3$ mm/z。

6) 在铣削六面体的过程中，调整立式铣床工作台镶条的间隙，校核立铣头的位置对平面度的影响程度，检验进给机构的平稳性、刻度的准确性、工作台传动机构的间隙、以及机床主轴的间隙。

7) 工件表面划线

① 在底面和端面划出窄槽和 V 形槽加工位置线。

② 在侧面划出圆弧槽加工位置线。

③ 在顶面划出半封闭键槽位置线，并准确打上样冲眼。

④ 在顶面划出敞开式直角沟槽的槽宽位置线，以及四周倒角线。

【加工步骤】

加工步骤如表 3-2-3 所列。

表 3-2-3 划线盘底座加工步骤(见图 3-2-16)

操作步骤	加工内容

1. 粗精铣 V 形槽
（见图 3-2-18(a)）
	1) 在卧式铣床上安装平口虎钳，找正定钳口与纵向平行。
	2) 检验和调整铣床工作台间隙、进给运动的平稳性和刻度的准确性。
	3) 换装锯片铣刀，注意各接合面的清洁和配合精度。铣刀安装后检验锯片铣刀的端面圆跳动误差，必要时可安装直径较大的夹板。按划线铣削窄槽至图样要求。
	4) 换装单角度铣刀，铣削 V 形槽，为提高精度，铣削时注意以下几点：
	  a. 按划线用换面法粗铣 V 形槽，铣除大部分余量，铣削过程中，调节支架的轴承间隙，注意铣刀的跳动情况。必要时重新安装铣刀。
	  b. 精铣前复核工件尺寸为 66 mm 平行面的平行度。
	  c. 用百分表测量工件换面法装夹后的顶面与工作台面的平行度。
	  d. 检测 V 形槽的夹角误差和换面法的对称精度误差。
	  e. 检查铣刀刃口的磨损情况和斜面的表面粗糙度。
	  f. 用标准棒测量 V 形槽槽口宽度测量数据，如图 3-2-19 所示。当标准棒的直径为 21.22 mm 时，标准棒的轴线恰好落在顶面上，即 V 形槽尺寸为 30 mm 时，底面至标准棒外圆最高点的尺寸为 28 mm+10.61 mm=38.61 mm。
	  g. 用标准棒和千分尺测量，逐步调整垂向，并准确地采用换面铣削 V 形槽至图样夹角、对称度和槽宽要求

2. 铣削四周倒角 （见图 3-2-18(b)）	兼用单角度铣刀铣削四周圆角。铣削时注意找正顶面与工作台面的平行度，侧面或端面与进给方向的平行度。要求是斜面的交线与侧面的交线对齐
3. 铣削圆弧槽 （见图 3-2-18(c)）	换装 R8 的凸平圆成形铣刀，铣削两侧的圆弧槽。 1) 工件以侧面和底面为基准装夹，注意用百分表检测侧面与工作台面的平行度，以及底面与工作台纵向的平行度。 2) 因成形铣刀的前角大多为 0°，应选用较小的铣削用量。 3) 按侧面圆弧槽加工位置线用切痕对刀法对刀试铣圆弧槽。 4) 预检圆弧槽。用 ϕ16 的标准棒或 R8 的圆弧样板检测圆弧的形状和尺寸精度；借助 ϕ16 的标准棒用测量 V 形槽对称度的方法，测量圆弧对尺寸为 28mm 平行面的对称度，确定横向的微调数据；用游标卡尺测量圆弧槽的深度，确定垂向精铣余量。 5) 按预检的数值准确调整横向与垂向，精铣圆弧槽至图样尺寸和形位要求
4. 铣削半封闭键槽 （见图 3-2-18(d)）	1) 在立式铣床上，以底面和侧面为基准装夹工件，找正工件侧面与纵向平行，底面与工作台平行。 2) 安装铣夹头、弹性套和键槽铣刀，用百分表检测铣刀圆周刃与铣床主轴的同轴度。检测时，铣刀切削刃逆向旋转，百分表测头位于铣刀靠近端部圆周刃切削刃(因此处跳动量较大)。若测得的跳动量为 0.01 mm，则铣出的键槽宽度理论上应增加 0.01 mm。实际上还可能因主轴间隙、铣削拉动和偏让等因素影响槽宽尺寸。 3) 为了使键槽与外形对称，可以先用较小直径的键槽铣刀铣削。待铣刀横向位置准确处于工件外形中间时，再换装 ϕ16 的键槽铣刀铣削半封闭键槽

续表 3-2-3

操作步骤	加工内容
5. 铣削敞开式直角沟槽 （见图 3-2-18(e)）	考虑到直角沟槽较早加工会因工件装夹而变形，因此直角沟槽应放在最后加工。为了提高直角沟槽的加工精度，须注意以下几点： 1) 注意检查万能铣床的工作台零位是否对准。若加工螺旋槽工件后未准确找正，可用百分表找正主轴与纵向进给方向垂直。找正的方法与找正立铣头垂直于工作台面的方法相似，只是百分表测头与工作台 T 形槽基准直槽的侧面接触。 2) 安装三面刃铣刀前，挑选直线度较好的长刀杆及平行精度较高的刀杆套圈。铣刀安装后，先调整支架支持轴承的间隙，然后再扳紧刀杆锁紧螺母。 3) 按划线试铣直角槽。侧面和深度均留有余量。用内径千分尺预检槽侧的平行度，以检测直角沟槽的形状和位置精度、宽度和深度尺寸，确定精铣的调整余量。 4) 准确移动横向，控制槽侧至基准和槽底至基准的尺寸精度，然后根据槽宽的实测尺寸，调整横向，逐步铣削槽宽达到图样要求。 5) 在精铣的过程中，注意将工件松夹后再重新装夹，防止夹紧力过大对槽宽精度影响

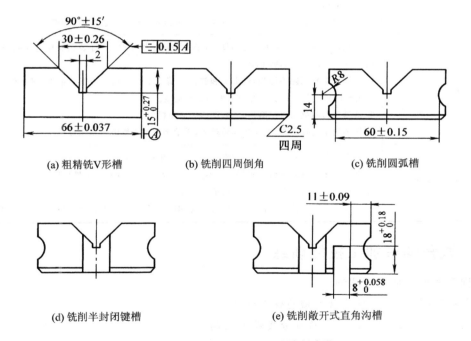

(a) 粗精铣V形槽　　(b) 铣削四周倒角　　(c) 铣削圆弧槽

(d) 铣削半封闭键槽　　(e) 铣削敞开式直角沟槽

图 3-2-18　台阶、斜面工件铣削步骤

【质量分析】

质量分析如表 3-2-4 所列。

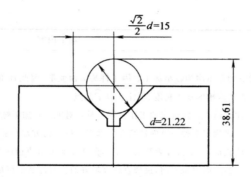

图 3-2-19　V 形槽的槽口宽度检测计算

表 3-2-4　划线盘底座加工质量要点分析

质量问题	产生原因
V 形槽精度超差	1. 工件外形中尺寸为 66 mm 的两平面和顶面与底面的平行度误差及对底面的垂直度误差，影响 V 形槽换面法加工时工件的装夹定位精度和测量精度。 2. 角度铣刀的刃磨精度不高。如刀刃的直线度、锥面后角、角度误差等。 3. 工件按侧面和底面为基准装夹后，底面与工作台台面的平行度、侧面与纵向的平行度找正精度不高。 4. 角度铣刀安装的精度不高，圆周跳动误差影响斜面平面度和表面粗糙度
半封闭键槽超差	1. 六面体精度不高，虎钳找正精度差，平行垫块精度不高，工件装夹操作有误差等因素，引起工件装夹误差影响加工精度。 2. 立铣头主轴间隙不适当，铣夹头和弹性套精度不高影响铣刀安装精度，键槽铣刀圆周刃与主轴同轴度找正精度差等因素影响键槽宽度。 3. 键槽铣刀圆周刃过早磨损，影响键槽表面粗糙度。 4. 铣削用量选择不当，工作台间隙较大，进给不平稳等影响键槽精度
敞开式直角槽精度差	1. 铣削工艺有问题，在加工其他部位时工件直角槽变形。 2. 万能铣床的纵向进给方向与主轴不垂直，影响槽尺寸和直角槽精度。 3. 三面刃铣刀刀尖部分磨损，引起槽宽尺寸上宽下窄。 4. 直角槽粗铣预检后，精铣时夹紧力过大，引起工件弹性变形，影响槽宽尺寸和形状精度

3.2.3　直角沟槽加工技能训练

对称双键槽轴加工技能训练

重点：掌握较高精度对称双键槽的铣削方法。

难点：工件的装夹及对称度、角度分度精度控制。

铣削加工如图 3-2-20 所示的对称双键槽轴，毛坯尺寸：$\phi 45 \times 465$ mm，材料：45 钢，数量：1 件。

【工艺分析】

工件属于带有中心孔的阶梯轴，宜采用两顶尖、拨盘和鸡心夹装夹。阶梯轴的两端为 $\phi 3.15$ 的 B 型中心孔，是工件的主要基准。根据图样的精度要求，在立式铣床上采用键槽刀铣削加工。加工工序过程：

安装找正分度头和尾座→安装找正工件→安装找正键槽铣刀→找正铣床主轴与工件的位

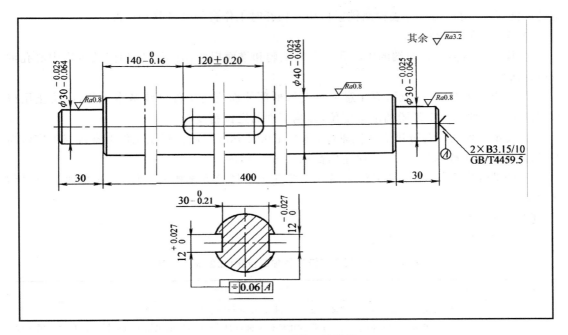

图 3-2-20 对称双键槽轴

置→安装辅助定位夹紧装置→铣削—侧键槽→预检→铣削另一侧键槽→对称双键槽检验。

【工艺准备】

1）选择铣床。选用 X5032 型立式铣床。

2）选择工件装夹方式。选用分度头、尾座两顶尖定位，拨盘和鸡心夹装夹工件。由于工件比较长，为防止键槽铣削时工件中部晃动，用机用平口虎钳作辅助夹紧支撑工件。

3）选择刀具。根据图样选用直径为 $\phi12$ 的高速钢键槽铣刀。

【加工准备】

1）目测检验键槽铣刀的刃磨质量，对端面和刃磨质量应注意检查，刀刃的内倾角应对称，刀尖连线应与刀具轴线垂直。

2）选用、安装和找正分度头

① 选用精度较高的万能分度头、尾座，检查分度机构的间隙、分度相关部分的精度，如分度手柄与轴上平键的配合、分度盘圈孔的完好程度、分度头主轴紧固手柄的锁紧性能（锁紧和松开分度头主轴时工件是否有微量角位移）等。还应注意检查尾座的调整性能和紧固机构性能完好程度。

② 安装分度头和尾座后，用百分表找正尾座顶尖和分度头主轴顶尖同轴，即分度头主轴水平位置，尾座回转体上平面与工作台面平行，两顶尖顶装的工件或标准棒素线与工作台纵向平行，上素线与工作台面平行。

3）选用精度较高的机床用平口虎钳，注意检查钳口合拢时的间隙和丝杠螺母传动间隙，防止作辅助夹紧时工件单边受力，影响工件的准确定位。平口虎钳放置在分度头与尾座之间，钳口高度的中间与工作轴线平齐。

4）选用精度较高的铣夹头、弹性套安装槽铣刀，目测铣刀的圆跳动和端面跳动。用百分表检测铣刀圆周刃的圆跳动误差应在 0.01 mm 以内。

5）检查铣床主轴的间隙、工作台纵向的间隙和自动进给平稳性，检查工作台横向锁紧机构的性能,注意用钟面百分表检测锁紧机构和松开时工作台的微量移动情况。

6) 安装、找正工件

① 检查和清洁工件两端的中心孔。若有毛刺和锥面损坏,应用锥度相同的专用中心孔油石进行研修。

② 用鸡心夹装夹工件后,应注意鸡心夹的柄部侧面应与工件轴线基本平行,以防止用拨盘螺钉紧固工件时使工件脱离准确定位,影响工件的定位精度。

③ 找正工件两端与分度头的同轴度,误差在 0.01 mm 以内。找正工件上素线与工作台面平行,侧素线与工作台纵向平行,误差均在 0.02 mm 以内。

④ 转动分度手柄,将工件圆跳动误差位置置于工件上方键槽铣削位置,减少跳动对对称度的影响。

【加工步骤】

加工步骤如表 3-2-5 所列。

表 3-2-5 对称双键槽轴加工步骤(见图 3-2-20)

操作步骤	加工内容
1. 找 正	精确找正铣床主轴与工件轴线的位置,找正步骤与方法如图 3-2-21 所示。 1) 在键槽铣削的轴线位置,手拧虎钳丝杠方榫,用底座不紧固的机用平口虎钳钳口自由夹紧工件两侧素线。 2) 在铣床主轴上安装百分表,并将百分表测头与虎钳的两侧面接触,微量调整工作台横向,使百分表与虎钳钳口两侧的最高示值相同。锁紧工作台横向后,再次复核铣床主轴与工件轴向的位置。 3) 用扳手略扳紧虎钳丝杠,此时,用 0.05 mm 塞尺检测虎钳钳底面与工作台面之间的间隙,然后用压板螺栓将虎钳轻压紧在工作台面。压紧后,再次复核工件轴线与铣床主轴的位置
2. 铣削一侧键槽	1) 纵向切痕对刀,确定键槽的轴向位置。垂向对刀确定槽深位置。 2) 按对刀数据在工件靠近尾座一端上升垂向,铣削一侧键槽、注意冲注足够额的切削液。 3) 松开虎钳压板和钳口,将虎钳向尾座方向偏移,清除工件键槽的毛刺。 4) 工件准确转过 90°,用百分表和 180°翻身法检测键槽对称度。 5) 对键槽的宽度、长度和深度,以及位置尺寸进行检测
3. 铣削另一侧键槽	复核工件两端外圆与分度头的同轴度,分度头根据第一条键槽铣削位置准确转过 180°,按铣削第一条键槽的操作方法,铣削另一侧键槽

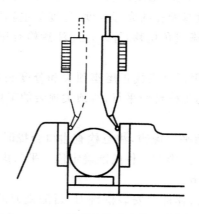

图 3-2-21 用环表法准确找正铣削位置

【质量检验】

1) 键槽的尺寸和轴向位置检验与一般键槽检验测量相同。

2) 对称度和位置度检验要点

① 测量前应复核工件与分度头的同轴度、轴线与工作台面和纵向的平行度。同时应对测量接触的工作台面位置及百分表座底面用油石修磨去除毛刺。进行测量时,底座与工作台面应有贴合紧密的粘着感。

② 键槽的对称度直接在机床上百分表借助分度头检测。测量方法与一般键槽相似。值得注意的是,本例键槽比较长,应首先检测槽侧与轴线的平行度。

③ 键槽的 180°位置精度测量时,将两键槽准确的处于水平位置,然后用百分表测得一侧键槽的槽侧,工件准确转过 180°,比较侧脸另一键槽的同侧是否等高,百分表示值的变动量经过计算可得出位置度误差。

【质量分析】

质量分析如表 3-2-6 所列。

表 3-2-6　对称双键槽轴铣削质量要点分析

质量问题	产生原因
平行度超差	1. 分度头顶尖和尾座顶尖轴线不同轴。 2. 工件侧素线与横向平行度找正精度不高。 3. 工件使用辅助夹紧时操作步骤不对,或压板压紧虎钳时使工件轴线微量偏移。 4. 工作台镶条精度差或间隙调整不当
槽宽精度超差	1. 铣夹头。弹性套精度不高。 2. 立铣头主轴间隙调整不当。 3. 铣刀圆周刃直径测量误差,安装找正精度不高,铣刀夹紧后圆跳动误差增大。 4. 工作台纵向导轨镶条精度差,间隙调整不当,进给不平稳等
对称度超差	1. 工件顶装定位位置在铣削时发生位移。 2. 工件与分度头同轴度找正精度不高。 3. 在准确找正或复核铣床主轴与工件轴线位置时,操作失误和找正精度不高。 4. 采用辅助夹紧时,工件位置偏移。 5. 工作台横向紧固机构不可靠,紧固和松开工作台时,工作台横向有微量移动

双凹凸槽工件加工技能训练

重点:掌握凸台与直角槽配合件的铣削方法。

难点:配合精度和对称度控制。

铣削加工如图 3-2-22 所示的双凹凸槽工件,毛坯尺寸:210 mm×80 mm×70 mm,材料:45♯钢,数量:1件。

【工艺分析】

本例为双凹凸相配的两头工件,形状较简单,但因直角沟槽和凸台的精度比较高,因此,工艺装备的配置铣削操作,测量检验等均应具有较高的精度。根据图样的精度要求,在卧式铣床上采用圆柱铣刀和三面刃铣刀铣削加工。加工工序过程:

安装找正机用平口虎钳→安装找正工件→安装圆柱铣刀铣削六面体→安装三面刃铣刀铣削底面凸台和直角槽→铣削顶面直角槽和凸台→双凹凸槽检验。

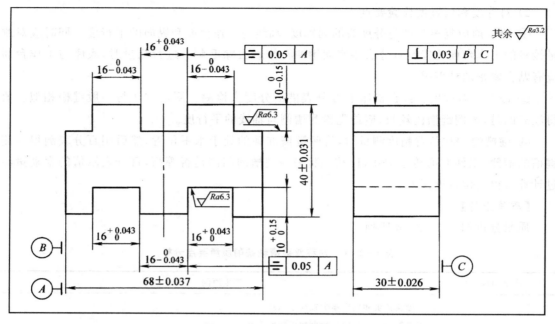

图 3-2-22 双凹凸槽工件

【工艺准备】

1）选择铣床。选用 X6132 型卧式铣床。

2）选择工件装夹方式。铣削六面体时，虎钳钳口与纵向平行；铣削双凹凸槽时，虎钳钳口与横向平行。

3）选择刀具。根据图样选用直径为 $\phi63$、宽度为 100 mm 的圆柱铣刀铣削六面体；直径为 $\phi63$，宽度为 12 mm 的三面刃铣刀铣削双凹凸槽。

4）选择检验测量方法。

① 用 $\phi16$ 赛规和内径千分尺测量直角槽的宽度尺寸，中间凸台的宽度用公法线千分尺测量。

② 用外径千分尺测量位置尺寸，也可以用百分表用换面法测量槽和凸台的对称度。

③ 用深度千分尺测量槽和凸台的深度。

【加工准备】

1）目测检验圆柱铣刀和三面刃铣刀的刃磨质量。

2）选用、安装和找正机用平口虎钳。

① 选用精度较高的机用平口虎钳，检查丝杠螺母传动机构的间隙，钳口合拢精度，活动钳口滑座导轨间隙等。

② 安装机用虎钳，使钳口与工作台纵向平行。

③ 铣削直角槽是凸台时，用百分表准确找正虎钳定钳口与工作台横向平行。

3）选用精度较高的刀杆安装圆柱铣刀和三面刃铣刀。安装三面刃铣刀的刀杆套圈应注意检查平行度。

4) 用百分比找正铣床主轴与工作台纵向的垂直度,检查铣床主轴的间隙,支架支持轴承的完好程度(若发现内孔已磨损变大,即调整螺钉已无法调节轴承与刀杆轴颈间隙时,应更换新的轴承。)工作台纵向的间隙和自动进给平稳性,检查工作台横向锁紧机构性能、横向移距的准确性。

5) 铣削六面体

① 按六面体的铣削步骤加工外形,达到图样的精度要求。

② 加工中注意提高端面与底面和侧面的垂直度,以便于加工双凹凸槽时对称度的控制和测量精度。为了提高端面与侧面的垂直精度、加工端面时虎钳钳口可与横向平行,工件下面应选择精度较高、尺寸较长的平行垫块衬垫,以便于使用 90°角尺检测侧面安装位置。必要时可以采用百分表找正侧面与垂向平行,用以提高端面与侧面的垂直精度。

③ 在粗铣时应注意用刀口形直尺预检平面度,若铣刀刃磨精度不高,应及时更换铣刀。

④ 对工件外形进行检验测量。本例六面体尺寸精度要求比较高,测量前应对所用的量具进行精度校核。先用高精度的刀口直尺测量各面的平面度;工件长、宽、高尺寸用不同规格的外径千分尺测量,分别将 B、C 与标准平板贴合,用精度较高的 90°角尺和 0.03 mm 的塞尺进行测量。

6) 工件表面划线。划线时,分别以两端为基准,用划线高度尺同时划出顶面(底面)中间槽(凸台)位置线和两侧凸台(直角槽)位置线。

【加工步骤】

加工步骤如表 3-2-7 所列。

表 3-2-7 双凹凸槽加工步骤(见图 3-2-22)

操作步骤	加工内容
1. 铣削顶面中间直角槽、两侧凸台	1) 铣削中间直角槽:首先目测铣刀宽度处于顶面直角槽划线中部,按深度 8 mm 粗铣直角槽。再根据两端面的实际尺寸计算中间槽对称位置,及槽侧面至端面的侧脸尺寸。本例若测得两端面的实际尺寸为 68.01 mm,预计中间槽宽铣至 16.03 mm,则中间槽侧面至端面的测量尺寸为 25.99 mm。 然后,预检中间槽侧面至端面的尺寸和槽深尺寸,准确调整垂向,达到槽深要求;横向根据差值,留 0.5 mm 精铣余量。半精铣中间直角槽一侧。再次检测,准确调整横向,达到计算的测量尺寸 25.99 mm。 最后,横向反方向调整,半精铣中间槽另一侧,同时预检槽宽和另一侧面至端面的尺寸。测得半精铣当前尺寸后,与计算的测量尺寸 16.03 mm 槽宽尺寸及至端面的测量尺寸的差值相等,则可按差值准确调整横向,精铣中间槽的另一侧,同时保证槽宽至 16.03 mm,对称度达到图样要求,即中间槽两侧至端面的尺寸均为 (25.99±0.01) mm。 2) 铣削一侧凸台。按同样的深度,根据中间槽一侧的铣削位置,横向移动铣刀宽度和凸台宽度尺寸,再留出 0.5 mm 的余量。本例铣刀宽度实际尺寸为 12.05 mm+15.98 mm+0.50 mm=28.53 mm。粗铣凸台后,根据预检的实际尺寸,精确调整横向(注意工作台的间隙和调整准确性),铣削一侧凸台宽度至 15.98 mm。 3) 铣削另一侧凸台的方法与上述基本相同

续表 3-2-7

操作步骤	加工内容
2. 铣削底面中间凸台、两侧直角槽	1) 铣削中间凸台,按以下步骤进行: 步骤1.按划线目测调整工作台使铣刀宽度处于一侧直角槽中间,垂向按原有位置退下1 mm,粗铣凸台一侧。 步骤2.计算凸台处于对称工件端面位置。侧面至端面的测量尺寸。预计凸台宽度铣成15.98 mm,端面实际尺寸为 68.02 mm,则中间凸台侧面至端面的测量尺寸为=42.00 mm。 步骤3.预检凸台侧面至端面的实际尺寸和凸台试切深度实际尺寸,侧面留 0.5 mm 精铣余量,凸台深度按图样公差调整工作台,半精铣凸台一侧面。 步骤4.用公法线千分尺按要求测量凸台一侧至工件端面的尺寸,获得与计算值准确的差值,精确调整工作台横向,精铣凸台一侧,达到 42.00 mm 台对称位置测量尺寸精度要求。 步骤5.重复步骤1-4,铣削凸台的另一侧,保证凸台宽度尺寸为 15.98 mm,另一侧至端面的尺寸为(42.00±0.01) mm,以保证中间凸台的对称度要求。 2) 调整横向位置,铣削凸台一侧的直角槽,直至达到槽宽精度要求,为了便于配合,槽宽尺寸宜为(16.02±0.01)mm。 3) 铣削凸台另一侧面的直角槽,达到槽宽,为了便于配合,槽宽尺寸宜为(16.02±0.01) mm

注意事项

双凹凸槽铣削注意事项:

- 对称度和中间槽宽(凸台宽度)尺寸有密切关系,计算和铣削过程中应兼顾计算、控制。计算时预计铣成的宽度应设定好,铣削时严格预计数值操作。否则无法通过单侧尺寸精度控制方法同时达到对称度精度和宽度尺寸精度的图样要求。
- 本例对横向调整精度的要求很高,要求操作时,工作台的锁紧机构对工作台微量移动的影响程度、移动尺寸的准确性、铣刀端面圆跳动对侧面尺寸的影响程度都应了解、掌握,必要时用钟面百分表控制移动的准确性。
- 用公法线千分表测量凸台的宽度时,应注意使用测力装置,不要用过大的测力,以免影响预检测量的精度。
- 由于对称度和槽宽尺寸精度很高,因此,粗铣后,应注意复核顶面、底面与工作台面的平行度,以及侧面对工作台横向的平行度,以保证槽(凸台)侧面与基准的垂直和平行位置精度。
- 由于三面刃铣刀铣削的偏让,精铣的余量应控制在 0.15 mm 以上,尤其是铣刀不锋利的情况下,铣削 0.05 mm 以下的余量是比较困难的。

【质量检验】

1) 尺寸精度检验

① 三条直角槽的宽度尺寸用内径千分尺和相同精度等级的塞尺测量检验。测量时注意靠近槽底的槽宽尺寸,因此处槽宽由于铣刀刀尖的磨损容易变窄。

② 三个凸台的宽度尺寸用外径千分尺测量,中间凸台的宽度用公法线千分尺测量。

③ 槽深和凸台深度用深度千分尺测量。凸台顶面与直角槽槽底之间最好控制到有 0.10～0.15 mm 的间隙。

④ 根据测量的数据,单个的槽宽与凸台之间的间隙均应在 0.02～0.04 mm,否则配合会有困难。

⑤ 为了考虑累积误差,注意计算中间凸台一侧的 48 mm 的累积尺寸应大于中间直角槽一侧的 48 mm 累计值,否则也会造成配合困难。

2) 对称度和位置度检验要点

① 测量前应复核工件端面之间的平行度、顶面和底面对端面和侧面的垂直度。

② 用工件翻身法百分表测量中间凸台和直角槽对称度时,为了避免端面与底面和顶面的垂直度影响测量精度,可借助六面角铁垂直面以顶面和底面为主要定位,端面为辅助定位,与标准平板之间放一根标准圆棒,分别测量中间凸台和直角槽对外形的对称度。提高精度的测量方法如图 3-2-23 所示。

③ 工件沿 40 mm 高度方向中间切断,两半件配合后,用百分表测量端面的平行度。若凸台和槽的配合良好,间隙适当,对称位置准确,一侧面与标准平板贴合后,另一端应具有较高精度的平面度。若两半件有明显的凸起和凹陷,应重新对工件的尺寸进行精度分析。

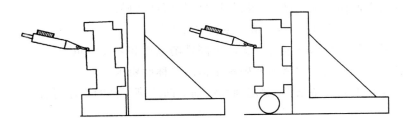

图 3-2-23 提高双凹凸槽对称度测量精度的方法

【质量分析】

质量分析如表 3-2-8 所列。

表 3-2-8 双凹凸槽铣削质量要点分析

质量问题	产生原因
凸台和直角槽宽度超差	1. 三面刃铣刀刃磨质量不高。 2. 铣床主轴与工作台进给方向垂直度的找正精度不高。 3. 工作台横向移距精度不高。 4. 使用公法线千分尺测力较大,测量误差影响精铣调整余量控制精度。 5. 量具精度未进行校核,产生预检测量误差,影响精铣余量控制和工作台移距控制。例如用内径千分尺测量直角槽宽度尺寸,因精度未校核,与塞尺测量产生偏差,从而造成直角槽精铣余量控制不当,产生宽度超差
中间凸台和直角槽对称度超差	1. 用侧面尺寸精度控制对称度时,测量尺寸计算有偏差,例如没有根据端面之间的实际尺寸和凸台(直角槽)的预计宽度进行计算。 2. 中间槽和凸台侧面的形状精度不高,例如因主轴与工作台进给方向垂直度找正精度不高,引起凸台侧面平面度误差,从而影响对称度。 3. 调整操作失误,一侧尺寸精度控制不好,引起对称度无法挽回预定精度位置,或因宽度尺寸超差,引起对称度无法挽回预定精度位置

思考与练习

1. 简述提高铣削平面平面度的基本方法。
2. 怎样检测圆柱铣刀和立铣刀的圆周刀刃磨质量？
3. 铣床轴线进给方向垂直精度不高为何会影响平面铣削的平面度？
4. 简述夹紧力对平面铣削的影响。
5. 什么是误差复映？如何减少误差复映？
6. 减小表面粗糙度值有哪些方法？
7. 端铣时主轴与进给方向的位置对粗糙度有些什么影响？
8. 简述提高垂直面和平行面铣削精度的基本方法。
9. 影响直角沟槽形状铣削精度的主要因素是什么？
10. 试分析影响沟槽位置精度的因素，并提出相应的措施。
11. 提高键槽铣削精度有哪些基本方法？
12. 为了提高六面体铣削精度，一般粗铣时应如何试铣操作？
13. 如何测量 V 形槽比较准确的槽口宽度尺寸？
14. 何谓阶梯铣削？阶梯铣削为什么能提高铣削效率和表面质量？
15. 铣削精度较高的轴上键槽如何确保键槽的对称度要求？
16. 试根据实际工艺装备条件，制定训练铣削双凹凸槽工件的工序过程。

课题三　高精度角度面加工与刻度加工

教学要求

◆ 掌握提高角度面铣削加工精度和刻线精度的方法。
◆ 熟练掌握在圆柱面、圆锥面和特殊平面上的刻线加工操作方法。
◆ 熟练掌握角度面与刻线的检验方法。
◆ 遵守操作规程，养成良好的安全、文明生产习惯。

3.3.1　高精度角度面加工与刻度加工必备专业知识

1. 提高分度精度的方法

（1）分度夹具分度机构的主要特点

1）万能分度头分度机构的主要特点

① 蜗杆副传动机构

万能分度头的分度机构主要由蜗轮蜗杆传动机构组成。蜗杆螺旋部分的直径不大，所以与轴做成一个整体。蜗轮一般采用整体浇铸式和拼铸式结构，如图 3-3-1 所示。蜗杆安装在偏心套内；蜗轮套装在分度头主轴中部，与主轴用平健联结，并用螺母紧固。蜗轮与蜗杆的啮合位置由蜗杆脱落手柄控制，啮合间隙由偏心套端面的扇形板调节。蜗杆的轴向间隙由偏心套端面的螺塞调节，蜗轮的轴向间隙有主轴与回转体的轴向间隙控制。

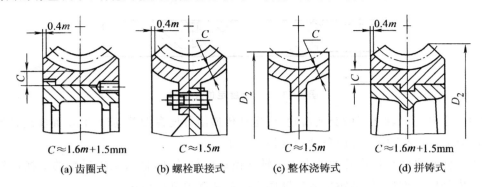

图 3-3-1　万能分度头蜗轮的常用结构形式

② 分度插销与分度盘结构特点

万能分度的分度操作时通过分度手柄进行的。由分度头的结构可知，分度手柄连接板与传动轴通过平键联结，并用螺母紧固。传动轴通过一对直齿圆柱齿轮将分度手柄的分度运动传递给轴端安装圆柱齿轮的蜗杆轴。分度手柄连接板一端是分度握手柄，另一侧的键槽内安装分度插销，分度插销的结构如图 3-3-2 所示，分度和手动是主轴作回转运动时，分度插销可由操作者拔出，分度销脱离分度盘上的分度定位孔，分度后，分度销在预定的孔位插入孔中。由于分度孔盘上各等分孔圈的分布直径不同，因此，分度插销可沿键槽移动，以调节分度插销与不同分布直径孔圈的插入位置。分度插销与手柄连接板通过插销套端的平行凸台侧面与键槽配合，并用螺母紧固。

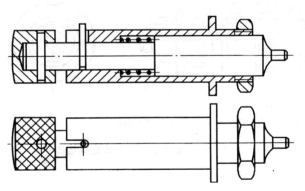

图 3-3-2　分度插销的结构

分度盘通过中间定位孔和螺钉与套装螺旋齿轮的传动轴套连接，分度盘的两侧环形面上有不同分布直径、不同孔数的等分孔圈。孔圈的分布圆与分度盘的定位孔同轴。分度盘不需转动时通过紧固螺钉固定；松开紧固螺钉，可通过螺栓齿轮在分度头侧轴和孔盘之间传递运动。分度定位孔轴整体结构如图 3-3-3 所示。孔底锥体部分可存放油和垃圾，孔口倒角可在分度插销插入时起导向作用，并对分度定位孔起到保护作用，分度定位孔的直径与分度插销的直径相同，属于精度较高的间隙配合，以保证分度盘分度销的分度定位精度。

③ 差动分度时的传动结构特点

由差动分度原理和传动系统可知，除了分度手柄带动分度头主侧做分度运动外，还由分度

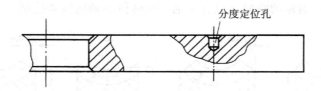

图 3-3-3 分度定位孔结构

头主轴通过主轴与侧轴之间的交换齿轮,将运动传递给分度盘做差动运动,从而实现差动分度运动,以达到工件所需的等分或角度分度精度要求。

主轴与侧轴之间交换齿轮的动力由主轴交换齿轮轴传递,插入主轴后端的交换齿轮轴与主轴通过内外锥面连接,传动转矩通过锥面之间的摩擦力进行传递。

装入交换齿轮架的齿轮轴的结构如图 3-3-4 所示,阶梯传动轴 5 一端的平行面在装入交换齿轮架的键槽时起定位作用,螺母 2 和平垫圈 3 将传动轴紧固在交换齿轮架上。阶梯传动轴的另一端通过轴套 4 安装交换齿轮,齿轮的内孔和轴套之间属于较高精度的间隙配合,并用平键 1 联结。套中间的环形凸起部分,用于同轴齿轮的端面定位,使两齿轮之间有一定间隙。轴套的内孔与传动轴外圆属于较高精度的间隙配合,轴的圆柱面上还有润滑油槽,与轴端的钢珠式注油孔相通。轴套的长度小于轴的台阶高度。平垫圈的作用是控制轴套转动时的轴向间隙。旋转轴端的螺母,可防止轴套脱离传动轴,以免中断交换齿轮传动而影响差动分度的运动传递。

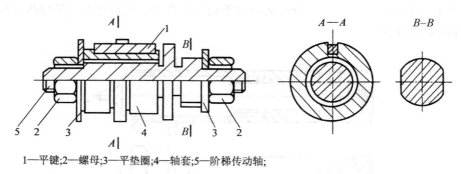

1—平键;2—螺母;3—平垫圈;4—轴套;5—阶梯传动轴;

图 3-3-4 装入交换齿轮架的齿轮轴结构特点

④ 直线移距分度传动机构的特点

用分度头直线移距分度时,由传动系统可知,除了分度头分度运动外,在分度头主轴(或侧轴)与工作台纵向丝杠之间须安装交换齿轮,将分度头的分度运动传递给工作台纵向丝杠,以实现工作台纵向直线移距分度运动,达到工件的直线移距分度的精度要求。直线移距分度,与其他分度不同的是,传动系统中包括工作台纵向的丝杠螺母传动机构。

工作台纵向丝杠螺母传动机构的特点是具有双螺母间隙调整结构;工作台丝杠与工作台的连接部位有推力球轴承,丝杠的轴向间隙可进行调整。此外,工作台沿燕尾导轨作直线运动,通过调节镶条与导轨的配合位置,可以调整燕尾导轨的间隙。

2) 回转工作台分度机构的主要特点

① 回转工作台蜗杆副传动机构

与万能分度头类似,回转工作台的主要分度机构是蜗轮蜗杆传动机构,蜗轮呈齿圈式结构,蜗轮通过孔和端面定位与回转工作台回转中心同轴,并用螺钉紧固在工作台的底部台阶面上。蜗轮轴穿装在偏心套内,通过脱落手柄可以使蜗轮与蜗杆脱开和啮合间隙。

② 回转工作台的手柄与刻度盘

回转工作台的外圆上有360°刻度圈,对应底座上的零线,可以显示回转工作台的分度值。根据蜗轮的齿数,或称为分度夹具的定数,与(分度)手柄同轴旋转的刻度盘上有手柄旋转一周的细分刻度,例如定数为90的回转工作台,手柄回转一周为4°,若细分刻度共有48格,则每一格的分度值为5′。

③ 等分分度头分度机构的特点

等分分度头的分度机构一般采用具有24个槽或孔的等分盘,直接实现2,3,4,6,8,12,24等分的分度,也可直接采用等分数。等分盘的形式如图3-3-5所示。

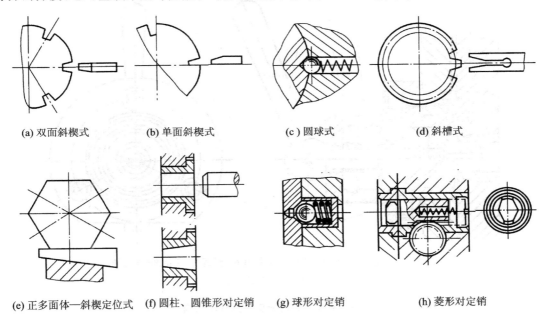

(a) 双面斜楔式　　(b) 单面斜楔式　　(c) 圆球式　　(d) 斜槽式

(e) 正多面体—斜楔定位式　(f) 圆柱、圆锥形对定销　(g) 球形对定销　(h) 菱形对定销

图3-3-5　等分分度头盘形式

④ 专用分度夹具分度机构的特点

专用分度夹具为了实现各种等分数,在回转工作台下端安装可换分度盘,分度盘的结构如图3-3-6(a)、(b)右图所示,均布的分度孔装有套,以保证分度定位孔与分度销的配合精度。为了分度回转,夹具一般有分度销拔出和插入的机构如图3-3-6(a)、(b)左图所示,以便回转时分度销脱离分度盘。为了在加工中避免损坏分度销、孔,分度夹具都有回转工作台锁紧机构。

(2) 影响分度精度的主要因素

1) 工件安装引起的分度误差

工件与分度夹具的回转中心同轴度的误差会引起工件的分度或等分误差,如图3-3-7所示。即使分度夹具的分度精度达到所需要求,由于工件与分度夹具的回转中心偏离一个距离,也会导致工件的实际分度误差增大。

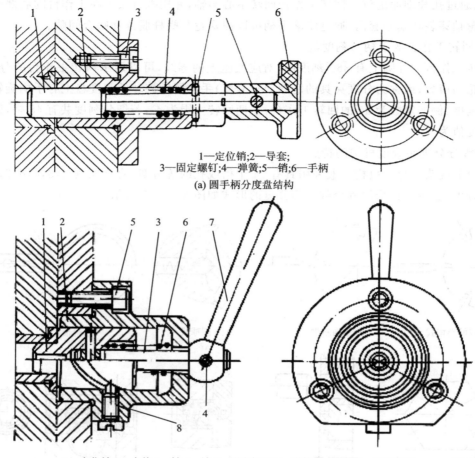

1—定位销;2—导套;
3—固定螺钉;4—弹簧;5—销;6—手柄
(a) 圆手柄分度盘结构

1—定位销;2—壳体;3—轴;4—销;5—固定螺钉;6—弹簧;7—手柄;8—定位螺钉
(b) 直手柄分度盘结构

图 3-3-6 专用分度夹具分度机构

2) 分度夹具分度机构精度引起的分度误差

分度机构的精度引起分度误差的具体原因很多,常见原因列举如下:

① 分度头与回转工作台的蜗杆副传动机构因蜗轮、蜗杆的制造精度及齿面磨损,引起分度精度下降。若蜗轮在机动加工螺旋槽工件时发生梗刀冲击,部分轮齿磨损较大,此时,将引起较大的分度误差。

② 分度头和回转工作台蜗杆副的啮合位置不适当,使传动机构未处于正常啮合,传动间隙过大和过小,引起分度误差。

③ 分度传动系统中采用交换齿轮时,交换齿轮齿面有缺损、定位孔配合和平键连接的间隙过大,会引起分度运动传递误差而产生分度误差。若交换齿轮架与侧轴的紧固螺孔或螺钉的螺纹损坏、装入交换齿轮架的齿轮轴紧固螺母或轴端螺纹损坏,引起齿轮啮合位置变动,也会因分度运动传递误差而产生分度误差。

④ 直线移距分度传动系统中有机床纵向工作台丝杠螺母传动机构,若工作台燕尾导轨和丝杠局部磨损较严重,会产生直线移距分度误差。

⑤ 分度头插入主轴的交换齿轮轴锥柄或主轴的内锥面损坏,配合时贴合面积小,传动时引起松动或角度位移,会引起分度运动传递误差。

⑥ 分度专用夹具的分度盘分度孔等分精度及其磨损、分度销磨损、分度销轴与轴套磨损,产生较大间隙,会引起分度误差。

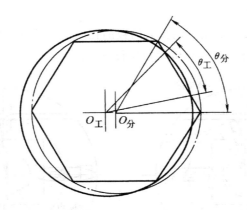

图 3-3-7 工件与分度夹具回转中心不同轴引起分度误差

3) 分度方法引起的分度误差

比较典型的是采用近似分度法对分度要求较高的工件进行分度时,将会因误差产生工件报废。又如,在采用差动分度时,若假定等分数大于工件等分数,分度手柄与分度盘的转向相同,理论上并不会产生分度误差,但在实际操作中,由于同向跟踪比较困难,会产生误差。若假定等分数与所需等分数差距较大,还会给交换齿轮配置造成误差。特别是在分度数较大时,会因传动环节较多,间隙控制等因素引起误差。

4) 分度操作不正确引起的分度误差

① 分度手柄转数 n 计算错误。

② 分度叉调整错误,扇形间包含的不是孔距数,而是孔数,或分度叉在分度过程中扇形角度变动。

③ 交换齿轮配置安装不正确,主、从位置错误、齿数错误、齿轮轴松动、齿轮套与轴配合面之间不清洁、啮合间隙过大或过小等。

④ 回转工作台、分度头分度和加工时,锁紧手柄使用不当,如锁紧时分度操作,松开时铣削加工。专用分度夹具加工时锁紧回转台,也会引起分度销、孔的磨损和变形。

⑤ 直线移距分度时,工作台的导轨调整不当,间隙过大或过小;丝杠的轴向间隙过大或过小。

(3) 提高分度精度的主要途径和方法

根据铣床常用分度机构的特点和影响分度精度的因素,在铣削角度面和刻线加工中,提高分度精度的主要途径和常用方法如下:

① 选用精度较高的分度夹具,在选择分度头和回转工作台时,应挑选精度较高的型号,最好选择没有使用过机动进给的分度夹具,因经常用于机动进给铣削螺纹槽、圆弧面等,蜗轮蜗杆传动机构的磨损比较大。

② 对选用的分度头、回转工作台或专用分度夹具,应对主要的分度机构进行精度检验。

如在适当调整蜗轮蜗杆的传动间隙和主轴的轴向间隙后,可借助标准等分的正棱柱检测分度机构的分度精度。也可以通过试件试切,对试件进行检测,用以判断分度机构的精度。试切或借助标准件测量时,可以在分度机构圆周上不同的位置进行,以发现分度机构精度较差的部位,使用精度较高的分度区域,如图3-3-8所示,提高工件分度精度。选用等分分度头或专用等分夹具,也可以采用类似的方法。

③ 在选用分度盘孔圈时,尽量选用较大倍数的孔圈,一方面可以提高分度精度,另一方面可以在角度分度或找正工件位置时作微量角位移调节。

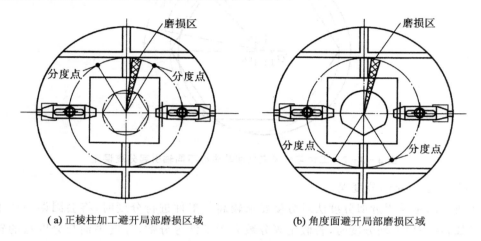

(a) 正棱柱加工避开局部磨损区域　　　　(b) 角度面避开局部磨损区域

图3-3-8　使用精度较高的分度区域提高工件分度精度

④ 对使用分度头和回转工作台都可以加工的角度面工作,最好使用回转工作台进行加工,因回转工作台的定数比较大(通常使用的是90、120),可获得较高的分度精度。

⑤ 使用回转工作台时,可将手柄处的细分刻度盘改装孔圈分度盘,以提高分度精度。如定数为90的回转工作台,细分刻度一周为4°,若细分刻度共有48格,则每一格的分度值为5′。改装使用孔圈分度盘,若选择66圈孔数,则每一孔距的分度值为3.64′。此外,采用孔圈分度盘,因使用分度销与定位孔确定分度手柄位置,与使用细分刻度目视对线方法相比,具有较高的分度精度。

⑥ 在使用差动分度时,尽量选择较小的假定齿数,使分度盘与分度手柄的转向相反,使分度销较准确地插入反向运动的定位孔中,以方便操作和提高分度准确性。

⑦ 直线移距分度时,即使是间距较大的分度,也应尽可能采用主轴分度法,虽然分度手柄需多转一些,但可提高分度精度。

2. 提高角度面加工精度的方法

除了提高分度精度以外,还可以通过以下途径提高角度面的铣削加工精度。

① 提高工件的找正精度,主要是找正与角度面的尺寸、形状和位置精度相关的基准位置,避免找正时基准转换引起的加工误差。例如,铣削如图3-3-9所示的工件,要求凹四方角度面的中心与孔同轴,但一般采用自定心卡盘装夹,工件定位是外圆和端面,若选定的端面与基准孔垂直度较差,外圆与基准孔同轴度较差,即使在找正时端面与回转工作台面平行,外圆与回转中心同轴,加工而成的角度面与基准孔同轴度仍无法确保精度。找正此类工件时,应先对工件进行预检,选定与基准孔垂直的端面和基准孔作为找正基准。使该端面与工作台面

平行，基准孔与回转中心同轴，以提高角度面加工精度。

② 对端铣法和周铣法都可以加工的角度面，尽可能采用端铣法，以避免铣刀几何形状对角度面铣削精度的影响。在排除铣刀几何形状的影响后，可较准确地判断角度面加工误差的产生原因。

③ 对分度头和回转工作台都可以加工的工件，尽量采用回转工作台加工，除了可提高分度精度外，回转工作台台面有多条 T 型槽，便于选择多种附加装置装夹各类工件，立轴式回转工作台的刚性也比较好，有利于提高角度面工件装夹精度、过程检测精确性。

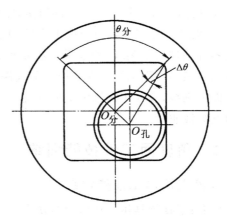

图 3-3-9　找正部位与基准不符影响角度面加工精度

④ 在回转工作台上加工精度要求很高的角度面，可以借助正弦规来验证角度分度的精度，如图 3-3-10 所示。工件以端面的直角槽为基准，在外圆上铣削与槽夹角为 $10°54'$ 的角度面。具体验证时，先找正平行垫块侧面与槽向平行，并与铣削进给方向平行，然后按公式 $100×\sin 10°54'$ 计算量块高度，以平行垫块侧面为基准，放置正弦规和量块，当回转工作台按 $10°54'$ 进行角度分度后，正弦规的测量面应与铣削进给方向平行。否则说明角度分度有误差。误差角度由下列公式计算：

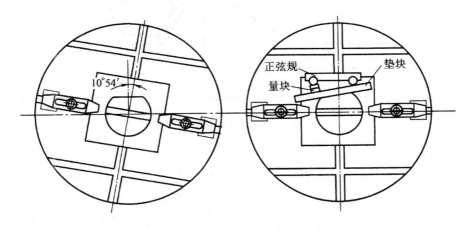

图 3-3-10　用正弦规验证角度分度精度

$$\Delta_\alpha = \alpha_{实际} - \alpha_{图样} = \pm \arcsin\left(\frac{e}{100}\right)$$

式中：$\Delta\alpha$ 为角度分度误差(°)；e 为平行度误差值，mm。

上例中，若 $e=0.05$，则 $\Delta\alpha=[\pm\arcsin(0.05/100)]°=0.028\,64°=1'43''$。

3. 提高刻线加工精度的方法

除了提高分度精度以外，还可以通过以下途径提高角度面的铣削加工精度。

① 选用分度精度较高的分度头或回转工作台进行圆柱面、圆锥面和平面向心刻线加工，直线移距分度刻线时，除分度头精度外，应选用工作台移动精度较好的铣床作直线移距刻线加工。

② 提高刻线刀的刃磨质量，必要时采用工具磨床刃磨刻线刀。

③ 根据不同的材料，选择相应的前角和后角，减小刻线槽侧面的表面粗糙度值。

④ 提高工件刻线所在表面的质量，粗糙度较大的表面无法达到刻线清晰的要求。

⑤ 提高工件刻线表面的找正值量，重点是找正刻线表面、刻线部位的位置精度。例如，在套类零件圆柱面上刻线，若采用心轴装夹工件，只找正心轴与分度夹具回转中心的同轴度，而工件圆柱表面会因圆跳动误差引起刻线深度不一致，刻线有粗有细，影响刻线质量。又如，在圆锥面上刻线，只找正圆锥大端的圆跳动，而刻线部位在圆锥面小端，若小端有圆跳动误差，也会影响刻线质量。

3.3.2 角度面工件技能训练

六棱锥体加工技能训练

重点：掌握棱锥体的铣削加工方法。

难点：工件找正、角度面铣削位置操作。

铣削加工如图 3-3-11 所示的六棱锥体，毛坯尺寸为 $\phi 36 \times 90$ mm，材料为 45 钢。

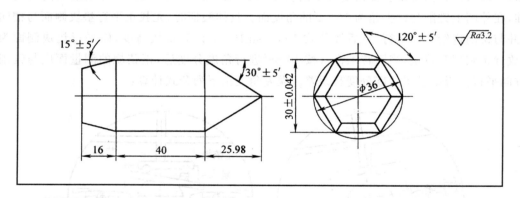

图 3-3-11 六棱锥体

【工艺分析】

工件主体是六棱柱，宜采用分度头三爪自定心卡盘装夹。根据图样的精度要求，棱柱、棱台和棱锥的角度面在铣床上可采用立铣刀铣削加工。棱锥角度面加工工序过程：

预制件检验→安装分度头及三爪自定心卡盘→装夹和找正工件→安装立铣刀→工件端面按六棱柱划线→调整六棱柱角度面铣削位置→粗精铣六棱柱各角度面→调整 15°±10′ 角度面铣削位置→粗精铣六棱台角度面→预检棱柱、棱台角度面位置尺寸和夹角精度→调整装夹工件并进行找正→调整 30°±10′ 角度面铣削位置→粗精铣棱锥各角度面→棱锥体铣削工序检验。

【工艺准备】

① 选择铣床。选用 X5032 型立式铣床。

② 选择工件装夹方式。选用 F11125 型分头度，采用三爪自定心卡盘装夹工件。加工六棱柱和棱台以外圆为基准装夹工件，铣削棱锥以加工后的六棱柱为基准装夹工件。

③ 选择刀具。根据图样给定的六棱柱角度面宽度尺寸 17.32 mm，选用直径 $\phi 20$ 的锥柄中齿标准立铣刀。

【加工准备】

1) 安装分度头和三爪自定心卡盘

将分度头安装在工作台中间 T 型槽内，位置略偏右。安装三爪自定心卡盘时，注意各结合面之间的清洁度。

2) 分度计算及分度定位销的调整

① 根据简单分度公式计算分度头分度手柄转数 n。六棱柱的等分数为 6，故：

$$n = \frac{40}{z} \text{r} = \frac{40}{6} \text{r} = 6\frac{2}{3} \text{r} = 6\frac{44}{66} \text{r}$$

即每铣完一边后，分度手柄应转过 6 r 又 66 孔圈中的 44 孔距。

② 调整分度定位销。使用具有 66 孔圈的分度盘，并将分度定位销调整到 66 孔圈位置，分度叉调整到 44 孔距。

3) 装夹和找正工件

① 用三爪自定心卡盘装夹预制件，工件伸出长度为 60 mm，以保证棱柱和棱台的铣削位置，找正工件的上素线与工作台面平行，侧素线与工作台纵向进给方向平行；为保证工件的连接质量，应找正预制件外圆与分度头主轴的同轴度。

② 铣削棱台时，应使分度头轴线倾斜 15°，调整时可使用分度头回转体刻度的副尺，以保证倾斜角的精度。

③ 工件调头装夹时，注意在六棱柱表面垫厚度相等的铜片，以免卡爪损坏已加工表面，并使工件夹持部分的长度小于 50 mm，保证棱锥的铣削位置。

④ 调整分度头轴线向上倾斜角 30°，保证倾斜角的精度。

4) 安装铣刀

选择合适的变径套（过渡套）安装立铣刀，本例铣刀锥柄为莫氏 2 号锥度。

5) 选择铣削用量

按工件材料 45 钢和铣刀的规格选择和调整铣削用量，调整主轴转速 $n = 300$ r/min（$v_c \approx 19$ m/min）；因件伸出较长，为防止铣削振动，选择较小的每齿进给量，现选进给量 $v_f = 23.5$ mm/min（$f_z \approx 0.025$ mm/z）。

【加工步骤】

加工步骤如表 3-3-1 所列。

表 3-3-1 六棱锥体加工步骤（见图 3-3-11）

操作步骤	加工内容
1. 粗精铣六棱柱	1) 调整工作台垂向表面对刀，使立铣刀擦到工件表面，粗铣余量为 2.5 mm。试切一组对边，测量对边尺寸应为 31.10 mm。 2) 依次铣削棱柱的各侧面，铣削时注意以下几点： ① 铣削长度应大于 56 mm，以保证棱台和棱锥的连接位置。 ② 调整工作台横向使立铣刀处于对称铣削位置，注意锁紧工作台横向和观察铣削振动情况。 ③ 分度头起始位置应使一个卡爪侧面与工作台垂直，以便工件调头换装后获得较高的连接精度和分度精度。按分度头手柄转数分度时，应注意分度头传动机构的间隙，一般间隙应在 1～2 孔距，否则应通过蜗杆脱落手柄调整蜗杆副传动间隙。铣削时注意锁紧分度头主轴。 ④ 预检棱柱对边尺寸时，平行度不佳的原因，横向误差由分度误差引起，纵向误差由分度头主轴与工作台不平行误差引起。 3) 粗铣棱柱六面后，预检平行度和尺寸精度在 0.03 mm 范围内，可依次进行精铣，达到图样尺寸（30±0.042）mm。120°±5′由分度达到

续表 3－3－1

操作步骤	加工内容
2. 粗精铣六棱台	1）按六棱柱的铣削位置，调整分度头仰角15°，调整时注意将回转体上的刻度与副尺刻度对齐，由于副尺在回转体松开的时候略有移动，所以，实际倾斜的角度以回转体紧固后的刻度为准。 2）由于棱台的侧面面积比较小，铣削位置在工件的端部，容易引起铣削振动，因此应采用横向进给铣削棱台。本例若受到机床条件的限制，在卧式铣床上铣削如图 3－3－12 (a) 所示，扳转立洗头铣削如图 3－3－12(b) 所示。 3）按棱台高度 16 mm 控制侧面的铣削深度，本例约为 $16\times\sin 15°=4.14$ mm，粗铣余量 3 mm，精铣余量 1 mm 左右
3. 依次精铣棱台各侧面	依次粗铣棱台各侧面，若预检后棱台侧面与轴线的夹角在公差范围内，而棱台的高度约为 12.1 mm，则棱台侧面的铣削余量为 $(16-12.1)\times\sin 15°=1.01$ mm。按计算值调整垂向进给量，精铣棱台各侧面
4. 棱柱、棱台预检	1）预检棱柱对边尺寸应在 (30 ± 0.042) mm 范围内，然后在分度尺上利用六等分度尺，预检棱柱各相邻面之间的夹角。检验时，用百分表将棱柱的一个侧面沿横向找到与工作台平行，然后通过分度头准确地转过 60°，测量相邻侧面。若相邻侧面也与工作台面平行，则说明该组相邻面的夹角为 120°。若沿横向其平行度最大误差值为 0.02 mm，则相邻侧面之间的 120°角度误差为 $(0.02/17.32)=0.066°=3.97'$，此误差值在公差范围内。 2）预检棱柱时，侧面与工件轴线的夹角采用游标万能角度尺检验，基准转换为棱柱的侧面，即棱柱与棱台同一轴向位置的侧面之间的夹角为 $180°-15°=165°$。用游标尺测量棱台的高度，测量棱柱长度略大于 40 mm。目测检验棱台与棱柱的连接质量，连接精度的区别如图 3－3－13 所示
5. 粗精铣棱锥各面	1）工件调头装夹，用百分表找正工件圆柱面与分度头主轴同轴，棱柱的一侧面与工作台面平行，以保证棱锥与棱柱的连接质量。未来提高分度精度，在调头换装工件时，可认准卡爪和棱柱侧面的对应位置进行装夹。 2）以水平位置为准，调整分度头的仰角为 30°。 3）粗铣棱锥，在工件端面会出现一个正六边形，类似棱台形状。此时，要铣成一个完整的棱锥，可以通过测量六边形对边的尺寸估算余量。若测得的六边形对边尺寸为 4 mm，则余量为 2 mm$\times\cos 30°=1.732$ mm，如图 3－3－14(a) 所示。 4）按 1.732 mm 分配余量进行半精铣和精铣，依次铣削棱锥的各侧面。铣削时，注意保护锥尖，以避免因工件弹跳损坏锥尖的形状。 5）用游标万能角度尺预检测量棱锥侧面与轴线的夹角时，可以棱柱侧面为基准，测量的角度为 $180°-30°=150°$。预检棱柱的长度，若测得的长度为 42 mm，则棱锥位置须向棱柱方向移动 2 mm，铣削余量为 2 mm$\times\sin 30°=1$ mm，如图 3－3－14(b) 所示。 6）以计算值调整进给量，依次精铣棱锥各侧面，使棱柱的长度达到 40 mm 图样要求

【质量检验】

① 用千分尺测量六棱柱对边尺寸，对边尺寸应在 29.958～23.042 mm 范围内。对应侧面的平行度误差应在 0.02 mm 之内。

② 用游标卡尺测量棱柱和棱台长度尺寸，棱台长度尺寸应在 15.785～16.215 mm 范围内，棱柱长度应在 39.69～40.31 mm 范围内。

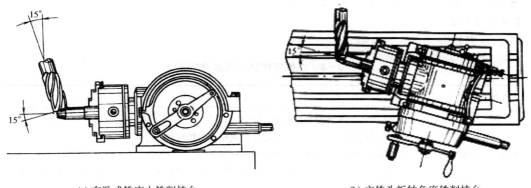

(a) 在卧式铣床上铣削棱台　　(b) 立铣头扳转角度铣削棱台

图 3-3-12　棱台铣削示意图

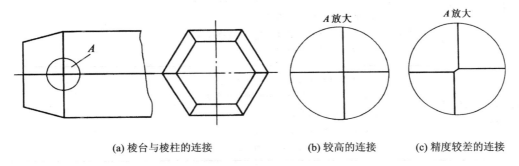

(a) 棱台与棱柱的连接　　(b) 较高的连接　　(c) 精度较差的连接

图 3-3-13　棱台与棱柱的连接质量示意

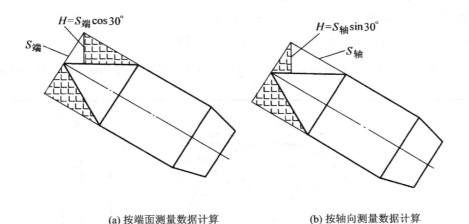

(a) 按端面测量数据计算　　(b) 按轴向测量数据计算

图 3-3-14　棱锥铣削余量计算示意图

③ 用百分表、正弦规测量棱锥和棱柱的夹角误差,测量时,量块的尺寸分别为

$$100 \text{ mm} \times \sin 30° = 50 \text{ mm}; 100 \text{ mm} \times \sin 15° = 25.88 \text{ mm}$$

测量棱锥时,百分表的示值变动量应在 0.015 mm 范围内。

④ 连接质量检验
- 目测棱锥和棱柱相邻两面的交线和棱线应汇交于一点。
- 目测棱台和棱柱相邻两面的交线和棱线应汇交于一点。

● 目测棱锥各棱线应在锥顶汇交于一点。

【质量分析】

质量分析如表 3-3-2 所列。

表 3-3-2 六棱锥体铣削质量分析要点

种 类	产生原因
棱柱相邻面夹角超差	1. 选用的分度头本身精度较差。 2. 分度头使用前未对传动机构的间隙进行检查和调整。 3. 铣削时分度头主轴未锁紧或锁紧机构失灵。 4. 分度操作失误或误差大(如未消除间隙、分度盘紧固螺钉松动、分度手柄与轴上键槽配合间隙过大等)。
棱台、棱锥与轴线夹角超差	1. 分度头回转体及副尺刻度不清晰。 2. 预检时万能游标角度尺的测量或刻度数误差大。 3. 铣削过程中分度头回转体微量转动。 4. 回转体微量调整时方向或参照值计算错误。 5. 基准转换后测量误差较大。
棱台与棱柱、棱柱与棱锥连接质量差	1. 工件圆柱面与分度头主轴度误差。 2. 工件换装后六棱柱与分度头同轴度误差大。 3. 分度头分度精度误差。 4. 棱柱的平行度和等分度误差大。 5. 铣削余量分配不够合理,进给量较大等。

不等边五边形角度面加工技能训练

重点: 掌握不等边多边形角度面铣削加工方法。

难点: 相邻角度面的分度与角度面位置精度控制操作。

铣削如图 3-3-15 所示不等边五边形角度面工件,毛坯尺寸为 $\phi105\times40$ mm,材料为 40Cr 钢。

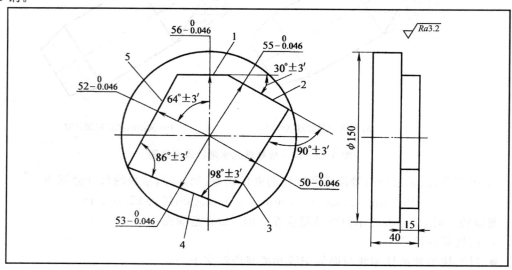

图 3-3-15 不等边五边形角度面工件

【工艺分析】

工件短圆柱状，宜采用三爪自定心卡盘装夹。根据图样的精度要求，角度面在立式铣床上用回转工作台分度，用立铣刀铣削加工。

角度面与轴线尺寸分别为 56 mm（面 1）、55 mm（面 2）、50 mm（面 3）、53 mm（面 4）和 52 mm（面 5），偏差均为（$_{-0.046}^{0}$）。

相邻角度面之间的夹角分别为 $30°±3'$（余角）、$90°±3'$（余角）、$98°±3'$、$86°±3'$ 和 $64°±3'$（中心角）。

不等边五边形角度面加工工序过程：预制件检验→安装回转工作台及三爪自定心卡盘→装夹和找正工件→安装立铣刀→工件端面按图样划线→调整角度面铣刀位置→粗精铣角度面→调整相邻面铣削位置→粗精铣相邻角度面→预检相邻角度面位置尺寸和夹角精度→重复以上过程→依次粗精铣各角度面→不等边五边形角度面铣削工序检验。

【工艺准备】

1) 选择铣床。选用 X5032 型立式铣床。

2) 选择工件装夹方式。选用 T12320 型回转工作台分度，采用三爪自定心卡盘，以预制件的外圆柱面和一端面为基准装夹工件。

3) 选择刀具。根据图样给定的角度面最小中心尺寸 50 mm 与预制件半径的差值，即 75 mm－50 mm＝25 mm 选用立铣刀的规格，现选用 ϕ30 的锥柄中齿标准立铣刀。

4) 选择检验测量方法

① 角度面夹角测量借助回转工作台和百分表测量。

② 角度面至轴线的尺寸用千分尺测量，或借助量块和百分表测量，台阶高度用游标卡尺测量。

【加工准备】

1) 安装回转工作台和三爪自定心卡盘：将回转工作台安装在工作台中间 T 形槽内，位置居中。采用压板、螺栓安装三爪自定心卡盘。

2) 分度计算及分度定位销的调整

① 将五个角度面的夹角换算成中心转角，如图 3－3－16 所示。

面 1 与面 2 的中心转角：$\angle A'=180°-\angle A=30°$；

面 2 与面 3 的中心转角：$\angle B'=180°-\angle B=90°$；

面 3 与面 4 的中心转角：$\angle C'=180°-\angle C=82°$；

面 4 与面 5 的中心转角：$\angle D'=180°-\angle D=94°$；

面 5 与面 1 的中心转角：$\angle E'=64°$。

② 根据简单角度分度公式计算回转工作台分度手柄转数 n：

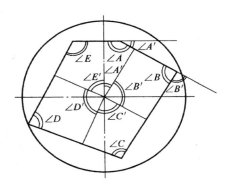

图 3－3－16　不等边五边形角度面中心角换算

$$n_1 = \frac{\angle A'}{4°} \text{ r} = \frac{30°}{4°} \text{ r} = 7\frac{1}{2} \text{ r} = 7\frac{33}{66} \text{ r}$$

$$n_2 = \frac{\angle B'}{4°} \text{ r} = \frac{90°}{4°} \text{ r} = 22\frac{1}{2} \text{ r} = 22\frac{33}{66} \text{ r}$$

$$n_3 = \frac{\angle C'}{4°} \text{ r} = \frac{82°}{4°} \text{ r} = 20\frac{1}{2} \text{ r} = 20\frac{33}{66} \text{ r}$$

$$n_4 = \frac{\angle D'}{4°} \text{ r} = \frac{94°}{4°} \text{ r} = 23\frac{1}{2} \text{ r} = 23\frac{33}{66} \text{ r}$$

$$n_5 = \frac{\angle E'}{4°} \text{ r} = \frac{64°}{4°} \text{ r} = 16 \text{ r}$$

③ 换装分度盘和分度手柄，使用具有 66 孔圈的分度盘，并将分度定位销调整到 66 孔圈位置，分度叉调整到 33 个孔距。

3) 装夹和找正工件。用三爪自定心卡盘装夹预制件，工件端面高于卡爪顶面 18 mm，以保证角度面的铣削位置，找正工件的外圆柱面与回转工作台主轴同轴。

4) 安装铣刀。选择合适的变径套（过渡套）安装立铣刀，本例铣刀锥柄为莫氏 4 号锥度。

5) 选择铣削用量：按工件材料（40Cr 钢）和铣刀的规格选择和调整铣削用量。主轴转速 $n = 195$ r/min（$v_c ≈ 19$ m/min）；进给量 $v_f = 37.5$ mm/min（$f_z ≈ 0.05$ mm/z）。

【加工步骤】

加工步骤如表 3-3-3 所列。

表 3-3-3　不等边五边形角度面工件加工步骤（见图 3-3-15）

操作步骤	加工内容
1. 铣削角度面 1	1) 端面与外圆对刀，垂向粗铣余量为 14 mm，横向粗铣余量为 1 mm。 2) 用千分尺测量角度面至外圆的尺寸，精铣后的尺寸应为 (150.2/2)+56=131.1 mm，若粗铣后测得尺寸为 132.15 mm，还有 1.05 mm 的余量。因尺寸精度要求比较高，若机床刻度盘控制有困难，可借助百分表控制横向移动的距离，如图 3-3-17 所示。 3) 采用量块和百分表测量角度面位置尺寸，按实际半径减去度面至轴线的尺寸换算量块尺寸，测量面 1 的量块尺寸为 75.1−56=19.1 mm。 将量块组合后一侧测量面与角度面贴合，另一侧测量面与工件外圆用百分表进行比较测量，如图 3-3-18 所示。测量时，先使百分表测头与工件外圆的最高点接触，移动工作台纵向，将最高点的指针刻度调整至零位，然后与量块测量面比较，若量块测量面低 0.02 mm，则面 1 至轴线的尺寸为 55.98 mm，在 55～55.954 mm 范围之内
2. 铣削角度面 2	1) 按 $n_1 = 7\frac{33}{66}$r 准确分度。 2) 按铣削角度面 1 的方法，铣削角度面 2
3. 依次铣削各角度面	按铣削角度面 1、2 的方法，依次铣削角度面 3、4、5，铣削操作过程中应该注意以下要点： ① 注意检查回转工作台主轴锁紧机构，特别应注意锁紧主轴后，角度面是否发生微量角位移，检查的方法是：锁紧主轴铣削角度面→用百分表测量角度面与进给方向平行度→松开锁紧手柄再次测量其平行度，若有误差，即说明锁紧时工件有微量角度位移，应进行必要的检修。 ② 注意回转工作台的分度机构间隙，若间隙较大，应调整后再予使用。 ③ 分度粗铣角度面后，若预检发现夹角超差，及时用正弦规测量分度精度。 ④ 用量块测量尺寸时，注意防止刀尖形成的圆弧影响量块测量精度，此时可将与角度面贴合的量块稍微抬高一些，避开角度面根部的倒角或圆弧。 ⑤ 为避免立铣头对角度面的影响，应采用纵向进给铣削

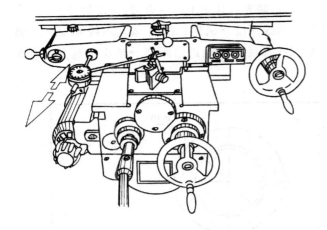

图 3-3-17 借助百分表控制工作台移动精度

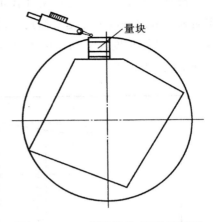

图 3-3-18 借助量块、百分表测量角度面至轴线尺寸

【质量分析】

质量分析如表 3-3-4 所列。

表 3-3-4 不等边五边形角度面工件加工的质量分析要点

种 类	产生原因
角度面夹角超差	1. 角度换算计算错误，分度计算错误。 2. 分度机构精度差。 3. 操作失误（如孔距数错、铣削时未锁紧主轴等）
角度面至轴线尺寸超差	1. 预制件实际尺寸测量误差大。 2. 量块组合计算错误。 3. 测量操作和量具读数不准确等

3.3.3 刻线加工技能训练

圆锥面刻线加工技能训练

重点：掌握圆锥面刻线加工方法。

难点：工件找正及刻线精度控制。

加工如图 3-3-19 所示的圆锥面刻线，坯件已加工，材料为 40Cr 钢。

【工艺分析】

1) 刻线有短、中、长三种，长度尺寸分别为 4 mm、6 mm、9 mm。刻线在圆锥表面上，并在圆周上 90 等分。刻线方向的起始位置为锥台上底面与圆锥面的交线。刻线的清晰度、直线度或粗细均匀是刻线的主要目测指标。

2) 材料 40Cr 钢，切削性能较好，刻线刀取正前角。

3) 根据刻线要求和工件外形，拟定在卧式铣床上加工，采用专用心轴装夹。刻线加工工序过程：

预制件检验→安装分度头并找正→安装心轴、装夹和找正工件→刃磨、安装刻线刀→工件表面划中分线→调整分度头仰角→对刀并调整刻线深度→试样长线(1条)、短线4(条)、中线(1条)→预检长度尺寸和清晰度→准确调整刻线深度和刻线进给距离→依次准确分度和刻线→刻线工序检验。

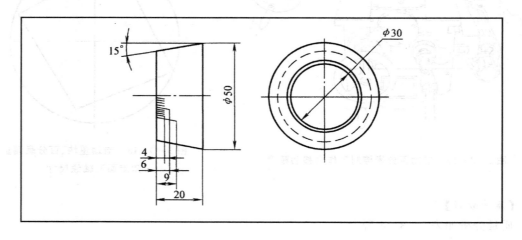

图3-3-19　圆锥面刻线

【工艺准备】

1) 选择铣床。选用X62W型等类似的卧式铣床。

2) 选择工件装夹方式。工件的装夹方式如图3-3-20所示。

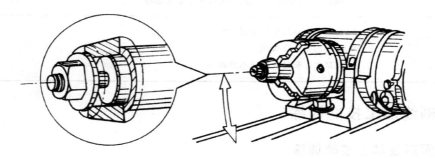

图3-3-20　圆锥面刻线零件装夹

3) 选择刀具。根据在卧式铣床上刻线的特点,刻线刀具采用12 mm的正方形高速钢车刀修磨而成。根据工件材料和刻线尺寸、间隔距离的要求,选取 $\gamma_0=4°\sim5°$,$\varepsilon_r=45°$,$\alpha_0=6°\sim8°$。

4) 选择检验测量方法

① 用游标卡尺测量刻线的长度尺寸以及刻线的间距尺寸。

② 等分精度通过精度较高的分度头和刻线高度尺检验。检验时,工件轴线与测量平面平行,游标高度尺划线头位置与起始刻线重合,然后通过精度分度,用划线头在工件表面的刻线比照;必要时可划出刻线的延长线,以检验其等分精度。

③ 对于刻度的清晰度以及四短一中、四短一长的刻线长度分布要求,一般用目测检验。

【加工准备】

1）安装、找正分度头主轴轴线与工作台平行,与纵向进给方向平行。

2）安装心轴、装夹、找正工件:

① 安装心轴时,找正心轴与分度头主轴同轴,并检测定位端面的圆跳动误差,允差在 0.02 mm 以内。

② 装夹工件,找正工件圆锥表面与分度头主轴的同轴,允差在 0.02 mm 以内。

3）安装和找正刻线刀具:用长刀杆和平垫圈装夹刻线刀,将机床的主轴装夹调整到最低档,并将主轴换向电器开关转至"停止"位置。找正刻线刀基面与工作台垂直,使刻线刀在沿纵向刻线是具有预定的前角、后角和刀尖角。

4）工件圆锥面划线:用游标划线高度尺在工件表面划出水平中心线。

5）调整分度头仰角:按工件圆锥角调整分度头仰角,本例为 15°,基本调整后,用百分表检验圆锥表面上素线与工作台平行,误差在 0.02 mm 以内。

6）检查和调整分度头

① 按等分要求调整分度销位置,本例 $n = \frac{40}{90}r = \frac{4}{9}r = \frac{24}{54}r$,换装分度盘,将分度销调整至 54 孔圈的位置。在调整的过程中注意检查分度手柄与轴的联结键的质量和配合间隙,分度销插入部分的形状精度,以及 54 孔圈等分的完好程度,以及分度盘的紧固是否牢靠。

② 检查分度头的传动及结构传动间隙,一般在 66 孔圈的 1~2 个孔距之内。若间隙过大,应松开脱落蜗杆机构的紧固螺母,微量转动偏心套,直至分度头手柄能顺利转动(指主轴 360°转动过程中,没有时紧时松的感觉),而空转间隙在 1~2 孔之内。

③ 检查分度头主轴锁紧手柄锁紧和松开时,分度头主轴是否有微量角位移。检查方法是:分度手柄正转或反转数周,将百分表测头接触三爪自定心卡盘的卡爪侧面,锁紧分度头主轴,观察百分表示值是否变化,若无变化或变化极微小,说明锁紧机构完好。

【加工步骤】

加工步骤如表 3-3-5 所列。

表 3-3-5 圆锥面刻线加工步骤(见图 3-3-19)

操作步骤	加工内容
1. 对刀	1）纵向端面对刀时,调整工作台,使刻线刀刀尖对准工件起始端面与圆锥面的交线,作为纵向刻度盘控制长、中、短线起点的位置。 2）横向对刀时,分度头准确转过 90°,使中心线转至工件上方,调整工作台,使刻线刀刀尖对准工件表面中心线。 3）垂向对刀时,使刀尖恰好与圆锥面最高点接触,可稍留一些间隙
2. 调整刻线长度与深度	纵向按对刀位置使刀尖向刻线方向调整长线为 9 mm、中线 6 mm、短线 4 mm,并分别采用不同颜色的粉笔,如红、黄、蓝粉笔在纵向刻度盘上做好记号;垂向升高 0.1 mm,作为第一条刻线的试刻深度

续表 3-3-5

操作步骤	加工内容
3. 试刻线及预检	1) 在第一条刻线位置,纵向手动进给,试刻长线。 2) 退刀后测量刻线长度尺寸为 9 mm,目测刻线是否清晰,直线度及粗细是否符合要求
4. 依次刻线	按预检的结果,微量调整垂向,达到刻线的粗细要求,随后每刻一条线后按等分数分度,纵向根据图样短、中、长的分布要求一次刻线。 在刻线的过程中,因掌握以下要点:注意分度操作的准确性,注意分度叉的验证,本例为 54 孔 24 个孔距,属于 9 等分孔圈数的类型,因此,分度销的位置应始终在 9 个固定的圈孔上循环。对于主轴刻度,90 等分,每刻一条线,主轴转过 4°

【质量分析】

质量分析如表 3-3-6 所列。

表 3-3-6 圆锥面刻线的质量分析要点

质量问题	产生原因
刻线位置误差大	划线不准确、对刀不准确、工件轴线与工作台纵向进给方向不平行等
刻线长度和等分误差过大	分度头精度差,分度头传动间隙调整不当,分度装置调整不当,分度操作失误等
刻线不清晰、直线度不佳或粗细不均	除刻线刀质量等因素外,主要原因是圆锥面上素线与工作台不平行、刻线刀未对准工件素线位置等

圆柱端面刻线加工技能训练

重点:掌握圆柱端面刻线方法。

难点:刻线刀具安装与刻线精度控制。

铣削加工如图 3-3-21 所示的半封闭键槽零件,毛坯尺寸为 $\phi 30 \times 80$ mm,材料为 45 钢。

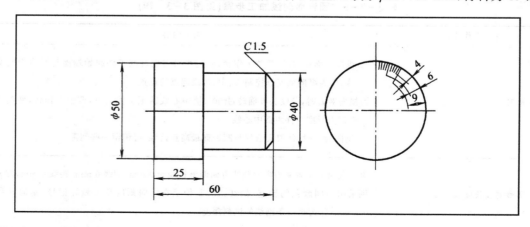

图 3-3-21 圆柱端面刻线零件

【工艺分析】

① 刻线有短、中、长三种。刻线在圆柱端面上,并在圆周上 60 等分。刻线方向的起始位置为圆柱面与端面的交线圆周。刻线为向心等分分布,刻线延长线通过工件轴线。刻线槽底部交线及侧面与刻线表面的交线应具有较好的直线度。

② 材料 45 钢,切削性能较好,刻线刀取正前角。

③ 根据刻线要求和工件外形,拟定在立式铣床上用回转工作台分度加工。刻线加工工序过程:

预制件检验→安装并调整回转工作台→工件表面划中分线→安装三爪自定心卡盘,装夹和找正工件→刃磨、安装刻线刀→对刀并调整刻线深度→试刻长线(1 条)、短线(4 条)、中线(1 条)→预检长度尺寸和清晰度→准备调整刻度线深度和刻线长度→依次准确分度和刻线→刻线工序检验。

【工艺准备】

① 选择铣床。为操作方便,X52K 型等类似的立式铣床。

② 选择工件装夹方式。在 T12320 回转工作台上安装三爪自定心卡盘装夹工件。

③ 选择刀具。根据在立式铣床上刻线的特点,刻线刀具采用直径 12 mm 的废旧键槽铣刀修磨而成。根据工件材料和刻线尺寸、间隔距离的要求,选取 $\gamma_0 = 4°\sim 5°, \varepsilon_r = 50°, \alpha_0 = 6°\sim 8°$。

【加工准备】

1) 工件端面划出中心线。

2) 装夹、找正工件、使工件外圆与回转工作台主轴同轴,端面(刻线表面)与机床工作台面平行。

3) 安装和找正刻线刀具:用铣刀夹头和弹性安装刻线刀,将机床的主轴转速调整到最低档,并将主轴换向电器开关转至"停止"位置。找正刻线刀基面刻线进给方向垂直,使刻线刀沿横向刻线时具有预定的前角、后角和刀尖角。

4) 检查调整回转工作台

① 换装分度盘和分度手柄,按等分要求调整分度销位置,本例 $n = \dfrac{90}{60} r = 1\dfrac{1}{2} r = 1\dfrac{33}{66} r$,将分度销调整至 66 孔圈的位置。在调整过程中注意检查分度手柄与轴的联结键的质量和配合间隙,分度销插入部分的形状精度,66 孔圈等分孔的完好程度,以及分度盘的紧固是否牢固。

② 检查回转工作台的传动间隙,一般在 66 孔圈的 1~2 个孔距之内,。若间隙过大,应松开脱落蜗杆机构的紧固螺母,微量转动偏心套,直至分度头手柄能顺利转动(指主轴 360 转动过程中,没有时松时紧的感觉),而空转间隙在 1~2 孔之内。

③ 检查回转工作台主轴锁紧手柄锁紧和松开时,回转工作台主轴是否有微量角位移。检查方法是:分度手柄正转或反转数周,将百分表测头接触三爪自定心卡盘的卡爪侧面,锁紧回转工作台主轴,观察百分表示值是否变化,若无变化或变化极微小,说明锁紧机构完好。

【加工步骤】

加工步骤如表 3-3-7 所列。

表 3-3-7 圆柱端面刻线加工步骤(见图 3-3-21)

操作步骤	加工内容
1. 对刀	1) 找正工件端面的中心划线与工作台横向平行,调整工作台纵向,使刻线刀刀尖对准工件端面的刻线。 2) 横向对刀时,调整工作台,使刻线刀刀尖对准工件端面与圆柱面的交线,作为刻线长度的起始位置。 3) 垂向对刀时,使刀尖恰好与圆锥面最高点接触,可稍留一些间隙
2. 调整刻线长度与深度	横向按对刀位置使刀尖向刻线方向调整长线为 9 mm、中线 6 mm、短线 4 mm,并分别采用不同颜色的粉笔,如红、黄、蓝粉笔在纵向刻度盘上做好记号;垂向升高 0.1 mm,作为第一条刻线的试刻深度
3. 试刻线及预检	1) 在第一条刻线位置,横向手动进给,试刻长线。 2) 退刀后测量刻线长度尺寸为 9 mm,目测刻线是否清晰,直线度及粗细是否符合要求
4. 依次刻线	按预检的结果,微量调整垂向,达到刻线的粗细要求,随后每刻一条线后按等分数分度,横向根据图样短、中、长的分布要求一次刻线。 在刻线的过程中,应掌握以下要点:注意分度操作的准确性,注意分度叉的验证,本例为 66 孔 33 个孔距,属于 2 等分孔圈数的类型,因此,分度销的位置应始终在 2 个固定的圈孔上循环。对于主轴刻度,60 等分,每刻一条线,主轴转过 6°

【质量检验】

向心刻线的线向检验时,用游标高度尺划出三等分位置刻线的延长线,若交点重合于一点,说明线向准确;否则,说明线向有偏差,交点相距越远,偏差越大,如图 3-3-22 所示。

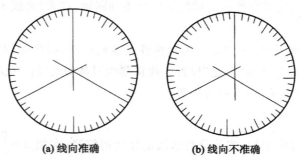

(a) 线向准确　　　　　　(b) 线向不准确

图 3-3-22　线向检验

【质量分析】

质量分析如表 3-3-8 所列。

表 3-3-8　圆柱端面刻线质量分析要点

质量问题	产生原因
刻线位置误差大	工件外圆与回转中心不同轴,线向不准确、对刀不准确、横向刻度盘记号走动等
刻线长度和等分误差过大	回转工作台精度差,分度头传动间隙调整不当,分度装置调整不当,回转工作台主轴锁紧机构失灵,分度装置调整不当,分度操作失误等
刻线不清晰、直线度不佳或粗细不均	除刻线刀质量等因素外,主要原因是圆柱端面上素线与工作台不平行、划线刀刻线过程切削角度不合理等

直尺刻线加工技能训练

重点：掌握圆柱端面刻线方法。
难点：刻线刀具安装与刻线精度控制。

铣削加工如图3-3-23所示的直尺上刻线，坯件已加工，材料为有机玻璃。

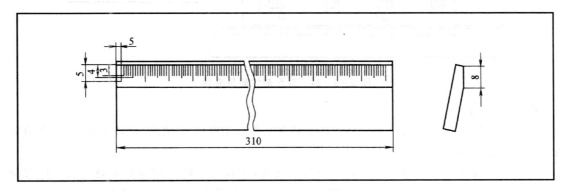

图3-3-23　直线刻线零件

【工艺分析】

① 刻线有短、中、长三种，间距尺寸为1 mm。刻线位置在8 mm×310 mm的斜面上，刻线位移方向的起始和端点位置至两端的尺寸均为5 mm；刻线刻制方向的起始位置沿28 mm宽度的斜面一侧。刻线总长尺寸为300 mm（310 mm－10 mm）。

② 材料为有机玻璃，刻线刀取较大正前角。

③ 据刻线要求和工件外形，拟定在立式铣床上加工，采用简易专用装夹。刻线加工工序过程：

预制件检验→安装找正简易夹具→装夹和找正工件→刃磨、安装刻线刀→安装分度头和交换齿轮→端面对刀并调整移距方向刻线起始位置→横向侧面对刀并调整刻制方向刻线起始位置→表面对刀并调整刻线深度→直线分度移距，横向控制刻线长度，试刻长线（1条）、短线（4条）、中线（1条）→预检刻线位置尺寸、长度尺寸和清晰度→准备调整刻度线长度和深度→依次准确分度直线移距和刻线→刻线工序检验。

【工艺准备】

① 选择铣床。选用X5032型立式铣床。

② 选择工件装夹方式。制造简易夹具，如图3-3-24所示，以直尺的尺身大平面为主要基准，不刻线的一侧为辅助基准。工件用四块压板压紧，夹具用T形螺栓压紧在工作台面上。

③ 选择刀具：采用$\phi 10$左右的废旧键槽铣刀改制刻线刀。根据工件材料和刻线尺寸的要求，选取$\gamma_0=15°$，$\varepsilon_r=35°$，$\alpha_0=6°\sim 7°$。

④ 选择刻度移距方法：本例刻度间距精度要求比较高，直尺具有间距误差和累计误差精度要求，故用分度头主轴交换齿轮法进行刻线直线移距分度。

⑤ 选择检验测量方法。用游标卡尺测量刻线的长度尺寸以及刻线的间距尺寸，刻线的线向可用90°角度尺测量。本例的直尺刻度可用大于或等于直尺刻度总长度的钢直尺进行比照检验。对于刻度的清晰度以及四短一中、四短一长的刻线长度分布要求，一般用目测检验，也可以将检验用的钢直尺对准两端的短线或中线、长线，然后检验中间所有的刻线长度是否准确。

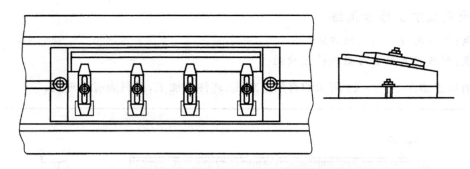

图 3-3-24 直尺刻线简易夹具

【加工准备】

1) 安装、找正简易夹具。将简易夹具安装在工作台中间 T 形槽内,位置居中,并用百分表找正夹具侧面基准与工作台纵向平行。

2) 装夹、找正工件。将工件装夹在简易夹具内,压板与工件之间应垫上硬纸板。用百分表找正工件刻线表面与工作台平行,侧面与纵向进给方向平行,平行度误差在 0.02 mm 以内。若斜面角度略有误差,可在直尺大平面的一侧垫长度等于直尺总长的等厚度薄纸进行找正。

3) 安装和找正刻线刀具。用铣刀夹头和弹性套安装刻线刀,将机床的主轴转速调整到最低档,并将主轴换向电器开关转至"停止"位置。找正刻线刀刀尖的中间平面与工作台横向平行,使刻线刀在沿横向刻线时具有预定的前角、后角和刀尖角。

4) 检验和调整纵向工作台传动间隙

① 在刻线长度范围内,工作台的丝杠和螺母传动机构传动间隙应在 0.20 mm 范围内,丝杠和螺母间应保持清洁和润滑。

② 工作台的丝杠与工作台的轴向间隙应在 0.03 mm 以内。

③ 工作台的导轨镶条间隙应适当,使工作台移动时无晃动,镶条与导轨应在 0.05 mm 以内。

5) 检验和调整分度头:具体方法与圆锥面刻线加工训练相同。

6) 计算、安装和配置之间换齿轮

① 安装型 F11125 分度头,位置靠近工作台右端。

② 计算主轴交换齿轮:$L=1$,设 $n=5$

$$\frac{z_1 z_3}{z_2 z_4} = \frac{40L}{nP_{\text{丝}}} = \frac{40 \times 1}{5 \times 6} = \frac{40}{30}, 即\ z_1=40, z_2=30$$

③ 安装分度头主轴交换齿轮轴,安装主动轮 $z_1=40$。

④ 拆下纵向丝杠的罩盖,安装齿轮套和从动齿 $z_2=30$。

⑤ 安装交换齿轮架和中间齿轮,并注意调整齿轮的间隙,然后紧固交换齿轮架和中间轮的齿轮轴。

7) 复核传动系统的精度。复核传动系统的精度时,用固定在机床床身上的钟式百分表测头与夹具端面接触,在消除传动间隙后,分度手柄转过 5 r,纵向工作台应准确地移动 1 mm。检测可在刻线总长范围内进行,中间段主要采用抽测方法,两端可以多测几点。

【加工步骤】

加工步骤如表 3-3-9 所列。

表 3-3-9　直线刻线加工步骤(见图 3-3-23)

操作步骤	加工内容
1. 对刀	1) 纵向端面对刀时,转动分度手柄,移动工作台纵向,使刻线刀刀尖对准工件起始端面与斜面交线;对准后,将分度销插入分度盘圈孔内。 2) 横向侧面对刀时,调整工作台横向,使刻线刀刀尖对准工件起始侧面与斜面交线,在横向刻度盘上做记号,作为刻线长度调整起点。 3) 垂向对刀时,是刀尖恰好与刻线表面接触,可稍留一些间隙,以免碰毛刻线表面
2. 调整刻线位置	纵向按对刀位置使刀尖向刻线移距方向移动 5 mm;横向沿刻线进给方向,在横向刻度盘上做记号;调整长线为 5 mm、中线 4 mm、短线 3 mm,并分别采用不同颜色的粉笔,如红、黄、蓝粉笔在纵向刻度盘上做好记号;垂向升高 0.1 mm,作为第一条刻线的试刻深度
3. 试刻线及预检	1) 在第一条刻线位置,横向手动进给,试刻长线。 2) 垂向、横向退刀后测量刻线与端面的尺寸为 5 mm,长度尺寸为 5 mm,目测刻线是否清晰,直线度及粗细是否符合要求
4. 依次刻线	按预检的结果,微量调整垂向,达到刻线的粗细要求,随后每刻一条线后按等分数分度,分度手柄转过 5 r,工作台纵向准确移距 1 mm,横向根据图样短、中、长的分布要求一次刻线。 在刻线的过程中,应掌握以下要点:注意交换齿轮的适当润滑。注意保持刻线刀的锋利,否则刻制的线条会有粗细和微小的扭曲,影响刻线的清晰度和直线度。因本例刻线间距是 1 mm,累计的尺寸可在过程中进行复核,刻线时可以不紧固工作台,但最好将纵向手轮拆卸,以免影响直线移距分度精度

【质量分析】

质量分析如表 3-3-10 所列。

表 3-3-10　直线刻线质量分析要点

质量问题	产生原因
刻线长度和间距尺寸误差过大	工作台传动机构间隙,丝杠推力轴承间隙和镶条间隙调整不当,工作台丝杠和螺母不清洁,分度移距传动系统润滑不良,横向进给操作或分度距操作失误等
刻线不清晰、直线度不好或粗细不均	刻线刀刃磨质量不好,刀具安装位置不正确影响刻制切削,刻线过程中刀尖损坏或微量偏转,工件刻线表面与工件台面不平行等。其中刀刃磨的砂轮切削性能不佳,会影响刻线的直线度和清晰度

思考与练习

1. 简述万能分度头进行分度时与哪些结构有关?
2. 简述回转工作台进行分度时与哪些结构有关?
3. 影响分度精度有哪些因素?
4. 试分析分度夹具中因分度机构精度引起的分度误差原因?
5. 试分析分度操作引起的分度误差原因?
6. 提高分度精度有哪些方法和途径?

7. 提高角度面铣削精度有哪些方法和途径？
8. 如何提高在铣床上刻线加工的精度？
9. 简述棱柱、棱台、棱锥加工方法和要点？
10. 棱柱、棱台、棱锥联体的零件有什么连接质量要求？影响连接质量因素有哪些？
11. 角度面之间的夹角有多种标注方法，加工时如何分度操作？
12. 圆锥面刻线加工如何找正工件？
13. 怎样检验圆锥面和圆柱端面的刻线质量？
14. 怎样复核检验直线移距分度精度？
15. 平面直线移距分度刻线间距尺寸误差大有哪些原因？

课题四　高精度花键轴加工

> **教学要求**
> ◆ 了解外花键的种类及定心方式。
> ◆ 熟练掌握用三面刃铣刀铣削外花键的加工方法。
> ◆ 掌握外花键的检验方法。
> ◆ 遵守操作规程，养成良好的安全、文明生产习惯。

3.4.1　高精度花键轴加工必备的专业知识

1. 提高花键轴铣削精度的方法

花键铣削的工艺要求包括键宽和小径尺寸精度要求、键侧面对工件轴线的对称度和平行度要求和等分要求，在卧式铣床上加工外花键轴，常采用以下方法提高铣削加工精度。

(1) 提高外花键表面形状精度的方法

花键槽由两个侧平面和一个小径圆弧面构成。若采用三面刃铣刀侧刃铣削键侧平面，提高侧平面形状精度的方法主要是通过检测、调整、使铣床主轴线与纵向进给方向垂直。提高小径圆弧面形状精度的主要方法是采用小径成形铣刀，如图3-4-1所示，铣刀廓行的两侧夹角略小于槽形角，而圆弧的长度与花键槽圆弧基本相等。由于圆弧刀刃经过精密磨削，因此铣成的小径圆弧面具有较高的形状精度。为了保证小径的圆柱度，应注意精确找正工件轴线与工作台面平行。

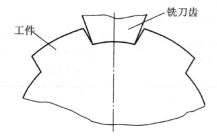

图3-4-1　花键小径圆弧面成形铣刀齿形

(2) 提高外花键尺寸精度的方法

提高键宽和小径尺寸精度的方法主要是提高测量准确度与工作台的移动精度。通常采用组合三面刃铣刀侧刃铣削方法。调整键宽尺寸，先用试件试切实验键宽尺寸，然后通过平面磨削，精确调整铣刀中间垫圈，并注意检验刀杆垫圈的平行精度，可有效提高键宽尺寸的加工精度。

(3) 提高外花键位置精度的方法

花键的位置精度包括键宽对工件轴线的对称度和平行度,以及键的等分精度。小径圆弧的位置精度主要是指圆弧面与工件轴线的同轴度和平行度,以及与侧平面的连接精度。提高精度常用的方法如下:

1) 选用精度较高的分度头

选用万能分度头时,应注意调整蜗杆副的啮合间隙。如有条件,最好选用花键数 2 倍的等分分度头,以便于花键对称度测量,减少复位和分度误差,提高花键等分精度。

2) 精确找正分度头轴线相对位置

铣削花键轴一般采用两顶尖装夹工件。要提高工件轴线与工作台面和进给方向的平行度,应注重找正分度头轴线与尾座顶尖轴线的同轴度,并使轴线与工作台面和进给方向有较精确的平行度。

如图 3-4-2 所示,若分度头轴线与尾座顶尖轴线不同轴,对单个工件可能会使其轴线达到找正要求,但很难保证其重复定位精度。如果有几个工件,顶尖的深度略有差异,便会产生定位误差,从而影响键宽对轴线的平行度和对称度,以及小径的形状和尺寸精度。

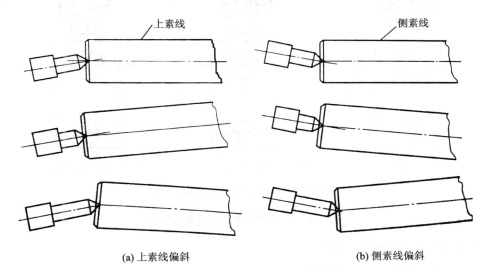

(a) 上素线偏斜　　　　　　　　　　　(b) 侧素线偏斜

图 3-4-2　两顶尖轴线不同轴对工件定位的影响

精确找正时,可采用大于工件长度的带锥柄标准心轴,将锥柄部分插入分度头前端锥孔,并检查其配合精度,然后借助标准轴的上素线和侧素线精确找正分度头轴线位置。找正尾座顶尖轴线位置时,可先拆下尾端顶尖,用带锥柄心轴,插入尾座顶尖锥孔,然后精确找正其轴线的位置,达到与分度头轴线同轴,并与工作台面和进给方向平行的找正要求。

3) 精确调整铣刀的对中切削位置

① 采用试件试切或划线对刀法调整铣刀位置时,提高对称度的途径主要是提高键侧翻身法检测对称度的测量精度。除了准确转动工件角度,提高工件测量位置精度外,在使用百分表测量键侧时考虑到工作台面粗糙度与平面度对测量精度的影响,可在工作台面上放置一精度较高的平行垫块,将百分表座在垫块平面上移动测量,依此提高调整过程中的测量精度。按对称度误差微量横向调整工作台时,为提高工作台微量移动精度,可借助百分表进行控制。

② 采用对刀位置(见图3-4-3(a))调整铣削位置时,先使铣刀大致与对刀块侧面对齐,试切后用百分表测量键侧与对刀块侧面的位置偏离,并注意测量两侧偏差值。当键宽与对刀块宽度尺寸相等时,两者侧面的示值差就是中心偏差值;当键宽略小于对刀块宽度尺寸时,微量调整的尺寸还应该考虑键宽尺寸的影响。将铣出的键侧与对刀块侧面比较测量,若测量示值相同,或键两侧同时比对刀块侧面低相等尺寸,则表明铣刀位置已调整完毕。在微量调整时,应注意工作台移动方向,如图3-4-3(b)、(c)所示。硬质合金组合铣刀盘(见图3-4-4(b))通常用于批量较大的花键精铣加工。成批加工时,先用高速钢成形铣刀加工花键小径,键侧留有精铣余量;然后用硬质合金铣刀盘精铣键侧。这种刀盘上共有两组刀,其中一组刀(共2把)铣削花键两侧,另一组刀(也是2把)铣削花键两侧倒角。每组刀的左右刀柄间距可按照花键键宽和倒角尺寸进行调整,使用这种刀盘精铣花键,不但生产效率高,而且表面粗糙值可达到 $Ra1.6\sim 0.8~\mu m$,而高速钢铣削时一般只能达到 $Ra6.3\sim 3.2~\mu m$。

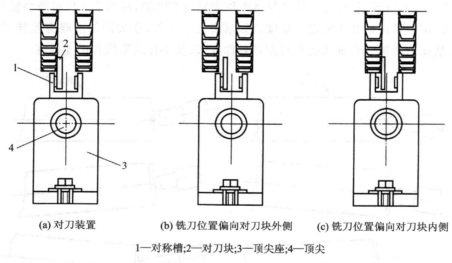

(a) 对刀装置　　　(b) 铣刀位置偏向对刀块外侧　　　(c) 铣刀位置偏向对刀块内侧

1—对称槽;2—对刀块;3—顶尖座;4—顶尖

图3-4-3　用对刀装置铣刀切削位置

2. 花键成形铣刀的结构和检验

(1) 花键成形铣刀的种类和功用

常见的花键成形铣刀有铲齿成形铣刀、尖齿成形铣刀、焊接式成形铣刀、机夹式硬质合金成形铣刀,如图3-4-5所示。尖齿成形铣刀一般用于粗铣花键,铲齿成形铣刀用于精铣花键,硬质合金花键铣刀一般用于大批量生产时高速铣削花键。还有一种用于精加工小径和粗铣键侧的成形铣刀,可用于粗铣花键、精铣花键小径。

(2) 花键铲齿成形铣刀的几何参数与结构特点

1) 主要几何角度

铲齿花键成形铣刀的前角一般为0°;齿背采用阿基米德螺旋线,以保证铣刀刃磨前面后齿型不变。同时,使铣刀具有足够的后角。成形铣刀的后角有径向后角与法向后角之分,切削刃上各点的后角是不等的。切削刃上的点旋转半径愈小,径向后角愈大,而法向后角一般大于3°～4°,而且铣刀重磨后后角逐渐增大,因此,成形铣刀的标注后角规定在新铣刀的齿顶处。

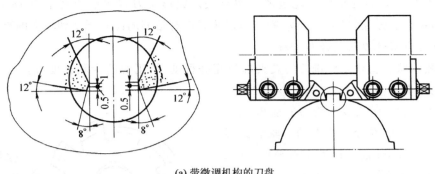

(a) 带微调机构的刀盘

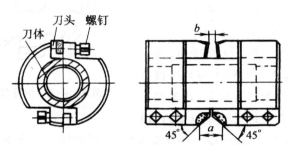

(b) 硬质合金组合刀盘

图 3-4-4 硬质合金花键槽精铣刀盘

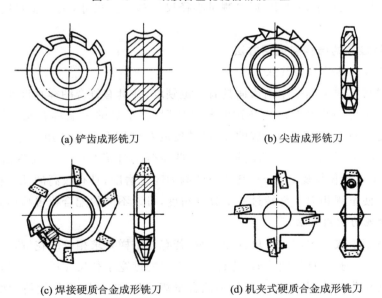

(a) 铲齿成形铣刀　　　　　(b) 尖齿成形铣刀

(c) 焊接硬质合金成形铣刀　　(d) 机夹式硬质合金成形铣刀

图 3-4-5 常见花键成形铣刀种类

2）结构特点

刀齿截面形状与花键槽形状相同,两侧切削刃铣削花键侧面,中间圆弧切削刃铣削花键槽底圆弧面,齿形按花键槽精度等级进行铲磨,当铣刀处于正确的铣削位置,可在工件上铣削出符合精度要求的花键。花键铲齿成形铣刀类似于凹半圆成形铣刀,只是与凹圆弧连接的直线切削刃是倾斜的,倾斜的角度与花键的齿数有关。成形铣刀容屑槽的夹角为 18°,22°,25° 和 30°,槽底是折线加强底,齿数一般为 9~14,以使刀齿有足够的齿根厚度和较多的重磨次数。

(3) 花键成形铣刀的选择和检验

① 目测检验。主要是对铣刀的装夹部位完好程度、切削刃的锋利程度、前刀面的刃磨表面质量进行检验。

② 前角检验。铲齿成形铣刀的前角 $\gamma_0 = 0°$。检验时,用安装在分度头上的心轴装夹刀具,用百分表找正,使前刀面处于水平位置(见图 3-4-6),然后用游标高度尺检测刀面是否通过刀具轴线,若通过轴线,则前角 $\gamma_0 = 0°$;否则,因前角 $\gamma_0 \neq 0°$,齿形会有一定误差。

③ 试件试切检验。通过试件试切,铣出三个齿槽(相邻齿槽和 180°对称齿槽),可以对小径尺寸和键宽尺寸精度进行检验,若测的小径尺寸与键宽尺寸均在允许的公差范围内,说

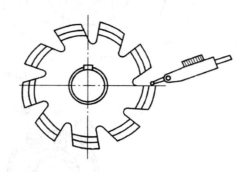

图 3-4-6 用百分表检验成形铣刀前角

明齿形准确。若铣出的表面粗糙度与图样要求相符,说明铣刀刃磨质量符合使用要求。

④ 用样板和合格工件比照检验。在有专用样板和合格花键工件的情况下,可将样板和合格花键工件的法向槽形沿铣刀的前面做比照检验,若两者的廓线相吻合,则说明铣刀基本符合铣削加工要求,然后在铣削调整中,通过测量小径尺寸和键宽尺寸,进一步对铣刀廓形的精度进行检验。

3. 花键专用检具的结构和使用方法

(1) 花键专用检具的结构特点

花键综合量规实质上是一个内齿面具有一定硬度,并具有符合图样精度要求的内花键套。为了测量时便于工件外花键对准内花键的测量位置,在量具的一端具有花键插入导向部分。花键综合量规是用花键拉刀加工而成的,较高精度的花键综合量规使用花键圆孔复合拉刀加工而成,以保证大径、小径和键侧的同轴度。一些量规的外形是一个与花键齿度相同的正棱柱,便于量规握持或转位检验。此外,其外棱柱侧面经过磨削,具有较高的几何精度,并与花键有较高的位置。使量规相对工件转过一个分度角度,可以不同的配合位置检验花键加工精度。

(2) 综合量规的使用方法

综合量规适用于成批生产。在单件加工时,若有与图样要求相符的花键,也可以用于对铣削加工的花键进行检验。具体使用时,应首先对工件的键宽小径尺寸进行测量,在确认所有键宽和小径尺寸均在公差范围内时,方可使用综合量规,以检查花键的其他精度要求。因此,这种量规还常与花键键宽卡规、小径卡规配合使用,配合使用方法如图 3-4-7 所示。具体操作中,还应注意合理使用量规,在工件加工完毕后,应去除毛刺再用量规进行检验。在工件与量规无法顺利通过时,不能依靠加大力迫使工件通过,以免损坏量规测量面,影响量规的精度。

3.4.2 长花键轴加工技能训练

重点:掌握用花键铣刀铣削细长轴上花键的方法。

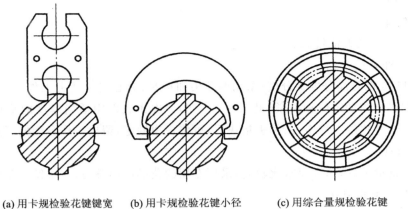

(a) 用卡规检验花键键宽　　(b) 用卡规检验花键小径　　(c) 用综合量规检验花键

图 3-4-7　用卡规和综合量规配合检验花键

难点：花键精度控制及工件辅助装夹操作。

小批量铣削加工如图 3-4-8 所示的小径定心花键轴，坯件已加工成形，材料为 45 钢。

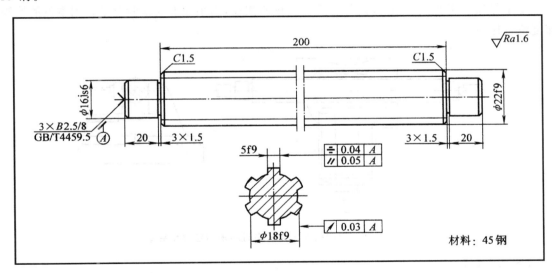

图 3-4-8　矩形细长花键轴

【工艺分析】

该花键轴是以小径定心，圆跳动公差为 0.03 mm。工件两端有定心中心孔，便于工件按基准定位，但工件的长度与直径的比值较大，属于较细长的工件。铣削过程中必要时增加辅助支承。由于工件较长，直径较小，在铣削过程中较容易振动、偏让，应采用简易的辅助支承。花键的精度要求较高，应选用精度较高的铣床、分度头、铣刀和量具进行加工。

根据图样的精度要求，此花键在铣床上加工必须采用成形铣刀才能达到精度要求。其加工步骤为：

安装找正分度头和尾座→安装成形铣刀→试件试切找正铣削位置→装夹、找正工件→安装辅助支承→试铣对称花键槽→微量调整，准确分度依次铣削花键→花键检验。

【工艺准备】

1）选择铣床

选用 X6132 卧式万能铣床。

2）选择工件装夹方式

选用 F11125 型万能分度头分度，采用两顶尖和拨盘、鸡心夹头装夹工件。工件中部用小型机用平口虎钳作辅助定位和夹紧（见图 3-4-9）。虎钳底部用适当厚度的平行垫块垫高，使钳口的高度恰好超过工件中心；抽去垫块后，可将虎钳搬走，留出工作台面便于测量和预检。

3）选择刀具

本例为小批量工件，精度要求比较高，采用专用的花键成形铣刀，一次铣出花键齿槽。

4）选择检验测量方法

① 键宽尺寸用 0～25 mm 的外径千分尺预检，用键宽卡规检验测量。

② 键侧与轴线的平行度、键宽对轴线的对称度测量均在铣床上借助分度头分度，用带座的百分表预检，检验时采用综合量规检验。用百分表测量对称度时，将花键槽两侧置于水平位置，分度头的转角为顺时针转过 $\theta = 360°/N$，然后再反向转过 2θ。应选用测头直径较小的百分表对平行度和对称度进行测量。

③ 小径尺寸用 25～50 mm 的外径千分尺预检测量，用小径卡规检验测量。因本例的检验深度位置比较小。

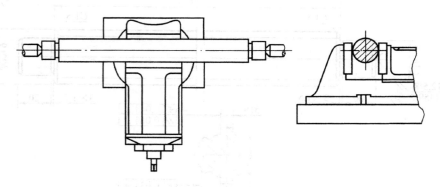

图 3-4-9 用虎钳作工件装夹时的辅助定位和夹紧

【加工准备】

1）安装、找正分度头和尾座

① 选择精度较高的分度头和尾座，对分度头的主轴和传动机构间隙、分度辅助装置的完好程度（如孔盘、分度手柄的联结配合、分度销的形状精度、主轴锁紧手柄的性能等）进行检查。

② 安装时注意底面和定位键侧的清洁度和贴合精度，两顶尖的距离按工件长度确定，尾座顶尖的伸出距离要尽可能小一些，以增强尾座顶尖的刚度。

③ 本例为批量工件首件加工，找正分度头和尾座位置时，必须找正分度头主轴与尾座的顶尖同轴，这样，工件顶尖之间长度有误差时，尾座顶尖移动定位的工件才能保证工件轴线与工作台和进给方向相对位置的找正精度。

④ 按工件 6 齿等分数调整分度盘、分度销位置和分度叉展开角度，本例选用 $n = \dfrac{40}{z}\,r =$

$6\frac{44}{66}$ r。

2）装夹、找正工件

两顶尖定位并用鸡心夹和拨盘装夹工件后，用百分表找正上素线与工作台面平行，侧素线与纵向进给方向平行，找正工件与分度头轴线的同轴度在 0.03 mm 以内。尾座顶尖和分度头的主轴顶尖也是通过工件两端与顶尖轴线的同轴度、工件轴线与工作台面和进给方向平行度、尾座旋转体上平面与工作台面的平行度找正等达到位置精度。

3）检测和安装铣刀

根据铣刀设计的前角检测铣刀刃磨后的实际前角值，测量时注意先找正安装铣刀的心轴与分度头的同轴度。在不妨碍铣削的情况下，铣刀尽量靠近主轴安装，减小铣削时刀杆振动。在安装横梁和支架后，应注意调节支架刀杆支持轴承的间隙。

4）选择铣削用量

按工件材料 45 钢和铣刀的规格，与一般三面刃铣刀相比，主轴转速和进给量均可低一档次。

5）配置和安装辅助定位和加紧装置

选用规格较小的机用平口虎钳，底部配置适当高度的平行垫块，使钳口的顶面略超过工件中心 5 mm 左右。工件找正后，用手将虎钳定钳靠向工件内侧，手拧虎钳丝杠扳手端部，将工件自由夹紧。

【加工步骤】

加工步骤如表 3-4-1 所列。

表 3-4-1 矩形细长花键轴加工步骤（见图 3-4-8）

操作步骤	加工内容
1. 试件铣削和预检	1）调整工作台，目测使成形铣刀的两刀尖与试件外圆间距相同。启动铣床主轴，垂向微量上升，在试件的外圆表面铣出切痕。若切痕只有一个，或切痕有大小，则应微量调整工作台横向，调整的方向应使工件向无切痕和切痕较小的方向移动。纵向移动，换一个位置对刀，直到切痕相同。 2）当切痕中间角尖恰好衔接时，铣刀小径圆弧的中点与工件外圆的最高点恰好接触。此时，垂向位置作为花键槽深的起始位置。纵向退刀后，垂向上升至花键槽深度 2 mm 的 3/4（1.5 mm），铣削第一条花键槽。 3）预检键侧的对称度。如图 3-4-10(b)所示，将试件顺时针转过 $\theta=360°/N=60°$，$n=6\frac{44}{66}$ r，用百分表测量键侧 1，工件逆时针转过 $2\theta=120°$，$n=13\frac{22}{66}$ r，用百分表测量键侧 2，若 1、2 的百分表示值一致，说明键的对称度精度较高。若键侧 1、2 的百分表示值不一致，说明对刀有偏差。设测得键侧 1 比键侧 2 高 $\Delta x=0.10$ mm，则应将工件键 1 靠拢铣刀移动距离 S： $$S=\frac{\Delta x}{2\cos\frac{180°}{N}}=\frac{0.1}{2\cos\frac{180°}{6}}=0.06 \text{ mm}$$ 即工件向键侧 1 靠铣刀方向横向移动 0.06 mm

续表 3-4-1

操作步骤	加工内容
1. 试件铣削和预检	4) 分度手柄准确转过 $n=20$ r，铣削第二条花键槽，用外径千分尺测量两端的小径尺寸，因槽底的尺寸比较小，千分尺只能部分砧测量。注意测量操作的准确性，必要时可以用百分表、正弦规和量块大径和小径的差值，以确定小径尺寸的准确数值和垂向应调整的数值。 5) 分度手柄准确转过 $n=6\frac{44}{66}$ r，铣削第三条花键槽，用外径千分尺对键宽尺寸进行预检，测得键宽尺寸的实际值以及图样尺寸的差值 ΔB。两者之间有以下几何关系（见图 3-4-11）： $\Delta B = 2\Delta H \sin\frac{180°}{N}$，若测得 $\Delta H = 0.47$ mm，则 $\Delta B = 2 \times 0.47$ mm $\times \sin 30° = 0.47$ mm，即本例 $\Delta B = \Delta H$，说明铣刀廓形准确。 6) 按图样的要求分度，铣削六条花键槽一段长度，其中相邻两条槽全长铣出，便于检测键宽和键侧平行度，花键另一侧的对称度。 7) 用千分尺和卡规配合预检试件的键宽、小径尺寸；用百分表检测花键两端对称度、键侧与轴线的平行度和花键的等分精度
2. 试件检验	用卡规和综合量规预检试件花键，注意综合量规是否全程通过，卡规止端应不能通过
3. 工件花键铣削	按试铣调整好的位置和纵向坐标，铣削花键，铣削时为提高铣削精度，应注意以下事项： ① 换装工件后，应找正工件两端外圆与分度头的同轴度。同轴度误差大的工件，不可进行加工。 ② 分度头尾座顶尖不宜顶得过紧，以免细长轴弯曲影响铣削和分度精度。一般可用手握工件，感觉无轴向间隙，工件又能转动自如为宜。 ③ 辅助定位和夹紧的虎钳，应在分度头锁紧手柄后夹持工件，在分度头锁紧手柄松开前松开虎钳钳口。夹持部位应注意清洁切削，以免损坏大径表面质量。在试件铣削中可进行观察，通过测量，验证辅助夹持的效果和影响。主要是观察工件铣削时的振动情况和对加工精度的影响。 ④ 装夹工件的鸡心夹夹紧工件后，其柄部侧面应与工件轴线基本平行，否则用拨盘螺钉紧固后会影响工件与分度头的同轴度和其他位置精度

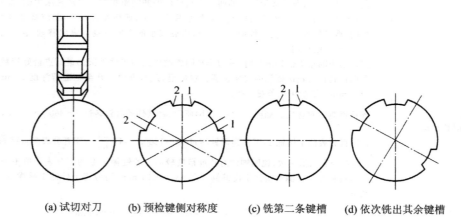

(a) 试切对刀　　(b) 预检键侧对称度　　(c) 铣第二条键槽　　(d) 依次铣出其余键槽

图 3-4-10　花键成形铣刀的试切对刀和预检

【质量分析】

质量分析如表 3-4-2 所列。

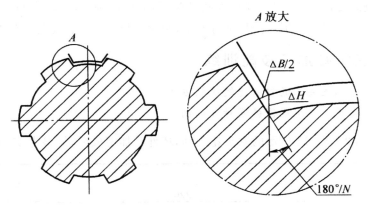

图 3-4-11　花键成形铣刀槽深和键宽的尺寸几何关系

表 3-4-2　矩形长花键轴加工质量分析要点

质量问题	产生原因
对称度超差	1. 铣刀刃磨精度差,前刀面与工件轴线不平行,造成槽形偏斜,影响对称度。 2. 预检键侧时,百分表测头与非测量面相碰,造成测量误差。 3. 根据切痕调整工作台横向时,调整方向错误。 4. 由于工件细长,铣削过程中振动等影响工件位置,引起对称度超差。 5. 使用辅助夹持装置方法不当,引起工件中部位移
小径、键宽平行度和尺寸超差	1. 分度头尾座顶尖顶装工件松紧程度不当,引起工件变形和定位误差。 2. 工件上素线与工作台不平行。 3. 工件中部偏让
等分精度、齿侧平行度超差	与三面刃铣刀铣削时的分析相同
表面粗糙度值超差	其原因与三面刃铣刀原因相同外,铣削用量选择不当和工件中间支承使用不当是重要原因

> **注意事项**

长花键轴基本测量方法与用三面刃铣刀测量时相同。本例测量的位置比较小,精度要求比较高,测量时须注意以下几点:

- 用千分尺测量键宽和小径尺寸时,因测量部位面积比较小,容易引起测量误差,因此应注意测量动作和位置的准确性。特别应注意,由于测砧与工件接触面积较小,测量力容易偏大而造成测量误差。
- 用百分表测量平行度、对称度和等分度误差时,因测量面积较小,应选用测头较小的百分表,同时须注意测头应避免与其他非测量面接触,以免影响测量精度和造成测量错误。
- 由于工件细长,预制件的检验应注意工件是否弯曲变形,铣削后应注意工件放置,以免影响原有精度。

- 本例键侧高度比较小,用宽度卡规测量时,两端可沿轴向测量,中间部分沿径向测量;使用小径卡规时一般须在全长进行测量,判断小径尺寸是否在公差范围内。

3.4.3 双头花键轴加工技能训练

重点:掌握具有位置要求的双头花键铣削方法。

难点:工件装夹找正及小径圆弧面精度控制。

铣削加工如图3-4-12所示的双头花键轴,坯件已加工成形,材料为45钢。

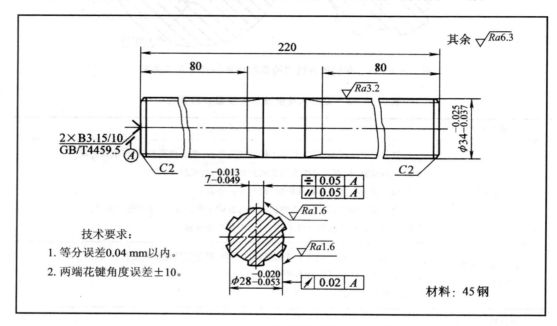

图3-4-12 双头花键轴

【工艺分析】

从技术要求可知:花键的等分误差范围为0.04 mm,两端花键应处于同一角度位置,同名键中间角度偏差为±10′。

该双头花键轴为光轴,花键在外圆柱面上,两端花键有效长度为均为80 mm,工件两端有孔径为3.15 mm的B型中心孔。加工双头花键轴须调头定位装夹。

采用组合三面刃铣刀加工键侧,专用小径圆弧成形铣刀铣削加工槽底小径圆弧面的方法。花键铣削加工工序过程与用两把三面刃铣刀组合铣削单头花键基本相同。工件调头装夹后,须用百分表找正已加工花键与铣刀的相对角度位置使两端花键同名键中间平面的角度偏差在±10′范围内。

【工艺准备】

1) 选择铣床

选用 X6132 卧式万能铣床。

2) 选择工件装夹方式

选用 F11125 型分度头采用两顶尖、鸡心夹和拨盘装夹工件。考虑到一端铣成花键后,用鸡心夹夹紧工件有可能损坏花键,故在花键大径外圆和鸡心夹之间用一个轴套装夹花键轴,如图 3-4-13 所示。轴套的内径与工件大径配合,材料选用 HT200;轴套具有弹性槽,以使鸡心夹螺钉旋紧时轴套受力收缩,将工件均匀受力夹紧。

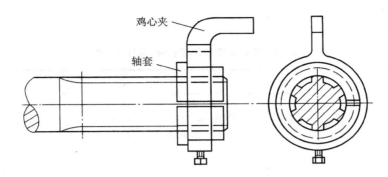

图 3-4-13 用轴套和鸡心夹装夹花键轴

3) 选择铣刀

① 铣削键侧的组合三面刃铣刀,铣刀的厚度不受严格限制,两把铣刀进行组合的侧面刃应完好无损。刃磨质量基本相同,夹持部位的表面无凸起、拉毛等瑕疵。因花键的收尾部分圆弧并没有尺寸要求,故选 63 mm×8 mm 直齿三面刃铣刀。

② 铣削槽底圆弧面刀具,因花键属于小径定心的零件,使用专用小径圆弧成形铣刀铣削槽底圆弧面,可以达到圆弧面的粗糙度和尺寸精度要求。

4) 选择铣削用量

工件材料为 45 钢,调质后的材料硬度为 235HBS,宜选用优质碳素结构钢切削用量范围内较小的切削速度和进给量。小径圆弧成形铣刀属于铲齿成形铣刀,选用较小的铣削用量;也可以通过试切确定最合理的铣削用量。

5) 选择检验测量方法

试件试切的检验是提高组合铣刀花键铣削精度的重要操作步骤。试件的长度应与工件大致相同,试件的顶尖孔应具有较高的精度。试件试切后的键宽尺寸、对称度检验方法与组合三面刃铣刀铣削单头花键时间基本相同。本例因精度较高,故选用的量具应进行校核,百分表应检验其复位精度。

【加工准备】

1) 安装和找正分度头与尾座

具体方法与单刀铣削花键相同。最好用标准圆棒找正。

2) 安装铣刀

安装前对铣刀杆直线度与刀杆垫圈的平行精度应进行检验,以便挑选精度较高的刀杆和套圈,提高铣刀的安装精度。测量铣刀侧刃刀尖与装夹面的距离尺寸,以便选择组合铣刀中间垫圈的尺寸,垫圈的厚度 $b=B+e_1+e_2$,本例若 $e_1=0.45$ mm,$e_2=0.30$ mm,则 $b=(6.98+0.45+0.3)$ mm$=7.73$ mm。

按花键的规格选择小径圆弧铣刀,安装前目测检验铣刀前刀面的刃磨质量,前面应无磨削烧伤的痕迹,并具有较高的表面质量;刃口清晰锋利,无磨削留下的毛刺。圆弧的精度可用

$\phi 28_{-0.053}^{-0.020}$ 的标准棒比照检验,圆弧部分刀刃与标准棒外圆柱面贴合应无透亮缝隙。

三面刃组合铣刀和圆弧成形可用同一根刀杆安装,一般考虑到成形铣刀的找正在对称度和键宽调整完毕后进行。具体方法与细长花键轴铣削时相同。

【加工步骤】

加工步骤如表 3-4-3 所列。

表 3-4-3 双头花键轴加工步骤(见图 3-4-12)

操作步骤	加工内容
1. 试切对刀	按单头花键试件试切过程操作,操作时掌握以下要点: 1) 试件的装夹应与工件一样重视,借助素线找正时,注意试件的圆柱度误差对找正精度的影响。 2) 用试件试切调整键宽尺寸。试切后,按试切的键宽尺寸与 6.98 mm 的差值,在平面磨床上磨削修正垫圈厚度。拆装中间垫圈时,最好大致保持刀具与垫圈的周向位置,即拆卸前,用粉笔沿轴向在刀具周刃、垫圈外圆上画一条线,安装时按画线大致对齐,此操作有利于恢复拆卸前的相对位置,避免位移产生新的误差。 3) 试切调整对称度时,应铣出较长一段键侧,键侧深度可大于工件深度,以提高测量精度。 4) 用圆弧成形铣刀试件试切检验铣刀精度时,根据工件预定的对刀、铣削步骤、余量和铣削用量进行。小径圆弧检验须铣削 180°方向的对应槽底,然后用外径千分尺检验小径尺寸。本例小径尺寸进入 $\phi 28_{-0.053}^{-0.020}$ 范围后,用较小测头的百分表测量圆弧面与工件的同轴度,以确定小径圆弧的形状位置和尺寸精度,圆弧有误差的几种情况如图 3-4-14 所示。图(a)是圆弧偏大偏小示意,此时应注意根据误差大小确定是否需要更换铣刀。图(b)是铣刀圆弧偏工件左侧示意。图(c)是铣刀圆弧偏工件右侧示意。此时,应微量调整工作台横向,准确找到铣刀圆弧和工件的同轴位置,以保证小径的铣削精度。 5) 试件试切后,工作台横向有两个位置记号,一个是键宽对称工件的铣削位置,另一个是小径圆弧对称工件的铣削位置。铣削双头花键轴时,一般应先铣削花键的对称位置键宽尺寸,然后铣削圆弧槽底,然后再铣削两端槽底圆弧
2. 装夹找正工件铣削键侧	1) 在键侧铣削的位置拆下试件。 2) 装夹找正工件。装夹时注意把握尾座顶尖的顶入力度、鸡心夹夹紧工件的力度和拨盘螺钉夹紧鸡心夹柄部的力度,以使工件获得准确的定位,并在铣削过程中不发生位移。工件的找正主要是两端外圆与分度头、尾座顶尖轴线的同轴度,以及上素线与工作台面和侧素线与进给方向的平行度(借助素线找正注意工件圆柱度的影响),误差应控制在 0.01 mm 以内,否则无法保证尺寸和形位精度。 3) 铣削键侧,注意复核对称度和键宽尺寸精度,并控制花键的有效长度 80 mm。 4) 准确按 6 等分分度,依次铣削工件一端 6 键 12 面键侧。 5) 拆下工件,调头重新装夹,在使用鸡心夹时注意轴套的弹性槽避开螺钉和鸡心斜线与轴套相切的位置,螺钉旋紧的方向对准工件凸键位置。 6) 用百分表找正工件两端外圆与分度头主轴的同轴度,并找正工件一端花键的对应键侧面与工作台面平行。即对应键处于水平位置,花键槽处于工件上方铣削位置。随后,分度头准确转过 90°,依次分度铣削工件另一端的 6 键 12 侧面

续表 3-4-3

操作步骤	加工内容
3. 铣削槽底圆弧面	1) 分度使工件准确转过 1/2 分齿角度,移动横向使工件、铣刀处于槽底圆弧铣削的对称位置,根据试切调整的垂向位置留 0.5 mm 的余量,复核工作台复位的精准性,预检的方法与试件试切时相同。 2) 确认铣刀位置精准后,垂向准确控制小径尺寸,(注意有效长度内的误差)达到图样要求,准确分度,依次铣削 6 个槽底圆弧。 3) 调头装夹工件,找正后铣削另一端槽底圆弧
4. 铣削另一端槽底圆弧面	用锯片铣刀槽底圆弧面的方法与单刀铣削花键相同

注意事项

双头花键轴铣削注意事项:
- 本例精度要求比较高,因此,分度夹具精度和安装精度、铣床精度、铣削用量的合理性,铣刀刃磨质量和安装精度、操作过程的合理性均会影响加工精度。
- 工件调头装夹的次数比较多,重新装夹后的位置精度必须复核,否则无法达到工件铣削加工精度要求。
- 在找正一端花键键侧水平位置过程中,若周向有微量的偏差,无法用分度手柄转过一个孔恰好达到找正要求,可松开拨盘螺钉,通过拨盘两侧螺钉的一进一退,实现工件微量周向调整,使工件两端花键获得准确的相对位置。

(a) 圆弧尺寸有误差　　(b) 圆弧偏左　　(c) 圆弧偏右

图 3-4-14　小径圆弧的误差示意

【质量检验】

外花键键宽、小径、有效长度尺寸检测,及平行度、对称度的检测与用其他方法加工花键时相同。本例的小径圆弧的跳动误差和双头花键的位置度误差,检测方法如下:

① 在铣床上测量小径圆跳动误差时,先松开拨盘螺钉,复核工件两端外圆与分度头主轴的同轴度,然后将百分表座固定在铣床横梁上,百分表测头接触小径圆弧面。测量操作时,在一个花键槽内,移动工作台纵向,可使百分表测头沿圆弧面轴向移动,转动分度手柄,可使测头沿圆弧周向移动,观察百分表示值的变动量。测头沿纵向退离工件,分度头转过一个花键等分度角,测头可进入另一个花键槽测量小径圆弧面对轴线的圆跳动量。经过 6 个槽内的测量,可获得小径圆弧对工作轴线的圆跳动误差,其误差值应在 0.02 mm 以内。

② 两端位置度检验比较简单,拨盘螺钉松开后,用百分表找正工件一端的对应花键侧面与工件台面平行,用同样高度的测头位置,比较测量工件另一端花键键侧是否与工作台面平

行,若有偏差,可按示值差和大径的比值计算得出位置度误差 $\Delta\theta = \arcsin\dfrac{\Delta h}{D}$,本例若测得示值差 $\Delta h = 0.02$ mm,则 $\Delta\theta = \arcsin\dfrac{\Delta h}{D} = \arcsin\dfrac{0.02}{34} = 2'$。

【质量分析】

质量分析如表 3-4-4 所列。

表 3-4-4 双头花键轴加工质量分析要点

质量问题	产生原因
小径尺寸与位置精度差	1. 圆弧成形铣刀的刃磨精度不高。 2. 对刀试铣后预检不准确。 3. 预检小径圆跳动的操作方法不准确。 4. 工件与分度头同轴度找正精度不高
双头花键位置度超差	1. 分度头的等分精度不高。 2. 一端花键铣削时等分操作不准确。 3. 花键的对称度有误差。 4. 铣削另一端花键时,一端花键的相对位置找正不准确。 5. 工件多次装夹后位置精度不高

思考与练习

1. 铣削时提高花键形状精度采用什么方法?
2. 铣削时提高花键尺寸精度包括哪些方面?
3. 简述铣削时提高花键位置精度的常用方法。
4. 铣削花键时为什么要注意找正分度头主轴与尾座顶尖的同轴度?
5. 简述提高减小花键铣削表面粗糙度值的方法。
6. 花键成形铣刀有哪些结构特点和主要几何角度?
7. 怎样检验和选择花键成形铣刀?
8. 花键综合量规为什么要与卡规或千分尺配合使用?
9. 铣削细长花键轴为什么要增加辅助支承?如何用机用平口虎钳作细长花键轴的辅助支承?
10. 怎样找正尾座顶尖和分度头顶尖的同轴度?
11. 怎样用目测切痕对刀法调整花键成形铣刀与工件的铣削位置?
12. 为提高细长花键轴的铣削精度,除常规铣削操作外,应注意哪些事项?
13. 若花键的规格比较小,引起测量面积比较小时,应如何保证测量精度?
14. 双头花键用鸡心夹装夹工件如何保护已加工花键精度?
15. 用小径圆弧成形铣刀铣削对刀时,怎样通过百分表测量判断误差形式?
16. 简述测量检验小径圆弧对轴线的圆跳动误差方法。

课题五　平行孔系与椭圆孔加工

> **教学要求**
> ◆ 熟练掌握在铣床上移动孔距并运用钻、铰、镗、铣等加工孔系的方法。孔径尺寸公差等级IT8,孔距达到精度IT9,表面粗糙度$Ra1.6\mu m$。
> ◆ 掌握椭圆孔的加工原理与方法,并能在铣床上加工椭圆孔。

3.5.1　平行孔系与椭圆孔加工必备专业知识

1. 孔加工的刀具种类与选用

(1) 孔加工刀具的种类

在铣床上加工孔常用的刀具有:麻花钻、铣刀、镗刀和铰刀,使用时须根据孔径的尺寸大小与精度要求予以选用。

1) 麻花钻及其他钻头

在铣床上钻孔通常用麻花钻加工。麻花钻有直柄和锥柄两种,直柄钻头直径一般在0.3～20 mm之间,锥柄钻头的柄部大多是莫氏锥度,莫氏锥柄的麻花钻头直径见表3-5-1。此外,还有扩孔钻(直柄、锥柄和套式)、锪钻(直柄、锥柄)、中心钻与扁钻。

表3-5-1　莫氏锥柄钻头的直径

莫氏钻柄号	1	2	3	4	5	6
钻头直径/mm	≥3～4	>14～23.02	>23.02～31.75	>31.75～50.08	>50.08～76.2	>76.2～80

2) 铣　刀

在铣床上扩孔通常使用铣刀。常用的扩孔铣刀有:立铣刀、键槽铣刀。

3) 镗　刀

镗刀的种类比较多,按切割刃数量可分为单刃和双刃镗刀;按用途可分为内孔与端面镗刀;按镗刀的结构可分为整体式单刃镗刀、镗刀头、固定式镗刀块和浮动式镗刀块等。

4) 铰　刀

铰刀用于孔的精加工。铰刀按使用方式分为手用铰刀与机用铰刀,根据安装部分结构可分为直柄、锥柄与套式三种。

(2) 孔加工刀具的选用

1) 中心钻的选用

中心钻是孔加工的定位刀具,在铣床上加工孔通常也需要选用中心钻加工定位中心孔。选用的中心钻直径应考虑铣床主轴转速能保证达到一定的切削速度,否则中心钻的头部容易损坏。

2) 麻花钻的选用

麻花钻的直径一般按孔的加工要求选用,用于加工的钻头应注意修磨后实际孔径与钻头标注规格的偏差。用于粗加工钻头的实际孔径要留有精加工余量,用于直接加工达到图样要求的钻头,应控制钻头的实际孔径在尺寸公差范围之内。钻头切削部分的长度在钻孔深度足够的情况下尽可能短,以减少钻头钻削时的扭动。

3) 扩孔钻、锪钻与铣刀的选用

深度较小的孔加工可以选用铣刀,选用立铣刀应注意铣刀端面刃的铣削范围,以免损坏铣刀。立铣刀的直径因外圆修磨的缘故,可达到较多孔径要求。键槽铣刀因外圆一般不修磨,能通过扩孔达到铣刀规格尺寸的精度要求。深度较大的孔加工选用扩孔钻。根据孔口的形状(锥面、平面、球面)和尺寸,选用相应的锪钻。

4) 铣刀的选用

根据孔加工的要求,铣刀的选用一般与镗刀杆选用相结合。在铣床上镗孔,通常选用机械固定式镗刀,如图 3-5-1(a)、(b)、(c)所示。精度较高的孔加工可选用浮动式镗刀,如图 3-5-1(d)所示,也可选用镗刀杆与可调节镗头,如图 3-5-2 所示。镗刀的几何角度参数见表 3-5-2。

5) 铰刀的选用

在铣床上铰孔选用机用铰刀。同时,在选用时须根据孔的加工精度等级选用 H7、H8 和 H9 级标准铰刀;必要时须对铰刀直径进行研磨,以达到铰孔精度要求。

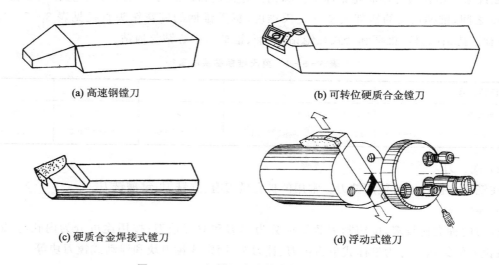

图 3-5-1 机械固定式镗刀与浮动式镗刀

表 3-5-2 镗刀几何参数选取参考数值

工件材料	前角 $\gamma_0/(°)$	后角 α_0	刃倾角 λ_s	主偏角 κ_r	副偏角 κ_r'	刀尖圆弧半径 r_ε
铸铁	5~10	6°~12° 粗镗时取小值 精镗时取大值 孔径大取小值 孔径小取大值	一般情况下 0°~5°; 通孔精镗时 取 —(5°~15°)	镗通孔取 60°~75°; 镗台阶孔 时取 90°	一般取 15° 左右	粗镗孔时取 0.5~1 mm 精镗孔时取 0.3 mm 左右
40Cr	10					
45	10~15					
1Cr18Ni9Ti	15~20					
铝合金	25~30					

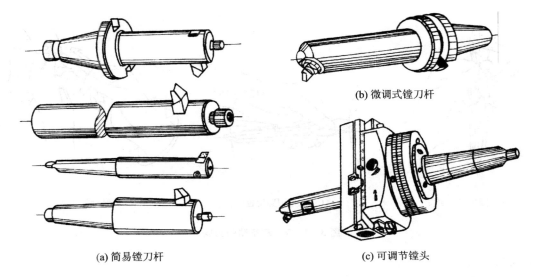

图 3-5-2 镗刀杆与微调镗头

2. 在铣床上钻、铰、镗、铣孔的加工方法

（1）钻孔方法

1）钻头安装

① 直柄钻头与直柄立铣刀的规格对应和相近的可直接安装在铣夹头及弹性套内，与安装直柄立铣刀的方法相同。使用钻夹头安装直柄钻头，有利于钻、扩、铰的连续进行。

② 锥柄钻头可直接或用变径套连续安装在铣床专用的带有腰形槽锥孔的刀轴内。

2）钻头刃磨

钻头刃磨时只修磨两个后面，形成主切削刃，但同时要保证后角、两主偏角 $2\kappa_r$ 与横刃斜角，修磨方法如图 3-5-3 所示。刃磨后的麻花钻应达到如下要求：

① 后角符合不同材料的切削要求。

② 两主偏角 $2\kappa_r = 118°$。

③ 横刃斜角为 $\varphi = 55°$。

④ 主切削刃对称且长度一致。

3）钻孔方法

在铣床上钻孔一般是单件或小批量加工，钻削速度选择可参照键槽铣刀；一般都用手动进给，机动进给时进给量在 (0.1～0.8) mm/r 范围内选择。钻孔具体步骤如下：

① 按图样要求在工件表面划线，当孔分布在圆周上时，可利用分度头等进行划线。

② 在孔的中心打一个较深的样冲眼。

③ 安装中心孔。

④ 把工件安装在工作台或转台上，横向和纵向调整工作台位置，使铣床主轴中心与孔中心对准并锁紧工作台。

⑤ 用中心钻钻定位锥坑，主轴转速为 (600～900) r/min。

⑥ 用钻头钻孔。

（2）铰 孔

铰孔是利用铰刀对已经粗加工的孔进行精加工，铰孔精度可达到 $Ra 1.6 \sim 3.2\ \mu m$。在铣

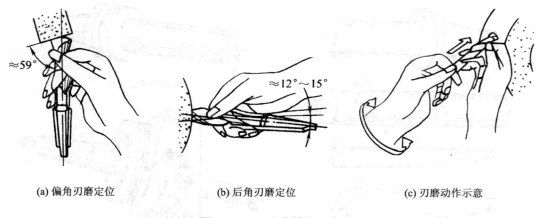

(a) 偏角刃磨定位　　　　　(b) 后角刃磨定位　　　　　(c) 刃磨动作示意

图 3-5-3　麻花钻的刃磨

床上铰孔方法：

1）选择铰刀

根据图样要求选择适合的机用铰刀，并用千分尺检测铰刀是否符合尺寸要求。

2）安装铰刀

直柄铰刀安装在钻夹头内；锥柄铰刀用变径套连接安装在主轴孔内，安装方法与锥柄钻头相同。采用固定连接的铰刀，需防止铰刀的径向跳动，以免孔径超差。

3）确定铰孔余量

铰孔前一般经过钻孔，精度要求较高的孔还需要扩孔或镗孔。铰孔余量的多少直接影响铰孔质量，余量过少，铰孔后可能会残留粗加工的痕迹；余量过多，会使切屑挤塞在屑槽中，切削液不能进入切削区，从而严重影响孔的表面粗糙度，并使铰刀负荷过重而迅速磨损，甚至切削刃崩裂，造成废品。铰孔余量见表 3-5-3。

表 3-5-3　铰孔余量

铰刀直径/mm	<5	5～20	20～32	32～50	50～70
铰削余量/mm	0.1～0.2	0.2～0.3	0.3	0.5	0.8

4）调整主轴转速及进给量

铰孔的切削速度部分的材料与工件材料确定，进给量的具体数值可参照表 3-5-4。

表 3-5-4　铰销进给量参考数值　　　　　　　　　　　　　mm/r

铰刀直径/mm	高速钢铰刀				硬质合金铰刀			
	钢		铸 铁		钢		铸 铁	
	$\sigma_b=$ 0.883 GPa	$\sigma_b>$ 0.883 GPa	硬度< 170 HBS 铸铁、钢及铝合金	硬度> 170 HBS	未淬火钢	淬火钢	硬度< 170 HBS	硬度> 170 HBS
<5	0.2～0.5	0.1～0.35	0.6～1.2	0.4～0.8	—	—	—	—

续表 3-5-4

铰刀直径/mm	高速钢铰刀				硬质合金铰刀			
	钢		铸铁		钢		铸铁	
	$\sigma_b =$ 0.883 GPa	$\sigma_b >$ 0.883 GPa	硬度< 170 HBS 铸铁、钢及铝合金	硬度> 170 HBS	未淬火钢	淬火钢	硬度< 170 HBS	硬度> 170 HBS
>5～10	0.4～0.9	0.35～0.7	1.0～2.0	0.65～1.3	0.35～0.5	0.2～0.35	0.9～1.4	0.7～1.1
>10～20	0.65～1.4	0.55～1.2	1.5～3.0	1.0～2.0	0.4～0.6	0.3～0.4	1.0～1.5	0.8～1.2
>20～30	0.8～1.8	0.65～1.5	2.0～4.0	1.3～2.6	0.5～0.7	0.3～0.45	1.2～1.8	0.9～1.4
>30～40	0.95～2.1	0.8～1.8	2.5～5.0	1.6～3.2	0.6～0.8	0.4～0.5	1.3～2.0	1.0～1.5
>40～60	1.3～2.8	1.0～2.3	3.2～6.4	2.1～4.2	0.7～0.9	—	1.6～2.4	1.25～1.8
>60～80	1.5～3.2	1.2～2.6	3.7～7.5	2.6～5.0	0.9～1.2	—	2.0～3.0	1.5～2.2

注：1. 表内进给量用于加工通孔，加工不通孔时进给量应取为 0.2～0.5 mm/r。
2. 大进给量用于在钻或扩孔之后，精铰孔之前的粗铰孔。
3. 中等进给量用于：a) 粗铰之后精铰 H7 级精度 (GB 1801—1979) 的孔；b) 精镗后精铰 H7 级精度的孔；c) 对硬质合金铰刀，用于精铰 (H8H9) 精度的孔。
4. 最小进给量用于：a) 抛光或研磨之前的精铰孔；b) 用一把铰刀铰 (H8H9) 级精度的孔；c) 对硬质合金铰刀，用于精铰 H7 级精度的孔。

5）装夹工件与调整铰孔位置

工件装夹与钻孔时相同，调整铰孔位置通常应按预制孔进行调整。

6）铰　孔

铰孔时应注适用的切削液；铰孔深度以铰刀引导部分超过加工终止线为准；精度较高的空应钻、扩、铰依次完成；加工完毕退刀时铰刀不能停转，更不能反转。

（3）镗　孔

1）镗刀刃磨

镗刀切削部分的几何形状基本上与外圆车刀相似，刃磨时需磨出前面、主后面、副后面，其主要几何参数见表 3-5-2。刃磨镗刀的方法如图 3-5-4 所示。

注意事项

镗刀刃磨时应注意事项：
- 如镗刀柄较短小时，可用接杆装夹后刃磨，刃磨时用力不能过猛。
- 磨削高速钢时应在白刚玉 WA（白色）砂轮上刃磨，并经常放入水中冷却，以防镗刀切削刃退火。
- 磨削硬质合金时应在绿色碳化硅 GC（绿色）砂轮上刃磨，磨削时不可用水冷却，否则刀头会产生裂纹。
- 各刀面应刃磨准确、平直，不允许有崩刃，退火现象。
- 镗削钢件时，应刃磨出断屑槽。

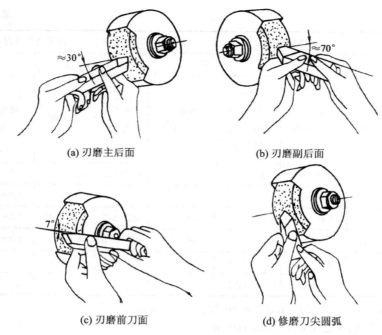

图 3-5-4 镗刀刃磨方法

2) 镗刀安装与调整

① 镗刀安装在镗杆上的刀孔内,镗杆可直接用拉紧螺杆安装在铣床主轴上,或通过锥柄安装在预先固定在铣床主轴上的变径套内。

② 镗刀安装位置调整直接影响到镗孔的尺寸,一般用以下两种方法:

- 测量法调整如图 3-5-5 所示。先留有充分余量预镗一个孔,通过测量孔的直径和镗刀尖与刀杆外圆的尺寸,以此为依据,调整镗刀尖至刀杆外圆的尺寸,逐步达到孔径的图样要求。
- 试镗法调整如图 3-5-6 所示。镗杆落入预钻孔中适当位置,调整镗刀使刀尖恰好擦到预钻孔壁,并以此为依据,通过百分表或上述方法,调整镗刀尖的位置,逐步达到孔径图样要求。

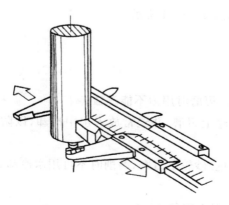

图 3-5-5 用测量法调整镗刀

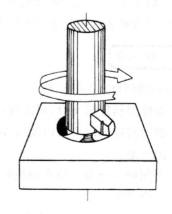

图 3-5-6 用试镗法调整镗刀

3) 镗孔一般步骤

① 校正铣床主轴轴线对工作台面的垂直度。
② 装夹工件,使基准面与工作台面或进给方向平行(垂直)。
③ 找正加工位置,按规划、预制孔或刀法对刀找正工件与镗杆的位置。
④ 粗镗孔,注意留有孔径精加工余量与孔距调整余量。
⑤ 退刀,操作时注意在主轴停转后使镗刀尖对准操作者。
⑥ 预检孔距与孔径,确定孔径、孔距调整的数值与孔距调整的方向。
⑦ 调整孔距,根据实际测量的尺寸与所要求尺寸的差值,横向、纵向调整工作台,试镗后再做检测,直至孔距达到图样要求。
⑧ 控制孔径尺寸,借助游标卡尺、百分表调整镗刀刀尖的伸出量,逐步达到孔径尺寸。
⑨ 精镗孔,注意同时控制孔的尺寸精度与形状精度。

(4) 铣　孔

用铣刀加工孔,通常用于薄板零件、难加工部位(如单边孔壁加工)等。铣孔的方法与钻孔的方法基本相同,但应钻预制孔,以解决因铣刀端面刃靠近中心部位或难以切削的问题。

3. 平行孔系孔距控制方法

常见的平行孔系孔距控制方法有以下三种:

(1) 利用划线控制孔距

① 在工件表面划线,在孔加工位置划出中心线和孔加工参照圆,并在中心和参照圆上打样冲眼。
② 在镗杆上粘大头针,调整工作台与大头针位置,使大头针的回转轨迹与工件上孔加工划线位置重合。
③ 预制孔,预检孔距。
④ 根据差值调整工作台,直至达到图样要求。

(2) 利用工作台刻度盘控制孔距

① 用碰刀对刀法或划线对刀法初步调整孔的加工位置,掌握工作台移动的间隙方向。
② 预制孔,预检孔距。
③ 根据差值利用刻度盘移动工作台调整孔距,直至达到图样要求。

(3) 利用百分表、量块控制孔距

① 纵向控制,如图 3-5-7 所示,利用量块纵向控制孔距时,须在纵向工作套台面上装夹一块平行垫块,预先找正垫块侧面与工作台横向平行,将等于孔距的量块组测量面紧贴垫块的侧面,然后移动工作台纵向使百分表测头接触量块组另一面,百分表的指针调整至"0"位,然后抽去量块组,调整工作台纵向,使百分表测头与平行垫块的侧面接触至指针位置为"0",此时,工作台纵向移动了一个等于量块组的孔距。

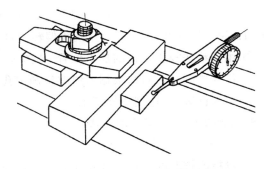

图 3-5-7　用量块纵向控制孔距

② 横向控制,如图 3-3-17 所示,利用

量块组横向控制孔距时,量块组放在经研磨的工作台底座的前端面,具体方法与纵向控制相同,但须注意百分表表座不能松动,以免造成位移差错。

4. 椭圆孔的加工原理与方法

(1) 加工原理

在镗削时,镗刀刀尖的运动轨迹是一个圆,但当立铣头转过一个角度时,则这个圆在工作台面上的投影便是一个椭圆。因此,在立铣头转过 θ 角(即镗刀回转轴线与孔中心线的夹角)后,利用工作台垂向进给,能镗出一个椭圆孔。椭圆的长轴 $2a$ 短轴 $2b$ 与刀尖回转半径 R 之间的关系如图 3-5-8 所示:

$$a = R$$
$$b = R\cos\theta$$

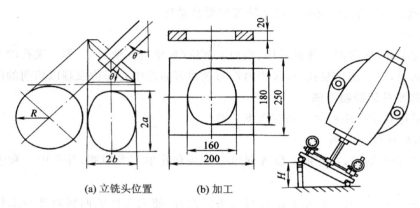

(a) 立铣头位置　　(b) 加工

图 3-5-8　椭圆加工原理与几何关系

(2) 加工方法

镗削椭圆孔时按以下步骤进行:

① 把镗刀尖的回转半径调整到等于椭圆长轴半径 a,可试镗一个圆孔予以确定。

② 根据椭圆长轴半径 a 与短轴半径 b 计算出 θ 值。

③ 按 θ 值调整立铣头,使铣床主轴倾斜 θ 度。

④ 装夹工件,使工件的椭圆长轴与工作台横向平行,短轴与工作台纵向平行。

⑤ 按工件厚度复核镗刀杆直径,当工件的厚度较大以及立铣头偏转角度较大时,镗刀杆的直径 d 应满足下式:

$$d < 2a\cos 2\theta - 2H\sin\theta$$

式中:H 为工件厚度,mm;θ 为立铣头偏转角,(°)。

⑥ 用切痕法找正工件的加工位置,如图 3-5-9 所示。

⑦ 粗镗椭圆孔,预检,根据差值调整椭圆孔尺寸和加工位置。

⑧ 精镗椭圆孔,达到图样要求。

5. 孔加工的测量与检测方法

(1) 孔的尺寸精度检验

① 对精度较低的孔径尺寸及孔的深度,一般用游标卡尺和钢直尺检验。

② 对精度较高的孔径尺寸及孔径深度,孔径尺寸可用内径千分尺检验(见图 3-5-10),

或用内卡钳与外径千分尺配合检验,或用内径百分表与外径千分尺或标准套规配合检验,或直接用塞规检验;孔的深度可用深度千分尺检验。

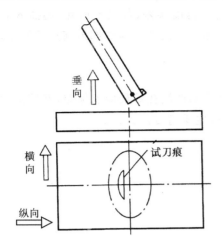

图 3-5-9　用切痕法找正椭圆加工位置

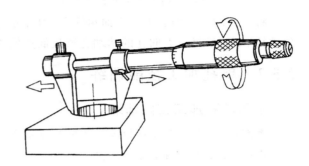

图 3-5-10　用内径千分尺测量孔径

(2) 孔的形状精度检验

① 圆度检验　在孔圆周的各个径向位置测量直径尺寸,测量所得的最大差值即为孔的圆度误差。

② 圆柱度检验　如图 3-5-11 所示,在孔沿轴线方向不同位置的圆周上测量直径尺寸,测量所得的最大差值即为孔的圆柱度误差。

(3) 孔的表面粗糙度检验

表面粗糙度检验一般都用标准样规或径检验的同一粗糙度等级的工件进行比照检验。

(4) 孔的位置精度检验

1) 孔距检验

一般精度孔距可用游标卡尺检验;精度较高的孔距用百分表与量块检验。测量时,工件装夹在六面角铁上(或放在平板上),底面与平板接触,将计算出的量块放在工件附近,用百分表进行比较测量,如图 3-5-12 所示。

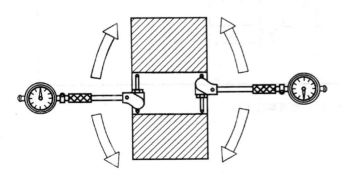

图 3-5-11　孔的圆柱度检验

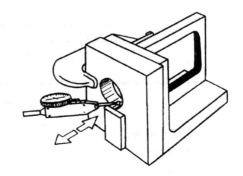

图 3-5-12　孔距检验

2) 孔轴心线与基准面的平行度检验

检验时将检验用心轴放入孔内,将基准面与平板贴合。若是通孔,可直接用百分表测量孔口两端心轴最高点的偏差,两端尺寸的差值即为两孔的平行度误差;若是不通孔,则插入心轴的外露部分长度只需略大于孔深,然后用百分表测量外露部分的孔口与端部最高点的偏差,以确定孔与基准面的平行度误差。

3) 孔轴心线与基准面的垂直度检验

将工件的基准面装夹在六面角铁上,用百分表测量孔的两端孔壁最低点偏差,然后将六面角铁转 90°测量另一方向孔的两端孔壁最低点偏差,以确定垂直度的误差。

3.5.2 单孔加工技能训练

垂直单孔加工技能训练

重点:掌握在铣床上镗加工垂直单孔的方法。

难点:镗刀刃磨调整与孔距控制。

铣削加工如图 3-5-13 所示的垂直单孔零件,坯件已加工成形,材料为 HT200 钢。

【工艺分析】

工件外形是 100 mm×100 mm×25 mm 的立方体,便于装夹、找正,在立式铣床上加工比较方便。孔加工工序:预制件检验→表面划线→钻孔 $\phi 20$→扩孔(粗镗孔)$\phi 24$→铰孔(精镗孔)$\phi 25$。

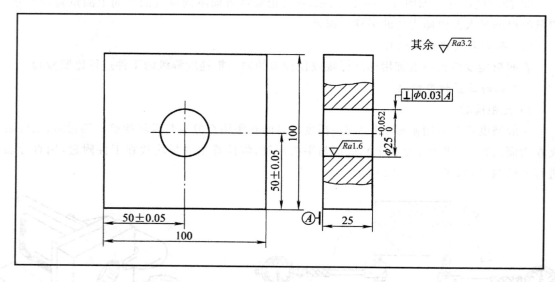

图 3-5-13　垂直单孔工件

【工艺准备】

1) 选择铣床

选择 X5032 立式铣床。

2) 选择工件装夹方式

选用机用平口虎钳装夹工件。

3) 选择铣刀

① 钻、扩、铰工艺选用标准规格 $\phi2.5$ 中心钻、$\phi20$ 麻花钻、$\phi24$ 扩孔钻与 $\phi25$ 机用硬质合金铰刀。

② 钻、粗镗、精镗工艺选用标准规格 $\phi2.5$ 中心钻、$\phi20$ 麻花钻、$\phi18$ 的镗杆与硬质合金焊接式镗刀,硬质合金的牌号为 YG3X。

4) 选择检验测量方法

孔径尺寸在加工过程中采用内径千分尺测量,检验时可使用内径百分表与外径千分尺配合测量;孔距在加工过程中采用读数值 0.02 mm 的游标卡尺测量,检验时采用套钢珠的外径千分尺测量。

【加工准备】

1) 工件表面划线

根据图样,在划线平板或工作台面上,用游标高度尺安装划线头,在工件表面划出孔中心线,用圆规划出孔加工圆周参照线,并用样冲在孔中心与孔轮廓线打样冲眼。

2) 找正铣床主轴轴线位置

为保证孔与基准面的垂直度和形状精度。须按图 3-5-14 所示的方法找正立式铣床主轴轴线与工作台面的垂直度。找正时,将百分表及接杆固定在铣床主轴轴端上,使百分表接触工作台面一侧较平整的部位。然后,用手扳动主轴,使百分表接触工作台面的另一侧(约回转180°),如两侧接触的百分表示值有偏差,应略松开立铣头的紧固螺母,按偏差值的 1/2 调整主轴位置,再次校验两侧的百分表示值,直至示值相同。值得注意的是,紧固立铣头后,应最后再复核一次。

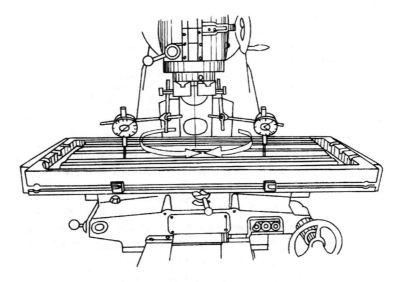

图 3-5-14 找正铣床主轴与工作台面的位置

3) 装夹工件

安装机用平口虎钳,若有回转底盘的,为充分利用机床垂向进给进程,应将回转底盘拆去。找正时,用百分表找正固定钳口侧面与工作台面纵向平行,虎钳导轨定位面与工作台面平行。工件装夹时,用等高平行垫块放在工件基准底面上,装夹高度应使工件顶面高于钳口 5 mm 左右，以便于加工过程中的测量。工件装夹后，应复核顶面与工作台面的平行度，以及侧面与工作台纵向平行度。

4) 钻　孔

① 安装变径套、钻夹头与中心钻，利用中心钻的外圆，采用侧面碰刀法找正钻孔加工位置。在移动工作台面时要记住工作台间隙方向，在刻度盘上作好标记，并锁紧工作台横向与纵向。

② 用中心钻钻定位锥坑，主轴转速 n 为 750 r/min。操作时，垂向进给应连续缓慢，防止中心钻头部折断。

③ 刃磨麻花钻时，按工件材料 HT200 选后角为 10°，偏角为 59°，横刃斜角为 55°。

④ 钻孔 20 mm。钻孔开始时，可检查钻头刃磨质量，若发现单刃切削，可拆下钻头重新修磨后再予使用。

5) 安装镗刀杆

在铣床主轴上安装铣刀头，选用 18 mm 弹性套安装直柄镗刀杆。

6) 刃磨镗刀

选用绿色碳化硅砂轮刃磨镗刀，前角 10°，主副后角 15°，主偏角 60°，副偏角 30°，刃斜角 0°（粗镗时 10°），刀尖圆弧精镗时为 0.5 mm，粗镗时可略小一些。

【加工步骤】

加工步骤如表 3-5-5 所列。

表 3-5-5　垂直单孔加工步骤（见图 3-5-13）

操作步骤	加工内容
1. 安装调整镗刀	采用试镗调整法，在按预钻孔对刀的基础上，使刀尖外伸 0.5 mm 左右，在孔口试镗 5 mm 左右深度，用游标卡尺或内径千分尺测量孔径以确定镗刀当前加工位置
2. 预检孔径、孔距	用游标卡尺按试镗实测孔径预检单孔位置尺寸，若有偏差，应利用工作台刻度盘调整孔加工位置。调整时应注意消除工作台传动机构间隙
3. 粗镗孔	按 $\phi24$ 尺寸粗镗孔。 主轴转速 $n=235$ r/min，进给速度为 $v_f=37.5$ mm/min
4. 复核孔的位置	用内径千分尺测量孔径，以孔的实际尺寸测量孔距，复核孔的位置精度
5. 微量调整孔距	利用百分表控制调整量时，将百分表固定在工作台横向导轨上，在工作台外侧安装测量装置，如图 3-5-15(a)所示，使百分表测头接触测量面，然后松开横向锁紧螺钉，根据百分表表示值微量调整孔距横向位置。考虑到锁紧装置会微量带动工作台，因此，工作台的调整量应以横向松开前与锁紧后百分表表示值为准。纵向微量调整的操作方法与横向调整类似，如图 3-5-15(b)所示
6. 控制孔径尺寸	粗镗后，根据余量，可分半精镗、精镗，以达到孔的加工精度。初学者一般借助百分表调整镗刀刀尖伸出距离。具体操作方法如图 3-5-16 所示，将百分表测头装夹在磁性表座上，利用立铣头伸缩或工作台升降，调整边分别测头与刀尖的接触位置，并用手扳动使刀尖反向转动，找到刀尖与测头接触的最高点，然后松开镗刀锁紧螺钉，以百分表所指为准，调整镗刀位置，伸出量为实际（当前）孔径与图样（目标）孔径差值的 1/2
7. 精镗孔	调整好孔的位置后，一般留 0.3~0.4 mm 精镗余量。精镗时的主轴转速调整为 300r/min，进给速度调整为 30 mm/min
8. 退　刀	镗孔退刀时应使主轴停转，并把刀尖对准操作者，然后下降工作台，使镗刀退离工件。因工作台在下降时朝操作者方向略有些倾斜，因而可避免刀尖划伤孔加工表面

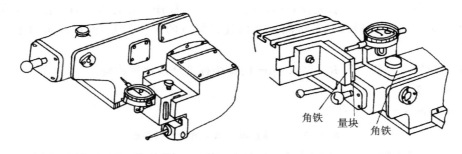

(a) 横向微量调整法　　　　(b) 纵向微量调整法

图 3-5-15　用百分表控制微调量调整孔距

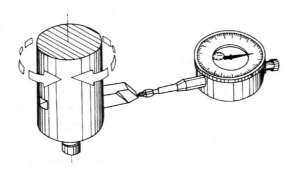

图 3-5-16　用百分表控制镗刀伸出尺寸

【质量检验】

① 孔径尺寸检验。用内径百分表检验时,应预先与外径千分尺比照,调整测杆的位置和百分表的指针位置,然后使测杆进入孔内。测量时,应注意沿轴向和径向摆动,寻找直径测量点。同时,应注意沿轴向多选几个圆周,一个圆周多测几个直径尺寸。操作方法如图 3-5-17 所示。

② 孔距(坐标尺寸)检验。采用安装钢珠的外径千分尺检验空、孔的坐标尺寸,如图 3-5-18 所示,检验时应注意选用精度较高的钢珠,同时应对孔的两端进行测量,并按孔径的实际尺寸计算测量尺寸。操作时,测量力不能过大,避免因钢珠压入孔壁等因素影响测量精度。

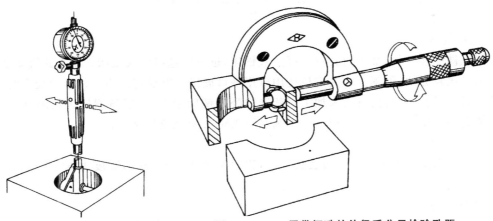

图 3-5-17　用内径百分表检验孔径尺　　　图 3-5-18　用带钢珠的外径千分尺检验孔距

③ 垂直度检验。把工件装夹在六面角铁上,直接用杠杆百分表测头测量孔两端孔壁最低点示值偏差,将六面角铁转过 90°,再测量孔两端最低点的示值偏差,即可得到两个方位垂直度误差值。

④ 表面粗糙度检验。用 Ra 为 $1.6~\mu m$ 的镗削标准样规比照检验。

【质量分析】

质量分析如表 3-5-6 所列。

表 3-5-6 垂直单孔加工质量分析要点

质量问题	产生原因
工作台调整不准确引起孔距偏差	采用刻度盘与百分表控制调整精度,产生误差的原因: 1. 利用刻度盘调整时,刻度盘松动。 2. 机床工作台传动机构精度差,调整时未消除传动机构间隙等。 3. 利用百分表调整时,百分表复位精度差,测头接触量值过大,磁性表座在测量过程中发生位移。 4. 忽视了工作台锁紧机构带动工作台微量移动的因素等
镗刀调整不准确引起孔径偏差	使用百分表控制的"敲刀法",产生误差的原因有: 1. 百分表在敲刀过程中因连杆松动、表座磁性不足等因素发生位移。 2. 百分表测头球面较难对准镗刀刀尖的回转最高点。 3. 调整时刀尖有微小的损坏

倾斜单孔加工技能训练

重点:掌握倾斜单孔的加工测量方法。

难点:斜孔钻、铰、位置调整及测量计算。

铣削加工如图 3-5-19 所示的倾斜单孔零件,坯件已加工成形,材料为 45 钢。

【工艺分析】

工件外形是 150 mm×50 mm×25 mm 的立方体,便于装夹、找正,在立式铣床上加工比较方便。倾斜孔的位置尺寸 50 mm 对刀与测量比较困难。斜孔加工工序:

预制件检验→表面划线→铣钻孔平面→钻斜孔 $\phi 9.7$→铰斜孔 $\phi 10^{+0.1}_{0}$→预检验斜孔位置尺寸精度→扩斜孔 $\phi 11.7$→铰斜孔 $\phi 12^{+0.1}_{0}$→斜孔加工工序检验。

【工艺准备】

1) 选择铣床

根据工件图样分析,加工斜孔可选择立式铣床,也可以选择卧式铣床。用立式铣床加工时观察与测量比较方便,但工件装夹定位使用机用平口虎钳不够稳定。当工件数量较多时,可采用主轴倾斜,并用主轴套筒进给来加工。若选用卧式铣床加工,观察与测量比较困难,但工件可直接装夹在工作台面上,比较稳固。本例选用 X5032 立式铣床加工。

2) 选择工件装夹方式

选用较大规格的机用平口虎钳装夹工件,钳口宽度 $B=60$ mm,高度为 $h=50$ mm,钳口工作面带有网纹。

3) 选择铣刀

① 铣孔加工定心表面选用 $\phi 10$、$\phi 12$ 键槽铣刀,铣刀端面刃须进行修磨,使垂向进给铣出

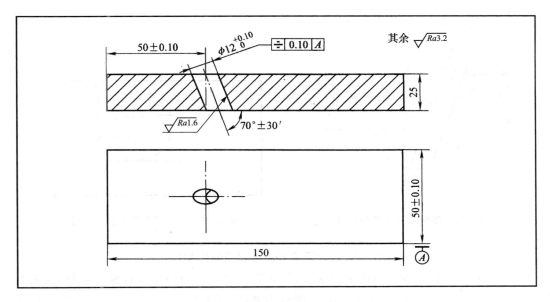

图 3-5-19 倾斜单孔

的表面为一平面。键槽铣刀端面刃修磨前后的形状如图 3-5-20 所示。

② 钻、扩、铰工序选用标准规格 ϕ2.5 中心钻、ϕ9.7 麻花钻、ϕ11.7 扩孔钻与 ϕ10、ϕ12 高速钢机用铰刀。

4) 选择检验测量方法

孔径尺寸在加工过程采用游标卡尺测量。检验时采用内径千分尺和 ϕ10、ϕ12 精度对应的标准塞规;孔距在加工过程中采用游标卡尺测量,检验时孔与侧面的对称度用百分表比较测量;斜孔与端面的尺寸采用标准棒与深度千分尺配合测量,测量方法如图 3-5-21 所示。测量时,把直径与斜孔孔径相同的标准棒 1 插入斜孔,采用另一根圆棒 2(本例为 ϕ6)嵌入夹角中,测出尺寸 h,然后通过下列公式计算孔距 H。

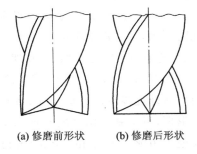

(a) 修磨前形状　　(b) 修磨后形状

图 3-5-20 键槽铣刀端面刃修磨形状

$$H = h + \frac{d}{2}\left(1 + \frac{1}{\tan\frac{\theta}{2}}\right) + \frac{D}{2}\sin\theta$$

式中:H 为被测工件斜孔至端面基准的孔距,mm;h 为圆棒 2 至基准面端面的距离 mm;d 为圆棒 2 直径,mm;D 为圆棒 1 直径,mm;θ—斜孔轴线与基准顶面的夹角,(°)。

【加工准备】

① 工件表面划线。根据图样,在工件侧面划出与基准顶面夹角为 20°的找正辅助线,并打上较浅的样冲眼;在基准顶面划出斜孔中心线,并按 ϕ10、ϕ12 的孔径划出对称孔中心的 10 mm×10.64 mm、10 mm×12.7 mm(其中 10.64 mm 与 12.77 mm 均为椭圆长轴)矩形框,如图 3-5-22 所示,并在框线与孔中心线交点打上样冲眼,以便于斜孔中心位置对刀参考。

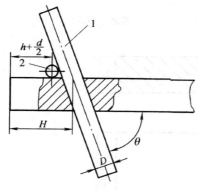

图 3-5-21 测量斜孔至端面的尺寸　　图 3-5-22 划斜孔位置对刀线

② 找正铣床主轴轴线位置:方法与"垂直单孔加工"训练相同。

③ 装夹找正工件。安装机用平口虎钳,找正固定钳口侧面与工作台纵向平行,顶面与工作台面平行。工件装夹时,先以固定钳口顶面为基准,按侧面20°斜度的找正辅助线目测找正,随后可用正弦规与量块组、百分表找正工件,方法与铣削斜面时相同,本例量块组的尺寸为 100 sin20°=34.20 mm。装夹位置应使工件加工部位靠近钳口顶面,避免加工时工件位移,便于孔的测量,且工件下部留出孔加工刀具的伸出距离,以免损坏虎钳。

④ 铣削钻孔定心平面:斜孔加工前,须用弹性套安装 ϕ10 键槽铣刀,铣削钻孔定心平面。对刀时参照图 3-5-9 所示,采用侧面对刀法调整工作台纵向,使铣刀月牙形切痕外圆弧最高点由内向外逐步与矩形框 10.64 mm 的长轴端点重合。若切痕外端与长轴端点重合,两侧对称矩形框,可锁紧工作台纵横向,手动垂直进给,铣削钻孔定心平面。此时,工件顶面形成的椭圆应处于矩形框 10 mm×10.64 mm 的中间。

⑤ 用外径千分尺对铰刀和修磨外圆的立铣刀外径进行预检,目测检查铰刀与铣刀刃口质量。

【加工步骤】

加工步骤如表 3-5-7 所列。

表 3-5-7　倾斜单孔加工步骤(见图 3-5-19)

操作步骤	加工内容
1. 钻孔 ϕ9.7	步骤与"垂直单孔加工"训练基本相同,加工时应注意以下事项: ① 按工件材料(45 钢),刃磨麻花钻选后角 8°。 ② 用中心钻钻定位锥坑时,注意钻夹头与工件表面的距离,同时因键槽铣刀加工而成的定心平面终极略有凸起。钻定位锥坑时要采用进给、略退回、再进给的方法,以提高定位锥坑的位置精度。 ③ 钢料钻孔应冲注切削液。 ④ 斜孔钻通时,因余量不对称,麻花钻会振动偏让,此时应减缓进给速度,以免损坏孔壁,甚至折断麻花钻。斜孔钻通时,也可采用外圆修磨至 ϕ9.7 的立铣刀铣削残留部分,立铣刀的外圆刃不必修磨后角

续表 3-5-7

操作步骤	加工内容
2.铰 $\phi10$ 孔	1) 安装 $\phi10$ 铰刀,因是固定连接,须用百分表找正铰刀与主轴的同轴度。 2) 调整主轴转速为 $n=150$ r/min,进给速度为 $v_f=60$ mm/min。 3) 垂向进给铰 $\phi10$ 孔,注意观察孔端下部铰通时铰刀引导部分须超过孔壁最低点
3.预检孔距	1) 测量孔对侧面的对称度时,用游标卡尺测量孔壁侧面的距离。若测得外形的实际尺寸为 49.90 mm,斜孔直径为 $\phi10.8$,则孔壁至侧面的尺寸应为 $(49.9-10.08)/2=19.91$。 2) 测量斜孔轴线与顶面交叉点至端面的距离时,须注意以下事项: ① 将 $\phi10$ 的标准棒插入斜孔,若孔与标准棒之间间隙为 0.08 mm,则可用 0.03 mm 薄纸包裹在标准棒外塞入斜孔。 ② 在夹角内放置时,因与插入孔中的标准棒为点接触,为避免测量时发生位移,可在 $\phi6$ 标准棒的端面安装一定位块,测量时定位块紧贴工件侧面,从而限制了测量标准棒的自由度。 ③ 在深度千分尺测量端面至 $\phi6$ 标准棒距离时,注意将测杆端面中心对准两棒的交点,如图 3-5-23 所示。 若测得的 $h_{实}=15.2$ mm,按公式计算标准 h 值(见图 3-5-21): $$h = H - \frac{d}{2}\left(1+\frac{1}{\tan\frac{\theta}{2}}\right)+\frac{D}{2}\sin\theta = 50 - \frac{6}{2}\left(1+\frac{1}{\tan10°}\right)+\frac{10}{2}\sin20° = 15.367 \text{ mm}$$ $$\Delta h = h - h_{实} = 15.367 - 15.2 = 0.167 \text{ mm}$$ 按偏差方向调整工作台纵、横向,纵向按实际误差值调整,横向按误差的 1/2 调整。调整时注意误差的方向,可采用百分表控制微量调整值
4.扩、铰 $\phi12$ 孔	具体步骤、方法与前相似。 1) 换装 $\phi12$ 键槽铣刀,铣出整孔前部分圆弧。 2) 换装 $\phi11.7$ 扩钻刀,扩钻斜孔。 3) 换装 $\phi12$ 铰刀,铰斜孔至图样尺寸

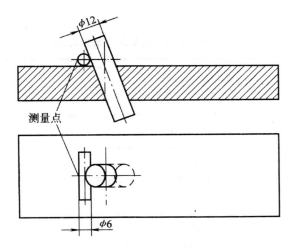

图 3-5-23 用标准棒测量斜孔孔距

【质量检验】

1) 用百分表测量孔轴线与两侧面的对称度,测量方法如图 3-5-24 所示。测量孔轴线与顶面交点对端面基准的尺寸采用 $\phi 6$、$\phi 12$ 标准棒测量方法,具体操作与预检方法相同。关键是通过 $\phi 6$ 标准棒侧面定位板,使标准棒轴线与侧面垂直,深度千分尺的测杆端面中心对准量标准棒交点。测得 h 值后,应用公式计算出 H 值。

2)用百分表、正弦规和量块检验斜孔角度。测量时,把工件装夹在六面角铁上,先用正弦规与量块找正工件与测量平板成 $20°$ 倾斜角,然后将六面角铁转过 $90°$,测量斜孔两端的最低点,若示值相同,即斜孔轴线与基准夹角恰好为 $70°$;若两端示值有误差 Δ,可通过下式计算角度偏差 θ:

$$\sin\theta = \frac{\Delta}{L}$$

式中:θ 为角度偏差,(°);Δ 为孔两端测量示值差,mm;L 为孔两端测量点间长度 mm。

斜孔的实际角度 $\theta = 70° \pm \theta$,正负值视角度偏差方向确定。

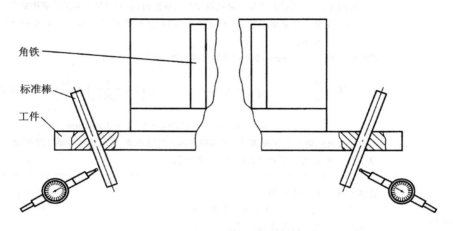

图 3-5-24 测量斜孔对称度

【质量分析】

质量分析如表 3-5-8 所列。

表 3-5-8 倾斜单孔加工质量分析要点

质量问题	产生原因
斜孔轴线与基准夹角误差	1. 工件找正时量块尺寸计算错误。 2. 在加工过程中工件受切削力影响发生微量位移。 3. 刀具细长,加工时发生偏让。
孔圆柱度误差大	1. 切削用量选择不当。 2. 工作台紧锁装置有故障,在加工中发生微量位移。 3. 加工两端孔口时,刀具发生偏让。
孔距(孔与端面位置尺寸)误差	1. 划线、对刀目测误差。 2. 测量时 $\phi 6$ 标准棒端面定位块作用面与标准棒轴线不垂直,产生测量误差。 3. 测量值 h、H 计算错误。 4. 工作台调整方向错误

3.5.3 多孔加工技能训练

孔距标注方向与基准平行的多孔工件加工技能训练

重点：掌握多孔的孔距控制方法。

难点：多孔坐标计算及形位精度的控制。

铣削加工如图 3-5-25 所示的多孔工件，坯件已加工成形，材料为 45 钢。

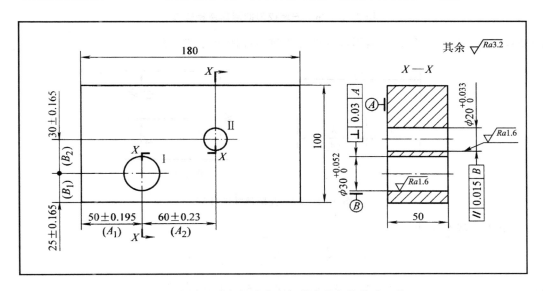

图 3-5-25 孔距标注方向与基准平行的多孔工件

【工艺分析】

工件外形为 180 mm×100 mm×50 mm 的立方体，便于装夹、找正。高度 50 mm 与孔径的长径比比较大，因此加工时形位精度控制比较困难，这是该工件的加工难点。孔加工工序：

预制件检验→表面划线→钻孔 φ25、镗孔 φ29.6、铰孔 φ30→预检孔 φ30 孔径和形位精度→工件复位、移距→钻孔 φ18、扩孔 φ19.5、铰孔 φ20→检验测量、质量分析。

【工艺准备】

1) 选择铣床。选择 X5032 立式铣床。

2) 选择工件装夹方式。选用螺栓压板装夹工件，工件下面衬垫等高平行垫块。

3) 选择铣刀与辅具。

① 选用标准规格 φ2.5 中心钻、φ25 与 φ18 麻花钻、φ19.5 扩孔钻、φ20 和 φ30 机用高速钢铰刀、φ22 的镗杆与硬质合金焊接式镗刀。镗刀的主偏角为 65°，副偏角为 15°，前角为 10°，后角为 8°，刃斜角为 0°。

② 为保证孔的圆柱度，以及与基准面的垂直度，铰孔时采用浮动连接辅具，如图 3-5-26 所示。

4) 选择移距方法与检验测量方法。

① 按图 3-5-25 所示的水平方向尺寸计算时，孔 I 位置尺寸 A_1、孔 I～II 位置尺寸 A_2 与孔 II 至端面基准的位置尺寸 A_3 构成直线尺寸组成环（见图 3-5-27(a)），A_1 为减环，A_3

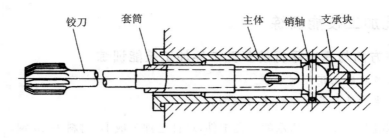

图 3-5-26 安装铰刀的浮动连接辅具

为增环,A_2 为封闭环即 A_0。运用尺寸链知识进行孔距尺寸链计算：

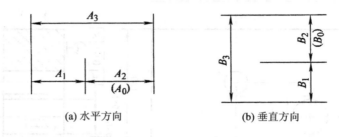

(a) 水平方向　　　　　(b) 垂直方向

图 3-5-27 孔距尺寸链计算

封闭环的基本尺寸：

$$A_0 = \sum_{i=1}^{n} A_i - \sum_{i=1}^{m} A_i = A_3 - A_1$$

即：　　　　　$A_3 = A_0 + A_1 = 60 + 50 = 110$ mm

封闭环的上偏差：　$ES_0 = ES_3 - ES_2$，即：$EI_0 = EI_3 - EI_2$

即：　　　　　$ES_3 = ES_0 - ES_2 = (+0.23) - (+0.195) = +0.035$

$EI_3 = EI_0 - EI_2 = (-0.23) - (-0.195) = -0.035$

则：　　　　　$A_3 = (110 \pm 0.035)$ mm

② 同理,见图 3-5-27(b)所示,B_2 为封闭环即 B_0,B_1 为减环,B_3 为增环,垂直方向的尺寸链计算：

基本尺寸：　　　$B_3 = (25+30)$ mm $= 55$ mm

极限偏差：　　　$ES_3 = ES_0 - ES_2 = (+0.165) - (+0.165) = 0$

$EI_3 = EI_0 - EI_2 = (-0.165) - (-0.165) = 0$

则：　　　　　$B_3 = 55$ mm

【加工准备】

1）检验修磨刀具

修磨标准麻花钻和 YT 硬质合金镗刀,测量铰刀的直径,应按孔径的尺寸精度选择铰刀直径,若铰刀直径偏大,可使用如图 3-5-28 所示的研磨工具修磨,修研时应掌握以下要点：

① 选用氧化物磨料与柴油调成的研磨膏。

② 选用轴向调整式研具,研磨时调整尺寸比较精确。

③ 修研后进行试铰预检后再正式使用。

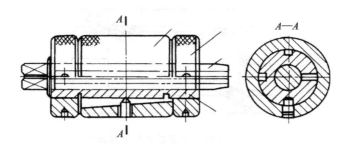

图 3-5-28 铰刀研磨工具

2) 检查与调整铣床

① 调整立铣头与工作台面的垂直度,调整方法与镗单孔相同。本例因孔轴线对基准面垂直度要求比较高,因此找正时应特别注意百分表测头的回转距离尽可能大。机床工作台面测量位置上,使百分表测头与平行垫块表面接触,这样百分表指针跳动比较小,示值比较准确。

② 检测铣床垂直进给时工作台的倾斜偏差,测量方法如图 3-5-29 所示。

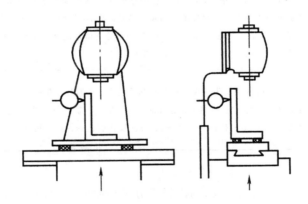

图 3-5-29 检测垂向进给工作台面倾斜度

③ 检测工作台刻度的准确性,在加工前,应对机床的纵横进给丝杠作清洁工作,并调整工作台的镶条,使导轨有合适的间隙。同时可用钟面百分表校核工作台刻度的准确性,检测的范围主要是加工使用的区间。

④ 检测垂向自动进给时是否有爬行等不正常现象。

3) 工作表面划线

在划出孔的位置线后,用划规划孔圆周线时,按工序尺寸划出钻孔加工线,以便于加工观察。

4) 找正和装夹工件

工件基准面用等高垫块垫高,垫块的高度为 20 mm 左右,以便观察纵向和横向安装定位圆柱,如图 3-5-30 所示,工件在装夹时形成侧面二点,端面一点,底面三点的完全定位。

【加工要点】

加工要点如表 3-5-9 所列。

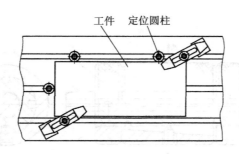

图 3-5-30 用定位圆柱定位示意

表 3-5-9 孔距标注方向与基准平行的多孔工件加工要点(见图 3-5-25)

操作要点	内 容
1. 孔Ⅰ加工要点	孔Ⅰ的加工方法与单孔加工相似,具体操作时应注意: 1) 因长径比比较大,镗孔后应注意测量孔的圆柱度,特别是铰前孔的测量,应尽可能使余量一致。 2) 铰孔时采用浮动连接,应在铰刀导向部分进入孔前启动自动进给,以保证孔的精度
2. 孔Ⅱ加工要点	1) 在孔Ⅰ加工完毕后,应按原工作台移动方向,利用刻度盘移动孔Ⅰ~Ⅱ坐标尺寸,不必重新从侧面对刀移动绝对坐标值。微量调整孔距时,可借助百分表提高精度。 2) 在钻孔 φ18、扩孔 φ19.5 过程中,利用百分表微量调整工作台与基准面的位置尺寸,使孔逐步达到换算得到的 110±0.035、55 坐标尺寸
3. 扩孔的作用	扩孔两次的作用是为了保证孔Ⅱ与基准底面的垂直度。扩孔时切削用量应重新调整,切削速度取钻孔时的 1/2,进给量是钻孔时的 1.5 倍。因扩孔钻的齿数比较多,若为 4 齿,每齿进给量为 0.10 mm/z,扩孔时切削平稳,可使铰孔前达到较高的精度

【质量检验】

1) 孔径检验。由于长径比比较大,用内径千分尺检验时,须与塞规配合进行,也可使用三爪内径千分尺测量,如图 3-5-31 所示,在测量内径同时,检测孔的圆柱度。

2) 孔的垂直度检验:本例孔深 50 mm,用六面角铁装夹工件测量轴线与基准面垂直度时,须配做与孔间隙为 0.01 mm 左右的标准棒,长度为 100 mm。测量时,将标准棒插入孔内露出部分≥50 mm,然后用百分表测量其上(或下)素线示值差。将六面角铁转过 90°放置,再用百分表测量其素线的高度偏差,测得的偏差值应在垂直度公差范围内。

3) 检验孔Ⅰ与孔Ⅱ轴线的平行度:测量方法与垂直度检验基本相同,测量时可在六角铁底面垫薄纸,使基准孔Ⅰ的轴线以素线代替与平板平行,然后测量孔Ⅱ的轴线(以素线代替)与测量平板的平行度误差,此误差即为孔Ⅰ、孔Ⅱ一个方位的平行度误差。将六面角铁转过 90°,重复以上方法,测得孔Ⅰ孔Ⅱ另一方位的平行度误差,两个方位的误差均应在 0.03 mm 以内。操作时,百分表侧头测量

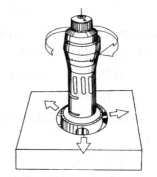

图 3-5-31 用三爪内径千分尺测量孔径

点之间的距离仍应≥50 mm。

4) 检验孔距：由于孔距的公差比较大，可采用示值为 0.02 mm 的游标卡尺或带钢珠的外径千分尺测量，具体方法与单孔加工测量相同。孔Ⅰ与孔Ⅱ之间的尺寸通过计算得到。若（水平方向）孔Ⅰ至端面尺寸为 50.08 mm，孔Ⅱ至端面的尺寸为 110.03 mm，则孔Ⅰ～Ⅱ的尺寸为 59.95 mm；若（垂直方向）孔Ⅰ至侧面尺寸为 25.10 mm，孔Ⅱ至侧面的尺寸为 55.02 mm，则孔Ⅰ～Ⅱ的尺寸为 29.92 mm。

【质量分析】

质量分析如表 3-5-10 所列。

表 3-5-10　孔距标注方向与基准平行的多孔工件加工质量分析要点

质量问题	产生原因
孔垂直度产生误差	1. 等高垫块精度差、工件压板位置和压紧力不适当等使工件装夹误差大。 2. 调整时百分表装夹部位松动、百分表精度差、找正后紧固立铣头时发生位移变动等，使立铣头与工作台面垂直度调整精度差。 3. 垂向导轨间隙较大，进给中工作台与主轴垂直度误差较大等
孔壁表面粗糙度差	1. 铰刀研磨质量不好。 2. 初学者常因操作方法不当引起铰刀切削刃质量下降

孔距标注方向与基准不平行的多孔工件加工技能训练

重点：掌握多孔坐标尺寸的换算与加工操作方法。

难点：孔距控制和检测操作。

铣削加工如图 3-5-32 所示的多孔工作，坯件已加工成形，材料为 HT200。

【工艺分析】

工件外形为 100 mm×100 mm×25 mm 的立方体，采用平口虎钳便于装夹、找正。在立式铣床上加工比较方便。孔加工工序：

预制件检验→表面划线→钻孔 $\phi 22$（孔Ⅰ、孔Ⅱ）、钻孔 $\phi 26$（孔Ⅲ）→计算坐标尺寸、作坐标图→依次移距镗孔Ⅰ、Ⅱ、Ⅲ→检验测量、质量分析。

【工艺准备】

① 选择铣床。选择 X5032 立式铣床。

② 选择工件装夹方式。选用机用平口虎钳装夹工件。

③ 选择铣刀与辅具。钻、镗工艺选用标准规格 $\phi 2.5$ 中心钻，$\phi 22$、$\phi 26$ 麻花钻，$\phi 18$ 的过渡式直柄镗杆与硬质合金焊接式镗刀，硬质合金的牌号为 YG3X。

④ 选择移距方法与检验测量方法：采用百分表、量块移距方法。孔径尺寸采用内径千分尺测量，孔距采用升降规、量块或标准棒、外径千分尺测量。

【加工准备】

1) 工件表面划线

根据图样在工件表面划出孔中心线及孔加工圆周参照线，并用样冲在孔中心与孔轮廓线打样冲眼。

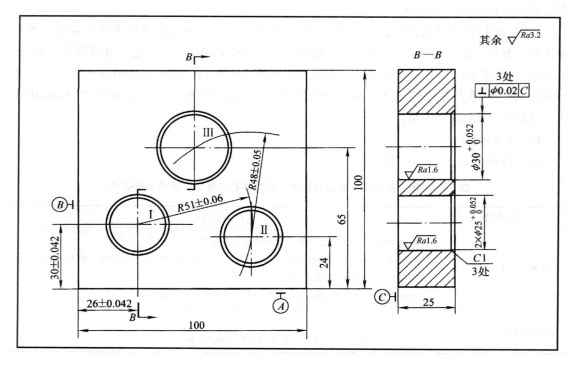

图 3-5-32 孔距标注方向与基准不平行的多孔工件

2) 找正铣床主轴轴线位置

用百分表找正铣床主轴与工作台面垂直。

3) 装夹找正工件

安装机用平口虎钳,找正定钳口与纵向平行。工件装夹高度应使工件顶面高于钳口 5 mm 左右。工件装夹后,应复核基准底面与工作台的平行度,侧面与工作台纵向的平行度。

4) 计算孔的坐标尺寸

将用 R 标注的尺寸换算成直角坐标尺寸,如图 3-5-33 所示,以便移距操作。

① 以孔 I 中心为坐标原点,坐标与侧面基准平行。

② 孔 II 坐标尺寸(mm):$y=24-30=-6$,$x=\sqrt{51^2-6^2}=50.65$。

③ 孔 III 坐标尺寸(mm):$y=65-30=35$,$x=50.65-\sqrt{48^2-41^2}=24.96$。

④ 作坐标图,并将各孔的坐标值列表如下:

坐标孔号	I	II	III
x	0	+50.65	+24.96
y	0	-6.00	-35.00

5) 按坐标尺寸和划线钻孔

孔 I、孔 II 预钻 $\phi22$;孔 III 预钻 $\phi26$。

【加工步骤】

加工步骤如表 3-5-11 所列。

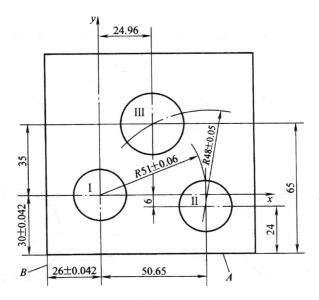

图 3-5-33　孔距计算坐标图

表 3-5-11　孔距标注方向与基准不平行的多孔工件(见图 3-5-32)

操作步骤	加工内容
1. 镗孔 Ⅰ	用镗杆侧面对刀法初定孔中心位置,试镗后根据预检测得的孔径尺寸,用带钢球的千分尺测量孔的中心位置,精确调整孔 Ⅰ 的位置尺寸,粗精镗孔 Ⅰ,达到图样要求
2. 镗孔 Ⅱ	以孔 Ⅰ 中心为坐标原点,用百分表和量块移距方法,沿 y 负方向移动 6 mm,即工作台横向前精确移动 6 mm;沿 x 正方向移动 50.65 mm,即纵向工作台向左精确移动 50.65 mm。粗镗孔 Ⅱ 后,应用游标尺复核孔距,然后精镗孔 Ⅱ 达到图样要求
3. 镗孔 Ⅲ	以孔 Ⅰ 中心为坐标原点,用百分表和量块移距方法,沿 y 正方向移动 35 mm,即工作台横向向外精确移动 35 mm;沿 x 正方向移动 24.96 mm,即纵向工作台向左精确移动 24.96 mm。粗镗孔 Ⅲ 后,用游标尺复核孔距,然后精镗孔 Ⅲ 达到图样要求
4. 孔距调整要点	1) 量块组合数量应尽可能少,以便于操作。 2) 百分表的安装要稳固,否则会影响移距精度。 3) 百分表与量块的接触应适度,过多过少的接触可能会因百分表的复位精度影响移距的精度。 4) 量块贴合的表面,如工作台横向前端面、安装在工作台面上的平行垫块侧面,应经过研磨,光洁平整,使量块紧密贴合
5. 复核孔距要点	1) 测量孔的实际孔径尺寸,进行计算后,以孔壁之间或孔壁与基准之间的计算尺寸进行测量。如试镗孔 Ⅱ 后,测得孔 Ⅰ 的实际孔径为 $\phi25.02$,孔 Ⅱ 实际孔径为 $\phi23.40$,测两孔壁间的尺寸为 $\left(51-\dfrac{25.02+23.40}{2}\right)$ mm = 26.79 mm;孔 Ⅱ 孔壁至基准 A 之间的尺寸为 $\left(24-\dfrac{23.40}{2}\right)$ mm = 12.30 mm。 2) 考虑到孔的形状误差,实际孔径尺寸以孔距测量方向的孔径尺寸为准。 3) 用游标卡尺在加工过程中测量孔距时,应注意卡爪测量平面对孔距测量精度的影响,量爪不能插入过深

【质量检验】

多孔检验的项目和检验方法与训练1基本相同。用标准棒测量孔距和用量块、升降规、百分表测量孔距时掌握以下几点：

① 插入孔内的标准棒直径与实际孔径的间隙应计算在孔距尺寸内。如插入的标准棒直径为 $\phi24.98$，孔Ⅰ的实际孔径为 $\phi25.02$，间隙为 0.04；孔Ⅱ的实际直径 $\phi25.03$，间隙为 0.05 mm。则测得孔标准棒之间的尺寸为 $\left(75.97-24.98+\dfrac{0.04+0.05}{2}\right)$ mm = 51.035 mm，如图 3-5-34 所示。

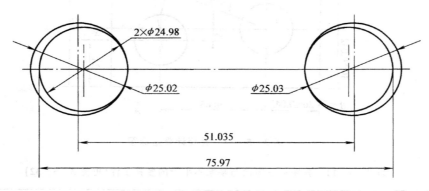

图 3-5-34　用标准棒测量孔距时孔距尺寸计算

② 测量时，为减少标准与孔配合间隙对测量的影响，千分尺的测量位置尽量靠近孔口，标准棒应与孔的近侧孔壁紧密接触。

③ 用升降规、量块和百分表测量孔距的方法如图 3-5-35 所示。测量时，将工件装夹在六面角铁上(见图 3-5-35(a))，基准 A 面至孔Ⅰ的中心距实测尺寸为 $\left(30-\dfrac{25.02}{2}\right)$ mm = 17.49 mm，基准 B 面至孔Ⅰ的中心距实测尺寸为 $\left(26-\dfrac{25.02}{2}\right)$ mm = 13.49 mm。分别以 A、B 面为基准，选用 17.49 mm 和 13.49 mm 的量块组，用百分表、升降规并用比较法测量(见图 3-5-35(b))。测量其他孔距方法相同，实测尺寸须进行计算确定。

④ 测量孔Ⅰ孔Ⅱ和孔Ⅱ和孔Ⅲ之间的距离，应找正中心连线与基准平板垂直后进行测量。

【质量分析】

质量分析如表 3-5-12 所列。

表 3-5-12　孔距标注方向与基准不平行的多孔工件质量分析要点

质量问题	产生原因
用量块与百分表控制孔距产生误差	1. 百分表安装不稳固和移距操作时不小心碰到百分表。 2. 工作台面上的平行垫块侧面与横向不平行、与台面不垂直。 3. 操作时量块贴合面之间不整洁。 4. 工作台镶条间隙较大，工作台移距直线性差

续表 3-5-12

质量问题	产生原因
孔距尺寸标注与 基准不平行	1. 尺寸换算成坐标尺寸时计算错误。 2. 预检时孔的实际尺寸计算差错。 3. 孔的实际直径、标准量棒直径等测量不准确，引起孔测量误差。 4. 孔壁实测尺寸计算差错

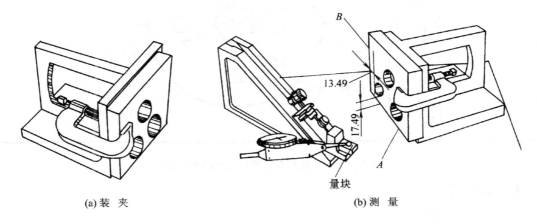

图 3-5-35 用量块、升降规和百分表测量孔距

圆周角度标注孔距的多孔距的多孔工件加工技能训练

重点：掌握圆周角度标注孔距的多孔加工方法。
难点：多孔分布圆周和孔位置夹角精度控制。

铣削加工如图 3-5-36 所示的多孔工作，坯件已加工成形，材料为 45 钢。

【工艺分析】

工件外形为 $\phi 200 \times 20$ mm 的圆盘，宜采用螺栓压板装夹。在立式铣床上加工比较方便。孔加工工序：

预制件检验→表面划线→安装回转工作台和螺栓压板→装夹找正工件→找正机床主轴与回转中心位置→移距、分度钻、扩、铰 2 孔 $\phi 20$→移距、分度钻、镗、铰 2 孔 $\phi 28$→检验测量、质量分析。

【工艺准备】

① 选择铣床。选择 X5032 立式铣床。

② 选择工件装夹方式。选用 T12400 型回转工作台，工件用平行等高垫块衬垫，用专用心轴定位，螺栓压板压紧工件。

③ 选择铣刀与辅具。选用标准规格 $\phi 2.5$ 中心钻，$\phi 19$ 麻花钻，$\phi 19.5$ 扩孔钻与 $\phi 20$ 机用铰刀加工 $\phi 20$ 孔；$\phi 22$ 麻花钻、$\phi 20$ 过度式直柄镗杆与硬质合金焊接式镗刀 $\phi 28$ 机用铰刀加工 $\phi 28$ 孔。

④ 选择移距方法与检验测量方法：分布圆直径采用百分表、量块移距方法，角度位移用回转工作台作角度分度。孔径尺寸采用内径千分尺测量，孔距采用游标尺或标准棒、外径千分尺

测量。

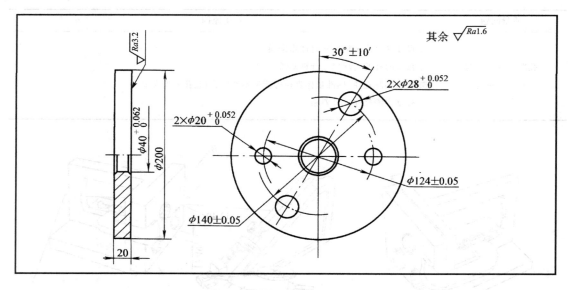

图 3-5-36 圆周角度标注孔距的多孔工件

【加工准备】

1）工件表面划线

根据图样在工件表面划出孔中心线及孔加工圆周参照线，并用样冲在孔中心与孔轮廓线打样冲眼。

2）安装回转工作台

① 按规范安装回转工作台。

② 在回转工作台手柄处换装分度手柄和分度盘。

③ 按角度分度法计算孔距中心角：

$$n = \frac{30°}{4°} = 7\frac{1}{2} \text{ r} = 7\frac{33}{66} \text{ r} \quad \text{或} \quad n = \frac{60°}{4°} = 15 \text{ r}$$

④ 找正机床主轴与回转台主轴的同轴度。找正时将百分表固定在主轴刀杆上，用手扳转机床主轴，使百分表测头接触回转台主轴基准孔内壁，调整工作台，使百分表示值相同，操作方法如图 3-5-37 所示。

3）装夹找正工件

用专用心轴定位，使工件基准孔与回转工作台同轴，工件底面垫高 30 mm，用压板螺栓压紧工件，注意压板、垫块避开孔加工位置。工件装夹后复核基准面与工作台面的平行度。

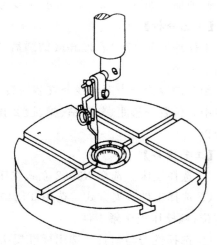

图 3-5-37 找正机床主轴与回转台主轴的同轴度

【加工步骤】

加工步骤如表 3-5-13 所列。

表 3-5-13 圆周角度标注孔距的多孔工件加工步骤与要点(图 3-5-36)

操作步骤	加工内容
1. 加工 2 孔 $\phi 20$	1) 以机床主轴与回转工作台(工件基准孔)同轴的位置为基准,锁紧工作台横向,用量块和百分表精确纵向移动孔距 62 mm。 2) 采用钻、扩、铰的工艺,按单孔加工方法,加工一侧孔 $\phi 20$ 达到图样要求。 3) 预检孔距和孔径尺寸,若孔的实际孔径为 $\phi 40.02$、$\phi 20.03$,则孔 $\phi 20$ 至基准孔壁的实测尺寸应为 $\left(\dfrac{124}{2}-\dfrac{40.02+20.03}{2}\right)$ mm=31.975 mm。 4) 回转工作台准确转过 180°,加工对称孔 $\phi 20$
2. 加工 2 孔 $\phi 28$	1) 以机床主轴与回转工作台(工件基准孔)同轴的位置为基准,锁紧工作台横向,用量块和百分表精确纵向移动孔距 70 mm。 2) 以加工 $\phi 20$ 孔的圆周位置为基准,回转工作台顺时针准确转过 60°。 3) 采用钻、镗、铰的工艺,按单孔加工方法,加工一侧孔 $\phi 28$ 达到图样要求。 4) 预检孔距和孔径尺寸,若孔的实际孔径尺寸为 $\phi 40.02$、$\phi 28.04$,则孔 $\phi 28$ 至基准孔的实测尺寸为 $\left(\dfrac{140}{2}-\dfrac{40.02+28.04}{2}\right)$ mm=35.97 mm 5) 回转工作台准确转过 180°,加工对称孔 $\phi 28$
3. 调整、加工要点	1) 注意调整回转工作台的分度机构间隙和主轴锁紧机构,以免孔加工时回转台颤动。 2) 工件基准孔定位心轴最好采用锥柄心轴,装夹工件时,在基准孔上部留出一段,以便于过程测量孔距,复核工件、转台和机床主轴的相对位置。 3) 角度分度注意间隙方向,提高分度精度。 4) 本例移距尺寸比较大,注意纵向锁紧对移距精度的影响。 5) 以机床主轴与回转工作台(工件基准孔)同轴的位置为基准移距,注意移距前复核找正的原始位置准确性,特别是加工 $\phi 28$ 孔时,纵向须复位后再移距,此时必须进行复核

【质量检验】

孔径与孔距的测量与前述基本相同。本例具有圆周角度位置,测量时采用以下方法:

1) 制作阶梯标准棒,一端直径与 $\phi 20$ 的实际孔径配合,本例为 20.03 mm、20.02 mm;另一端直径与 $\phi 28$ 的实际孔径配合,本例为 28.04 mm、28.03 mm。标准棒结构如图 3-5-38(a)所示。

2) 工件安装在回转台上,基准孔与回转中心同轴。

3) 找正工件的 2 孔($\phi 20$)中心连线与纵向平行。找正时可将标准棒插入孔内,用百分表测头找正心轴侧面最高点位置连线与纵向平行,如图 3-5-38(b)所示。

4) 将标准棒插入 2 孔($\phi 28$)中,回转台按角度分度精确转过 60°,用百分表测量标准棒同侧最高点连线与纵向平行度,如图 3-5-38(c)所示,若示值误差为 0.05 mm,则角度误差为 $\Delta\theta=\arctan\dfrac{0.05}{140}\approx 1'14''$。

【质量分析】

质量分析如表 3-5-14 所列。

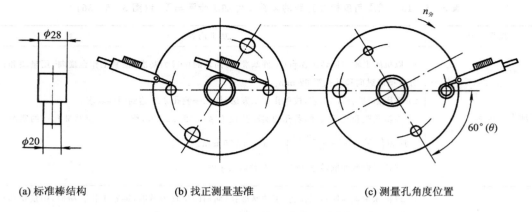

(a) 标准棒结构　　　　(b) 找正测量基准　　　　(c) 测量孔角度位置

图 3-5-38　用标准棒测量孔圆周角度位置

表 3-5-14　圆周角度标注孔距的多孔工件加工质量分析要点

质量问题	产生原因
以机床主轴与回转工作台（工件基准孔）同轴的位置为基准移距，产生误差	1. 回转工作台与铣床主轴同轴度找正误差大。 2. 移距前未复核找正原始位置。 3. 孔距预检操作失误。 4. 回转工作台主轴间隙较大
回转工作台角度分度保证孔圆周角度位置，产生误差	1. 回转工作台分度精度差。 2. 分度计算错误；分度操作失误。 3. 分度盘、分度手柄换时不稳固。 4. 分度机构间隙较大；回转台主轴锁紧机构失灵

3.5.4　椭圆孔工件加工技能训练

重点：掌握椭圆孔的镗削加工方法。

难点：椭圆孔对称度与孔径尺寸控制。

铣削加工如图 3-5-39 所示的椭圆单孔工件，坯件已加工成形，材料为 HT200。

【工艺分析】

工件外形为 200 mm×280 mm×20 mm 的板状矩形工件，宜采用螺栓压板装夹。椭圆孔加工工序：

预制件检验→表面划线→安装镗刀杆、调整镗刀回转半径→装夹找正工件→找正机床主轴与工件相对位置→计算和调整立铣头偏转角→试镗、预检→镗椭圆孔→检测、质量分析。

【工艺准备】

1）选择铣床

选择 X5032 立式铣床。

2）选择工件装夹方式

工件用平行等高垫块衬垫，螺栓压板压紧工件。

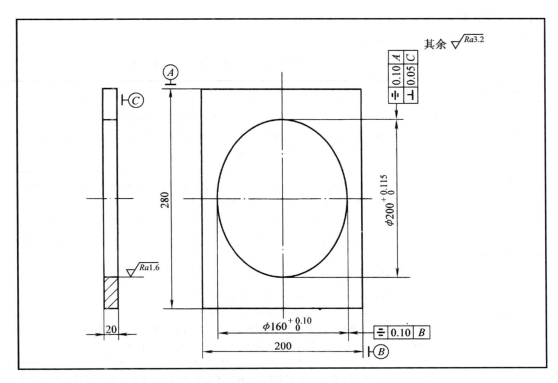

图 3-5-39 椭圆单孔工件

3) 计算立铣头偏转角

$$\cos\theta = \frac{b}{a} = \frac{80}{100} = 0.8, 即\ \theta = 36°52'$$

4) 选择铣刀与辅具

① 计算确定镗刀杆直径：

$$d \leqslant 2a\cos 2\theta - 2H\sin\theta$$

即 $\qquad d \leqslant (200\cos 73°44' - 2 \times 20\sin 36°52')\ \mathrm{mm} = 32.03\ \mathrm{mm}$

本例选取镗刀杆直径 $d = 32\ \mathrm{mm}$。

② 选择硬质合金焊接式镗刀，硬质合金的牌号为 YG3X。

5) 选择检验测量方法。用带钢珠的外径千分尺测量孔的位置，用内径千分尺测量椭圆孔的半径。

【加工准备】

1) 工件表面划线。根据图样在工件表面划出椭圆孔中心线，对称外形并与椭圆孔相切的矩形框线，并在中心线与矩形框线的焦点打样冲眼。

2) 找正和装夹工件

① 工件的垫块应足够高，以免镗刀刀尖切到工作台面。

② 工件上椭圆长轴应与工作台横向进给水平方向。

③ 找正工件底面与工作台面平行，侧面与工作台横向平行。

3) 安装刀具。安装镗刀杆、刃磨镗刀。刃磨镗刀时，根据椭圆孔的切削特点，注意静态副偏角应比较大，其变动量的大小与主轴倾斜的角度有关。

【加工要点】

加工要点如表 3-5-15 所列。

表 3-5-15　椭圆单孔工件加工步骤与要点（见图 3-5-39）

操作要点	内　容
1. 试镗孔	找正工作台横向位置，如图 3-5-40(a)所示。机床主轴与工作台面垂直，找正主轴处于工件中心，试镗孔，用带钢珠的千分尺测量孔壁至工件侧面的距离，使试镗 ϕ105 孔对称工件外形，横向位置精度符合图样要求，锁紧工作台横向
2. 调整铣床立铣头倾斜角	按计算值调整铣床立铣头倾斜角 $\theta = 36°52'$。调整时采用正规弦和量块找正立铣头的倾斜角，具体方法与铣削斜面时精确找正立铣头倾斜角相同
3. 计算当前椭圆短半径尺寸	按几何关系，当前椭圆短半径尺寸为：$\frac{105.10}{2} \times 0.8$ mm $= 42.04$ mm。此时，刀尖距短轴方向孔壁的尺寸应为：$\left(\frac{105.10}{2} - 42.04\right)$ mm $= 10.51$ mm。 注意操作中立铣头倾斜角对椭圆孔径控制的影响
4. 纵向对刀调整椭圆加工位置	将镗刀对准工件顶面试镗孔与短轴线的焦点，沿刀尖退离孔壁的方向移动工作台纵向，移动距离为 10.51mm，此时，倾斜的镗刀杆镗出椭圆中心大致处于工件中心
5. 试镗椭圆	如图 3-5-40(b)所示。逐渐增加镗刀尖的回转半径，此时，长半轴方向逐步镗出两端圆弧，椭圆弧逐渐扩大，待长轴达到 131.375 mm 左右，椭圆弧延伸至短轴两端，形成完整的椭圆，如图 3-5-40(c)所示
6. 预检椭圆孔	预检三项内容： ① 预检长轴和短轴的尺寸，以便调整镗削余量。 ② 按预检测得的实际尺寸，计算短轴和长轴的比值，验证倾斜角的正确性。 ③ 测量孔壁至端面、侧面的尺寸，预检椭圆孔对外形的对称度，确定工作台微量调整数据
7. 微量调整工作台	根据预检的结果，微量调整工作台纵、横向，使椭圆对称工件外圆中心；合理分配余量，逐步精镗至图样要求的椭圆长、短半径尺寸要求

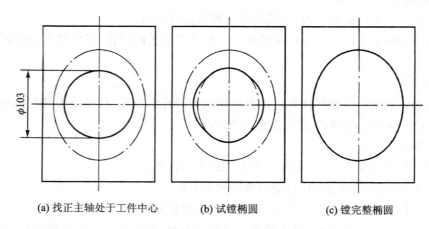

(a) 找正主轴处于工件中心　　(b) 试镗椭圆　　(c) 镗完整椭圆

图 3-5-40　椭圆单孔加工步骤

注意事项

铣削椭圆孔注意事项：
- 在工件装夹时，垫块应足够高，还应具有一定的宽度，以使铣削时工件比较稳固。垂向的铣出位置应预先做好记号，以免镗刀切到工作台面。
- 镗刀伸出比较长，因此应选择柄部尺寸较大的镗刀。若有条件，可采用端部较大的镗刀杆，如图 3-5-41 所示。
- 因动态位置随圆弧的方位而变化，镗刀的切削角度可以在试镗后予以修磨确定。
- 镗刀的转速及进给量也应在试切后予以确定，主要根据工件、刀具的振动情况予以调整。
- 椭圆孔的测量与一般孔不同，沿径向测量时，长轴测量最大尺寸，短轴测量最小尺寸。具体操作时，可将测量点落在椭圆孔与轴线的交点位置上。测量椭圆对外形的对称度时，也存在类似的情况。
- 镗椭圆孔时，对立铣头的倾斜角精度要求比较高，倾斜角涉及到长短轴的尺寸是否能同时进入公差范围，因此，通常必须用正弦规进行找正。

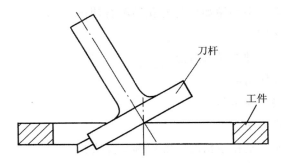

图 3-5-41 改进后的镗刀杆

【质量检验】

① 用带钢珠的千分尺测量椭圆孔对外形的对称度。短轴方向和长轴方向两侧孔壁至侧面的距离应相等。

② 用内径千分尺测量椭圆孔的长轴和短轴应同时达到尺寸精度要求。测量时，短轴在径向和轴向均为最小尺寸；长轴径向为最大尺寸，轴向为最小尺寸。

③ 测量椭圆孔与基准面的垂直度方法与单孔测量相同。

【质量分析】

质量分析如表 3-5-16 所列。

表 3-5-16 椭圆单孔工件加工质量分析要点

质量问题	产生原因
产生孔径尺寸误差	1. 铣床主轴倾斜角度不准确，短轴与长轴尺寸比例不对。 2. 镗刀调整失误。 3. 孔径预检测量方法不正确，测量数据不准确

续表 3-5-16

质量问题	产生原因
产生椭圆孔位置误差	1. 粗镗孔位置偏差大。 2. 椭圆孔位置预检误差大。 3. 立铣头倾斜角度后,纵向对刀操作误差过大。 4. 工作台微量调整方向、数据差错
切削用量选择不当	1. 切削用量选择不当。 2. 镗刀修磨质量差,几何角度选择不当。 3. 刀杆和刀柄的强度、刚性差,镗削振动。 4. 工件装夹时垫块过高、较窄,装夹不够稳固

思考与练习

1. 在铣床上加工孔常用哪些刀具?
2. 中心钻的作用是什么?中心钻如何与麻花钻配合使用?
3. 扩钻和锪钻有什么区别?
4. 简述铣床上常用的镗刀种类及其特点。
5. 简述麻花钻的主要几何角度。
6. 在铣床上铰孔有哪些主要步骤?
7. 镗刀刃磨应注意哪些事项?
8. 在铣床上加工孔如何控制孔距精度?常用哪些方法?
9. 试述椭圆孔的加工原理。
10. 椭圆孔长轴和短轴与立铣头倾斜角是什么关系?
11. 铣床主轴轴线对工作台面不垂直,对镗孔有什么影响?
12. 孔加工有哪些检验项目?
13. 孔的位置精度检验包括哪些内容?
14. 怎样用百分表找正立铣头与工作台面的垂直度?
15. 用百分表、量块进行孔加工移距操作时应注意哪些事项?
16. 镗孔时引起孔径超差有哪些原因?
17. 镗孔时,引起孔壁表面粗糙度超差有哪些原因?
18. 镗椭圆孔的镗杆直径受哪些条件限制?
19. 椭圆孔长轴和短轴测量应注意什么?
20. 椭圆孔长轴和短轴不能同时达到图样要求的主要原因是什么?

课题六 牙嵌离合器的加工

教学要求

- ◆ 熟练掌握各种齿形的离合器的铣削加工方法与检验方法。
- ◆ 掌握离合器铣削加工的质量分析方法。
- ◆ 遵守操作规程，养成良好的安全、文明生产习惯。

3.6.1 牙嵌离合器的加工必备专业知识

1. 牙嵌离合器的种类及齿形特点

牙嵌离合器是依靠端面上的齿与槽相互嵌入或脱开来传递或切断动力的。根据齿形的基本特征，牙嵌离合器可分为两大类：等高齿和收缩齿离合器。根据齿形展开的不同几何特点，可分为矩形齿、梯形齿，三角齿、锯齿和螺旋齿多种类型。牙嵌离合器的种类与齿形特点见表 3－6－1。

表 3－6－1 牙嵌离合器的种类与齿形特点

名 称	基本齿形	特 点
矩形齿离合器	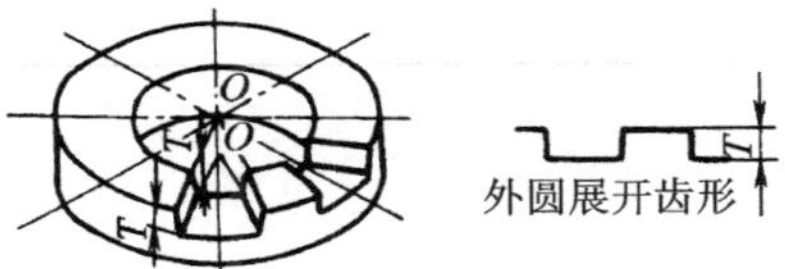 O T 外圆展开齿形	齿侧平面通过工件轴线
尖齿离合器	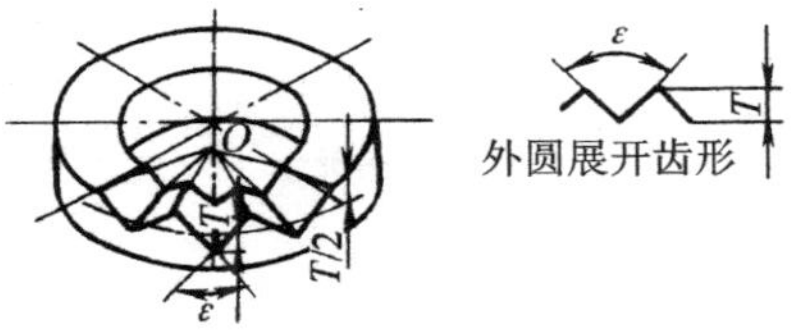 O ε T T/2 外圆展开齿形	整个齿形向轴线上一点收缩
锯齿形离合器	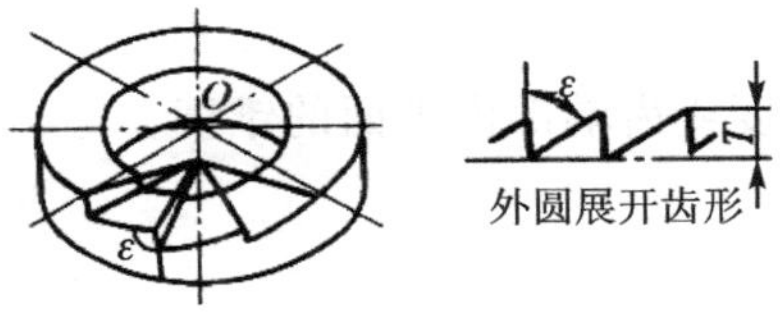 O ε T 外圆展开齿形	直齿面通过工件轴线，斜齿面向轴线上一点收缩
梯形收缩齿离合器	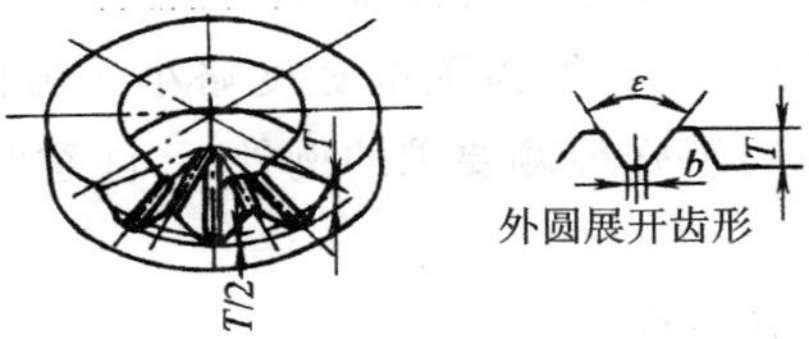 ε b T T/2 外圆展开齿形	齿顶及槽底在齿长方向都等宽，而且中心线通过离合器轴线

续表 3-6-1

名　称	基本齿形	特　点
梯形等高齿离合器	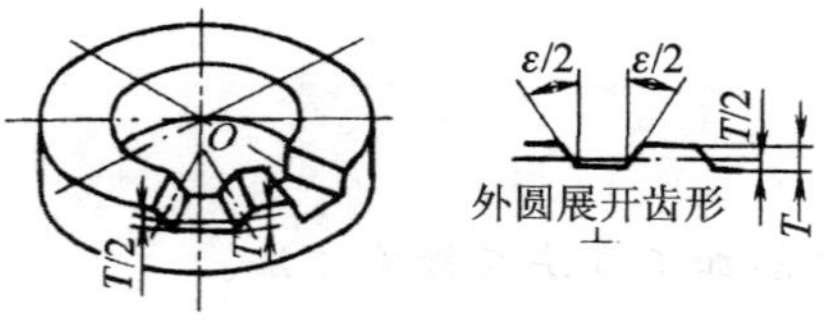ε/2 ε/2 T/2 T O 外圆展开齿形	齿顶面与槽底面平行,而且垂直于离合器轴线。齿侧中线汇交于离合器轴线
单向梯形齿离合器	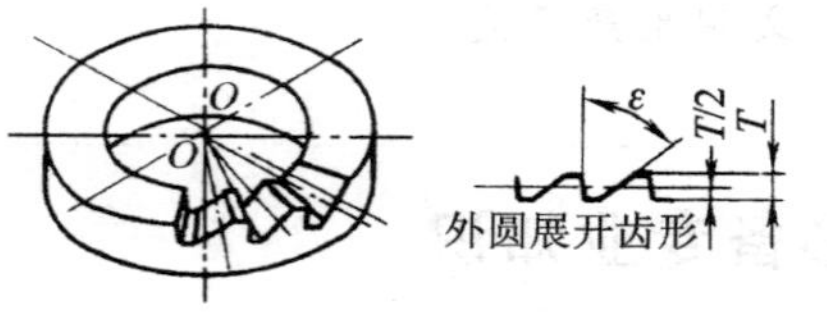ε T/2 T O 外圆展开齿形	齿顶面与槽底平行,并且垂直于离合器轴线,故齿高不变。直齿面为通过轴线的径向平面,斜齿面的中线交于离合器轴线
双向螺旋齿离合器	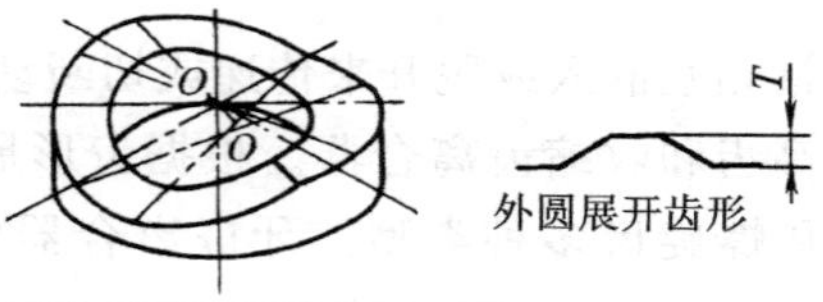O T 外圆展开齿形	离合器结合面为螺旋面,其他特点与梯形等高齿离合器相同
单向螺旋齿离合器	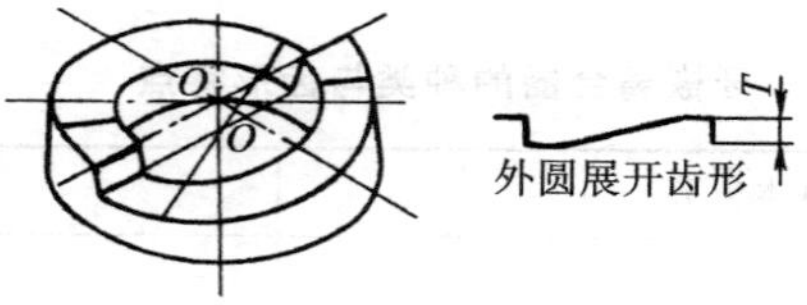O T 外圆展开齿形	离合器结合面为螺旋面,其他特点与单向梯形齿离合器相同

2. 牙嵌离合器的加工的工艺要求

(1) 坯件加工工艺要求

1) 主要尺寸精度要求

① 基准孔直径。

② 齿部内外圆直径。

③ 齿部凸台高度。

2) 位置精度要求

① 齿部内外圆和锥面对装配基准孔的同轴度。

② 工件装夹端面对基准孔的垂直度。

③ 齿部端面与基准孔轴线的垂直度或齿端部内锥面的锥度。

(2) 离合器铣削加工工艺要求

1) 齿　形

① 齿侧平面通过工件轴线或齿面向轴线上一点收缩。

② 保证一定的齿槽深度,以使矩形齿离合器齿顶部宽度略小于齿槽底部宽度,其余齿形齿顶宽度一般均略大于齿槽底部宽度(有特殊齿侧要求的例外)。注意掌握牙嵌离合器的齿形特点。

③ 相接合的两个离合器齿形角正确一致。

2) 同轴度

离合器的齿形轴线与工件基准孔的轴线同轴。

3) 等分度

离合器各齿在齿部圆周上均匀分布,即各齿在圆周上的分齿精度

4) 表面粗糙度

齿侧工作面的表面粗糙度 $Ra \leqslant 3.2\ \mu m$。齿槽底面不应有明显的接刀痕迹。

3. 牙嵌离合器的加工的工件装夹方法

(1) 夹具选择

① 选择通用夹具。因牙嵌离合器铣削有较高的分齿精度要求,加工收缩齿形离合器工件轴线还须与工作台面成一定的仰角,因此,通常选择万能分度头,铣削等高齿形的离合器也选用回转工作台。

② 选择专用夹具。在生产量较大的情况下,应选用专用的分度夹具。如图3-6-1所示,是专用分度夹具的基本结构。选用专用夹具能减少分齿误差,提高工效。

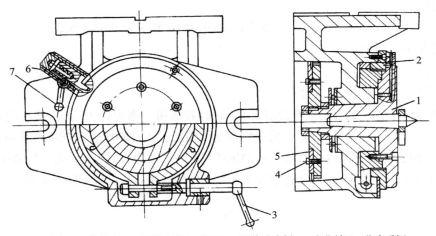

1—主轴;2—锁紧环;3—锁紧手柄;4—螺钉;5—可换分度板;6—定位销;7—分度手柄

图3-6-1 专用分度夹具的基本结构

(2) 工件装夹

工件的具体装夹方法应根据工件的数量、装配基准以及工件外形来确定。一般都选择装配基准作为齿形加工定位基准,常用的装夹方式如图3-6-2所示。

用三爪自定心卡盘装夹(见图3-6-2(a))适用于加工数量不多的修配件。由于牙嵌离合器一般是以内孔作为装配基准的,所以,在装夹时必须检验内孔的径向和端面圆跳动量,使其误差在允许的范围内。

用可涨心轴装夹(见图3-6-2(b))一般用于外形不规则或工件数量较多的情况下。这种方法能使定位基准与装配基准重合,以保证齿形与装配基准的同轴度。

用心轴和压板装夹(见图3-6-2(c))适用于外径大而短的工件,通常选用回转工作台作为分度夹具时常采用这种装夹方式。

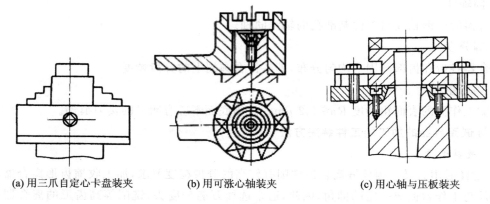

(a) 用三爪自定心卡盘装夹　　(b) 用可涨心轴装夹　　(c) 用心轴与压板装夹

图 3-6-2　离合器铣削加工工件装夹方式

4. 牙嵌离合器铣削加工基本方法

（1）铣削等高齿离合器的基本方式

1）工件装夹位置

等高齿离合器的槽底与工件轴线是垂直的,因此,工件装夹在分度头或回转工作台上应使其轴线与进给方向垂直。

2）铣刀切削位置

① 齿深尺寸按图样标注尺寸调整。

② 铣削矩形齿时,因齿侧平面通过工件轴线,若选用三面刃铣刀加工,可采用划线对刀、擦边对刀和试切对刀等方法,使铣刀的一侧切削平面通过工件轴线。铣削等高梯形齿时,因齿侧是斜面,齿侧斜面的中间线通过离合器的轴线（图 3-6-3）,故铣削是先按偏离中心距 e 的划线铣出与轴线平行的齿侧,然后铣削齿侧斜面（如图 3-6-4）。偏移距离 e 的计算公式为

$$e = \frac{T}{2}\tan\frac{\theta}{2}$$

式中：e 为三面刃铣刀侧刃偏离工件中心距,mm；T 为离合器齿槽深,mm；θ 为离合器齿形角,（°）。

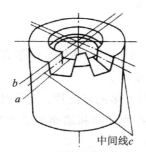

图 3-6-3　等高梯形离合器齿侧
斜面中间线位置

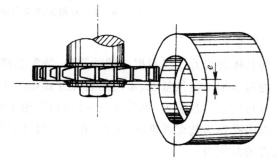

图 3-6-4　等高梯形离合器
齿侧铣削方法

3）铣刀选用的限制条件

铣削等高齿离合器时,铣刀的外形尺寸收到工件齿槽宽度、齿部内径尺寸的限制,因此,须在选择铣刀时预先计算铣刀厚度（或立铣刀直径）和外径的许用尺寸,然后按刀具标准进行尺

寸圆整。

① 三面刃铣刀厚度（或立铣直径）的限制条件计算（图 3-6-5）：

$$L \leqslant \frac{d}{2}\sin\alpha = \frac{d}{2}\sin\frac{180°}{z}$$

式中：d 为离合器齿部孔径，mm；z 为离合器齿数；α 为齿槽中心角，(°)。

② 三面刃铣刀直径的限制条件计算，如图 3-6-6 所示。铣削奇数齿等高离合器时，铣刀可以通过工件整个端面，三面刃铣刀直径不受限制。铣削偶数齿时，铣刀直径必须符合以下限制条件：

$$d_0 \leqslant \frac{d^2 + T^2 - 2L^2}{T}$$

式中：d 为离合器齿部孔径，mm；T 为离合器齿深，mm；L 为三面刃铣刀厚度，mm。

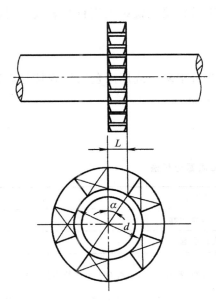

图 3-6-5 铣刀厚度计算

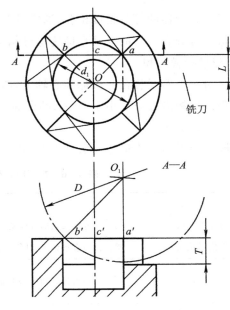

图 3-6-6 铣刀直径计算

4) 等高离合器奇数齿与偶数齿铣削的主要区别

① 铣削奇数齿离合器铣刀厚度受到限制。铣削偶数齿离合器铣刀厚度与直径均受到限制，齿部孔径较小的离合器若无法满足铣刀直径限制条件，只能选用立铣刀加工。

② 铣削奇数齿离合器一次能铣出两个侧面，而铣削偶数齿只能铣出一个齿侧面。由此，奇数齿等高离合器因具有较好的工艺性而得到广泛的应用。

(2) 铣削收缩齿离合器的基本方法

1) 工件装夹位置

收缩齿离合器的齿槽底与工件轴线倾斜一个角度，因此铣削时通常选用万能分度头装夹工件，使工件轴线与工作台台面形成一个仰角，角度的计算与离合器的齿形角、齿数有关。

① 铣削收缩三角形和梯形齿时分度头轴仰角计算：

$$\cos\alpha = \tan\frac{90°}{z}\cot\frac{\theta}{2}$$

式中：α 为分度头主轴仰角，(°)；z 为牙嵌离合器齿数；θ 为离合器齿形角，(°)。

② 铣削收缩锯齿形离合器时分度头主轴仰角计算：

$$\cos\alpha = \tan\frac{180°}{z}\cot\theta$$

2) 铣刀切削位置

收缩齿离合器的齿形特点是齿面向工件轴线上的一点收缩，因此加工三角形和梯形齿时，铣刀刀齿廓形应对称工件轴线进行铣削；加工锯齿形离合器时，单角铣刀的端面刃切削平面对准工件轴线进行铣削，使铣出的齿槽各表面的交线延长后汇交于工件轴线上的一点。

5. 牙嵌离合器的检验与质量分析方法

(1) 检验方法

1) 测量等分精度

矩形齿离合器的等分精度检验，通常是在铣削加工后直接在铣床上用百分表逐一对齿形进行测量。百分表示值的变动量即为等分精度误差。

2) 测量接触面积

把一对离合器同装在一根标准心轴上，离合器接合后用塞尺或用涂色法检查接触齿数和贴合面积。接触齿数应不小于50%，贴合面积应不小于60%。

(2) 质量分析法

牙嵌离合器加工质量分析法见表3-6-2。

表3-6-2 牙嵌离合器加工质量分析法

质量问题	产生原因
等分精度误差	通常由分度夹具的分度精度、分度操作失误引起
齿槽形状误差	常由铣刀廓形误差、计算错误与操作失误引起
齿槽位置误差	一般由仰角计算和操作不准确，偏移量计算、操作失误，划线对刀失误等因素引起
齿形与工件同轴误差	由工件与分度头同轴度找正不准确，铣削中工件微量位移引起

3.6.2　矩形齿牙嵌离合器的加工技能训练

奇数矩形齿离合器加工技能训练

重点：掌握奇数矩形齿离合器的铣削方法。

难点：铣刀选择计算及铣削位置找正。

铣削加工如图3-6-7所示的奇数矩形齿离合器，坯件已加工成形，材料为45钢。

【工艺分析】

从图样可知该零件为套类零件，宜采用三爪自定心卡盘装夹。齿槽中心角大于齿面中心角，齿侧面要求通过工件轴线、属于硬齿齿形，通常硬齿齿形离合器齿槽中心角比齿面中心角大1°~2°，本列相差约5°。根据加工要求和工件外形，拟定在立式铣床（或卧式铣床）上分度头加工。铣削加工工序过程：

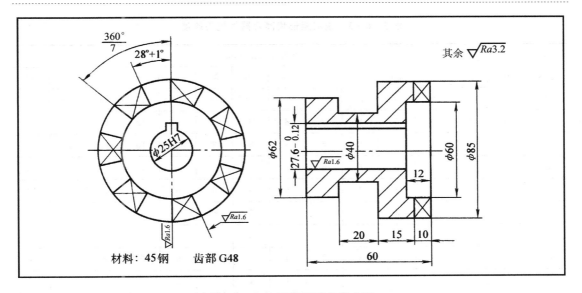

图 3-6-7 奇数矩形齿离合器

预制件检验→安装并调整分度头→安装三爪自定心卡盘,装夹和找正工件→工件表面划 7 等份齿侧中心线→计算、选择和安装三面刃铣刀→对刀并调整进刀量→试切、预检齿侧位置→准确调整齿侧铣削位置和齿深尺寸→依次准确分度和铣削→按 28°+1° 齿槽中心角铣削齿侧→奇数齿矩形离合器铣削工序检验。

【工艺准备】

① 选择铣床。为操作方便选用类似 X52K 型的立式铣床,在立式铣床或卧式铣床上加工矩形离合器的方法如图 3-6-8 所示。

② 选择工件装夹方式。在 F11125 型分度头上安装三爪自定心卡盘装夹工件。

③ 选择刀具。奇数齿矩形离合器铣刀直径不受限制,铣刀受齿部孔径和工件齿数限制。按公式计算:

$$L \leqslant b = \left(\frac{d}{2}\sin\frac{180°}{z}\right) \text{mm} = \left(\frac{60}{2}\sin\frac{180°}{7}\right) \text{mm} = 13.014 \text{ mm}$$

为了避免计算,可查阅表 3-6-3 直接获得铣刀厚度尺寸。本例按比例查表法,查的工件齿数为 7,齿部孔径为 30 mm 时铣刀厚度为 6 mm,则当齿部孔径为 60 mm 时,铣刀厚度为 12 mm。现选择 100 mm×12 mm×32 mm 的错齿三面刃铣刀。

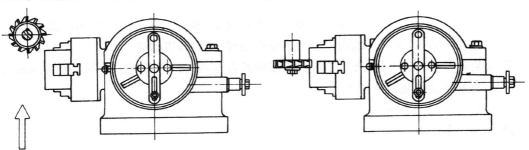

(a) 卧式铣床上垂直进给铣削法　　(b) 立式铣床上横向进给铣削法

图 3-6-8 分度头主轴水平安装铣削矩形齿离合器

表 3-6-3 铣削矩形齿离合器的铣刀厚度

工件齿数	工件齿部孔径/mm												
	10	12	16	20	24	25	28	30	32	35	36	40	45	50
3	4	5	6	8	10	10	12	12	12	14	14	16	16	20
4	3	4	5	6	8	8	8	10	10	12	12	14	14	16
5		3	4	5	6	6	8	8	8	10	10	10	12	14
6		3	4	5	6	6	6	8	8	8	8	10	10	12
7			3	4	4	5	6	6	6	6	6	8	8	10
8				3	4	4	5	5	6	6	6	6	8	8
9				3	4	4	4	5	6	6	6	6	6	8
10					3	3	4	4	4	5	5	6	6	6
11					3	3	4	4	4	4	4	5	6	6
12					3	3	3	3	4	4	4	5	5	6
13						3	3	3	3	4	4	4	5	6
14							3	3	3	3	4	4	4	5
15								3	3	3	3	4	4	5

注：当孔径大于 50 mm 时，可根据表中数值按比例算出。例如齿部孔径为 60 mm，则查 30 mm 的一列后乘 2 即得；齿部孔径为 80 mm，则按 40 mm 一列的数值乘 2 即可。

④ 选择检验测量方法。用游标卡尺测量齿深尺寸，用百分表借助分度头测量齿面是否通过工件轴线，测量方法如图 3-6-9(a)所示。等分精度通过百分表借助精度较高的分度头检验。如图 3-6-9(b)所示，是用千分尺测量齿侧位置的示意图。

【加工准备】

① 安装分度头和三爪自定心卡盘。安装分度头，找正分度头主轴与纵向进给方向和工作台面平行。计算分度手柄转数 n：

$$n = \frac{40}{z} = \frac{40}{7} \text{ r} = 5\frac{35}{49} \text{ r}$$

为了获得 28°齿槽中心角，按等分铣出齿槽后，需转过 28°−180°/7=2.29°，计算偏转角度分度手柄转数 $\Delta n = \frac{137.4'}{540'} \approx \frac{13}{49}$ r。

② 装夹、找正工件。使工件外圆与分度头主轴同轴，端面圆跳动在 0.03 mm 以内。

③ 工件端面划线：在工件端面划出 7 等分中心线（齿面和齿槽线）。

④ 安装铣刀。用短刀杆（类似于卧式铣床的长刀杆）安装三面刃铣刀；不妨碍铣削的情况下，系到位置尽可能靠近铣床主轴。

⑤ 检查立铣头是否与工作台面垂直。

【加工步骤】

加工步骤如表 3-6-4 所列。

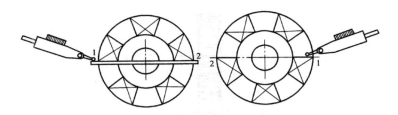

(a) 用百分表借助分度头测量

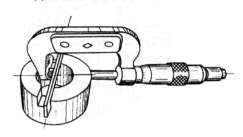

(b) 用千分尺测量

图 3-6-9　矩形齿离合器齿侧位置测量

表 3-6-4　奇数矩形齿离合器加工步骤（见图 3-6-7）

操作步骤	加工内容
1. 对刀	1) 垂向对刀时，找正工件端面的中心划线与工作台面平行，调整工作台垂向，使三面刃铣刀下侧侧刃对准工件端面的划线。 2) 纵向对刀时，调整工作台，使三面刃铣刀圆周刃恰好擦到工件端面
2. 试铣、预检	按齿深 8 mm、齿侧距划线（0.3～0.5）mm 距离试铣齿槽。试铣一条齿槽后，用游标卡尺测量齿深，用百分表借助分度头测量侧面位置。测量时，如图 3-6-9 所示，先将齿侧面水平朝上，用百分表测得其与工作台面的相对位置；然后将齿侧转过 180°，齿侧水平朝下，用平行垫块紧贴齿侧面，再用百分表比照测量，若百分表示值一致，表示齿侧通过工件轴线。若示值有偏差，向上时示值大，齿侧高于工件轴线；向下时示值大，齿侧低于工件轴线。垂向移动值是百分值差的一半。本次预检后，侧面向上时百分表示值比向下时高 0.6 mm，则垂向应升高 0.3 mm。齿深 8.10 mm，纵向加深进刀量 1.90 mm
3. 铣等分齿及预检	按 7 等分依次铣削等分齿槽。由于奇数齿矩形离合器铣削时的一次可铣出两个不同齿的齿侧面，如图 3-6-10 所示，因此，本例铣削 7 次，等分齿可铣削完成。预检齿的等分精度，可借助百分表和分度头测量，每分度一次，百分表测量一次，百分表示值的变动量为矩形齿等分误差
4. 按齿槽中心角铣削齿槽	将工件按齿侧靠向铣刀方向转过 2.29°，分度手柄转过 49 孔圈中的 13 各孔距。然后逐齿铣出齿的一侧，即可获得 28°中心角的齿槽

【质量分析】

① 奇数齿矩形离合器齿侧位置和接触面积检验。齿侧位置也可用千分尺和平行垫块测量，如图 3-6-9(b)所示。测量尺寸为工件外圆的实际半径与垫块的厚度尺寸之和。测量接触面积通常需要制作一对离合器，或将配做的离合器与完美的配对离合器同套装在一根标准

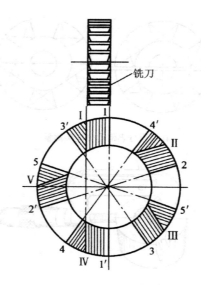

图 3-6-10 铣削奇数矩形齿离合器

棒上,一个离合器齿侧面涂色,然后一个正转,一个反转,检查另一个离合器齿侧的染色的程度,本例接触齿数应在 4 个以上,接触面积应在 60% 以上。

② 等分精度的检验与预检时相同,工件拆下后,可在较高精度的分度装置上测量。

③ 奇数矩形齿离合器加工质量分析要点见表 3-6-5。

表 3-6-5　奇数矩形齿离合器加工质量分析要点

质量问题	产生原因
离合器等分精度差	1. 分度头分度精度差,分度操作失误。 2. 工件外圆与基准孔不同轴,工件找正不准确。 3. 工件因铣削余量较大,微量位移等
齿侧位置不准确	1. 工件外圆与分度头主轴不同轴。 2. 划线不准确,预检测量不准确
齿槽中心角不符合要求	1. Δn 计算错误。 2. 角度分度操作失误(偏转方向不对、偏转时未消除分度间隙)

偶数矩形齿离合器加工技能训练

重点:掌握偶数矩形齿离合器铣削方法。

难点:刀具选择计算及铣削位置调整操作。

铣削加工如图 3-6-11 所示的滑套式偶数矩形齿离合器,坯件已加工成形,材料为 40Cr。

【工艺分析】

该矩形齿齿数 $z=6$,在圆周上均布,齿高为 8 mm,齿端倒角 1.5×45°。齿槽中心角大于齿面中心角,齿侧面要求通过工件轴线,属于硬齿齿形,本例齿槽中心角大 1°~2°。若是软齿齿形,一般是齿侧超过工件中心 0.1~0.5 mm,如图 3-6-12 所示。宜采用分度头三爪自定心卡盘装夹工件,在卧式铣床上用分度头加工。铣削加工中心工序过程:

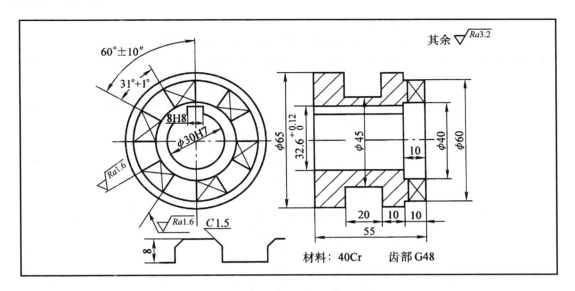

图 3-6-11 滑套式偶数矩形齿离合器

预制件检验→安装并调整分度头→安装三爪自定心卡盘,装夹和找正工件→工件表面划 12 等分齿侧中心线→计算、选择和安装三面刃铣刀→第一次对刀并调整进刀量→试切、预检齿侧位置→准确调整齿一侧铣削位置和齿深尺寸→依次准确分度和铣削齿一侧→第二次对刀铣削齿另一侧→按 $31°^{+1°}_{0}$ 齿槽中心角铣削齿侧→偶数矩形齿离合器铣削检验。

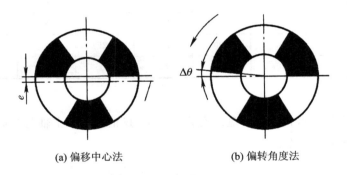

(a) 偏移中心法　　(b) 偏转角度法

图 3-6-12 矩形齿离合器获得齿侧间隙方法

【工艺准备】

① 选择铣床和工件装夹方法。选用 X6132 型等类似的卧式铣床加工,用 F11125 型分度头分度,采用三爪自定心卡盘装夹工件。

② 选择刀具。偶数矩形齿离合器铣刀直径和铣刀厚度均受齿部孔径、工件齿数、齿深限制。按公式计算:

$$L \leqslant b = \left(\frac{d}{2}\sin\frac{180°}{z}\right) \text{ mm} = \left(\frac{40}{2}\sin\frac{180°}{6}\right) \text{ mm} = 10 \text{ mm}$$

$$d_0 \leqslant \frac{d^2 + T^2 - 2L^2}{T} = \left(\frac{40^2 + 8^2 - 4 \times 10^2}{8}\right) \text{ mm} = 158 \text{ mm}$$

为了避免繁琐计算,可查阅表 3-6-3 直接获得铣刀厚度尺寸,查阅表 3-6-6 直接获得铣刀直径尺寸。本例查得工件齿数为 8 mm 时,铣刀直径为 100 mm。现选择 80 mm ×

10 mm×27 mm 的错齿三面刃铣刀。

表 3-6-6　铣削偶数矩形齿离合器的铣刀最大直径　　　　　　　　　　　　　　　　mm

齿部孔径 d	齿深 T	齿数 z						
		4	6	8	10	12	14	16
16	≤3	63	80					
	≤3.5	63 *	63					
20	≤4	63	80	80				
	≤5	63 *	63	63				
	≤6	63 *	63 *	63				
24	≤4	80	100	100	100	100		
	≤6	63 *	63	63	80	80		
	≤10	63 *	63	63	63	63		
30	≤6	80	125	125	125	125	125	
	≤8	63	100	100	100	100	100	
	≤12	63 *	63	80	80	80	80	
35	≤6	100	125	125	125	125	125	125
	≤8	80	100	125	125	125	125	125
	≤14	80 *	80	80	80	80	80	80
40	≤6	100	125	125	125	125	125	125
	≤12	80	100	125	125	125	125	125
	≤18	80 *	80	80	80	100	100	100

【加工准备】

① 安装分度头和三爪自定心卡盘。安装分度头，找正分度头主轴与纵向进给方向和工作台面平行。计算分度手柄转数 n：

$$n = \frac{40}{z} = \frac{40}{6} \text{ r} = 6\frac{36}{54} \text{ r}$$

为了获得 31°齿槽中心角，按等分铣出齿槽后，需转过 $31° - \frac{180°}{6} = 1°$，计算偏转角度分度手柄转数 $\Delta n = \frac{1°}{9°} = \frac{6}{54}$ r。

② 装夹、找正工件。使工件外圆与分度头主轴同轴，端面圆跳动在 0.03 mm 以内。
③ 工件断面划线。在工件端面划出 12 等分中心线（齿面和齿槽线）。
④ 安装铣刀。安装三面刃铣刀，本例采用垂向进给铣削，铣刀位置居中，便于铣削观察。
⑤ 检验工作台回转盘零位是否对准。

【加工步骤】

加工步骤如表 3-6-7 所列。

表 3-6-7 滑套式偶数矩形齿离合器加工步骤(见图 3-6-11)

操作步骤	加工内容
1. 铣削齿右侧对刀	1) 横向第一次对刀时,找正工件端面的中心划线与工作台面垂直,调整工作台横向,使三面刃铣刀侧刃Ⅰ对准工件端面的划线如图 3-6-13 所示。 2) 纵向对刀时,调整工作台,使三面刃铣刀圆周刃恰好擦到工件端面
2. 试铣、预检	按齿深 7 mm、齿侧距划线 0.3~0.5 mm 距离试铣一齿侧。试铣一齿侧后,用游标卡尺测量齿深,用百分表借助分度头测量侧面位置。测量时,用游标卡尺测量齿深,用百分表借助分度头测量侧面位置。测量时,如图 3-6-14 所示,将齿侧面水平朝上,用百分表测得工件外圆与升降规测量和齿侧面。若百分表示值一致,表示齿侧通过工件轴线。若示值有偏差,百分表示值差即为横向移动,移动时,须注意调整方向。本例预检后,侧面百分表示值比升降规高 0.4 mm,则横向调整后应使齿侧铣除 0.4 mm,以使齿侧通过工件轴线。齿深 6.9 mm,纵向加深进刀量 1.10 mm
3. 依次铣削齿右侧	按 6 等分依次铣削矩形齿右侧 1、2、3、4、5、6,如图 3-6-14 铣削时注意不能通过整个端面,防止切伤对面齿
4. 铣削齿左侧对刀	根据左侧铣削位置,将工作台横向移动一个工件已铣削槽宽的距离,使铣刀侧刃Ⅱ对准工件轴心,分度头转过一个齿槽角 $\frac{180°}{z}=30°$,$n=\frac{1}{2}\times\frac{40}{z}=3\frac{18}{54}$ r。为保证齿槽中心角调整时可增加和减少 1°~2°,此时 $n=\frac{31°}{9°}=3\frac{24}{54}$ r
5. 依次铣削齿左侧	按 6 等分依次铣削矩形齿左侧 7、8、9、10、11、12

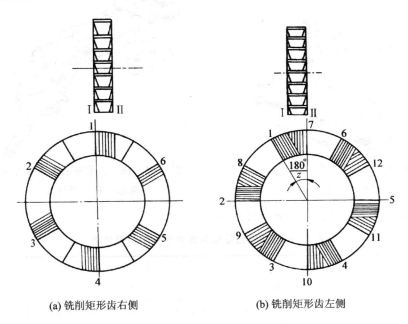

(a) 铣削矩形齿右侧　　(b) 铣削矩形齿左侧

图 3-6-13 偶数矩形齿离合器对刀铣削步骤

【质量分析】

① 偶数齿矩形离合器齿侧位置和接触面积检验。齿侧位置检验与预检方法相同，本例接触齿数应在 3 个以上，接触面积应在 60% 以上，除采用涂色法检验接触齿数和面积外，还可将一对离合器同装在一根标准棒上，接合后用塞尺进行检验，如图 3-6-15 所示。若有中心角要求，可借助分度头用百分表测量。

② 等分精度检验的方法与奇数齿相同。齿形与工件基准孔的同轴度可将离合器基准孔套在心轴上，用百分表逐齿找正齿侧与标准平板平行，并记录各齿侧测量数据，若测量变动不大，即齿形与基准孔的同轴度比较好。测量方法如图 3-6-16 所示。

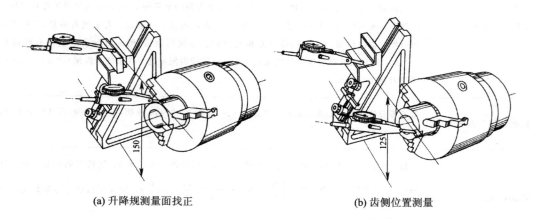

(a) 升降规测量面找正 (b) 齿侧位置测量

图 3-6-14　用升降规测量矩形齿离合器齿侧位置

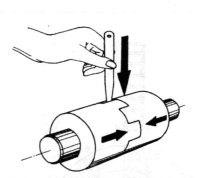 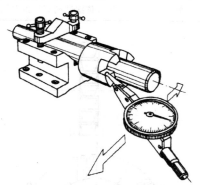

图 3-6-15　用塞尺检测矩形离合器接触齿数和面积　　图 3-6-16　测量矩形离合器齿形与基准孔的同轴度

③ 偶数矩形齿离合器加工质量分析见表 3-6-8。

表 3-6-8　偶数矩形齿离合器加工质量分析

质量问题	产生原因
离合器等分精度差	与奇数齿基本相同
齿侧位置不准确	除与奇数齿类同外，在使用升降规比较测量时，由于工件外圆实际尺寸测量不准确、量规组合错误、升降规使用操作失误（如升降测量面与工作台面不平行、百分表比较测量时侧头位移、量块接合面不清洁）等原因，会影响预检的准确性

3.6.3 梯形齿牙嵌离合器加工技能训练

等高梯形齿离合器加工技能训练

重点:掌握等高梯形齿离合器的铣削方法。

难点:齿斜面铣削位置的调整操作。

铣削加工如图 3-6-17 所示的等高梯形齿离合器,坯件已加工成形,材料为 45 钢。

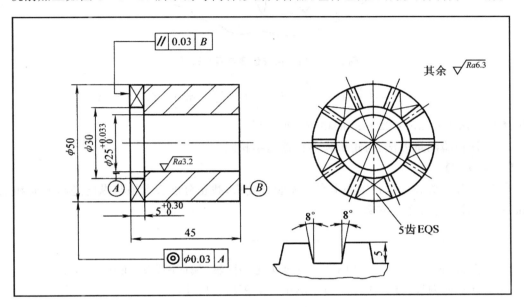

图 3-6-17 等高梯形齿离合器

【工艺分析】

由图可知,梯形齿齿数 $z=5$,在圆周上均布。齿部孔径为 $\phi 30$,外径为 $\phi 50$,齿高 $5_{0}^{+0.30}$ mm,齿形角为 16°,齿侧斜角为 8°。由梯形齿离合器齿形特点分析,齿顶线 b 与槽底线 a 平行于中间线 c,齿侧斜面中间线 c 通过工件中心,如图 3-6-18 所示。根据加工要求和工件外形,在立式铣床上用分度头加工。铣削加工工序过程:

预制件检验→安装并调整分度头→安装三爪自定心卡盘→装夹和找正工件→工件表面划偏离中心 e 尺寸的齿侧线→计算、选择和安装三面刃铣刀→对刀并调整进刀量→试切、预检齿侧偏离位置→等分铣削齿槽→调整立铣头转角→齿侧对刀、依次铣削齿侧→奇数梯形齿离合器铣削工序检验。

【工艺准备】

① 选择铣床和工件装夹方法:选用 X5032 型等类似的立式铣床加工,用 F11125 型分度头分度,采用三爪自定心卡盘装夹工件。

② 选择刀具。奇数梯形齿离合器铣刀厚度受齿部孔径、工件齿数、齿深和齿形角的限制。与矩形齿类似,按公式计算:

$$L \leqslant b = \frac{d}{2}\sin\frac{180°}{z} - 2 \times \frac{T}{2}\tan\frac{\theta}{2}$$

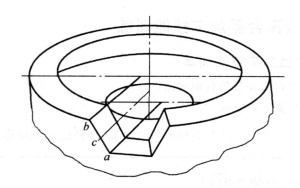

图 3-6-18 梯形齿离合器齿形特点

即 $L \leqslant b = \left(\dfrac{30}{2} \sin \dfrac{180°}{5} - 2 \times \dfrac{5}{2} \tan \dfrac{16°}{2} \right) \text{mm} = 8.114 \text{ mm}$

现选择 63 mm×6 mm×22 mm 的错齿三面刃铣刀。

③ 选择检验测量方法：与矩形齿离合器基本相同。

【加工准备】

① 安装分度头和三爪自定心卡盘。安装分度头，找正分度头主轴与纵向进给方向和工作台面平行。计算分度手柄转数 n：

$$n = \dfrac{40}{z} = \dfrac{40}{5} \text{ r} = 8 \text{ r}$$

② 装夹、找正工件。使工件内孔与分度头主轴同轴，端面圆跳动在 0.03 mm 以内。

③ 工件断面划线：计算铣刀侧刃偏离中心的距离 e 尺寸：

$$e = \dfrac{T}{2} \tan \dfrac{5°}{2} = \left(\dfrac{5}{2} \times \tan \dfrac{16°}{2} \right) \text{mm} = 0.3514 \text{ mm}$$

在工件端面先划出中心线，然后按 0.35 mm 升高或降低游标高度尺，划出偏离中心线的对刀线。

④ 安装铣刀。用短刀杆安装三面刃铣刀，本例采用横向进给铣削。

⑤ 检查立铣刀转盘的零位是否对准。

注意事项

等高奇数梯形齿离合器铣削注意事项：

- 按偏距 e 调整铣刀侧刃铣削位置时，实际铣削出的过渡侧面与工件轴线的距离应略大于 e，以使等高梯形牙嵌离合器的齿顶略大于槽底，可保证齿侧斜面在啮合时接触良好。

- 由于齿侧斜面角度较小，铣削时，进刀应进行估算。本例垂向升高 0.1 mm，斜面沿轴向增大约 0.75 mm。具体操作时，可微量升高工作台进行试铣，若齿侧对刀准确，总升高量约为 $2e$。

- 槽底对刀时应采用贴薄纸对刀方法，使铣刀尖角与槽底略有间距（约在 0.05 mm 以内），以免对刀时铣坏槽底。

- 铣削两个啮合的工件时，齿槽深度、齿侧斜面控制与偏距 e 的调整应尽可能一致，以便两个梯形离合器齿侧接触良好。

【加工步骤】

加工步骤如表3-6-9所列。

表3-6-9 等高梯形齿离合器加工步骤（见图3-6-17）

操作步骤	加工内容
1. 铣削底槽	1) 垂直对刀时,找正工件端面的对刀划线与工作台面平行,调整工作台垂向,使三面刃铣刀侧刃对准工件端面的划线,如图3-6-19所示。 2) 纵向对刀时,调整工作台,使三面刃铣刀圆周刃恰好擦到工件端面
2. 试铣、预检	按齿深4 mm、铣刀侧刃距划线0.3～0.5 mm距离试铣齿侧。试铣齿侧后,用与矩形齿离合器铣削预检方法预检,本例预检后,侧面用百分表值比升降规高0.4 mm,则横向调整后应使齿侧铣除0.4 mm,以使齿高于工件轴线0.35 mm。齿深3.9 mm,纵向加深进刀量1.10 mm
3. 依次铣削底槽	按5等分依次铣削留有斜面余量的过渡齿侧和底槽,与奇数齿矩形离合器相同,铣刀可通过整个端面,5次横向进给可铣出全部齿槽
4. 铣削齿侧斜面	1) 根据齿侧斜面(8°)扳转立铣刀角度。 2) 槽底对刀时,将已铣出的槽底和过渡侧面涂色,纵向调整工作台,使三面刃铣刀的尖角处恰好与槽底接平,也可以稍留一些缝隙,如图3-6-20(a)所示。 3) 垂直调整工作台,使三面刃铣刀的侧刃接触过渡侧面与端面的交线,如图3-6-20(b)所示。 4) 铣齿侧斜面时,调整工作台垂向位置,使三面刃铣刀尖角处与槽底线 a 重合如图3-6-18所示,然后用铣削底槽相同的方法,铣削全部齿侧斜面,此时也同时形成图3-6-18中的齿顶线 b

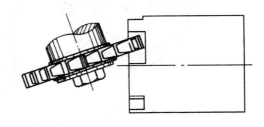

(a) 槽底对刀

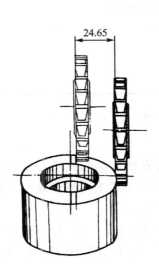

(b) 齿侧对刀

图3-6-19 梯形齿底槽铣削对刀　　图3-6-20 槽底与齿侧对刀示意

【质量分析】

除与矩形离合器类似相同的质量问题外,常见的问题见表 3-6-10。

表 3-6-10 等高奇数梯形齿离合器加工质量分析

质量问题	产生原因
啮合后齿顶间隙较大	偏距 e 值计算错误或对刀不准确等使时间偏距过大
齿侧间隙过大	1. 单个离合器配作时,斜面角度与原件偏差较大。 2. 偏距 e 值计算错误或实际偏距过小。 3. 铣削齿侧斜面过量

收缩梯形齿离合器加工技能训练

重点:掌握收缩梯形齿离合器加工的铣削方法。
难点:铣刀改制和铣削位置调整操作。

铣削加工如图 3-6-21 所示的收缩梯形齿离合器,坯件已加工成形,材料为 45 钢。

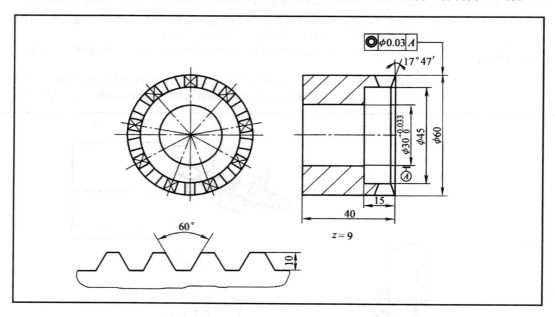

图 3-6-21 收缩梯形齿离合器

【工艺分析】

由图可知,收缩梯形齿齿数 $z=9$,在圆周上均布。齿部孔径为 $\phi45$,外径为 $\phi60$,外圆柱面齿高 10 mm,齿顶与端面夹角 17°47′,齿形角 60°,整个齿形向轴线上一点上收缩。根据齿形特点和工件外形,在卧式铣床上用分度头加工。铣削加工工序过程:

预制件检验→安装分度头、三爪自定心卡盘→装夹和找正工件→工件表面划线→计算、改制和安装铣刀→计算、调整分度头仰角→对刀并调整进刀量→试切、预检齿槽位置→依次等分铣削齿槽→收缩梯形齿离合器铣削工序检验。

【工艺准备】

① 选择铣床和工件装夹方法:选用 X6132 型等类似的卧式铣床加工,用 F11100 型分度头

分度,采用三爪自定心卡盘装夹工件。

② 选择刀具。收缩梯形齿离合器铣刀廓形与齿形有关,如图 3-6-22 所示,收缩梯形齿离合器的侧齿延长相交后的形状即为尖齿形状,因此,如果没有专业成形铣刀,可用对称双角度铣刀改制。铣刀顶部宽度 L 可按下式计算:

$$L = D\sin\frac{90°}{z} - T\tan\frac{\theta}{2} = 60\sin\frac{90°}{9} - 10\tan\frac{60°}{2} = 4.65 \text{ mm}$$

现选择外径 75 mm,夹角 60°的对称双角度铣刀改制,顶刃宽度可略小于计算值,取 4.50 mm,修磨改制而成的铣刀如图 3-6-23 所示。

③ 选择检验测量方法:主要通过啮合检测接触齿数、面积和齿侧间隙。

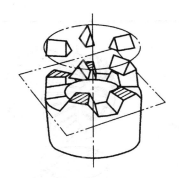

图 3-6-22 收缩梯形齿离合器
的齿形特点

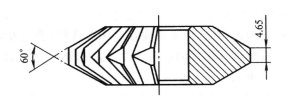

图 3-6-23 改制的收缩梯形
离合器成形铣刀

【加工准备】

① 安装分度头和三爪自定心卡盘。安装分度头,找正分度头主轴与纵向进给方向和工作台面平行。计算分度手柄转数 n 和分度头仰角 α:

$$n = \frac{40}{z} = \frac{40}{9}\text{r} = 4\frac{24}{54}\text{r}$$

$$\cos\alpha = \tan\frac{90°}{z}\cot\frac{\theta}{2} = \tan\frac{90°}{9}\cot\frac{60°}{2} = 0.3054$$

即 $\alpha = 72°13'$。

② 装夹、找正工件。使工件内孔(或外圆)与分度头主轴同轴,端面圆跳动在 0.03 mm 以内。

③ 按铣刀顶部宽度在工件端面先划出中心线,然后按 2.5 mm 升高或降低游标高度尺,用分度头转过 180°的方法划出对称中心,距离大于铣刀顶部宽度的两条对刀线。

④ 安装铣刀。安装改制的成形铣刀,铣刀顺时针旋转,角度铣刀选择较小的铣削用量,主轴转速 $n = 95$ r/min($v \approx 18$ m/min),进给速度 $v_f = 37.5$ mm/min。

【加工步骤】

加工步骤如表 3-6-11 所列。

表 3-6-11　收缩梯形齿离合器加工步骤(见图 3-6-21)

操作步骤	加工内容
铣削步骤	1) 分度手柄准确转过 20 r,使工件转过 90°,对刀划线与工作台面垂直。 2) 调整分度头,使分度头主轴仰角 $\alpha = 72°13'$。 3) 调整工作台,使铣刀顶刃处于工作端面平行划线的中间。微量上升垂向,划出浅痕,如图 3-6-24 所示,观察切痕至对刀平行线的距离是否相等,若不等可通过横向予以调整。 4) 垂向升高 8 mm 试切齿槽,试切后预检,用游标卡尺测量槽底宽度是否略小于 4.65 mm;沿工件轴向,外圆柱面处齿深的实际尺寸。根据几何关系,本例垂向升高 1 mm,外圆柱面处齿深增加 1.13 mm。若测得实际齿深为 9.10 mm,则垂向可升高 $(0.9 \div 1.13)$ mm = 0.796 mm。 5) 按分度手柄转数 n 准确分度,依次铣削全部齿槽

> **注意事项**

收缩梯形齿离合器铣削注意事项:
- 铣刀改制时,通常需要在磨床上进行,手工刃磨无法达到要求。顶刃的后角为 10°左右,不宜过大,以免影响刀齿强度。
- 预制件检验时,对齿部端面的内锥面角度也需注意检验,否则,若预制件的端面内锥角度误差大,会影响离合器的啮合。
- 采用划线对刀法时,因划线时分度头水平放置,对刀时分度头已扳转仰角,在扳转过程中可能会使划线有微量的角位移,因此,对刀前可用大头针重新复核划线是否与工作台纵向平行。
- 角度铣刀的刀齿强度比较差,刀尖容易损坏,铣削过程中应冲注切削液;进给时,先用手动进给,然后再使用机动进给。

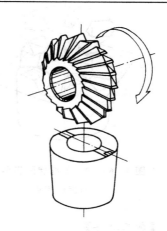

图 3-6-24　划线对刀

【质量分析】

① 收缩梯形齿离合器检验。检验项目和方法与等高梯形离合器基本相同,其中齿形以一对离合器外圆柱面的齿形相同为准。

② 除与等高梯形离合器类同的质量问题外,常见的问题见表 3-6-12。

表 3-6-12　收缩梯形齿离合器加工质量分析

质量问题	产生原因
啮合后齿顶间隙较大	1. 齿顶宽度尺寸计算错误。 2. 刀具改制顶刃尺寸不准确,齿槽深度过浅
齿侧间隙过大	1. 单个离合器配做时齿形角与原件偏差较大,铣刀实际角度大于计算角度。 2. 齿深增大齿顶宽度过小

3.6.4 尖齿、锯齿形牙嵌离合器加工技能训练

尖齿(正三角形)离合器加工技能训练

重点：掌握尖齿离合器的铣削方法。

难点：等分精度及铣削位置、工件倾斜角的调整。

铣削加工如图 3-6-25 所示的尖齿(正三角形)离合器，坯件已加工成形，材料为 A3 钢。

【工艺分析】

由图可知，尖齿(正三角形)离合器齿数 $z=180$，在圆周上均布。齿部孔径为 $\phi100$，外径为 $\phi120$，外圆柱面齿高中由齿顶宽度 0.1~0.2 mm 控制。齿形角 60°，整个齿形向轴线上一点收缩，齿部高频淬硬 40~45HRC。

根据齿形特点和工件外形，采用自定心卡盘反三爪装夹工件，在卧式铣床上用分度头加工。铣削加工工序过程：

预制件检验→安装分度头→三爪自定心卡盘→装夹和找正工件→选择、安装铣刀→计算、调整分度头仰角→对刀并调整进刀量→试切、预检齿槽位置→依次等分铣削齿槽→尖齿(正三角形)离合器铣削工序检验。

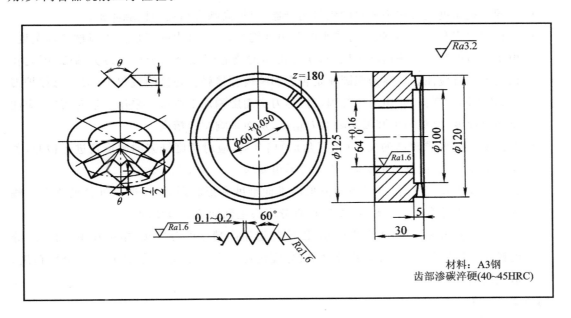

图 3-6-25 尖齿(正三角形)离合器

【工艺准备】

① 选择铣床和工件装夹方法。选用 X6132 型等类似的卧式铣床加工，用 F11125 型分度头分度，采用自定心卡盘反三爪装夹工件。

② 选择刀具。选择与齿形角相同角度的对称双角度铣刀，现选择外径 $\phi75$，夹角 60°的对

称双角度铣刀,铣刀的刀尖圆弧半径应小于 0.5 mm。选择检验测量方法:主要通过啮合检测接触齿数、面积和齿侧间隙。

【加工准备】

① 安装分度头和三爪自定心卡盘。安装分度头,找正分度头主轴与纵向进给方向和工作台面平行,然后按计算值扳转仰角。计算分度手柄转数 n 和分度头仰角 α:

$$n = \frac{40}{z} = \frac{40}{180} \text{r} = \frac{12}{54}\text{r}$$

$$\cos \alpha = \tan \frac{90°}{z} \cot \frac{\theta}{2} = \tan \frac{90°}{180} \cot \frac{60}{2} = 0.015\ 11$$

即 $\alpha = 89°8'$。

为避免繁琐的计算,可查表获得分度头的主轴仰角 α 值。

② 装夹、找正工件。使工件内孔(或外圆)与分度头主轴同轴,端面圆跳动在 0.03 mm 以内。

③ 安装铣刀。使铣刀顺时针旋转,角度铣刀选择较小的铣削用量,主轴转速 $n=95$ r/min ($v \approx 18$ m/min),进给速度 $v_f = 37.5$ mm/min。

【注意事项】

尖齿(正三角形)离合器铣削注意事项:

- 用同一把角度铣刀铣削成对的尖齿离合器,以提高啮合精度和接触面积。
- 选择刀尖锋利,刀尖圆弧尽可能小的双角度铣刀,并使铣出的齿顶大于齿槽槽底宽度。由于铣刀安装和刃磨精度等原因,实际铣出的槽底圆弧会大于铣刀刀尖圆弧,因此在试铣预检时应注意观察槽底圆弧是否会影响齿侧接触。在铣削过程中,应注意保护刀尖,防止因铣削振动、切削热等因素损坏刀尖而影响加工质量。采用切痕对刀时,应注意切痕深度,以免刀尖圆弧影响对刀精度,从而影响位置精度。
- 对接触精度要求较高的尖齿(正三角形)离合器,应对角度铣刀的廓形角进行检测,若角度偏差较大,应进行修磨,以符合齿形角要求。
- 目测预检齿顶宽度时,应考虑到齿顶内锥面锥度和形状误差,一般以外径处略宽一些为好。若内外宽度偏差较大,则应检查分度头主轴仰角是否变动。
- 尖齿离合器齿多而密,齿形也较小,因此除选用高精度的分度头,精确找正工件外,分度操作应特别仔细,并应防止分度盘、分度定位销和分度叉松动,以免影响分度精度,造成废品。

【加工步骤】

加工步骤如表 3-6-13 所列。

表 3-6-13 尖齿(正三角形)离合器加工步骤(见图 3-6-25)

操作步骤	加工内容
铣削步骤	1) 切痕对刀调整铣削位置时，先用目测(或通过工件端面预测的中心线)使铣刀刀尖对准工件中心，并以 0.1 mm 的深度试切一刀，工件回转 180°再切一刀，如果两条切痕不重合，则应将工作台横向移动 $\Delta s = \dfrac{a}{2}$，如图 3-6-26 所示。 2) 调整分度头，使分度头主轴仰角 $\alpha = 89°8'$。 3) 估算齿深时，按工件外径 D、槽形角 θ、齿数 z、齿顶宽度 0.2 mm 计算：$$T = \left(\dfrac{\pi D}{z} - 0.2\right)\cos\dfrac{\theta}{2} = \left[\left(\dfrac{3.14 \times 120}{180} - 0.2\right)\cos\dfrac{60}{2}\right] \text{mm} = 1.64 \text{ mm}$$ 4) 调整工作台垂向，升高 1.5 mm 试切相邻两齿槽，试切后预检，用游标卡尺测量齿顶宽度，微量调整垂向，使齿顶达到 0.1~0.2 mm 范围内，并目测齿顶宽度是否内外一致。 5) 按分度手柄转数 n 准确分度，依次铣削全部齿槽

【质量分析】

① 尖齿(正三角形)离合器检验。检验方法与矩形离合器对啮检验方法相似。将成对的离合器套装在一根标准棒上，单个离合器齿面清洁后涂色，对啮合后的接触面观察另一离合器的接触染色程度，用以检测接触面积，检测时需转过几个位置进行。

② 尖齿(正三角形)离合器加工质量要点分析。除与收缩梯形齿离合器类同的质量问题外，常见的问题见表 3-6-14。

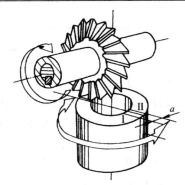

图 3-6-26 切痕对刀

表 3-6-14 尖齿(正三角形)齿离合器加工质量分析

质量问题	产生原因
无法啮合	配作离合器的实际齿形角与原离合器误差过大，齿形与预制件不同轴，齿等分误差大等
单侧啮合	对刀误差大，齿形偏向一侧
接触面积小	表面粗糙度值大，槽底圆弧较大，工件齿深不一致等

锯齿形离合器加工技能训练

重点：掌握锯齿离合器的铣削方法。

难点：工件倾斜角计算与铣削位置调整。

铣削加工如图 3-6-27 所示的锯齿形离合器，坯件已加工成形，材料为 45 钢。

【工艺分析】

由图可知，锯齿形离合器齿数 $z=40$，在圆周上均布。齿部孔径为 $\phi85$，外径为 $\phi100$，外圆柱面齿高由齿顶宽度 0.2 mm 控制。齿形角 70°，整个齿形向轴线上一点收缩，一面齿侧与轴线平行，一面齿侧倾斜，齿形展开成锯齿状。

根据齿形特点和工件外形，采用自定心卡盘反三爪装夹工件，在卧式铣床上用分度头加工。铣削加工工序过程与尖齿(正三角形)离合器相同。

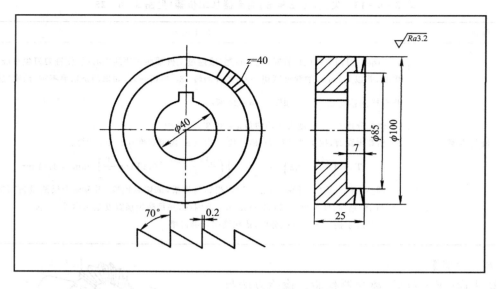

图 3-6-27 锯齿形离合器

【工艺准备】

① 选择铣床和工件装夹方法。选用 X6132 型等类似的卧式铣床加工,用 F11125 型分度头分度,采用自定心卡盘反三爪装夹工件。

② 选择刀具。选择与齿形角相同角度的单角度铣刀,现选择外径 $\phi 75$、夹角 70°的单角度铣刀,铣刀的刀尖圆弧半径应小于 0.5 mm。

③ 选择检验测量方法。主要通过涂色啮合检测接触齿数、面积和齿侧间隙。

【加工准备】

① 安装分度头和三爪自定心卡盘。安装分度头,找正分度头主轴与纵向进给方向和工作台面平行,按计算值扳转分度头仰角。计算分度手柄转数 n 和分度头仰角 α:

$$n = \frac{40}{z} = \frac{40}{40} r = 1 \text{ r}$$

$$\cos \alpha = \tan \frac{90°}{z} \cot \theta = \tan \frac{90°}{40} \cot 70° = 0.028\,644$$

即 $\alpha = 88°21'$。

为避免繁琐的计算,可查表获得分度头的主轴仰角 α 值。

② 装夹、找正工件。使工件内孔(或外圆)与分度头主轴同轴,端面圆跳动在 0.03 mm 以内。

③ 安装铣刀。使铣刀顺时针旋转,角度铣刀选择较小的铣削用量,主轴转速 $n = 95$ r/min ($v \approx 18$ m/min),进给速度 $v_f = 37.5$ mm/min。铣刀的切削刃位置应与图形槽样一致。

【加工步骤】

加工步骤如表 3-6-15 所列。

表 3-6-15 锯齿形离合器加工步骤(见图 3-6-27)

操作步骤	加工内容
铣削步骤	1) 在工件端面划出水平中心线如图 3-6-28(a)所示,划线后通过分度使工件准确转过 90°。 2) 调整分度头,使分度头主轴仰角 $α=88°21′$。 3) 估算齿深时,按工件外径 D、槽形角 $θ$、齿数 z、齿顶宽度 0.2 mm 计算: $$T = \left(\frac{\pi D}{z} - 0.2\right)\cos θ = \left(\frac{3.14 \times 100}{40} - 0.2\right)\cos 70° = 2.786 \text{ mm}$$ 4) 目测对刀,使铣刀端面刃对准中心划线。试切后微量调整横向,使铣出的直齿面通过工件轴线(见图 3-6-28(b))。 5) 调整工作台垂向,按齿深 2 mm 试切相邻两至三个齿槽,试切后预检,用游标卡尺测量齿顶宽度,微量调垂向,使齿顶达到 0.1~0.2 mm 范围内,并目测齿顶宽度是否对外一致。 6) 按分度手柄转数 n 准确分度,依次铣削全部齿槽

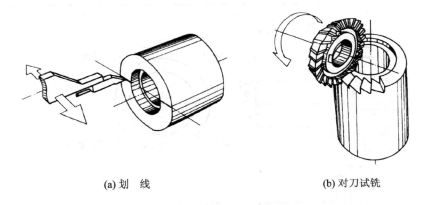

(a) 划　线　　　　(b) 对刀试铣

图 3-6-28　划线对刀与对刀试铣

注意事项

除了与尖齿离合器类似的注意点外,还需注意:

单角度铣刀有切向的区别,选择时应根据离合器锯齿形的方向(本例是离合器逆时针旋转啮合,顺时针旋转脱开)铣刀铣削位置和方向进行选择。

【质量分析】

① 锯齿形离合器检验。检验方法与矩形离合器对啮检验方法相似。将成对的离合器套装在一根标准棒上,单个离合器啮合作用面清洁后涂色,对啮后观察另一离合器的接触染色程度用以检测接触面积。因锯齿形离合器是单作用离合器,其接触面积可以啮合作用面为标准,分离退出面为标准,分离退出面可忽略不计。

② 锯齿形离合器加工质量要点分析。除与尖齿形离合器类同的质量问题外,常见的问题见表 3-6-16。

表 3-6-16　锯齿形离合器加工质量分析

质量问题	产生原因
啮合作用方向不对	图样分析错误，铣刀切向选择错误，铣刀切向位置错误等
啮合作用面接触面积小	1. 对刀误差大。 2. 划线错误。 3. 分度头主轴扳转仰角后划线与纵向不平行

3.6.5　螺旋形牙嵌离合器加工技能训练

重点：掌握螺旋形牙嵌离合器的铣削方法。
难点：端面螺旋面的铣削位置调整与铣削操作。

铣削加工如图 3-6-29 所示的螺旋形牙嵌离合器，坯件已加工成形，材料为 45 钢。

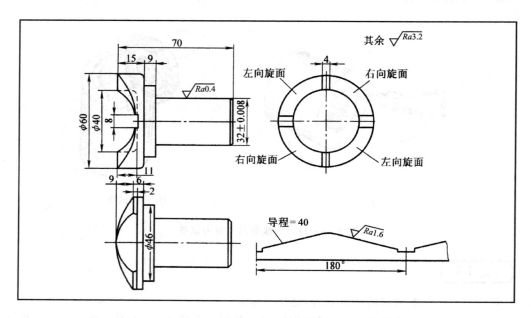

图 3-6-29　螺旋形牙嵌离合器

【工艺分析】

螺旋形离合器齿数 $z=2$，在圆周上均布。齿部孔径为 $\phi40$，外径为 $\phi60$，齿形对称，两齿侧为导程相同、方向相反的圆柱端面螺旋面，螺旋面导程为 40 mm。

根据齿形特点和工件外形，该零件外形为端面盘形的阶梯轴，宜采用三爪自定心卡盘装夹工件，在立式铣床上用分度头加工。铣削加工工序过程：

预制件检验→安装分度头、三爪自定心卡盘→装夹和找正工件→工件表面划线→安装铣刀、铣削 8 mm 直角槽→计算、配置交换齿轮→对刀、试切、依次铣削右螺旋面→对刀、试切、依次铣削左螺旋面→螺旋形离合器铣削工序检验。

【工艺准备】

① 选择铣床和工件装夹方法。选用 X52K 型或类似的立式铣床加工，用 F11125 型分度

头分度,采用三爪自定心卡盘装夹工件。

② 选择刀具。端面螺旋面通常采用立铣刀加工,直角槽采用键槽铣刀或立铣刀加工。为了不切伤另一齿面,铣削螺旋面的立铣刀直径应不大于 $\phi16$。现选用直径为 $\phi12$ 的直柄立铣刀铣削螺旋面,直径为 $\phi8$ 的键槽铣刀铣削直角槽。

③ 选择检验测量方法。螺旋面通过分度头和百分表检验,操作方法如图 3-6-30 所示。

【加工准备】

1) 安装分度头和三爪自定心卡盘

安装分度头,找正分度头主轴与纵向进给方向和工作台面平行。

2) 装夹、找正工件

使工件齿部与分度头主轴同轴,端面圆跳动在 0.03 mm 以内。

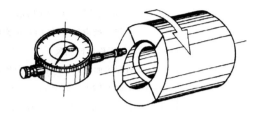

图 3-6-30 离合器螺旋面的测量

3) 工件端面划线

① 划出水平中心线,并划出间距 4 mm,对称中心线的齿顶位置平行线。

② 分度使工件准确转过 90°,划出水平中心线和对称中心线的 8 mm 的槽底位置平行线。

4) 安装铣刀

用铣夹头和与铣刀柄部直径相同的弹性套筒安装铣刀。铣削直角沟槽安装直径 $\phi8$ 的键槽铣刀,铣削螺旋面安装直径 $\phi12$ 的立铣刀。

5) 计算交换齿轮

按螺旋槽铣削时的计算公式:

$$\frac{z_1 z_3}{z_2 z_4} = \frac{40 P_{丝}}{P_h} = \frac{40 \times 6}{40} = \frac{90 \times 80}{40 \times 30}$$

即 $z_1 = 90, z_2 = 40, z_3 = 80, z_4 = 30$。

注意事项

螺旋形牙嵌离合器铣削注意事项:

- 铣削螺旋面时,每次退刀,必须垂向下降工作台或提升铣床主轴套筒,使铣刀退离垂向铣削位置,然后反方向摇动分度手柄,回到螺旋面的铣削起始位置,拔出分度销,纵向进给下一次铣削余量后,分度销插入分度盘圆孔后,再上升工作台或下降主轴套筒,使铣刀恢复原来的垂向铣削位置进行下一次铣削。否则,直接退刀,会因转动间隙配合碰坏铣刀和已加工表面。
- 配置安装交换齿轮后,应对导程与螺旋方向进行检验后才可进行铣削加工。
- 螺旋形牙嵌离合器的螺旋面导程一般比较小,因此操作时通常用手摇分度手柄带动分度盘作复合进给铣削螺旋面,铣削过程中必须保持逆铣。

【加工步骤】

加工步骤如表 3-6-17 所列。

表 3-6-17 螺旋形牙嵌离合器加工步骤(见图 3-6-29)

操作步骤	加工内容
铣削步骤	1) 分度头主轴调整为垂直位置,找正工件端面槽底位置线与工作台纵向平行。用 8 mm 键槽铣刀铣削直角槽,深度为 11 mm。 2) 分度头主轴调整为水平位置,找正工件端面 8 mm 直角槽侧面与工作台面平行。 3) 换装 12 mm 直径的立铣刀,因离合器的齿顶是 4 mm,故调整工作台横向,使铣刀轴线偏离工件中心 2 mm,如图 3-6-31 所示。 4) 配置安装交换齿轮时,铣削右螺旋面使工作台丝杠与工件转向相同;铣削左螺旋面时,使工作台丝杠与工件转向相反。 5) 铣削右螺旋面时,铣刀由齿顶向槽底铣削,铣刀位置应偏移在工件中心的外侧,工作台丝杠与工件的转向相同。铣削时,先将两个螺旋面的余量铣除,最后应调整在同一深度位置中精铣两个螺旋面,中间由分度头作 180°分度,直至恰好铣刀所划的齿顶线为止。 6) 铣削左螺旋面时,交换齿轮增加和减少一个中间轮,铣刀由槽底向齿顶铣削,铣刀位置应偏移在工件中心的内侧,工作台丝杠与工件的转向相反。铣削时,先将两个螺旋面的余量铣除,最后应调整在同一深度位置中精铣两个螺旋面,中间由分度头作 180°分度,直至恰好铣到所划的齿顶线为止。

【质量检验与分析】

① 螺旋形牙嵌离合器检验。槽底宽度和齿顶宽度可用游标卡尺检验。螺旋面的导程检验可在分度头上检测,如图 3-6-30,测量时,将百分表侧头与螺旋面接触,百分表的示值会随工件的转动变化。根据图样数据计算,本例工件转过 360°,螺旋面升高量为 40 mm;若工件准确转过 36°,百分表示值的变动量为 4 mm$\left(\text{即} \dfrac{40 \times 36°}{360°} = 4 \text{ mm}\right)$,则表明螺旋面的导程准确。

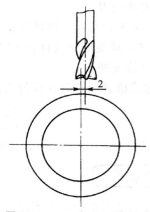

图 3-6-31 螺旋面铣削时铣刀与工件相对位置

② 螺旋形牙嵌离合器加工质量分析 螺旋形牙嵌离合器铣削实质上是圆柱端面螺旋面铣削,其加工质量要点见表 3-6-18。

表 3-6-18 螺旋形牙嵌离合器加工质量分析

质量问题	产生原因
导程偏差大	交换齿轮计算、配置、安装错误,导程预检不准确等
螺旋面的表面粗糙度值偏大	1. 铣削用量不当。 2. 铣刀刃磨质量差或中途操作不当刃口损坏。 3. 手动进给操作不当

思考与练习

1. 牙嵌离合器有哪两大类？简述其基本特征。矩形离合器属于哪一类？
2. 简述离合器坯件（预制件）的技术要求。
3. 简述牙嵌离合器铣削加工工艺要求。
4. 牙嵌离合器的装配基准部位是什么？铣削离合器如何选择定位基准以保证齿形与装配基准的同轴度？
5. 铣削等高齿离合器对铣刀有什么限制要求？
6. 奇数齿与偶数齿矩形离合器加工方法有什么区别？
7. 矩形离合器获得齿侧间隙的方法有哪两种？各有什么特点？
8. 简述矩形离合器的等分精度测量方法。
9. 铣削梯形等高齿离合器与铣削矩形离合器有何区别与联系？
10. 如何使用升降规测量矩形离合器齿侧位置？
11. 铣削等高梯形齿离合器有哪些注意事项？
12. 铣削尖齿离合器有哪些注意事项？
13. 锯齿形离合器铣削时如何选用铣刀？
14. 螺旋形离合器铣削螺旋面时如何退刀？
15. 铣削一矩形齿牙嵌离合器，工件齿部孔径 $d=50$ mm，齿数 $z=8$，齿深 $T=6$ mm，应选择哪一种标准三面刃铣刀？
16. 试计算槽形角 $\theta=70°$，齿数 $z=39$ 的锯齿形离合器铣削时分度头仰角。
17. 试分析离合器不能啮合或接触面积小的原因。

课题七　成形面、螺旋面与凸轮加工

> **教学要求**
>
> ◆ 掌握成形面的加工方法。
> ◆ 掌握螺旋面的加工方法。
> ◆ 掌握凸轮的加工方法。

3.7.1　成形面、螺旋面与凸轮加工必备专业知识

1. 直线成形面的铣削加工方法

（1）直线成形面的集合特性

在机器零件中，有许多零件的内表面或外形轮廓线是由曲线、圆弧和直线构成的。当这些成形面的母线是直线时，便称为直线成形面，如图 3-7-1 所示。其中，直线成形面零件呈盘形或板状时，形面母线比较短，如图 3-7-1(a)所示。直线成形面零件呈柱状时，形面母线比较长，如图 3-7-1(b)所示。根据以上的几何特性和基本概念，直齿条和直齿圆柱齿轮的齿槽、外花键的齿槽等都是比较典型的直线成形面。

（2）铣削直线成形面的基本方法

铣削直线成形面时,可根据直线成形面的母线长度及轮廓的构成,以及图样其他技术要求,选择和采用以下常用的铣削加工方法。

1）按划线铣削直线成形面

当零件数量不多和外形不规则或技术要求不高时,通常采用这种方法,如图3-7-2所示。铣削前,在工件端面划出成形面的轮廓线,然后按划线进行铣削。形面母线较短的盘形或板状工件,可在立式铣床上用立铣刀加工;形面母线较长的柱状工件,可在卧式铣床上按划线用盘形铣刀铣削加工。

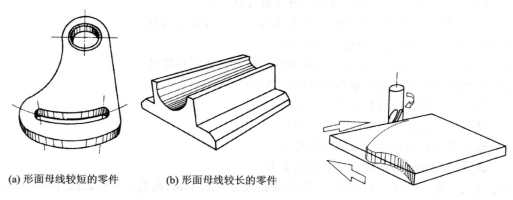

(a) 形面母线较短的零件　　(b) 形面母线较长的零件

图3-7-1　具有直线成形面的零件　　　图3-7-2　按划线铣削加工成形面

2）用分度头或回转工作台铣削直线成形面

当工件数量不多,成形面端面轮廓由圆弧和直线构成,或由旋转运动和直线运动复合而成的螺旋线构成时,可将工件装夹在回转工作台或分度头上,用立式铣刀进行加工,如图3-7-3所示。内外圆弧铣削时,应使圆弧与回转工作台或分度台主轴同轴,通过圆周铣出圆弧面。直线部分铣削时,应找正直线与工作台进给方向平行。通过纵向或横向进给进行铣削。螺旋面的铣削应在分度头或回转工作台丝杠之间配置交换齿轮进行铣削。

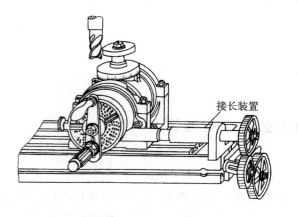
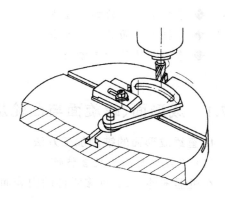

(a) 用分度头加工螺旋面　　　　(b) 用回转工作台加工圆弧和直线

图3-7-3　用分度回转夹具铣削加工成形面

3) 用仿形法铣削成形面

当工件批量较大时,可采用仿形法铣削成形面。仿形铣削是依靠与工件完全相同或相似的模型,使工件或铣刀沿着模型的轮廓做进给运动进行铣削的方法。

在常用立式铣床上,可使用模型和靠模铣刀,用手动进给铣削直线成形面(见图3-7-4(a)、(b)),也可选用附加仿形装置铣削直线成形面。当零件数量较多或批量生产时,可选用平面仿形铣床削直线成形。

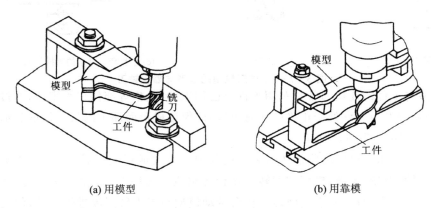

(a) 用模型　　　　　　　　　　(b) 用靠模

图3-7-4　手动进给仿形法铣削加工直线成形面

4) 用成形铣刀铣削成形面

采用这种方法时,若采用标准成形铣刀,如凹凸半圆成形铣刀等,可按成形面轮廓技术要求用常见的试切法或划线对刀法调整铣刀切削位置;若采用的是专用成形铣刀,通常会在工艺文件中提供成形铣刀的对刀数据和方法;如果采用配套的专用夹具,则夹具上一般都设置专用的对刀装置。

2. 成形铣刀结构、仿形装置和仿形铣床的基本知识

(1) 成形铣刀结构和使用特点

成形铣刀一般均是铲齿铣刀,其刀齿截形上齿背是阿基米德螺旋线。这类刀具要在专用的铲齿机床上加工齿背,刃磨刀齿前刀面后,只要前角符合刀齿轮廓设计时的技术要求,刀齿的轮廓精度就保持不变。通常成形铣刀的前角值,故成形铣刀的刃口不利,只能采用较小的铣削用量,而且制造费用比较大,铣削效率较低。但当铣刀齿廓形状比较复杂时,铲齿铣刀与尖齿铣刀都具有制造方便,刀具重磨和铣削方法简单,成形面加工精度高等优点。

(2) 附加仿形装置的基本结构和使用要点

1) 用模型和靠模铣刀加工

采用这种方法,模型与工件的形状、尺寸相同或相似;模型用优质工具钢制成,具有足够的硬度和刚度。模型工作面应具有较小的表面粗糙度。模型与工件贴合部分须具有一定斜度(或垫入垫片),以免铣刀铣坏模型工作面,如图3-7-5(a)所示。靠模铣刀通常选用柄式立铣刀,当模型与工件完全相同时,铣刀柄部与模型接触部分的直径和铣刀切削部分的直径相同(见图3-7-5(b))。为了减少模型表面的磨损,可在铣刀柄部安装衬套或轴承(图3-7-5(c))。

这种衬套一般用耐磨铸铁或青铜制成,内径与铣刀柄部过盈配合,外径与铣刀切削部分直

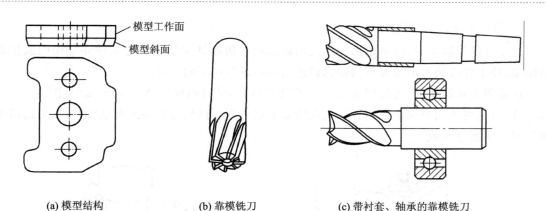

(a) 模型结构　　　　(b) 靠模铣刀　　　　(c) 带衬套、轴承的靠模铣刀

图 3-7-5　仿形铣削的模型与靠模铣刀

径相同。模型与工件的连接通常是利用工件上已加工的孔、槽等部位作为定位,通过固定在模型上的销、键使模型与工件处于正确的相对位置,以保证成形面加工的尺寸精度和形位精度。

2) 用附加仿形装置铣削加工

在常用立式铣床上可安装附加仿形装置铣削加工直线成形面,如图 3-7-6 所示。附加装置通常由滚轮、滑轮、重锤、模型和回转工作台等组成。铣削时,重锤拉动滑板,是滚轮始终与模型保持一定压力的接触,手摇回转工作台带动模型与工件做圆周进给运动,使铣刀铣削出与模型相同或相似的工件。使用这种方法,铣刀、滚轮(仿形销)、模型和工件之间的相对位置必须与模型设计时的预定参数相符,否则会影响工件成形面的尺寸和形位精度。

3) 用平面仿形铣床加工

当生产批量较大时,可在平面仿形铣床上加工直线成形面。仿形铣床的型号很多,但其基本原理大致相同。如图 3-7-7 所示是直接作用式仿形铣床,这种铣床的铣刀与仿形杆是通过横梁刚性连接的。铣削时,仿形杆始终与模型接触并沿其轮廓做相对运动,与仿形杆通过中间装置刚性连接的铣刀跟随仿形杆做相应的移动,从而铣削出与模型轮廓相同或相似的直线成形面。

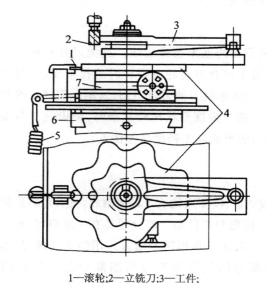

1—滚轮;2—立铣刀;3—工件;
4—模型;5—重锤;6—滑板;7—回转台

图 3-7-6　用附加仿形装置铣削加工成形面

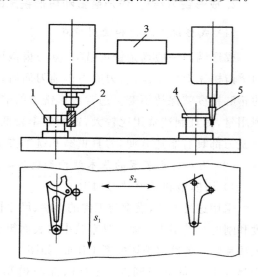

1—工件;2—铣刀;3—中间位置;4—模型;5—仿形杆

图 3-7-7　用仿形铣床铣削加工成形面

模型工作面通常具有一定的斜度,仿形杆具有相应的锥度,垂向调整仿形杆与模型工作面的接触位置,可微量调节铣刀与工件的相对位置,可用于控制工件的尺寸精度,也可用于调整铣刀刃磨后的直径变动引起的工件尺寸变化,以及控制工件粗、精加工的余量分配。

3. 用仿形法铣削成形面的误差分析方法

(1) 模型工作面磨损引起的误差分析

模型在直接作用式仿形铣削中,工作表面各部分与仿形杆的接触压力是不相等的,因此会引起局部磨损变形,从而影响工件的形状与尺寸精度。

(2) 仿形杆引起的误差分析

仿形杆与铣刀的直径尺寸如果不对应,会使工件尺寸变大或变小;若仿形杆在直接作用式仿形铣削中因接触压力波动而引起偏让,也会影响工件的形状和尺寸精度。

(3) 铣刀引起的误差分析

直接作用式仿形铣削因合成铣削力的方向与大小不断变化,使铣刀在铣削中产生振动和偏让,不仅影响成形面的粗糙度,还会影响工件的尺寸精度,如果铣刀较长,刚性不足,铣刀切削部分偏让程度不一致,还会使工件成形面形成上小下大的锥度。

(4) 附加仿形装置引起的误差分析

① 采用仿形附加装置时,若重锤不足以使滚轮(仿形杆)在铣削中始终与模型工作面接触,则仿形杆在铣削抗力的作用下会脱离模型工作面,从而影响工件的形状与尺寸。

② 滑板与底座因间隙调整不当而使摩擦力过大时,也会使滚轮脱离,影响工件精度。

4. 平面螺旋面的铣削加工方法

(1) 平面螺旋面的基本概念

当盘形或板状零件的直线成形面轮廓线按等速螺旋运动形成,即工件每转过一个单位角度,轮廓曲线在径向增大(或减少)一个单位长度时,这个曲线为平面等速螺旋线,而母线按此螺旋线形成的直线成形面称为平面等速螺旋面。在铣床上铣削加工的平面螺旋面大多是等速螺旋面。

(2) 平面等速螺旋面铣削加工方法

1) 铣刀、铣床及其进给运动

① 铣削平面螺旋面与铣削一般直线成形面类似,通常选用立铣刀加工。

② 平面螺旋面一般均在立式升降台铣床上加工。由于平面螺旋面是特殊的直线成形面,其进给运动有等速旋转运动与等速直线运动复合而成。因此,所选用的立式铣床应能在工作台纵向丝杠与分度头(或回转工作台)之间配置交换齿轮。

2) 平面螺旋面铣削加工交换齿轮计算

与铣削圆柱螺旋槽类似,铣削平面螺旋面时的交换齿轮计算可沿用以下公式计算:

$$P_h = \frac{H 360°}{\theta}$$

$$i = \frac{z_1 z_3}{z_2 z_4} = \frac{N P_{丝}}{P_h}$$

式中：P_h 为平面螺旋面导程 mm；H 为平面螺旋线的始、终点径向变动量，mm；θ 为平面螺旋线所占中心角，(°)；N 为分度头或回转工作台定数；$P_{丝}$ 为铣床工作台纵向丝杠螺距，mm。

3）铣削加工基本方法

① 用分度头或回转工作台的铣削方法如图 3-7-8(a)所示。铣削操作时，因平面螺旋面的导程比较小，因此，大多采用手摇分度头（回转工作台）分度手柄作螺旋进给运动进行铣削，工件的旋转方向应与铣刀旋转方向相同，保持逆铣方式。找正铣刀切削位置时，应使铣刀与工件的中心连线与纵向平行，螺旋的始、终点位置通常用划线对刀法确定。

② 用附加仿形装置铣削的方法如图 3-7-8(b)所示。铣削对心凸轮时，铣刀、滚轮与工件中心的连线应与滑板的移动方向平行。

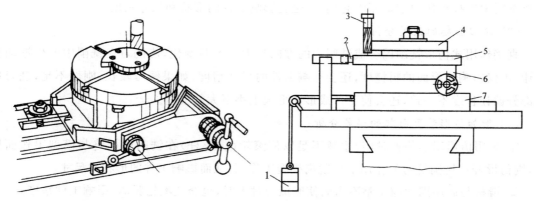

1—重锤；2—滚轮；3—铣刀；4—平面螺旋面工件；5—平面螺旋面模型；6—回转工作台；7—滑板

(a) 用回转工作台加工　　　　　　　　(b) 用附加装置加工

图 3-7-8　平面螺旋面铣削加工方法

5. 直线成形面的检验方法

（1）检验项目与技术要求

① 形面素线。形面素线应垂直于基准平面；以孔为基准的工件，素线应平行与基准孔的轴线。同时，素线应符合直线度要求。

② 端面轮廓曲线检验。端面轮廓曲线应符合图样的各项尺寸与形状位置精度要求。检验时，一般是将曲线分解为直线、圆弧、螺旋线或其他曲线，然后按其几何特征进行检验，并检验各部分的连接质量，如直线与圆弧的连接、圆弧与圆弧相切或相交等连接点的形位精度和圆滑程度。

（2）检验方法

分解后的圆弧、直线可用标准量具进行检验，形状复杂、特殊的以及大批量生产时，可使用样板进行比照检验（见图 3-7-9a），平面螺旋面和函数曲线可用百分表按曲线移动规律进行检验（见图 3-7-9(b)、(c)）。

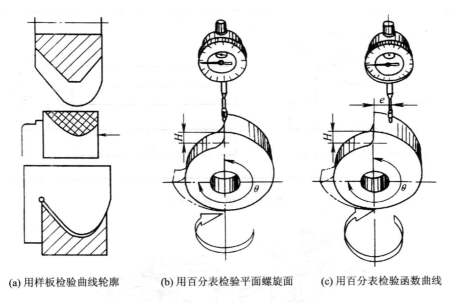

(a) 用样板检验曲线轮廓　　(b) 用百分表检验平面螺旋面　　(c) 用百分表检验函数曲线

图 3-7-9　直线成形面检验方法

3.7.2　柱状直线成形面加工技能训练

重点：掌握柱状直线成形面铣削方法。
难点：成形面的铣削位置调整和尺寸控制。

铣削加工如图 3-7-10 所示的圆弧托板，坯件已加工成形，材料为 45 钢。

【工艺分析】

按端面形状，成形面包括 $R=16$ mm 凹圆弧、$r=6$ mm 的两台阶角圆弧和台阶等部分。工件的素线比较长，属于柱状直线成形面零件。根据加工要求和工件外形，宜采用机床平口虎钳和压板螺栓装夹工件，拟定在卧式铣床上用标准通用铣刀和成形铣刀铣削加工。铣削加工工序过程：

毛坯检验→安装机床用平口虎钳和圆柱铣刀→外形铣削→工件表面划线→安装压板与定位块及工件安装三面刃铣刀→铣削台阶→安装角圆弧成形铣刀铣削角圆弧→安装凸半圆成形铣刀铣削凹圆弧槽→圆弧托板检验。

【工艺准备】

1) 选择铣床

选择 X6132 型等类似的卧式铣床。

2) 选择工件装夹方式

铣削加工矩形坯件采用机床用平口虎钳装夹工件；铣削加工直线成形面采用定位块和压板、螺栓装夹工件；为加工定位，利用工作台的 T 形槽直槽安装定位块做工件侧面定位，工件定位装夹如图 3-7-11 所示。

3) 选择铣刀

① 铣削矩形坯件外形选用外径 $\phi 80$、长度为 125 mm 的螺旋角较大的粗齿圆柱铣刀。
② 选用 $R=16$ 的凸半圆成形铣刀，铣削 $R=16$ 的凹圆弧槽。

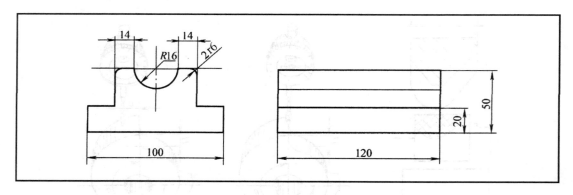

图 3-7-10 圆弧托板

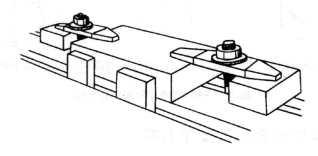

图 3-7-11 工件定位装夹示意图

③ 选用宽度 20 mm、直径 $\phi 100$ 的错齿三面刃铣刀,铣削 20 mm 的台阶。

④ 铣削 $r=6$ mm 的角圆弧选用 $r=6$ mm 的角圆弧成形铣刀,如图 3-7-12 所示。

⑤ 圆柱铣刀和凸半圆成形铣刀采用长刀杆安装;三面刃铣刀和角圆弧成形铣刀用短刀杆安装。

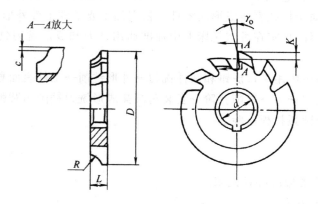

图 3-7-12 角圆弧成形铣刀

4）选择检验测量方法

用外径千分尺和 90 角尺检验测量矩形坯件;用百分表借助标准圆棒、六面角铁检验凹圆弧槽的对称度和形状精度;用游标卡尺检验台阶等各项尺寸;角圆弧采用圆弧样板检验圆尺寸;目测检验角圆弧的连接质量和加工表面的粗糙度。

【加工准备】

1）安装机用平口虎钳

钳口与纵向平行。

2）铣削立方体

铣削 120 mm×100 mm×50 mm 立方体工件,加工时各面垂直度允差 0.03 mm,平行度允差 0.03 mm。

3）工件表面划线

① 在立方体表面涂色

② 用游标高度尺在划线平板上用翻转 180°方法划出工件圆弧槽中心线及槽宽线。

③ 分别依两侧面、底面定位划出台阶线。

④ 按 $r=6$ mm 角圆弧位置,分别以两侧面、底面定位划出角圆弧中心位置,打样冲眼,并用划规划 $r=6$ mm 角圆弧线。

⑤ 用一块平行垫块覆盖在工件圆弧槽所在平面,用 C 字夹固定,在圆弧槽中心打样冲眼,然后用划规划出 $R=16$ mm 圆弧槽位置,如图 3-7-13 所示。

4）检查工作台

检查工作台回转盘零位是否对准。

【加工步骤】

加工步骤如表 3-7-1 所列。

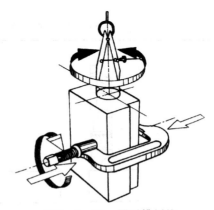

图 3-7-13　圆弧槽划线

表 3-7-1　圆弧托板加工步骤（见图 3-7-10）

操作步骤	加工内容
1. 铣削台阶	1）把工件直接装夹在工作台面上,将侧面与工作台槽内的定位块定位面贴合。 2）用短刀杆安装错齿三面刃铣刀。 3）粗铣一侧台阶面,将工件水平转过 180,以另一侧定位,对称粗铣另一侧台阶面。 4）用千分尺或游标卡尺检测台阶面尺寸。 5）根据预检的尺寸和余量,调整工作台横向和垂向。半精铣、粗铣两侧台阶面达到图样要求
2. 铣削角圆弧	1）将工作台上的定位块由工作台内侧直槽换装在 T 形槽内。 2）以一侧定位,装夹工件,使工件台阶部位留有铣削角圆弧的位置。 3）换装角圆弧成形铣刀。 4）在角圆弧铣削的部位垂向对刀,使角圆弧成形铣刀的外圆刃接触到工件的台阶顶面（见图 3-7-14(a))，对刀后垂向应上升 6.6 mm 可达到较平滑连接的图样要求。 5）横向对刀时,使工件侧面与刀具端面接触（见图 3-7-14(b)),对刀时可使用塞尺检测对刀间隙。注意按图 3-7-14 角圆弧铣削步骤进行操作。 6）垂向按对刀位置上升 6.5 mm,横向按对刀位置调整进刀量 4 mm 进行粗铣（图 3-7-14(c))。 7）根据划线和连接情况,调整工作台垂向和横向、精铣角圆弧（见图 3-7-14(d)）。 8）按同样方法,粗精铣另一侧角圆弧

续表 3-7-1

操作步骤	加工内容
3. 铣削 R16 mm 凹圆弧槽	1) 工件以侧面定位,将压板压紧位置移至台阶面,使工件侧面与工作台纵向平行。 2) 用长刀杆安装 R16 的凸半圆铣刀。 3) 按槽位置划线试铣,槽深 10 mm 左右,一侧试铣后,将工件水平转过 180°,以另一侧定位装夹,再以同样深度试铣,若再次切痕不重合,则应按错位量的一半调整工作台横向,直至两切痕完全重合,此时,垂向再升高 2 mm 在全长内铣削圆弧槽。 4) 拆下工件,在测量平板上分别以两侧面定位,将底面贴在六面角铁垂直工作面上,用 R16 标准圆棒镶入圆弧槽内用百分表测量标准棒的最高点,翻身进行测量比较,如图 3-7-15 所示。若两次测量的百分表示值不一致,在工件值较高一侧做好标记。 5) 重新装夹工件,按槽偏移中心方向调整工作台横向,调整量为百分表两次测量示值差的一半。在原切深位置试削一段,观察切痕与调整方向是否正确。垂向再次升高 1 mm,铣出全长圆弧槽再次进行检测,待 R16 槽处于对称两侧位置时逐步切深铣削至图样要求

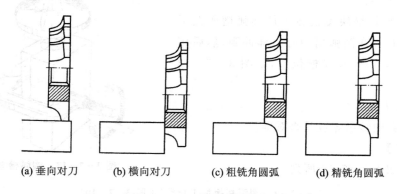

(a) 垂向对刀　　(b) 横向对刀　　(c) 粗铣角圆弧　　(d) 精铣角圆弧

图 3-7-14　角圆弧铣削步骤

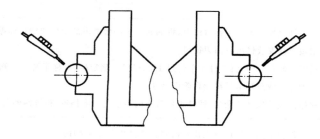

图 3-7-15　测量圆弧槽对称度

注意事项

铣削圆弧托板注意事项:
- 半圆成形铣刀是铲齿成形铣刀,在铣削时振动较大,因此要注意调整挂架上刀杆支持轴承与刀杆颈的间隙,铣削中若听到刀具振动声较大,可用扳手适当旋紧轴承螺钉,并注意加润滑剂以降低该部位的温度。
- 用短刀杆安装三面刃铣刀和角圆弧铣刀,铣刀应尽可能靠近机床主轴,以防止铣削振动。

- 半圆铣刀和角圆弧铣刀是成形铣刀,前角为 0°,切削阻力较大,因此应选择较小的铣削用量。
- 用两侧面定位夹紧方法加工能保证工件台阶,圆弧槽的对称度,但坯件六面体的两侧面平行度以及底面的垂直度均需其有较高的精度,否则会影响成形面的加工精度。

【质量检验与分析】

① 台阶侧面与凹圆弧槽对称度检验。用百分表、六面角铁在测量平板上采用工件翻身法检验,具体方法与预检时相同。

② 圆弧形状精度检验。圆弧精度一般由成形铣刀形状精度保证,检验时,较大的圆弧用直径相同的标准棒镶入后目测间隙检验,较小的圆弧用圆弧样板比照检验。

③ 台阶等尺寸和连接质量检验。用千分尺或游标卡尺检验各项尺寸,连接质量一般用目测检验,本例主要是角圆弧的连接,几种连接质量较差的情况如图 3-7-16 所示。

④ 圆弧托板

加工质量分析要点见表 3-7-2。

表 3-7-2 圆弧托板加工质量分析要点

质量问题	产生原因
圆弧形状不准确	1. 铣刀参数选择错误,铣刀刃磨损质量差。 2. 工作台零位未对准
圆弧和角圆弧位置不准确	1. 对刀和工作台调整不准确。 2. 预检不准确。 3. 工件坯件制作质量差(如侧面不平行、侧面与基准面不垂直)
表面粗糙度不符合要求	1. 铣刀安装后跳动较大。 2. 使用成形铣刀铣削用量选择不当。 3. 短刀杆安装铣刀铣削时振动较难消除等

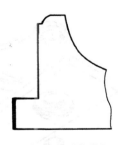 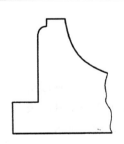 

(a) 侧面连接错位　　(b) 顶面连接错位　　(c) 侧面与顶面均连接错位

图 3-7-16 角圆弧连接质量

3.7.3 盘状直线成形加工技能训练

用回转工作台加工盘状直线成形面技能训练

重点:掌握用回转工作台铣削直线成形面的方法。

难点:铣削位置调整,圆弧与直线,圆弧与圆弧的连接铣削操作。

铣削加工如图 3-7-17 所示的扇形板,坯件已加工成形,材料为 45 钢。

【工艺分析】

按端面形状,成形面包括 $R=16$ mm, $R=100$ mm, $R=15$ mm 的凸圆弧;$R=60$ mm 的凹圆弧;中心圆弧 $R=84$ mm、宽度 16 mm 的弧形键槽(中心夹角约 32°)以及与外圆弧相切的直线等部分。工件的素线比较短,属于盘状直线成形面零件。

根据加工要求和工件外形,宜采用专用心轴定位,压板螺栓夹紧工件,拟定在立式铣床上采用回转工作台装夹工件,用立铣刀和键槽铣刀铣削加工。铣削加工工序过程:

坯件检验→安装回转工作台和压板、螺栓→制作心轴和垫块→工件表面划线→安装工件→安装立铣刀铣削→$R60$ 的凹圆弧→铣削直线部分→铣削 $R100$ 的凸圆弧→铣削宽度为 16、$R84$ 的圆弧槽→铣削 $R15$ 的凸圆弧→铣削 $R16$ 的 2 个凸圆弧→扇形板检验。

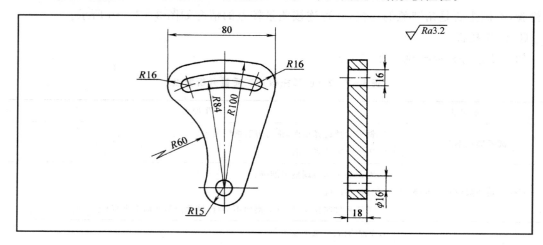

图 3-7-17 扇形板

【工艺准备】

1) 选择铣床

选择 X5032 型等类似的立式铣床。

2) 选择工件装夹方式

选择 T12320 型回转工作台,工件下面垫平行垫块,用专用心轴定位,以划线为参照找正工件,用压板螺栓夹紧工件。工件装夹定位如图 3-7-18 所示。

3) 选择铣刀

① 铣削宽度 16 mm 的圆弧键槽,选用直径 $\phi16$ 的锥柄键槽铣刀。

② 铣削凹、凸圆弧,选用直径 $\phi16$ 的粗齿锥柄立铣刀。

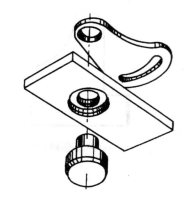

图 3-7-18 工件定位装夹示意图

③ 用过渡套(变径套)和拉紧螺杆安装立铣刀和键槽铣刀,以便于观察、操作。

4) 选择检验测量方法

① 圆弧采用样板和游标卡尺配合检验测量。

② 键槽宽度采用塞规或内径千分尺测量。

③ 圆弧槽的中心角采用百分表、塞规和回转工作台配合检测。

【加工准备】

1) 检验基准孔的尺寸精度和位置精度，孔的中心位置应保证各位均有铣削余量，即应对称 90 mm 两侧面，与工件一端尺寸大于 100 mm，与另一端尺寸大于 15 mm。

2) 制作垫块和定位心轴。垫块和定位心轴的形成如图 3-7-18 所示。垫块上有定位穿孔，穿孔的直径与工件基准孔直径相同，以备穿装心轴。垫块上有旋装压板螺纹孔 M12×2，垫块自身用螺栓压板压紧在回转工作台上，其位置按加工部位确定。阶梯心轴的大外圆柱直径与回转工作台的主轴定位孔配合，小外圆柱直径与工件基准孔直径配合，以使工件基准孔与回转工作台回转中心同轴。

3) 安装回转工作台。按规范安装回转工作台于铣床的工作台面上。并用百分表找正铣床主轴与回转工作台回转中心同轴，在工作台刻度盘上作记号，以作为调整铣刀铣削位置的依据。

4) 工作表面划线和连接位置测定

① 在工件表面涂色，以专用心轴定位，把工件放置在回转工作台台面的平行垫块上，利用心轴端部中心孔，用划规划出 $R15$、$R84$ 圆弧线及圆弧槽两侧的圆弧线。

② 用专用心轴将工件安装在划线分度头上，如图 3-7-19 所示，用游标高度划线尺划出基准孔中心线，并按计算尺寸 $\left(\dfrac{80-16-16}{2}\right)$ mm = 24 mm 调整高度尺，划出与中心线对称平行、间距为 48 mm 的平行线，与圆弧槽的圆弧中心线相交，获得圆弧槽两端弧和 $R16$ 两凸圆弧。

③ 在工作 $R60$ 凹圆弧中心位置处放置一块与工件等高的平行垫块，用划规按圆弧相切的方法划出圆弧中心，然后划出与 $R16$、$R15$ 相切的 $R60$ 圆弧。

④ 用钢直尺划出与 $R16$、$R15$ 圆弧相切的直线部分。

⑤ 用钢直尺连接圆弧中心，分别得出切点位置 1、2、3、4。用 90°角度尺划出通过 $R16$、$R15$ 圆心，与直线部分的垂直线，获得直线部分与两弧的切点 5、6，如图 3-7-20 所示。

⑥ 在划线轮廓上打样冲眼，注意在各连接切点位置打上样冲眼。

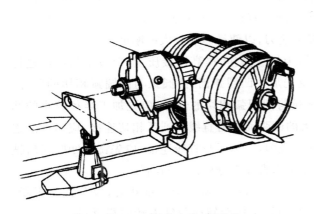

图 3-7-19 划中心线、圆弧线

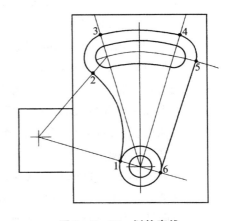

图 3-7-20 划轮廓线

【加工步骤】

加工步骤如表 3-7-3 所列。

表 3-7-3 扇形板加工步骤(见图 3-7-17)

操作步骤	加工内容
1. 粗铣外形	把工件装夹在工作台面上,下面衬垫块,用压板压紧,按划线手动进给粗铣外形,注意留有 5 mm 左右精铣余量
2. 铣削 $R60$ 凹圆弧	如图 3-7-21(a)所示,把工件装夹在回转工作台上,垫上垫块,按划线找正 $R60$ 圆弧。找正时可先把找正用的针尖位置调整至距回转中心 60 mm 处,然后移动工件,使工件上划线与回转工作台 $R60$ 圆弧重合,如图 3-7-22 所示,采用直径 16 mm 的立铣刀,铣刀中心应偏离回转台中心 52 mm,铣削凹圆弧。注意掌握各部分圆弧、直线的铣削顺序
3. 铣削直线部分	如图 3-7-21(b)所示,以基准孔定位,使工件与回转台同轴,并找正直线部分与工作台纵向平行,铣刀沿横向离回转台中心 23 mm,铣削直线部分
4. 铣削 $R100$ 凸圆弧	如图 3-7-21(c)所示,以基准孔定位,铣刀偏离回转中心 108 mm,铣削 $R100$ 凸圆弧
5. 铣削 $R84$ 圆弧槽	如图 3-7-21(d)所示,以基准孔定位,铣刀偏离回转中心 84 mm(在以上步骤位置减少 24 mm),换装直径为 16 mm 的键槽铣刀,铣削 $R84$ 圆弧槽。铣削时,也可先用直径为 16 mm 的键槽铣刀精铣
6. 铣削 $R15$ 凸圆弧	如图 3-7-21(e)所示,以基准孔中心,换装直径 16 mm 的立铣刀,铣刀偏离回转中心 23 mm 铣削 $R15$ 凸圆弧。注意切点位置一定在所铣圆弧中心,铣中心和所相切圆弧中心成一直线的位置上,而与直线部分相切,若铣刀沿横向偏离中心,则当直线部分与纵向平行时,铣削点与点重合
7. 铣削 $R16$ 凸圆弧	如图 3-7-21(f)所示,分别以圆弧槽两端半圆为定位两面,铣刀偏离回转中心 24 mm,铣削两凸圆弧。注意切点位置在所铣圆弧中心、铣刀中心和所相切圆弧中心成一直线的位置上

注意事项

铣削扇形板注意事项:

- 用立铣刀铣削直线成形面,铣刀切削部分长度应大于工件形面母线长度;对有凹圆弧的工件,铣刀直径应小于或等于最小凹圆弧直径,否则无法铣成全部成形面轮廓。对没有凹圆弧的工件,可选择较大直径的铣刀,以使铣刀有较大的刚度。
- 铣削直线、圆弧连接的成形面轮廓时,为便于操作,提高连接质量,应按下列次序进行铣削:凸圆弧与凹圆弧相切的部分,应先加工凹圆弧面;凸圆弧与凸圆弧相切的部分,应先加工半径较大的凸圆弧面;凹圆弧与凹圆弧相切的部分,应先加工半径较小的凹圆弧面。直线部分可看作直径无限大的圆弧面。若直线与圆弧相切连接,应尽可能连续铣削,转换点在连接点位置。若分开铣削,凹圆弧与直线连接,应先铣削凹圆弧后铣削直线部分;凸圆弧与直线连接,应先铣削直线部分后铣削凸圆弧。
- 铣削时,铣床工作台和回转工作台的进给方向都必须处于逆铣状态,以免铣刀折断。对回转工作台周向进给,铣削凹圆弧时回转工作台转向与铣刀转向相反;铣削凸圆弧时,两者旋转方向应相同。在用按划线手动进给粗铣工件外形时,切削力的方向应与

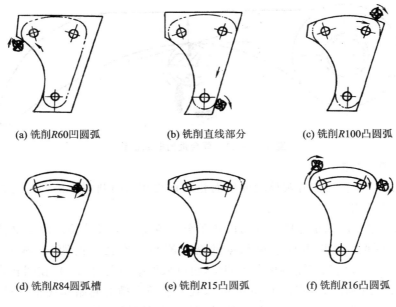

图 3-7-21 扇形板铣削步骤

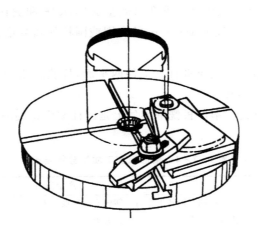

图 3-7-22 找正工件凹圆弧铣销位置

复合进给方向相反,始终保持逆铣状态,如图 3-7-23 所示。

- 调整铣刀与工件铣削位置时,应以找正后的铣床主轴与回转工作台同轴的位置为基准,纵向或横向调整工作台,使铣刀偏离回转中心,处于准确的铣削位置。调整的距离 A 根据铣刀直径和圆弧半径,以及圆弧的凹凸特征有关。铣削凹圆弧时,铣刀中心偏离回转中心的距离 A 为圆弧半径与铣刀半径之和。由于铣刀实际直径与标准半径的偏差,以及铣削时铣刀的偏让等原因,铣削时应分粗、精加工,铣削凹圆弧时,偏距小于计算值 A;铣削凸圆弧时,偏距大于计算值 A,铣削时按预检测量值逐步铣削至图样要求。
- 铣削前,应预先在回转工作台上做好各段形面切点、连接点位置相应的标记,使铣刀铣削过程中的转换点、起始点落在轮廓连接点位置上,以保证各部分的准确连接。

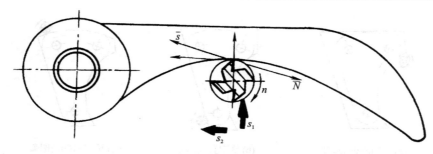

图 3-7-23 复合进给时的逆铣

【质量检验与分析】

① 连接质量检验。目测外观检验成形面轮廓直线和凹凸圆弧连接部位是否有深啃和切痕,连接部位是否圆滑。

② 圆弧槽检验。圆弧槽宽度尺寸用内径千分尺或游标卡尺检验。圆弧键槽的位置检验时,与基准孔中心的距离用游标卡尺测量键槽一侧与基准孔壁的距离,本例为 84 mm－16 mm＝68 mm。圆弧槽长度用游标卡尺测量,也可根据中心夹角(32°),在回转台上检测。检测时,如图 3-7-24 所示,将直径 16 mm 的塞规分别插入槽的起始和终止位置,用百分表测量同一侧,当起始位置一侧百分表示值一致时,即达到了图样要求。

③ 圆弧面检验:用游标卡尺借助基准孔壁测量 $R15$,$R16$ 和 $R100$ 圆弧,测量尺寸分别为 7 mm,8 mm 和 92 mm。用直径为 120 mm 的套圈或圆柱外圆测量 $R60$ 凹圆弧,测量时通过观察缝隙进行检测。

④ 型面素线检验。型面素线应垂直于工件两平面,检验时用 90°角尺检测素线与端面是否垂直,同时检验素线的直线度。

⑤ 扇形板加工质量分析。扇形板铣削实质上是圆柱端面螺旋面铣削,其加工质量分析要点见表 3-7-4。

表 3-7-4 扇形板加工质量分析要点

质量问题	产生原因
圆弧尺寸不准确	1. 铣床主轴与回转工作台回转中心同轴度误差大。 2. 铣刀实际直径与标准直径误差大。 3. 偏移距离计算错误,偏移操作失误。 4. 铣削过程中预检不准确
圆弧槽尺寸与位置不准确	1. 铣削位置调整不准确。 2. 预检不准确,划线不准确。 3. 铣刀刃磨质量差或铣削过程中偏让。 4. 进给速度过快
连接部位不圆滑	1. 连接点位置测定错误或不准确。 2. 回转工作台连接点标记错误。 3. 铣削操作失误超过连接位置,铣削次序不对
表面粗糙度不符合要求	1. 铣削用量选择不当。 2. 铣刀粗铣磨损后未及时更换。 3. 铣削方向错误引起梗刀。 4. 手动圆周进给时速度过大或进给不均匀

用仿形装置加工直线成形面技能训练

重点：掌握用模型、靠模铣刀铣削盘状成形面的方法。

难点：工件装夹位置和手动仿形操作方法。

铣削加工如图 3-7-25 所示的推力板，坯件已加工成形，材料为 ZCuSn10Pb5 锡青铜(70HBS)。

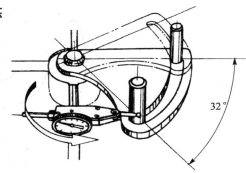

图 3-7-24 检测圆弧槽中心夹角

【工艺分析】

按端面形状，形成面包括 $R=25$ mm 的凸圆弧；与凸圆弧相切的 2 个 $R=5$ mm 的凹圆弧；与凹圆弧相切，中心角为 $120°±15'$ 的直线部分。工件的素线比较短，属于盘状直线成形面零件。工件的基准为 $\phi20$ 的圆柱孔，以及 2 个 $\phi6$ 的周向定位孔。材料 ZCuSn10Pb5 为锡青铜(70HBS)，切削性能较好。

根据加工要求和工件外形，采用模型手动进给仿形铣削，模型和工件连接后用压板螺栓夹紧。在立式铣床上采用模型、靠模铣刀手动进给铣削成形面。铣削加工工序过程：

坯件检验→安装立铣刀→连接模型和工件并安装在工作台面上→粗铣成形面→精铣成形面→推力板检验。

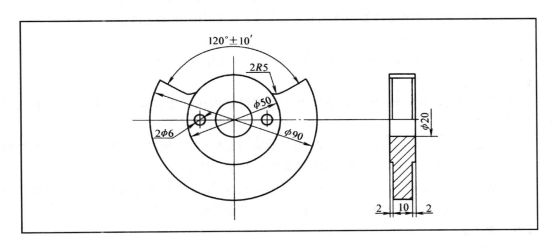

图 3-7-25 推力板

【工艺准备】

1) 选择铣床

选择 X6126 型工具铣床。

2) 选择工件装夹方式

工件的定位是为了保证工件与模型处于正确的相对位置，本例模型采用插销式定位(见图 3-7-26(a))，$\phi20$ 基准孔作为主定位，$\phi6$ 孔作为辅助定位，工件连同模型一起安装在平行垫块座上，用压板压紧(见图 3-7-26(b))。

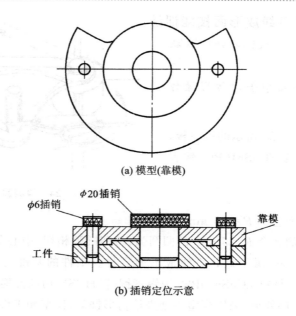

(a) 模型(靠模)

(b) 插销定位示意

图 3-7-26　推力板定位装夹示意图

3) 选择铣刀

① 本例最小凹圆弧为 $R55$，故选用直径 $\phi10$ 的专用锥柄靠模立铣刀。

② 为了兼顾铣刀的刚度和便于铣削观察，采用外径较小的锥柄过度套筒安装立铣刀。

4) 选择检验测量方法

本例因属于批量产品加工训练实例，成形面通过专用样板进行检验。

【加工准备】

① 安装专用垫块和螺栓、压板。垫块用 T 形螺钉紧固在工作台面上，螺栓压板一般放置在工件的右侧。

② 工件定位装夹。用直径 $\phi20$ 和 $\phi6$ 的活动插销定位工件，使工件和模型处于正确的相对位置。然后将工件朝下，模型在上，用压板紧压在专用垫块上。

③ 调整工作台的镶条间隙。为了操作轻便，应适应调整工作台镶条与导轨面的配合间隙，并注意清洁和润滑导轨面的传动丝杠，使工作台移动灵活。

【加工步骤】

加工步骤如表 3-7-5 所列。

表 3-7-5　推力板铣削加工步骤(见图 3-7-25)

操作步骤	加工内容
1. 调整铣刀	调整铣刀的垂向位置，使铣刀的靠杆部位与模型工作面接触；切削刃与工件厚度对齐，保证工件一次铣出；切削刃与柄部交接处，处于模型与工件接合部的斜面中间，以防止铣刀刃磨损和铣坏模型工作面
2. 粗铣成形面	铣刀柄部不与模型工作面接触，采用按划线铣削成形面的方法，把模型工作面轮廓视作划线，双手分别操纵纵、横向进给手柄，使铣刀沿模型工作面轮廓，并留有 5 mm 左右精铣余量，粗铣工作成形面，铣除大部分余量

续表 3-7-5

操作步骤	加工内容
3. 精铣成形面	1) 在模型工作面上略加一些润滑油,把工件压板适当放松一些。 2) 工件放置的位置应便于观察铣刀柄部与模型工作面的接触情况。 3) 将工件的轮廓划分为若干部分,设定纵横向的动作方向和要求。如图3-7-27所示,以图示工件放置位置为例,在1~2区域,横向向前使铣刀脱离模型,纵向向左,使铣刀靠向模型;在2~3区域,纵向向右,使铣刀脱离模型,横向向前,使铣刀靠向模型;在3~4区域,横向向前,使铣刀脱离模型,纵向向左,使铣刀靠向模型;在4~5区域,纵向向右,使铣刀脱离模型,横向向前,使铣刀靠向模型。 4) 精铣成形面时,通常以脱离模型的进给方向为主导,靠向模型的进给方向为随动,使铣刀柄部始终与模型工作面接触,但又保持较小的接触压力,精铣成形面。若一次全程进给铣削后对表面粗糙度和形状精度不满意,还可以再重复一次精铣过程,直至符合图样要求

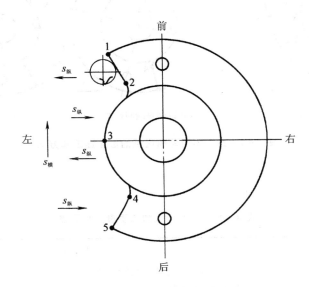

图3-7-27 成形面的区域划分和进给方向

注意事项

推力板铣削注意事项:
- 粗铣时可以在铣刀柄部套装铜衬套,衬套的厚度与精铣余量相同,这样可以先进行成批粗铣,然后换装精铣刀具,精铣成形面。这样,既能发挥模型的作用,又可提高粗铣质量和工效,还可以通过粗铣提高靠杆铣刀仿形铣削的操作熟练程度。
- 在铣削过程中,应根据轮廓区域的特性,控制进给分速度的大小和仿形变化,以提高仿形铣削的精度。如直线部分,当直线与某一进给方向平行时,该方向进给速度可自由调节,另一方向为0(见图3-7-28(a));若直线成45°放置,纵向与横向的进给速度应相等(见图3-7-28(b))。又如圆弧部分(见图3-7-28(c)),由于进给速度方向不断变化,因此,进给分速度的方向和大小也在变化。以本例的圆弧部分为例,横向始终向前,在2~3区域,其速度由"0"值逐步加快,最后达到最大值;在3~4区域,其速度由最快逐步减慢,最后减至"0"值。对于纵向进给,不仅速度大小变化,方向也在变化。
- 铣削时,复合进给方向必须使铣削处于逆铣状态,以免立铣刀折断。
- 铣削时,铣刀柄部与模型的接触压力必须控制适当。接触压力过大,会引起模型工作面和铣刀柄部的过早磨损,严重时会损坏铣刀柄部表面和模型工作面,引起铣刀折断。接触压力过小,会使铣刀柄部脱离模型工作面。影响工件成形面的精度。
- 精铣时,工件不必压得很紧。在铣削过程中可使工件和模型在接触压力过大时略有移动,但须注意不能过松,使工件脱离压板产生事故。

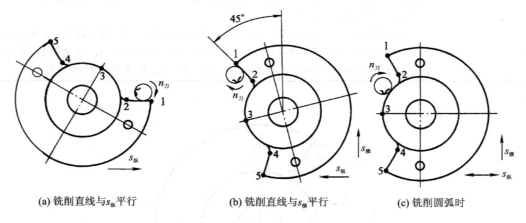

图 3-7-28　不同轮廓区域的进给速度和方向

【质量分析】

质量分析如表 3-7-6 所列。

表 3-7-6　推力板加工质量分析要点

质量问题	产生原因
成形面形状、位置和尺寸不准确	1. 铣刀柄部直径与切削部分直径不一致 2. 铣削用量不当产生铣刀偏让 3. 模型工作面与铣刀靠模柄部表面有烧结状损坏
成形面表面有切痕	1. 铣刀刃磨质量差,铣削过程中发生梗刀 2. 操作不熟练发生铣削进给滞留 3. 铣刀转速较低
表面粗糙度不符合要求	1. 铣削用量选择不当 2. 铣刀粗铣磨损后未及时更换 3. 铣削方向错误引起梗刀 4. 手动进给速度变化不符合区域轮廓特性

3.7.4　单导程圆盘凸轮加工技能训练

用分度头加工单导程圆盘凸轮技能训练

重点:掌握单导程凸轮铣削方法。

难点:凸轮导程计算及划线和铣削操作。

铣削加工如图 3-7-29 所示的单导程圆盘凸轮,坯件已加工成形,材料为 40Cr 钢。

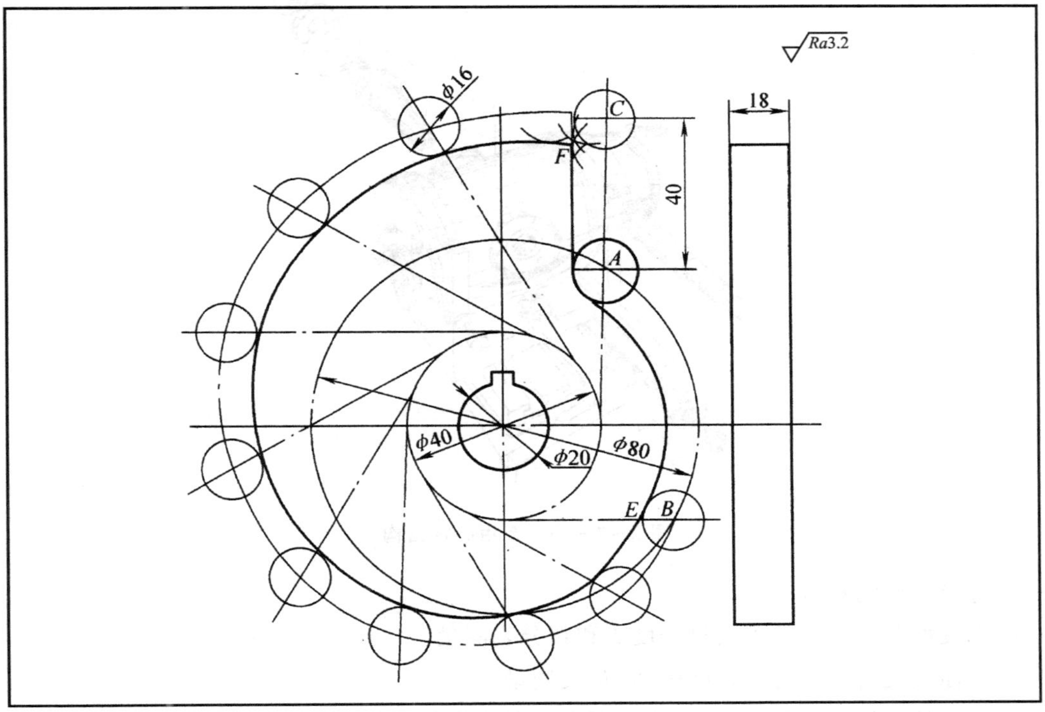

图 3-7-29 单导程圆盘凸轮

【工艺分析】

按端面轮廓形状,圆盘凸轮的形面包括径向升高量 40 mm、中心角 270°的等速平面螺旋线 BC 段,以及直径 ϕ80、中心角 90°的圆弧线 AB 段和连接螺旋线和圆弧的直线部分 AC 段,工件素线长 18 mm,属于盘状直线成形面。凸轮的从动件为直径 ϕ16 的滚柱,偏心距离为 20 mm。

根据加工要求和工件外形,宜采用专用心轴装夹工件,拟定在立式铣床上采用分度头装夹,用立铣刀铣削加工。铣削加工工序过程:

坯件检验→安装分度头和心轴→工件表面划线→装夹、找正工件→安装立铣刀→计算、配置交换齿轮→铣削直线部分→铣削凸轮工作型面→单导程盘形凸轮检验。

【工艺准备】

1)选择铣床

选择 X5032 型立式铣床。

2)选择工件装夹方式

选择 F11125 型万能分度头,工件用专用阶梯心轴装夹。心轴的结构如图 3-7-30 所示。心轴的圆柱部分和台阶用作定位,一端外螺纹用于夹紧工件,柄部锥体与分度头主轴前端面锥孔配合,并用端部的内部内螺纹通过拉紧螺杆与分度头主轴紧固为增加定位面积和夹紧面积,工件两端各有一个盘状平行垫块。工件与心轴之间采用平键联接,以免加工时工件转动。

3)选择铣刀

根据形面的特点,选用与从动滚柱直径相同的锥柄立铣刀,并采用过渡套安装铣刀。

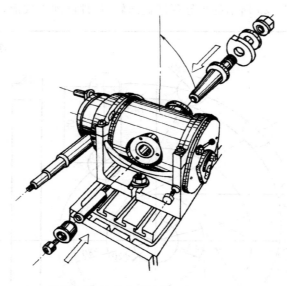

图 3-7-30 专用心轴结构

4) 选择检验测量方法

① 螺旋面升高量检验可通过分度头和百分表测量。

② 形面素线与端面的垂直度用 90°角尺测量。

③ 从动件的偏距,即螺旋线的位置精度一般由划线和铣削位置保证,必要时可采用升降规、量规和百分表测量。

【加工准备】

1) 安装分度头和心轴

分度头安装在工作台右端,以便配置交换齿轮。心轴安装在分度头主轴前端锥孔内,并用拉紧螺杆紧固。用百分表检验心轴与分度头主轴的同轴度。

2) 工件表面划线

分度头主轴水平放置,用心轴装夹工件,按图样给定尺寸和凸轮作图方法划出成形面轮廓线。在轮廓线上打样冲眼。考虑到复合进给方向的逆铣因素,划线图样形位置应采用图样的背视位置,即滚柱在直线部分的左侧。

3) 计算配置交换齿轮

① 计算螺线线导程　$P_h = \dfrac{H 360°}{\theta} = \left(\dfrac{40 \times 360°}{270°}\right)$ mm $= \dfrac{160}{3}$ mm

② 计算交换齿轮　$i = \dfrac{z_1 z_3}{z_2 z_4} = \dfrac{40 P_丝}{P_h} = \dfrac{240}{160/3} = \dfrac{90 \times 60}{40 \times 30}$

即 $z_1 = 90, z_2 = 40, z_3 = 60, z_4 = 30$。

③ 配置交换齿轮的操作方法与铣削螺旋槽基本相同,由于分度头垂直安装。铣刀与工件位置较远,因此,侧轴上应安装接长轴。

4) 找正工件

调整分度头主轴处于垂直工作台面位置,用百分表找正工件端面,与工作台面平行。

【加工步骤】

加工步骤如表3-7-7所列。

表3-7-7 单导程圆盘凸轮加工步骤(见图3-7-29)

操作步骤	加工内容
1. 粗铣凸轮形面	1) 转动分度手柄,找正工件的直线部分与工作台纵向进给方向平行,锁紧分度头主轴,拔出分度销。 2) 调整分度头横向,使铣刀轴线偏离工件中心20 mm。 3) 安装直径为12 mm的键槽铣刀。 4) 工作台纵向进给粗铣直线段CA。 5) 停止工作台移动,松开分度头主轴紧锁手柄,手摇分度柄,工件转过90°,粗铣圆弧段AB。 6) 将分度销插入分度盘圈孔中,启动机床,粗铣螺旋段BC。
2. 精铣凸轮形面	换装直径为16 mm的立铣刀,按粗铣的步骤,精铣凸轮形面。凸轮直径成形面铣削步骤如图3-7-31所示

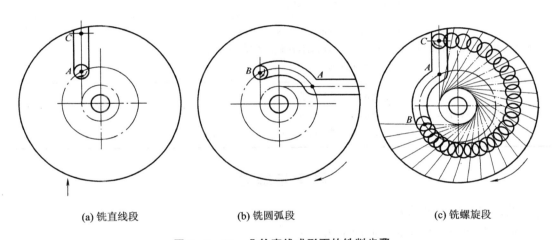

(a) 铣直线段　　(b) 铣圆弧段　　(c) 铣螺旋段

图3-7-31 凸轮直线成形面的铣削步骤

【注意事项】

铣削单导程圆盘凸轮注意事项:
- 用立铣刀铣削凸轮成形面时,铣刀与工作的相对位置应根据凸轮从动件与凸轮中心的位置确定。
- 工件的表面划线和装夹,应使铣削保持逆铣关系。
- 铣削时,从动件是滚柱型的,铣刀的直径必须与滚柱的直径相等。若凸轮须分粗、精铣削时,可选用直径较小的铣刀进行粗铣,但须注意,铣刀中心相对凸轮形面的运行轨迹,应是从动件滚柱的运行轨迹,如图3-7-31所示。

【质量检验与分析】

① 连接质量检验。目测外观检验成形面轮廓直线和凹凸圆弧连接部位是否有深啃和切痕,连接部位是否圆滑。

② 成形面导程检验。通常由验证交换齿轮时进行检验,也可以在铣床上用百分表测头接

触加工表面,接触的位置与滚柱的偏置位置一致,然后沿成形面进行测量(见图3-7-9(c));若交换齿轮配置正确,百分表的示值变动量很小,则说明形面导程准确。

③ 从动件位置检测。除了用测量成形面的导程进行判断外,本例还可通过检测圆弧段的直径尺寸,以及直线段与中心的偏距尺寸。圆弧段尺寸可直接用游标卡尺测量,本例圆弧与基准孔壁的尺寸为22 mm。直线段与基准孔的偏距用游标高度尺装夹百分表,将工件装夹在分度头心轴上,用百分表找正直线段与测量平板平行,本例直线段与 $\phi 20$ 心轴最高点的距离尺寸为2 mm。

④ 型面素线检验。型面素线应垂直于工件两平面,检验时用90°角尺检测素线与端面是否垂直,同时检验素线的直线度。

⑤ 单导程圆盘凸轮加工质量分析要点见表3-7-8。

表3-7-8 单导程圆盘凸轮加工质量分析要点

质量问题	产生原因
螺旋面导程不准确	与螺旋槽铣削基本相同
形面与基准孔位置不准确	1. 铣刀偏离基准孔位置调整不准确。 2. 铣刀直径与从动件滚柱的直径不一致。 3. 划线不准确
表面粗糙度不符合要求	1. 铣削用量选择不当。 2. 铣削方向错误引起梗刀。 3. 手动圆周进给时速度过大或进给不均匀

思考与练习

1. 简述直线成形面的几何特征。
2. 简述铣削加工直线成形面的常用方法。
3. 简述仿形铣削加工的基本原理。
4. 成形铣刀与一般的铣刀在结构上有什么区别?使用时应注意什么?
5. 模型和靠模铣刀有什么结构特点?这些特点具有什么作用?
6. 简述附加仿形装置的组成。简述各部分的作用。
7. 平面仿形铣床某些模型工作面为何要有一定的斜度?
8. 试分析模型工作面误差对仿形铣削质量的影响。
9. 简述仿形装置对仿形加工的影响。
10. 什么是平面螺旋面?在铣床上如何加工平面螺旋面?
11. 简述直线成形面的检验项目和检验方法。
12. 由凹凸圆弧和直线构成的直线成形面轮廓,铣削步骤应如何安排?为什么?
13. 用手动进给按划线铣削直线成形面时,如何保持逆铣方式?
14. 采用模型和靠模铣刀铣削直线成形面时,采用什么简便方法进行粗精铣?
15. 铣削单导程凸轮直线成形面时,铣刀和工件的相对位置如何确定?
16. 平面螺旋面铣削时如何避免顺铣梗刀?

课题八　齿轮与齿条加工

> **教学要求**
>
> ◆ 掌握圆柱齿轮与齿条各部分名称及计算方法。
> ◆ 熟练掌握圆柱齿轮与齿条的铣削加工与测量检验方法。
> ◆ 掌握用成形法铣削渐开线齿轮的质量分析方法。

3.8.1　圆柱齿轮与齿条加工必备专业知识

1. 圆柱齿轮、齿条的含义及计算

（1）标准圆柱齿轮与齿条的齿形曲线

根据齿轮传动原理，要使一对啮合的齿轮能很均匀地传动，就应把齿轮的齿形曲线做成合适的形状。标准齿轮的齿形曲线采用渐开线，渐开线齿轮具有传动平稳，制造和装配简便等优点。

1）渐开线齿形曲线的形成

齿轮齿形曲线渐开线的形成如图 3-8-1 所示，在原盘的圆周上围绕一根棉线，将棉线头 a 逐渐展开，铅笔尖在纸上画出的曲线称为渐开线。因此，渐开线是一条和圆相切的直线在圆周上做纯滚动时，直线上仍以一点所描述的轨迹，这个圆叫做基圆。

2）渐开线曲线的特点

由渐开线的形成可知：

① 发生线 bc 的长度等于基圆上相应的展开弧长 ac。

② 发生线 bc 是渐开线 b 点的法线。

③ 基圆越大渐开线越平直；基圆越小，渐开线越弯曲；基圆相同，相对应的渐开线弯曲程度相同。

④ 基圆以内无渐开线。

（2）直齿圆柱齿轮各部分名称、含义及计算方法

直齿圆柱齿轮的基本参数有五个：齿数 z、模数 m、压力角 α、齿顶高系数 h_a^* 和顶隙系数 c^*，基本参数是齿轮各几何尺寸计算的依据。

采用标准模数、齿形角 $\alpha = 20°$，齿顶高系数 $h_a^* = 1$，顶隙系数 $c^* = 0.25$，端面齿厚等于端面齿槽的渐开线，直齿圆柱齿轮称为标准直齿轮圆柱齿轮，如图 3-8-2 所示。

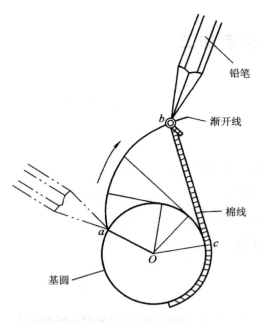 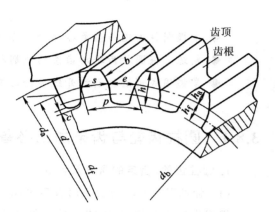

图 3-8-1 渐开线的形成　　　　　　图 3-8-2 直齿圆柱齿轮各部位的名称

标准直齿轮圆柱齿轮几何要素的名称、代号、定义和计算公式见表 3-8-1，常用标准模数见表 3-8-2。

表 3-8-1 标准直齿圆柱齿轮几何要素的名称、代号、定义和计算公式

名 称	代 号	定 义	计算公式
模 数	m	模数是齿轮尺寸计算中的主要参数，用来表示齿轮的大小；模数值等于分度圆直径除以齿数；模数越大，齿形越大（图 3-8-3）。	$m=\dfrac{d}{z}=\dfrac{P}{\pi}$ 取标准值
压力角	α	渐开线上任意点受力方向与该点运动方向之间的夹角称为该点压力角（图 3-8-4）。压力角随其位置不同而变化，齿顶部位的压力角最小，我国标准规定齿轮分度圆上的压力角为 20°。压力角又称为齿形角	$\alpha=20°$
齿 数	z	一齿轮整个圆周上轮齿的总数	由传动计算确定
分度圆直径	d	槽宽与齿厚相等的圆	$d=mz$
齿 距	p	相邻两个齿的对应点在分度圆圆周上的弧长	$p=\pi m$
齿顶高	h_a	从齿顶圆到分度圆的径向距离，即齿顶圆到分度圆之间的那一段齿高	$h_a=h_a^* m=m$
齿根高	h_f	从齿根圆到分度圆的径向距离，即齿根圆到分度圆之间的一段齿高	$h_f=(h_a^*+c^*)m=1.25m$
全齿高	h	齿轮的全深，齿根圆与齿顶圆之间的径向距离	$h=h_a+h_f=2.25m$
齿顶圆直径	d_a	通过齿轮顶部的圆	$d_a=d+2h_a=m(z+2)$

续表 3-8-1

名称	代号	定义	计算公式
齿根圆直径	d_f	通过齿轮根部的圆	$d_f = d - 2h_f = m(z - 2.5)$
齿厚	s	一个齿轮在分度圆占的弧长	$s = p/2 = \pi m/2$
齿槽	e	一个齿槽在分度圆占的弧长	$e = p/2 = \pi m/2 = s$
基圆直径	d_b	形成渐开线圆的直径	$d_b = d\cos\alpha = mz\cos\alpha$
顶隙	c	顶隙与模数之比值称为顶隙系数。为了保证一对齿轮啮合时,一个齿轮的齿顶面不致与另一个齿轮齿槽底相抵触,应使它们之间有一定的径向间隙,称为顶隙。顶隙还可以贮存润滑油,有利于齿面的润滑	$c = c^* m = 0.25m$
中心距	a	相互啮合的两个齿轮轴线之间的距离	$a = \dfrac{1}{2}(d_1 + d_2) = \dfrac{m}{2}(z_1 + z_2)$

表 3-8-2 齿轮常用标准模数

第一系列	0.1	0.12	0.15	0.2	0.25	0.3	0.4	0.5	0.6	0.8	1
	1.25	1.5	2	2.5	3	4	5	6	8	10	12
	16	20	25	32	40	50					
第二系列	0.35	0.7	0.09	1.75	2.25	2.75	(3.25)	3.5	(3.75)	4.5	5.5
	(6.5)	7	9	(11)	14	18	22	28	(30)	36	45

注:表列模数,对于斜齿轮是指法向模数 m_n。优先选用第一系列,括号内的模数尽可能不用。

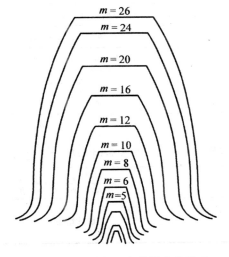

图 3-8-3 模数与齿轮轮廓的关系

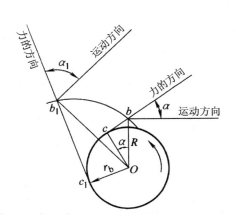

图 3-8-4 渐开线的压力角

(3) 斜齿圆柱齿轮各部位名称、含义

齿线为螺旋线的圆柱齿轮称为斜齿圆柱齿轮,简称斜齿轮。

斜齿圆柱齿轮的基本参数有六个:齿数 z、法向模数 m_n、法向压力角 α_n、齿顶高系数 h_a^*、顶隙系数 c^* 和螺旋角 β,基本参数是齿轮各几何尺寸计算的依据。

斜齿圆柱齿轮是以法向截面中的模数和齿形角为标准模数和标准齿形角。但斜齿圆柱齿轮只在垂直于齿轮轴线的平面(端平面)内具有渐开线齿形,所以有关齿形尺寸应在端平面内进行计算。计算时,应将法平面中的法向模数(标准模数)m_n换算成端平面内的端面模数(非标准模数)m_t。换算关系为:

$$m_t = \frac{m_n}{\cos \beta}$$

标准斜齿轮圆柱齿轮几何要素的名称、代号、定义和计算公式见表3-8-3。

表3-8-3 标准斜齿圆柱齿轮几何要素的名称、代号、定义和计算公式

名 称	代 号	定 义	计算公式
法向模数	m_n	法向模数等于法向齿距除以圆周率	$m_n = p_n/\pi, m_n = m$
端面模数	m_t	端面模数等于端面齿距除以圆周率	$m_t = p_t/\pi = m_n/\cos \beta$
法向齿形角	α_n	法平面内,端面齿廓与分度圆交点处的齿形角	$\alpha_n = \alpha = 20°$
端面齿形角	α_t	端平面内,端面齿廓与分度圆交点处的齿形角	$\tan \alpha_t = \tan \alpha_n/\cos \beta$
分度圆直径	d	槽宽与齿厚相等的圆	$d = zm_t = zm_n/\cos \beta$
法向齿距	p_n	在分度圆柱面上,其齿线的法向螺旋线在两个相邻的同侧齿面之间的弧长	$p_n = \pi m_n$
端面齿距	p_t	两个相邻而且同侧的端面齿廓之间的分度圆弧长	$p_t = p_n/\cos \beta = \pi m_n/\cos \beta$
齿顶高	h_a	与直齿圆柱齿轮相同	$h_a = h_a^* m_n = m_n$
齿根高	h_f	与直齿圆柱齿轮相同	$h_f = (h_a^* + c^*) m_n = 1.25 m_n$
全齿高	h		$h = h_a + h_f = 2.25 m_n$
齿顶圆直径	d_a	与直齿圆柱齿轮相同	$d_a = d + 2h_a = m_n(z/\cos \beta + 2)$
齿根圆直径	d_f		$d_f = d - 2h_f = m_n(z/\cos \beta - 2.5)$
齿 厚	s	一个齿轮在分度圆占的弧长	$s = p_n/2 = \pi m_n/2 = 1.5708 m_n$
顶 隙	c	与直齿圆柱齿轮相同	$c = c^* m_n = 0.25 m_n$
中心距	a	两相互啮合的斜齿轮节圆半径之和	$a = \frac{1}{2}(d_1 + d_2) = \frac{m_n(z_1 + z_2)}{2\cos \beta}$
导 程	p_z		$p_z = \frac{\pi}{\tan \beta} \times \frac{zm_n}{\cos \beta} = \frac{z\pi m_n}{\sin \beta}$
螺旋角	β	分度圆螺旋线的切线与过切点的圆柱面直素线之间平所夹的锐角	设计给定

(4) 齿条各部位名称、含义及其计算

一个平板或直杆,当其具有一系列等距离分布的齿时,称为齿条。齿线是垂直于齿的运动方向的直线的齿条称为直齿条,如图3-8-5所示;齿线是倾斜于齿的运动方向的直线的齿条称为斜齿条。

齿条可视为齿数趋于无穷大的圆柱齿轮。当一个圆柱齿轮的齿数无限增加时,其分度圆、齿顶圆、齿根圆成为互相平行的直线,分别称为分度线、齿顶线、齿根线。相应基圆半径也无限增大,根据渐开线的性质,当基圆半径趋于无穷大时,渐开线成直线,渐开线齿廓变成直线齿

廓,圆柱齿轮成为齿条。

齿条的基本参数有:齿数 z、模数 m 或 m_n、压力角 α 或 α_n、齿顶高系数 h_a^*、顶隙系数 c^* 和螺旋角 β(斜齿条),基本参数是齿轮各几何尺寸计算的依据。

齿条几何要素的名称、代号、定义和计算公式见表 3-8-4。

表 3-8-4 齿条几何要素的名称、代号、定义和计算公式

名　称	代　号	直齿条计算公式	斜齿条计算公式
模数、法向模数	m、m_n	m 取标准值	$m_n = m$ 取标准值
端面模数	m_t	$m_t = m_n = m$	$m_t = m_n / \cos\beta$
齿形角、法向齿形角	α、α_n	$\alpha = 20°$	$\alpha_n = \alpha = 20°$
端面齿形角	α_t	$\alpha_n = \alpha_t = \alpha$	$\tan\alpha_t = \tan\alpha_n / \cos\beta$
齿距、法向齿距	p、p_n	$p = \pi m$	$p_n = p = \pi m_n$
端面齿距	p_t	$p_t = p_n = p$	$p_t = p_n / \cos\beta = \pi m_n / \cos\beta$
齿顶高	h_a	$h_a = h_a^* m = m$	$h_a = h_a^* m_n = m_n$
齿根高	h_f	$h_f = (h_a^* + c^*)m = 1.25m$	$h_f = (h_a^* + c^*)m_n = 1.25m_n$
齿　厚	s	$s = p/2 = \pi m/2$	$s = p_n/2 = \pi m_n/2$
槽　宽	e	$e = p/2 = \pi m/2$	$e = p_n/2 = \pi m_n/2$

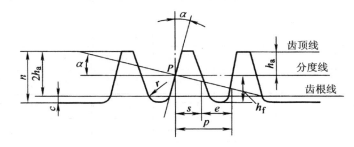

图 3-8-5 直齿条的齿形

2. 圆柱齿轮与齿条的测量与检测方法

(1) 弦齿厚检测方法

弦齿厚检测方法是保证齿侧间隙的单齿测量法,计算与操作都比较方便,但测量时齿轮的齿顶圆直径误差会影响到测量精度。

齿轮卡尺有 1~16 mm、1~25 mm、5~32 mm 和 10~50 mm 四种规格,游标的读数值均为 0.02 mm。

1) 齿厚的计算

① 分度圆齿厚 $\bar{s}$ 的计算

分度圆弦齿厚略小于分度圆弧齿厚,弦齿高略大于分度圆弧齿高。分度圆弦齿厚和弦齿高计算公式:

$$\bar{s} = mz\sin\frac{90°}{z}$$

$$\overline{h}_a = m\left[1 + \frac{z}{2}\left(1 - \cos\frac{90°}{z}\right)\right]$$

由上式公式可知,影响弦齿厚和弦齿高的参数是模数 m 与齿数 z,为了简化计算,表 3-8-5 列出了当模数 $m=1$ 时圆柱齿轮的分度圆弦齿厚 $\overline{s}^*$ 和弦齿高 $\overline{h}_a^*$ 的数值。计算不同模数的弦齿厚 $\overline{s}$ 与弦齿高 $\overline{h}_a$ 时,可由齿数从表中查得 $\overline{s}^*$ 与 $\overline{h}_a^*$,然后按下式计算:

$$\overline{s} = m\overline{s}^*$$
$$\overline{h}_a = m\overline{h}_a^*$$

表 3-8-5　分度圆弦齿厚与弦齿高($m=1$)　　　　　　　　　mm

齿数 z	齿厚 $\overline{s}^*$	齿高 $\overline{h}_a^*$	齿数 z	齿厚 $\overline{s}^*$	齿高 $\overline{h}_a^*$	齿数 z	齿厚 $\overline{s}^*$	齿高 $\overline{h}_a^*$
12	1.566 3	1.051 3	46	1.570 5	1.013 4	80	1.570 7	1.007 7
13	1.567 0	1.047 4	47	1.570 5	1.013 1	81	1.570 7	1.007 6
14	1.567 5	1.044 0	48	1.570 5	1.012 8	82	1.570 7	1.007 5
15	1.567 9	1.041 1	49	1.570 5	1.012 6	83	1.570 7	1.007 4
16	1.568 3	1.038 5	50	1.570 5	1.012 3	84	1.570 7	1.007 3
17	1.568 6	1.036 3	51	1.570 5	1.012 1	85	1.570 7	1.007 3
18	1.568 8	1.034 2	52	1.570 6	1.011 9	86	1.570 7	1.007 2
19	1.569 0	1.032 4	53	1.570 6	1.011 6	87	1.570 7	1.007 1
20	1.569 2	1.030 8	54	1.570 6	1.011 4	88	1.570 7	1.007 0
21	1.569 3	1.029 4	55	1.570 6	1.011 2	89	1.570 7	1.006 9
22	1.569 5	1.028 0	56	1.570 6	1.011 0	90	1.570 7	1.006 9
23	1.569 6	1.026 8	57	1.570 6	1.010 8	91	1.570 7	1.006 8
24	1.569 7	1.025 7	58	1.570 6	1.010 6	92	1.570 7	1.006 7
25	1.569 8	1.024 7	59	1.570 6	1.010 5	93	1.570 7	1.006 6
26	1.569 8	1.023 7	60	1.570 6	1.010 3	94	1.570 7	1.006 6
27	1.569 9	1.022 8	61	1.570 6	1.010 1	95	1.570 7	1.006 5
28	1.570 0	1.022 0	62	1.570 6	1.010 0	96	1.570 7	1.006 4
29	1.570 0	1.021 3	63	1.570 6	1.009 8	97	1.570 7	1.006 4
30	1.570 1	1.020 6	64	1.570 6	1.009 6	98	1.570 7	1.006 3
31	1.570 1	1.019 9	65	1.570 6	1.009 5	99	1.570 7	1.006 2
32	1.570 2	1.019 3	66	1.570 6	1.009 3	100	1.570 7	1.006 2
33	1.570 2	1.018 7	67	1.570 7	1.009 2	105	1.570 7	1.005 9
34	1.570 2	1.018 1	68	1.570 7	1.009 1	110	1.570 7	1.005 6
35	1.570 3	1.017 6	69	1.570 7	1.008 9	115	1.570 7	1.005 4
36	1.570 3	1.017 1	70	1.570 7	1.008 8	120	1.570 8	1.005 1

续表 3-8-5

齿数 z	齿厚 $\bar{s}^*$	齿高 $\bar{h}_a^*$	齿数 z	齿厚 $\bar{s}^*$	齿高 $\bar{h}_a^*$	齿数 z	齿厚 $\bar{s}^*$	齿高 $\bar{h}_a^*$
37	1.570 3	1.016 7	71	1.570 7	1.008 7	125	1.570 8	1.004 9
38	1.570 3	1.016 2	72	1.570 7	1.008 6	127	1.570 8	1.004 9
39	1.570 4	1.015 8	73	1.570 7	1.008 4	130	1.570 8	1.004 7
40	1.570 4	1.015 4	74	1.570 7	1.008 3	135	1.570 8	1.004 6
41	1.570 4	1.015 0	75	1.570 7	1.008 2	140	1.570 8	1.004 4
42	1.570 4	1.014 7	76	1.570 7	1.008 1	145	1.570 8	1.004 3
43	1.570 4	1.014 3	77	1.570 7	1.008 0	150	1.570 8	1.004 1
44	1.570 5	1.014 0	78	1.570 7	1.007 9	齿条	1.570 8	1.000 0
45	1.570 5	1.013 7	79	1.570 7	1.007 8			

注:本表也适用于斜齿轮和锥齿轮,但要按当量齿数查此表。如果当量齿数带有小数,就要用比例插入法,把小数考虑进去。

② 固定弦齿厚 $\bar{s}_c$ 的计算

固定弦齿厚是指基准齿条齿形与齿轮齿形相切时,两切点间的最短距离(见图 3-8-6)称为弦齿高。具体计算时按以下公式:

$$\bar{s}_c = \frac{\pi m}{2} \cos^2 \alpha$$

$$\bar{h}_c = m\left(1 - \frac{\pi}{8}\sin 2\alpha\right)$$

由计算公式可知,固定弦齿厚与固定弦齿高只与模数、压力角有关与齿数无关,也就是说不论齿轮的齿数多少,只要模数与压力角一定,它的齿厚尺寸也就一定了,为了简化计算,表 3-8-6 列出了压力角 $\alpha=20°$ 时不同模数对应的固定的弦齿厚和固定弦齿高,供测量时参考使用。

齿厚测量中,由于以齿顶圆作为测量基准,齿顶圆的加工误差将影响弦齿高的实际值,因此应该从理论计算(或查表)值中减去误差修正值。

表 3-8-6 固定弦齿厚与弦齿高($\alpha=20°$)   mm

模数 m	固定弦齿厚 $\bar{s}_c$	固定弦齿高 $\bar{h}_c$	模数 m	固定弦齿厚 $\bar{s}_c$	固定弦齿高 $\bar{h}_c$
1	1.387 1	0.747 6	6	8.322 3	4.485 4
1.25	1.733 8	0.934 4	6.5	9.015 8	4.859 2
1.5	2.080 6	1.121 4	7	9.709 3	5.233 0
1.75	2.427 3	1.308 2	7.5	10.402 9	5.606 8
2	2.774 1	1.495 1	8	11.096 4	5.980 6
2.25	3.120 9	1.682 0	9	12.483 4	6.728 2
2.5	3.467 7	1.868 9	10	13.870 5	7.475 7
2.75	3.814 4	2.055 8	11	15.257 5	8.223 3

续表 3-8-6

模数 m	固定弦齿厚 $\bar{s}_c$	固定弦齿高 $\bar{h}_c$	模数 m	固定弦齿厚 $\bar{s}_c$	固定弦齿高 $\bar{h}_c$
3	4.161 2	2.242 7	12	16.644 6	8.970 9
3.25	4.507 9	2.429 6	13	18.031 6	9.718 5
3.5	4.854 7	2.616 5	14	19.418 7	10.466 1
3.75	5.201 7	2.803 4	15	20.805 7	11.213 7
4	5.548 2	2.990 3	16	22.192 8	11.961 2
4.25	5.895 0	3.177 2	18	24.966 9	13.456 4
4.5	6.241 7	3.364 1	20	27.741 0	14.951 5
4.75	6.588 5	3.551 0	22	30.515 1	16.446 7
5	6.935 3	3.737 9	24	33.289 2	17.941 9
5.5	7.628 8	4.111 7	25	34.676 2	18.689 5

注：测量斜齿轮时，应按法向模数查表。测量锥齿轮时，应按大端模数查表。

2) 弦齿厚的测量方法

弦齿厚的测量方法如图 3-8-7 所示，首先根据计算得到的固定或分度圆弦齿高或分度圆弦齿高调整垂直游标。若齿顶圆直径有误差，应计入误差对弦齿高的影响值。测量时，将垂直尺测量面要紧贴齿顶面，然后用横尺测量弦齿厚。

（2）公法线长度测量方法

公法线长度是两平行平面与齿轮轮齿不同齿侧的齿面相切时两切点间的直线距离（见图 3-8-8）。公法线长度测量是保证尺侧间隙的有效方法，在齿轮加工中因间隙测量简便、准确，不受测量基准而得到广泛应用。

1) 公法线千分尺的结构与规格

测量公法线长度 W_k 通常使用公法线千分

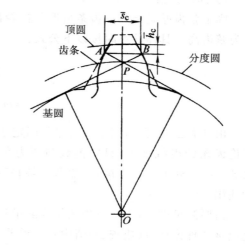

图 3-8-6　齿轮固定弦齿厚与固定弦齿高

尺。公法线千分尺的测砧与外径千分尺不同，主要作用是便于将测砧伸入齿槽进行测量。公法线长度千分尺的规格与外径千分尺相同。测量较大齿轮（$m>2$ mm）的公法线长度也可以使用普通的游标卡尺。

2) 公法线长度与跨测齿数的计算

① 直齿轮的公法线长度 W_k

测量公法线长度 W_k 必须按规定的跨测齿数（也叫跨函数）k 进行。跨测齿数 k 是根据齿轮的齿数 z 和齿形角 α 确定的，其目的是使公法线千分尺或游标卡尺的两测量面与轮齿齿面接触点尽量接近分度圆。公法线长度 W_k 与跨齿数 k 的计算公式：

$$W_k = m\cos\alpha[(k-0.5)\pi + z\,\mathrm{inv}\,\alpha]$$

$$k = \frac{\alpha}{180}z + 0.5$$

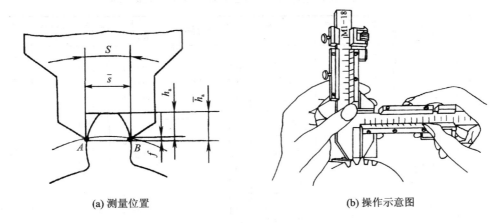

(a) 测量位置　　　　　　　　　　　(b) 操作示意图

图 3-8-7　分度圆弦齿厚的测量方法

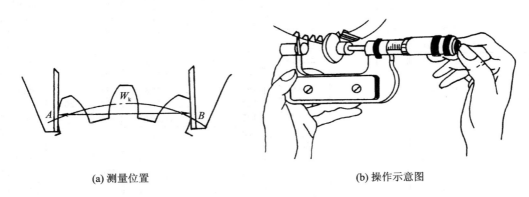

(a) 测量位置　　　　　　　　　　　(b) 操作示意图

图 3-8-8　公法线长度

式中：inv α——渐开线函数。

当齿形角 $α=20°$ 时：$W_k=m[2.9521(k-0.5)+0.014z]$
$$k=0.111z+0.5$$

为了简化计算，表 3-8-7 列出了模数 $m=1$、齿形角 $α=20°$ 时不同齿数的跨齿数与公法线长度值，查表后可按 $W_k=mW_k^*$ 计算来进行测量。

② 斜齿轮的公法线长度与跨测齿数的计算

斜齿圆柱齿轮的公法线长度 W_{kn} 是在法面上测量的，斜跨齿数与当量齿数 z_v 有关。当量齿数可用公式计算，也可用螺旋角 $β$ 由表 3-8-8 查出当量齿数系数 K，然后用简化公式计算。

$$z_v=\frac{z}{\cos^3 β}$$
$$z_v=Kz$$

斜齿轮的法向公法线长度和斜跨齿数计算公式：
$$W_{kn}=m_n \cos α_n [π(k-0.5)+z\,\text{inv}\,α_t]$$

表 3-8-7 标准直齿圆柱齿轮公法线长度($m=1, \alpha=20°$)

齿数 z	跨齿数 k	公法线长度 W_k^*	齿数 z	跨齿数 k	公法线长度 W_k^*	齿数 z	跨齿数 k	公法线长度 W_k^*	齿数 z	跨齿数 k	公法线长度 W_k^*
9		4.554 2	57		19.987 2				153		53.805 1
10		4.568 3	58		19.001 2	105		35.420 1	154		53.819 1
11		4.582 3	59	7	19.015 2	106	12	35.434 1	155		53.833 1
12	2	4.596 3	60		19.029 2	107		35.448 1	156	18	53.847 1
13		4.610 3	61		19.043 2				157		53.861 1
14		4.624 3	62		19.057 2	108		38.414 2	158		53.875 1
15		4.638 3	63		23.023 3	109		38.428 2	159		53.889 1
16		4.652 3	64		23.037 3	110		38.442 2	160		53.903 1
17		4.666 3	65		23.051 3	111	13	38.456 2	161		53.917 1
18		7.632 4	66		23.065 3	112		38.470 2	162		56.883 3
19		7.646 4	67	8	23.079 3	113		38.484 2	163		56.897 3
20		7.660 4	68		23.093 3	114		38.498 2	164		56.911 3
21		7.674 4	69		23.107 3	115		38.512 2	165	19	56.925 3
22	3	7.688 4	70		23.121 4	116		38.526 2	166		56.939 3
23		7.702 5	71		23.135 4	117		41.492 4	167		56.953 3
24		7.716 5	72		26.101 5	118		41.506 4	168		56.967 3
25		7.730 5	73		26.115 5	119		41.520 4	169		56.981 3
26		7.744 5	74		26.129 5	120		41.534 4	170		56.995 3
27		10.710 6	75		26.143 5	121	14	41.548 4	171		59.961 5
28		10.724 6	76	9	26.157 5	122		41.562 4	172		59.975 5
29		10.738 6	77		26.171 5	123		41.576 4	173		59.989 5
30		10.752 6	78		26.185 5	124		41.590 4	174	20	60.003 5
31	4	10.766 6	79		26.199 5	125		41.604 4	175		60.017 5
32		10.780 6	80		26.213 5	126		44.570 6	176		60.031 5
33		10.794 6	81		29.179 7	127		44.584 6	177		60.045 5
34		10.808 6	82		29.193 7	128		44.598 6	178		60.059 5
35		10.822 6	83		29.207 7	129		44.612 6	179		60.073 5
36		13.788 8	84		29.221 7	130	15	44.626 6	180		63.039 6
37		13.802 8	85	10	29.135 7	131		44.640 6	181		63.053 6
38		13.816 8	86		29.249 7	132		44.654 6	182		63.067 6
39		13.830 8	87		29.263 7	133		44.668 6	183	21	63.081 6
40	5	13.844 8	88		29.277 7	134		44.682 6	184		63.095 7
41		13.858 8	89		29.291 7	135		47.648 7	185		63.109 7
42		13.872 8	90		22.257 9	136		47.662 7	186		63.123 7
43		13.886 8	91		32.271 9	137		47.676 8	187		63.137 7
44		13.900 8	92		32.285 9	138		47.690 8	188		63.151 7
45		16.867 0	93		32.299 9	139	16	47.704 8	189		66.117 8
46		16.881 0	94	11	32.313 9	140		47.718 8	190		66.131 8
47		16.895 0	95		32.327 9	141		47.732 8	191		66.145 8
48		16.909 0	96		32.341 9	142		47.746 8	192	22	66.159 8
49	6	16.923 0	97		32.355 9	143		47.760 8	193		66.173 8
50		16.937 0	98		32.369 9				194		66.187 8
51		16.951 0				144		50.726 9	195		66.201 8
52		16.965 0				145		50.740 9	196		66.215 9
53		16.979 0	99		35.336 0	146		50.754 9	197		66.229 9
			100		35.350 0	147		50.768 9			
			101	12	35.364 0	148	17	50.782 9			
54		19.945 1	102		35.378 0	149		50.796 9	198		66.196 0
55	7	19.959 1	103		35.392 0	150		50.811 9	199	23	69.210 0
56		19.973 1	104		35.406 1	151		50.825 0	200		69.224 0
						152		50.839 0			

$$k = \frac{\alpha_n}{180}z_v + 0.5$$

式中：z 为斜齿轮的齿数；k 为跨测齿数；$\text{inv}\,\alpha_t$ 为斜齿端面压力角的渐开线函数值，$\text{inv}\,\alpha_t = \tan\alpha_t - \alpha_t$。

为了简化计算，生产实践中将其简化成下列形式，并用查表计算法计算：

$$W_{kn} = m_n(A + zB)$$

式中：A 为计算系数，$A = \pi(k - 0.5)\cos\alpha_n$；$B$ 为计算系数，$B = \text{inv}\,\alpha_t\cos\alpha_n$。

表 3-8-8 斜齿圆柱轮当量齿数系数 K

β	K	β	K	β	K	β	K	β	K
0°	1.000	16°	1.127	32°	1.640	48°	3.336	64°	11.87
0°30′	1.000	16°30′	1.136	32°30′	1.667	48°30′	3.436	64°30′	12.55
1°	1.001	17°	1.145	33°	1.695	49°	3.540	65°	13.25
1°30′	1.001	17°30′	1.154	33°30′	1.724	49°30′	3.650	65°30′	14.03
2°	1.002	18°	1.163	34°	1.755	50°	3.767	66°	14.86
2°30′	1.003	18°30′	1.172	34°30′	1.787	50°30′	3.887	66°30′	15.80
3°	1.004	19°	1.182	35°	1.819	51°	4.012	67°	16.76
3°30′	1.005	19°30′	1.193	35°30′	1.853	51°30′	4.144	67°30′	17.84
4°	1.007	20°	1.204	36°	1.889	52°	4.284	68°	19.98
4°30′	1.009	20°30′	1.216	36°30′	1.926	52°30′	4.433	68°30′	20.31
5°	1.011	21°	1.228	37°	1.963	53°	4.586	69°	21.72
5°30′	1.013	21°30′	1.241	37°30′	2.003	53°30′	4.752	69°30′	23.33
6°	1.016	22°	1.254	38°	2.044	54°	4.925	70°	25.00
6°30′	1.019	22°30′	1.268	38°30′	2.086	54°30′	5.106	70°30′	26.88
7°	1.022	23°	1.282	39°	2.130	55°	5.295	71°	28.97
7°30′	1.026	23°30′	1.297	39°30′	2.177	55°30′	5.497	71°30′	31.40
8°	1.030	24°	1.312	40°	2.225	56°	5.710	72°	33.88
8°30′	1.034	24°30′	1.328	40°30′	2.275	56°30′	6.940	72°30′	36.92
9°	1.038	25°	1.344	41°	2.326	57°	6.190	73°	40.00
9°30′	1.042	25°30′	1.360	41°30′	2.380	57°30′	6.447	73°30′	43.88
10°	1.047	26°	1.377	42°	2.436	58°	6.720	74°	47.79
10°30′	1.052	26°30′	1.395	42°30′	2.495	58°30′	7.010	74°30′	52.36
11°	1.057	27°	1.414	43°	2.557	59°	7.321	75°	57.68
11°30′	1.062	27°30′	1.434	43°30′	2.621	59°30′	7.650	75°30′	64.15
12°	1.068	28°	1.454	44°	2.687	60°	8.000	76°	70.65
12°30′	1.074	28°30′	1.474	44°30′	2.756	60°30′	8.380	76°30′	79.20

续表 3-8-8

β	K	β	K	β	K	β	K	β	K
13°	1.080	29°	1.495	45°	2.828	61°	8.780	77°	87.84
13°30′	1.087	29°30′	1.517	45°30′	2.904	61°30′	9.209	77°30′	99.50
14°	1.094	30°	1.540	46°	2.983	62°	9.664	78°	111.30
14°30′	1.102	30°30′	1.563	46°30′	3.066	62°30′	10.160	79°	144.00
15°	1.110	31°	1.588	47°	3.152	63°	10.69	80°	191.20
15°30′	1.118	31°30′	1.613	47°30′	3.242	63°30′	11.27	81°	261.4

当 $\alpha_n=20°$ 时，计算系数 A、B 可根据跨测齿数 k 和螺旋角 β 由表 3-8-9、表 3-8-10 查得。斜齿圆柱齿轮公法线长度跨测齿数可由图 3-8-9 查得。

表 3-8-9 斜齿圆柱齿轮公法线长度计算系数 $A(\alpha=20°)$

k	A	k	A	k	A	k	A
1	1.476 1	11	30.997 4	21	60.518 7	31	90.040 0
2	4.428 2	12	33.949 5	22	63.470 8	32	92.992 1
3	7.380 3	13	36.901 6	23	66.423 0	33	95.944 3
4	10.332 5	14	39.853 8	24	69.375 1	34	98.896 4
5	13.284 6	15	42.805 9	25	72.327 2	35	101.848 5
6	16.236 7	16	45.758 0	26	75.279 4	36	104.800 7
7	19.188 9	17	48.710 2	27	78.231 5	37	107.752 8
8	22.141 0	18	51.662 3	28	81.183 6	38	110.704 9
9	25.093 1	19	54.614 4	29	84.135 7	39	113.657 1
10	28.045 2	20	57.566 6	30	87.087 9	40	116.609 2

表 3-8-10 斜齿圆柱齿轮公法线长度计算系数 $B(\alpha=20°)$

β	B	β	B	β	B	β	B
0°	0.014 006	12°30′	0.014 998	25°	0.018 526	37°30′	0.026 920
0°30′	0.014 007	13°	0.015 082	25°30′	0.018 743	38°	0.027 431
1°	0.014 012	13°30′	0.015 171	26°	0.018 967	38°30′	0.027 961
1°30′	0.014 019	14°	0.015 264	26°30′	0.019 199	39°	0.028 510
2°	0.014 030	14°30′	0.015 360	27°	0.019 439	39°30′	0.029 080
2°30′	0.014 044	15°	0.015 461	27°30′	0.019 687	40°	0.029 671
3°	0.014 061	15°30′	0.015 566	28°	0.019 944	40°30′	0.030 285
3°30′	0.014 080	16°	0.015 676	28°30′	0.020 210	41°	0.030 921
4°	0.014 103	16°30′	0.015 790	29°	0.020 484	41°30′	0.031 582
4°30′	0.014 130	17°	0.015 908	29°30′	0.020 768	42°	0.032 269
5°	0.014 159	17°30′	0.016 031	30°	0.021 062	42°30′	0.032 982

续表 3-8-10

β	B	β	B	β	B	β	B
5°30′	0.014 191	18°	0.016 159	30°30′	0.021 366	43°	0.033 723
6°	0.014 227	18°30′	0.016 292	31°	0.021 680	43°30′	0.034 493
6°30′	0.014 266	19°	0.016 429	31°30′	0.022 005	44°	0.035 294
7°	0.014 308	19°30′	0.016 572	32°	0.022 341	44°30′	0.036 127
7°30′	0.014 353	20°	0.016 720	32°30′	0.022 689	45°	0.036 994
8°	0.01 4 402	20°30′	0.016 874	33°	0.023 049	45°30′	0.037 896
8°30′	0.014 454	21°	0.017 033	33°30′	0.023 422	46°	0.038 835
9°	0.014 510	21°30′	0.017 198	34°	0.023 808	46°30′	0.039 814
9°30′	0.014 569	22°	0.017 368	34°30′	0.024 207	47°	0.040 833
10°	0.014 631	22°30′	0.017 545	35°	0.024 620	47°30′	0.041 895
10°30′	0.014 697	23°	0.017 728	35°30′	0.025 049	48°	0.043 003
11°	0.014 767	23°30′	0.017 917	36°	0.025 492	48°30′	0.044 158
11°30′	0.014 840	24°	0.018 113	36°30′	0.025 951	49°	0.045 364
12°	0.014 917	24°30′	0.018 316	37°	0.026 427	49°30′	0.046 622

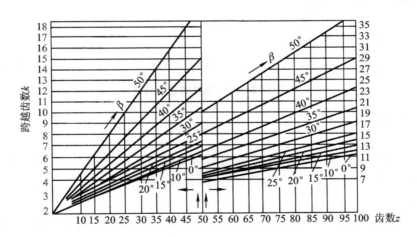

图 3-8-9 斜齿圆柱齿轮公法线长度跨测齿数 k

3）公法线长度的测量方法

测量斜齿圆柱齿轮公法线长度时，按计算所得的跨齿数粗调量具面之间的尺寸。将游标卡尺量爪（千分尺测砧）伸入齿槽后，尺身置于法面位置，调节活动量爪（或千分尺活动测砧），使量具测量面与齿侧面相切。

为了不致使量具卡尺的一个卡爪落在齿轮的外面（图 3-8-10），齿轮的宽度 b 必须满足如下条件：

$$b > W_{kn} \sin \beta$$

如果斜齿圆柱齿轮的宽度不能满足上述条件,应改为测量分度圆弦齿厚 $\bar{s}_n$ 或固定弦齿厚 $\bar{s}_{cn}$。

3. 螺旋槽的铣削加工方法

在铣削加工中会遇到螺旋形沟槽(或面)的工件,如刀具螺旋齿槽、凸轮矩形螺旋槽(或面)、圆柱斜齿轮的螺旋齿槽等。

(1) 圆柱螺旋线的形成

如图 3-8-11 所示,圆柱上一点 A 在沿着圆周做等速圆转运动的同时又沿

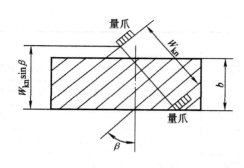

图 3-8-10 斜齿圆柱齿轮宽度与公法线长度的关系

着母线做等速圆转运动,则 A 点在圆柱表面留得的运动轨迹成为圆柱的螺旋线 AB。若将圆柱螺旋线 AB 的平面展开,可形成斜边 AB、圆柱周长 AC 和动点轴向移动距离 P_z 组成的直角三角形。当螺旋线 AB 由左下方移向右上方时,称为右螺旋。当螺旋线 AB 由右下方移向左上方时,称为左螺旋。

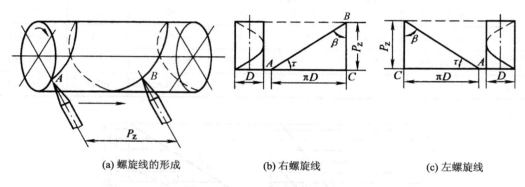

(a) 螺旋线的形成　　　　(b) 右螺旋线　　　　(c) 左螺旋线

图 3-8-11 圆柱等速螺旋线

(2) 圆柱螺旋槽的要素

1) 直径 D

螺旋槽的直径可分为外直径(槽口所在圆柱面直径)、底径(槽底所在圆柱面直径)和中径(槽中所在圆柱面直径,如倾斜圆柱齿轮的分度圆直径)。

2) 导程 P_z

动点沿螺旋线一周,在周线方向移动的距离称为导程,在同一条螺旋槽上各处的导程都相等。

3) 螺旋角 β

圆柱螺旋线的切线与通过切点的圆柱轴面直素线之间所夹的锐角称为螺旋角。

4) 导程角 λ

圆柱螺旋线的切线与圆柱体端平面之间的夹角称为导程角,又称为螺旋升角。

5) 螺旋线的头数 z 与螺距 P

圆柱体上的螺旋线有两条或两条以上,称为多头螺旋线。斜齿圆柱齿轮就是多头螺旋线形成的,多头螺旋线的头数为 z。相邻两螺旋线之间的轴向距离称为螺距 P。

螺距、导程和头数之间的关系如下:

$$P_z = \pi D \cot \beta$$
$$\lambda = 90° - \beta$$
$$P_z = nP$$

由公式可知,在同一螺旋槽上,从槽口到槽底直径不同,导程相同而螺旋角不同。这是螺旋槽铣削时产生干扰的主要原因。螺旋槽螺旋角应注意其所在位置,如斜齿圆柱齿轮的螺旋角是指分度圆的螺旋角。

(3) 螺旋槽的铣削方法要点

① 万能分度头装夹工件,在万能卧式铣床上用盘形铣刀铣削圆柱螺旋槽时,应在分度头与工作台纵向丝杠之间配置交换齿轮,以保证工件做等速旋转运动的同时做等速直线运动,其关系是工件匀速旋转一周的同时,工作台带动工件匀速直线移动一个导程。螺旋运动的系统如图 3-8-12 所示。盘形铣刀的齿形应与工件螺旋槽的法向截线相同,为了使铣刀的旋转平面与螺旋槽方向一致,必须将工作台在水平面内旋一个角度,转角的大小与螺旋方向相等,转角的方向为:铣削左螺旋时,工作台顺时针转(见图 3-8-13(a));铣削右螺旋时,工作台逆时针转(见图 3-8-13(b))。

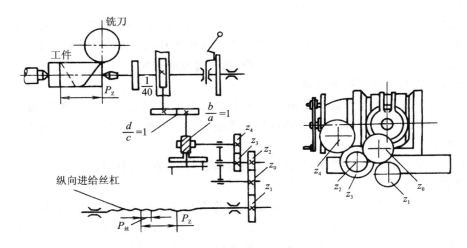

图 3-8-12 用盘形铣刀铣削螺旋槽

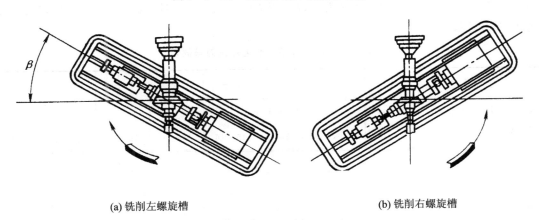

(a) 铣削左螺旋槽　　　　　　　　(b) 铣削右螺旋槽

图 3-8-13 铣削螺旋槽时工作台转动方向

② 在加工矩形螺旋槽时,由于用三面刃铣刀会产生严重的干涉,通常采用立铣刀或键槽

铣刀加工,此时工作台可不必转动角度。采用立铣刀加工圆柱面螺旋槽时,虽然因螺旋槽各处的螺旋角不同也会产生干涉,但对槽形的影响较小。

(4) 交换齿轮的计算

根据图 3-8-12 中的传动系统图可知:当工作台每移动一个导程 P_z 时,分度头主轴必须回转一周,则交换齿轮的速比 i 计算如下:

$$\frac{P_z}{P_{丝}} = \frac{z_2}{z_1} \times \frac{z_4}{z_3} \times \frac{1}{1} \times \frac{1}{1} \times 40$$

$$i = \frac{z_1 z_3}{z_2 z_4} = \frac{40 P_{丝}}{P_z}$$

为了减少繁琐的计算,而且有时算得的交换齿轮比往往无法分解成因子,故在实际工作中,为了方便起见,可根据交换齿轮的速比 i 或工件的导程 P_z,从有关手册中查取交换齿轮的齿数。

当交换齿轮确定后,在安装交换齿轮时必须注意以下几点:

① 主动齿轮 z_1 或 z_3 应安装在纵向丝杠上,从动齿轮 z_2 或 z_4 安装在分度头侧轴上。

② 中间齿轮的配置根据工件螺旋方向确定,因工作台纵向丝杠是右螺纹,故铣削右螺旋槽时,应使工件转向与工作台丝杠向相反。

③ 交换齿轮安装后,应检查交换齿轮的计算与搭配是否正确,检查方法可采用摇动纵向进给手柄,使工件回转一周(180°或 90°),检查工作台是否移动了一个导程($1/2 P_z$ 或 $1/4 P_z$)。

④ 交换齿轮之间应保持一定的啮合间隙,切勿过紧或过松。

4. 圆柱齿轮与齿条铣削方法要点

圆柱齿轮与齿条铣削实质上是渐开线齿形槽的形成铣削加工。与一般的形成槽加工相比,齿轮与齿条的形成对位置和尺寸精度的要求也很高。因此,铣削时必须掌握以下要点。

(1) 铣刀选择方法

基本方法是根据齿轮的模数和齿数(或当量齿数)来选择铣刀的模数和号数。

1) 选择加工直齿圆柱齿轮的铣刀

齿轮铣刀的刃口形状是渐开线齿形,渐开线的形状又是与齿轮基圆的大小有关。现行标准把齿轮铣刀按齿轮的齿数划分成段,每一段为一个号数,并以这一段中最少的轮齿齿形作为铣刀的廓形,以免齿轮啮合时发生干涉。具体选择时,当齿轮模数 $m=1 \sim 8$ 时,按齿轮的齿数在 8 把一套的表 3-8-11 中选择铣刀号数。当齿轮模数 $m > 8$ 时,按齿轮的齿数在 15 把一套中选择铣刀号数。

表 3-8-11 8 把一套齿轮铣刀号数表

铣刀刀号		1	$1\frac{1}{2}$	2	$2\frac{1}{2}$	3	$3\frac{1}{2}$	4	$4\frac{1}{2}$
加工齿轮齿数	8 把一套	12~13		14~16		17~20		21~25	
	15 把一套	12	13	14	15~16	17~18	19~20	21~22	23~25

铣刀刀号		5	$5\frac{1}{2}$	6	$6\frac{1}{2}$	7	$7\frac{1}{2}$	8
加工齿轮齿数	8 把一套	26~34		35~54		55~134		135~∞
	15 把一套	26~29	30~34	35~41	42~54	55~79	80~134	135~∞

2) 选择加工斜齿圆柱齿轮的铣刀

斜齿圆柱齿轮的铣刀号数应按当量齿数选择,必须根据齿轮齿数与螺旋角计算得到的当量齿数,然后按当量齿数查表 3-8-11 选择铣刀刀号。此外,铣刀的刀号也可根据齿轮的螺旋角和当量齿数,直接从图 3-8-14 中查出。

3) 选择加工齿条的铣刀

齿条是基圆直径无限大的齿轮,因此,加工齿条的铣刀刀号应选择 8 号铣刀,或两侧成直线形的专用齿条铣刀。

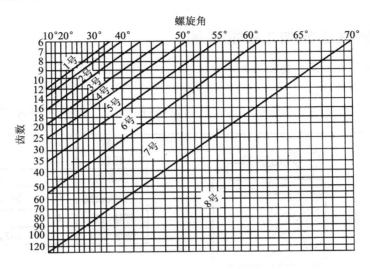

图 3-8-14 铣削斜齿圆柱齿轮的铣刀刀号选用

(2) 铣刀与工件相对位置调整方法

1) 铣削直齿圆柱齿轮与直齿条时的调整方法

① 铣削直齿圆柱齿轮时,按划线或切痕对刀法使铣刀齿形对称工件的轴向平面,以保证铣成的轮齿齿形不发生偏斜。铣削直齿条时,铣刀应在齿条起始位置上对刀后加工第一条齿槽。齿轮与齿条的齿槽深度基本上按模数为 2.25 计算值调整(全齿高 $h=2.25m$)。表面精度要求较高时可分粗铣和精铣,精铣时铣削深度一般按 0.15~0.3 mm 预留,在粗铣后根据实际余量进刀精铣,补充进刀量随齿轮采取的测量方法不同按下列各式计算:

按分度圆弦齿厚实测时:$\Delta t=1.37(\bar{s}_实-\bar{s})$

按固定弦齿厚实测时: $\Delta t=1.17(\bar{s}_{c实}-\bar{s}_c)$

按公法线长度实测时:$\Delta t=1.462(W_{k实}-W_k)$

式中,Δt 为精铣时补充切削深度,mm;$\bar{s}_实$ 为粗铣后测量的实际分度圆弦齿厚,mm;$\bar{s}_{c实}$ 为粗铣后测量的实际固定弦齿厚,mm;$W_{k实}$ 为粗铣后测量的实际公法线长度,mm。

② 直齿圆柱齿轮的分齿一般用分度头按分度方法分度;直齿条的齿距控制方法与孔距控制方法相同,齿距尺寸 $P=\pi m$。

2) 铣削斜齿圆柱齿轮与斜齿条时的调整方法

① 斜齿圆柱齿轮使用简单分度法,但因孔盘是活动的,分度时应注意间隙对齿轮精度的影响;斜齿条的齿距应根据工件的安装方式确定。当用工件转动角度铣削时,应按法向齿距

$P_n = \pi m_n$ 进行分齿移动;当用工作台转动角度铣削时,应按端面齿距 $P_t = \pi m_n / \cos\beta$ 进行分齿移动。

② 斜齿圆柱齿轮铣削时的交换齿轮计算与螺旋槽铣削时基本相同,导程计算公式:

$$P_z = \frac{\pi m_n z}{\sin \beta}$$

查表 3-8-11,按与 P_z 最近的导程选择交换齿轮,然后按以下公式计算实际螺旋角:

$$\sin \beta = \frac{z_1 z_3}{z_2 z_3} \times \frac{\pi m_n z}{40 P_{丝}}$$

3.8.2 直齿圆柱齿轮加工技能训练

重点:掌握铣削直齿圆柱齿轮的加工方法。

难点:对刀操作调整。

铣削加工如图 3-8-15 所示的直齿圆柱齿轮,坯件已加工成形,材料为 45 钢。

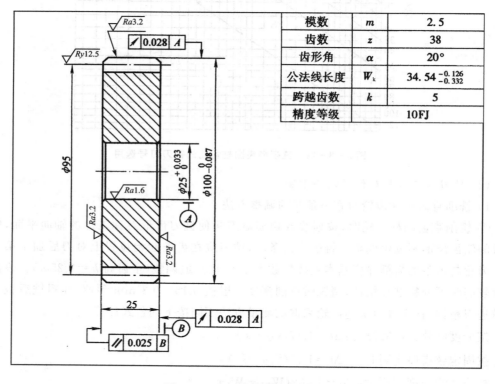

图 3-8-15 直齿圆柱齿轮

【工艺分析】

该直齿圆柱齿轮为套类零件,宜采用专用心轴装夹工件,在卧式铣床上用分度头加工。

其加工步骤如下:

齿轮坯件检验→安装并调整分度头→装夹和找正工件→工件表面划中心线→计算、选择和安装齿轮铣刀→对刀并调整进刀量→试切、预检公法线长度→准确调整进刀量→依次准确分度和铣削→直齿圆柱齿轮铣削工序检验。

【工艺准备】

① 选择铣床。选用 X6132 卧式万能铣床。

② 选择工件装夹方式。在 F11125 型分度头上用两顶尖、鸡心夹和拨盘装夹心轴与工件,心轴的形式如图 3-8-16 所示。

③ 选择刀具。根据齿轮的模数、齿形角查表 3-8-11 选择:$m=2.5$、$\alpha=20°$的 6 号齿轮铣刀。

④ 选择检验测量方法。用 25～50 mm 公法线千分尺测量公法线长度。

【加工准备】

① 检验坯件。用专心轴套装夹工件;用百分表检验工件齿顶圆和内孔基准的同轴度,检验工件端面的圆跳动误差;用外径千分尺测量齿轮坯件两端面的平面度和齿顶圆直径。

② 安装、调试分度头及附件。安装分度头,找正分度头主轴顶角与尾座顶尖的同轴度,以及与纵向进给方向和工作台面的平行度。计算分度手柄转数 n:

$$n = \frac{40}{z}\ \text{r} = \frac{40}{38}\ \text{r} = 1\frac{3}{57}\ \text{r}$$

调整分度销、分度盘及分度叉。

③ 装夹、找正工件。使工件外圆与分度头主轴同轴,端面圆跳动在 0.03 mm 以内,如图 3-8-17 所示。

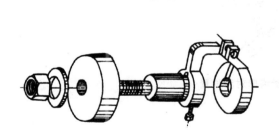

图 3-8-16 心轴和工件装夹

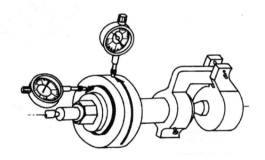

图 3-8-17 齿轮坯件找正

④ 工件圆柱面划线。在工件圆柱面划出对称中心及间距 3 mm 的两条齿槽对刀线。

⑤ 安装铣刀及调整铣削用量。铣刀安装在刀杆中间部位。主轴的转速调整为

$$n = 75\ \text{r/min}(v_c \approx 15\ \text{m/min}),\quad v_f = 37.5\ \text{mm/min}$$

【加工步骤】

加工步骤如表 3-8-12 所列。

表 3-8-12 直齿圆柱齿轮加工步骤(见图 3-8-15)

操作步骤	加工内容
1. 对刀	1) 横向对刀时,分度圆准确转过 90°,使划线位于工件上方,调整工作台横向,使齿轮铣刀刀尖位于划线中间。 2) 垂向对刀时,调整工作台,使齿轮铣刀恰好擦到工件圆柱面最高点

续表 3-8-12

操作步骤	加工内容
2. 试铣、验证齿槽位置	垂向上升 $h=1.5m=1.5\times2.5$ mm$=3.75$ mm 铣出一条齿槽。工件退刀后，将工件转过 $90°$，使齿槽处于水平位置，在齿槽中放入 $\phi6$ 的标准圆棒，用百分表测量圆棒；然后，将工件转过 $180°$，用同样的方法进行比较测量，如图 3-8-18 所示。若百分表的示值不一致，则按示值差的一半微量调整工作台横向，调整的方向应使铣刀靠向百分表示值的一侧
3. 调整齿槽深度及预测	将工件转过 $90°$，使齿槽处于铣削位置，根据垂向对刀记号，工作台上升 $h=2.25m=2.25\times2.5$ mm$=5.625$ mm，先上升 5.40 mm 进行试铣。根据铣削距离，调整好纵向自检，测量公法线长度后，第二次铣削层深度按 Δt 计算。本例预检时若测得 $W_{k实}=34.68$ mm，根据图样给定的公差值，则 $\Delta t=1.462(W_{k实}-W_k)=[1.462(34.68-34.54-0.12)]$ mm$=0.029\ 2$ mm
4. 粗、精铣齿槽	按计算得到的 Δt 值调整工作台垂向，准确分度精铣齿槽；铣出 6 个齿槽后，可再次检测公法线长度是否符合图样要求，然后依次精铣全部齿槽

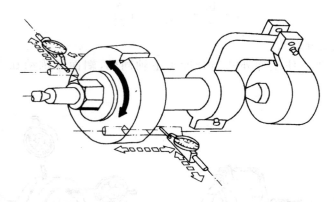

图 3-8-18 测量齿槽对称位置

注意事项

铣削直齿圆柱齿轮注意事项：

- 若图样给定的数据是分度圆弦齿厚，预检后决定第二次的铣削层深度应按分度圆弦齿厚实测值计算，即 $\Delta t=1.37(\bar{s}_实-\bar{s})$。
- 若齿轮齿面质量要求较高，需分粗铣、精铣两次进给铣削，齿面要求不高或齿轮模数较少，也可以一次进给铣出。为了保证尺寸公差要求，首件一般要求经过两次调整铣削层深度，第一次铣削后留 0.05 mm 左右的余量进行精铣。
- 在预检后第二次升高工作台时，应将公差值考虑进去，否则会使铣出的齿轮变厚而无法啮合使用。
- 齿轮的齿槽必须对称工件中心，否则会发生齿形偏移，影响齿轮的传动平稳性，因此，对刀后验证齿槽的对称度是加工中的重要环节。
- 若使用的机床是万能卧式铣床，应注意检查铣床工作台零位是否对准，若未对准时铣削齿轮，会产生多种误差。

【质量检测与分析】

① 齿形的检验。在铣床上用成形法加工的齿形精度不高，因此齿形一般有正确选择铣刀

和准确的对刀操作予以保证,齿槽对称度的验证也是齿形验证方法内容之一。

② 公法线长度检验。测量公法线长度可用游标尺和公法线千分尺。前者适用于齿槽较宽,测量精度较低的齿轮。本例采用20～25 mm 的公法线长度千分尺测量,测量的方法与使用外径千分尺基本相同,但应注意测砧之间的齿数应是跨测齿数(本例跨测齿数是5),测砧与侧面的测量接触力应使用千分尺的测量装置,否则会因测力过大,而影响测量精度。

③ 分齿精度检验。分齿精度由准确的分度操作和分度头的传动机构精确保证。通常的检验方法是选择多个测量公法线长度或分度圆弦齿厚的部位,以间接检测分齿精度。若公法线长度或分度圆弦齿厚的变动量较小,分齿精度相应也比较高。

④ 直齿圆柱齿轮加工的质量分析要点见表3-8-13。

表 3-8-13 直齿圆柱齿轮加工质量分析要点

质量问题	产生原因
齿槽偏斜	1. 对刀不准确。 2. 铣削时工作台横向未锁紧
齿厚(或公法线长度) 不等、齿距误差较大	1. 分度操作不准确(少转或多转圆孔)。 2. 工件径向圆跳动过大。 3. 分度时未消除分度间隙。 4. 铣削时未锁紧分度头主轴。 5. 铣削过程中工件微量角位移
齿厚(公法线)超差	1. 测量不准确,铣刀选择不正确,分度失误。 2. 调整铣削层深度误差。 3. 工作台零位不准(使齿槽铣宽),工件装夹不稳固(铣削时工件松动)
齿形误差较大	选错铣刀号数、工作台零位不准确
齿向误差	选错铣刀号数,工作台零位不准确
表面粗糙度值超差	1. 铣削用量选择不当。 2. 工件装夹刚度差。 3. 铣刀安装精度差(圆跳动大),分度头主轴间隙较大

3.8.3　螺旋槽加工技能训练

重点:掌握螺旋槽铣削方法及交换齿轮的配置方法。

难点:螺旋槽交换齿轮计算及对刀操纵。

铣削加工如图3-8-19所示的轴上螺旋油槽,坯件已加工成形,材料为45钢。

【工艺分析】

螺旋槽槽形为 $R=3$ mm 的圆弧槽,槽底至对应外圆的尺寸为32 mm,槽的长度为90 mm,至端面的距离为20 mm。该螺旋槽为阶梯轴,两端具有中心孔,可采用两顶尖及拨盘等装夹工件,拟定在万能卧式铣床上用分度头配置交换齿轮进行加工。其加工步骤如下:

预制件检验→安装并调整分度头→装夹和找正工件→计算交换齿轮并进行导程验算→选择安装铣刀→工件表面划中心线→对刀并调整进给量→工作台板转角度→准确调整铣削位置

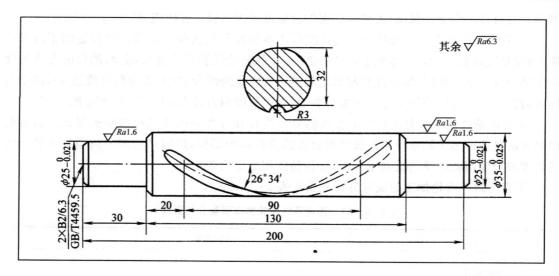

图 3-8-19 螺旋槽

→铣削螺旋槽→轴上螺旋槽铣削工序检验。

【工艺准备】

① 选择铣床。选用 X6132 型等类似的万能卧式铣床。

② 选择工件装夹方式。在 F11125 型分度头用两顶尖、鸡心夹和拨盘装夹工件。

③ 选择刀具。按螺旋槽的槽形,选择直径为 63 mm,R=3 mm 的凸半圆成形铣刀。

④ 选择检验测量方法。导程检验通过工作台和分度头验证,槽形由成形铣刀的廓形保证,螺旋油槽的轴向长度和槽深可用游标卡尺测量。

⑤ 计算导程和交换齿轮

$$P_z = \pi D \cot \beta = (3.14 \times 35 \times \cot 26°34') \text{ mm} \approx 220 \text{ mm}$$

$$\frac{z_1 z_3}{z_2 z_4} = \frac{40 P_{\text{丝}}}{P_z} = \frac{40 \times 6}{220} = \frac{12}{11} = \frac{60}{55}$$

即主动轮 $z_1=60$,从动轮 $z_4=55$。

【加工准备】

1) 安装、调整分度头及其附件。分度头安装在中间 T 形槽内,位置靠工作台右端,以便配置交换齿轮,尾座位置根据工件长度确定。找正分度头主轴顶尖与尾座顶尖轴线同轴,并与纵向进给方向和工作台面平行。松开分度盘紧固螺钉与主轴紧锁手柄,用分度手柄带动分度盘一起旋转的游标位置,并注意传动润滑。

2) 装夹、找正工件。用鸡心夹装夹工件时,注意在工件外围上包铜片,找正工件外圆与分度头主轴的同轴度,复验上素线与进给方向的平行度(见图 3-8-20(b))。

3) 配置交换齿轮。交换齿轮的配置方法如图 3-8-21 所示,安装步骤如下:

① 拆下端盖 9。

② 在纵向丝杠右端安装轴套 13。安装主动轮 $z_1=60$。安装垫圈 11 和螺钉 10,以防止齿轮传调动时脱落。

③ 在分度头侧轴 14 套筒上安装交换齿轮架。安装从动轮 $z_4=55$,安装套圈 3、垫圈 4 和螺母 5,以防止从动轮脱落。

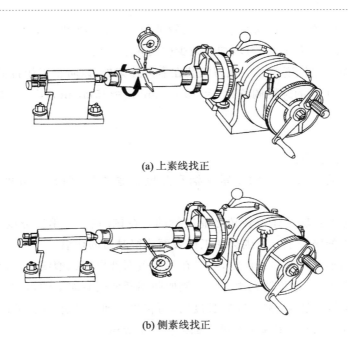

(a) 上素线找正

(b) 侧素线找正

图 3-8-20 工件装夹与找正

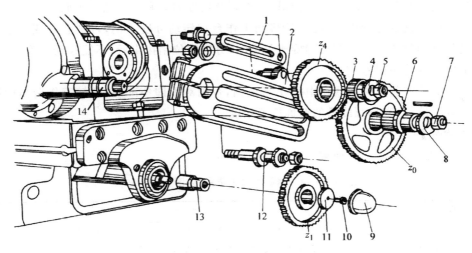

1—连接板;2—交换齿轮架;3—套圈;4、8、11—垫圈;
5、7—螺母;6—齿轮套;9—端盖;10—螺钉;12—交换齿轮轴;13—轴套;14—侧轴

图 3-8-21 交换齿轮的配置

④ 紧固交换齿轮架 2,在架上安装交换齿轮轴 12、齿轮套 6 和中间齿轮 z_0,并安装垫圈 8、螺母 7,使中间轮和从动轮啮合(啮合后齿轮之间摆动为 5°左右)。

⑤ 松开交换齿轮轮架使中间齿轮与主动轮啮合适当,然后紧固交换齿轮架。

4) 检查导程时,在工作台纵向位移部位做位移为 220 mm 的侧面号 A、B 和刻度盘记号,同时在分度头主轴回转刻度作对应记号,松开分度头主轴紧锁手柄和分度盘紧固螺钉,将分度销插入圈孔,纵向移动工作台从 A 点至 B 点,即准确地移动 220 mm,此时分度头主轴应准确地转动 360°。

检查螺旋方向时,在工件的圆柱表面上用粉笔划一条右螺旋线。移动工作台纵向,观察工件是否按右旋划线转动,若不对,可增加或减少中间轮予以调整。

5) 安装铣刀及调整铣削用量。铣刀安装在靠近挂架处,以防止工作台扳转角度后受横向行程限制妨碍加工,主轴的旋转调整为 $n=75$ r/min($V_c \approx 15$m/min),$V_f = 23.5$ mm/min。

> **注意事项**

铣削螺旋槽注意事项:

- 铣削时必须将分度头主轴锁紧手柄和分度盘紧固螺钉松开,分度销牢固的插入圈孔内。
- 横向对刀是在扳转工作台转角之前进行的。在铣削前,应单摇分度手柄,使切痕落在分度槽的铣削路径上。否则会在工件表面残留对刀的切痕。
- 调整螺旋槽轴向位置和长度时,可以在工件表面铣出螺旋槽浅痕。此时用游标卡尺测量浅痕的中点,可避免铣到槽深时螺旋槽两端延伸段对测量的影响。螺旋槽两端位置不在同一素线位置上,测量轴向长度时,可借助基准端面进行测量;例如本例,始端距基准端面为 20 mm,末端距基准端面应为 110 mm。
- 铣削时,不要触及交换齿轮传动部位,以免发生事故。
- 退刀时,应下降工作台,再纵向退刀,否则会损坏刀具和工件加工表面。
- 铣削螺旋槽的过程中,不能单独移动工作台和转动分度手柄,否则会改变原定复合运动的铣削位置。铣削多头螺旋槽分度时,分度定位销拔出后,不能移动工作台,否则会造成分度等距误差。
- 分度头的安装位置必须在中间 T 形槽内,否则对刀即使准确,扳转工作台角度后铣削位置会偏移,影响螺旋槽的对称位置精度。

【加工步骤】

加工步骤如表 3-8-14 所列。

表 3-8-14 螺旋槽加工步骤(见图 3-8-19)

操作步骤	加工内容
1. 调整铣刀横向切削位置	1) 脱开交换齿轮,在工件表面涂色,采用工件反转 180°的方法,用游标高度尺划出对称中心、间距为 2 mm 的两条平行线,如图 3-8-22 所示。 2) 将工件准确转过 90°,使划线处于上方,调整工作台,使凸半圆铣刀的切痕处于工件表面划线的中间,如图 3-8-22(b)所示
2. 调整工作台转角	1) 松开工作台转盘的四个紧锁螺母,两个在机床外侧,两个在机床内侧。 2) 逆时针(右推手)将工作台扳转角度后的位置如图 3-8-23 所示
3. 调整螺旋槽轴向位置的深度	1) 将分度销插入圈孔,移动工作台纵向,按图样要求,使铣刀的铣削位置据端面为 20 mm,在工作台和刻度盘做记号;在沿螺旋槽纵向移动工作台 90 mm,做好记号并安装自动停止挡铁。 2) 工作台恢复达到起始位置,锁紧工作台纵向,调整工作台横向,粗铣 2.5 mm,精铣 3 mm
4. 粗、精铣螺旋槽	1) 按起始和终点铣削位置,齿槽深度为 2.5 mm,机动进给粗铣螺旋槽。 2) 用游标卡尺预验槽深度、轴向位置和轴向长度。 3) 按预验结果,调整后精铣螺旋槽

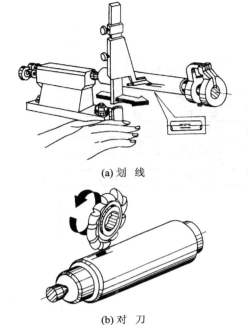

(a) 划 线

(b) 对 刀

图 3-8-22 螺旋槽的对中对刀

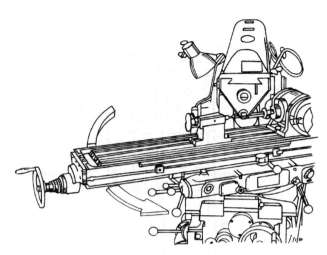

图 3-8-23 工作台扳转角度后的位置

【质量分析】

质量分析如表 3-8-15 所列。

表 3-8-15 螺旋槽加工质量分析要点

质量问题	产生原因
导程不准确	1. 计算错误。 2. 交换齿轮配置差错(如齿轮齿数不对,主从位置差错)
槽形误差较大	1. 工作台转角差错。 2. 铣刀廓形误差铣削干涉严重(如矩形螺旋槽使用三面刃铣刀)
螺旋方向错误	1. 中间轮配置差错。 2. 螺旋方向判别差错
槽口擦伤	退刀时工作台未完全下降
槽中心偏移	对刀不准确,分度头安装在中间 T 形槽内
表面粗糙度值超差	1. 铣削用量选择不当。 2. 工件装夹不稳固发生振动。 3. 成形铣刀刃磨质量太差,交换齿轮间隙不适当

3.8.4 斜齿圆柱齿轮加工技能训练

重点:掌握斜齿轮铣削加工方法。

难点:齿轮计算测量与铣削操作。

铣削加工如图 3-8-24 所示的斜齿圆柱齿轮,坯件已加工成形,材料为 40Cr 钢。

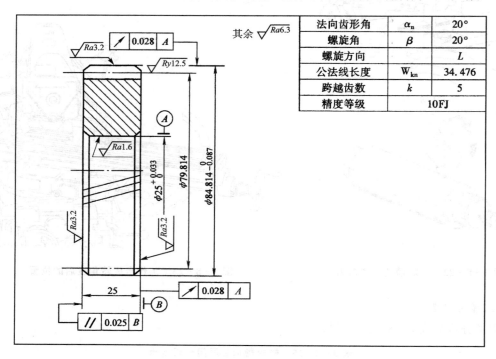

图 3-8-24 斜齿圆柱齿轮

【工艺分析】

该斜齿圆柱齿轮为套内零件,采用专用心轴装夹工件,拟定在万能卧式铣床上用分度头配置交换齿轮进行加工。铣削加工工序过程与铣削直齿圆柱齿轮基本相同,但须增加交换齿轮计算和配置、导程和螺旋方向验证、工作台扳转螺旋角等内容。

【工艺准备】

① 选择铣床。选用 X6132 卧式万能铣床。

② 选择工件装夹方式。在 F11125 型分度头上用顶尖、鸡心夹和拨盘装夹心轴与工件。

③ 选择刀具。采用圆柱齿轮的盘形齿轮铣刀,铣刀的号数根据当量齿数选择。

$$z_v = \frac{z}{\cos^3 \beta} = \frac{30}{\cos^3 20°} = 36.15$$

根据计算得出的当量齿数,从表 3-8-11 中查出,应选用 $m=2.5$ 的 6 号盘形齿轮齿刀。也可以根据螺旋角($\beta=20°$)和齿数($z=30$),从图 3-8-14 中直接查出铣刀为 6 号盘形齿轮铣刀。

④ 选择检验测量方法。导程和螺旋角及其方向检验通过工作台和分度头验证,公法线长度检验用公法线千分尺测量,若因齿宽尺寸较小,无法测量公法线时,可测量齿轮的分度圆弦

齿厚。

⑤ 计算分度手柄转速

$$n = \frac{40}{z} \text{ r} = \frac{40}{30} \text{ r} = 1\frac{22}{66} \text{ r}$$

⑥ 计算导程和分度齿轮：

$$P_z = \frac{\pi m_n z}{\sin \beta} = \frac{3.1416 \times 2.5 \text{ mm} \times 30}{\sin 20°} = 688.907\ 08 \text{ mm}$$

查表 3-8-11 得出计算值相近的导程 687.28 mm 及交换齿轮，即主动轮 $z_1=40$、$z_3=55$，从动轮 $z_2=70$、$z_4=90$。

$$\sin \beta = \frac{z_1 z_3}{z_2 z_4} \frac{\pi m_n z}{40 P_{44}} = \frac{40 \times 55}{70 \times 90} \times \frac{3.141\ 6 \times 2.5 \times 30}{40 \times 6} = 0.342\ 83$$

即得 $\beta = 20°2'25''$。

根据验算结果，实际螺旋角与图样要求的螺旋角误差为 2°25″。

【加工准备】

1) 调试分度头及其附件

与铣削螺旋槽基本相同。

2) 装夹和找正工作

与直齿圆柱齿轮基本相同。值得注意的是：因本例是左螺旋，心轴上加紧工件的螺纹应采用细牙螺纹，以防止工件在螺旋槽铣削时松动。鸡心夹和拨盘之间的连接螺钉应拧紧，防止铣削时松动。若工件与心轴之间采用平键联接，则更可靠。

3) 安装铣刀及调整铣削用量

安装在适当位置，以防止工作台扳转角度后受横向行程限制妨碍加工，同时须防止分度头与支架接触。为保证齿槽形状精度，安装后应注意检测铣刀的跳动误差，通常应控制在 0.03 mm 范围内。

主轴转速和纵向进给量调整为 $n=75$ r/min（$v_c=15$ m/min），$v_f=23.5$ mm/min

4) 配置交换齿轮

交换齿轮的配置方法与螺旋槽加工基本相同，但须注意以下几点：

① 本例是复式轮系，主动轮 $z_1=40$ 安装在工作台丝杠上，从动轮 $z_3=55$ 与从动轮 $z_2=70$ 同轴安装在交换齿轮轴上，安装时须注意交换齿轮的主动位置，如图 3-8-25 所示。

② 中间轮的个数应保证齿轮的左螺旋方向。

③ 安装时应先使交换齿轮上的齿轮与分度头侧轴齿轮啮合，然后使齿轮架上的齿轮逐个啮合，最后将交换齿轮架分度头侧轴转动下摆，与工作台丝杠的齿轮啮合。

5) 检查导程和螺旋方向。具体操作方法与铣削螺旋槽基本相同，但导程值应按 687.28 mm 检验。螺旋检验时注意左螺旋是右下方指向左上方。注意：斜齿轮铣削与一般螺旋槽铣削的联系和不同点。

【加工步骤】

加工步骤如表 3-8-16 所列。

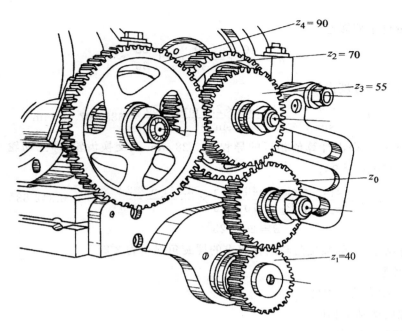

图 3-8-25 交换齿轮组装图

表 3-8-16 斜齿圆柱齿轮加工步骤(图 3-8-24)

操作步骤	加工内容
1. 调整铣刀横向切削位置	操作方法与螺旋槽铣削相同。对刀时,也可以在扳转工作台转角后采用切痕对刀法,如图 3-8-26 所示
2. 调整工作台转角	按左螺旋方向,顺时针(左手推)将工作台扳转,螺旋角 $\beta=20°$,紧固四个紧锁螺母时注意对角轮换,逐步拧紧。拧紧后应复核回转盘的角度
3. 调整铣削位置	松开分度头主轴紧锁手柄和分度盘紧固螺钉,摇动分度手柄使对刀切痕处于铣削位置,然后将分度手柄插入 66 圈孔中,并调整自动进给的停止挡铁位置
4. 试铣检验	在工件表面试铣螺旋齿槽浅痕,若浅痕与铣刀切削刃宽度相同(见图 3-8-27(a)),表明交换齿轮与工作台转角配置转角正确;若宽度浅痕逐渐变宽(见图 3-8-27(b)),则表明交换齿轮与工作台转角配置调整不准确,须重新验查纠正
粗、精铣齿槽	1) 调整齿槽深度为 5.2 mm 进给粗铣齿槽,退刀时工作台下降 6 mm。 2) 在 66 孔圈中,按 1 转又转过 22 孔距分度,注意分度时工作台不能移动;并且每次分度,工作台应沿同一移动方向,否则会参数齿距误差。 3) 铣削出跨测齿数后,预检公法线长度,按预检值和图样值的差值计算垂向升高量的方法与直尺圆柱齿轮相同。 4) 依次粗铣所有齿槽后,按精铣余量,准确调整垂向升高量,依次精铣所有齿槽

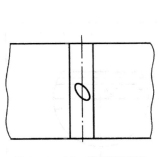

图 3-8-26 按划线对刀

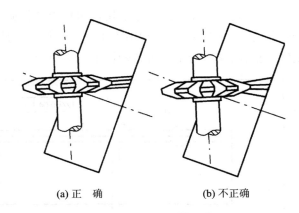

(a) 正确　　　　　　(b) 不正确

图 3-8-27 试铣切痕

【质量分析】

质量分析如表 3-8-17 所列。

表 3-8-17 斜齿圆柱齿轮加工质量分析要点

质量问题	产生原因
槽形误差较大	1. 选错铣刀号。 2. 工作台转角误差大。 3. 交换齿轮计算或配置错误
齿向误差大	交换齿轮计算、配置差错
齿厚不等、齿距误差较大	1. 分度操作失误。 2. 工件圆跳动过大。 3. 每次垂向进给位置不等。 4. 未消除分度头传动间隙
齿槽偏斜	1. 对刀不准确。 2. 分度头安装在中间T形槽内
齿面粗糙	除了与直齿圆柱齿轮相同原因外,主要是交换齿轮啮合过大或过小
轮齿铣坏	1. 配置交换齿轮时中间轮数不对。 2. 铣削时分度销未插入圈孔中或铣削中分度销跳出孔外。 3. 工作台扳转角度方向错误。 4. 铣削退刀时为未完全下降工作台

3.8.5 直齿条加工技能训练

重点:掌握直齿条铣削方法。

难点:齿条移距精度及齿厚尺寸控制操作。

铣削加工如图 3-8-28 所示的齿条轴,坯件已加工成形,材料为 40Cr 钢。

【工艺分析】

该齿条轴基准外圆的精度要求高,齿条部分的有效长度为 200 mm。采用机用平口虎钳装夹工件。拟定在万能卧式铣床上用横向移距进行加工。铣削加工工序过程如下：

预制件检验→安装、找正轴用虎钳→安装找正工件→安装铣刀→安装移距辅助装置→对刀、试铣→预检、铣削齿条→齿条轴铣削工序检验。

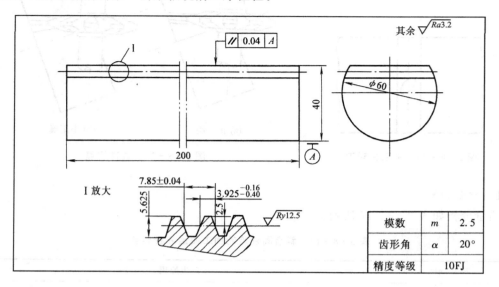

图 3-8-28 齿条轴

【工艺准备】

① 选择铣床。选用 X6132 卧式万能铣床。

② 选择工件装夹方式。机用平口虎钳，换装 V 型钳口装夹工件。

③ 选择刀具。选用 $m=2.5$ 的 8 号盘形齿轮齿刀。

④ 选择检验测量方法。齿厚用齿厚游标卡尺测量，齿距用标准圆棒或外径千分尺测量，也可用齿厚游标卡尺测量。

【加工准备】

① 安装、找正机床用平口虎钳。安装虎钳，换装 V 形钳口，找正定钳口与工作台横向平行。注意：铣床工作台传动机构精度对移距精度的影响。

② 装夹和找正工作。装夹工件，用百分表找正齿顶平面与工作台平行。

③ 安装分度盘移距装置。将分度头的分度盘、分度手柄拆下，改装在工作台横向丝杠的端面，移距时，分度手柄应转过的转数 n 计算如下：

$$n = \frac{\pi m}{P_{\text{丝}}} = \frac{3.1416 \times 2.5}{6} \text{ r} = \frac{7.854}{6} \text{ r} = 1\frac{13}{42} \text{ r}$$

即每铣一齿移距时，分度手柄转过 1 转又 42 孔圈中 13 个孔距，因此分度叉应调整为 13 个孔距。

④ 安装铣刀及调整铣削用量。铣刀安装在适当位置，以保证横向行程能铣削加工齿条全部齿槽。主轴转速和纵向进给量调整为：

$$n = 75 \text{ r/min}(v_c = 15 \text{ m/min}), v_f = 30 \text{ mm/min}$$

【加工步骤】

加工步骤如表 3-8-18 所列。

表 3-8-18　齿条轴加工步骤（见图 3-8-28）

操作步骤	加工内容
1. 垂向对刀	对刀时，在工件齿顶表面贴膜纸，使铣刀恰好接触薄纸，如图 3-8-29(a)所示
2. 调整齿槽深度	下降工作台，使工件推离铣刀，垂向应上升全齿高 $h=5.625$ mm，如图 3-8-29(b)所示。在实际加工过程中，为了保证齿厚公差，一般先上升 5.3 mm，试铣预检后，再做精确调整
3. 调整铣削位置	调整工作台，使铣刀侧刃与工作端面与齿顶面的交线恰好接触，如图 3-8-29(c)所示。纵向退刀，工作台横向移动距离 S 计算如下： $$S \leqslant \frac{P}{4} + m\tan\alpha = \left(\frac{7.85}{4} + 2.5 \times \tan 20°\right) \text{ mm} = (1.9652 + 0.9099) \text{ mm} = 2.8724 \text{ mm}$$ 横向按计算值移动 2.8mm 后（约 42 个孔圈中转过 20 个孔距），紧固工作台横向，铣削第一刀，如图 3-8-29(d)所示
4. 试铣预检	用分度盘移距，铣削第二刀，如 3-8-29(e)所示。铣削第二刀后，对已铣成的齿进行预检。测量时，将齿高游标尺调整为齿顶高 2.5 mm 并将测量面与齿顶面贴合，然后移动齿厚尺，使测量爪与齿面接触，即测出齿厚值。测量时，注意尺身与齿顶面、齿向垂直，两齿厚量爪与齿面平行。若测得的齿厚为 3.90 mm，则 $\Delta t=1.37(S_c-S)=[1.37\times(3.9-3.7)]$ mm$=0.274$ mm
5. 铣削齿条	1) 横向恢复到第一刀铣削位置，按 Δt 准确调整工作台垂向 2) 依次准确移距，铣削齿条

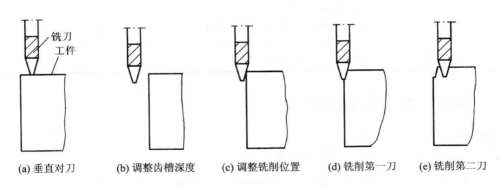

(a) 垂直对刀　　(b) 调整齿槽深度　　(c) 调整铣削位置　　(d) 铣削第一刀　　(e) 铣削第二刀

图 3-8-29　直齿条铣削步骤

【质量检测与分析】

① 用齿厚游标卡尺测量齿距（见图 3-8-30(a)）。测量时将齿条齿高调整到 2.5 mm，齿厚尺两测量爪之间的尺寸为（齿距）P+（齿厚）S，本例为 $(7.854+3.927)$ mm$=11.781$ mm。

② 用标准圆棒、千分尺测量齿距（见图 3-8-30(b)）。测量时选用两根直径相同的圆棒，其直径 $D=2.4m=(2.4\times2.5)$ mm$=6$ mm。

将圆棒放入齿槽中，用千分尺测量两圆棒间距离 $L=P+D=(7.854+6)$ mm$=13.854$ mm。

③ 齿条轴加工质量分析要点见表 3-8-19。

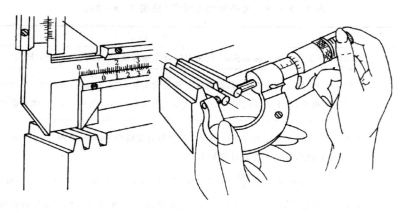

(a) 用齿厚游标卡尺测量　　　(b) 用圆棒、千分尺测量

图 3-8-30　直齿条齿距测量

表 3-8-19　齿条轴加工质量分析要点

质量问题	产生原因
齿厚与齿距误差较大	1. 齿顶面与工作台面不平行。 2. 预检测量不准确。 3. 移距计算错误或操作失误。 4. 铣削层深度调整计算错误。 5. 工作台丝杠精度不够及各段磨损不均
齿向误差大	工作轴线与工作台横向不平行

3.8.6　斜齿条加工技能训练

重点：掌握斜齿条加工方法

难点：工件装夹方法与移距操作及齿厚测量。

铣削加工如图 3-8-31 所示的斜齿条,坯件已加工成形,材料为 HT200 钢。

【工艺分析】

斜齿条齿顶高 $h_a=2.5$ mm,全齿高 $h=5.625$ mm,齿宽 $b=25$ mm。材料 HT200,切削性能较好。齿条长度 192.976 mm,坯件高度 40 mm,宜用机用平口虎钳夹工件,在万能卧式铣床上用横向距离进行加工。铣削加工工序过程与直齿条基本相同,在找正虎钳时,应使定钳口与铣刀杆轴线之间成一螺旋角。移距装置按采用百分表和量块移距方法配置。

【工艺准备】

① 选择铣床。选用 X6132 卧式万能铣床。

② 选择工件装夹方式。机用平口虎钳装夹工件。

③ 选择刀具和检验测量方法与铣削直齿条相同。

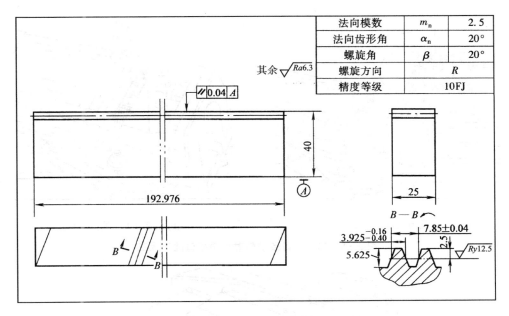

图 3-8-31 斜齿条

【加工准备】

1) 安装、找正机床用平口虎钳

安装虎钳,找正钳口与工作台,使其横向成一螺旋角。找正的方法如图 3-8-32 所示,虎钳转动的方向与螺旋的方向有关。精度较低的斜齿条可用万能角度尺矫正(见图 3-8-32(a)),也可直接按机床平口虎钳的底盘刻度找正(见图 3-8-32),找正的步骤如下:

① 选择中心距 100 mm 的正弦规。

② 计算量块的高度 h:

$$h = L\sin\beta = 100 \text{ mm} \times \sin 20° = 34.20 \text{ mm}$$

③ 在虎钳导轨平面放一平行垫块,使固定钳口面与量块组测量面贴合,正弦规侧转放置,使一圆柱与测量面贴合,另一圆柱与固定钳口面贴合。松开虎钳转盘上的螺母,按逆时针方向转动虎钳,目测正弦规工作面与工作台横向平行,装百分表,检测正弦规工作面与工作台横向平行,然后紧固虎钳转盘螺母。

2) 装夹和找正工件。装夹工件用百分表找正齿顶平面与工作台面平行,工件下面垫上平行垫块,使工件高出钳口略大于全齿高。

3) 安装百分表、量块移距装置。用专用夹具安装百分表,并将夹座安装在工件横向导轨左侧,如图 3-8-33 所示。用细油石研修工作台安装端面,使量块与其良好贴合。

4) 安装铣刀及调整铣削用量。铣刀安装在适当位置,以保证横向进程能铣削加工齿条全部齿槽。主轴转速和纵向进给量调整为:

$$n = 75 \text{ r/min}(v_c = 15 \text{ m/min}), \quad v_f = 30 \text{ mm/min}。$$

【加工步骤】

对刀、齿槽深度调整、预检等均与直齿条铣削相同。铣削操作中应注意以下几点:

① 斜齿条的齿距有法向齿距 P_n 和端面齿距 P_t。本例分别为:

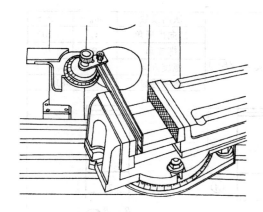
(a) 用万能角度尺找正

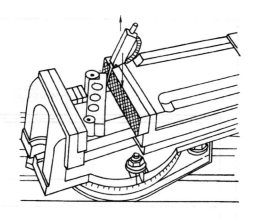
(b) 用百分表和量块找正

图 3-8-32 斜齿条铣削时机用平口虎钳找正

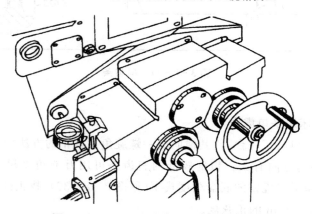

图 3-8-33 用百分表和量块移动齿距

$$P_n = \pi m_n = (3.1416 \times 2.5) \text{ mm} = 7.854 \text{ mm}$$

$$P_t = \pi m_t = \frac{\pi m_n}{\cos \beta} = \left(\frac{3.1416 \times 2.5}{\cos 20°}\right) \text{mm} = 8.358 \text{ mm}$$

当工件转动螺旋角铣削时，移距量为 P_n(7.854 mm)；在纵向移距法铣削长齿条时，若用工作台转动螺旋角铣削，则移距量为 P_t(8.358 mm)，本例为工件转动螺旋角铣削，因此移距量为 P_n(7.854 mm)。

② 采用百分表、量块移距的方法时，精度较高的移距方法操作与孔距移动调整时基本相同，但齿条移距是多次重复和有积累误差的移距操作。因此，量块的操作应与齿距尺寸一致，若有误差，应注意误差值的消化，即在尺寸公差允许的范围内，每次移距可微量进行调整，以免出现较大的累积误差。移距操作时，注意量块与鞍座端面的贴合，以横向紧固手柄紧固工作台时对移距的影响，消化移距中的累积误差。

③ 铣削斜齿条时，铣刀旋转方向、虎钳回转方向和工作台进给方向应使铣削力指向钳口。

④ 斜齿条起始位置，若图样没有要求，应使角上部分成为齿条的一部分，否则会影响齿轮齿条啮合；但也不能过小，以免断裂，影响齿条的完好程度。

【质量分析】

质量分析如表 3-8-20 所示。

表 3-8-20　斜齿条加工质量分析要点

质量问题	产生原因
齿厚与齿距误差较大	移距时将法向齿距与端面齿距搞错
齿向误差大	调整工件转角误差较大

思考与练习

1. 什么是渐开线？渐开线齿轮的齿形曲线有什么特点？
2. 齿轮有哪些基本参数？其中主要参数是什么？
3. 什么是渐开线齿轮的压力角（齿形角）？
4. 齿轮盘铣刀为什么要分组？盘形齿轮铣刀如何分组？
5. 试述直齿圆柱齿轮的铣削操作过程。
6. 直齿圆柱齿轮的检验项目有哪些？如何进行检验？
7. 试通过计算，确定 $m=3, \alpha=20°, z=30$ 的直齿圆柱齿轮的齿顶圆直径、分度手柄转速、盘形齿轮铣刀刀号和公法线长度及跨齿数。
8. 圆柱螺旋线是怎样形成的？
9. 在万能卧式铣床上铣削螺旋槽时需要有哪些运动？
10. 在万能卧式铣床上铣削螺旋槽时为何要配置交换齿轮？如何确定交换齿轮齿数？
11. 用盘形铣刀在万能卧式铣床上铣削螺旋槽时，工作台为什么要扳转角度？如何扳转？
12. 铣削斜齿圆柱齿轮如何选择铣刀？
13. 铣削直齿条移动齿距有几种常用方法？各有什么特点？
14. 铣削斜齿条应依据什么尺寸移动齿距？
15. 在 X6132 型卧式铣床上用 F11125 型分度头铣削一斜齿轮。已知 $m_n=2, \alpha_n=20°, \beta=25°$（左螺旋），$z=35$。求：齿顶圆尺寸，齿轮铣刀刀号、工作台扳转角度和方向。

课题九　直齿锥齿轮加工

教学要求

◆ 熟练掌握在卧式铣床上铣削直齿锥齿轮的加工方法与相关计算。
◆ 掌握齿轮铣刀的选择，分度头主轴角度调整及工件找正，对刀及偏铣大端的方法。
◆ 掌握用齿轮游标尺检测锥齿轮大端齿厚的方法。

3.9.1　直齿锥齿轮加工必备专业知识

1. 直齿锥齿轮各部分的名称与计算方法

直齿圆锥齿轮与正齿轮同样用渐开线齿形啮合，来实现传动的平稳性。直齿圆锥齿轮渐开线齿形是在垂直于节圆锥的背锥展开面上展成的。

直齿圆锥齿轮的轮齿是分布在圆锥面上的,故圆锥齿轮的轮齿从大端逐渐向锥顶缩小,沿齿宽各截面尺寸都不等,其大端尺寸最大。

直齿锥齿轮按照两轮轴线的相互位置可分为正交锥齿轮传动,非正交锥齿轮传动,如图 3-9-1 所示。按齿轮齿形向锥顶收缩的情况,可分为等间隙收缩齿和正常收缩齿。

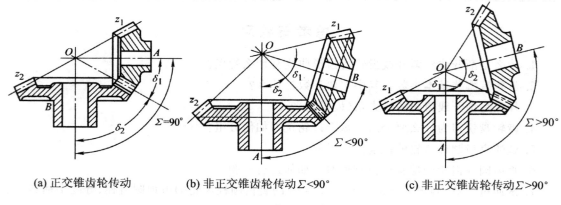

(a) 正交锥齿轮传动　　(b) 非正交锥齿轮传动Σ<90°　　(c) 非正交锥齿轮传动Σ>90°

图 3-9-1　锥齿轮传动的类型

(1) 等间隙收缩齿锥齿轮传动的几何计算

这种齿轮传动时(见图 3-9-2(a)),齿顶间隙沿齿长方向各个截面上均相等,故两齿轮的齿顶圆锥锥顶不重合于一点,其各部分名称、代号及几何尺寸计算见表 3-9-1。

(2) 正常收缩齿锥齿轮传动的几何计算

这种齿轮传动时(见图 3-9-2(b)),齿顶的间隙由大端至小端逐渐减小,当两齿啮合时,各锥顶重合于一点,其部分名称、代号及几何尺寸计算见表 3-9-1。

表 3-9-1　直齿圆锥齿轮几何计算

名　称	代　号	等间隙收缩齿锥齿轮传动计算公式	正常收缩齿锥齿轮传动计算公式
大端模数	m	$m=P/\pi$,大端端面模数,取标准值	$m=P/\pi$,大端端面模数,取标准值
齿形角	α	$\alpha=20°$	$\alpha=20°$
轴交角	Σ	$\Sigma=90°$	$\Sigma=90°$
分度圆锥角	δ	$\tan\delta_1=z_1/z_2$,$\delta_2=90°-\delta_1$	$\tan\delta_1=z_1/z_2$,$\delta_2=90°-\delta_1$
齿顶高	h_a	$h_a=m$	$h_a=m$
齿根高	h_f	$h_f=1.2m$	$h_f=1.2m$
全齿高	h	$h=h_a+h_f=2.2m$	$h=h_a+h_f=2.2m$
分度圆直径	d	$d=m_z$	$d=m_z$
齿顶圆直径	d_a	$d_a=d+2h_a\cos\delta=m(z+2\cos\delta)$	$d_a=d+2h_a\cos\delta=m(z+2\cos\delta)$
齿根圆直径	d_f	$d_f=d-2h_f\cos\delta=m(z-2.4\cos\delta)$	$d_f=d-2h_f\cos\delta=m(z-2.4\cos\delta)$
齿顶角	θ_a	$\tan\theta_a=2\sin\delta/z$	$\tan\theta_a=2\sin\delta/z$
齿根角	θ_f	$\tan\theta_f=2.4\sin\delta/z$	$\tan\theta_f=2.4\sin\delta/z$
分度圆齿厚	s	$s=\pi m/2$	$s=\pi m/2$

续表 3-9-1

名 称	代 号	等间隙收缩齿锥齿轮传动计算公式	正常收缩齿锥齿轮传动计算公式
顶圆锥角	δ_a	$\delta_a = \delta + \theta_a$	$\delta_a = \delta + \theta_a$
根圆锥角	δ_f	$\delta_f = \delta - \theta_f$	$\delta_f = \delta - \theta_f$
锥距	L	$R = (d/2)\sin\delta$	$R = (d/2)\sin\delta$
齿宽	b	$b \leqslant (1/3)L$	$b \leqslant (1/3)L$
齿距	p	$p = \pi m$	$p = \pi m$
外锥距	R	$R_1 = (d_2/2) - ha_1 \sin\delta_1$ $R_2 = (d_1/2) - ha_2 \sin\delta_2$	$R_1 = (d_2/2) - ha_1 \sin\delta_1$ $R_2 = (d_1/2) - ha_2 \sin\delta_2$

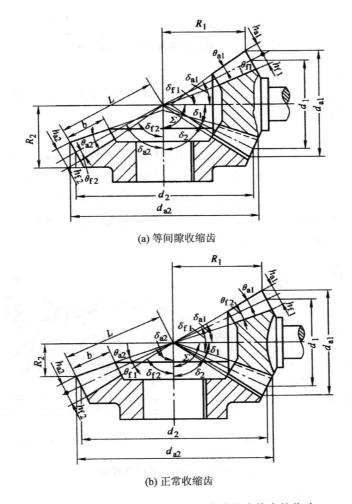

(a) 等间隙收缩齿

(b) 正常收缩齿

图 3-9-2 等间隙收缩齿和正常收缩齿锥齿轮传动

2. 直齿锥齿轮的测量与检验方法

（1）齿坯检验

齿坯几何形状和尺寸的准确与否是锥齿轮加工时工件装夹、找正、铣削和齿形测量的重要

依据。通常齿坯检验的内容如下:

1) 检验齿顶圆直径

锥齿轮的加工图样一般都有齿顶圆的直径尺寸与偏差。由于加工时需按齿顶圆对刀调整齿槽铣削深度,因此必须预先进行检验。检验方法如图3-9-3所示。

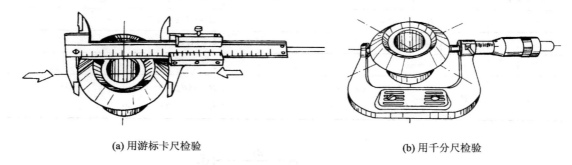

(a) 用游标卡尺检验　　　　　　　　(b) 用千分尺检验

图3-9-3　检验锥齿轮齿坯齿顶圆直径

2) 检验内孔直径

锥齿轮的内孔是齿形加工的主要定位基准,检验内容有:孔的尺寸精度、圆柱度及孔轴线与端面的垂直度。检验方法参见孔加工内容。

3) 检验顶锥角

图3-9-4是用万能角度尺测量顶锥角的常用方法。图3-9-4(a)是用量具测量面与小端外锥面交线和顶锥面贴合进行检验,用这种方法时如交线的倒角不均匀将影响测量精度。图3-9-4(b)是以定位端面为基准,测量时将齿坯基准面放置于测量平板的平行垫块上,量具测量面与平板和顶锥面贴合进行测量。用以上两种方法检验时,量具测量面对准顶锥面素线位置,才能保证角度测量的准确度。

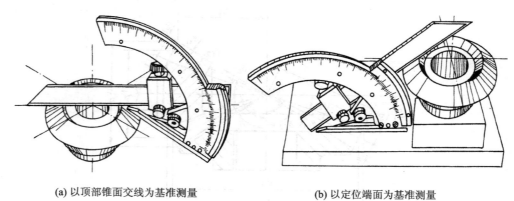

(a) 以顶部锥面交线为基准测量　　　　　　(b) 以定位端面为基准测量

图3-9-4　检验锥齿轮顶锥角

4) 检验顶圆锥面的圆跳动量

检验的方法如图3-9-5所示,将工件套入心轴,使定位面紧贴心轴台阶面,将百分表测头与顶锥面接触,用手转动齿坯,由百分表示值的变动量范围确定顶锥面的圆跳动误差。

(2) 锥齿轮检验

在铣床上铣削直齿锥齿轮属于成形加工法,齿形存在一定误差,通常检验的项目和方法如下：

1) 检验齿厚

直齿锥齿轮的齿厚检查一般是指用齿厚游标卡尺测量锥齿轮背锥上齿轮大端的分度圆弦齿厚，测量方法如图3-9-6(a)所示。测量时的具体操作方法与圆柱齿轮的齿厚测量方法基本相同，但须注意测量点应在背锥与轮齿的交线上，尺身平面与轮齿背锥的中间素线基本平行。

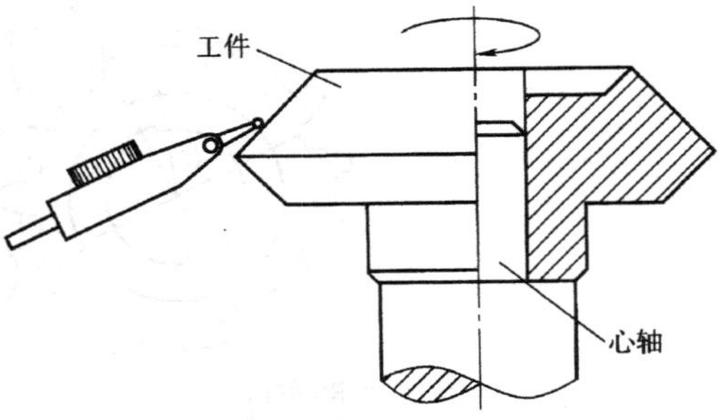

2) 检验齿向误差

齿向误差是指通过齿高中部，在齿全长内实际齿向对理论齿向的最大允许误差。直齿锥齿轮的齿向测量方法如图3-9-6(b)所示。测量时，把一对量针放在对应的两个齿槽中，若齿向正确，量针的针尖会碰在一起，否则便说明齿向有一定的误差。

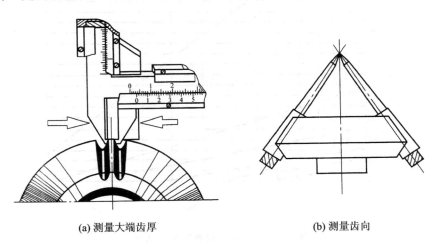

图3-9-5 检验锥齿轮顶锥面圆跳动量

(a) 测量大端齿厚   (b) 测量齿向

图3-9-6 锥齿轮的齿厚和齿向检验

3. 直齿锥齿轮的铣削准备、步骤与偏铣方法

(1) 铣削准备

1) 选择铣刀号数

锥齿轮铣刀的齿形曲线按大端齿形设计制造，大端齿形与当量圆柱齿轮的齿形相同（见图3-9-7），而铣刀的厚度按小端设计制造，并且比小端的齿槽略小一些。选择直齿锥齿轮铣刀时，应根据图样上的模数m、齿数z和分锥角δ计算当量齿数，计算如下：

$$R_{分} = \frac{mz_v}{2} = \frac{mz}{2\cos\delta}$$

$$z_v = \frac{z}{\cos\delta}$$

式中：$R_{分}$为当量齿轮分度圆半径，锥齿轮的背锥距，mm；δ为锥齿轮分锥角，(°)；z为锥齿轮

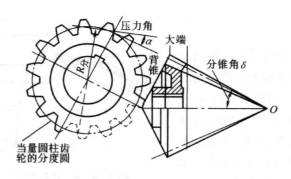

图 3-9-7 选择锥齿轮铣刀的当量圆柱齿轮

的实际齿数;z_v 为锥齿轮的当量齿数。

计算出当量齿数后,根据锥齿轮的模数、当量齿数选择铣刀的号数。选取时应注意锥齿轮铣刀标记,以免造成差错,铣刀号数也可按锥齿轮的齿数和分锥角在图 3-9-8 中直接选择。

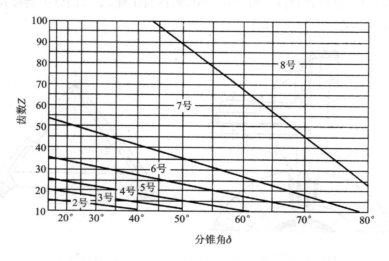

图 3-9-8 锥齿轮铣刀号数选择

2) 工件装夹与找正

① 选择装夹方式。锥齿轮工件通常带轴或带孔,常用的装夹方式如图 3-9-9 所示。其中带孔工件锥柄装夹方式因工件靠近分度头主轴,铣削时比较稳固(见图 3-9-9(c)),同时因采用内六角螺钉和埋头垫圈夹紧工件,有利于加工时对刀观察。

② 安装、调整分度头。根据工件的大小和机床垂向行程,选择适用的分度头。在安装分度头时预先按选定的工件装夹方式安装三爪自定心卡盘或定位心轴。用纵向进给铣削时,在水平安装分度头后,按锥齿轮的根锥角 δ_f 调整分度头主轴与工作台面的仰角;用垂向进给铣削时,在水平安装分度头后,按($90°-\delta_f$)调整分度头主轴与工作台面的仰角。具体操作时可根据分度头壳体和壳体压板上的刻度确定仰角值。

③ 找正工件。由于工件通过心轴或三爪自定心卡盘与分度头连接,形成定位累积误差,加上工件的自身误差,因此,工件装夹后须用百分表找正顶锥面的圆跳动量是否在允许范围内。若偏差较大,可复验齿坯精度和定位心轴或卡盘与分度头主轴的同轴度。若偏差较小,可

把齿坯适当转过一个角度,夹紧后再作测量,直至顶锥面圆跳动量在允许范围内。

④ 分度和齿厚计算。在卧式铣床上铣削直齿锥齿轮,采用简单分度法进行分度计算,若遇到无法用简单分度的齿数,可用差动分度法预先制作专用孔盘,利用特制的等分孔圈进行简单分度。

在直齿锥齿轮图样上一般都注有大端弦齿厚和弦齿高的尺寸和偏差值,若要计算则可沿用直齿轮的分度圆弦齿厚和弦齿高计算公式,但其中的齿数应以当量齿数 z_v 代入,即:

$$\bar{s} = m z_v \sin\frac{90°}{z_v}$$

$$\bar{h}_a = m\left[1 + \frac{z_v}{2}\left(1 - \cos\frac{90°}{z_v}\right)\right]$$

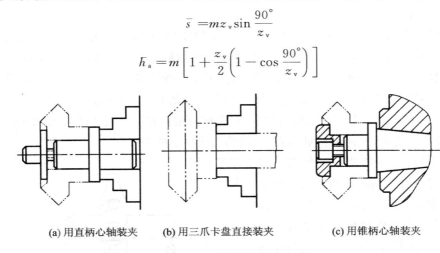

(a) 用直柄心轴装夹　　(b) 用三爪卡盘直接装夹　　(c) 用锥柄心轴装夹

图 3-9-9　锥齿轮装夹方式

(2) 铣削步骤

1) 对　刀

为保证准确的齿向,对刀的目的是使刀具齿形中心平面通过工件的轴线。由于工件与工作台面倾斜一角度,因此通常采用划线对刀法,如图 3-9-10 所示。具体操作时,利用分度头回转 180°的方法,用游标高度尺在工件顶圆锥面上划出对称轴线的菱形框,调整工作台横向,使铣刀切痕位于菱形框的中间,从而使铣刀齿形中心平面通过工件轴线。

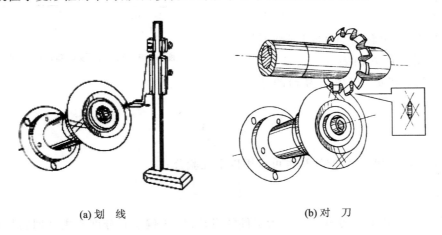

(a) 划　线　　(b) 对　刀

图 3-9-10　锥齿轮铣削划线对刀法

2) 铣削中间齿槽

铣削中间齿槽时的进刀深度控制以垂向对刀为依据。锥齿轮的垂向对刀是工件大端的最高点和铣刀旋转面的最低点接触,操作时比较难控制,因此,对刀时应往复纵向移动工作台,并逐步垂向升高工作台,使铣刀最低点恰好切到工件大端的最高点。进刀深度按 $2.2m$ 调整,模数 m 较大时,可分几次铣削达到齿槽深度。为便于偏铣对刀,通常由小端向大端铣削,铣削完一齿后,按分度计算值分度,依次铣削全部中间齿槽。

3) 偏铣齿槽

中间齿槽铣削完成后,若齿轮的外锥距与齿宽的比值为 3,则小端的齿厚已达到要求,而小端以外的齿厚还有余量,因此,需要通过对称偏铣两齿侧达到大端齿厚的尺寸要求。偏铣时应使工件绕自身轴线转过角度 θ 或在水平面内使工件轴线偏转一个角,工作台横向移动 s,使铣刀廓形重新对准工件小端齿槽,偏铣一侧。偏铣另一侧时,反向转过 2θ,工作台横向反方向移动 $2s$,以达到对称偏铣左、右齿侧的目的。根据横向偏移和工件偏转的关系,如图 3-9-11 所示,工件偏转角越大,横向偏移量越大,齿侧的偏铣量也越大。

在实际应用中,一般使用工件绕自身旋转的方法实现工件偏转。偏铣操作的基本方法有两种,一种是通过计算确定工件偏转角,然后移动工作台横向重新对刀进行左、右齿侧对称偏铣,以达到大端齿厚的要求;另一种是通过计算确定工件横向偏移量,然后回转工件重新对刀进行偏铣。为便于控制大端齿厚的尺寸公差,在第一个齿试铣调整操作时,计算所得的横向偏移量或分度头偏转角可由小到大,两侧一致,以使轮齿大端逐步达到齿厚尺寸和齿形对称要求。

① 采用计算确定工件偏转角,横向偏移对刀的方法时,偏转角 A 可根据铣刀号和锥距与齿宽比 R/b 由表 3-9-2 查得,相应的分度头回转量 N(单位为 r)的计算公式为

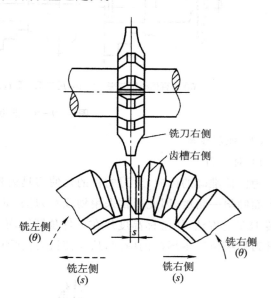

图 3-9-11 偏移与偏转的关系

$$N = \frac{A}{540z}$$

分度头主轴回转量 N 的计算也可采用以下经验公式:

$$N = \left(\frac{1}{8} \sim \frac{1}{6}\right)n$$

式中:A 为齿坯的基本旋转角,(′);z 为工件的齿数;N 为偏铣时分度头主轴回转量;n 为工件每铣削一次时分度头手柄转过的总孔数。

② 采用计算确定横向偏移量,回转工件对刀的方法,工作台横向偏移量 s 的计算公式为

$$s = \frac{T}{2} - mx$$

式中：T 为铣刀节圆处厚度，mm；x 为偏移系数（见表 3-9-3）。

表 3-9-2 基本旋转角 (′)

刀号	比值 R/b									
	$2\frac{1}{2}$	$2\frac{3}{4}$	3	$3\frac{1}{3}$	$3\frac{2}{3}$	4	$4\frac{1}{2}$	5	6	8
1	1 950	1 885	1 835	1 720	1 725	1 695	1 650	1 610	1 560	1 500
2	2 005	1 955	1 915	1 860	1 820	1 795	1 755	1 725	1 680	1 625
3	2 060	2 020	1 990	1 950	1 920	1 900	1 865	1 840	1 805	1 765
4	2 125	2 095	2 070	2 035	2 010	1 995	1 970	1 950	1 920	1 880
5	2 170	2 145	2 125	2 095	2 075	2 065	2 045	2 030	2 010	1 980
6	2 220	2 205	2 190	2 175	2 160	2 150	2 130	2 115	2 100	2 080
7	2 285	2 270	2 260	2 250	2 240	2 235	2 225	2 220	2 200	2 180
8	2 340	2 335	2 330	2 320	2 315	2 310	2 305	2 300	2 280	2 260

表 3-9-3 偏移系数

刀号	外锥距与齿宽之值 R/b												
	3∶1	$3\frac{1}{4}$∶1	$3\frac{1}{2}$∶1	$3\frac{3}{4}$∶1	4∶1	$4\frac{1}{4}$∶1	$4\frac{1}{2}$∶1	$4\frac{3}{4}$∶1	5∶1	$5\frac{1}{2}$∶1	6∶1	7∶1	8∶1
1	0.275	0.286	0.296	0.309	0.319	0.331	0.338	0.344	0.352	0.361	0.368	0.380	0.386
2	0.289	0.298	0.308	0.316	0.324	0.329	0.334	0.338	0.343	0.350	0.360	0.370	0.376
3	0.311	0.318	0.323	0.328	0.330	0.334	0.337	0.340	0.343	0.348	0.352	0.356	0.362
4	0.280	0.285	0.290	0.293	0.295	0.296	0.298	0.300	0.302	0.307	0.309	0.313	0.315
5	0.275	0.280	0.285	0.287	0.291	0.293	0.298	0.298	0.298	0.302	0.305	0.308	0.311
6	0.266	0.268	0.271	0.273	0.275	0.278	0.280	0.282	0.233	0.280	0.287	0.290	0.292
7	0.266	0.268	0.271	0.272	0.273	0.274	0.274	0.275	0.277	0.279	0.280	0.283	0.284
8	0.254	0.254	0.255	0.256	0.257	0.257	0.257	0.258	0.258	0.259	0.260	0.262	0.274

3.9.2 直齿锥齿轮加工技能训练

偏铣法铣削盘形直齿锥齿轮技能训练

重点：掌握先偏转角度后移动横向的偏铣方法。

难点：工件装夹、对刀与齿厚检测操作。

铣削加工如图 3-9-12 所示的盘形直齿锥齿轮，坯件已加工成形，材料为 45 钢。

【工艺分析】

盘形直齿锥齿轮基准内孔的精度较高，顶锥面和基准端面对基准孔轴线的圆跳动允差 0.04 mm，两端面具有较好的平行度。宜采用专用心轴装夹工件，拟定在卧式铣床上用分度头

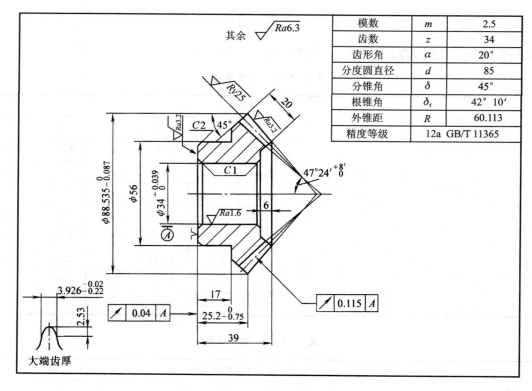

图 3-9-12 盘形直齿锥齿轮

装夹工件,水平纵向进给铣削加工。其加工步骤如下:

齿轮坯件检验→安装并调整分度头→装夹和找正工件→工件表面划线→计算、选择和安装齿轮铣刀→对刀并调整齿深铣削中间齿槽→按 N、s 调整分度头和工作台铣削齿一侧→按 $2N$、$2s$ 反向调整分度头和工作台铣削齿另一侧→直齿锥齿轮铣削工序检验。

【工艺准备】

① 选择铣床。选用 X6132 卧式万能铣床。

② 选择工件装夹方式。在 F11125 型分度头上用专用锥柄心轴装夹工件,采用这种心轴装夹比较稳固,而且使工作台垂向行程留有较大的调整余地。心轴形式和工件装夹如图 3-9-13 所示。

③ 选择刀具。根据齿轮的模数、齿数和齿形角,按当量齿数计算公式计算选择铣刀:$z_v = z/\cos\delta = 34/\cos 45° \approx 48$,按齿数查表 3-8-11,选择 $m=2.5$、$\alpha=20°$ 的 6 号锥齿轮铣刀。注意铣刀上锥齿轮的标记,以防与直齿圆柱齿轮铣刀搞错。也可以按锥齿轮的齿数和分锥角直接由图 3-9-8 查得铣刀刀号。

④ 选择检验测量方法。用齿厚游标卡尺测量弦齿厚;用标准圆棒分别嵌入多个齿槽,用百分表测量齿圈径向跳动误差;用一对量针嵌入对应齿槽测量齿向误差。

【加工准备】

1) 安装专用心轴

将分度头水平放置在工作台面上后安装专用心轴,具体方法如图 3-9-13 所示。

① 将螺杆 3 旋入心轴 1 锥柄内螺纹。

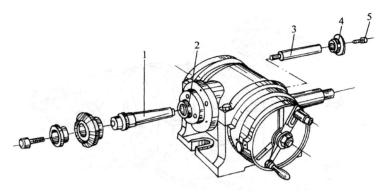

1—锥柄心轴;2—分度头主轴;3—螺杆;4—垫圈;5—螺钉

图 3-9-13 锥齿轮专用心轴和工件装夹

② 擦净心轴 1 外锥面和分度头主轴 2 前端内锥面,将心轴锥柄推入主轴内锥使锥面配合,用百分表检测心轴定位圆柱面与分度头主轴的同轴度,台阶端面的圆跳动误差。

③ 在分度头主轴 2 后端装入垫圈 4,旋入拧紧螺钉 5,将心轴紧固在分度头主轴上。

2) 安装、调试分度头及附件

① 安装分度头注意使底面定位和侧向定位键的定位准确度,以保证分度头主轴水平位置时轴线与工作台面和纵向进给方向平行。

② 按根锥角 $\delta_f = 42°10'$ 调整分度头的仰角,调整时注意紧固后的微量角位移偏差,若偏差较大,应重新调整。

③ 计算分度手柄转数 n:

$$n = \frac{40}{z} = \frac{40}{34}\ \text{r} = 1\frac{3}{17}\ \text{r} = 1\frac{9}{51}\ \text{r}$$

调整分度销、分度盘及分度叉。

3) 装夹、找正工件

将工件装夹在专用心轴上,如图 3-9-14 所示,并用百分表检测顶圆锥面对分度头主轴的圆跳动误差在 0.08 mm 以内。若误差较大,可将工件松夹后,转过一个角度夹紧后再找正,直至符合要求。

4) 工件顶圆锥面划线

在工件顶圆锥面用游标高度尺划出对称中心的菱形框,如图 3-9-10(a)所示,具体操作时,先将划线尺目测对准工件锥面中部的中心位置,在锥面划出一条弧线,分度头准确转过,在工件同一侧,再划出一条弧线,两线相交一点,若交点偏向工件小端,应将高度尺下降 3 mm 左右,按上述方法划出另两条弧线,此时形成的菱形框处于工件顶圆锥面上。若第一次划出的弧线交点偏向大端,则应将划线尺升高 3 mm 左右划另两条弧线。如果划线时高度尺的升降方向不对,可能会使工件定圆锥面上的菱形框不完整,以致影响对刀操作。

5) 安装铣刀及调整铣削用量。铣刀安装在刀杆中间部位。主轴的转速调整为 $n = 75$ r/min($v_c \approx 15$ m/min),$v_f = 37.5$ mm/min。注意铣刀安装方向使工件由小端向大端逆铣。

【加工步骤】

加工步骤如表 3-9-4 所列。

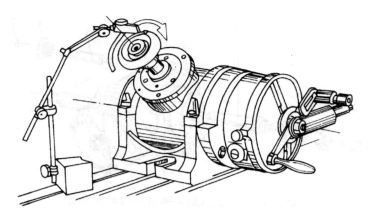

图 3-9-14　锥齿轮工件找正

表 3-9-4　盘形直齿锥齿轮加工步骤(见图 3-9-12)

操作步骤	加工内容
1. 对刀	1) 横向对刀时,如图 3-9-10(b)所示,分度圆准确转过 90°,使菱形框划线位于工件上方,调整工作台横向,使齿轮铣刀刀尖位于划线中间,铣出切痕,并进行微量调整,使切痕位于菱形框中间。 2) 垂向对刀时,调整工作台,使齿轮铣刀恰好擦到工件大端的最高点,操作时,应往复移动工作台纵向,及时发现对刀切痕出现的问题
2. 铣削中间齿槽	垂向上升 $h=2.2m=2.2\times 2.5$ mm$=5.5$ mm,按分度计算值准确分度,依次铣削所有中间齿槽。铣削时,注意由小端向大端逆铣,以便于偏铣的调整与对刀。中间齿槽铣好后,应检测大端齿厚余量
3. 铣削齿一侧余量	本例采用先确定分度头主轴转角,再移动工作台横向的方法铣削齿侧余量,以达到大端齿厚要求。具体操作步骤如下: 1) 按经验公式确定分度头主轴转角: $N=\left(\frac{1}{8}\sim\frac{1}{6}\right)n=\left(\frac{1}{8}\sim\frac{1}{6}\right)\times 60=(7.5\sim 10)$ 孔。 2) 根据中间槽铣削位置,将分度手柄在 51 孔圈顺时针转过 8 个孔距。 3) 在齿槽中涂色,将铣床转速调整为 475 r/min,并将电器开关转至停止位置。 4) 调整工作台横向,目测使铣刀齿形对准工件小端齿槽,调整工作台纵向,使工件小端齿槽处于刀杆的中心位置下方,用手转动刀杆,观察铣刀是否恰好擦到小端齿槽两侧面;若两侧不均匀,应微量调整横向,使铣刀靠向工件小端未擦到的一侧。铣刀对准小端齿槽后,可根据横向中间槽铣削位置刻度和偏移后的刻度,得出偏移量 s。 5) 将铣床主轴转速和电器开关复原,由小端向大端机动进给铣削齿一侧余量,铣好一齿后,用齿厚游标卡尺测量大端齿厚,若余量恰好为偏铣前齿厚余量的 1/2,则可依次准确分度铣削全部齿的同一侧。若余量小于 1/2,可在 7.5~10 孔范围内多转一些角度,微量调整工作台重新使铣刀对准小端齿槽,然后依次铣削全部齿的一侧余量
4. 铣削齿另一侧余量	根据最后调整数据 n、s,分度手柄反向转过 $2n$,工作台反向移动 $2s$。调整时注意消除分度机构和工作台传动机构的间隙,并进行小端齿槽对刀复核。铣削第一齿后,可用齿厚卡尺测量大端齿厚进行预检,待预检合格,纵向进给依次铣削齿另一侧余量

> **注意事项**

铣削盘形直齿锥齿轮注意事项：
- 为使铣出的齿形正确，并与工件轴线对称，两侧偏铣的余量应相等，不允许为达到齿厚尺寸而单面铣除余量。
- 铣削齿侧余量时，若出现分度手柄多转一孔，齿厚减小超差，而少转一孔，则又会使齿厚增大超差。此时，可松开分度盘紧固螺钉，使分度盘相对分度手柄微量转动，并使分度手柄转过合适的孔距。不宜采用横向单独移动来达到齿厚要求，以免小端齿厚减薄。
- 如齿宽小于1/3锥距时，因小端齿厚也有余量，可计算出外端的弦齿厚和弦齿高，在铣削齿侧余量时，将小端的余量也铣出，同时保证大小端的齿厚达到图样要求。
- 如齿宽大于1/3锥距时，小端齿厚已减薄超差，铣削时，小端齿厚不应再被铣去。
- 铣刀由工件小端向大端铣削时，须待工件切入刀具中心后机动进给，以免工件被拉起。当工件伸出较长时，可由大端向小端铣削，以使铣削力将工件向下压。
- 工件数量较多而锥齿轮模数不大时，第一件试切预检后，可按 N、s 调整工作台，直接铣削齿槽两侧，以简便操作，提高功效。

【质量检测与分析】

① 齿厚检验。用齿厚游标卡尺测量大端齿厚方法如图3-9-6(a)所示，测量时，注意测量点的位置。如图3-9-15所示，齿高游标尺的测量点在大端齿形与分圆锥的交点上。

② 齿向误差检验。测量方法如图3-9-6(b)所示，测量时，应注意检验量针的精度，注意检验针尖与嵌入齿槽的圆柱部分的同轴度。简便的检验方法是将量针圆柱面用手在平板上按住并滚动，观察针尖的跳动，若跳动不明显，说明同轴度较好；若跳动明显，应更换后再用于测量。

③ 齿圈径向跳动检验。测量操作如图3-9-16所示，将工件套入心轴，本例用 $\phi4$ 的标准圆棒嵌入齿槽，用手转动工件，用百分表测量大端圆棒处最高点，测得每个齿的示值，百分表示值的变动量为大端齿圆跳动误差。

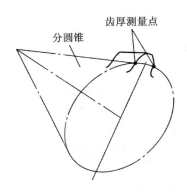

图3-9-15 锥齿轮齿厚测量点位置

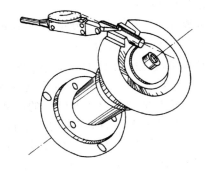

图3-9-16 锥齿轮大端齿圈跳动误差测量

④ 盘形直齿锥齿轮加工的质量分析要点见表3-9-5。

表 3-9-5　盘形直齿锥齿轮加工质量分析要点

质量问题	产生原因
齿向误差超差	1. 对刀不准确。 2. 铣削齿侧余量时横向偏移量不相等。 3. 工件装夹后与分度头同轴度较差
齿厚不等 齿距误差较大	1. 分度头精度差,分度操作不准确(少转或多转圆孔)。 2. 工件径向圆跳动过大。 3. 分度时未消除分度间隙。 4. 铣削时未锁紧分度头主轴。 5. 铣削过程中工件微量角位移
齿厚超差	1. 测量或读数不准确。 2. 铣刀选择不正确。 3. 分度操作失误。 4. 调整铣削层深度误差。 5. 回转量 N 与横向偏移量 s 控制不好
齿圈径向跳动超差	1. 齿坯锥面与基准孔同轴度差。 2. 未找正工件顶圆锥面与分度头主轴的同轴度
齿面粗糙度超差	1. 铣削用量选择不当。 2. 工件装夹刚度差。 3. 铣刀安装精度差(圆跳动大)。 4. 分度头主轴间隙较大。 5. 机床导轨镶条间隙大

偏铣法铣削连轴直齿锥齿轮技能训练

重点:掌握螺旋槽铣削方法及交换齿轮的配置方法。

难点:螺旋槽交换齿轮计算及对刀操纵。

铣削加工如图 3-9-17 所示的连轴直齿锥齿轮,坯件已加工成形,材料为 45 钢。

【工艺分析】

① 连轴直齿锥齿轮的模数 $m=2$,齿数 $z=21$,齿形角 $\alpha=20°$。齿宽 $b=10_{-0.3}^{0}$ mm,外锥距 $R=49.659$ mm,$b < R/3$。加工时须计算小端模数与弦齿厚、弦齿高,铣削齿侧时须同时保证大小端的齿厚尺寸。

② 分锥角 $\delta=25°\pm15'$,分锥面对基准孔轴线的圆跳动允差范围为 0.12 mm。加工时须计算根锥角,以调整分度头仰角。

③ 精度等级 12a GB 11365,大端弦齿厚 $\bar{s}=3.149_{-0.25}^{-0.1}$ mm,大端弦齿高 $\bar{h}_a=2.059$ mm。工件基准为直径 $\phi\ 35_{-0.05}^{-0.025}$ 空心轴外圆柱面,精度较高,顶锥面对基准面轴线的圆跳动允差 0.08 mm,齿轮基准端面对基准轴线的跳动允差 0.02 mm。

④ 该零件为轴类零件,宜采用三爪自定心卡盘装夹工件。根据齿轮的外形与齿数,拟定在卧式铣床上用分度头装夹工件,水平纵向进给铣削加工。加工工序过程与"偏铣法铣削盘形直齿锥齿轮"训练基本相同,本例采用第二种偏铣铣齿的方法,即先确定横向偏移量 s,然后回转工件对刀铣削。

【工艺准备】

① 选择铣床。选用 X6132 型等类似的万能卧式铣床。

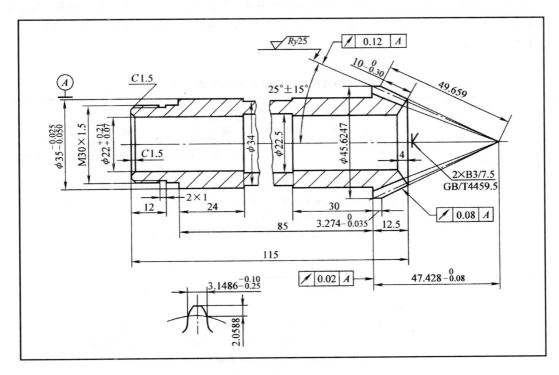

图 3-9-17 连轴直齿锥齿轮

② 选择工件装夹方式。在 F11125 型分度头上安装三爪自定心卡盘装夹工件,采用这种装夹方法工件伸出比较长。

③ 选择刀具。根据齿轮的模数、齿数和齿形角,按当量齿数计算公式选择铣刀:
$z_v = z/\cos\delta = 21/\cos 25° \approx 23$,按齿数查表 3-8-11,选择 $m=2$、$\alpha=20°$ 的 4 号锥齿轮铣刀。

④ 选择检验测量方法。用齿厚游标卡尺测量弦齿厚;用标准圆棒分别嵌入多个齿槽,用百分表测量齿圈径向跳动误差;用一对量针嵌入对应齿槽测量齿向误差。

【加工准备】

1) 安装、调试分度头及附件

① 安装分度头注意使底面定位和侧向定位键的定位准确度,安装三爪卡盘注意配合面的清洁度。

② 按根锥角 $\delta_f = \delta - \arctan\left(\dfrac{2.4\sin\delta}{z}\right) = 22.235°$,按计算值调整分度头的仰角。

③ 计算分度手柄转数 n:

$$n = \frac{40}{z} = \frac{40}{21}\,\text{r} = 1\frac{19}{21}\,\text{r} = 1\frac{38}{42}\,\text{r}$$

调整分度销、分度盘及分度叉。

2) 装夹、找正工件。将工件装夹在三爪自定心卡盘内,为防止铣刀铣坏卡爪和增加工件刚度,在工件齿轮大端端面与卡爪顶面之间安装一个平行垫圈。用百分表检验顶圆锥面对分度头主轴的圆跳动误差在 0.08 mm 以内,若误差较大,可将工件松夹后,转过一个角度夹紧后再找正,直至符合要求。

3) 工件顶圆锥面划线、安装铣刀及调整铣削用量与"偏铣法铣削盘形直齿锥齿轮"训练基本相同。因工件伸出比较长,铣刀安装方向应使工件从大端向小端铣削,以防工件拉起。

【加工步骤】

加工步骤如表 3-9-6 所列。

表 3-9-6 连轴直齿锥齿轮加工步骤(见图 3-9-17)

操作步骤	加工内容
1. 对刀	横向和垂向对刀的方法与"偏铣法铣削盘形直齿锥齿轮"训练相同
2. 铣削中间齿槽	垂向上升 $h=2.2m=2.2\times 2=4.4$ mm,按分度计算值准确分度,依次铣削所有中间齿槽。铣削时,注意由大端向小端逆铣
3. 铣削齿左侧余量	本例采用先计算确定横向偏移量 s,再由试铣确定工件转角的方法铣削齿侧余量,以达到大端齿厚要求。具体操作步骤如下: 1) 测量锥齿轮铣刀中径处厚度,如图 3-9-18 所示,测量时先计算小端模数: $$m_i=\frac{m(R-b)}{R}=2\times\frac{(49.659-10)}{49.659}=1.597$$ 2) 计算工作台横向偏移量: $s=\frac{T}{2}-mx=\left(\frac{2.48}{2}-2\times 0.302\right)$ mm $=0.636$ mm 3) 在调整对刀的齿距涂色。 4) 铣削大端面左侧余量。先将工作台横向向前移动 $s=0.636$ mm,如图 3-9-19(b)所示。工件顺时针方向转动,使铣刀左侧切削刃刚好擦到小端齿槽左侧,如图 3-9-19(c)所示,并记下分度手柄回转量 N,铣削左侧余量
4. 铣削齿另一侧余量	将工作台横向反向移动 $2s=1.272$ mm,如图 3-9-19(d)所示;工件反方向转过 $2N$,如图 3-9-19(e)所示,并使铣刀右侧切削刃刚好擦到小端齿槽右侧,铣削右侧余量
5. 铣削调整纠正方法	本例齿宽小于 1/3 锥距,因小端厚也有余量,可计算出小端的弦齿高。在铣削齿侧余量时,将小端的余量也铣除,同时保证大小端的齿厚达到图样要求。小端的弦齿厚和弦齿高计算如下: $$\bar{s}_i=\frac{s(R-b)}{R}=3.149\text{ mm}\times\frac{(49.659-10)}{49.659}=2.515\text{ mm}$$ $$\bar{h}_i=\frac{h(R-b)}{R}=2.059\text{ mm}\times\frac{(49.659-10)}{49.659}=1.644\text{ mm}$$ 本例因铣削调整比较复杂,调整时可参照表 3-9-7 的纠正原则进行操作
小端尺寸已准面而大端的齿还太厚	需增加回转量(或偏转角)和偏移量,以增大差值。铣削时小端不再铣去
大端尺寸已准面而小端的齿还太厚	应减小回转量(或偏转角),把偏移量减小得多一些,使小端铣去一些,而大端不再铣去
若大端和小端的尺寸均太厚,且余量相等	只需减小偏移量,使大端和小端都铣去一些
小端尺寸已准面大端尺寸太小	需减小回转量(或偏移角),偏移量适当减小些,使小端不再铣去而大端比原来少切
大端尺寸已准面小端尺寸太小	须增加回转量(或偏转角),偏移量增大得多些,使小端比原来少铣去一些。若在铣中间槽时,小端的齿厚已太小,则需调换铣刀或制造专用铣刀来加工

【质量检测与分析】

基本内容与"偏铣法铣削盘形直齿锥齿轮"训练相同。

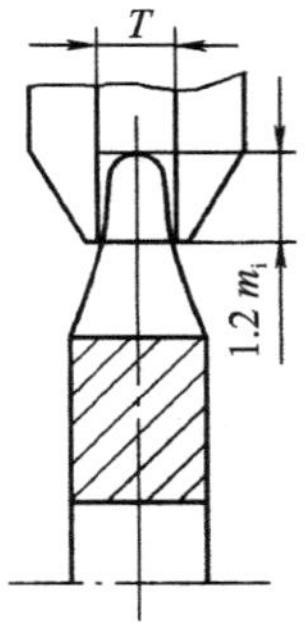

思考与练习

1. 试简要说明正交锥齿轮传动和非正交锥齿轮传动的区别。
2. 简述等间隙收缩齿和正常收缩齿锥齿轮的主要几何特征。
3. 简述锥齿轮齿坯检验的主要内容和要求。
4. 简述在铣床上铣削锥齿轮主要检验内容与要求。
5. 锥齿轮铣刀和圆柱齿轮铣刀有什么区别？应怎样选择铣刀？
6. 铣削一锥齿轮，模数 $m=3$、齿数 $z=30$、分锥角 $\delta=45°$，试计算分度圆弦齿厚和分度圆弦齿高。
7. 铣削一锥齿轮，模数 $m=2$、齿数 $z=55$、分锥角 $\delta=45°$，应选用几号铣刀？
8. 简述锥齿轮的偏铣原理。
9. 如何计算锥齿轮的小端模数？在什么情况下需要计算小端模数？
10. 偏铣中的 N、s 分别表示什么？这些数据对偏铣起什么作用？

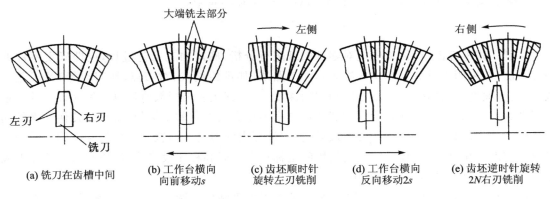

图 3-9-18 测量铣刀中径处的厚度

图 3-9-19 铣削齿两侧余量的步骤

11. 锥齿轮铣削中产生齿向误差的原因有哪些？
12. 在偏铣过程中，为什么不能仅使用移动横向的方法达到齿厚要求？
13. 在什么条件下，小端不能再偏铣？在什么条件下，小端也要偏铣？
14. 铣削锥齿轮时，如果齿面粗糙度值过大，主要原因有哪些？可以采取哪些措施予以解决。

第四部分　数控车削

课题一　复合循环指令

> **教学要求**
> - ◆ 熟练掌握 FANUC—0i 数控系统 G92 螺纹车削循环指令。
> - ◆ 熟练掌握 FANUC—0i 数控系统 G71 外圆粗车循环指令。
> - ◆ 熟练掌握 FANUC—0i 数控系统 G72 端面粗车循环指令。
> - ◆ 熟练掌握 FANUC—0i 数控系统 G73 固定形状粗车循环指令。
> - ◆ 熟练掌握 FANUC—0i 数控系统 G76 螺纹车削循环指令。
> - ◆ 熟练掌握 FANUC—0i 数控系统 G70 精车循环指令。

拿到一张零件图纸后，首先应对零件图纸进行分析，确定加工工艺过程，也即确定零件的加工方法（如采用夹具装夹定位方法等），加工路线（如进给路线、对刀点、换刀点等）及工艺参数（如进给速度、主轴转速、切削速度和切削深度等）。其次应进行数值计算。绝大部分数控系统都带有刀补功能，只需计算轮廓相邻几何要素的交点或切点的坐标值，得出各几何元素的起点、终点和圆弧的圆心坐标值即可。最后，根据计算出的刀具运动轨迹坐标值和已确定的加工参数及辅助操作，结合数控系统规定使用的坐标指令代码和程序段格式，逐段编写零件加工程序单，并输入 CNC 装置的存储器中。

数控车床主要是加工回转体零件，加工表面不外乎圆柱、圆锥、螺纹、圆弧面、切槽等。一般分为五步：①确定加工路线；②装夹方法和对刀点的选择；③选择刀具；④确定切削用量；⑤程序编制。

4.1.1　外圆、端面切削复合循环指令

使用复合循环指令时，只需在程序中编写最终走刀轨迹及每次的背吃刀量等加工参数，机床即自动重复切削，完成从粗加工到精加工的全部过程。

1. 外圆粗车复合循环指令 G71

G71 指令用于切除棒料毛坯的大部分加工余量。

指令格式：

G71　U(Δd)　R(e)；
G71　P(ns)　Q(nf)　U(Δu)　W(Δw)　F_S_T_；

指令说明：
- Δd 为每次切削深度（半径量），无正负号；

- e 为径向退刀量(半径量);
- ns 为精加工路线的第一个程序段的顺序号;
- nf 为精加工路线的最后一个程序段的顺序号;
- Δu 为 X 方向上的精加工余量(直径值),加工内径轮廓时,为负值;
- Δw 为 Z 方向上的精加工余量。

如图 4-1-1 所示为外圆粗车循环 G71 指令的走刀路线。

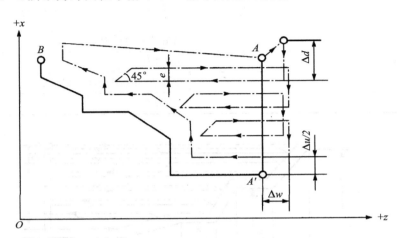

图 4-1-1 外圆粗车循环 G71 路径

2. 精加工复合循环指令 G70

使用 G71、G72 或 G73 指令完成粗加工后,用 G70 指令实现精车循环,精车时的加工量是粗车循环时留下的精车余量,加工轨迹是工件的轮廓线。

指令格式:

G70 P(ns) Q(nf);

指令说明:

- ns 为精加工路线的第一个程序段的顺序号;
- nf 为精加工路线的最后一个程序段的顺序号;

【例 4-1-1】 编写如图 4-1-2 所示零件的加工程序,使用 FANUC 系统程序如表 4-1-1 所列。

表 4-1-1 精车加工程序

程序(见图 4-1-2)	说 明
N10 G40 G97 G99 M03 S500	主轴正转,转速 500 r/min
N20 T0101	换 1 号刀
N30 G00 X120.0 Z10.0;	快速进刀至循环起点
N40 G71 U2.0 R1.0;	设定粗车时每次的切削深度和退刀距离
N50 G71 P60 Q120 U1.0 W0.1 F0.2;	指定精车路线及精加工余量
N60 G00 X40.0 S800;	精加工外形轮廓起始程序段

续表 4-1-1

程序(见图 4-1-2)	说 明
N70 G01 Z-30.0 F0.1;	
N80 X60.0 Z-60.0	
N90 Z-80.0;	
N100 X100.0 Z-90.0;	
N110 Z-110.0	
N120 X120.0 Z-130.0;	精加工外形轮廓结束程序段
N130 G70 P60 Q120;	精加工循环
N140 G00 X200.0 Z100.0	取消刀具半径补偿,快速回换刀点
N150 M30	程序结束

图 4-1-2 外圆粗加工循环举例

3. 端面粗车复合循环指令 G72

G72 适用于对大小径之差较大而长度较短的盘类工件端面复杂形状粗车,其走刀方向如图 4-1-3 所示。

指令格式:

G72　W(Δd)　R(e);

G72　P(ns)　Q(nf)　U(Δu)　W(Δw)　F_S_T_;

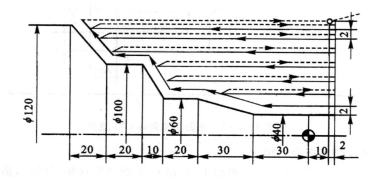

> 注意事项

- 只有此处与 G71 稍有不同,表示 Z 向每次的切削深度,走刀方向为端面方向,其余各参数的含义与 G71 完全相同。

4-1-3 端面粗车复合循环 G72 路径

4. 固定形状粗车循环指令 G73

G73 指令主要用于加工毛坯形状与零件轮廓形状基本接近的铸造成形、锻造成形或已粗车成形的工件,如果是外圆毛坯直接加工,会走很多空刀,降低了加工效率。图 4-1-4 为固定形状粗车循环 G73 的路径。

指令格式:

G73　U(Δi)　W(Δk)　R(d);

```
G73  P(ns)  Q(nf)  U(Δu)  W(Δw)  F_S_T_;
```

指令说明：

- Δi 为 X 方向上的总退刀量（半径值）；
- Δk 为 Z 方向的总退刀量；
- d 为循环次数；
- 其余各参数的含义与 G71 相同。

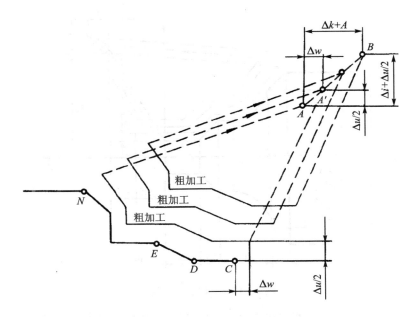

图 4-1-4　固定形状粗车循环

【例 4-1-2】　如图 4-1-5 所示，其程序如表 4-1-2 所列。

表 4-1-2　粗车加工程序

程序（见图 4-1-5）	说　明
N10 T0101	换 1 号刀
N20 M03 S500	主轴正转，转速 500 r/min
N30 G00 X140.0 Z40.0	快速到达 A 点
N40 G73 U9.5 W9.5 R3	使用 G73 功能
N50 G73 P60 Q110 U1.0 W0.5 F0.3	
N60 G00 X20.0 Z0.0	
N70 G01 Z−20.0 F0.1 S1000	车 φ20 外圆
N80 X40.0 Z−30.0	车锥面
N90 Z−50.0	车 φ40 外圆
N100 G02 X80.0 Z−70.00 R20.0	车圆弧面
N110 G01 X100.0 Z−80.0	车锥面

续表 4-1-2

程序（见图 4-1-5）	说　明
N120 G70 P60 Q110	精车循环
N130 G00 X200.0 Z100.0	快速回换刀点
N140 M30	程序结束

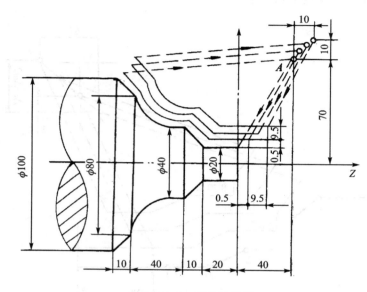

图 4-1-5　G73 的应用

在上述程序中，刀尖从起始点(200.0,100.0)出发，执行 N30 段走到 A 点(X140.0,Z40.0)。接下去从 N40 开始进入 G73 循环。首先刀尖从 A 点退到 B 点，退出距离是 X 方向上为 $\Delta i + \Delta u/2 = (9.5+0.5) = 10$ mm，Z 方向是 $\Delta k + \Delta w = (9.5+0.5) = 10$ mm，第一刀从 B 点起刀，快速接近工件轮廓后开始切削。轮廓形状是由 N60～N110 段程序运动指令给定的。第一刀后剩余量为从 A 点退到 B 点时的移动量，从第二刀起粗加工每刀切削余量相同。每一刀的切削余量为 R 指令的次数减 1 再平分 Δi 和 Δk。在上述程序中，粗加工共走三刀，第一刀后留有粗加工余量 9.5 mm，剩下二刀平分 9.5 mm，每刀 4.75 mm，走完第三刀后刀尖回到 A 点，循环结束。以下执行 G70 程序段，以完成精加工。

4.1.2　螺纹切削复合循环指令

1. 螺纹切削循环指令 G92

G92 为螺纹固定循环指令，可以切削圆柱螺纹和圆锥螺纹，如图 4-1-6(a)是圆锥螺纹循环，图 4-1-6(b)是圆柱螺纹循环。刀具从循环点开始，按 A、B、C、D 进行自动循环，最后又回到循环起点 A。其过程是：切入—切螺纹—让刀—返回起始点，图中虚线表示快速移动，实线表示按 F 指定的进给速度移动。

指令格式：

G92 X(U)_Z(W)_R_F_；

指令说明：

- X、Z 为螺纹终点的绝对坐标；
- U、W 为螺纹终点相对于螺纹起点的坐标增量；
- F 为螺纹的导程（单线螺纹时为螺距）；
- R 为圆锥螺纹起点和终点的半径差，当圆锥螺纹起点坐标大于终点坐标时为正，反之为负。加工圆柱螺纹时，R 为零，省略。

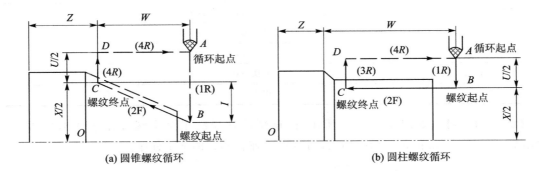

图 4-1-6 螺纹循环 G92

提示	◆ G92 是 FANUC0i 系统中使用最多的螺纹加工指令。 ◆ 加工多头螺纹时的编程，应在加工完一个头后，用 G00 或 G01 指令将车刀轴向移动一个螺距，然后再按要求编写车削下一条螺纹的加工程序。

【例 4-1-3】 如图 4-1-7 所示，螺纹外径已车至 φ29.8，4×2 mm 的退刀槽已加工，零件材料为 45 钢，用 G92 编制该螺纹的加工程序。

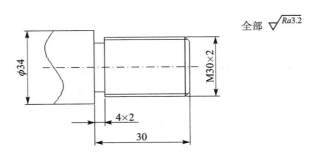

图 4-1-7 圆柱螺纹加工实例

螺纹加工程序如表 4-1-3 所列。

表 4-1-3 螺纹加工程序

程序（见图 4-1-7）	说　明
N10 G40 G97 G99 S400 M03	主轴正转
N20 T0404	选 4 号螺纹刀
N30 G00 X31.0 Z5.0	螺纹加工起点

续表 4-1-3

程序（见图 4-1-7）	说 明
N40 G92 X29.1 Z-28.0 F2.0	螺纹车削循环第一刀，切深 0.9 mm，螺距 2 mm
N50 X28.5	第二刀，切深 0.6 mm
N60 X27.9	第三刀，切深 0.6 mm
N70 X27.5	第四刀，切深 0.4 mm
N80 X27.4	第五刀，切深 0.1 mm
N90 X27.4	光一刀，切深为 0
N100 G00 X200.0 Z100.0	回换刀点
N110 M30	程序结束

【例 4-1-4】 如图 4-1-8 所示，圆锥螺纹外径已车至小端直径 ϕ19.8，大端直径 ϕ24.8，4 mm×2 mm 的退刀槽已加工，用 G92 编制该螺纹的加工程序。

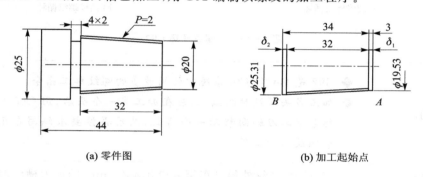

(a) 零件图　　(b) 加工起始点

图 4-1-8　圆锥螺纹加工实例

① 螺纹加工尺寸计算如下：

$$R = \left(\frac{19.5}{2} - \frac{25.3}{2}\right) \text{mm} = -2.9 \text{ mm}$$

> **提示**　◆ 对于圆锥螺纹中的 R，在编程时，除要注意有正负之分外，还要根据不同长度来确定 R 值大小，以保证螺纹锥度的正确性。

② 确定背吃刀量分五刀切削，分别为 0.9 mm、0.6 mm、0.6 mm、0.4 mm 和 0.1 mm。
③ 加工程序如表 4-1-4 所列。

表 4-1-4　圆锥螺纹加工程序

程序（见图 4-1-8）	说 明
N10 G40 G97 G99 S400 M03	主轴正转
N20 T0404	选 4 号螺纹刀
N30 G00 X27.0 Z3.0	螺纹加工循环起点
N40 G92 X24.4 Z-34.0 R-2.9 F2.0	螺纹车削循环第一刀，切深 0.9 mm，螺距为 2 mm
N50 X23.8	第二刀，切深 0.6 mm
N60 X23.2	第三刀，切深 0.6 mm

续表 4-1-4

程序(见图 4-1-8)	说　明
N70 X22.8	第四刀,切深 0.4 mm
N80 X22.7	第五刀,切深 0.1 mm
N90 X22.7	光一刀,切深为 0
N100 G00 X200.0 Z100.0	回换刀点
N110 M30	程序结束

2. 螺纹切削复合循环指令 G76

G76 指令用于多次自动循环切削螺纹,切深和进刀次数等设置后可自动完成螺纹的加工,如图 4-1-9 所示。经常用于不带退刀槽的圆柱螺纹和圆锥螺纹的加工。

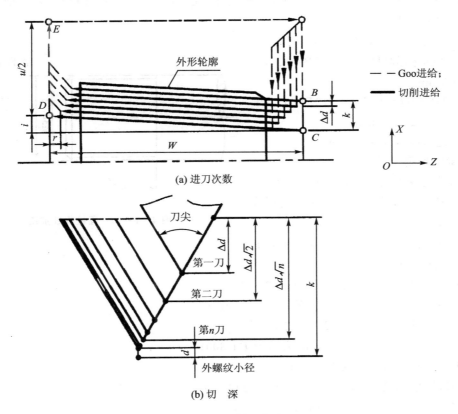

图 4-1-9　螺纹循环指令 G76

指令格式：

G76 P(m)(r)(α) Q(Δd_{min}) R(d);
G76 X(U)_Z(W)_R(i) P(k) Q(Δd) F(f);

指令说明：

- m 精车重复次数,从 1～99 次,该值为模态值；

- r 为螺纹尾部倒角量(斜向退刀),是螺纹导程(L)的 0.1～9.9 倍,以 0.1 为一挡逐步增加,设定时用 00～99 之间的两位整数来表示。
- α 为刀尖角度,可以从 80°、60°、55°、30°、29°和 0°等 6 个角度中选择,用两位整数表示,常用 60°、55°和 30°三个角度。
- m、r 和 α 用地址 P 同时指定,例如:$m=2$,$r=1.2L$,$α=60°$,表示为 P021260。
- Δd_{min} 切削时的最小背吃刀量,用半径编程,单位为微米(μm)。
- d 为精车余量,用半径编程。
- X(U)、Z(W) 为螺纹终点坐标。
- i 为螺纹半径差,与 G92 中的 R 相同;$i=0$ 时,为直螺纹。
- k 为螺纹高度,用半径值指定,单位为微米(μm)。
- Δd 为第一次车削深度,用半径值指定。
- f 为螺距。

【例 4-1-5】 如图 4-1-10 所示,螺纹外径已车至 $\phi 29.8$,零件材料为 45 钢。用 G76 编写螺纹的加工程序。

① 螺纹加工尺寸计算如下:

螺纹实际牙形高度 $h_1=0.65P=0.65 \times 2$ mm$=1.3$ mm;

螺纹实际小径 $d'=d-1.3P=(30-1.3 \times 2)$ mm$=27.4$ mm;

升降进刀段取 $\delta_1=5$ mm;

② 确定切削用量如下:

精车重复次数 $m=2$,螺纹尾倒角量 $r=1.1L$,刀尖角度 $α=60°$,表示为 $P021160$;

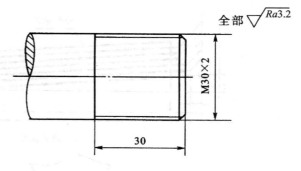

图 4-1-10 圆柱螺纹加工

最小车削深度 $\Delta d_{min}=0.1$ mm,单位变成 μm,则表示为 Q100;

精车余量 $d=0.05$ mm,表示为 R50;

螺纹终点坐标 $X=27.4$ mm,$Z=-30.0$ mm;

螺纹部分的半径差 $i=0$,R0 省略;

螺纹高度 $k=0.65p=1.3$ mm,表示为 P1 300;

螺距 $f=2$ mm,表示为 F=2.0;

第一次车削深度 Δd 取 1.0 mm,表示为 Q1000;

③ 参考程序如表 4-1-5 所列。

表 4-1-5 螺纹加工程序

程序(见图 4-1-10)	说 明
N10 G40 G97 G99 S400 M03	主轴正转,转速 400 r/min
N20 T0404	螺纹刀 T04
N40 G00 X32.0 Z5.0	螺纹加工循环起点
N50 G76 P021160 Q100 R50	螺纹车削复合循环

续表 4-1-5

程序(见图 4-1-10)	说　明
N60 G76 X27.4 Z-30.0 P1300 Q1000 F2.0	螺纹车削复合循环
N70 G00 X200.0 Z100.0	回换刀点
N80 M30	程序结束

课题二　复合循环零件的加工练习

> **教学要求**
>
> ◆ 熟练掌握运用复合循环指令进行较复杂零件的加工。

练习题 1

用外径粗加工复合循环编制如图 4-2-1 所示零件的加工程序。要求循环起始点在 $A(46,3)$，切削深度为 1.5 mm(半径量)。退刀量为 1 mm，X 方向精加工余量为 0.4 mm，Z 方向精加工余量为 0.1 mm，其中点划线部分为工件毛坯。

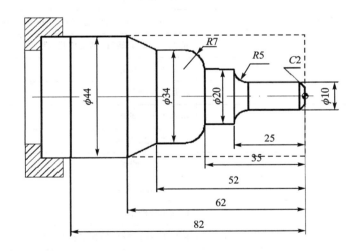

图 4-2-1　实例一

(1) 零件图工艺分析

分析零件图纸，从右到左端由小到大，尺寸逐步增加，刚好适合外圆粗车循环指令的编程要求，即利用数控车床三爪卡盘夹持零件左端，伸出长度为 90 mm，用外圆车刀一次加工到位。

(2) 刀具选择

刀具与工艺参数见表 4-2-1。

表 4-2-1　数控加工工序卡（见图 4-2-1）

数控加工工艺卡片			产品名称	零件名称	材　料		零件图号
				实例一	45钢		
工序号	程序编号	夹具名称	夹具编号		使用设备		车间
					CJK6140		
工步号	工步内容		刀具号	刀具规格	主轴转速/ (r·min^{-1})	进给速度/ (mm·min^{-1})	背吃刀量/ mm	侧吃刀量/ mm
1	车外圆		T01	90°外圆车刀	400	100	1	

（3）编制程序

编制程序（使用 FANUC 系统）如表 4-2-2 所列。

表 4-2-2　加工程序

程序（见图 4-2-1）	说　明
%0001	程序名
N1 G54 G00 X80 Z80	选定坐标系 G54，到程序起点位置
N2 M03 S400	主轴以 400 r/min 正转
N3 G01 X46 Z3 F100	刀具到循环起点位置
N4 G71 U1.5 R1 P5 Q13 X0.4 Z0.1	粗切量：1.5 mm 精切量：X0.4 mm Z0.1 mm
N5 G00 X0	精加工轮廓起始行，到倒角延长线
N6 G01 X10 Z-2	精加工 C2 倒角
N7 Z-20	精加 φ10 外圆
N8 G02 U10 W-5 R5	精加工 R5 圆弧
N9 G01 W-10	精加工 φ20 外圆
N10 G03 U14 W-7 R7	精加工 R7 圆弧
N11 G01 Z-52	精加工 φ34 外圆
N12 U10 W-10	精加工外圆锥
N13 W-20	精加工 φ44 外圆，精加工轮廓结束行
N14 X50	退出已加工面
N15 G00 X80 Z80	回对刀点
N16 M05	主轴停
N17 M30	主程序结束并复位

练习题 2

如图 4-2-2 所示，用 G72 端面粗车复合循环编程，要求循环起始点在 $A(80,1)$，切削深度为 1.2 mm。退刀量为 1 mm，X 方向精加工余量为 0.2 mm，Z 方向精加工余量为 0.5 mm，其中点划线部分为工件毛坯。

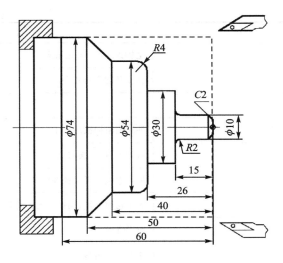

图4-2-2 G72的应用

(1) 零件图工艺分析

与练习题1相同。从右到左端由小到大,尺寸逐步增加,刚好适合外圆粗车循环指令的编程要求,即利用数控车床三爪卡盘夹持零件左端,伸出长度为65 mm,用外圆车刀一次加工到位。

(2) 刀具选择

刀具与工艺参数见表4-2-3。

表4-2-3 数控加工工序卡(见图4-2-2)

数控加工工艺卡片		产品名称	零件名称	材料	零件图号
			(见图4-2-2)	45钢	
工序号	程序编号	夹具名称	夹具编号	使用设备	车间
				CJK6140	
工步号	工步内容		刀具号	刀具规格	主轴转速/ $(r \cdot min^{-1})$	进给速度/ $(mm \cdot min^{-1})$	背吃刀量/ mm	侧吃刀量/ mm
1	车外圆		T01	90°外圆车刀	400	100	1	

(3) 编制程序

编制程序(使用FANUC系统)如表4-2-4所列。

表4-2-4 加工程序

程序(见图4-2-2)	说 明
%0002	程序名
N10 T0101	换一号刀,确定其坐标系
N20 G54 G00 X100 Z80	到程序起点或换刀点位置

续表 4-2-4

程序(见图 4-2-2)	说 明
N30 M03 S400	主轴以 400 r/min 正转
N40 X80 Z1	到循环起点位置
N45 G72 W1.2 R1	
N50 G72 P80 Q170 U0.2 W0.5 F0.3	外端面粗切循环加工
N60 G00 X100 Z80	粗加工后,到换刀点位置
N70 G42 X80 Z1	加入刀尖圆弧半径补偿
N80 G00 Z−56	加工轮廓开始,到锥面延长线处
N90 G01 X54 Z−40 F80	加工锥面
N100 Z−30	加工 φ54 外圆
N110 G02 U−8 W4 R4	加工 R4 圆弧
N120 G01 X30	加工 Z26 处端面
N130 Z−15	加工 φ30 外圆
N140 U−16	加工 Z15 处端面
N150 G03 U−4 W2 R2	加工 R2 圆弧
N160 G01 Z−2	加工 φ10 外圆
N170 U−6 W3	加工倒角 C2,加工轮廓结束
N175 G70 P80 Q170	精加工
N180 G00 X50	退出已加工表面
N190 G40 X100 Z80	取消半径补偿,返回程序起点位置
N200 M30	主轴停、主程序结束并复位

练习题 3

仿形切削复合循环,如图 4-2-3 所示,设切削起始点在 $A(60,5)$;X、Z 方向粗加工余量分别为 3 mm、0.9 mm;粗加工次数为 3;X、Z 方向精加工余量分别为 0.6 mm、0.1 mm。其中点划线部分为工件毛坯。请设置安装仿形工件,各点坐标参考如下(X 向余量 3 mm)坐标点 X(直径)Z 圆弧半径圆弧顺逆:

A00 B130 C13−20 D23−25 E23−35 F37−42 73 37−52 47−62 47−120 0−120

(1) 零件图工艺分析

分析零件图纸,考虑零件毛坯为虚线部分,刚好适合 G73 仿形循环指令的编程要求,即利用数控车床三爪卡盘加持零件左端,伸出长度为 80 mm,用外圆车刀一次加工到位。

(2) 刀具选择

刀具与工艺参数见表 4-2-5。

表 4-2-5 数控加工工序卡(见图 4-2-3)

数控加工工艺卡片			产品名称	零件名称	材料	零件图号
				实例二	45钢	图4-2-3
工序号	程序编号	夹具名称	夹具编号	使用设备		车间
				CJK6140		
工步号	工步内容		刀具号	刀具规格	主轴转速/ $(r \cdot min^{-1})$	进给速度/ $(mm \cdot r^{-1})$	背吃刀量/ mm	侧吃刀量/ mm
1	车外圆		T01	90°外圆车刀	400	0.2	1	

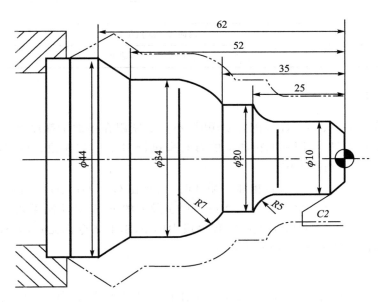

图 4-2-3 实例二

(3) 编制程序

编制程序(使用 FANUC 系统)如表 4-2-6 所列。

表 4-2-6 加工程序

程序(见图 4-2-3)	说明
%0003	程序名
N10 G54 G00 X80 Z80	选定坐标系,到程序起点位置
N20 M03 S400	主轴以 400 r/min 正转
N30 G00 X60 Z5	到循环起点位置
N35 G73 U3 W0.9 R3	
N40 G73 P50 Q130 U0.6 W0.1 F0.2	闭环粗切循环加工
N50 G00 X0 Z3	精加工轮廓开始,到倒角延长线处

续表 4-2-6

程序（见图 4-2-3）	说　明
N60 G01 U10 Z—2 F80	精加工倒角 C2
N70 Z—20	精加工 φ10 外圆
N80 G02 U10 W—5 R5	精加工 R5 圆弧
N90 G01 Z—35	精加工 φ20 外圆
N100 G03 U14 W—7 R7	精加工 R7 圆弧
N110 G01 Z—52	精加工 φ34 外圆
N120 U10 W—10	精加工锥面
N130 U10	退出已加工表面，精加工轮廓结束
N135 G70 P50 Q130	
N140 G00 X80 Z80	返回程序起点位置
N150 M30	主轴停、主程序结束并复位

注意事项

- G70 指令与 G71、G72、G73 配合使用时，不一定紧跟在粗加工程序之后立即进行。通常可以更换刀具，另用一把精加工的刀具来执行 G70 的程序段。但中间不能用 M02 或 M30 指令来结束程序。
- 在使用 G71、G72、G73 进行粗加工循环时，只有在 G71、G72、G73 程序段中的 F、S、T 功能才有效。而包含在 N(ns)～N(nf) 程序段中的 F、S、T 功能无效。使用精加工循环指令 G70 时，在 G71、G72、G73 程序段中的 F，S，T 指令都无效，只有在 N(ns)～N(nf) 程序段中的 F、S、T 功能才有效。

练习题 4

如图 4-2-4 所示，加工螺纹为 ZM60×2，工件尺寸见下图，其中括弧内尺寸根据标准得到。试用 G76 螺纹切削复合循环编程加工。

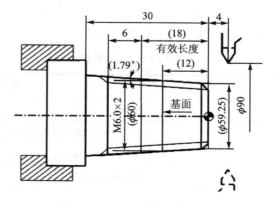

图 4-2-4　G76 指令的应用

(1) 零件图工艺分析

根据零件图样分析，只需夹住工件的左端车削右端，先用 90°外圆车刀车出外形，再车削螺纹。

(2) 刀具选择

刀具与工艺参数见表4-2-7。

表4-2-7 数控加工工序卡(图4-2-4)

数控加工工艺卡片			产品名称	零件名称	材料	零件图号
				G76指令的应用	45钢	
工序号	程序编号	夹具名称	夹具编号		使用设备	车间
					CJK6140	
工步号	工步内容		刀具号	刀具规格	主轴转速/ $(r \cdot min^{-1})$	进给速度/ $(mm \cdot r^{-1})$	背吃刀量/ mm	侧吃刀量/ mm
1	车外圆		T01	90°外圆车刀	1 000	0.1	1	
2	车螺纹		T02	90°外螺纹刀	800	2	分层递减	

(3) 编制程序

编制程序(使用FANUC系统)如表4-2-8所列。

表4-2-8 加工程序

程序(见图4-2-4)	说 明
%0004	程序名
N10 T0101	换一号刀,确定其坐标系
N20 G54 G00 X100 Z100	到程序起点或换刀点位置
N30 M03 S1000	主轴以1 000 r/min 正转
N40 G00 X90 Z4	到简单循环起点位置
N50 G90 X61.125 Z−30 I−0.94 F0.2	加工锥螺纹外表面
N60 G00 X100 Z100 M05	到程序起点或换刀点位置
N70 T0202	换2号刀,确定其坐标系
N80 M03 S800	主轴以800 r/min 正转
N90 G00 X90 Z4	到螺纹循环起点位置
N95 G76 P020000 Q0.1 R0.1	
N100 G76 X58.15 Z−24 R−0.94 P1.299 Q0.9 F1.5	
N110 G00 X100 Z100	返回程序起点位置或换刀点位置
N120 M05	主轴停
N130 M30	主程序结束并复位

思考与练习

1. 熟悉单段循环指令的使用方法。
2. 熟悉复合循环指令的使用方法。
3. 什么叫机床原点、机床参考点？
4. 掌握编程的步骤。

5. 采用复合循环编制图 4-2-5 的程序。毛坯尺寸为 $\phi 60 \times 200$ mm,材料为 45 钢,未注倒角去毛刺。

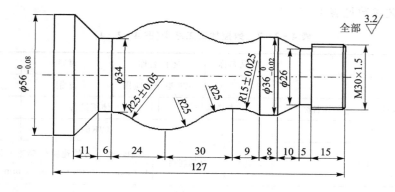

图 4-2-5　习题图 I

6. 用 G72 编制图 4-2-6 程序。毛坯尺寸为 $\phi 75 \times 25$ mm,材料为 45 钢棒料。

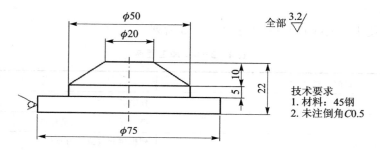

图 4-2-6　习题图 II

7. 用 G72 编制图 4-2-7 所示的加工程序,材料为 $\phi 65 \times 90$ mm,材料为 45 钢棒料。

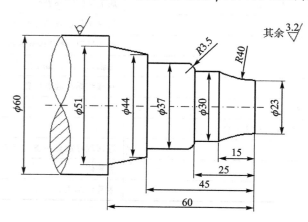

图 4-2-7　习题图 III

8. 若图 4-2-7 为铸钢件毛坯,各台阶不均匀余量为 7 mm,试用闭合循环程序 G73 进行编程。

第五部分 数控铣削

课题一 型腔加工编程实例

> **教学要求**
>
> ◆ 掌握键槽的加工工艺及编程方法。
> ◆ 熟练运用子程序、旋转等编程指令。
> ◆ 掌握粗、精铣走刀路线,能够修改刀具半径补偿值保证尺寸精度。
> ◆ 掌握型腔的加工刀具、走刀路线、去除余量的方法和编程技巧。
> ◆ 掌握螺旋进刀铣削方法。

5.1.1 简化编程指令

1. 旋转指令的编程与应用

(1) 指令格式

$$G68 \begin{Bmatrix} G17\ X\_Y\_R\_ \\ G18\ X\_Z\_R\_ \\ G19\ Y\_Z\_R\_ \end{Bmatrix}$$

…

G69

指令说明:

- ◆ G68 为建立旋转,G69 为取消旋转。
- ◆ X_Y_Z_ 旋转中心的坐标值。当 X、Y 省略时,G68 指令认为刀具当前位置为旋转中心。旋转中心点坐标为绝对坐标,G91 不起作用。
- ◆ R_为旋转角度。就是编程所取形状方位到实际形状方位之间的角度,R+表示逆时针旋转,R-表示顺时针旋转,单位为度。
- ◆ 旋转刀具路径:程序初始化必须写上 G69,以免出现不安全隐患。当程序在绝对方式下时,G68 程序段后的第一个程序段必须使用绝对方式移动指令,才能确定旋转中心。如果这一程序段为增量方式移动指令,那么系统将以当前位置为旋转中心,按 G68 给定的角度旋转坐标。

> 注意事项

坐标系旋转编程的注意事项:
- 在执行坐标系旋转以前,执行镜像指令或比例缩放指令是可以的,反之则不允许,即不在坐标系旋转指令中执行镜像指令或比例缩放指令。
- 在有刀具补偿的情况下,先旋转后刀补;在有缩放功能的情况下,先缩放后旋转。数控系统处理的顺序是:程序镜像—比例缩放—坐标系旋转—刀具半径补偿方式。所以在应用这些功能时,应按顺序指定,取消时,按相反顺序。
- 采用坐标系旋转编程时,要特别注意刀具的起点位置,以防加工过程中产生过切现象。主程序中调用子程序的起始点为旋转点,子程序的终止点也为旋转点。

(2) 坐标系旋转功能的实际应用

① 工件旋转某一指定角度。
② 工件由许多相同图形单元围绕一个中心旋转,可将图形单元编成子程序调用旋转。
③ 用于工件内部单一图形的旋转。

【例5-1-1】 用旋转指令编写图5-1-1所示外轮廓的精加工程序,工件厚度为5 mm。程序见表5-1-1。

表5-1-1 【例5-1-1】参考程序

程序(见图5-1-1)	说　明
O0611	
G17 G40 G49 G90 G80 G54	
G43 G00 Z50 H01;	
M03 S1000;	
G00 X−15 Y−15;	
Z2;	
G01 Z−5 F100;	
G68 X0 Y0 R15;	坐标系逆时针旋转15°
G41 G01 X0 Y0 D01 F100;	建立刀补
Y40;	切削 OA 线段
X40;	切削 AB 线段
Y0;	切削 BC 线段
X0;	切削 CO 线段
G69	取消坐标旋转
G40 G01 X−15 Y−15;	取消刀补并移至 P 点
G00 G49 Z100;	
M05;	
M30	

【例 5-1-2】 如图 5-1-2 所示旋转类零件,毛坯尺寸为 50 mm×50 mm×15 mm,试编写加工程序。若将四方水平放置,则应逆时针旋转 60°;若将四方竖直放置,则应顺时针旋转 60°。下面以水平放置为例编程,加工程序如表 5-1-2 所列。

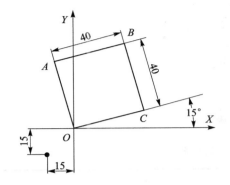

图 5-1-1 旋转某一指定角度

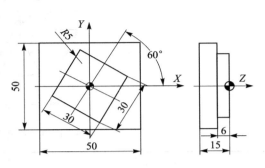

图 5-1-2 斜四方凸台

表 5-1-2 斜四方凸台数控加工程序

程序(见图 5-1-2)	说　明
O0612	程序号
G17 G90 G54 G00 X0 Y0 Z100;	
M03 S1000;	
G68 X0 Y0 R-60;	坐标旋转
X35 Y-15;	快速定位至起始点
Z5 M08;	
G01 Z-5 F50;	
G41 G01 X15 D01 F100;	建立刀具半径补偿
X-15 Y-15 R5;	轮廓铣削
X-15 Y15 R5;	轮廓铣削
X15 Y15 R5;	轮廓铣削
Y-10;	轮廓铣削
G02 X10 Y-15 R5;	轮廓铣削
G40 G01 X-35;	取消刀具半径补偿
G69	取消旋转指令
G00 Z100 M09;	
M05;	
M30;	

【例 5-1-3】 编写如图 5-1-3 所示花瓣槽零件外轮廓的精加工程序,切削深度 5 mm。以右端水平放置的凹槽作为子程序。注意选择 X 轴上的任一个作为子程序,并注意旋转的角度和调用的次数。

加工程序如表 5-1-3 所列。

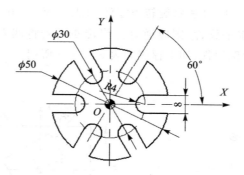

图 5-1-3 花瓣槽

表 5-1-3 花瓣槽数控加工程序

主程序(见图 5-1-3)	说 明
O0613	
G17 G90 G54 G00 X40 Y0;	
M03 S1000;	
G43 Z100 H01;	
Z5;	
M98 P200;	
G68 X0 Y0 R60;	
M98 P200;	
G68 X0 Y0 R120;	
M98 P200;	
G68 X0 Y0 R180;	
M98 P200;	
G68 X0 Y0 R240;	
M98 P200;	
G68 X0 Y0 R300;	
M98 P6111;	
G69;	
G00 Z100;	
M05;	
M03;	
子程序	说 明
O6111;	
X40 Y0;	
G41 X40 Y4 D01;	
G01 Z-5 F50;	
X15 F100;	

续表 5-1-3

主程序（见图 5-1-3）	说　明
G03 X15 Y-4 R4；	
G01 X40；	
G00 Z10；	
G40 X40 Y0；	
M99；	

【例 5-1-4】 编写如图 5-1-4 所示半圆槽板零件外轮廓的精加工程序，切削深度 5 mm。加工程序如表 5-1-4 所列。

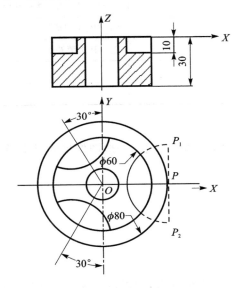

图 5-1-4 半圆槽板

表 5-1-4 半圆槽数控加工程序

主程序	说　明
O0614	
G54 G90 G00 X0 Y0 Z100；	
M03 S1000；	
M98 P6112；	
G68 X0 Y0 R120；	
M98 P6112；	
G68 X0 Y0 R240；	
M98 P6112；	
G69；	
G00 Z100；	
G40 X0 Y0；	

续表 5-1-4

主程序	说　明
M05;	
M30;	
子程序	说　明
O6112;	子程序号
G00 X40;	快速定位至 P 点
Z5 M08;	
G01 Z−5 F100;	
G41 X40 Y25 D01	P→P_1 建立刀具半径补偿
G03 X40 Y−25 R25;	P_1→P_2 半圆槽加工
G40 G00 X40 Y0;	P_2→P 取消补偿
Z10;	
M99;	

2. 极坐标编程加工

利用极坐标编程,可以大大减少编程计算,一般图像尺寸以半径与角度形式标注的零件以及圆周分布的孔类零件比较适合。

(1) 极坐标指令格式

$$\begin{Bmatrix} G16 \\ G15 \end{Bmatrix} X\_Y\_;$$

指令说明：

- 终点的坐标值也可以用极坐标输入,即以极坐标半径和极坐标角度来确定点的位置。G16 为极坐标指令,G15 为取消极坐标指令。
- X_为极坐标半径,用所选平面的第一轴地址来指定(用正值表示)。
- Y_为极坐标角度,极角的正向是所选平面的第 1 坐标轴沿逆时针转动的方向,而负向是沿顺时针转动的方向。
- 极径和极角均可以用绝对值指令或增量值指令(G90,G91)指定。

  如图 5-1-5 所示,极坐标半径与角度说明:当绝对值编程时:G90 G17 G16。

  极坐标半径值:程序段终点坐标到工件坐标系原点距离。

  极坐标角度:程序段终点与工件坐标系原点连线与 X 轴夹角。

  当增量值编程时:G91 G17 G16

  极坐标半径值:程序段终点坐标到刀具起点位置距离。

  极坐标角度:前一坐标系原点与刀具起点位置连线与当前轨迹夹角。

(2) 极坐标编程应用

【例 5-1-5】 如图 5-1-6 所示,A、B、C 点极坐标描述如下:A 点 X40 Y0;B 点 X40 Y60;C 点 X40 Y150;刀具从 A 点到 B 点再到 C 点,采用极坐标系编程如下:

【例 5-1-6】 如图 5-1-7 所示,极坐标加工正多边形,铣削深度为 5 mm。用三爪卡盘

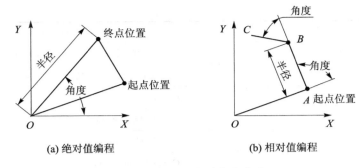

(a) 绝对值编程　　　　　　(b) 相对值编程

图 5-1-5　极坐标半径与角度

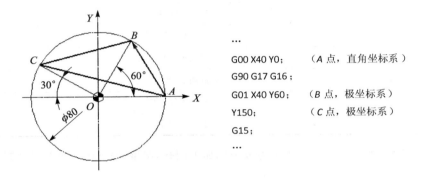

```
...
G00 X40 Y0;          （A 点，直角坐标系）
G90 G17 G16;
G01 X40 Y60;         （B 点，极坐标系）
Y150;                （C 点，极坐标系）
G15;
...
```

图 5-1-6　极坐标半径与角度举例

装夹毛坯，原点设置在零件中心点上。采用 $\phi 10$ 立铣刀分层铣削，刀具补偿方式为半径左刀补顺时针铣削，背吃刀量为 1 mm，侧吃刀量为 5 mm 程序如表 5-1-5 所列。

表 5-1-5　正多边形参考程序

程序（见图 5-1-7）	说　明
O0634	
G80 G40 G49 G90 G17 G21;	
M03 S1000;	
G54 G00 X51.55 Y0;	
G43 Z100 H01;	
Z5 M08;	
G01 Z0 F50	
M98 P111 L15	
M05	
G00 Z100	
G91 G28 Y0	
M30	
子程序	
G91 G01 Z-1 F50	

续表 5-1-5

程序（见图 5-1-7）	说 明
G90 G41 Y20 D01 F100;	位于轮廓的延长线上 Q 点，建立刀具半径补偿
G16;	设定工件坐标系原点为极坐标原点
G01 X40 Y0;	Q→A
G91 Y−60;	A→B（极角为−60°）
Y−60;	B→C（极角为−60°）
Y−60;	C→D（极角为−60°）
Y−60;	D→E（极角为−60°）
Y−60;	E→F（极角为−60°）
Y−60	F→A（极角为−60°）
G15;	取消极坐标编程
G90 G01 X51.55 Y−20;	返回 P 点
G40 Y0;	取消半径补偿
M99;	返回主程序

【例 5-1-7】 如图 5-1-8 所示为极坐标加工四孔，深度 20 mm。加工程序如表 5-1-6 所列。

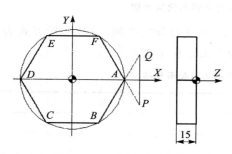

图 5-1-7 正多边形

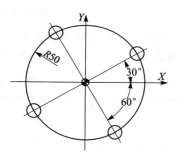

图 5-1-8 极坐标加工四孔

表 5-1-6 四孔加工参考程序

程序（见图 5-1-8）	说 明
O0635	
G90 G54 G00 X0 Y0;	
G43 G00 Z100 H01;	
M03 S1000;	
Z10 M08;	
G16;	
G83 X50 Y30 Z−20 R5 Q1 F100;	
G91 Y90;	

续表 5-1-6

程序(见图 5-1-8)	说　明
Y90;	
Y90;	
G15 G80;	
G40 G00 Z100;	
M05;	
M30	

3. 比例缩放

有时某个图形是按其他图形固定比例系数进行放大或缩小。这时就应按照比例缩放指令进行编程。要素：缩放中心位置，各坐标轴缩放比例。

(1) 指令格式

格式一：

G51 I_ J_ K_ P_ ;

……

G50；

指令说明：

◆ G51 为比例缩编指令。G50 为取消。

◆ I_ J_ K_ 为参数。I_ 代表 X 轴，J_ 代表 Y 轴，K_ 代表 Z 轴。

◆ P_ 为比例缩放系数，不能用小数点。

举例："G51 I120 J30 P2000;"其中 I120 J30 代表缩放中心在坐标(20,30)处；P2000 表示缩放比例为 2 倍。

格式二：

G51 X_ Y_ Z_ P_ ;

……

G50；

举例："G51 X10 Y20 P500;"其中 XYZ 中参数和格式一中 IJK 参数作用相同，系统不同，书写格式不同而已。

格式三：

G51 X_ Y_ Z_ I_ J_ K_ ;

……

G50；

指令说明：

◆ X_ Y_ Z_ 用于指定比例缩放的中心；

◆ I_ J_ K_ 用于指定不同坐标方向上的缩放比例。

【举例】如图 5-1-9 所示，以图 A 为原始图形通过比例缩放得出图 B、C 和 D 的图形，写出图 B、C 和 D 的比例缩放加工指令(Z 为 0)。

(2) 比例缩放编程说明

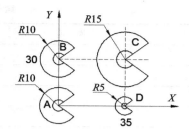

Y
R15
R10
B
C
30
R10
R5
D
X
A
35
图 B: G51 X0 Y30 Z0 I1 J1 K1
图 C: G51 X35 Y30 Z0 I1.5 J1.5 K1
图 D: G51 X35 Y0 Z0 I0.5 J0.5 K0

图 5-1-9 缩放举例

1）刀具半径补偿写在缩放程序段内

正　确	错　误
G51 X_ Y_ Z_ P_;	G41 G01 X_ Y_ D01 F100;
G41 G01 X_ Y_ D01 F100;	G51 X_ Y_ Z_ P_;

比例缩放对于刀具半径补偿值 D、刀具长度补偿 H 及工件坐标系零点偏移值无效。

2）比例缩放中的圆弧插补

等比例缩放:圆弧半径也缩放相同比例。

不同比例缩放:圆弧半径根据 I、J 中较大值进行缩放。

注意事项

- 比例缩放简化形式 G51。
- 对固定循环中 Q 与 d 值无效。
- 对工件坐标系零点偏移和刀具补偿无效。
- 在比例缩放状态下,不能执行回参考点指令和指定坐标系设定指令,若一定要用,必须先取消缩放功能。

【例 5-1-8】 如图 5-1-10 所示,毛坯尺寸 100 mm×100 mm×50 mm,利用比例缩放指令,编写程序。

A
B
C
5
5
5
30
Y
R20
X
100
40
40
100

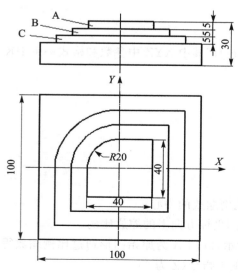

图 5-1-10 加工图

由图可知，3个图像成比例缩放关系。选用 φ20 平底刀加工。选择切削速度 $V_c=30$ m/min，主轴转速 $n=1\,000\,V_c/\pi D$，经计算取 600 r/min；背吃刀量 $a_p=5$ mm。

编程思路为：编写一个子程序；主程序调用；调用前比例缩放，见表 5-1-7。

表 5-1-7 加工程序

子程序（见图 5-1-10）	说 明
O2222	
G91 G01 Z-5 F100	
G90 G41 G01 X-20 D01	
Y0	
G02 X0 Y20 R20	
G01 X20 Y20	
Y-20	
X-70	
G40 Y-70	
M99	
主程序	说 明
O1111	程序名
G90 G17 G54	程序初始化
G91 G28 Z0	Z 向返回参考点
G90 G00 X-70 Y-70	快速定位到点（-70，-70）
Z20	Z 向定位到高度 20 mm
M03 S600	主轴正转，转速 600 r/min
G01 Z0 F100	直线攻进到 Z0
G51 X0 Y0 Z0 I2 J2 K1	比例缩放加工图 C 的图形
M98 P32222	调用程序号为 O2222 子程序 3 次
G50	取消比例缩放
G01 Z0 F100	Z 向定位到 Z0
G51 X0 Y0 Z0 I1.5 J1.5 K1	比例缩放加工图 B 的图形
M98 P22222	调用程序号为 O2222 子程序 2 次
G50	取消比例缩放
G01 Z0 F100	Z 向定位到 Z0
M98 P2222	调用程序号为 O2222 子程序 1 次
G91 G28 Z0	Z 向返回参考点
M30	程序结束

【例 5-1-9】 如图 5-1-11 所示加工图，用缩放功能编制如图所示轮廓的加工程序，已知三角形 ABC 的顶点为 A(10,30)、B(90,30)、C(50,110)，三角形 A'B'C' 是缩放后的图形，其缩放中心为 D(50,50)，缩放系数为 0.5 倍，设刀具起点距工件上表面为 50 mm。

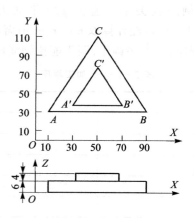

图 5-1-11 加工图例

加工程序如表 5-1-8 所列。

表 5-1-8 加工程序

程序（见图 5-1-11）	说　明
%8501	程序号
G92 X50 Y50 Z50	建立工件坐标系
G91 G17 M03 S600	
G00 Z-46	快速定位至工件中心，距表面 4 mm
#51=14	给局部变量#51赋予14的值
M98 P100	调用子程序，加工三角形 ABC
#51=8	重新给局部变量#51赋予8的值
G51 X50 Y50 P0.5	缩放中心(50,50)，缩放系数0.5
M98 P100	调用子程序，加工三角形 A′B′C′
G50	取消缩放
G00 Z46	取消长度补偿
M05 M30	
子程序	说　明
%100	子程序号（三角形 ABC 的加工程序）
G42 G00 X-40 Y-20 D01	快速移动到 XOY 平面的加工起点，建立半径补偿
G01 Z[-#51] F100	Z 轴快速向下移动局部变量#51的值
G01 X80 F300	加工 A→B 或 A′→B′
X-40 Y80	加工 B→C 或 B′→C′
X40 Y-80	加工 C→加工始点 或 C′→加工始点
G00 Z[#51]	提刀
G40 X40 Y20	返回工件中心，并取消半径补偿
M99	返回主程序

4. 镜像指令编程加工

当工件具有相对于某一轴对称的形状时,可以利用镜像功能和子程序的方法,简化编程。镜像指令能将数控加工的刀具轨迹沿某坐标轴作镜像变换而形成对称零件的刀具轨迹。对称轴可以是 X 轴或 Y 轴或原点。不同的数控系统所用的镜像编程代码和格式均不相同。下面以华中数控系统的极坐标编程。

(1) 华中数控系统镜像指令

G24 X_Y_ Z_
...
G25 X Y Z

指令说明:
◆ G24 建立镜像;G25 取消镜像。两者为模态指令,可相互注销,G25 为默认值。
◆ X_Y_ Z_指定镜像位置(对称轴、线、点)。

举例说明:
① "G24 X−9"表示图形将以 $X=-9$ 的直线(平行 Y 轴的线)作为对称轴。
② "G24 X6 Y4"表示图形先以 $X=6$ 对称,然后再以 $Y=4$ 对称,两者综合结果相当于以点(6,4)为对称中心的原点对称图形。
③ "G25 X0"表示取消前面的由 G24 X0 产生的关于 Y 轴方向的对称。

(2) FANUC 数控系统镜像指令

格式一:

G51.1 X_Y_ Z_
...
G50.1

指令说明:
◆ G51.1 建立镜像;G50.1 取消镜像。两者为模态指令,可相互注销,G50.1 为默认值。
◆ X_Y_ Z_用于指定对称轴或对称点。
◆ 当 G51.1 指令后仅有一个坐标字,表示该镜像加工指令是以某一个坐标轴为镜像轴。

举例说明:
① "G55.1 X50"表示该镜像线是 $X=50$ 处,并且平行于 Y 轴。
② 以图 A 为原始图形通过镜像得出图 B、C 和 D 的图形,写出图 5-1-12 中图 B、C 和 D 的镜像加工指令。

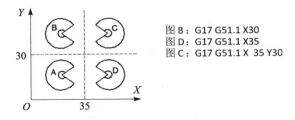

图 B: G17 G51.1 X30
图 D: G17 G51.1 X35
图 C: G17 G51.1 X 35 Y30

图 5-1-12 镜像举例图 1

格式二：

G51 X_Y_ I_J_；
…
G50

指令说明：

◆ X_Y_用于指定对称轴或对称点。

◆ I_J_一定是负值，只镜像不缩放填写-1，只要不等于-1，执行后即镜像又缩放。

举例说明：

① "G17 G51 X35 Y0 I-1 J1；"表示程序以点(35,0)进行镜像加工，不缩放。如图 5-1-13(a)所示。

② "G17 G51 X35 Y0 I-2 J2；"表示程序以点(35,0)进行镜像加工，缩放。如图 5-1-13 中图 2 所示。

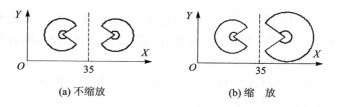

(a) 不缩放　　　　　　　　　(b) 缩放

图 5-1-13　镜像举例图 2

③ 如图 5-1-14 所示，以图 A 为原始图形通过镜像得出图 B、C 和 D 的图形，写出图 B、C 和 D 的镜像加工指令。

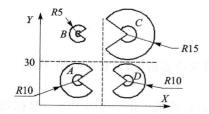

图 B：G17 G51 Y30 I0.5 J0.5
图 D：G17 G51 X35 I1 J1
图 C：G17 G51.1 X35 Y30 I1.5 J1.5

图 5-1-14　镜像举例图 3

注意事项

镜像指令编程注意事项：

- 当只对 X 轴或 Y 轴进行镜像加工时，刀具的实际切削顺序将与原程序相反，刀具矢量方向相反，圆弧插补转向相反。当同时对 X 轴和 Y 轴进行镜像加工时，切削顺序、刀具补偿方向、圆弧方向均不变。

- 有刀补时，先镜像，后进行刀具半径补偿。

- 在 G90 绝对编程模式下，镜像功能必须在工作坐标系原点开始使用，取消镜像也要回到该点。数控镗铣床 Z 轴一般不镜像。

（3）镜像指令编程应用

【例 5-1-10】 分析图 5-1-15 工件，由 4 个轮廓组成，第二象限的轮廓与第一象限的轮廓关于 Y 轴对称，第三象限的轮廓与第一象限的轮廓关于原点对称，第四象限的轮廓与第一象限的轮廓关于 X 轴对称。因此在编写加工程序时，只需编写出第一象限轮廓的加工程序，其余象限的轮廓可利用镜像功能和子程序调用功能加工。

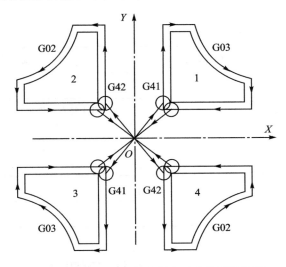

图 5-1-15 关于 XY 轴和原点对称的零件轮廓

下刀点的位置选择在坐标原点，即一、三象限零件轮廓的镜像点上，便于轮廓加工时进刀退刀比较协调，第一象限工件加工时选择采用左补偿 G41，加工路线如图中第一象限轮廓所示。其轮廓的加工程序如表 5-1-9 所列。

表 5-1-9 零件加工数控程序

主程序（见图 5-1-15）	说明
O0611	
G17 G54 G90 G40 G00 X0 Y0 Z10	
M03 S800	
G01 Z−5 F100	
M98 P0002	调用子程序加工第一象限的轮廓
G24 X0	$X=0$ 镜像
M98 P0002	调用子程序加工第二象限的轮廓
G25 X0	取消镜像
G24 X0 Y0	X0 Y0 点镜像
M98 P0002	调用子程序加工第三象限的轮廓
G25 X0 Y0	取消镜像
G24 Y0	$Y=0$ 镜像
M98 P0002	调用子程序加工第四象限的轮廓

续表 5-1-9

主程序(见图 5-1-15)	说　明
G25 Y0	取消镜像
G28 G91 Z0	
M05	
M30	
子程序(第一象限轮廓加工的子程序)	说　明
O0002	
G01 G41 X20 Y20 D01	建立刀具半径左补偿
Y60	
X30	
G03 X60 Y30 R50	
G01 Y20	
X20	
G01 G40 X0 Y0	取消补偿返回镜像点
M99	

【例 5-1-11】 如图 5-1-16 所示的零件为凸凹相配件加工，两者单独分析，不存在关于某轴或某点对称的部分，因而不便采用镜像加工，但是将件 1 与件 2 一起考虑时，会发现两件的轮廓是关于某一轴对称，只不过对称的是凸、凹模的轮廓。所以在编程时，需要特别注意，只能将零件的轮廓编为子程序作为对称的对象，而刀补的建立与撤销不能作为对称的对象，否则会加工出错误的轮廓，并在进行镜像前，必须改变两件加工时下刀点位置。其加工程序如表 5-1-10 所列。

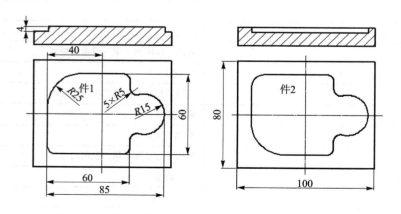

图 5-1-16　不对称的凸凹配

表 5-1-10 凸凹配件加工数控程序

程序（件 1 加工）	说　明
O0612	
G17 G54 G90 G40 Z10	
M03 S800	
X－55 Y0	设置下刀点
G01 Z－5 F100	
G41 X－40 Y0 D01	
M98 P0005	调用子程序加工轮廓
G40 X－55 Y0	取消刀具半径补偿
G28 G91 Z0	
M30	
程序（件 2 加工）	说　明
O06122	
G17 G54 G90 G40 Z10	
M03 S800	
X－20 Y0	设置下刀点
G01 Z－5 F100	
G41 X－40 Y0 D01	建立刀具半径左补偿
G24 Y0	将子程序轮廓关于 Y＝0 镜像
M98 P0005	调用轮廓子程序
G25 Y0	取消子程序轮廓镜像
G10 X－20 Y0	取消刀具半径补偿
G28 G91 Z0	
M30	
子程序	
O06123	
G01 Y5	
G02 X－15 Y30 R25	
G01 X20 Y30 R5	
G01 Y19.4	
G03 X26.9 Y15.5 R5	
G02 Y－15.5 R15	
G03 X20 Y19.4 R5	
G01 X20 Y－30 R5	
G01 X－40 Y－30 R5	
Y0	
M99	

【例 5-1-12】 如图 5-1-17 零件的两个轮廓虽然不对称，但两者之间存在着一定的关

系，第二象限的零件轮廓是第一象限的零件轮廓经过 Y 轴镜像后形成的轮廓 B，再以点 A 为原点进行坐标旋转，最后得到轮廓 C。所以在实际加工中，对于轮廓形状相似的，需要对零件进行分析，以找出它们的共同点。其程序编制如表 5-1-11 所列。

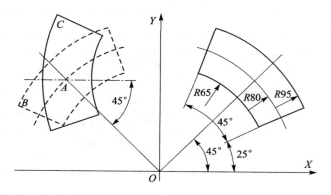

图 5-1-17 梯形块零件

表 5-1-11 梯形块零件加工数控程序

主程序	说 明
O0613	
G17 G54 G90 G00 X0 Y0 G40 G15	
M03 S800	
M98 P0008	调用子程序加工第一象限的轮廓
G24 X0	进行关于 X=0 轴镜像
G68 X56.57 Y56.57 R−45	进行坐标旋转
M98 P0008	调用子程序加工第二象限的轮廓
G69	取消坐标旋转
G25 X0	取消镜像加工
G28 G91 Z0	
M30	
子程序	说 明
O0008	
G16 G00 X50 Y25	采用极坐标编程
G01 G41 X65 Y25 D01	
X65 Y70	
X95 Y70	
X95 Y−25	取消极坐标
X65 Y25	
G01 G40 X50 Y25	
G15	
M99	

5. 倒角指令简化编程

倒角和拐角圆弧过渡程序段可以自动地插入下面的程序段之间:

◆ 在直线插补和直线插补程序段之间;

◆ 在直线插补和圆弧插补程序段之间;

◆ 在圆弧插补和直线插补程序段之间;

◆ 在圆弧插补和圆弧插补程序段之间。

(1) 直线段间倒角或倒圆格式

G1X_Y_,C_;　　　倒角指令格式
G1X_Y_,R_;　　　倒圆指令格式

指令说明:

◆ 在相邻的两段直线段间有圆角或倒角时,编程时可以按照没有倒角或圆角编程,第一条直线只需编程至交点,并在第一段程序末尾加上,C_或,R_,而第二段直线仍按原状编程。

◆ 优点:原来:直线＋圆角或倒角＋直线　　　　　　　　三条指令
　　　　现在:直线(末尾加上,C_或,R_)＋直线　　　　　 二条指令

(2) 倒角指令简化编程举例

【例 5-1-13】 如图 5-1-18 所示,设坐标系原点在轨迹左下角点,并且刀具已经停在原点位置,顺时针方向走刀。使用倒角功能编程和不使用倒角功能编程对比见表 5-1-12。

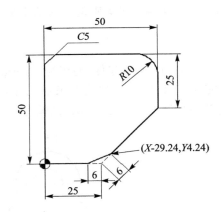

图 5-1-18　加工图

表 5-1-12　简化编程对比

不使用倒角功能的程序(8行)	使用倒角指令编程(5行)
G01 X0 Y45 F1000	G01 X0 Y50,C5
X5 Y50	X50,R10
X40	G01 Y25
G02 X50 Y40 R10	X25 Y0,C6
G01 Y25	X0

续表 5-1-12

不使用倒角功能的程序(8 行)	使用倒角指令编程(5 行)
X29.24 Y5.14	
X19 Y0	
X0	

可见在相应倒角和圆角的地方使用倒角指令后,程序简化了三行。不但能够减少工作量,还能够减少出错的几率。

6. 局部坐标系(坐标平移)

在数控编程中,为了方便编程,有时要给程序选择一个新的参考,通常是将工件坐标系偏移一个距离。在 FANUC 系统中,通过指令 G52 来实现。

(1)指令格式

G52 X_ Y_ Z_ ;
G52 X0 Y0 Z0 ;

指令说明:

◆ G52 为设定局部坐标系,该坐标系的参考基准是当前设定的有效工件坐标系原点,即使用 G54～G59 设定的工件坐标系。

◆ X_ Y_ Z_ 为局部坐标系的原点在原工作坐标系中的位置,该值用绝对坐标值加以指定。

◆ G52 X0 Y0 Z0 为取消局部坐标系,其实质是将局部坐标系仍设定在原工件坐标系原点处。

(2)编程实例

【例 5-1-14】 加工如图 5-1-19 所示零件,毛坯为 50 mm×48 mm×10 mm 的 45 钢,粗糙度为 $Ra1.6$,内孔已加工完成,现以内孔定位装夹来加工外轮廓,在数控铣床上进行 4 件或多件加工,零件在夹具中的装夹如图 5-1-20 所示,试编写其数据铣加工程序。

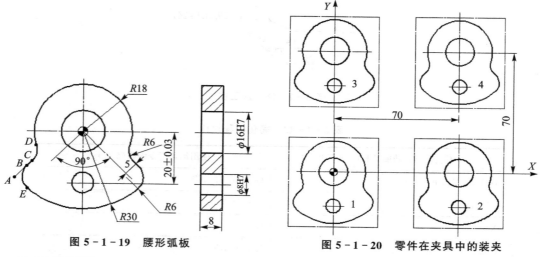

图 5-1-19 腰形弧板　　　　　图 5-1-20 零件在夹具中的装夹

1)工艺分析

加工本例工件时,如果每个轮廓均采用单一的加工程序编程与加工,则基点换算困难,编写和输入程序容易出错。如采用子程序并结合坐标平移指令进行编程,则程序简单明了。

2)选择刀具及切削用量

选择 φ16 的高速钢立铣刀加工周边轮廓。切削速度 $n=600$ r/mim;进给速度取 $f=100$ mm/mim;背吃刀量的取值稍大于零件毛坯高度,取 $a_p=10$ mm。

3)走刀路线

编写本例周边轮廓的加工程序时,应注意切入方式的合理选择,此处选择轮廓左侧直线的延长线切入。另外,还应注意刀具轨迹的合理规划,防止刀具移动过程中与其他轮廓发生干涉。

采用 CAD 软件进行基点坐标分析,得出图中部分基点坐标如下:

A 点	$(-25,-17.93)$	D 点	$(-20.49,-15.42)$
B 点	$(-18.62,-11.55)$	E 点	$(-17.15,-5.48)$
C 点	$(-20.31,-22.08)$		

4)编制加工程序

编制加工程序如表 5-1-13 所列。

表 5-1-13 腰形弧板加工程序

主程序	说明
O0521	
G90 G94 G21 G40 G17 G54	程序初始化
G91 G28 Z0	Z 向回参考点
M03 S600	主轴正转
G90 G00 X0 Y0	刀具在 XY 平面中快速定位
Z10 M08	刀具 Z 向快速定位,切削液开
M98 P100	调用子程序加工第一个轮廓
G52 X70 Y0	坐标平移
M98 P100	调用子程序加工第二个轮廓
G52 X0 Y70	坐标平移
M98 P100	调用子程序加工第三个轮廓
G52 X70 Y70	坐标平移
M98 P100	调用子程序加工第四个轮廓
G52 X0 Y0	取消坐标平移
G90 G00 Z100 M09	
M30	
子程序	说 明
O100	加工轮廓子程序
G00 X-35 Y-40	刀具定位

续表 5-1-13

主程序	说　明
G01 Z－9	
G41 G01 X－25 Y－17.93 D01	在子程序中建立刀补
X－18.62 Y－11.55	A→C，加工单个轮廓
G03 X－17.15 Y－5.48 R6	C→D
G02 X17.15 Y－5.48 R－18	
G03 X18.62 Y－11.55 R6	
G01 X20.49 Y－15.42	
G02 X20.31 Y－22.08 R6	
G02 X－20.31 Y－22.08 R30	→E 点
G02 X－20.49 Y－15.42 R6	E→B
G40 X－35 Y－25	在子程序中取消刀补
G00 Z100	刀具抬起
M99	返回主程序

5.1.2 腰形槽加工实例

1. 六角凸台零件加工

（1）零件图工艺分析

如图 5-1-21 所示六角凸台零件，毛坯尺寸为 100 mm×80 mm×20 mm。上表面和轮廓四周都已加工完毕，试完成腰形槽轮廓铣削的工艺设计及加工程序。

如图 5-1-22 所示为六角凸台腰形槽铣削刀具路径，根据零件的特点，选择 φ12 的键槽铣刀，Z 方向采用垂直下刀的进刀方式，在 XY 平面走刀路线为 AB（建立刀补）→BC（切向切入）→CD→DE→EF→FC→CH（切向切出）→HA（取消刀补），由于表面精度要求不高 Ra6.3，采用粗加工一次完成，切削用量选择为：主轴转速 500 r/min，进给速度为 100 mm/min。

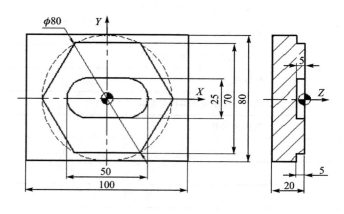

图 5-1-21 六角凸台

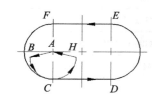

图 5-1-22 腰形槽铣削刀具路径

（2）参考程序

参考程序如表 5-1-14 所列。

表 5-1-14　腰形槽数控加工程序

参考程序	说　明
O0201;	
G17 G90 G40 G80 G49 G21;	G 代码初始状态
T01 M06	选 T01 号刀,并换上主轴
G00 G90 G54 X-12.5 Y0	工件坐标系设定,刀具快速至下刀点 A
S500 M03	主轴正转
G43 Z50. H03	建立刀具长度补偿,至安全高度
G01 Z5 F500 M08	下刀,开冷却液
G01 Z-5 F100	Z 向进刀并至切削深度
G41 G01 X-22.483 Y-2.5 D01	$A \to B$,建立刀补
G03 X-12.5 Y-12.5 R10	$\to C$,切向切入
G01 X12.5	$\to D$,轮廓切削
G03 Y12.5 R12.5	$\to E$,轮廓切削
G01 X-12.5	$\to F$,轮廓切削
G03 Y-12.5 R12.5	$\to C$,轮廓切削
G03 X-2.517 Y-2.5 R10	$\to H$,切向切出
G40 G01 X-12.5 Y0	$\to A$,取消刀具半径补偿
G00 Z100. M09	退刀,关闭冷却液
M05	主轴停止
M30	程序结束

2. 斜腰形板零件加工实例

（1）零件图工艺分析

加工如图 5-1-23 所示的斜腰形槽与斜腰形凸台。其周边及多余凸台余量已加工完成,材料为硬铝。

根据图样分析,斜腰形槽和斜腰形凸台加工时材料的切削余量不大,材料的切削性能较好,因此选用 $\phi 12$ 高速钢键槽铣刀即可完成所有加工内容。选择主轴转速为 1 500 r/min,进给速度为 200 mm/min(实际加工时可通过倍率开关做适当调整)。坐标原点选在工件上表面中心。为了简化编程计算,分别将两个腰形旋转后加工,其加工路线如图 5-1-24 所示。

斜腰形凸台从 $P \to Q \to 1 \to 2 \to 3 \to 4 \to 5 \to 1 \to R \to P$

斜腰形槽从 $A \to B \to 11 \to 22 \to 33 \to 44 \to 55 \to 66 \to 77 \to 88 \to 99 \to 11 \to C \to A$

（2）工件装夹

以底面和侧面作为定位基准,用机用虎钳装夹工件,工件表面高出钳口 10 mm,找正后夹紧。

（3）程序编制

程序编制如表 5-1-15 所列。

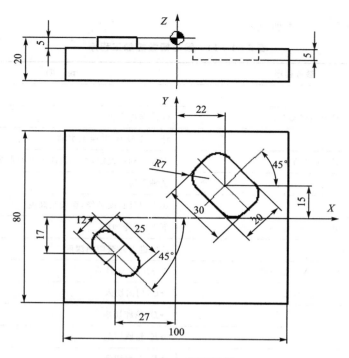

图 5-1-23 斜腰形板

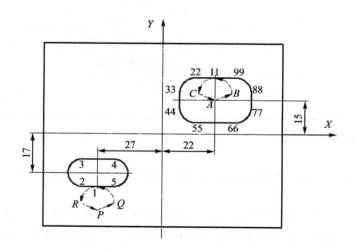

图 5-1-24 斜腰形板刀具轨迹

表 5-1-15 斜腰形板加工程序

程 序	说 明
O0513	
G17 G40 G49 G90 G54 X0 Y0	工件坐标系设定
G43 G00 Z100 H01	建立刀具长度补偿,至安全高度

续表 5-1-15

程 序	说 明
M03 S500	主轴正转
G00 X-27 Y-17	快速定位至凸台中心
Z2	刀具快速至工件上表面处
G68 X-27 Y-17 R-45;	坐标旋转指令,逆时针旋转45°
G91 G42 D01 G01 X0 Y6 F100	建立刀具半径左补偿
Z-7	下刀至切削深度
X-6.5	
G03 Y-12 R6	
G01 X13	
G03 Y12 R6	
G01 X-6.5	
G90 G40 G00 Z100	
G69	取消旋转
G00 X22 Y15	快速定位至凹键槽中心
Z2	刀具快速至工件上表面处
G01 Z-5 F100	下刀至切削深度
G68 X22 Y15 R-45	坐标旋转指令,逆时针旋转45°
G91 G01 G41 X0 Y10 D01	建立刀具半径左补偿
X-8	
G03 X-7 Y-7 R7	
G01 Y-6	
G03 X7 Y-7 R7	
G01 X16	
G03 X7 Y7 R7	
G01 Y6	
G03 X-7 Y7 R7	
G01 X-8	
G40 G01 Y-10	
G69	取消旋转
G90 G00 Z100	取消刀具长度补偿,快速抬刀至安全高度
M05	主轴停止
M30	程序结束

3. 双腰形槽零件加工实例

(1) 零件图工艺分析

在数控铣床上完成如图 5-1-25 所示零件的腰形槽的加工,工件材料为 45 钢。生产规模:单件,周边余量已加工完成。试尝试不同加工方案。

根据图样分析,腰形槽加工时材料的切削余量不大,选用 φ12 高速钢键槽铣刀即可完成所有加工内容。选择主轴转速为 900 r/min,进给速度为 80 mm/min(实际加工时可通过倍率开关做适当调整)。坐标原点选在工件上表面中心。为了简化编程计算,分别将两个腰形槽旋转后加工,其加工走刀路线如图 5-1-26 所示。

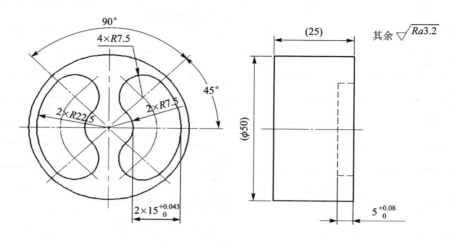

图 5-1-25 腰形槽零件加工实例

(2) 程序编制

采用不同的旋转角度编程,加工程序如表 5-1-16 所列。

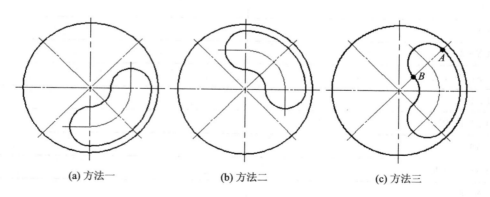

(a) 方法一　　　(b) 方法二　　　(c) 方法三

图 5-1-26 采用不同旋转角度的图形

表 5-1-16 双腰形槽加工程序

方法一编程	方法二编程
主程序	主程序
G90 G54 G40 G00 S500 M03 G69	G90 G54 G40 G00 S500 M03 G69

续表 5-1-16

方法一编程	方法二编程
Z100 M08	Z100 M08
G68 X0 Y0 R45	G68 X0 Y0 R-45
M98 P100	M98 P200
G68 X0 Y0 R225	G68 X0 Y0 R135
M98 P100	M98 P200
M09	M09
M30	M30
子程序	子程序
O100	O200
X15 Y0	X15 Y0
Z5	Z5
G01 Z-5 F50	G01 Z-5 F100
G41 X22.5 D01	G90 G41 Y22.5 D01
G03 X7.5 R7.5	G03 Y7.5 R7.5
G02 X0 Y-7.5 R7.5	G02 X7.5 Y0 R7.5
G03 X0 Y-22.5 R7.5	G03 X22.5 R7.5
X22.5 Y0 R22.5	X0 Y22.5 R22.5
G40 G00 X15	G40 G00 Y15
G00 Z100	G00 Z100
G69	G69
M99	M99

方法三编程	
主程序	说 明
G90 G54 G40 G00 X0 Y0 S500 M03 G69	建立工件坐标系,主轴正转
Z100 M08	安全高度
#6=45	赋角度变量
#1=22.5*COS[#6]	点 A 的 X 坐标值
#2=22.5*SIN[#6]	点 A 的 Y 坐标值
#3=7.5*COS[#6]	点 B 的 X 坐标值
#4=7.5*SIN[#6]	点 B 的 Y 坐标值
M98 P300	调用子程序加工腰形槽
G68 X0 Y0 R180	采用旋转指令,角度180°

续表 5-1-16

方法三编程	
主程序	说 明
M98 P300	调用子程序加工腰形槽
M30	程序结束
子程序	说 明
O300	子程序号
X15 Y0	快速定位至下刀点
Z5	快速下刀至接近工件表面
G01 Z-5 F50	下刀
G41 X22.5 D01	建立刀具半径左补偿
G03 X[#2] Y[#1] R22.5	开始铣右腰形槽
X[#4] Y[#3] R7.5	
G02 Y-[#3] R7.5	
G03 X[#2] Y-[#1] R7.5	
X22.5 Y0 R22.5	
G40 G00 X15	取消刀具半径补偿
G00 Z100	安全高度
G69	取消旋转指令
M99	子程序结束,返回主程序

5.1.3 封闭窄槽铣削加工技术

在机械零件的加工中,窄槽是一种非常常见的加工内容,但因其形状狭长,限制了刀具的尺寸和运动轨迹,在利用刀具的半径补偿功能进行精加工时,如何根据加工轮廓最小半径确定刀具补偿值、切入圆弧半径,本节主要讨论封闭窄槽的数控加工方法。

封闭窄槽加工属于内轮廓加工,一般没有合适的外部位置来引入刀具,通常需要根据刀具的类型和加工条件采用不同的切入方式,一是直接用带中心切削刃的立铣刀沿 Z 轴方向直接切入材料,二是如果没有带中心切削刃的立铣刀或加工条件不适合,加工之前就需要先做好预钻孔,然后选用无中心切削刃的立铣刀,从预钻孔引入材料实现切削加工。另外,还可以采用斜向或螺旋切入材料的方法,通常沿 XZ、YZ 或 XYZ 轴运动实现切入。

1. 方槽板零件加工实例

(1) 数控加工方案

如图 5-1-27 所示零件图,六面已加工,现需加工宽度 8 mm、深度 3 mm 的直线槽。

① 用平口钳装夹,底面垫实,上表面至少凸出钳口 5 mm,以免加工中铣到钳口。

② 采用一次装夹完成零件中直线槽的加工

③ 刀具选择 ϕ8 键槽铣刀,主轴转速为 1 000 r/min,进给速度为 200 mm/min,背吃刀量为 3 mm。选择以工件上表面中心为原点建立编程坐标系,计算出编程坐标值。

④ 刀具路径如图 5-1-28 所示,其走刀路线为:A→B→C←D→A→B。

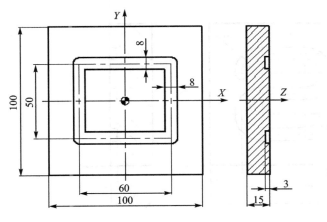

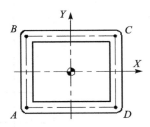

A (-30, -25);　B (-30, 25);
C (30, 25);　D (30, -25)

图 5-1-27　方槽板零件　　　　　图 5-1-28　方槽板走刀路线

(2) 参考程序

参考程序如表 5-1-17 所列。

表 5-1-17　方槽板数控加工程序

程序(见图 5-1-27)	说　明
O0521	程序号
G54 G90 G40 G49 G21 G80;	初始设定,选择 G54 工件坐标系
M03 S1000;	启动主轴 1 000 r/min
G00 X0 Y0 Z100;	快速定位工件正上方 100 mm 处
G00 X−30 Y−25 Z10;	刀具快速定位至 A(−30,−25)
G01 Y25 Z−3 F200;	斜线下刀,直线插补至 B(−30,25)
X30;	→C 点,直线插补
Y−25;	→D 点,直线插补
X−30;	→A 点,直线插补
Y25;	→B 点,直线插补
G01 Z10;	抬刀
G00 X0 Y0 Z100;	返回初始位置
M05;;	主轴停止
M30;	程序结束

2. S 槽板零件加工实例

(1) 零件图工艺分析

如图 5-1-29 所示,零件的毛坯尺寸 100 mm×100 mm×15 mm,六方已经加工完成,现需加工宽度 6 mm,深度 3 mm 的 S 形槽。

从图可知,零件精度要求较低,可一次装夹完成工件。零点选择在毛坯左下角,选用 $\phi 6$ 的键槽铣刀,采用逆铣。考虑到立铣刀不能垂直切入工件,下刀点选择在图形的左下角圆弧起点 A 处,采用螺旋线切入工件。

选择进给速度 $F=100$ mm/min,主轴转速 $S=800$ r/min。

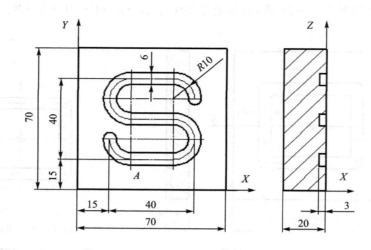

图 5-1-29 S 槽板加工

(2) 参考程序

参考程序如表 5-1-18 所列。

表 5-1-18 S 形槽板数控加工程序

程　序	说　明
O0523	程序号
G54 G90 G00 X0 Y0;	建立工件坐标系
M03 S800;	启动主轴 800 r/min
G43 H01 Z50;	建立刀具长度补偿
G00 X15 Y25 Z1 M08;	快速移动到下刀点的上方 1 mm 处
G03 X25 Y15 Z-3 I10 R10 F50;	螺纹线切入工件
G01 X45 F100;	直线插补
G03 X45 Y35 R10;	圆弧插补
G01 X25;	圆弧插补
G02 X25 Y55 R10;	圆弧插补
G01 X45;	圆弧插补
G02 X55 Y45 R10;	圆弧插补
G00 Z100;	抬刀
X0 Y0 G49;	刀具回到零点，取消刀具长度补偿
M05;	主轴停止
M30;	程序结束

3. 品字槽零件加工实例

(1) 零件图工艺分析

加工如图 5-1-30 所示槽形，用 φ6 的铣刀，加工槽深 4 mm。设进给速度 $F=100$ mm/min，

主轴转速 $S=1\,500$ r/min，试编程。

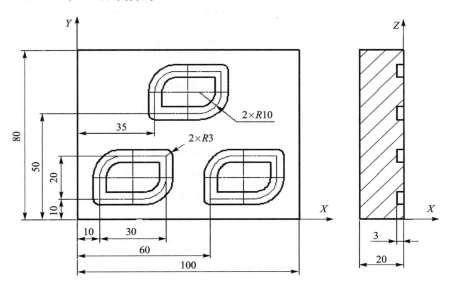

图 5-1-30 品字槽零件加工

从图可知，零件精度要求较低，可一次装夹完成工件。工件零点选择在毛坯左下角，选用 $\phi 10$ 的立铣刀，采用逆铣。考虑到立铣刀不能垂直切入工件，下刀点选择在图形的左下角，采用斜线切入工件。加工顺序为：方槽 1→方槽 2→方槽 3。按子程序及增量编程方法使程序简化。其加工路线如图 5-1-31 所示。

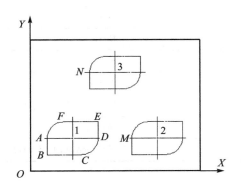

图 5-1-31 品字槽加工路线

(2) 参考程序

参考程序如表 5-1-19 所列。

表 5-1-19 品字槽数控加工程序

主程序	说　明
O0524	程序号
G54 G90 G00 X0 Y0；	建立工件坐标系
M03 S1500；	启动主轴正转 1 500 r/min

续表 5－1－19

主程序	说　明
G43 H01 Z50；	建立刀具长度补偿
G00 X10 Y20	快进到 A 点
Z2 M08；	刀具快进到下刀点的上方 2 mm 处，开冷却液
M98 P0001	调用子程序，加工方槽 1
G00 X60 Y20	快进到安全平面 M 点
M98 P0001	调用子程序，加工方槽 2
G00 X35 Y60	快进到安全平面 N 点
M98 P0001	调用子程序，加工方槽 3
G00 Z100 M09	刀具快退至起始平面，关冷却液
X0 Y0 M05	刀具回到起刀点，主轴停止
M02	程序结束
子程序	说　明
O0001	子程序号
G91	增量编程
G01 Y－10 Z－3 F100	A→B，刀具 Z 向斜线下刀至 B 点
G01 X20	B→C
G03 X10 Y10 R10	C→D
G01 Y10	D→E
X－20	E→F
G03 X－10 Y－10 R10	F→A
G01 Y－10	A→B
Z4	抬刀至工件上表面处
G90	绝对编程
M99	子程序结束，返回主程序

4．花槽零件加工实例

（1）零件图工艺分析

零件如图 5－1－32 所示，材料为硬铝，切削性能较好，加工部分由沟槽构成，槽深 5 mm，零件毛坯为 120 mm×120 mm×20 mm 的方料，已完成上下平面及周边的加工。

根据图样分析，刀具材料不宜采用硬质合金，应采用普通的高速钢。铣削十字形凹槽，选择 ϕ16 的键槽铣刀环绕形状加工；铣削方形凹槽时，因为槽宽要求不高，可直接选择 ϕ10 的键槽铣刀加工。

① 用 ϕ16 的键槽铣刀铣削十字形凹槽至尺寸。如图 5－1－33 所示，从工件毛坯中心点 O 起刀，垂直进到切削深度，其走刀路线为：O→1→2→3→4→5→6→7→8→9→10→11→12→O。

② 用 ϕ10 的键槽铣刀铣削方形凹槽至尺寸。如图 5－1－33 所示，从工件毛坯 A 点起刀，

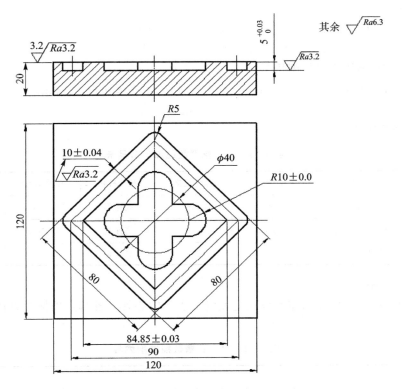

图 5-1-32 花槽零件加工图

垂直进刀到切削深度,按 $A \to B \to C \to D \to A$ 的路线走刀,铣削完毕抬刀。

（2）工件装夹

以已加工的底面和侧面作为定位基准,在机用虎钳上装夹工件,工件顶面高出钳口 10 mm,找正后夹紧。

（3）刀具及工艺参数

查表可知,铝合金允许切削速度 V_c = 180～300 m/min,精加工 V_c = 180 m/min,粗加工 V_c = 180×70% = 126 m/min。

查表可知,$\phi 16$ 键槽铣刀的每齿进给量 f_z = 0.05～0.15 mm/齿,粗加工取 f_z = 0.08,精加工取 f_z = 0.05。考虑到实习用机床刚性不是很好,乘以修正系数 0.3～0.6,取修正系数 0.4。

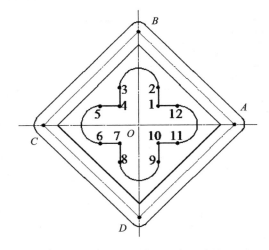

图 5-1-33 花槽加工走刀路线

1）计算 $\phi 16$ 键槽铣刀切削用量

粗加工:

$n = 1\,000 V_c / (\pi D) = 1\,000 \times 126 \times 0.4 / (3.14 \times 16) \approx 1\,000$ r/min;

$F = f_z \times Z \times n = 0.08 \times 2 \times 1\,000 = 160$ mm/min。

精加工：

$n = 1\,000 \times 180 \times 0.4/(3.14 \times 16) \approx 1\,400$ r/min；

$F = f_z \times Z \times n = 0.06 \times 2 \times 1\,400 \approx 180$ mm/min。

2) 计算 $\phi 16$ 键槽铣刀切削用量

$n = 1\,000 V_c/(\pi D) = 1\,000 \times 126 \times 0.4/(3.14 \times 10) \approx 1\,600$ r/min；

$F = f_z \times Z \times n = 0.08 \times 2 \times 1\,600 = 250$ mm/min。

刀具选择见表 5-1-20。

表 5-1-20　花槽数控加工刀具卡

编号	刀具名称	刀具号	刀具规格	刀具材料	半径补偿	长度补偿
1	键槽铣刀(粗铣)	T01	$\phi 16$	高速钢	D01=8.25	H01
	键槽铣刀(精铣)	T02	$\phi 16$	高速钢	D02=8	H02
	键槽铣刀	T03	$\phi 10$	高速钢		H03

(4) 参考程序

为计算方便，工件坐标系零点设在毛坯的上表面中心处。各基点坐标可直接得出，程序见表 5-1-21。

表 5-1-21　花槽数控铣削编程

主程序(十字槽)	说　明
O0526	程序号
T01 M06	换 T01 刀
M03 S1000	主轴正转，转速为 1 000 r/min
G54 G00 X0 Y0	建立工件坐标系，刀具快速移动到起刀点位置
G43 H01 Z100	建立刀具长度补偿
Z1 M08	刀具接近工件上表面 1 mm，开冷却液
D01	建立刀具半径补偿 D01=8.25
M98 P10 L3	调用十字槽子程序，粗铣 3 次
T02 M06	换 T02 号刀
M03 S1400	主轴正转，转速为 1 400 r/min
G54 G00 X0 Y0	建立工件坐标系，刀具快速移动到起刀点位置
G43 H02 Z100	建立刀具长度补偿 H02
Z1 M08	
D02	建立刀具半径补偿 D01=8
M98 P10	调用十字槽子程序，精铣 1 次
G00 Z100	抬刀至安全高度
M05	主轴停止

主程序(十字槽)	说　明
G91 G28 Z0 M09	回 Z 轴参考点,关冷却液
G28 X0 Y0	回 X、Y 轴参考点
M30	程序结束
主程序(方槽)	说　明
O0524	程序号
T03 M06	换 T01 刀
M03 S1600	主轴正转,转速为 1 000 r/min
G54 G00 X45 Y0	建立工件坐标系,刀具快速移动到起刀点位置
G43 H03 Z100	建立刀具长度补偿
Z1 M08	刀具接近工件上表面 1 mm,开冷却液
M98 P20 L3	调用方字槽子程序,共 3 次
G00 Z100	抬刀至安全高度
M05	主轴停止
G91 G28 Z0 M09	回 Z 轴参考点,关冷却液
G28 X0 Y0	回 X、Y 轴参考点
M30	程序结束
子程序(十字槽)	说　明
O0010	子程序号
G91 G01 Z−2 F80	相对方式,下刀 2 mm
G90 G01 G41 X10 Y10 F160	建立左刀补
Y20	
G03 X−10 R10	
G01 Y10	
X−20	
G03 Y−10 R10	
G01 X−10	
Y−20	
G03 X10 R10	
G01 Y−10	
X20	
G03 Y10 R10	
G01 X10	

续表 5-1-21

子程序(十字槽)	说　明
G40 X0 Y0	取消刀补
M99	取消子程序

子程序(方槽)	说　明
O0020	子程序号
G90 G01 Z-5 F80	下刀 5 mm
G01 X45 Y0 F250	
X0 Y45	
X-45 Y0	
X0 Y-45	
X45 Y0	
M99	取消子程序

5.1.4　型腔铣削加工技术

型腔加工是轮廓加工的扩展。需要在由边界线确定的一个封闭区域内去除材料,该区域由侧壁和底面围成。型腔内部可以全空或有孤岛。因此型腔铣削编程时有两个重要考虑:刀具切入方法和粗、精加工的刀路设计。

1. 凹槽零件加工实例

(1) 零件图工艺分析

如图 5-1-34 所示,毛坯为 70 mm×70 mm×18 mm 板材,六面已粗加工过,要求数控铣出槽,工件材料为 45 钢。

根据图样要求、毛坯及前道工序加工情况,确定工艺方案及加工路线:铣刀先粗加工圆及四方,再用刀具半径补偿精加工圆台及 50 mm×50 mm 四角倒圆的四方槽。每次切深为 2 mm,分两次加工完。采用 $\phi 10$ 的平底立铣刀。

在 XOY 平面内确定以工件中心为工件原点,Z 方向以工件上表面为工件原点,建立工件坐标系。采用手动对刀方法把点 O 作为对刀点。

图 5-1-35 所示为凹槽加工走刀路线。

(2) 确定装夹方案

以已加工过的底面为定位基准,用通用机用平口虎钳夹紧工件前后两侧面,虎钳固定于铣床工作台上,找正后夹紧。

(3) 参考程序

参考程序如表 5-1-22 所列。

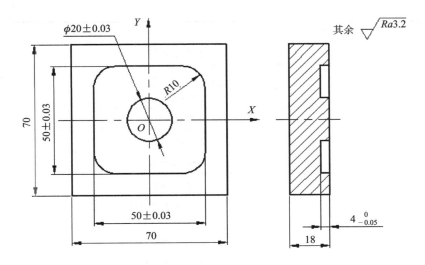

图 5-1-34 凹槽加工实例

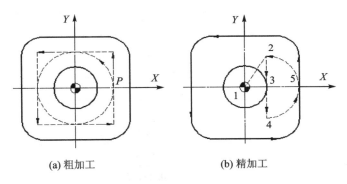

(a) 粗加工　　　　(b) 精加工

图 5-1-35 凹槽加工走刀路线

表 5-1-22 凹槽工件数控加工程序

主程序	说明
O0531	主程序号
G90 G54 G00 X0 Y0	建立工件坐标系,1号刀
M03 S800	主轴正转,转速为 800 mm/min
G43 H01 Z50	刀具长度补偿 H01
X17.5 Y0	快速定位到下刀点 P(粗加工)
Z5 M08	接近工件表面,开冷却液
G01 Z−2 F80	刀具垂直进刀 2 mm
M98 P0001	调第一次粗铣子程序
G01 Z−4	刀具垂直进刀至 4 mm
M98 P0001	调第二次粗铣子程序
G00 Z5	快速提刀

续表 5-1-22

主程序	说　明
M03 S1000	主轴正转,转速为 1 000 mm/min
X0 Y0	快速定位到下刀点 1
G01 G41 X10 Y15 D01 F80	1→2,建立左刀补,D01=5
Z-4	下刀至深度
Y0	2→3,切线进刀
G02 I-10	3→3,铣整圆
G01 X10 Y-15	3→4,切线退刀
G03 X25 Y0 R15	4→5,圆弧进刀(精加工四方)
G01 Y15	
G03 X15 Y25 R10	
G01 X-15	
G03 X-25 Y15 R10;	
G01 Y-15	
G03 X-15 Y-25 R10	
G01 X15	
G03 X25 Y-15 R10;	
G01 Y0	
G03 X10 Y15 R15	5→2,圆弧退刀
G40 G01 X0 Y0	2→1,取消左刀补
G00 Z2	快速提刀
G91 G28 Z0 M09	Z 轴回参考点,并关冷却液
M05	主轴停止
M30	主程序结束
子程序(粗加工)	
O0001	
G03 I-17.5	铣整圆
G01 Y17.5	铣轮廓
X-17.5	
Y-17.5	
X17.5	
Y0	
M99	子程序结束

(4) 质量检测

质量检测如表 5-1-23 所列。

表 5-1-23 凹槽工件数控加工质量检测

考核项目	检测内容	配分	评分标准	检测记录	扣分
工件 80分	50±0.03(2处)	28	超差不得分		
	$\phi 20\pm0.03$	15	超差不得分		
	$4_{-0.05}^{\ 0}$	15	超差不得分		
	$R10$	10	超差不得分		
	Ra 3.2(6处)	12	降级不得分		
程序 20分	切削加工工艺制定正确	5	每错一处扣1分		
	切削用量选择合理	5	每错一处扣1分		
	程序正确、简单、完整规范	10	每错一处扣1分		
机床 操作	装夹、换刀操作熟练	扣分	不规范每次扣2分		
	机床面板操作正确	扣分	误操作每次扣2分		
	进给倍率与主轴转速设定合理	扣分	不合理每次扣2分		
	加工准备与机床清理	扣分	不符合要求每次扣2分		
安全文 明生产	人身、设备、刀具安全	扣分	扣5~15分		

2. 矩形型腔加工实例

(1) 零件图工艺分析

完成图示 5-1-36 零件上型腔的加工。零件上下表面、外轮廓已在前面工序完成,零件材料为 45 钢。毛坯尺寸为 200 mm×200 mm×50 mm。

矩形型腔零件加工是平面与轮廓编程的综合,分为粗加工、半精加工和精加工编程。

① 粗加工选择 ϕ20 键槽铣刀,采用垂直下刀,Z字双向走刀方式;

② 半精加工选 ϕ20 键槽铣刀、精加工选 ϕ16 立铣刀,采用垂直下刀,轮廓铣削方式,通过修改刀补值实现半精加工和精加工。半精加工余量 0.4 mm,精加工余量 0.2 mm。

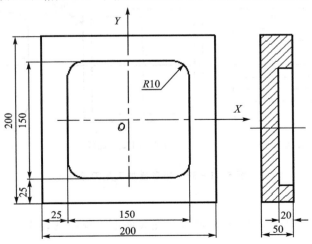

图 5-1-36 矩形型腔加工实例

(2) 装夹方案

用虎钳装夹，底部用垫铁支撑。

(3) 刀具与工艺参数

刀具与工艺参数见表 5-1-24，表 5-1-25。

表 5-1-24 矩形型腔数控加工刀具卡

编号	刀具名称	刀具号	刀具规格	刀具材料	半径补偿	长度补偿
1	键槽铣刀	T01	$\phi 20$	高速钢	D01	H01
2	平底立铣刀	T02	$\phi 16$	高速钢	D02=7.99	H02

表 5-1-25 矩形型腔数控加工工序卡

数控加工工艺卡片		产品名称	零件名称	材料	零件图号
			矩形型腔	45钢	
工序号	程序编号	夹具名称	夹具编号	使用设备	车间
		平口钳			
工步号	工步内容	刀具号	刀具规格	主轴转速/ $(r \cdot min^{-1})$	进给速度/ $(mm \cdot min^{-1})$	背吃刀量/ mm	侧吃刀量/ mm
1	粗铣型腔	T01	$\phi 20$ 键槽铣刀	400	200		
2	半精铣型腔	T01	$\phi 20$ 键槽铣刀	400	200		
3	精铣型腔	T02	$\phi 16$ 立铣刀	600	120		

(4) 走刀路线

如图 5-1-37 所示为粗加工、半精加工和精加工刀具路径。

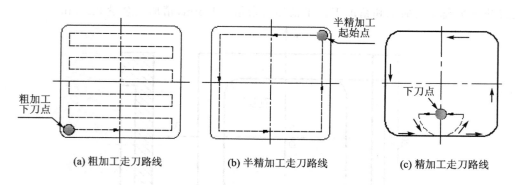

(a) 粗加工走刀路线　　(b) 半精加工走刀路线　　(c) 精加工走刀路线

图 5-1-37 矩形槽加工走刀路线

(5) 程序编制

在毛坯中心建立工件坐标系，Z 轴原点设在表面上。程序见表 5-1-26。

表 5-1-26 矩形型腔数控加工程序

主程序(粗加工)	说 明
O0533	
G17 G21 G54 G90 G80 G40 G94;	程序初始化,建立工件加工坐标系
Z80;	刀具定位到安全平面
M03 S400;	主轴启动
G00 X−64.4 Y64.4;	到下刀点
Z5;	快进到工件表面上方
G01 Z−10 F50;	垂直下刀进给
M98 P4331;	调 4331 号子程序(深 10 mm)
G90 G01 X−64.4 Y−64.4;	第二次移到下刀点
Z−20 F50	下刀至−20 mm
M98 P4331;	调 4331 号子程序,切削第二层(深 20 mm)
G90 G00 Z200;	抬刀
X200 Y200;	移到换刀位置
M05;	主轴停
M30	程序结束

子程序(粗加工,半精加工)	说 明
O4331	
G91 G01 X128.8 F200	粗加工开始
Y16.1	
X−128.8	
Y16.1	
X128.8	
Y16.1	
X−128.8	
Y16.1	
X128.8	
Y16.1	
X−128.8	
Y16.1	
X128.8	
Y16.1	
X−128.8	

续表 5-1-26

主程序(粗加工)	说　明
Y16.1	
X128.8	粗加工结束
X0.4	
Y0.4	
X-129.6	
Y-129.6	
X129.6	
Y129.6	半精加工结束
M99;	返回到主程序
精加工程序(ϕ16 平底铣刀)	说　明
O04332	
G17 G21 G54 G90 G80 G40 G94;	程序初始化,建立工件加工坐标系
G00 Z80;	刀具定位到安全平面
M03 S600;	主轴启动
X0 Y-59	快速定位到下刀点
G00 Z5;	快进到工件表面上方
G01 Z-20 F80;	垂直下刀进给
G41 X-16 D02 F120	建立刀具半径补偿,D02 值为 7.99
G03 X0 Y-75 R16	圆弧切线方向切入
G01 X65	开始精加工
G03 X75 Y-65 R10	
G01 Y65	
G03 X65 Y75 R10	
G01 X-65	
G03 X-75 Y65 R10	
G01 Y-65	
G03 X-65 Y-75 R10	
G01 X0	
G03 X16 Y-59 R16	圆弧切线方向切出
G40 G01 X0	取消刀具半径补偿
G00 Z200	
X200 Y200	
M05;	主轴停
M30	程序结束

3. 八角盘零件加工实例

(1) 零件图工艺分析

加工如图 5-1-38 所示零件,毛坯尺寸为 110 mm×110 mm×50 mm,材料为硬铝。

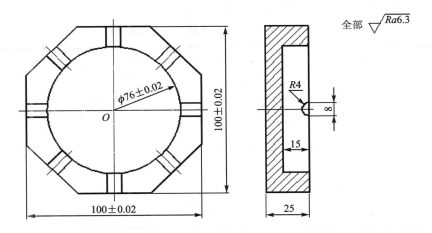

图 5-1-38 八角盘零件加工图

从零件图可以看出该零件的加工内容主要有平面、轮廓、型腔等。需要经过粗、精铣上下平面、外轮廓、型腔等加工工序才能完成。该零件外形、型腔精度较高,其上表面对于底面 A 的平行度公差为 0.02 mm,装夹和加工时要考虑到两者的平行度要求;部分外轮廓无尺寸精度要求。选择 φ20 立铣刀粗、精铣表面、外轮廓;φ16 键槽铣刀加工型腔;φ8 球头刀加工 8 个 R4 槽,其加工步骤为:铣上平面→粗精铣外轮廓→粗精铣内腔→铣 R4 槽→掉头装夹→铣底平面→去毛刺。

其外轮廓与内腔走刀路线如图 5-1-39 所示。

(2) 工件装夹

用通用夹具平口钳装夹 110 mm×110 mm 铝合金,通过垫铁组合,保证工件夹持大于或

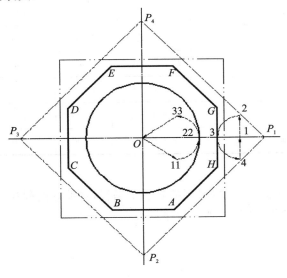

图 5-1-39 八角盘加工走刀路线

等于 7 mm,同时伸出部分长度大于或等于 28 mm,并找正,X,Y 向原点设为工件中心,Z 向尺寸为工件表面。

(3) **刀具及工艺参数**

刀具及工艺参数如表 5-1-27,表 5-1-28 所列。

表 5-1-27 八角盘数控加工刀具卡

编号	刀具名称	刀具号	刀具规格	刀具材料	半径补偿	长度补偿
1	面铣刀	T01	$\phi 80$	高速钢		H01
2	立铣刀	T02	$\phi 20$	高速钢	D02=10.2 D22=10	H02
	键槽铣刀	T03	$\phi 16$	高速钢	D03=8.2 D33=8	H03
	球头铣刀	T04	$\phi 8$	高速钢		H04

表 5-1-28 八角盘数控加工工序卡

数控加工工艺卡片			产品名称	零件名称	材料	零件图号
				八角盘	45钢	
工序号	程序编号	夹具名称	夹具编号		使用设备	车间
		平口钳				
工步号	工步内容		刀具号	刀具规格	主轴转速/ $(r \cdot min^{-1})$	进给速度/ $(mm \cdot min^{-1})$	背吃刀量/ mm	侧吃刀量/ mm
1	加工上平面		T01	$\phi 80$ 面铣刀	1 000	150	0.5	
2	粗铣外轮廓		T02	$\phi 20$ 立铣刀	1 200	100	2	
	精铣外轮廓		T02	$\phi 20$ 立铣刀	1 800	150	0.2	
	粗铣内腔		T03	$\phi 16$ 键槽铣刀	1 500	100	2	
	精铣内腔		T03	$\phi 16$ 键槽铣刀	2 000	150	0.2	
	铣 $R4$ 槽		T04	$\phi 8$ 球头刀	2 000	100		
	翻面加工底面		T01	$\phi 80$ 面铣刀	1 000	150		

(4) **参考程序**

由于该零件结构较为简单,所以采用的是手工编程,将编好的程序输入数控加工中心(上平面与底面铣削程序略)。加工程序见表 5-1-29。

表 5-1-29 八角盘数控加工程序

主程序(外轮廓粗精铣)	说 明
T02 M06	调用 2 号刀
G90 G54 G00 X65 Y0 Z100	建立工件坐标系,快速定位至点 1
M03 S1200	主轴正转,转速 1 200 r/min
Z10	接近工件表面
G01 Z-9 F100	第一层铣削深度
M98 P0001	调用粗加工子程序 1 次
Z-17	第二层铣削深度
M98 P0001	调用粗加工子程序 2 次
Z-25	第三层铣削深度
M98 P0001	调用粗加工子程序 3 次
Z10	抬刀
M03 S1600	主轴正转,转速 1 800 r/min
G01 Z-25 F150	刀具下到外轮廓深度
D02	刀补号 D02=10.2
M98 P0002	调用半精加工子程序
D22	刀补号 D22=10
M98 P0002	调用精加工子程序
Z10	抬刀
G91 G28 Z0 X0 Y0	XYZ 三轴回参考点
M05	主轴停止
M00	程序暂停
主程序(内腔粗精铣)	说 明
T03 M06	调用 3 号刀
G90 G54 G00 X0 Y0	建立坐标系,快速定位至下刀点
M03 S1500	主轴正转,转速 1 500 r/min
G43 Z50 H03	建立刀长补偿
G01 Z-5 F80	第一层铣削深度
M98 P0003	调用粗加工子程序 1 次
G01 Z-10 F80	第二层铣削深度
M98 P0003	调用粗加工子程序 2 次
G01 Z-15 F80	第三层铣削深度
M98 P0003	调用粗加工子程序 3 次
Z10	抬刀

续表 5-1-29

主程序（内腔粗精铣）	说　明
M03 S1800	主轴正转,转速 1 800 r/min
G01 Z－15 F150	刀具下到内腔深度
D03	刀补号 D03＝8.2
M98 P0004	调用半精加工子程序
D33	刀补号 D33＝8
M98 P0004	调用精加工子程序
G91 G28 Z0	Z 轴回参考点
M05	主轴停止
M00	程序暂停
主程序(R4 槽加工)	说　明
T04 M06	调用 4 号刀
G90 G54 G00 X0 Y0	建立工件坐标系
M03 S2000	主轴正转,转速 1 500 r/min
G43 Z50 H04	建立刀长补偿
Z10	快速定位至下刀点
M98 P0005	
G68 X0 Y0 R45	
M98 P0005	
G68 X0 Y0 R90	
M98 P0005	
G68 X0 Y0 R135	
M98 P0005	
G68 X0 Y0 R180	
M98 P0005	
G68 X0 Y0 R225	
M98 P0005	
G68 X0 Y0 R270	
M98 P0005	
G68 X0 Y0 R315	
G69	
G91 G28 Z0 X0 Y0	
M05	主轴停止
M30	程序结束

续表 5-1-29

主程序(R4槽加工)	说　明
O0001	子程序号
G01 G41 X80 Y0 D22	建立刀具半径左补偿,D22=10
X0 Y−80	铣削毛坯边角料
X−80 Y0	铣削毛坯边角料
X0 Y80	铣削毛坯边角料
X80 Y0	铣削毛坯边角料
G40 X65	取消刀具补偿
M99	子程序结束
子程序(外轮廓精加工)	说　明
O0002	子程序号
G41 G01 X65 Y15	1→2,建立左刀补
G03 X50 Y0 R15	2→3,圆弧进刀
G90 G17 G16	设定工件坐标系原点为极坐标原点
G01 X54.12 Y−22.5	A点(极径为54.12,极角为−22.5°)
Y−67.5	B点
Y−112.5	C点
Y−157.5	D点
Y157.5	E点
Y112.5	F点
Y67.5	G点
Y22.5	H点
Y0	3点
G15	取消极坐标指令
G03 X65 Y−15 R15	圆弧退刀
G40 G01 X65 Y0	取消刀补
M99	子程序结束
子程序(内腔粗加工)	说　明
O0003	子程序号
G41 X16 D33 F120	建立左刀补,D33=8
G03 I−16	整圆铣削
G01 X32	直线进给
G03 I−32	整圆铣削
G40 G01 X0 Y0	取消刀补

续表 5-1-29

子程序(内腔粗加工)	说　明
M99	子程序结束
子程序(内腔精加工)	说　明
O0004	子程序号
G41 X23 Y−15	O→11,建立左刀补,D33=8.2
G03 X38 Y0 R15	11→22,圆弧进刀
I−38	22→22,整圆铣削
X23 Y15 R15	22→33,圆弧退刀
G01 G40 X0 Y0	33→O,取消刀补
M99	子程序结束
子程序(R4槽)	说　明
O0005	子程序号
G01 X56 Y0 F200	定位至下刀点
Z−4	
X32 F80	铣削R4槽
Z10 F200	抬刀
M99	子程序结束

4. 弧形槽零件加工实例

(1) 零件图工艺分析

如图 5-1-40 所示,工件毛坯为 100 mm×80 mm×25 mm 的长方体零件,材料为 45 钢,要加工成中间的环形槽。

根据零件图分析,加工的部位是一个环形槽,中间的凸台作为槽的岛屿,外轮廓转角处的半径是 R6,槽较窄处的宽度是 10 mm,所以选用直径 φ6 的直柄键槽铣刀较为合适。工件安装时可直接用机用虎钳装夹。选择主轴转速为 750 r/min,切削速度为 40 mm/min。

工件坐标系的原点设定在工件中心的表面上,方便轮廓上节点的计算。其节点坐标见表 5-1-30。

表 5-1-30　节点坐标

1点	(24.37,17.5)	5点	(−24.37,−17.5)	A点	(17.32,10)
2点	(19.49,20)	6点	(−19.49,−20)	B点	(−17.32,10)
3点	(−19.49,20)	7点	(19.49,−20)	C点	(−17.32,−10)
4点	(−24.37,17.5)	8点	(24.37,−17.5)	D点	(17.32,−10)

(2) 确定走刀路线

图 5-1-41 所示为弧形槽加工走刀路线。由于加工的区域是一个封闭的环形槽,槽宽较窄,因此在下刀前先进行刀具半径补偿,再垂直下刀到槽底分别进行槽的内外轮廓加工。取消刀具半径补偿时则相反,即先抬刀,后取消。

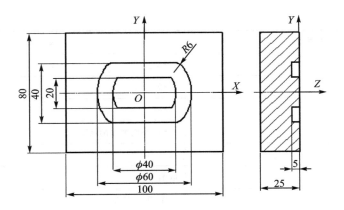

图 5-1-40 弧形槽零件加工图

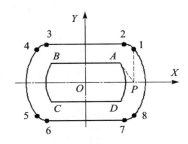

图 5-1-41 弧形槽加工走刀路线

(3) 程序编制

程序编制如表 5-1-31 所列。

表 5-1-31 弧形槽数控加工程序

加工程序	说 明
O0537	程序号
G00 G40 G90	程序初始化
G92 X150 Y100 Z100	建立工件坐标系
G00 X0 Y0	快速定位至工件中心
M03 S750	主轴正转,转速为 750 r/min
G41 X24.37 Y17.5 D01	O→1,建立左刀补,定位到 1 点上方
G43 Z20 H01 M08	刀具长度补偿
G01 Z−5 F20	下刀
G03 X19.49 Y20 R6 F40	1→2,开始切削外轮廓
G01 X−19.49	2→3,
G03 X−24.37 Y17.5 R6	3→4,
Y−17.5 R30	4→5,

续表 5-1-31

加工程序	说 明
X-19.49 Y20 R6	5→6，
G01 X19.49	6→7，
G03 X24.37 Y-17.5 R6	7→8，
Y17.5 R30	8→1,外轮廓切削结束
G01 Z2	抬刀
G40 Y0	取消刀补
G42 X17.32 Y10 D01	→A,建立右刀补
G01 Z-5 F20	下刀
X-17.32 F40	A→B,开始切削内轮廓
G03 Y-10 R20	B→C
G01 X17.32	C→D
G03 Y10 R20	D→A,内轮廓切削结束
G01 Z2	抬刀
G40 X0 Y0	取消刀补
G91 G28 Z0	Z 轴回参考点
M05	主轴停止
M30	程序结束

5．花形型腔零件加工实例

（1）零件图工艺分析

加工图 5-1-42 所示的零件,试编写其加工中心加工程序。

加工本例工件时,内、外轮廓选用不同直径的铣刀进行粗精加工。为此,换刀时应注意采用刀具长度补偿来编写加工程序。另外,加工内轮廓时需采用螺旋线方式 Z 向进刀。

（2）选择刀具及切削用量

选择 $\phi 16$ 的高速钢立铣刀加工外轮廓。切削用量推荐值:切削转速 $S=500\sim 600$ r/min,进给速度 $F=10\sim 200$ mm/min,背吃刀量的取值等于凸轮高度,取 $a_p=6$ mm。

选择 $\phi 12$ 的高速钢立铣刀加工内轮廓。切削用量推荐值:切削转速 $S=600\sim 800$ r/min,进给速度 $F=100\sim 200$ mm/min, Z 向进给速度 $f=50\sim 100$ mm/min;背吃刀量的取值等于型腔高度,取 $a_p=6$ mm。

参见表 5-1-32,表 5-1-33。

表 5-1-32 矩形轮廓数控加工刀具卡

编 号	刀具名称	刀具号	刀具规格	刀具材料	半径补偿	长度补偿
1	立铣刀	T01	$\phi 16$	高速钢	D01=8	H01
2	立铣刀	T02	$\phi 12$	高速钢	D02	H02

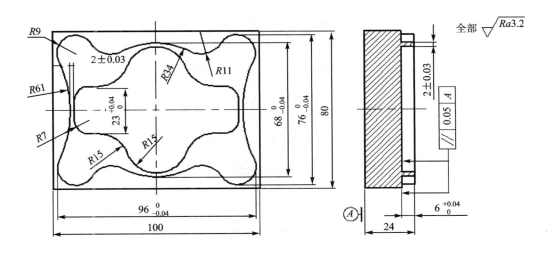

图 5-1-42 花形型腔零件加工实例

表 5-1-33 花形型腔数控加工工序卡

数控加工工艺卡片		产品名称	零件名称	材料	零件图号
			花形型腔	45钢	
工序号	程序编号	夹具名称	夹具编号	使用设备	车间
		平口钳			
工步号	工步内容	刀具号	刀具规格	主轴转速/$(r \cdot min^{-1})$	进给速度/$(mm \cdot min^{-1})$	背吃刀量/mm	侧吃刀量/mm
1	铣削外轮廓	T01	ϕ16 立铣刀	600	50	6	
2	铣削内轮廓	T02	ϕ12 铣刀	800	100	6	

(3) 设计加工路线

编写本例的加工程序时,内外轮廓均采用延长线上切入方式进行进刀,其刀具刀位点的轨迹如图 5-1-43 所示。采用 CAD 软件进行基点坐标分析,得出部分基点坐标,见表 5-1-34。

表 5-1-34 矩形型腔走刀路线基点坐标

1点	(-60,-50)	2点	(-50,30.7)
3点	(47.19,25.17)	4点	(-47.19,-25.17)
5点	(31.29,33.65)	6点	(16.53,29.71)
7点	(28.28,12)	8点	(32.71,12)
9点	(39.71,5.13)	10点	(14.14,22)

(4) 参考程序

加工程序如表 5-1-35 所列。

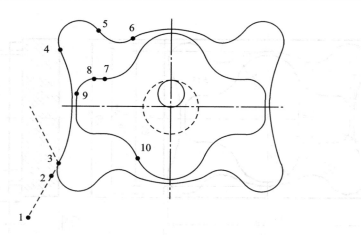

图 5-1-43　花形型腔刀具轨迹

表 5-1-35　型腔零件数控加工程序（内、外轮廓铣削程序）

加工程序	说　　明
O0539	程序号
G90 G94 G21 G40 G17 G54	程序初始化
G91 G28 Z0;	Z 向回参考点
M03 S600	主轴正转
G90 G00 X-60 Y-50;	1 点，刀具在 XY 平面中快速定位
G43 Z20 H01 M08	刀具 Z 向快速定位，开切削液
G01 Z-60 F50;	Z 向进给速度取 $f=50$ mm/min
G41 G01 X-50 Y-30.7 D01;	1→2，轮廓延长线上建立刀补
G03 X-47.19 Y25.17 R61	2→4，加工左侧外轮廓
G02 X-31.29 Y33.65 R9	4→5
G03 X-16.53 Y29.71 R11	5→6 加工上方外轮廓
G02 X16.53 R34	6→7
G03 X31.29 Y33.65 R11	7→8
G02 X47.19 Y25.17 R9	8→9
G03 X47.19 Y-25.17 R61	9→9′加工右侧外轮廓
G02 X31.29 Y-33.65 R9	9′→8′
G03 X16.53 Y-29.71 R11	8′→7′加工下方外轮廓
G02 X-16.53 R34	7′→6′
G03 X-31.29 Y-33.65 R11	
G02 X-47.19 Y-25.17 R9	
G40 G01 X-60 Y0 M09	取消刀具半径补偿，关切削液

续表 5-1-35

加工程序	说 明
G49 M05	取消刀具长度补偿
G91 G28 Z0；	自动换刀，更换转速
M03 S800	
G90 G00 X0 Y0	刀具定位
G43 Z20 H01 M08	
G01 X0 F100	
G41 G01 Y12 D02	
G03 Z-6 J-12	螺旋进刀
G01 X-32.71	→8点，加工左侧内轮廓
G03 X-39.71 Y5.13 R7	8→9
G01 Y-5.13	
G03 X-32.71 Y-12 R7	加工下方内轮廓
G01 X-28.28	→7
G02 X-14.14 Y-22 R15	→10
G03 X14.14 R15	
G02 X28.28 Y-12 R15	
G01 X32.71	
G03 X39.41 Y-5.13 R7	加工右侧内轮廓
G01 Y5.13	
G03 X32.71 Y12	
G01 X28.28	加工上方内轮廓
G02 X14.14 Y22 R15	
G03 X-14.14 R15	
G02 X-28.28 Y12 R15	
G40 G01 X0 Y0 M09	取消半径补偿
G49 M05	取消长度补偿，主轴停止
G91 G28 Z0	回到换刀点
M30	程序结束

6. 圆槽零件加工实例

(1) 零件图纸工艺分析

加工如图 5-1-44 所示零件。毛坯为 80 mm×80 mm×30 mm 的铝合金。要求采用粗、精加工各表面。

由图可知,该零件主要加工表面有外框、内圆槽及沉孔等,关键加工在于内槽加工,加工该表面时要特别注意刀具进给,避免过切。因该零件既有外型又有内腔,所以加工时应先粗后精,充分考虑到内腔加工后尺寸的变形,以保证尺寸。

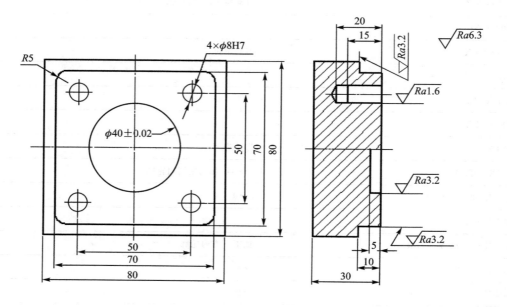

图 5-1-44　圆槽加工

(2) 制定工艺

① 选择加工方法。平面:粗铣,精铣;孔:中心孔,底孔,铰孔(机铰)。

② 该工件不大,可采用虎钳作为夹紧装置。用虎钳夹紧该工件时要注意以下几点:
- 工件安装时要放在钳中的中间部。
- 安装虎钳时要对它固定钳口找正。
- 工件被加工部分要高出钳口,避免刀具与钳口发生干涉。
- 安装工件时,注意工件上浮。

③ 刀具的选择如表 5-1-36 所列。

④ 确定进给路线。铣外轮廓时,刀具沿零件轮廓切向切入。切向切入可以是直线切向切入,也可以是圆弧切向切入;在铣削凹槽一类的封闭轮廓时,其切入和切出不允许有外延,铣刀要沿零件轮廓的法线切入和切出。

⑤ 选择切削用量。工艺处理中必须正确确定切削用量(即背吃刀量)、主轴转速及进给速度,切削用量的具体数值,应根据数控机床使用说明书的规定、被加工工件材料的类型(如铸铁、钢材、铝材等)、加工工序(如车铣、钻等精加工、半精加工、精加工等)以及其他工艺要求,并结合实际经验来确定。

⑥ 加工工序如表 5-1-37、表 5-1-38 所列。

表 5-1-36 圆槽数控加工刀具卡

编 号	刀具名称	刀具号	刀具规格	刀具材料	半径补偿	长度补偿
1	中心钻	T01	φ3	高速钢		H01
2	立铣刀	T02	φ16	高速钢	D02=8.2 D07=13	H02
3	立铣刀	T03	φ10	高速钢	D03=5	H03
4	钻头	T03	φ7.8			H04
5	铰刀	T05	φ8H7			H05

表 5-1-37 圆槽数控加工工序卡

数控加工工艺卡片		产品名称	零件名称	材料	零件图号
			圆槽	45钢	
工序号	程序编号	夹具名称	夹具编号	使用设备	车间
		平口钳			
工步号	工步内容	刀具号	刀具规格	主轴转速/ (r·min^{-1})	进给速度/ (mm·min^{-1})	背吃刀量/ mm	侧吃刀量/ mm
1	打中心孔	T01	φ3 中心钻	849(V=8)	85(f=0.05)		
2	外方框粗加工	T02	φ16 立铣刀	597(V=30)	119(f=0.1)		
3	内圆槽粗加工	T02	φ16 立铣刀	597(V=30)	119(f=0.1)		
4	外方框精加工	T03	φ10 立铣刀	955(V=30)	76(f=0.02)		
5	内圆槽精加工	T03	φ10 立铣刀	955(V=30)	76(f=0.02)		
6	钻孔	T04	φ7.8 钻头	612(V=15)	85(f=0.05)		
7	铰孔	T05	φ8H7 铰刀	199(V=5)	24(f=0.02)		

表 5-1-38 圆槽数控加工程序

程 序	说 明
O1111	主程序名
T01	φ3 中心孔
G90 G54 G00 X0 Y0 S849 M03	
G43 Z50 H01	
G81 X0 Y0 R5 Z-3 F85	打中心孔
X25 Y25	
X-25	
Y-25	
X25	
G80	

续表 5-1-38

程　序	说　明
T02	ϕ16 端铣刀
M03 S600	
G43 H02 Z50	
G00 Y-65 M08	
Z2	
G01 Z-9.8 F40	外方框粗加工
D02 M98 P10 F120	
G0 Z10	
X0 Y0	
Z2	
G01 Z-4.8	
D07 M98 P30 F120	内圆槽粗加工
G0 Z50 M09	
T03	ϕ10 端铣刀
M03 S955	
G43 Z100 H03	
G00 Y-65 M08	
Z2	
G01 Z-10 F64 M08	
D03 M98 P10 F76	外方框精加工
G00 Z50	
X0 Y0	
Z2	
G01 Z-5 F64	
D03 M98 P30 F76	内圆槽精加工
G00 Z100 M09	
T04	ϕ7.8 钻头
G43 Z50 H04	
M03 S612	
M08	
G83 X25 Y25 R5 Z-22 Q3 F61	钻孔
X-25	
Y-25	
X25	

续表 5-1-38

程 序	说 明
G80 M09	
T05	ϕ8H7 铰刀
M03 S199	
G43 Z100 H05	
M08	
G81 X25 Y25 R5 Z−15 F24	铰孔
X−25	
Y−25	
X25	
G80 M09	
G00 Z100	
M05	
M02	
O10	外方框子程序
G41G01 X30 F100	该处 F100 在实际加工中可省,仿真软件模拟时须编写
G03 X0 Y−35 R30	
G01 X−30	
G02 X−35 Y−30 R5	
G01 Y30	
G02 X−30 Y35 R5	
G01 X30	
G02 X35 Y30 R5	
G01 Y−30	
G02 X30 Y−35 R5	
G01 X0	
G03 X−30 Y−65 R30	
G40 G01 X0	
M99	
O30	子程序号
G41 G01 X−5 Y15 F100	
G03 X−20 Y0 R15	
G03 X−20 Y0 I20 J0	
G03 X−5 Y−15 R15	
G40 G01 X0 Y0	
M99	

> **注意事项**

- 对于封闭的槽,如果因槽的形状和尺寸等因素使刀具难以在下刀到槽底后再使用刀具半径补偿切向内轮廓时,可先在槽的上方使用刀具半径补偿使刀具定位到加工的轮廓,然后再垂直下刀到槽底进行切削。需要注意的是,不能在刀具进行 Z 向移动时建立或取消刀具半径补偿,并且在建立刀具半径补偿的程序段的后面,没有 XY 平面内移动指令的程序段不能超过两个。
- 当程序执行至 M00 暂停时,不允许手动移动机床。在停止位置手动换刀,继续执行程序。

课题二 宏程序编程基础

> **教学要求**
>
> ◆ 理解掌握宏程序的编制方法与思路。
> ◆ 掌握宏程序中变量的表示、使用、赋值。
> ◆ 理解宏程序中变量的运算与控制指令。
> ◆ 熟记宏程序的编程指令与运算方法。

在数控编程中,宏程序编程灵活、高效、快捷,是加工编程的重要补充。用户可以使用变量进行算术运算、逻辑运算和函数的混合运算。此外,宏程序还提供了循环语句、分支语句和子程序调用语句,便于编制各种复杂的零件加工程序,减少乃至免除手工编程时进行繁琐的数值计算,以及可以精简程序量。

5.2.1 华中数控用户宏程序

1. 宏变量及常量

(1) 宏变量

先看一段简单的程序:

G00 X25.0

上面的程序在 X 轴作一个快速定位。其中数据 25.0 是固定的,引入变量后可以写成:

#1 = 25.0;   #1 是一个变量。
G00 X[#1];   #1 就是一个变量

宏程序中,用"#"号后面紧跟 1~4 位数字表示一个变量,如#1,#50,#101,…。变量有什么用呢?变量可以用来代替程序中的数据,如尺寸、刀补号、G 指令编号……,变量的使用,给程序的设计带来了极大的灵活性。使用变量前,变量必须带有正确的值。如:

#1 = 25;
G01 X[#1];表示 G01 X25
#1 = -10;(运行过程中可以随时改变#1 的值)
G01 X[#1];表示 G01 X-10

用变量不仅可以表示坐标,还可以表示 G,M,F,D,H,M,X,Y…各种代码后的数字。如:

♯2=3
G[♯2] X30;表示 G03X30

【例 5-2-1】 使用了变量的宏子程序如表 5-2-1 所列。

表 5-2-1 宏子程序

%1000	
♯50=20;	先给变量赋值
M98P1001;	然后调用子程序
♯50=350;	重新赋值
M98P1001;	再调用子程序
M30	程序结束
%1001	子程序号
G91 G01 X[♯50];	同样一段程序,♯50 的值不同,X 移动的距离就不同
M99	子程序结束

1) 局部变量

编号♯0～♯49 的变量是局部变量。局部变量的作用范围是当前程序(在同一个程序号内)。如果在主程序或不同子程序里,出现了相同名称(编号)的变量,它们不会相互干扰,值也可以不同。举例如表 5-2-2 所列。

表 5-2-2 局部变量程序

%100	
♯3=30;	主程序中♯3=30
M98P101;	进入子程序后♯3 不受影响
♯4=♯3;	♯3 仍为 30,所以♯4=30
M30	程序结束
%101	子程序号
♯4=♯3;	这里的♯3 不是主程序中的♯3,所以♯3=0(没定义),则:♯4=0
♯3=18;	这里使♯3 的值为 18,不会影响主程序中的♯3
M99	子程序结束

2) 全局变量

编号♯50～♯199 的变量是全局变量(注:其中♯100～♯199 也是刀补变量)。全局变量的作用范围是整个零件程序。不管是主程序还是子程序,只要名称(编号)相同就是同一个变量,带有相同的值,在某个地方修改它的值,所有其他地方都受影响。举例如表 5-2-3 所列。

表5-2-3 全局变量

%100	
N10 #50=30;	先使#50为30
M98P101;	进入子程序
#4=#50;	#50变为18,所以#4=18
M30	程序结束
%101	子程序号
#4=#50;	#50的值在子程序里也有效,所以#4=30
#50=18;	这里使#50=18,然后返回
M99	子程序结束

为什么要把变量分为局部变量和全局变量呢？如果只有全局变量,由于变量名不能重复,就可能造成变量名不够用;全局变量在任何地方都可以改变它的值,这是它的优点,也是它的缺点。说是优点,是因为参数传递很方便;说是缺点,是因为当一个程序较复杂时,一不小心就可能在某个地方用了相同的变量名或者改变了它的值,造成程序混乱。局部变量的使用,解决了同名变量冲突的问题,编写子程序时,不需要考虑其他地方是否用过某个变量名。什么时候用全局变量？什么时候用局部变量？在一般情况下,应优先考虑选用局部变量。局部变量在不同的子程序里,可以重复使用,不会互相干扰。如果一个数据在主程序和子程序里都要用到,就要考虑用全局变量。用全局变量来保存数据,可以在不同子程序间传递、共享,以及反复利用。

(2) 常 量

PI:圆周率π;TRUE:条件成立(真);FALSE:条件不成立(假)

2. 运算符与表达式

① 算术运算符:+,-,*,/。

② 条件运算符:EQ(=),NE($\neq$),GT(>),GE($\geq$),LT(<=),LE($\leq$)。

③ 逻辑运算符:AND,OR,NOT。

④ 函数:SIN,COS,TAN,ATAN,ABS(绝对值),INT(取整),SQRT(开方),EXP(指数)。

⑤ 表达式:用运算符连接起来的常数,宏变量构成表达式。

【例5-2-2】

175/SQRT[2] * COS[55 * PI/180];

#3 * 6 GT 14

3. 赋值语句

格式:宏变量 = 常数或表达式

把常数或表达式的值送给一个宏变量称为赋值。

【例5-2-3】

#2 = 175/SQRT[2] * COS[55 * PI/180];

#3 = 124.0

4. 条件判别语句 IF，ELSE，ENDIF

格式 1：
IF 条件表达式
…
ELSE
…
ENDIF

格式 2：
IF 条件表达式
…
ENDIF

5. 循环语句 WHILE，ENDW

格式：
WHILE 条件表达式
…

ENDW

6. 数控铣床用户宏程序编程实例

【例 5-2-4】 如图 5-2-1 所示，长半轴、短半轴分别为 30、20 的椭圆，用 $\phi 10$ 铣刀加工。程序见表 5-2-4。

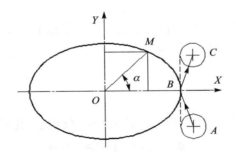

图 5-2-1 椭圆加工一

表 5-2-4 椭圆加工一数控加工程序

%100	
G92 X0 Y0 Z30	
M03 S800	
G00 X35 Y−15 M08	快速定位至下刀点 A
Z3	
G01 Z−5 F100	
#2=0;	给角度 α 赋 0 初值
WHILE #2 LE 360;	当角度 α≤360°时，执行循环体内容

续表 5-2-4

#11＝30＊COS[#2＊PI/180];	用椭圆的标准参数方程求动点 M 的 X 坐标值
#12＝20＊SIN[#0＊PI/180];	用椭圆的标准参数方程求动点 M 的 Y 坐标值
G42 G01 X[#11] Y[#12] D01	用直线插补指令加工至 B 点，即用直线段逼近椭圆
#2＝#2+1;	角度 α 的递增步长取 1°
ENDW	
G40 G01 X35 Y15;	切出椭圆至 C 点
Z3 M09	
G00 X0 Y0	
M05	
M30	

5.2.2 FANUC 数控系统用户宏程序

1. 宏程序的变量

（1）宏变量的引用

在程序中引用（使用）宏变量时，其格式为：在指令字地址后面跟宏变量号。当用表达式表示变量时，表达式应包含在一对方括号内。

如：

G01 X[#1+#2] F#3;

FANUC 数控系统变量表示形式为 # 后跟 1~4 位数字，变量种类有四种，见表 5-2-5。

表 5-2-5 宏程序的变量

变量号	变量类型	功　能
#0	空变量，该变量总是空	没有任何值能赋给该变量
#1~#33	局部变量	局部变量只能用在宏程序中存储数据，例如运算结果。当断电时局部变量被初始化为空，调用宏程序时自变量对局部变量赋值
#100~#199 #500~#999	公共变量	公共变量在不同的宏程序中的意义相同，当断电时变量 #100~#199 初始化为空变量。 #500~#999 的数据保存即使断电也不丢失
#1000~	系统变量	系统变量用于读和写 CNC 运行时各种数据的变化例如刀具的当前位置和补偿值等。

要使被引用的宏变量的值反号，在"#"前加前缀"－"即可。如：

G00 X-#1;

当引用未定义（赋值）的宏变量时，该变量前的指令地址被忽略。如：#1＝0，#2＝null

(未赋值),执行程序段 G00 X#1 Y#2,结果为 G00 X0。

(2) 宏变量值的显示

① 按偏置菜单按纽,显示刀具补偿显示屏幕。

② 按软体键[MACOR],显示宏变量屏幕。

③ 按[NO]键,输入变量号,再按[INPUT]键,光标将移动到输入变量号的位置。

(3) 宏变量不能用于程序号、程序段顺序号、程序段跳段编号

如不能用于以下用途:

O#1;
/#2 G00 X100.0;
N#3 Y200.0;

2. 运算符

宏程序中所使用的运算符如表 5－2－6 所列。

表 5－2－6　运算符

运算符	含 义
EQ	等于
NE	不等于
GT	大于
GE	大于或等于
LT	小于
LE	小于或等于

3. 宏程序的转移和循环

(1) 无条件转移:GOTOn(n 为顺序号,1～99999)

例:GOTO10 为转移到 N10 程序段。

(2) 条件转移:(IF 语句)

1) IF [条件表达式] GOTOn

当指定的条件表达式满足时,转移到标有顺序号 n 的程序段,如果指定的条件表达式不满足时,执行下个程序段。

2) IF [条件表达式] THEN

当指定的条件表达式满足时,执行预先决定的宏程序语句。

例:

IF [#1 EQ #2] THEN #3=0;

(3) WHILE [条件表达式] DO m;

4. 数控铣床用户宏程序编程实例

对于手工编程者来说,如果能够恰当地使用宏程序,会给编程带来很大的方便。下面用一

个非常简单的例子来说明:下图中在板料中间加工一个键槽,这里为了说明程序,我们假设用直径 5 mm 的立铣刀直接加工,实际上刀具加工槽时,只是走了段长度为 25 mm 的直线。

【例 5-2-5】 加工如图 5-2-2 所示的键槽,设工件坐标系原点定在工件上表面中心,则程序编制如表 5-1-7 所列。

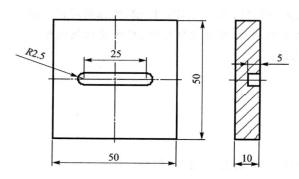

图 5-2-2 键槽铣削一

表 5-2-7 键槽铣削一数控加工程序

程序(见图 5-2-2)	说 明
G90 G54 G00 X0 Y0 Z100	建立工件坐标系
M03 S2500	主轴正转
G00 X−12.5 Y0	快速定位至下刀点
Z3	快速下刀至工件上表面 3 mm 处
#1=−1	设定初始加工深度 Z−1
N10 G01 Z[#1] F20	以进给速度下刀至工件 1 mm 深
X12.5	切削加工键槽
G00 Z3	快速退刀至工件上表面 3 mm
X−12.5	快速定位至下刀点
#1=#1−1	
IF [#1 GE −5] GOTO 10	
G00 Z100	
M05	主轴停止
M30	程序结束

【例 5-2-6】 如图 5-2-3 所示,在前面例子的基础上,用直径 10 mm 的立铣刀加工一下图纸中的外轮廓。为编程方便可调用刀具半径补偿 D01=5。

工件坐标系原点定在工件上表面中心,则程序编制如表 5-2-8 所列。

表 5-2-8 键槽铣削二数控加工程序

程序(见图 5-2-3)	说　明
G90 G54 G00 X0 Y0 Z100	建立工件坐标系
M03 S2500	主轴正转
G00 X−40 Y−40	快速定位至下刀点
#1=−1	设定初始加工深度 Z−1
N10 G00 Z[#1]	完成轮廓在 Z[#1]这个深度的加工
G00 G41 X−21 D01	建立刀具半径左补偿
G01 Y21 F1000	外轮廓加工
Y21	
X21	
Y−21	
G00 G40 X−40	取消刀具半径补偿
#1=#1−1	
IF [#1 GE −5] GOTO 10	
G00 Z100	
M05	主轴停止
M30	程序结束

【例 5-2-7】 如图 5-2-4 所示,在 φ30 圆周上均匀加工 6 个 φ6 小孔,假设深度为 8 mm。工件坐标系原点定在工件上表面中心,则程序编制如表 5-2-9 所列。

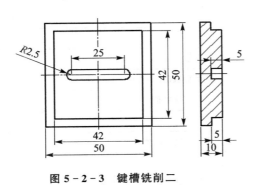

图 5-2-3　键槽铣削二　　　　　图 5-2-4　孔加工

表 5-2-9　孔加工程序

程序(见图 5-2-4)	说　明
G90 G54 G00 X0 Y0 Z100	建立工件坐标系
M03 S800	主轴正转
#1=0	设定初始加工角度为 0
N10 #2=15*COS[#1]	
#3=15*SIN[#1]	

续表 5-2-9

程序(见图 5-2-4)	说 明
G99 G81 X[#2] Y[#3] R5 Z-8 F80	钻孔循环
#1=#1+60	
IF [#1LT 360] GOTO 10	
G00 G80 Z100	
M05	主轴停止
M30	程序结束

【例 5-2-8】 图 5-2-5 所示,长半轴、短半轴分别为 30、15 的椭圆,用 φ10 铣刀加工,则程序编制如表 5-2-10 所列。

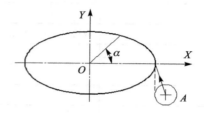

图 5-2-5 椭圆加工

表 5-2-10 椭圆数控加工程序

程序(见图 5-2-5)	说 明
O6636	
G90 G54 G00 X40 Y40 M03 S1100	
#1=30	长半轴赋值
#2=15	短半轴赋值
#3=-1	下刀深度赋值
G01 Z#3 F100	
#4=0	开始角度 t 赋值
G42 G01 D1 X#1	
N10 #5=#1*COS[#4]	与角度 #4 对应的 X 坐标值)
#6=#2*SIN[#4]	与 #4 对应的 Y 坐标值
G01 X#5 Y#6 F500	
#4=#4+1	角度逆时针变化
IF[#4LE360] GOTO 10	如果角度 #4 小于等于 360°执行 N10
G01 Y-40	
G00 Z100	
G40 X0 Y0	
M05	
M30	

【例 5-2-9】 如图 5-2-6 所示,用 φ10 铣刀铣平面 100 mm×100 mm,用环切矩形法加工,宏程序编程如表 5-2-11 所列。

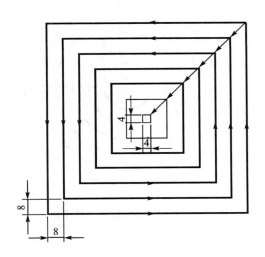

图 5-2-6 环切法矩形铣平面

表 5-2-11 矩形平面铣削数控加工程序

程序(见图 5-2-6)	说 明
O0001	
G90G54G0X100Y100M3S1000	
Z100	
Z5	
G1Z-1F100	
#1=50	赋值
N10G1X#1Y#1	右上角点
X-#1	左上角点
Y-#1	左下角点
X#1	右下角点
Y#1	右上角点一个循环结束
#1=#1-8	进行运算,每次循环间距为 8 mm
IF[#1GT4]GOTO10	#1 大于 3 时从 N10 程序段执行
G0Z100	
M05	
M30	

【例 5-2-10】 如图 5-2-7 所示,用 φ10 铣刀铣平面 100 mm×100 mm,用环切环形法加工,宏程序编程。

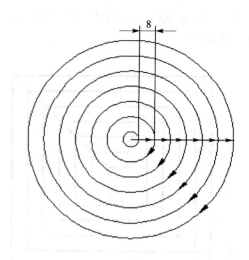

图 5-2-7 环切法环形铣平面

用环切环形法铣平面的加工程序见表 5-2-12。

表 5-2-12 环切法环形铣平面程序

程序(见图 5-2-7)	说　明
O0001	
G90G54G0X0Y0M3S1000	
Z100	
Z5	
G1Z-1F100	圆心下刀
#1=4	赋值
N10G1X#1Y0	
G02I-#1	完成第一个循环
#1=#1+8	运算每一个循环半径增加 8 mm
IF[#1LE52]GOTO10	半径小于 52 mm 时继续从 N10 开始运行
G00Z100	
M05	
M30	

【例 5-2-11】 采用 $\phi 6$ 键槽铣刀铣削孔口 $\phi 20 \times 45°$ 倒角 C1 程序编制如表 5-2-13 所列。

表 5-2-13 $\phi 20$ 孔数控铣削加工程序

程序【例 5-2-11】	说　明
O2888	
G90G54G0X50Y50M3S1000	
Z100	
G41X0Y0D01	

续表 5-2-13

程序【例 5-2-11】	说 明
Z5	
G1Z0F100	
#1=7	赋值
#2=-0.5	第一次及每次切削深度
N10G1X#1Y0	
G03I-#1Z#2	螺旋铣削完成第一个循环
#1=#1-0.5	半径方向每次铣削 0.5 mm
#2=#2-0.5	深度方向每次铣-0.5 mm
IF[#1GE1]GOTO10	
IF[#2GE-1]GOTO10	
G00Z100	
G40X0Y0	
M05	
M30	

注意事项

铣倒角时候建立刀补容易发生干涉,应注意:
- 采取在铣削零件前建立刀补。
- 补正方式为磨损补正,即把刀具半径算到编程坐标值内。

课题三 典型零件加工编程实例

教学要求

◆ 根据综合零件的工艺要求,能制定合理的加工方案。
◆ 熟练掌握加工编程方法。
◆ 能正确检测零件的精度。
◆ 能够综合运用简化指令、固定循环、子程序、变量等程序对典型、复杂零件编程加工。
◆ 灵活分析和处理加工中出现的零件精度和其他质量问题。

5.3.1 五边形凸台零件的加工

(1) 零件图工艺分析

如图 5-3-1 所示为五边形凸台零件,其外部尺寸 96 mm×96 mm×50 mm 已经加工完成,其余尺寸在铣床上加工。零件材料为合金铝,其中正五边形外接圆直径为 80 mm。

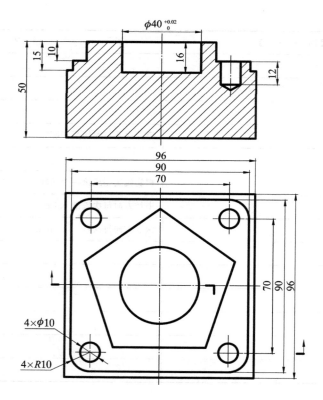

图 5-3-1 五边形凸台

该零件包含了四边形、五边形凸台、圆形及孔的加工。其中圆形槽的表面粗糙度 Ra 为 5.2,尺寸精度较高,其余尺寸均为基本尺寸,加工难度不高。其加工工艺为:加工 90 mm× 90 mm×15 mm 的四边形→加工五边形→加工 ϕ40 的内圆→精加工四边形、五边形、ϕ40 的内圆→加工 4 个 ϕ10 的孔。

(2) 确定装夹方案

本例中毛坯较为规则,采用平口钳装夹即可,工件高出钳口 18 mm。

(3) 刀具与工艺参数选择

选择表 5-3-1 中 4 种刀具进行加工:1 号刀为 ϕ20 两刃立铣刀,用于粗加工;2 号刀为 ϕ20 两刃立铣刀,用于精加工;3 号刀为 A3 中心钻,用于打定孔位;4 号刀为 ϕ10 钻头。通过测量刀具,设定补偿值用于刀具补偿。加工工序如表 5-3-2 所列。

表 5-3-1 五边形凸台数控加工刀具卡

编号	刀具名称	刀具号	刀具规格	刀具材料	半径补偿	长度补偿
1	立铣刀(2 齿)	T01	ϕ20	高速钢	D01=10.3	H01
2	立铣刀(2 齿)	T02	ϕ20	硬质合金	D02=10	H02
3	中心钻 A3	T03	A3			H03
4	钻头	T04	ϕ10			H04

表5-3-2 五边形凸台数控加工工序卡

数控加工工艺卡片			产品名称	零件名称	材料		零件图号	
				五边形凸台	45钢			
工序号	程序编号	夹具名称	夹具编号		使用设备		车间	
		平口钳						
工步号	工步内容		刀具号	刀具规格	主轴转速/(r·min^{-1})	进给速度/(mm·min^{-1})	背吃刀量/mm	侧吃刀量/mm
1	粗铣四边形凸台		T01	φ20 立铣刀	400	80		
2	粗铣五边形凸台		T01	φ20 立铣刀	400	80		
3	钻中心孔五个		T03	A3	2 000	120		
4	钻 φ10 孔		T04	麻花钻 φ10				
5	钻 φ30 孔		T05	麻花钻 φ30				
6	粗铣圆槽		T01	φ20 立铣刀				
7	精铣四边形凸台		T02	φ20 立铣刀				
8	精铣五边形凸台		T02	φ20 立铣刀				
9	精铣圆槽		T02	φ20 立铣刀				

(4) 参考程序

手工编程时应根据加工工艺编制加工的主程序,零件的局部形状由子程序加工。表5-3-3至表5-3-5为三个主程序;表5-3-6为四个子程序,其中:P95111为四边形加工子程序,P95112为五边形加工子程序,P95113为圆形加工子程序,P95114为孔加工子程序。

其走刀路线如图5-3-2所示。

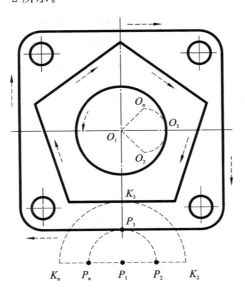

图5-3-2 四边形、五边形及圆形加工的走刀路线

表 5-3-3 五边形凸台(四边形、五边形、圆形)粗加工程序

程　序	说　明
O95001	主程序名
N10 G54 G90 G00 X0 Y0	坐标系定位
N20 M06 T01	换 1 号刀具
N30 G43 Z50 H01	安全高度,刀具 T01 长度补正
N40 S800 M03	启动主轴
N50 G00 Y−60	快速移动到加工点 P_1(图 5-3-2)
N60 Z5.0 M08	接近工件,同时打开冷却液
N70 G01 Z−4 F200	下刀,开始粗加工四边形
N80 M98 P95111	调用子程序(粗加工四边形,分 4 次)
N90 G01 Z−8 F200	
N100 M98 P95111	
N1100 G01 Z−12 F200	
N120 M98 P95111	
N130 G01 Z−14.8 F200	
N140 M98 P95111	
N150 G01 Z−4 F200	下刀,开始粗加工五边形
N160 M98 P95112	调用子程序(粗加工五边形,分 3 次)
N170 G01 Z−8	
N180 M98 P95112	
N190 Z−9.8	
N200 M98 P95112	
N210 G00 X0 Y0	快速移动到加工点 O_1(图 5-3-2)
N220 G01 Z−2 F100	下刀,开始粗加工圆形槽
N230 M98 P95113	调用子程序(粗加工圆形槽,分 8 次)
N240 G01 Z−4 F100	
N250 M98 P95113	
N260 G01 Z−6 F100	
N270 M98 P95113	
N280 G01 Z−8 F100	
N290 M98 P95113	
N300 G01 Z−10 F100	
N310 M98 P95113	
N320 G01 Z−12 F100	
N330 M98 P95113	
N340 G01 Z−14 F100	

续表 5-3-3

程　序	说　明
N350 M98 P95113	
N360 G01 Z−15.8 F100	
N370 M98 P95113	
N380 G00 Z50 M09	Z 向抬刀至安全高度,并关闭冷却液
N390 M05	主轴停
N400 M30	主程序结束

表 5-3-4　五边形凸台(四边形、五边形)精加工程序

程　序	说　明
O95002	主程序名
N10 G54 G90 G00 X0 Y0	坐标系定位
N20 M06 T02	换②号刀具
N30 G43 Z50 H02	安全高度,刀具 T02 长度补正
N40 S1000 M03	启动主轴
N50 G00 Y−60	快速移动到加工点 P_1(见图 5-3-2)
N60 Z5.0 M08	接近工件,同时打开冷却液
N70 G01 Z−15 F200	下刀(开始精加工四边形)
N80 M98 P95111	调用子程序(精加工四边形)
N90 G01 Z−10 F200	下刀(开始精加工五边形)
N100 M98 P95112	调用子程序(精加工五边形)
N110 G00 X0 Y0	
N120 G01 Z−16 F100	下刀,开始精加工圆形槽
N130 M98 P95113	调用子程序(精加工圆形槽)
N140 G00 Z50 M09	Z 向抬刀至安全高度,并关闭冷却液
N150 M05	主轴停
N160 M30	主程序结束

表 5-3-5　五边形凸台(ϕ12 孔)加工主程序

程　序	说　明
O95003	主程序名
N10 G54 G90 G00 X35 Y35	坐标系定位
N20 M06 T03	换 3 号刀具
N30 M03 S2000	启动主轴
N40 G43 Z50 H03 F2000	安全高度,刀具 T03 长度补正
N50 Z5 M08	接近工件,同时打开冷却液

续表 5-3-5

程　序	说　明
N60 G99 G81 R5 Z-5 F80	钻中心孔,深度以钻出锥面为好
N70 M98 P95114	
N80 G80 G00 Z50 M09	Z向抬刀至安全高度,并关闭冷却液
N90 G49 Z150	
N100 M05	主轴停止
N110 M06 T04	换4号刀
N120 M03 S800	启动主轴
N130 G43 Z50 H03 F80	安全高度,刀具T04长度补正
N140 Z5 M08	刀具接近工件,同时打开冷却液
N150 G99 G73 Z-12 R5 Q6 F100	钻 ϕ12 孔
N160 M98 P95114	调用孔子程序
N170 G80 G00 Z50 M09	Z向抬刀至安全高度,并关闭冷却液
N180 G49 Z150	
N190 M05	
N200 M30	主程序结束

表 5-3-6 五边形凸台加工子程序

（四边形加工）子程序	说　明
O95111	主程序名
N10 G90 G41 G00 X15 Y0 D01	$P_1 \rightarrow P_2$(见图 5-3-2),建立刀具半径补偿
N20 G02 X0 Y-45 R15	$P_2 \rightarrow P_3$,切向切入
N30 G01 X-35	开始加工四边形
N40 G02 X-45.0 Y-35.0 R10.0	
N50 G01 Y35.0	
N60 G02 X-35.0 Y45.0 R10.0	
N70 G01 X35.0	
N80 G02 X45.0 Y35.0 R10.0	
N90 G01 Y-35.0	
N100 G02 X35.0 Y-45.0 R10.0	
N110 G01 X0	四边形加工完成(回到P_3点)
N120 G03 X-15.0 Y-60.0 R15.0	$P_3 \rightarrow P_n$,切向切出
N130 G40 G00 X0	$P_n \rightarrow P_1$,取消刀具半径补偿
N140 Z5	快速提刀
N150 M99	子程序结束
五边形加工	

续表 5-3-6

（五边形加工）子程序	说　明
O95112	主程序名
N10 G90 G41 G00 X28 Y0 D01	$P_1 \rightarrow K_2$（见图 5-3-2），建立刀具半径补偿
N20 G02 X0 Y-32.361 R28	$K_2 \rightarrow K_3$，切向切入
N30 G01 X-25.511	开始加工四边形
N40 X-38.042 Y12.36	
N50 X0 Y40	
N60 X38.042 Y12.361	
N70 X25.511 Y-32.361	
N80 X0	五边形加工完成（回到 K_3 点）
N90 G03 X-28 Y-60.0 R28	$K_3 \rightarrow K_n$，切向切出
N100 G40 G00 X0	$K_n \rightarrow P_1$，取消刀具半径补偿
N110 Z5	快速提刀
N120 M99	子程序结束
（圆形槽加工）子程序	说　明
O95113	主程序名
N10 G01 G41 X15 Y-25 D01 F100	$O_1 \rightarrow O_2$（见图 5-3-2），建立刀具半径补偿
N20 G03 X40 Y0 R25	$O_2 \rightarrow O_3$，切向切入
N30 I-40	铣圆
N40 X15 Y25 R25	$O_3 \rightarrow O_n$，切向切入
N50 G01 G40 X0 Y0	$O_n \rightarrow O_1$，取消刀具半径补偿
N60 M99	子程序结束
（φ12 孔加工）子程序	说　明
O95114	主程序名
N10 G01 X-35	
N20 Y-35	
N30 X35	
N40 M99	子程序结束

(5) 机床操作

1) 加工准备

① 阅读零件图，并按毛坯图检查坯料的尺寸。

② 开机，机床回参考点。

③ 输入程序并检查该程序。

④ 安装夹具，夹紧工件，装夹时用平行垫铁垫起毛坯，零件的底面要保证垫出一定厚度的标准块，用机用虎钳装夹工件，使毛坯上表面伸出钳口 10～15 mm。定位时要利用百分表调整工件与机床 X 轴的平行度，控制在 0.02 mm 内。

⑤ 刀具安装时要严格按照步骤执行，并要检查刀具安装的牢固程度。

2) X、Y 向对刀，设定工作坐标系

① 安装分中棒。

② 用 MDI 方式使主轴旋转（转速不宜过高，在 600 r/min 内），在工件上方将分中棒快速移至工件左方，Z 轴下刀到一定深度，在手轮方式下将分中棒与工件侧面接触（快接近工件侧面时要降低手轮倍率），记下此时机床 X 坐标值 A。

③ 手动提刀，Z 轴移动至工件上方，在相对坐标里将 X 坐标清零，此时 X 坐标值为 0。

④ 用 MDI 方式再次使主轴旋转，在工件上方将分中棒快速移至工件的右方，Z 轴下刀至一定的深度，在手轮方式下将分中棒与工件侧面接触，记下此时机床 X 坐标值 B。

⑤ 手动提刀，Z 轴移动至工件上方，再将分中棒移到相对坐标值为 $(0+B)/2$ 处，此位置即为工件 X 向中心，将该位置对应的 X 轴机械坐标值存至零点偏至 $G54～G59$ 中。

⑥ 同样，可找正 Y 轴工件中心。

3) Z 轴对刀

Z 轴对刀需要加工所用的刀具找正。可用已知厚度的塞尺、滚动的标准刀柄或 Z 轴设定器作为刀具与工件的中间衬垫，以保护工件表面。用对刀法或对刀仪等测量 1、2、3 和 4 号刀的长度，将相应的数值输入到对应的刀具长度补偿单元 H01、H02、H03、H04 参数代号中去。

4) 程序模拟与调试

程序调试时，把工件坐标系的 Z 轴朝正方向移动 50 mm，适当降低进给速度，检查刀具运动是否正确。

5) 工件加工

把工件坐标系的 Z 值恢复原值，按下启动键，适当调整主轴转速和进给速度，保证加工正常。

6) 尺寸测量

用半径样板检测圆弧，粗糙度样板检测表面粗糙度，游标卡尺测量轮廓尺寸。根据测量结果调整刀具补偿值。例如轮廓尺寸大于 0.5 mm，则在对应的刀具半径补偿中输入 −0.5，再进行加工，直至达到加工要求。

7) 结束加工

松开夹具，卸下工件，清理机床，关闭数控系统电源，关闭机床总电源。

(6) 评分标准

评分标准如表 5-3-7 所列。

表 5-3-7　五边形凸台加工质量检测评价标准

考核项目	检测内容	配分	评分标准	检测记录	得分
工件 80分	90±0.05	10	超差不得分		
	70±0.05	10	超差不得分		
	$\phi 40^{+0.02}_{0}$	10	超差不得分		
	72°5 处	25	超差不得分		
	16	5	超差不得分		
	15	5	超差不得分		
	10	5	超差不得分		
	Ra 5.2(10 处)	10	降级不得分		
程序 20分	切削加工工艺制订正确	5	每错一处扣1分		
	切削用量选择合理	5	每错一处扣1分		
	程序正确、简单、完整规范	10	每错一处扣1分		
机床 操作	装夹、换刀操作熟练	扣分	不规范每次扣2分		
	机床面板操作正确	扣分	误操作每次扣2分		
	进给倍率与主轴转速设定合理	扣分	不合理每次扣2分		
	加工准备与机床清理	扣分	不符合要求每次扣2分		
安全文明生产	人身、设备、刀具安全	扣分	扣5～15分		

注意事项

- 安装虎钳时要对虎钳固定钳口进行找正。工件安装时要放在钳口的中间部位,以免钳口受力不匀。
- 工件在钳口上安装时,下面要垫平行垫铁,必要时用百分表找正工件上表面,保持水平。
- 工件上表面应高出钳口 18～20 mm,以免对刀或操作失误时损坏刀具或钳口。
- 除钻中心孔外,在进行其他工序加工时,应充分浇注冷却液。

5.3.2　四叶花型板的加工

(1) 零件图工艺分析

加工如图 5-3-3 所示零件(单件生产),毛坯为 80 mm×80 mm×19 mm 长方块(80 mm×80 mm 四面及底面已加工),材料为 45 钢。

该零件包含了平面、外形轮廓、型腔和孔的加工,孔的尺寸精度为 IT8,其他表面尺寸精度要求不高,表面粗糙度 Ra 全部为 5.2,没有形位公差项目的要求。根据零件的特点,上表面采用端铣刀粗铣→精铣完成;其余表面采用立铣刀粗铣→精铣完成。工件上表面中心作为 G54 工件坐标系原点。

(2) 确定装夹方案

该零件为单件生产,且零件外形为长方体,可选用平口虎钳装夹。用已加工过的底面为定位基准,用平口钳夹紧工件左右两侧面,工件上表面高出钳口 11 mm 左右。用百分表找正固定钳口的平行度以及工件上表面的平行度,确保精度要求。

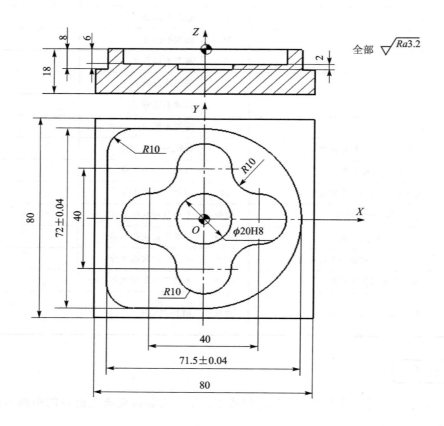

图 5-3-3 四叶花型板

(3) 刀具与工艺参数选择

刀具与工艺参数选择如表 5-3-8、表 5-3-9 所列。

表 5-3-8 四叶花型板数控加工刀具卡

编号	刀具名称	刀具号	刀具规格	刀具材料	半径补偿	长度补偿
1	面铣刀	T01	φ85	硬质合金		H01
2	立铣刀(2齿)	T02	φ16	高速钢	D01	H02
3	立铣刀(2齿)	T03	φ16	高速钢	D02	H03

表 5-3-9　四叶花型腔板数控加工工序卡

数控加工工艺卡片		产品名称	零件名称	材料	零件图号
			四叶花型板	45钢	
工序号	程序编号	夹具名称	夹具编号	使用设备	车间
		平口钳			
工步号	工步内容	刀具号	刀具规格	主轴转速/ (r·min^{-1})	进给速度/ (mm·min^{-1})	背吃刀量/ mm	侧吃刀量/ mm
1	粗铣上表面,留0.3 mm余量	T01	ϕ90 面铣刀	300	80		
2	精铣上表面	T01	ϕ90 面铣刀	500	100		
3	粗加工外轮廓	T02	ϕ16 立铣刀	400	120		
4	粗加工型腔	T02	ϕ16 立铣刀	400	60		
5	精加工外轮廓、孔、型腔	T03	ϕ16 立铣刀	1 000	200		

(4) 参考程序

1) 上表面加工采用面铣刀加工程序,如表 5-3-10 所列。

表 5-3-10　四叶花型板(上表面)加工参考程序

程　序	说　明
O96001	程序名
N10 G54 G90 G17 G40 G80 G49 G21	设置初始状态
N20 G00 Z50	安全高度
N30 X－95 Y0 S300 M03	启动主轴,快速进给至下刀位置
N40 G00 Z5 M08	接近工件,同时打开冷却液
N50 G01 Z－0.7 F80	下刀至－0.7 mm
N60 X95 F150	粗铣上表面
N70 M03 S500	主轴转速 500 r/min
N80 Z－1	下刀至－1 mm
N90 G01 X－95 F100	精铣上表面
N100 G00 Z50 M09	Z 向抬刀至安全高度,并关闭冷却液
N110 M05	主轴停
N120 M30	程序结束

2) 外轮廓、孔、型腔粗加工程序

外轮廓、孔、型腔粗加工采用立铣刀加工,走刀路线如图 5-3-4 和图 5-3-5 所示,其参考程序如表 5-3-11、表 5-3-12、表 5-3-13 所列。

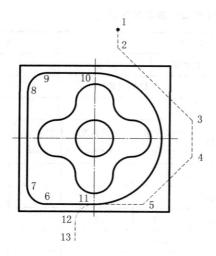

图 5-3-4 外轮廓加工走刀路线

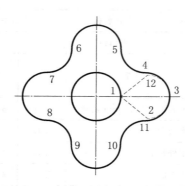

图 5-3-5 型腔加工走刀路线

表 5-3-11 四叶花型板(轮廓、孔、型腔)粗加工程序

程 序	说 明
O96002	主程序名
N10 G54 G90 G17 G40 G80 G49 G21	设置初始状态
N20 G00 Z50	安全高度
N30 G00 X12 Y60 S400 M03	启动主轴,快速进给至下刀位置(点1,见图5-3-4)
N40 G00 Z5 M08	接近工件,同时打开冷却液
N50 G01 Z−7.8 F80	下刀
N60 M98 P1011 D01 F120	调子程序 O96111,粗加工外轮廓
N70 G00 X1.7 Y0	快速进给至孔加工下刀位置
N80 G01 Z0 F60	接近工件
N90 G03 X1.7 Y0 Z−1 I−1.7	螺旋下刀
N100 G03 X1.7 Y0 Z−2 I−1.7	
N110 G03 X1.7 Y0 Z−3 I−1.7	
N120 G03 X1.7 Y0 Z−4 I−1.7	
N130 G03 X1.7 Y0 Z−5 I−1.7	
N140 G03 X1.7 Y0 Z−6 I−1.7	
N150 G03 X1.7 Y0 Z−7 I−1.7	
N160 G03 X1.7 Y0 Z−7.8 I−1.7	
N170 G03 X1.7 Y0 I−1.7	修光孔底
N180 G01 Z−5.8 F120	提刀
N190 G01 X10 Y0	进给至点1(见图5-3-5)
N200 M98 P1012 D01	调子程序 O96112,粗加工型腔
N210 G00 Z50 M09	Z向抬刀至安全高度,并关闭冷却液
N220 M05	主轴停
N230 M30	主程序结束

表 5-3-12 四叶花型板(外轮廓)加工子程序

程序	说明
O96111	子程序名
N10 G41 G01 X12 Y50	1→2(见图 5-3-4),建立刀具半径补偿
N20 X52 Y10	2→3
N30 G00 X52 Y-10	3→4
N40 G01 X26 Y-36	4→5
N50 X-25.75 Y-36	5→6
N60 G02 X-35.75 Y-26 R10	6→7
N70 G01 X-35.75 Y26	7→8
N80 G02 X-25.75 Y36 R10	8→9
N90 G01 X0 Y36	9→10
N100 G02 X0 Y-36 R36	10→11
N110 G03 X-10 Y-46 R10	11→12
N120 G40 G00 X-10 Y-56	12→13,取消刀具半径补偿
N130 G00 Z5	快速提刀
N140 M99	子程序结束

表 5-3-13 四叶花型板(型腔)加工子程序

程序	说明
O96112	子程序名
N10 G03 X10 Y0 I-10	走整圆去除余量
N20 G41 G01 X21 Y-9	1→2(见图 5-3-5),建立刀具半径补偿
N30 G03 X30 Y0 R9	2→3
N40 G03 X20 Y10 R10	3→4
N50 G02 X10 Y20 R10	4→5
N60 G03 X-10 Y20 R10	5→6
N70 G02 X-20 Y10 R10	6→7
N80 G03 X-20 Y-10 R10	7→8
N90 G02 X-10 Y-20 R10	8→9
N100 G03 X10 Y-20 R10	9→10
N110 G02 X20 Y-10 R10	10→11
N120 G03 X30 Y0 R10	11→3
N130 G03 X21 Y9 R9	3→12
N140 G40 G01 X10 Y0	12→1,取消刀具半径补偿
N150 G00 Z5	快速提刀
N160 M99	子程序结束

3) 外轮廓、孔、型腔精加工程序

外轮廓、孔、型腔精加工采用立铣刀加工，其参考程序见表 5-3-14。

表 5-3-14 四叶花型板（外轮廓、孔、型腔）精加工程序

程 序	说 明
O1003	主程序名
N10 G54 G90 G17 G40 G80 G49 G21	设置初始状态
N20 G00 Z50	安全高度
N30 X12 Y60 S2000 M03	启动主轴，快速进给至下刀位置（点1，见图 5-3-4）
N40 G00 Z5 M08	接近工件，同时打开冷却液
N50 G01 Z-8 F80	下刀
N60 M98 P96111 D02 F250	调子程序（见表 5-3-12），精加工外轮廓
N70 G00 X10 Y0	快速进给至型腔加工下刀位置（点1，见图 5-3-5）
N80 G01 Z-6 F80	下刀
N90 M98 P96112 D02 F250	调子程序（见表 5-3-13），精加工型腔
N100 G00 X0 Y0	快速进给至孔中心位置（精加工孔）
N110 G01 Z-8 F80	下刀
N120 G41 G01 X1 Y-9 D02 F250	建立刀具半径补偿
N130 G03 X10 Y0 R9	圆弧切入
N140 G03 X10 Y0 I-10	走整圆精加工孔
N150 G03 X1 Y9 R9	圆弧切出
N160 G40 G01 X0 Y0	取消刀具半径补偿
N170 G00 Z50 M09	Z 向抬刀至安全高度，并关闭冷却液
N180 M05	主轴停
N190 M30	主程序结束

注意事项

本实例应注意外形余量的去除方法。

5.3.3 平面槽凸轮的加工

(1) 零件图工艺分析

图 5-3-6 所示为平面槽凸轮零件，其外部轮廓尺寸已经由前道工序加工完，本工序的任务是在铣床上加工槽与孔。零件材料为 HT200，其数控铣床加工工艺分析如下。

凸轮槽形内、外轮廓由直线和圆弧组成，几何元素之间关系描述清楚完整，凸轮槽侧面与 $\phi20$、$\phi12$ 两个内孔表面粗糙度 Ra 要求较高，为 1.6 μm。凸轮槽内外轮廓面和 $\phi20$ 孔与底面有垂直度要求。零件材料为 HT200，切削加工性能较好。

根据上述分析，凸轮槽内、外轮廓及 $\phi20$、$\phi12$ 两个孔的加工应分粗、精加工两个阶段进行，以保证表面粗糙度要求。同时以底面 A 定位，提高装夹刚度以满足垂直度要求。

(2) 确定装夹方案

根据零件的结构特点，加工 $\phi20$、$\phi12$ 两个孔时，以底面 A 定位（必要时可设工艺孔），采用

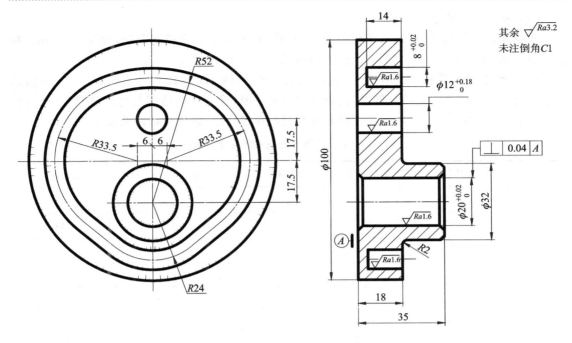

图 5-3-6 平面槽凸轮

螺旋压板机构夹紧。加工凸轮槽内外轮廓时,采用"一面两孔"方式定位,即以底面 A 和 $\phi20$、$\phi12$ 两个孔为定位基准。为此,设计一"一面两销"专用夹具,在一垫块上分别精镗 $\phi20$、$\phi12$ 两个定位销安装孔,孔距为 35 mm,垫块平面度为 0.04 mm。装夹示意如图 5-3-7 所示。采用双螺母夹紧,提高装夹刚性,防止铣削时振动。

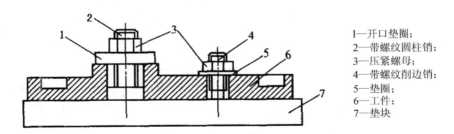

1—开口垫圈;
2—带螺纹圆柱销;
3—压紧螺母;
4—带螺纹削边销;
5—垫圈;
6—工件;
7—垫块

图 5-3-7 平面槽凸轮加工装夹示意图

(3) 确定加工顺序及进给路线

加工顺序的拟定按照基面先行、先粗后精的原则确定。因此应先加工用作定位基准的 $\phi20$、$\phi12$ 两个孔,然后再加工凸轮槽内外轮廓表面。为保证加工精度,粗、精加工应分开,其中 $\phi20$、$\phi12$ 两个孔的加工采用钻孔→粗铰→精铰方案。

进给路线包括平面进给和深度进给两部分。平面进给时,外凸轮廓从切线方向切入,内凹轮廓从过渡圆弧切入。为使凸轮槽表面具有较好的表面质量,采用顺铣方式铣削,对外凸轮廓,按顺时针方向铣削,对内凹轮廓逆时针方向铣削。深度进给有两种方法:一种是在 XOZ 平面(或 YOZ 平面)来回铣削逐渐进刀到既定深度;另一种方法是先打一个工艺孔,然后从工艺孔进刀到既定深度。

(4) 刀具与工艺参数选择

根据零件的结构特点,铣削凸轮槽内、外轮廓时,铣刀直径受槽宽限制,取为 $\phi 6$ mm。粗加工选用 $\phi 6$ 高速钢立铣刀,精加工选用 $\phi 6$ 硬质合金立铣刀,见表 5-3-15。

凸轮槽内、外轮廓精加工时留 0.1 mm 铣削余量,精铰 $\phi 20$、$\phi 12$ 两个孔时留 0.1 mm 铰削余量。选择主轴转速与进给速度时,先查切削用量手册,确定切削速度与每齿进给量,然后按式 $v_c = \pi d n / 1\,000$,$v_f = n Z f_z$ 计算主轴转速与进给速度(计算过程从略),见表 5-3-16。

表 5-3-15 平面槽凸轮数控加工刀具卡

编号	刀具名称	刀具号	刀具规格	刀具材料	半径补偿	长度补偿
1	中心钻	T01	$\phi 5$			H01
2	麻花钻	T02	$\phi 19.6$			H02
3	麻花钻	T03	$\phi 11.6$			H03
4	铰刀	T04	$\phi 20$			H04
5	铰刀	T05	$\phi 12$			H05
6	90°倒角铣刀	T06	$\phi 12$			H06
7	高速钢立铣刀	T07	$\phi 6$			H07
8	硬质合金立铣刀	T08	$\phi 6$			H08

表 5-3-16 平面槽凸轮数控加工工序卡

数控加工工艺卡片		产品名称	零件名称	材料	零件图号
			平面槽凸轮	HT200	
工序号	程序编号	夹具名称	夹具编号	使用设备	车间
		螺旋压板			

工步号	工步内容	刀具号	刀具规格	主轴转速/ $(r \cdot min^{-1})$	进给速度/ $(mm \cdot min^{-1})$	背吃刀量/ mm	备注
1	A面定位钻 $\phi 5$ 中心孔(2处)	T01	$\phi 5$ 中心钻	750			
2	钻 $\phi 19.6$ 孔	T02	$\phi 19.6$ 麻花钻	400	40		
3	钻 $\phi 11.6$ 孔	T03	$\phi 11.6$ 麻花钻	400	40		
4	铰孔 $\phi 20$	T04	$\phi 20$ 铰刀	130	20	0.2	
5	铰孔 $\phi 12$	T05	$\phi 12$ 铰刀	130	20	0.2	
6	$\phi 20$ 孔倒角 $C1.5$	T06	90°倒角刀	400	20		
7	一面两孔定位,粗铣凸轮槽内轮廓	T07	$\phi 6$ 立铣刀	1100	40	4	
8	粗铣凸轮槽外轮廓	T07	$\phi 6$ 立铣刀	1 100	20	4	

续表 5-3-13

数控加工工艺卡片		产品名称	零件名称	材料	零件图号
			平面槽凸轮	HT200	
工序号	程序编号	夹具名称	夹具编号	使用设备	车间
		螺旋压板			
工步号	工步内容	刀具号	刀具规格	主轴转速/ (r·min^{-1})	进给速度/ (mm·min^{-1})	背吃刀量/ mm	备注
9	精铣凸轮槽内轮廓	T08	ϕ6 立铣刀	1 495	20	14	
10	精铣凸轮槽外轮廓	T08	ϕ6 立铣刀	1 495	20	14	
11	铣 20 孔另一侧倒角 C1.5	T06	90°	400	20		

(5) 参考程序(略)

① ϕ20、ϕ12 孔加工。

② 凸轮槽内、外轮廓加工。

注意事项

因被加工材料是铸铁,在加工时不应使用冷却液,以防止堵塞冷却液系统及工件生锈。

5.3.4 腰形槽底板的加工

(1) 零件图工艺分析

如图 5-3-8 所示,按单件生产安排其数铣工艺,编写出加工程序。毛坯尺寸(100±0.027) mm×(80±0.023) mm×20 mm;长度方向侧面对宽度侧面及底面的垂直度公差为 0.03 mm;零件材料为 45 钢,表面粗糙度为 Ra5.2。

该零件包含了外形轮廓、圆形槽、腰形槽和孔的加工,有较高的尺寸精度和垂直度、对称度等形位精度要求。编程前必须详细分析图纸中各部分的加工方法及走刀路线,选择合理的装夹方案和加工刀具,保证零件的加工精度要求。

外形轮廓中的 50 mm 和 60.73 mm 两尺寸的上偏差都为零,可不必将其转变为对称公差,直接通过调整刀补来达到公差要求;3×ϕ10 孔尺寸精度和表面质量要求较高,并对 C 面有较高的垂直度要求,需要铰削加工,并注意以 C 面为定位基准;ϕ42 圆形槽有较高的对称度要求,对刀时 X、Y 方向应采用寻边器碰双边,准确找到工件中心。在工件中心建立工件坐标系,Z 轴原点设在工件上表面。加工过程如下:

① 外轮廓的粗、精铣削,批量生产时,粗精加工刀具要分开,本例采用同一把刀具进行。精加工单边留 0.2 mm 余量。

② 加工 3×ϕ10 孔和垂直进刀工艺孔。

③ 圆形槽粗、精铣削,采用同一把刀具进行。

④ 腰形槽粗、精铣,采用同一把刀具进行。

(2) 装夹方案

用平口钳装夹工件,工件上表面高出钳口 8 mm 左右。校正固定钳口的平行度以及工件上表面的平行度,确保精度要求。

(3) 刀具与工艺参数选择

刀具与工艺参数选择如表 5-3-17、表 5-3-18 所列。

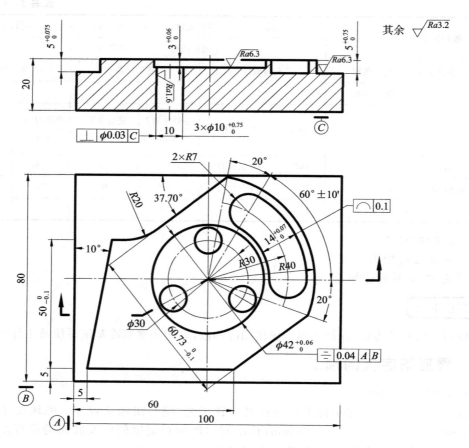

图 5-3-8 腰形槽底板

表 5-3-17 腰形槽底板数控加工刀具卡

编号	刀具名称	刀具号	刀具规格	刀具材料	半径补偿	长度补偿
1	立铣刀	T01	$\phi 20$	高速钢	粗 D01=10.2 精 D01=9.96	H01
2	中心钻	T02	$\phi 3$			H02
3	麻花钻	T03	$\phi 9.7$			H03
4	铰刀	T04	$\phi 10$			H04
5	立铣刀	T05	$\phi 16$	高速钢	半精 D05=8.2 精 D05=7.98	H05
6	立铣刀	T06	$\phi 12$	高速钢	粗 D06=6.1 精 D06=5.98	H06

表 5-3-18 腰形槽底板数控加工工序卡

数控加工工艺卡片			产品名称		零件名称	材 料	零件图号
					腰形槽底板	45钢	
工序号	程序编号	夹具名称	夹具编号		使用设备		车 间
		虎钳					
工步号	工步内容		刀具号	刀具规格	主轴转速/ $(r \cdot min^{-1})$	进给速度/ $(mm \cdot min^{-1})$	背吃刀量/ mm	备注
1	去除轮廓边角料		T01	ϕ20立铣刀	400	80		
2	粗铣外轮廓		T01	ϕ20立铣刀	500	80		
3	精铣外轮廓		T01	ϕ20立铣刀	700	80		
4	钻中心孔		T02	ϕ3中心钻	2 000	80		
5	钻3×ϕ10底孔和垂直进刀工艺孔		T03	ϕ9.7麻花钻	600	80		
6	铰2×ϕ10H7孔		T04	ϕ10铰刀	200	50		
7	粗铣圆形槽		T05	ϕ16立铣刀	500	80		
8	半精铣圆形槽		T05	ϕ16立铣刀	500	80		
9	精铣圆形槽		T05	ϕ16立铣刀	750	60		
10	粗铣腰形槽		T06	ϕ12立铣刀	600	80		
11	半精铣腰形槽		T06	ϕ12立铣刀	600	80		
12	精铣腰形槽		T06	ϕ12立铣刀	800	60		

(4) 程序编制

1) 外形轮廓铣削

① 去除轮廓边角料 安装 ϕ20 立铣刀（T01）并对刀,去除轮廓边角料程序见表 5-3-19。

表 5-3-19 腰形槽底板外形轮廓(去除轮廓边角料)加工程序

程 序	说 明
O0001	程序名
N10 G40 G90 G54 G00 X0 Y0	建立工件坐标系,快速进给至下刀位置
N20 Z50 M08	刀具到达安全高度,同时打开冷却液
N30 M03 S400	启动主轴,主轴转速 400 r/min
N40 X－65 Y32	去除轮廓边角料
N50 Z－5	
N60 G01 X－24 F80	
N70 Y55	
N80 G00 Z50 M09	Z向抬刀至安全高度,并关闭冷却液

续表 5-3-19

程 序	说 明
N90 X40 Y55	
N100 Z—5	
N110 G01 Y35	
N120 X52	
N130 Y—32	
N140 X40	
N150 Y—55	
N160 G00 Z50 M09	Z 向抬刀至安全高度,并关闭冷却液
N170 M05	主轴停
N180 M30	程序结束

② 粗、精加工外形轮廓 如图 5-3-9 所示。刀具由 P_0 点下刀,通过 P_0—P_1 直线建立左刀补,沿圆弧 P_1—P_2 切向切入,走完轮廓后由圆弧 P_2—P_{10} 切向切出,通过直线 P_{10}—P_{11} 取消刀补。粗、精加工采用同一程序,通过设置刀补值控制加工余量和达到尺寸要求。外形轮廓粗、精加工程序见表 5-3-20(程序中切削参数为粗加工参数)。

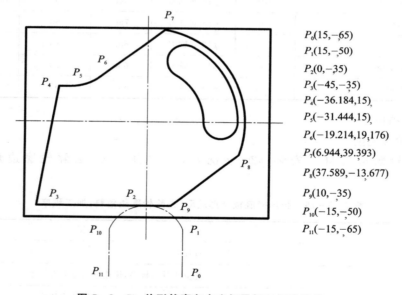

$P_0(15,-65)$
$P_1(15,-50)$
$P_2(0,-35)$
$P_3(-45,-35)$
$P_4(-36.184,15)$
$P_5(-31.444,15)$
$P_6(-19.214,19.176)$
$P_7(6.944,39.393)$
$P_8(37.589,-13.677)$
$P_9(10,-35)$
$P_{10}(-15,-50)$
$P_{11}(-15,-65)$

图 5-3-9 外形轮廓各点坐标及切入切出路线

表 5-3-20 腰形槽底板外形轮廓(粗、精加工)加工程序

程 序	说 明
O0002	程序名
N10 G40 G90 G54 G00 X0 Y0	建立工件坐标系,快速进给至下刀位置
N20 Z50 M08	刀具到达安全高度,同时打开冷却液

续表 5-3-20

程　序	说　明
N30 M03 S500	启动主轴,主轴转速 500 r/min,精加工为 700 r/min
N40 X15 Y-65	达到 P_0 点
N50 Z-5	下刀
N60 G01 G41 Y-50 D01 F100	建立刀补,粗加工时刀补设为 10.2 mm,精加工时刀补设为 9.95 mm(根据实测尺寸调整);精加工时 F 设 80 mm/min
N70 G03 X0 Y-35 R15	切向切入
N80 G01 X-45 Y-35	铣削外形轮廓
N90 X36.184 Y15	
N100 X-31.444	
N110 G03 X-19.214 Y19.176 R20	
N120 G01 X6.944 Y39.393	
N130 G02 X37.589 Y-12.677 R40	
N140 G01 X10 Y-35	
N150 X0	
N160 G03 X-15 Y-50 R15	切向切出
N170 G01 G40 Y-65	取消刀补
N160 G00 Z50 M09	Z 向抬刀至安全高度,并关闭冷却液
N170 M05	主轴停
N180 M30	程序结束

2) 加工 3×ϕ10 孔和垂直进刀工艺孔

加工 3×ϕ10 孔和垂直进刀工艺孔,程序见表 5-3-21。

表 5-3-21 腰形槽底板(孔加工)加工程序

程　序	说　明
O0003	程序名
N10 G40 G90 G54 G00 X0 Y0	建立工件坐标系,快速进给至下刀位置
N20 Z50 M08	刀具到达安全高度,同时打开冷却液
N30 M03 S2000	启动主轴,主轴转速 2 000 r/min
N40 G99 G81 X12.99 Y-7.5 R5 Z-5 F80	钻中心孔,深度以钻出锥面为好
N50 X-12.99	
N60 X0 Y15	
N70 Y0	
N80 X30	
N90 G00 Z180 M09	刀具抬到手工换刀高度

续表 5-3-21

程　序	说　明
N100 X150 Y150	移到手工换刀位置
N110 M05	
N120 M00	程序暂停,手工换 T03 刀,换转速
N130 M03 S600	
N140 G00 Z50 M07	刀具定位到安全平面
N150 G99 G83 X12.99 Y－7.5 R5 Z－24 Q－4 F80	钻 3×φ10 底孔和垂直进刀工艺孔
N160 X－12.99	
N170 X0 Y15	
N180 G81 Y0 R5 Z－2.9	
N190 X30 Z－4.9	
N200 G00 Z180 M09	刀具抬到手工换刀高度
N210 X150 Y150	移到手工换刀位置
N220 M05	
N230 M00	程序暂停,手工换 T04 刀,换转速
N240 M03 S200	
N250 G00 Z50 M07	刀具定位到安全平面
N260 G99 G85 X12.99 Y－7.5 R5 Z24 Q－4 F80	铰 3×φ10 孔
N270 X－12.99	
N280 G98 X0 Y15	
N290 G00 Z50 M09	Z 向抬刀至安全高度,并关闭冷却液
N300 M05	主轴停
N310 M30	程序结束

3）圆形槽铣削

① 粗铣圆形槽,程序见表 5-3-22。

表 5-3-22　腰形槽底板(圆形槽)粗加工程序

程　序	说　明
O0004	程序名
N10 G40 G90 G54 G00 X0 Y0	建立工件坐标系,快速进给至下刀位置
N20 Z50 M08	刀具到达安全高度,同时打开冷却液
N30 M03 S500	启动主轴,主轴转速 500 r/min
N40 X0 Y0	
N50 Z10	
N60 G01 Z－3 F40	下刀

续表 5-3-22

程 序	说 明
N70 X5 F80	去除圆形槽中材料
N80 G03 I−5	Z 向抬刀至安全高度,并关闭冷却液
N90 G01 X12	
N100 G03 I−12	
N110 G00 Z50 M09	Z 向抬刀至安全高度,并关闭冷却液
N120 M05	主轴停
N130 M30	程序结束

② 半精、精铣圆形槽边界,程序见表 5-3-23。

表 5-3-23 腰形槽底板(圆形槽)精加工程序

程 序	说 明
O0005	程序名
N10 G40 G90 G54 G00 X0 Y0	建立工件坐标系,快速进给至下刀位置
N20 Z50 M08	刀具到达安全高度,同时打开冷却液
N30 M03 S600	启动主轴,主轴转速 600 r/min,精加工时设为 750 r/min
N40 X0 Y0	
N50 Z10	
N60 G01 Z−3 F40	下刀
N70 G41 X−15 Y−6 D05 F80	建立刀补,半精加工时刀补设为 8.2 mm,精加工时刀补设为 7.98 mm(根据实测尺寸调整);精加工时 F 设 60 mm/min
N80 G03 X0 Y−21 R15	切向切入
N90 G03 J21	铣削圆形槽边界
N100 G03 X15 Y−6 R15	切向切出
N110 G40 X0 Y0	取消刀补
N1210 G00 Z50 M09	Z 向抬刀至安全高度,并关闭冷却液
N130 M05	主轴停
N140 M30	程序结束

4) 铣削腰形槽

① 粗铣腰形槽

如图 5-3-10 所示。刀具由 A_0 点下刀,通过 A_0—A_1 直线建立左刀补,沿圆弧 A_1—A_2 切向切入,走完轮廓后由圆弧 A_2—A_6 切向切出,通过直线 A_6—A_0 取消刀补。程序见表 5-3-24。

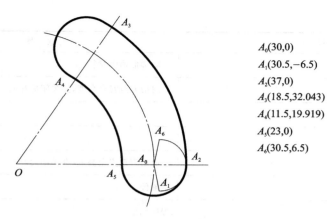

图 5-3-10　腰形槽各点坐标及切入切出路线

表 5-3-24　腰形槽底板(腰形槽)粗加工程序

程　序	说　明
O0006	程序名
N10 G40 G90 G54 G00 X0 Y0	建立工件坐标系,快速进给至下刀位置
N20 Z50 M08	刀具到达安全高度,同时打开冷却液
N30 M03 S600	启动主轴,主轴转速 600 r/min
N40 X30 Y0	到达预钻孔上方
N50 Z10	
N60 G01 Z−5 F40	下刀
N100 G03 X15 Y25.981 R30 F80	粗铣腰形槽
N110 G00 Z50 M09	Z 向抬刀至安全高度,并关闭冷却液
N120 M05	主轴停
N130 M30	程序结束

② 半精铣、精铣腰形槽

半精、精加工采用同一程序,通过设置刀补值控制加工余量和达到尺寸要求。程序见表 5-3-25(程序中切削参数为半精加工参数)。

表 5-3-25　腰形槽底板(腰形槽)精加工程序

程　序	说　明
O0007	程序名
N10 G40 G90 G54 G00 X0 Y0	建立工件坐标系,快速进给至下刀位置
N20 Z50 M08	刀具到达安全高度,同时打开冷却液
N30 M03 S600	启动主轴,主轴转速 600 r/min,精加工时设为 800 r/min
N40 X30 Y0	
N50 Z10	
N60 G01 Z−5 F40	下刀

$A_0(30,0)$
$A_1(30.5,-6.5)$
$A_2(37,0)$
$A_3(18.5,32.043)$
$A_4(11.5,19.919)$
$A_5(23,0)$
$A_6(30.5,6.5)$

续表 5-3-25

程　序	说　明
N70 G41 X30.5 Y-6.5 D06 F80	建立刀补,半精加工时刀补设为 6.1 mm,精加工时刀补设为 5.98 mm(根据实测尺寸调整);精加工时 F 设 60 mm/min
N80 G03 X37 Y0 R6.5	切向切入
N90 G03 X18.5 Y32.043 R37	铣削腰形槽边界
N100 X11.5 Y19.919 R7	
N110 G02 X23 Y0 R23	
N120 G03 X37 R7	
N130 X30.5 Y6.5 R6.5	
N140 G01 G40 X30 Y0	取消刀补
N150 G00 Z50 M09	Z 向抬刀至安全高度,并关闭冷却液
N160 M05	主轴停
N170 M30	程序结束

> [!NOTE] 注意事项
> - 铣削外形轮廓时,刀具应在工件外面下刀,注意避免刀具快速下刀时与工件发生碰撞。
> - 使用立铣刀粗铣圆形槽和腰形槽时,应先在工件上钻工艺孔,避免立铣刀中心垂直切削工件。
> - 精铣时刀具应切向切入和切出工件。在进行刀具半径补偿时,切入和切出圆弧半径应大于刀具半径补偿设定值。
> - 精铣时应采用顺铣方式,以提高尺寸精度和表面质量。
> - 铣腰形槽的 $R7$ 内圆弧时,注意调低刀具进给率。

5.3.5　椭圆形凸台零件的加工

(1) 零件图工艺分析

图 5-3-11 所示为椭圆形凸台零件,其外部轮廓尺寸 90 mm×90 mm×22 mm 已经由前道工序加工完,本工序的任务是在铣床上加工凸台与孔。零件材料为 45 钢,其数控铣床加工工艺分析如下。

该零件包含了外形轮廓、椭圆、腰形槽和孔的加工,有较高的尺寸精度和对称度精度要求。编程前必须详细分析图纸中各部分的加工方法及走刀路线,选择合理的装夹方案和加工刀具,保证零件的加工精度要求。

外形轮廓中的 80 两尺寸的上偏差都为零,可不必将其转变为对称公差,直接通过调整刀补来达到公差要求即可;$\phi 22$ 孔尺寸精度和表面质量要求较高,并对 C 面有较高的垂直度要求及对 A、B 面有对称度要求,加工时需特别注意基准面;对刀时 X、Y 方向应采用寻边器碰双边,准确找到工件中心。加工过程如下:

① 外轮廓的粗、精铣削时,粗精加工刀具要分开,精加工单边留 0.5 mm 余量。
② 椭圆轮廓分粗、半精和精铣削,粗精加工刀具要分开。精加工单边留 0.1 mm 余量。
③ φ22 孔粗、精铣削。精加工单边留 0.1 mm 余量。
④ 键槽分粗、半精和精铣削,粗精加工刀具要分开。精加工单边留 0.1 mm 余量。

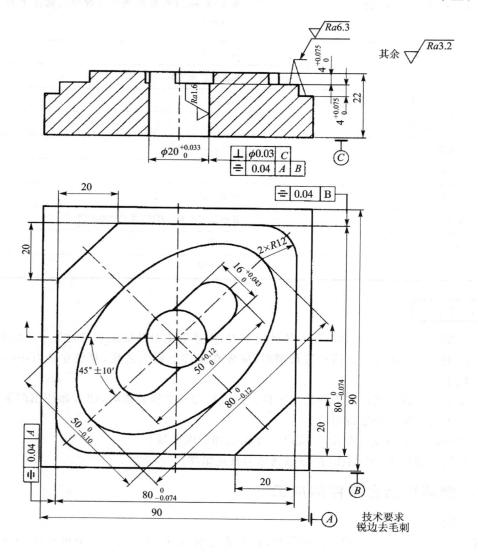

图 5-3-11 椭圆形凸台

(2) 确定装夹方案

根据零件的结构特点,以底面 C 定位,用平口钳装夹工件,工件上表面高出钳口 10 mm 左右。用百分表找正固定钳口的平行度以及工件上表面的平行度,确保精度要求。

(3) 刀具与工艺参数选择

刀具与工艺参数选择如表 5-3-26、表 5-3-27 所列。

表 5-3-26　椭圆形凸台数控加工刀具卡

编号	刀具名称	刀具号	刀具规格	刀具材料	半径补偿	长度补偿
1	立铣刀(3齿)	T01	$\phi 20$	高速钢	粗 D01=10.4 精 D02=10	H01
2	中心钻	T02	A2.5			H02
3	钻头	T03	$\phi 19$			H03
4	镗孔刀	T04	$\phi 22$			H04
5	键槽铣刀	T05	$\phi 12$	高速钢	D03=6.2 D04=6	H05

表 5-3-27　椭圆形凸台数控加工工序卡

数控加工工艺卡片		产品名称	零件名称	材　料	零件图号
			椭圆形凸台	45钢	
工序号	程序编号	夹具名称	夹具编号	使用设备	车　间
		平口钳			

工步号	工步内容	刀具号	刀具规格	主轴转速/ $(r \cdot min^{-1})$	进给速度/ $(mm \cdot min^{-1})$	背吃刀量/ mm	侧吃刀量/ mm
1	粗铣外轮廓,留 0.40 mm 单边余量	T01	$\phi 20$立铣刀	500	100		
2	精铣外轮廓	T01	$\phi 20$立铣刀	700	80		
3	粗铣椭圆,留 0.40 mm 单边余量	T01	$\phi 20$立铣刀	500	100		
4	半精铣椭圆,留 0.10 mm 单边余量	T01	$\phi 20$立铣刀	700	100		
5	精铣椭圆	T01	$\phi 20$立铣刀	700	200		
6	$\phi 22$孔钻 A2.5 中心孔	T02	A2.5中心钻	750	120		
7	钻 $\phi 19$ 通孔	T03	$\phi 19$麻花钻	400	40		
8	粗镗孔,留 0.50 mm 单边余量	T04	$\phi 22$镗孔刀				
9	半精镗孔,留 0.10 mm 单边余量	T04	$\phi 22$镗孔刀				
10	精镗孔至要求尺寸	T04	$\phi 22$镗孔刀				
11	粗铣键槽	T05	$\phi 12$键槽刀	600	40		
12	半精、精铣键槽	T05	$\phi 12$键槽刀	800	60		

(4) 参考程序

1) 粗、精加工外形轮廓凸台

外形轮廓加工走刀路线如图 5-3-12 所示,加工程序见表 5-3-28。

表 5-3-28 外形轮廓凸台粗、精加工程序

主程序	说 明
O93001	程序名
N10 G90 G54 G00 X−65 Y−40 M03 S500	启动主轴,快速进给至下刀位置点 1
N20 G43 Z50 H01	刀具到达安全高度,刀具 T01 长度补正
N30 Z5 M08	接近工件,同时打开冷却液
N40 G01 Z−4 F80	下刀
N50 M98 P1111 D01 F100	调子程序 O1111,粗加工凸台外轮廓,调刀具补偿 D01
N60 G01 Z−7.8 F80	下刀
N70 M98 P1111 D01 F100	调子程序 O1111,粗加工凸台外轮廓,调刀具补偿 D01
N70 G01 Z−8 F80	下刀
N80 M98 P1111 D02 F100	调子程序 O1111,精加工凸台外轮廓,调刀具补偿 D02
N80 G00 Z50 M09	Z 向抬刀至安全高度,并关闭冷却液
N90 M05	主轴停
N100 M30	主程序结束
子程序	说 明
O1111	子程序名
N10 G41 G01 X−40 Y−60	1→2(图 5-3-12),建立刀具半径补偿
N20 X−40 Y20	2→3
N30 X−20 Y40	3→4
N40 X28 Y40	4→5
N50 G02 X40 Y28 R12	5→6
N60 G01 X40 Y−20	6→7
N70 X20 Y−40	7→8
N80 X−28 Y−40	8→9
N90 G02 X−40 Y−28 R12	9→10
N100 G03 X−52 Y−16 R12	10→11,切向切出
N110 G40 G00 X−65 Y−16	11→12,取消刀具半径补偿
N120 G00 Z5	快速提刀
N130 M99	子程序结束

2) 粗、精加工椭圆轮廓凸台

椭圆轮廓加工走刀路线如图 5-3-13 所示。加工程序见表 5-3-29。

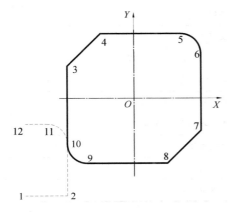

图 5-3-12 外形轮廓凸台走刀路线

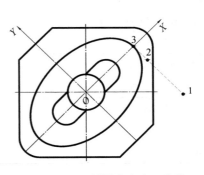

图 5-3-13 椭圆凸台走刀路线

表 5-3-29 椭圆轮廓凸台粗、精加工程序

程 序	说 明
O93002	程序名
N10 G90 G54 M03 S600	建立工件坐标系,主轴正转,T01 立铣刀
N20 G43 Z50 H01	刀具到达安全高度,刀具 T01 长度补正
N30 G68 X0 Y0 R45	坐标系旋转 45°
N40 G00 X40 Y-42	快速点定位至下刀位置(图 5-3-13,点 1)
N50 Z5 M08	接近工件,同时打开冷却液
N60 G01 Z-5.8 F200	下刀
N70 G01 G42 X40 Y-12 D01 F120	1→2,建立刀具半径补偿 D01=8.2,粗加工
N80 Y0	2→3 直线插补
N90 G65 P1112	非模态调用宏程序
N100 G00 Z10	快速抬刀
N110 G40 X40 Y-42	快速点定位并取消偏置
N120 G01 Z-4 F200	下刀
N130 G01 G42 X40 Y-12 D02 F120	1→2,建立刀具半径补偿 D02=8,精加工
N140 Y0	2→3 直线插补
N150 G65 P1112	非模态调用宏程序
N160 G00 Z50 M09	Z 向抬刀至安全高度,并关闭冷却液
N170 G40 X40 Y-42	快速点定位至下刀位置点 1,并取消偏置
N180 G69	取消坐标轴旋转
N190 M05	主轴停转
N200 M30	主程序结束

续表 5-3-29

子程序	说 明
O1112	子程序名
N10 #1=0	设定 #1 变量
N20 WHILE[#1LE360]DO1	当 #1 小于 360°执行以下程序
N30 #1=#1+0.5	#1 变量以 0.5 递增
N40 #2=40*COS[#1]	#2 变量以 0.5 递增
N50 #3=40*SIN[#1]	#3 变量以 0.5 递增
N60 G01 X[#2] Y[#3]	直线插补
N70 END1	循环结束
N80 M99	子程序结束

3) 粗、精加工 $\phi22$ 孔程序

粗、精加工 $\phi22$ 孔程序如表 5-3-30 所列。

表 5-3-30 孔加工程序

程 序	说 明
O93003	主程序名
N10 G90 G54 G00 X0 Y0	建立工件坐标系,快速进给至下刀位置
N20 G00 Z50 G43 H02	刀具到达安全高度
N30 M03 S2000	启动主轴,主轴转速 2 000 r/min
N40 Z5 M08	接近工件,同时打开冷却液
N50 G99 G81 X0 Y0 R5 Z-5 F80	钻中心孔,深度以钻出锥面为好
N60 M05	停止主轴,关闭冷却液
N70 G49 G00 Z200 T03 M06	换刀 T03
N80 G00 G43 Z5 H03	下到初始平面,刀长补正
N90 M03 S200	
N100 G99 G83 X0 Y0 R5 Z-24 Q-4 F80	钻 $\phi19$ 底孔
N110 M05	
N120 G49 G00 Z200 T04 M06	
N130 G00 G43 Z10 H04	
N140 M03 S200	
N150 G98 G73 X0 Y0 R-6 Z-23 Q-5 F60	镗孔 $\phi22$
N160 G00 G49 Z100 M09	
N170 M05	主轴停
N180 M30	程序结束

4) 粗、精加工腰形槽

如图 5-3-13 所示,刀具由 $\phi22$ 孔中心下刀,通过旋转坐标 45°后,再加工腰形槽轮廓,以便简化各节点的计算。粗、精加工采用同一程序,通过设置刀补值控制加工余量和达到尺寸要求。加工腰形槽程序见表 5-3-31。

表 5-3-31 腰形槽轮廓粗、精加工主程序

程　序	说　明
O93004	程序名
N10 G90 G54 M03 S600 T05	建立工件坐标系,主轴正转,转速 600 r/min,
N20 G00 Z50	刀具到达安全高度
N30 G68 X0 Y0 R45	坐标系旋转 45°
N40 G01 Z5 M08	接近工件,同时打开冷却液
N50 G01 Z-5.8 F200	下刀
N60 G41 X0 Y8 D03 F120	建立刀具半径补偿 D03=6.2,粗加工
N70 M98 P1114	调用子程序
N80 G01 Z-4 F40	下刀
N90 G41 X0 Y8 D04 F120	建立刀具半径补偿 D04=6,精加工
N100 M98 P1114	调用子程序
N110 G00 Z50 M09	Z 向抬刀至安全高度,并关闭冷却液
N120 G69	取消坐标轴旋转
N130 M05	主轴停
N140 M30	程序结束
子程序	说　明
O1114	子程序名
N10 G01 X-17 Y8	加工腰形槽
N20 G03 X-17 Y-8 R8	
N30 G01 X17	
N40 G03 X17 Y8 R8	
N50 G01 X0 Y8	
N70 G40 G00 X0 Y0	取消刀具半径补偿
N80 G00 Z5	快速提刀
N90 M99	子程序结束

> **注意事项**

- 若椭圆中心不在工件坐标系原点,可用 G52 X_Y_指令建立局部坐标系。椭圆轴线和坐标值不重合时可用 G68X_Y_R_指令进行坐标系的旋转。若轮廓的加工余量较大时,可用子程序编写零件轮廓的加工程序,而主程序每刀采用不同的半径补偿调用子程序进行切削加工。
- 当程序在绝对方式下时,G68 程序段后的第一个程序段必须使用绝对方式移动指令,才能确定旋转中心。如果这一程序段为增量方式移动指令,那么系统将以当前位置为旋转中心,按 G68 给定的角度旋转坐标。
- 精铣时刀具应切向切入和切向切出工件。在进行刀具半径补偿时,切入和切出圆弧半径应大于刀具半径补偿设定值。
- 精铣时应采用顺铣方式,以提高尺寸精度和表面质量。

在有刀具补偿的情况下,先进行坐标旋转,然后才进行刀具半径补偿、刀具长度补偿。

5.3.6 四轴零件加工

(1) 工艺分析

如图 5-3-14 所示,在四轴数控铣床上加工槽 12 mm×8 mm 及孔至尺寸精度要求,材料为 45 钢。内外圆已加工完成。

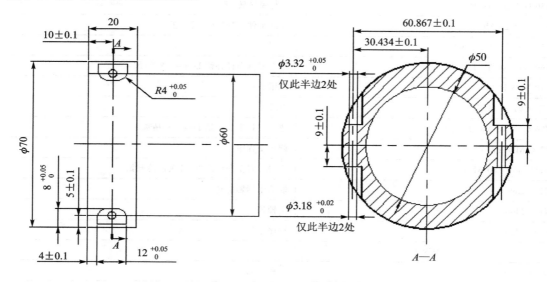

图 5-3-14 四轴零件加工

按照图纸要求,零件采用台阶圆台装夹。找正工装圆跳动 0.03 以内,直线度 0.02 以内,端面跳动 0.02 以内,用盖板螺纹锁紧工件。找正编程零点为零件大端左端面。装夹示意图如图 5-3-15 所示。

注意事项

- 刀具装夹长度合适,避免干涉零件。注意钻头刃磨,避免零件钻动,孔位置不对,孔壁产生台阶。绞刀装上刀柄后,根据公差用百分表校正刀具跳动。注意 A 向角度关系。
- 编制程序时注意子程序嵌套 2 层的使用以及与镜像指令的结合使用。ϕ8 立铣刀可根据实际加工增加一把刀分粗、精铣。

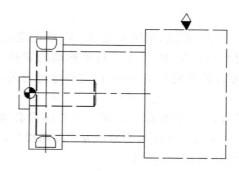

图 5-3-15 四轴零件加工工装

(2) 参考程序

参考程序如表 5-3-32 所列。

表 5-3-32　四轴零件数控加工程序

程　序	说　明
O3309	
G90 G80 G40 G17	初始化
T1 M6	ϕ8 立铣刀
G90 G54 G00 A0	建立工件坐标系
M98 P5315	调用孔加工子程序
G51.1 Y0	镜像指令
M98 P5315	调用孔加工子程序
G50.1 Y0	镜像指令
G90 G54 G00 A180	采用四轴转 180°
M98 P5315	调用孔加工子程序
G51.1 Y0	镜像指令
M98P5315	调用孔加工子程序
G50.1Y0	镜像指令
M09	切削液关
M05	主轴停止
G90 G80 G4 0G17	
T2 M6	ϕ1.5 加长中心钻
G90 G54 G0 X10 Y−30.434 A0 M03 S1500	
G43 Z100 H02	
M08	
G98 G81 Z7.5 R10 F50	固定循环钻中心孔
Y30.434	
A180	四轴旋转 180°
Y−30.434	
Y30.434	
G80	
M05	
M09	
G90G80G40G17	
T3M6	ϕ3 钻头

续表 5-3-32

程　序	说　明
G90 G54 G0 X10 Y−30.434 A0 M03 S1200	
G43 Z100 H03	
G98G83Z−10R10Q1.5F30	
Y30.434	
G80	
M05	
M09	
T4M6	φ5.32 铣绞刀
G90 G54 G0 X10 Y−30.434 A0 M03 S1000	
G43Z100H04	
G98G85Z−0.1R10F20	避免绞刀磨损深度不够
Y30.434	
G80	
M05	
M09	
T5M6	φ5.18 铣绞刀
G90G54G0X10Y−30.434A180M03S1000	
G43Z100H05	
M09	
G98G85Z0R10F20	
Y30.434	
G80	
M05	
M09	
G91G28Y0	
M30	
O5315	孔加工子程序号
G90G54G0X12Y−44M03S1500	
G43Z100H01	
M08	
Z35	
G1Z25F200	
M98P4312L32	调用槽加工子程序 32 次

续表 5-3-32

程　　序	说　　明
G90G00Z100	
O4312	槽加工子程序号
G91G1Z-0.5F200	
G90G41Y-39	
Y-31,R4	
X8,R4	
Y-44	
G40X12	

参考文献

[1] 古英,顾启涛.钳工实训实用教程[M].北京:北京航空航天大学出版社,2014.
[2] 薛铎.车工实训实用教程[M].北京:北京航空航天大学出版社,2013.
[3] 胡家富.铣工:初级[M].北京:机械工业出版社,2006.
[4] 胡家富.铣工:中级[M].北京:机械工业出版社,2010.
[5] 胡家富.铣工:高级[M].北京:机械工业出版社,2011.
[6] 彭渡川,王建琼.数控车床操作与编程实训[M].北京:北京航空航天大学出版社,2013.
[7] 袁锋.数控车床培训教程[M].2版.北京:机械工业出版社,2008.
[8] 顾晔,楼章华.数控加工编程与操作[M].北京:人民邮电出版社,2009.
[9] 孙伟伟.数控车工实习与考级[M].北京:高等教育出版社,2004.
[10] 古英.数控铣床铣削实用教程[M].北京:北京航空航天大学出版社,2013.